高职高专教育"十二五"规划教材

# 高 等 数 学

主　编　王玉清
副主编　王爱武　李瑞军

南开大学出版社
天　津

图书在版编目(CIP)数据

高等数学／王玉清主编. —天津：南开大学出版社，2014.10（2018.7重印）
高职高专教育"十二五"规划教材
ISBN 978-7-310-04655-3

Ⅰ.①高… Ⅱ.①王… Ⅲ.①高等数学－高等职业教育－教材 Ⅳ.①O13

中国版本图书馆 CIP 数据核字(2014)第 221062 号

**版权所有　侵权必究**

南开大学出版社出版发行
出版人：刘运峰
地址：天津市南开区卫津路94号　邮政编码：300071
营销部电话：(022)23508339　23500755
营销部传真：(022)23508542　邮购部电话：(022)23502200

\*

三河市同力彩印有限公司印刷
全国各地新华书店经销

\*

2014年10月第1版　2018年7月第3次印刷
260×185毫米　16开本　23.5印张　556千字
定价:45.00元

如遇图书印装质量问题,请与本社营销部联系调换,电话:(022)23507125

## 内容提要

  本书是根据编者多年的教学实践,按照新形势下教材改革的精神编写而成的.它面向高职高专教育,也可作为同级同类成人学校及函授教材.

  本书内容为函数、极限与连续、一元函数微分学及其应用、一元函数积分学及其应用、微分方程、空间向量与空间解析几何、多元函数微分学及其应用、多元函数积分学及其应用、无穷级数、MATLAB 软件及其应用等九章.书末还附有代数、三角函数、初等几何、几种常见的曲线、积分表、习题答案与提示等.

# 前　言

本书是一本面向高职高专教育的改革教材,在编写过程中力求贯彻"以应用为目的,以必需、够用为度"和"少而精"的原则,在保证科学性的基础上,注意讲清概念,不追求严格的论证推导,注意学生基本运算能力及分析问题、解决问题能力的培养. 内容通俗易懂,努力体现高职高专教育特色,与现行同类教材相比,本书有以下几个特点:

1. 为了实现高职高专教育的培养目标,本书的教学内容重点放在了基本概念,基本公式的应用上,删繁就简,突出重点,而对理论性比较强的定理一般不做证明,只给出结论,尽力处理好知识与能力的关系,突出数学思想和数学方法的教育. 始终贯穿以学生为本,从学生的实际水平出发,以分层次逐步培养学生的能力为主线,以保持与专业课程同步设置为原则,精心设计、认真编排.

2. 扩大应用内容,加强数学应用能力的培养,我们力求对每个概念都提供物理模型和几何背景,增加数学软件的应用,使学生了解用数学软件来解决实际问题的方法.

3. 在内容的表述上,我们采用"数形结合"的手段,采用通俗易懂的语言. 在知识内容、编写体例及能力训练等方面,注意到与高中阶段的衔接.

4. 为了更好地帮助学生学好每章的内容,本书在各章末,都配备了本章学习指导和复习题. 每章学习指导包括内容提要、重点与难点解析、典型例题等三部分;复习题包括填空题、选择题、计算题、应用题与证明题等,这一部分是对本章所学内容的总复习,便于学生"专升本"学习的需要.

全书共分九章,内容包括函数、极限与连续、一元(多元)函数微积分学、无穷级数、微分方程、空间向量与空间解析几何、MATLAB 软件及其应用. 本书由山西工程技术学院王玉清任主编,王爱武、李瑞军任副主编,其中王玉清编写第一章,王爱武编写第四章,刘桃凤编写第五章. 山西工程技术学院杨云霞编写第三、八章,李瑞军编写第二、九章及附录,周志海编写第六、七章,书中插图由付换香老师绘制.

我们在编写本书过程中得到了山西省高职高专数学课程指导委员会的指导,同时也参阅了大量有关高等数学等方面的书籍,并引用了其中的一些资料,在此一并致谢.

由于编者水平有限,不妥或错误之处在所难免,恳请广大教师、读者批评指正.

编者

二〇一四年六月

# 目 录

第一章 函数、极限与连续 ……………………………………………………… 1
   第一节 函数 …………………………………………………………………… 1
   第二节 极限 …………………………………………………………………… 13
   第三节 极限的运算 …………………………………………………………… 21
   第四节 函数的连续性 ………………………………………………………… 37
   本章学习指导 …………………………………………………………………… 45
复习题一 …………………………………………………………………………… 49
第二章 一元函数微分学及其应用 ……………………………………………… 52
   第一节 导数概念 ……………………………………………………………… 52
   第二节 函数的求导法则 ……………………………………………………… 61
   第三节 函数的微分 …………………………………………………………… 75
   第四节 微分中值定理及其应用 ……………………………………………… 80
   第五节 函数及其图形性态的研究 …………………………………………… 86
   本章学习指导 …………………………………………………………………… 101
复习题二 …………………………………………………………………………… 104
第三章 一元函数积分学及其应用 ……………………………………………… 107
   第一节 不定积分的定义和性质 ……………………………………………… 107
   第二节 不定积分的计算 ……………………………………………………… 111
   第三节 定积分的概念与性质 ………………………………………………… 125
   第四节 微积分基本公式 ……………………………………………………… 130
   第五节 定积分的换元积分法与分部积分法 ………………………………… 134
   第六节 广义积分 ……………………………………………………………… 137
   第七节 定积分的应用 ………………………………………………………… 140
   本章学习指导 …………………………………………………………………… 149
复习题三 …………………………………………………………………………… 153
第四章 微分方程 ………………………………………………………………… 155
   第一节 微分方程的基本概念 ………………………………………………… 155
   第二节 一阶微分方程 ………………………………………………………… 157
   第三节 高阶微分方程 ………………………………………………………… 167

本章学习指导 ································································· 177
**复习题四** ············································································ 179
**第五章　空间向量与空间解析几何** ············································ 183
　　第一节　空间向量 ··························································· 183
　　第二节　空间平面与直线 ··················································· 193
　　第三节　空间曲面与空间曲线 ············································· 199
　　本章学习指导 ································································· 208
**复习题五** ············································································ 212
**第六章　多元函数微分学及其应用** ············································ 215
　　第一节　多元函数的基本概念 ············································· 215
　　第二节　偏导数与全微分 ··················································· 221
　　第三节　多元函数微分法 ··················································· 228
　　第四节　多元函数微分法的应用 ·········································· 233
　　本章学习指导 ································································· 240
**复习题六** ············································································ 245
**第七章　多元函数积分学及其应用** ············································ 248
　　第一节　二重积分 ··························································· 248
　　第二节　曲线积分 ··························································· 260
　　本章学习指导 ································································· 275
**复习题七** ············································································ 280
**第八章　无穷级数** ································································ 284
　　第一节　常数项无穷级数 ··················································· 284
　　第二节　幂级数 ······························································· 293
　　本章学习指导 ································································· 300
**复习题八** ············································································ 303
**第九章　MATLAB 软件及其应用** ············································ 306
　　第一节　MATLAB 软件简介 ············································· 306
　　第二节　MATLAB 软件在高等数学中的应用 ························ 316
**附录** ·················································································· 329
　　Ⅰ．希腊字母表 ································································ 329
　　Ⅱ．代数 ·········································································· 330
　　Ⅲ．三角函数 ··································································· 331
　　Ⅳ．初等几何 ··································································· 332
　　Ⅴ．几种常用的曲线 ·························································· 333
　　Ⅵ．积分表 ······································································ 334
**习题答案与提示** ·································································· 344

# 第一章 函数、极限与连续

初等数学研究的对象基本上是不变的量,而高等数学则是以变量作为研究对象.研究变量时,着重考察变量之间的相互依赖关系(即所谓的函数关系),并讨论当某个变量变化时,与它相关的变量的变化情况.这种研究方法就是所谓的极限方法.本章将介绍函数、极限和函数连续性等基本概念,以及它们的一些性质,为以后的学习奠定必要的基础.

## 第一节 函数

### 一、函数的概念与分类

**1. 函数的概念**

在同一自然现象或技术问题中,同时有几个变量在变化着,这些变量并不是孤立地变化,而是按照一定的规律相互联系、相互依赖着.下面我们举几个实际的例子.

**例1** 考虑圆的周长 $s$ 与半径 $r$ 之间的依赖关系,我们知道,它们之间的关系可由公式

$$s = 2\pi r$$

表示.当半径 $r$ 在区间 $(0, +\infty)$ 内任取一个数值时,由上式就可以确定圆周长 $s$ 的相应数值.

**例2** 在市内投寄平信,每封信不超过 20 克时,应付邮费 0.60 元;超过 20 克而不超过 40 克时,应付邮费 1.20 元;依此类推,每封信的重量不得超过 60 克,则邮费 $y$(单位:元)与每封信的重量(单位:克)之间的关系可由式子

$$y = \begin{cases} 0.60, & 0 < x \leq 20 \\ 1.20, & 20 < x \leq 40 \\ 1.80, & 40 < x \leq 60 \end{cases}$$

表示.当 $x$ 在区间 $(0, 60]$ 内任取一个数值时,由上式就可以确定 $y$ 的相应数值.

上面两个例子虽然是不同的问题,但具有共同的特性.即在每一个问题中都包含两个变量,它们之间相互依赖,且存在确定的对应规律.根据这个规律,只要其中一个变量在某个范围内取定一个值时,另一个变量就有确定的值与之对应.类似这种变量间的依赖关系的例子是很多的,概括其共同特性,有如下定义.

**定义1** 设 $x$ 和 $y$ 是两个变量,$D$ 是实数集 $R$ 的某个非空子集.如果按照某个对应法则 $f$,使得对任意的 $x \in D$,变量 $y$ 总有确定的数值与之对应,则称变量 $y$ 是变量 $x$ 的**函数**,记作 $y = f(x)$,其中 $x$ 叫作**自变量**,$y$ 叫作**因变量**,数集 $D$ 称为函数 $y = f(x)$ 的**定义域**.

当 $x = x_0$ 时,与之对应的 $y$ 叫作函数 $y = f(x)$ 在点 $x_0$ 处的**函数值**,记作 $f(x_0)$ 或 $y|_{x=x_0}$.

当 $x$ 取遍 $D$ 内所有数值时,与之对应的 $y$ 值的集合叫作函数 $y = f(x)$ 的**值域**,记作 $R_f$,即

$R_f = \{y \mid y = f(x), x \in D\}$.

**对于函数定义,应注意以下几点:**

(1)此处给出的函数定义包含了单值函数与多值函数两种. 如果对于自变量在定义域内任取一个数值时,对应的函数值只有一个,则这种函数叫作**单值函数**;否则称为**多值函数**. 例如,由方程 $x^2 + y^2 = a^2$ 所确定的函数就是一个多值函数. 以后如不特别说明,我们所讨论的函数都是单值函数.

(2)函数定义中有两个要素. 第一个要素是函数的定义域. 所谓函数的定义域是指自变量的允许取值范围,即函数的存在范围. 只有自变量在定义域中取值时,函数才有意义. 在实际问题中,函数的定义域是根据问题的实际意义确定的. 如例1中,定义域 $D$ 为 $(0, +\infty)$;在数学中,有时不考虑函数的实际意义,而抽象地研究用算式表达的函数,这时,我们约定:函数的定义域就是自变量所能取的使算式有意义的一切实数所组成的集合(这样约定的定义域有时也称为函数的**自然定义域**). 例如 $y = \sqrt{1-x^2}$ 的定义域是闭区间 $[-1,1]$,函数 $y = \dfrac{1}{\sqrt{1-x^2}}$ 的定义域是开区间 $(-1,1)$. 函数概念的第二个要素是自变量与因变量的对应法则,就是函数记号中的"$f$",它指明了如何由自变量的值去寻求因变量的对应值. 因此,如果两个函数的定义域相同,且对应法则也相同,那么这两个函数就是相同的,否则就是不同的.

(3)关于函数记号 $f(x)$,它是一种抽象的函数关系符号,可表示各种各样的具体函数,如 $f(x) = x^2 - 1, f(x) = \sin x, f(x) = \arctan\dfrac{1}{x^2}$ 等.

下面举几个关于函数的例子.

**例3** 判定函数 $f(x) = \lg x^2$ 与 $g(x) = 2\lg x$ 是否为同一函数.

**解** 因为函数 $f(x)$ 的定义域是 $(-\infty, 0) \cup (0, +\infty)$,而函数 $g(x)$ 的定义域是 $(0, +\infty)$,所以 $f(x) = \lg x^2$ 与 $g(x) = 2\lg x$ 不是同一函数. 如果将 $f(x)$ 限制在 $(0, +\infty)$ 内,则 $f(x)$ 与 $g(x)$ 为同一函数.

**例4** 设函数 $f(x) = 2x - 3$,求 $f(a^2), f[f(a)], [f(a)]^2$.

**解** $f(a^2) = 2a^2 - 3$,

$f[f(a)] = f(2a-3) = 2(2a-3) - 3 = 4a - 9$,

$[f(a)]^2 = (2a-3)^2 = 4a^2 - 12a + 9$.

**例5** 求函数 $f(x) = \sqrt{4-x^2} + \lg\dfrac{1}{x-1}$ 的定义域.

**解** 要使函数有意义,自变量 $x$ 必须同时满足以下条件

$$\begin{cases} 4-x^2 \geq 0, \\ \dfrac{1}{x-1} > 0, \\ x-1 \neq 0, \end{cases} \quad 即 \begin{cases} -2 \leq x \leq 2, \\ x > 1, \\ x \neq 1. \end{cases}$$

解上述不等式组,得 $1 < x \leq 2$,所以函数的定义域为 $(1, 2]$.

**2. 函数的分类**

函数的对应法则 $f$ 是连接 $x$ 与 $y$ 的纽带,依据函数对应法则的不同,可以把函数分成不同

的类别.

(1) 若对于任意的 $x \in D$, 因变量 $y$ 恒为一常数, 这种函数叫作**常数函数**, 记作 $y = c$ ($c$ 为任意常数).

(2) 当函数的对应法则是由一个解析式表达时, 这种函数叫作**显函数**, 记作 $y = f(x)$. 例如, $y = 2x^2 + 1$, $y = \sin x$ 等.

(3) 当函数的对应法则是由方程 $F(x, y) = 0$ 所确定时, 这种函数叫作**隐函数**. 例如, $e^{xy} - y = 0$, $2xy = \ln y$ 等.

(4) 当函数的对应法则是由几个不同的解析式表达时, 这种函数叫作**分段函数**. 例如

$$f(x) = \begin{cases} x, & x < 0, \\ x+1, & 0 \leq x \leq 1, \\ x^2, & x > 1. \end{cases}$$

**注意:** 上面的分段函数不能说成是"三个函数", 它表示一个函数. 它表示当自变量 $x$ 在定义域 $D$ 的不同范围内取值时, 因变量 $y$ 与之对应的法则不同. 在实际应用中常常用到这种表示形式.

(5) 当函数的对应法则是由图象或表格来表示时, 这种表示函数的方法叫作**图象法**或**表格法**. 例如, 中学里学过的数学用表就是用表格法来表示函数的例子.

(6) 当 $x$ 与 $y$ 之间是通过第三个变量来建立对应法则时, 这种函数叫作由**参数方程表示的函数**, 或称**参数式函数**, 其中第三个变量叫作**参变量**. 例如, $\begin{cases} x = t \\ y = t^2 + 1 \end{cases}$ ($t$ 为参变量), 就是由参数方程所表示的函数.

## 二、函数的几种特性

### 1. 函数的有界性

设函数 $y = f(x)$ 的定义域为 $D$, 数集 $X \subseteq D$, 若存在 $M > 0$, 使得对于任意的 $x \in X$, 恒有

$$|f(x)| \leq M$$

成立, 则称函数 $y = f(x)$ 在数集 $X$ 上**有界**, 或称函数 $y = f(x)$ 是数集 $X$ 上的**有界函数**; 若这样的正数 $M$ 不存在, 则称函数 $y = f(x)$ 在数集 $X$ 上**无界**, 或称函数 $y = f(x)$ 是数集 $X$ 上的**无界函数**.

例如, 函数 $y = \cos x$ 在 $(-\infty, +\infty)$ 内有界, 因为取 $M = 1$, 不论 $x$ 取何值, 总有 $|\cos x| \leq 1$ 成立. 又如, 函数 $y = \frac{1}{x}$ 在区间 $(0, +\infty)$ 内是无界的, 但这函数在区间 $(1, 2)$ 内是有界的, 因为对于一切 $x \in (1, 2)$, $\left|\frac{1}{x}\right| \leq 1$ 都成立.

由此可见, 函数的有界性不但与函数本身有关, 还要取决于自变量的取值范围.

### 2. 函数的单调性

设函数 $y = f(x)$ 的定义域为 $D$, 区间 $I \subseteq D$. 如果对于任意的 $x_1, x_2 \in I$, 当 $x_1 < x_2$ 时, 恒有

$$f(x_1) < f(x_2),$$

则称函数 $y=f(x)$ 在区间 $I$ 上是**单调增加**的；如果对于任意的 $x_1, x_2 \in I$，当 $x_1 < x_2$ 时，恒有
$$f(x_1) > f(x_2),$$
则称函数 $y=f(x)$ 在区间 $I$ 上是**单调减少**的. 单调增加或单调减少的函数统称为**单调函数**，使函数保持单调增加或单调减少的区间称为函数 $y=f(x)$ 的**单调区间**.

例如，函数 $f(x)=x^3$ 在区间 $(-\infty,+\infty)$ 上是单调增加的；函数 $f(x)=x^2$ 在区间 $[0,+\infty)$ 上是单调增加的，在区间 $(-\infty,0]$ 上是单调减少的；在区间 $(-\infty,+\infty)$ 内函数 $f(x)=x^2$ 不是单调的.

**3. 函数的奇偶性**

设函数 $y=f(x)$ 的定义域 $D$ 关于原点对称（即若 $x \in D$，则必有 $-x \in D$），如果对于任意的 $x \in D$，等式
$$f(-x)=f(x)$$
恒成立，则称 $f(x)$ 为**偶函数**，其图象关于 $y$ 轴对称. 如果对于任意的 $x \in D$，等式
$$f(-x)=-f(x)$$
恒成立，则称 $f(x)$ 为**奇函数**，其图象关于原点对称.

例如，$y=x, y=\sin x$ 均为 $(-\infty,+\infty)$ 内的奇函数；$y=x^2, y=\cos x$ 均为 $(-\infty,+\infty)$ 内的偶函数；$y=\sin x + \cos x$ 为非奇非偶函数.

**例6** 讨论下列函数的奇偶性：

(1) $f(x)=\dfrac{a^x - a^{-x}}{2}$；  (2) $f(x)=\ln(x+\sqrt{1+x^2})$.

**解** (1) 因为 $f(x)$ 的定义域为 $(-\infty,+\infty)$，且 $f(-x)=\dfrac{a^{-x}+a^x}{2}=f(x)$，所以 $f(x)=\dfrac{a^x+a^{-x}}{2}$ 为偶函数.

(2) 因为 $f(x)$ 的定义域为 $(-\infty,+\infty)$，且
$$f(-x)=\ln[-x+\sqrt{1+(-x)^2}]=\ln(-x+\sqrt{1+x^2})$$
$$=\ln\frac{(-x+\sqrt{1+x^2})(x+\sqrt{1+x^2})}{x+\sqrt{1+x^2}}=-\ln(x+\sqrt{1+x^2})=-f(x),$$
所以 $f(x)=\ln(x+\sqrt{1+x^2})$ 为奇函数.

**4. 函数的周期性**

设函数 $y=f(x)$ 的定义域为 $D$，若存在正数 $T$，使得对于任意的 $x \in D$，有 $(x \pm T) \in D$，且恒有
$$f(x+T)=f(x),$$
则称 $y=f(x)$ 是**以 $T$ 为周期的周期函数**. 显然，若 $T$ 是 $f(x)$ 的周期，则 $kT$ 也是 $f(x)$ 的周期（$k=1,2,\cdots$）. 通常我们所说的周期函数的周期都是指**最小正周期**.

例如，我们所熟知的三角函数 $y=\sin x, y=\cos x$ 都是以 $2\pi$ 为周期的周期函数；$y=\tan x, y=\cot x$ 都是以 $\pi$ 为周期的周期函数.

周期函数的图形呈周期性重复，只要知道它在任一周期上的图形，就可以得到函数的全部图形.

**例7** 求函数 $f(x) = \sin 2x$ 的周期.

**解** 设所求周期为 $T$,则必有 $f(x+T) = f(x)$,即
$$\sin 2(x+T) = \sin(2x+2T) = \sin 2x.$$
因为正弦函数 $y = \sin x$ 的周期为 $2\pi$,所以应有 $2T = 2\pi$,故 $T = \pi$.

函数 $f(x) = \sin 2x$ 的图象如图 1-1 所示. 一般地,函数 $y = \sin \omega x$ 与 $y = \cos \omega x$ 的周期可由公式 $T = \dfrac{2\pi}{\omega}$ 求得. 如果函数 $f(x)$ 是由几个周期函数的代数和构成,则函数 $f(x)$ 的周期等于这几个已知函数的周期的最小公倍数.

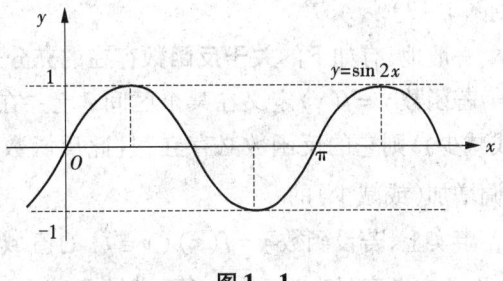

图 1-1

### 三、反函数、复合函数和初等函数

#### 1. 反函数

函数 $y = f(x)$ 反映了两个变量之间的对应关系,当自变量 $x$ 在定义域 $D$ 内取定一个值后,因变量 $y$ 的值也随之确定. 但是,这种因果关系并不是绝对的. 例如,在自由落体运动中,如果已知物体下落的时间 $t$ 而要求出下落距离 $s$,则由公式 $s = \dfrac{1}{2}gt^2(t \geq 0, g$ 为重力加速度$)$ 进行计算,这里时间 $t$ 是自变量,而距离 $s$ 是因变量. 我们也常常需要考虑反过来的问题,即已知下落距离 $s$ 来求出下落时间 $t$. 这时我们可以从上式解得 $t = \sqrt{\dfrac{2s}{g}}(s \geq 0)$,这里距离 $s$ 成为自变量,而时间 $t$ 成为因变量. 在数学上,如果把一个函数中的自变量和因变量进行对换后能得到新的函数,就把这个新函数称为原来函数的反函数. 严格地讲,就是:

设函数 $y = f(x)$ 的定义域为 $D$,值域为 $R_f$. 若对每个 $y \in R_f$,都有唯一确定的 $x \in D$ 满足关系式 $f(x) = y$,则这样确定的以 $y$ 为自变量,$x$ 为因变量的函数称为 $y = f(x)$ 的**反函数**,记作
$$x = f^{-1}(y).$$
这个函数的定义域为 $R_f$,值域为 $D$. 相对于反函数 $x = f^{-1}(y)$ 来说,原来的函数 $y = f(x)$ 称为**直接函数**.

在函数式 $x = f^{-1}(y)$ 中,$y$ 表示自变量,$x$ 表示因变量. 但习惯上一般用 $x$ 表示自变量,而用 $y$ 表示因变量,因此当集中注意于反函数本身时,就常常对调函数式 $x = f^{-1}(y)$ 中的 $x, y$,把它改写成 $y = f^{-1}(x)$. 今后提到的反函数,一般就是指这种经过改写后的反函数. 在同一坐标平面内,函数 $y = f(x)$ 与其反函数 $y = f^{-1}(x)$ 的图象是关于直线 $y = x$ 对称的.

例如,函数 $y = -\sqrt{x-1}(x \geq 1)$ 的反函数是 $x = y^2 + 1(y \leq 0)$,或改写成 $y = x^2 + 1(x \leq 0)$.

下面来讨论什么样的函数存在反函数. 先看一个例子.

设 $y = x^2(-\infty < x < +\infty)$,由此式解出 $x$,得到 $x = \pm\sqrt{y}(y \geq 0)$. 这就表明,对于每个 $y > 0$,$x$ 有两个不同的对应值 $\pm\sqrt{y}$,$x$ 的值并不唯一确定. 因此按反函数的定义,函数 $y = x^2$ $(-\infty < x < +\infty)$ 不存在反函数. 但如果考虑函数 $y = x^2(x \geq 0)$,则可解得 $x = \sqrt{y}(y \geq 0)$,这时

对于每个 $y \geq 0$, $x$ 有唯一确定的值 $\sqrt{y}$ 与它对应. 因此, 函数 $y = x^2$ ($x \geq 0$) 存在反函数 $x = \sqrt{y}$ ($y \geq 0$), 或写成 $y = \sqrt{x}$ ($x \geq 0$). 我们注意到, $y = x^2$ ($x \geq 0$) 在其定义域 $[0, +\infty)$ 上是单调(增加)的, 而函数 $y = x^2$ ($-\infty < x < +\infty$) 在其定义域 $(-\infty, +\infty)$ 上不是单调的 (见图 1 – 2).

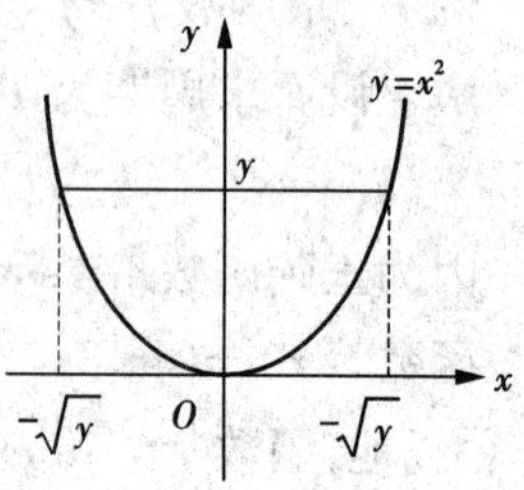

图 1 – 2

一般地, 有如下的**关于反函数存在的充分条件**.

若函数 $y = f(x)$ 定义在某个区间 $I$ 上并在该区间上单调增加(或减少), 则它的反函数必存在, 且此反函数在相应区间上也是单调增加(或减少)的.

事实上, 若设函数 $y = f(x)$ ($x \in I$) 的值域为 $R_f$, 则由 $f(x)$ 在 $I$ 上的单调性可知, 对任一 $y \in R_f$, $I$ 内必定只有唯一的 $x$ 值, 满足 $f(x) = y$, 从而推得 $y = f(x)$ ($x \in I$) 的反函数必存在.

利用反函数存在的充分条件, 我们只需判断函数在所讨论的范围内是否单调, 就可以确定其反函数是否存在.

**2. 复合函数**

我们先来看一个实际的例子.

自由落体运动的动能 $E$ 是速度 $v$ 的函数

$$E = \frac{1}{2}mv^2 \tag{1}$$

而速度 $v$ 又是时间 $t$ 的函数

$$v = gt \tag{2}$$

因此, 若要研究作自由落体运动的物体的动能 $E$ 与时间 $t$ 的关系, 就要把(2)式代入(1)式, 这样我们就得到了由函数(1)与(2)复合而成的函数 $E = \frac{1}{2}m(gt)^2$, 这个函数称为复合函数. 下面给出它的一般定义.

**定义 2** 若函数 $y = f(u)$ 的定义域为 $D_1$, 函数 $u = g(x)$ 的值域为 $D_2$, 且 $D_2 \subseteq D_1$, 则变量 $y$ 通过变量 $u$ 成为 $x$ 的函数, 这个函数称为由函数 $y = f(u)$ 和 $u = g(x)$ 构成的**复合函数**, 记为

$$y = f[g(x)],$$

其中 $x$ 叫作**自变量**, $u$ 叫作**中间变量**, $f$ 叫作**外层函数**, $g$ 叫作**内层函数**.

关于复合函数, 我们应注意以下两点:

(1) 函数的复合是有条件的

例如, 设函数 $y = \arccos u$, $u = 2 + x^2$, 因为对于内层函数 $u = 2 + x^2$ 的定义域 $(-\infty, +\infty)$ 中的任何 $x$ 值, 对应的 $u$ 值都不小于 2, 从而使得外层函数 $y = \arccos u$ 无意义, 因此, 形式上的复合函数 $y = \arccos(2 + x^2)$ 是没有意义的.

事实上, 两个函数可以进行复合的条件是, **内层函数的值域与外层函数的定义域的交集必须是非空集合**. 还要注意到, 内层函数的定义域与复合函数的定义域不一定相同. 例如, 复合函数 $y = \sqrt{1 - x^2}$, 其定义域为 $[-1, 1]$, 而内层函数 $u = g(x) = 1 - x^2$ 的定义域为 $(-\infty, +\infty)$.

(2)函数的复合可以是多重复合

例如,函数 $y = u^2, u = \cos v, v = 2x$ 复合以后就构成复合函数 $y = \cos^2 2x$,这里 $u$ 和 $v$ 都是中间变量. 与此同时,我们还应掌握复合函数的复合过程,即分解复合函数,这对于以后的学习是有帮助的,读者对此应予重视.

**例 8** 指出下列函数的复合过程:

(1) $y = \sqrt{5 + 2x}$; (2) $y = e^{-x^2 - 1}$; (3) $y = \lg \sin^2 x$.

**解** (1)函数 $y = \sqrt{5 + 2x}$ 是由 $y = \sqrt{u}, u = 5 + 2x$ 复合而成的.

(2)函数 $y = e^{-x^2 - 1}$ 是由 $y = e^u, u = -x^2 - 1$ 复合而成的.

(3)函数 $y = \lg \sin^2 x$ 是由 $y = \lg u, u = v^2, v = \sin x$ 复合而成的.

初学者往往对分析函数的复合过程感到困难,不妨考虑下面的思路.

设复合函数 $y = f\{\phi[g(x)]\}$,对于给定的 $x$ 值,计算函数值的顺序是

(1)先计算内层函数值 $g(x) = v$;

(2)再计算中层函数值 $\phi(v) = u$;

(3)最后计算外层函数值 $f(u) = y$.

即"由内向外"逐层计算,并且每一层都是计算一个简单函数的值. 不难看出,函数的复合顺序恰好与计算函数值的顺序相反.

**3. 初等函数**

**定义 3** 幂函数、指数函数、对数函数、三角函数、反三角函数统称为**基本初等函数**.

高中阶段的数学教材中,对指数函数、对数函数、三角函数及其性质与图象均已作过介绍. 在此,我们着重介绍幂函数和反三角函数,同时对已学过的其他三种函数加以回顾.

(1)幂函数

函数 $y = x^\alpha$($\alpha$ 为任意实数)叫作**幂函数**.

常见的幂函数有 $y = x, y = x^2, y = x^3, y = \sqrt{x}, y = \dfrac{1}{x}$ 等.

幂函数的定义域随 $\alpha$ 的取值不同而不同,但它们在 $(0, +\infty)$ 内都有定义,且图象都经过点 $(1,1)$,如图 1-3 所示.

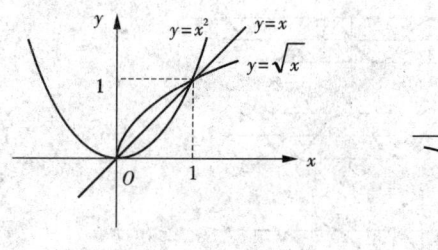

图 1-3

当 $\alpha$ 为正整数时,$y = x^\alpha$ 的定义域为 $(-\infty, +\infty)$,且 $\alpha$ 为奇(偶)数时,$x^\alpha$ 为奇(偶)函数.

当 $\alpha$ 为负整数时,$y = x^\alpha$ 的定义域为 $(-\infty, 0) \cup (0, +\infty)$.

当 α 为分数时,情况较为复杂,要根据 $y = x^α$ 的具体表达式而定.

当 α 为无理数时,规定 $y = x^α$ 的定义域为 $(0, +\infty)$.

(2) **指数函数**

函数 $y = a^x$ ($a$ 是常数,$a > 0$ 且 $a \neq 1$) 叫作**指数函数**.

指数函数的定义域为 $(-\infty, +\infty)$,其图象都经过点 $(0, 1)$,且函数值恒大于零.当 $a > 1$ 时,函数单调增加,当 $0 < a < 1$ 时,函数单调减少.其图象如图 1-4 所示.

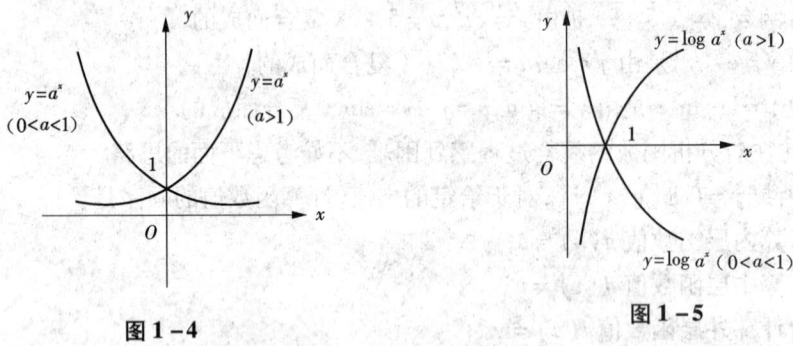

图 1-4　　　　　　　　　　图 1-5

(3) **对数函数**

函数 $y = \log_a x$ ($a$ 是常数,$a > 0$ 且 $a \neq 1$) 叫作**对数函数**.

对数函数与指数函数互为反函数,其定义域为 $(0, +\infty)$,图象都经过点 $(1, 0)$. 当 $a > 1$ 时,函数单调增加,当 $0 < a < 1$ 时,函数单调减少. 其图象如图 1-5 所示. 特别当 $a = e$ 时,将 $\log_e x$ 记为 $\ln x$ (称为**自然对数函数**). 其中 $e = 2.71828\cdots$ 为无理数,关于这个数 $e$ 的意义见本章第三节.

(4) **三角函数**

常用三角函数的函数表达式及其图象与性质如表 1-1 所示.

表 1-1

| 函数 | 定义域 | 值域 | 图象 | 主要性质 | | |
|---|---|---|---|---|---|---|
| | | | | 周期性 | 有界性 | 奇偶性 |
| $y = \sin x$ | $(-\infty, +\infty)$ | $[-1, 1]$ | | $2\pi$ | 有界 | 奇 |
| $y = \cos x$ | $(-\infty, +\infty)$ | $[-1, 1]$ | | $2\pi$ | 有界 | 偶 |
| $y = \tan x$ | $x \neq n\pi + \dfrac{\pi}{2}$<br>$n = 0, \pm 1, \pm 2 \cdots$ | $(-\infty, +\infty)$ | | $\pi$ | 无界 | 奇 |
| $y = \cot x$ | $x \neq n\pi$<br>$n = 0, \pm 1, \pm 2 \cdots$ | $(-\infty, +\infty)$ | | $\pi$ | 无界 | 奇 |

除了以上四个常见三角函数外,以后还会用到正割函数 $y = \sec x$ 与余割函数 $y = \csc x$. 它们的定义分别为 $y = \sec x = \dfrac{1}{\cos x}, y = \csc x = \dfrac{1}{\sin x}$. 关于这两个三角函数的性质及其图象,读者可自行考虑,在此从略.

(5) 反三角函数

由于不同角的同名三角函数值有可能相等,即三角函数的依赖关系非"一一对应"关系. 为保证三角函数存在反函数,就需要改变三角函数的定义域,使之在所定义的区间上为单值函数,所以将反三角函数定义如下。

正弦函数 $y = \sin x$ 在 $\left[-\dfrac{\pi}{2}, \dfrac{\pi}{2}\right]$ 上的反函数称为**反正弦函数**,记作 $y = \arcsin x$,其定义域为 $[-1,1]$,值域为 $\left[-\dfrac{\pi}{2}, \dfrac{\pi}{2}\right]$.

余弦函数 $y = \cos x$ 在 $[0,\pi]$ 上的反函数称为**反余弦函数**,记作 $y = \arccos x$,其定义域为 $[-1,1]$,值域为 $[0,\pi]$.

正切函数 $y = \tan x$ 在 $\left(-\dfrac{\pi}{2}, \dfrac{\pi}{2}\right)$ 上的反函数称为**反正切函数**,记作 $y = \arctan x$,其定义域为 $(-\infty, +\infty)$,值域为 $\left(-\dfrac{\pi}{2}, \dfrac{\pi}{2}\right)$.

余切函数 $y = \cot x$ 在 $(0,\pi)$ 上的反函数称为**反余切函数**,记作 $y = \text{arccot } x$,其定义域为 $(-\infty, +\infty)$,值域为 $(0,\pi)$.

根据互为反函数的两个函数图象间的关系,不难得到反三角函数的图象. 下面把反三角函数的图象及主要性质列于表 1-2.

表 1-2

| 函数 | 定义域 | 值域 | 图象 | 主要性质 |
|---|---|---|---|---|
| $y = \arcsin x$ | $[-1,1]$ | $\left[-\dfrac{\pi}{2}, \dfrac{\pi}{2}\right]$ | | 单调增加奇函数 |
| $y = \arccos x$ | $[-1,1]$ | $[0,\pi]$ | | 单调减少 |
| $y = \arctan x$ | $(-\infty, +\infty)$ | $\left(-\dfrac{\pi}{2}, \dfrac{\pi}{2}\right)$ | | 单调增加,奇函数,直线 $y = \pm\dfrac{\pi}{2}$ 为函数图形的水平渐近线 |

| 函数 | 定义域 | 值域 | 图象 | 主要性质 |
|---|---|---|---|---|
| $y = \text{arccot}\, x$ | $(-\infty, +\infty)$ | $(0, \pi)$ | | 单调减少,直线 $y=0$ 及 $y=\pi$ 为函数图形的水平渐近线 |

熟练掌握基本初等函数的定义域、图象及其性质,对于学好高等数学极为有益.

**定义 4** 由常数和基本初等函数经过有限次的四则运算和有限次的复合步骤所构成并可以用一个式子来表示的函数,叫作**初等函数**. 例如

$$y = \sqrt{1+x^2},\ y = \sqrt{\cot \frac{x}{2}}$$

等都是初等函数. 在本书中,所讨论的函数绝大多数都是初等函数. 而

$$y = \begin{cases} x^2, & x > 0, \\ \sin x + 2, & x \leqslant 0, \end{cases}$$

不是初等函数,又如函数

$$y = 1 + x + x^2 + \cdots + x^n + \cdots$$

也不是初等函数.

### 四、建立函数关系举例

利用数学方法解决实际问题时,通常需要我们找出该问题中存在的若干变量,科学准确地分析它们之间的相互关系,并根据实际需要,将这种关系用函数表示出来. 下面通过一些具体的例子来说明如何建立函数关系.

**例 9** 已知某物体与地面的摩擦系数为 $\mu$,其重量为 $P$,设有一个与水平方向成 $\alpha$ 角的拉力 $F$,使物体从静止开始移动(见图 1-6). 求物体开始移动时,拉力 $F$ 与角 $\alpha$ 之间的函数关系.

**解** 此物体对地面的压力为 $P - F\sin \alpha$,摩擦力为 $(P - F\sin \alpha)\mu$,水平方向的拉力为 $F\cos \alpha$. 当物体开始移动时,水平拉力与摩擦力相等,因此有

$$F\cos \alpha = (P - F\sin \alpha)\mu,$$

所以

$$F = \frac{P\mu}{\cos \alpha + \mu \sin \alpha}.$$

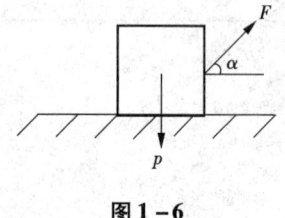

图 1-6

**例 10** 某产品年产量为 $x$ 台,每台售价为 400 元,当年产量在 1000 台以内时,可以全部售出,当年产量超过 1000 台时,经广告宣传后又可以再多售出 200 台,每台平均广告费 40 元,生产再多,本年就售不出去,试建立本年的销售总收入 $y$ 与年产量 $x$ 间的函数关系.

**解** 由已知,当 $0 \leqslant x \leqslant 1000$ 时,$y = 400x$;当 $1000 < x \leqslant 1200$,$y$ 将由两部分组成,一部分是销售 1000 台时的收益 $y_1 = 1000 \times 400 = 400\,000$,另一部分是销售超过 1000 台而不超过 1200

台时的收益 $y_2 = (400-40)(x-1000)$；当 $x > 1200$ 时，按题意，本年就售不出去，故年收益为 $1200 \times 400 - 200 \times 40 = 472\,000$，所以 $y$ 与 $x$ 的函数关系为

$$y = \begin{cases} 400x, & 0 \leq x \leq 1000, \\ 400\,000 + 360(x-1000), & 1000 < x \leq 1200, \\ 472\,000, & x > 1200. \end{cases}$$

**例 11** 用三块宽度均为 $a$ 的木板，做成一个横截面为等腰梯形的水槽(见图 1-7)，则水槽横截面的大小取决于角 $\theta$ 的选取，试建立水槽横截面积 $S$ 与角 $\theta$ 间的函数关系.

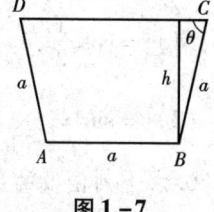

图 1-7

**解** 因为 $S = \dfrac{1}{2}(AB+CD)h$，由图 1-7 知，$AB = a, h = a\sin\theta$，$CD = a + 2a\cos\theta$，故

$$S = a^2(1+\cos\theta)\sin\theta \quad \left(0 < \theta < \dfrac{\pi}{2}\right).$$

## 习题 1-1

1. 求下列函数的定义域：

(1) $y = \sqrt{x^2 - 4x + 3}$；

(2) $y = \sqrt{x+2} + \dfrac{1}{\lg(1-x)}$；

(3) $y = \dfrac{1}{\sqrt{x^2-3}}$；

(4) $y = \sqrt{\dfrac{1+x}{1-x}}$；

(5) $y = \ln(x+2) + 1$；

(6) $y = \begin{cases} \sin x, & 0 \leq x < \dfrac{\pi}{2}, \\ x, & \dfrac{\pi}{2} \leq x < \pi. \end{cases}$

2. 判断下列各题中的 $f(x)$ 与 $g(x)$ 是否为同一函数：

(1) $f(x) = \dfrac{x}{x}, g(x) = 1$；

(2) $f(x) = x, g(x) = \sqrt{x^2}$；

(3) $f(x) = x, g(x) = (\sqrt{x})^2$；

(4) $f(x) = \sin x, g(x) = \sqrt{1-\cos^2 x}$.

3. 求下列函数在指定点处的函数值：

(1) $f(x) = \sqrt{3+x^2}$，求 $f(2), f(0), f(x_0), f\left(\dfrac{1}{a}\right)(a \neq 0)$；

(2) $f(x) = 1+x^2, g(x) = \sin 3x$，求 $f(x^2-1), f[g(x)], g[f(x)]$；

(3) $f(x) = \begin{cases} 1+x, & x \leq 0 \\ 2, & x > 0 \end{cases}$，求 $f(-1), f(0), f\left(\dfrac{1}{2}\right)$；

(4) $f(x) = \begin{cases} 2^x, & -1 < x < 0 \\ 2, & 0 \leq x < 1 \\ x-1, & 1 \leq x \leq 3 \end{cases}$，求 $f(0), f(3), f\{f[f(-0.5)]\}$.

4. 判断下列函数的奇偶性:

(1) $y = x + \sin x$;　　　　(2) $y = x\cos x$;

(3) $y = x(x-1)(x+1)$;　　(4) $y = \sin x + \cos x + 1$;

(5) $y = x^4 + 4x^2 - 1$;　　(6) $y = \dfrac{\sin x}{x}$.

5. 求下列周期函数的周期:

(1) $y = \cos \dfrac{x}{2}$;　　　(2) $y = \tan\left(x + \dfrac{\pi}{4}\right)$;

(3) $y = \sin^2 x$;　　　　(4) $y = \sin x + \dfrac{1}{2}\sin 2x + \dfrac{1}{3}\sin 3x$.

6. 求下列函数的反函数:

(1) $y = x^2 \ (-\infty < x \leqslant 0)$;　　(2) $y = \sqrt[3]{x+1}$;

(3) $y = \dfrac{1-x}{1+x}$;　　(4) $y = \dfrac{ax+b}{cx+d}\ (ad - bc \neq 0)$.

7. 设 $y = f(x)$ 的定义域为 $[0,1]$, 求下列复合函数的定义域:

(1) $f(x^2)$;　　　　(2) $f(x + a)\ (a > 0)$;

(3) $f(x+a) + f(x-a)\ (a > 0)$.

8. 设 $f(x)$ 与 $g(x)$ 分别为 $(-\infty, +\infty)$ 内的单调增加与单调减少函数, 试讨论 $f[g(x)]$ 与 $g[f(x)]$ 的单调性.

9. 已知 $f[\varphi(x)] = 1 + \cos x$, $\varphi(x) = \sin \dfrac{x}{2}$, 求 $f(x)$.

10. 设

$$f(x) = \begin{cases} 1, & |x| < 1, \\ 0, & |x| = 1, \\ -1, & |x| > 1, \end{cases} \quad g(x) = e^x,$$

求 $f[g(x)]$ 与 $g[f(x)]$, 并作出这两个函数的图形.

11. 写出下列函数的复合过程:

(1) $y = \sin^3(8x + 5)$;　　(2) $y = \tan(\sqrt[3]{x^2 + 5})$;

(3) $y = 5(x+2)^2$;　　　　(4) $y = e^{1-x^2}$;

(5) $y = \ln(3-x)$;　　　　(6) $y = \sqrt{\tan \dfrac{x}{2}}$;

(7) $y = \ln\cos^2(3x+1)$;　　(8) $y = \log_5 \cot^3(5x^2 + 7)$.

12. 写出由下列函数复合而成的函数, 并求其定义域:

(1) $y = \ln u, u = 4 - v^2, v = \cos x$;　　(2) $y = \sin u, u = x^3 + 4$;

(3) $y = 5^u, u = \cot v, v = \dfrac{1}{x}$;　　(4) $y = \sqrt{u}, u = 8x^3 + 1$.

13. 将一个底面半径为 2 cm, 高为 10 cm 的圆锥形做成量杯, 要在上面刻上表示容积的刻度. 试写出溶液高度和与之对应的容积之间的函数关系.

14. 要建造一个容积为 $V$ 的长方体水池,它的底面为正方形. 如果水池底面的单位面积造价为侧面的 3 倍,试建立总造价与底面边长之间的函数关系.

15. 已知甲乙两地间铁路行李单程运费的计费标准规定:当行李重量不超过 50 kg 时,按基本运费 0.30 元/kg 收费;当超过 50 kg 时,超过的部分按 0.45 元/kg 收费. 求行李费 $y$(元)与行李重量 $x$(kg)之间的函数关系.

16. 收音机每台售价为 90 元,成本为 60 元. 厂方为鼓励销售商大量采购,决定凡是订购量超过 100 台以上的,每多订购 1 台,售价就降低 1 分,但最低价为每台 75 元. 求:
(1) 将每台的实际售价 $p$ 表示为订购量 $x$ 的函数;
(2) 将厂方所获的利润 $P$ 表示成订购量 $x$ 的函数;
(3) 某一商行订购了 1000 台,厂方可获利润多少?

## 第二节 极 限

为了深入研究函数,即研究因变量在自变量的某种确定的变化方式下的变化趋势,就需要引进极限的概念. 极限概念不仅是高等数学的两个主要部分——微分学与积分学的基石,而且也是进行理论研究的基础. 在本节中,我们首先介绍数列的极限,然后介绍函数极限及极限的性质.

### 一、数列的极限

有很多实际问题的精确解,仅仅通过有限次的算术运算是求不出来的,而必须通过分析一个无限变化趋势才能求得. 例如,公元 3 世纪,我国数学家刘徽利用圆内接正多边形的面积来推算圆面积的方法——割圆术,就是极限思想在几何学上的应用.

设有一圆,首先作内接正六边形,把它的面积记为 $A_1$;再作内接正十二边形,其面积记为 $A_2$;再作内接正二十四边形,其面积记为 $A_3$;循此下去,每次边数加倍,一般地把内接正 $6 \times 2^{n-1}$ 边形的面积记为 $A_n$($n = 1, 2, 3, \cdots$). 这样,就得到一系列内接正多边形的面积:
$$A_1, A_2, A_3, \cdots, A_n, \cdots,$$
它们构成一列有顺序的数. 当 $n$ 越大时,内接正多边形与圆的差别就越小,从而以 $A_n$ 作为圆面积的近似值也越精确. 但是无论 $n$ 取得多么大,只要 $n$ 取定了,$A_n$ 终究只是多边形的面积,还不是圆面积. 因此,设想 $n$ 无限增大(记作 $n \to \infty$,读作 $n$ 趋于无穷大),在这过程中,内接正多边形将无限接近于圆,于是从数值上看,内接正多边形的面积 $A_n$ 将无限接近于一个确定的数值,这个数值就是所要求的圆的面积. 在数学上,将这个确定的数值称为上面这列有顺序的数(所谓数列)$A_1, A_2, A_3, \cdots, A_n, \cdots$ 当 $n \to \infty$ 时的**极限**. 由此问题可看到,正是这个数列的极限才精确地表达了圆的面积.

在解决实际问题中逐渐形成的这种极限方法,正是高等数学的基本方法,因此有必要进一步阐明.

先说明数列的概念. 按照自然顺序排列的一列数

$$x_1, x_2, \cdots, x_n, \cdots$$

称为**数列**,记作数列$\{x_n\}$,其中每一个数叫作数列的项,第 $n$ 项 $x_n$ 称为数列的**一般项**或**通项**. 例如:

$$\frac{1}{2}, \frac{2}{3}, \frac{3}{4}, \cdots, \frac{n}{n+1}, \cdots,$$

$$2, 4, 8, \cdots, 2^n, \cdots,$$

$$1, -1, 1, \cdots, (-1)^{n+1}, \cdots$$

都是数列,它们的一般项依次为

$$\frac{n}{n+1}, 2^n, (-1)^{n+1}.$$

在几何上,数列$\{x_n\}$可看作是数轴上的一个动点,它依次取数轴上的点 $x_1, x_2, \cdots, x_n, \cdots$. 若按函数定义,数列$\{x_n\}$可看作自变量为正整数 $n$ 的函数:

$$x_n = f(n),$$

它的定义域为正整数集,当自变量 $n$ 依次取 $1, 2, 3, \cdots$ 等正整数时,对应的函数值就构成数列 $\{x_n\}$.

对于数列$\{x_n\}$应注意以下两点:

(1)若满足 $x_1 \leq x_2 \leq \cdots \leq x_n \leq x_{n+1} \leq \cdots$,则称该数列为**单调增加的数列**;反之,若有 $x_1 \geq x_2 \geq \cdots \geq x_n \geq x_{n+1} \geq \cdots$,则称该数列为**单调减少的数列**. 单调增加和单调减少的数列,统称为**单调数列**.

(2)若存在 $M > 0$,使得对一切 $x_n$,均有 $|x_n| \leq M$ 成立,则称数列$\{x_n\}$为**有界数列**. 若这样的 $M$ 不存在,则称数列$\{x_n\}$为**无界数列**.

研究数列,至关重要的问题是:当项数 $n$ 无限增大时,数列对应项的变化趋势如何. 即 $x_n$ 能否无限接近于某个确定的数值,如果能够的话,这个数值是多少?

我们对数列

$$2, \frac{3}{2}, \frac{4}{3}, \cdots, \frac{n+1}{n}, \cdots$$

进行分析. 在这个数列中

$$x_n = \frac{n+1}{n} = 1 + \frac{1}{n},$$

显然,当 $n$ 越来越大时,$\frac{1}{n}$ 越来越小,从而 $x_n$ 就越来越接近于常数 1. 该数列的这种现象可叙述为:当 $n$ 无限增大时,$x_n$ 无限接近于常数 1.

再考察一个数列 $\{x_n\} = \left\{\frac{1}{2^n}\right\}$,即 $\frac{1}{2}, \frac{1}{4}, \frac{1}{8}, \cdots, \frac{1}{2^n}, \cdots$,容易看出,当 $n$ 无限增大时,$x_n$ 无限接近于常数 0.

综合上述两例的共性,抽象出数列极限的定义.

**定义 1** 设$\{x_n\}$是一个数列,$a$ 是一个确定的常数. 如果当 $n$ 无限增大时,$x_n$ 无限趋近于常数 $a$,则称常数 $a$ 为数列$\{x_n\}$当 $n$ 趋向于无穷大时的**极限**,或者称数列$\{x_n\}$**收敛**于 $a$,记作

$$\lim_{n\to\infty} x_n = a \text{ 或 } x_n \to a(n\to\infty).$$

如果不存在这样的常数 $a$，就说数列 $\{x_n\}$ 没有极限，或者说数列 $\{x_n\}$ 是**发散**的，习惯上也说 $\lim\limits_{n\to\infty} x_n$ 不存在.

由上述定义可知：

$$\lim_{n\to\infty}\frac{n+1}{n}=1, \lim_{n\to\infty}\frac{1}{2^n}=0.$$

这里所说的"$x_n$ 无限趋近于一个确定的常数 $a$"是指 $x_n$ 与 $a$ 的差的绝对值 $|x_n - a|$ 越来越小，可以小到任意的程度.

下面对"**无限趋近**"的意思再作一些解释.

首先介绍邻域的概念. 开区间 $(a-\varepsilon, a+\varepsilon)$ 称为以 $a$ 为中心，$\varepsilon(\varepsilon>0)$ 为半径的邻域，简称为**点 $a$ 的 $\varepsilon$ 邻域**，记为 $\cup(a,\varepsilon)$. 则"当 $n$ 无限增大时，对应的 $|x_n - a|$ 无限趋近于 0"可理解为：无论点 $a$ 的 $\varepsilon$ 邻域多么小，在数列 $\{x_n\}$ 中总能找到一项，不妨设为第 $N$ 项，使该项以后的各项 $x_{N+1}, x_{N+2}, \cdots$ 都进入 $\cup(a,\varepsilon)$ 内. 换言之，落在 $\cup(a,\varepsilon)$ 外的点总是有限个.

数列极限定义并未提供求极限的方法，以后要讲极限的求法，下面通过直觉观察来了解几个典型数列的极限.

(1) 常数列 $\{x_n\} = \{a\}$，即 $a, a, a, \cdots, a, \cdots$ 的极限为常数 $a$. 这是因为 $|x_n - a| = |a - a| = 0$，因此，$\lim\limits_{n\to\infty} a = a$.

(2) 数列 $\{x_n\} = \left\{\dfrac{1}{n^k}\right\}$ ($k>0$ 为常数) 的极限为 0. 这是因为 $|x_n - 0| = \left|\dfrac{1}{n^k} - 0\right| = \dfrac{1}{n^k}$，当 $n$ 无限增大时，由于 $k>0$，故 $\dfrac{1}{n^k}$ 越来越小，可以小到任意的程度，因此，$\lim\limits_{n\to\infty}\dfrac{1}{n^k} = 0$. 例如，$\lim\limits_{n\to\infty}\dfrac{1}{n^2} = 0$；$\lim\limits_{n\to\infty}\dfrac{1}{\sqrt{n}} = 0$.

(3) 数列 $\{x_n\} = \{q^n\}$ ($|q|<1$，$q$ 为常数，这个数列叫作**等比数列**) 的极限为 0. 这是因为 $|x_n - 0| = |q^n - 0| = |q|^n$，由于 $|q|<1$，故当 $n$ 无限增大时，$|q|^n$ 越来越小，可以小到任意的程度，因此 $\lim\limits_{n\to\infty} q^n = 0 (|q|<1)$. 例如，$\lim\limits_{n\to\infty}\left(\dfrac{1}{2}\right)^n = 0$；$\lim\limits_{n\to\infty}\left(-\dfrac{1}{2}\right)^n = 0$.

(4) 数列 $\{x_n\} = \{(-1)^{n+1}\}$ 是发散的. 因为这个数列的项只取两个值 1 与 -1. 显然，当 $n$ 无限增大时，$x_n$ 无休止地一再重复取得 1 与 -1 这两个数，并不趋近于某个确定的常数，所以数列 $\{x_n\} = \{(-1)^{n+1}\}$ 是发散的.

(5) 数列 $\{x_n\} = \{n(n+1)\}$ 是发散的. 因为这个数列当 $n\to\infty$ 时，$x_n$ 的值也无限增大，不能趋近于某个确定的常数，所以数列 $\{x_n\} = \{n(n+1)\}$ 是发散的.

## 二、函数的极限

前面讨论了数列的极限，因为数列可看作自变量取正整数 $n$ 的函数 $f(n)$，所以数列的极限是函数极限的一种特殊类型. 下面我们讨论一般函数 $y = f(x)$ 的极限. 主要研究以下两种情形.

(1) 自变量 $x$ 的绝对值无限增大(记作 $x\to\infty$)时,对应的函数值 $f(x)$ 的变化情形;

(2) 自变量 $x$ 任意地接近于有限值 $x_0$(记作 $x\to x_0$)时,对应的函数值 $f(x)$ 的变化情形.

**1. $x\to\infty$ 时函数的极限**

先看一个例子:考察当 $x\to\infty$ 时,$y=\dfrac{1}{x}$ 的变化趋势. 做出 $y=\dfrac{1}{x}$ 的图象(见图 1-8),由图象可见,当 $|x|$ 无限增大时,$\dfrac{1}{x}$ 的值无限地趋近于零,即当 $x\to\infty$ 时,$\dfrac{1}{x}\to 0$.

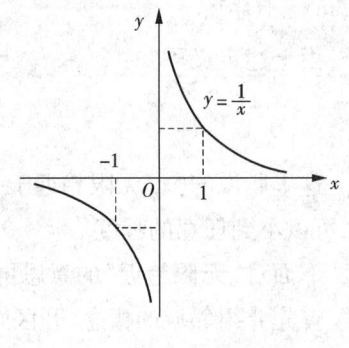

图 1-8

仿数列极限的定义,可得下面函数极限的定义.

**定义 2** 设函数 $f(x)$ 在原点的某个邻域以外有定义,如果当 $|x|$ 无限增大时,对应的函数值 $f(x)$ 无限地趋近于常数 $A$,则称 $A$ 为函数 $f(x)$ 当 $x$ **趋于无穷大时的极限**,记作

$$\lim_{x\to\infty} f(x) = A \text{ 或 } f(x)\to A(x\to\infty).$$

在上述定义中,自变量 $x$ 的绝对值无限增大的过程包含 $x$ 既可取正值也可取负值. 若 $x$ 总取正值而无限增大(记为 $x\to+\infty$)时,对应的函数值 $f(x)$ 无限地趋近于某个常数 $A$,则称 $A$ 为函数 $f(x)$ 当 $x$ **趋于正无穷大时的极限**,记作

$$\lim_{x\to+\infty} f(x) = A \text{ 或 } f(x)\to A(x\to+\infty);$$

若 $x$ 总取负值而绝对值无限增大(记为 $x\to-\infty$)时,对应的函数值 $f(x)$ 无限地趋近于某个常数 $A$,则称 $A$ 为函数 $f(x)$ 当 $x$ **趋于负无穷大时的极限**,记作

$$\lim_{x\to-\infty} f(x) = A \text{ 或 } f(x)\to A(x\to-\infty).$$

根据上述定义,前面的例子可记为:$\lim\limits_{x\to-\infty}\dfrac{1}{x}=0$,$\lim\limits_{x\to+\infty}\dfrac{1}{x}=0$,$\lim\limits_{x\to\infty}\dfrac{1}{x}=0$.

由此例还可以进一步看出:$\lim\limits_{x\to\infty} f(x) = A$ 的充分必要条件是

$$\lim_{x\to-\infty} f(x) = \lim_{x\to+\infty} f(x) = A.$$

**例 1** 讨论当 $x\to\infty$ 时下列函数的极限:

(1) $x^2+1$;   (2) $\arctan x$;   (3) $\dfrac{1}{x^2+1}$;   (4) $\cos x$.

**解** (1) 因为 $x\to\infty$ 表示 $|x|$ 无限增大,而 $|x|$ 无限增大时,对应的函数值 $x^2+1$ 也无限增大,不趋于某个确定的常数,所以 $\lim\limits_{x\to\infty}(x^2+1)$ 不存在.

(2) 由 $y=\arctan x$ 的图象(见第一节表 1-2)可知,当 $x$ 取正值且无限增大(即 $x\to+\infty$)时,对应的函数值 $\arctan x$ 无限趋近于 $\dfrac{\pi}{2}$;当 $x$ 取负值且 $|x|$ 无限增大(即 $x\to-\infty$)时,对应的函数值 $\arctan x$ 无限趋近于 $-\dfrac{\pi}{2}$,即

$$\lim_{x\to+\infty}\arctan x = \dfrac{\pi}{2},\ \lim_{x\to-\infty}\arctan x = -\dfrac{\pi}{2}.$$

由于 $\lim\limits_{x\to+\infty}\arctan x$ 与 $\lim\limits_{x\to-\infty}\arctan x$ 虽然都存在,但不相等,所以 $\lim\limits_{x\to\infty}\arctan x$ 不存在.

(3) 当 $x\to\infty$ 时,$x^2+1$ 无限增大,相应的 $\dfrac{1}{x^2+1}$ 无限减小且趋近于 0,所以

$$\lim_{x\to\infty}\dfrac{1}{x^2+1}=0.$$

(4) 因为 $y=\cos x$ 为周期函数(见图 1-9),当 $|x|$ 无限增大时,对应的函数值 $\cos x$ 总是在 $-1$ 与 $1$ 之间来回振荡,不论 $|x|$ 增大到什么程度,它仍然是这样振荡,因此在 $|x|$ 无限增大时,对应的函数值 $\cos x$ 不会趋向于某个确定的常数,因此 $\lim\limits_{x\to\infty}\cos x$ 不存在.

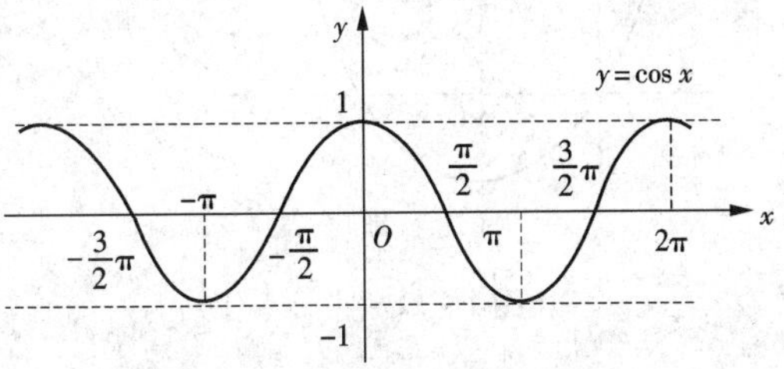

同理,由 $y=\sin x$ 的图象可知,$\lim\limits_{x\to\infty}\sin x$ 不存在.

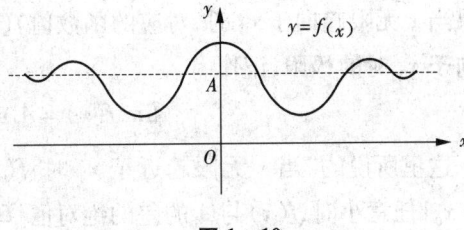

图 1-9

下面对 $\lim\limits_{x\to\infty}f(x)=A$ 作一几何解释.

如图 1-10 所示,$\lim\limits_{x\to\infty}f(x)=A$ 表示随着 $|x|$ 无限增大,曲线 $y=f(x)$ 与直线 $y=A$ 越来越接近,即当 $x\to\infty$ 时,曲线 $y=f(x)$ 上的点与直线 $y=A$ 上的对应点间的距离 $|f(x)-A|$ 无限趋近于 0.

图 1-10

**2. $x\to x_0$ 时函数的极限**

先分析两个具体的例子.

首先考察当 $x\to 2$ 时,函数 $y=(x-1)^2-1$ 的变化趋势.

设 $x$ 从 2 的左侧无限趋近于 2 时,表 1-3 列出当 $x\to 2$ 时,函数 $y=(x-1)^2-1$ 的对应值.

表 1-3

| $x$ | 1.9 | 1.99 | 1.999 | … | $\to 2$ |
|---|---|---|---|---|---|
| $y=(x-1)^2-1$ | $-0.19$ | $-0.0199$ | $-0.001\,999$ | … | $\to 0$ |

设 $x$ 从 2 的右侧无限趋近于 2 时,表 1-4 列出当 $x\to 2$ 时,函数 $y=(x-1)^2-1$ 的对应值.

表 1-4

| $x$ | 2.1 | 2.01 | 2.001 | … | $\to 2$ |
|---|---|---|---|---|---|
| $y=(x-1)^2-1$ | 0.21 | 0.020\,1 | 0.002\,001 | … | $\to 0$ |

可以看出,当 $x\to 2$ 时,函数 $y=(x-1)^2-1$ 的值无限趋近于 0(见图 1-11).

再考察一个例子. 考察当 $x\to 1$ 时,函数 $y=f(x)=\dfrac{x^2-1}{x-1}$ 的变化趋势. 当 $x\neq 1$ 时,$f(x)=x+1$,

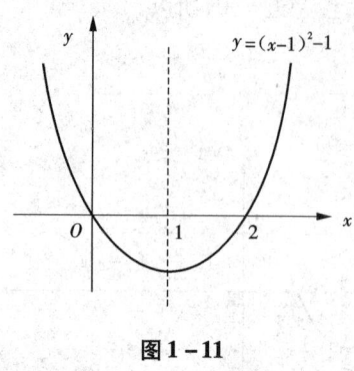

图 1-11

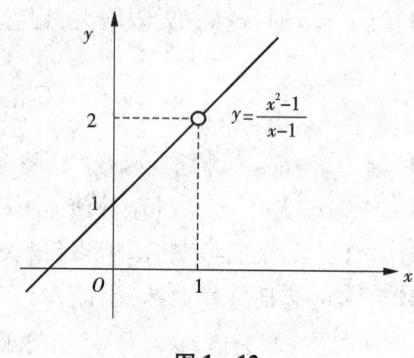

图 1-12

其图象如图 1-12 所示. 虽然函数在 $x=1$ 处无定义,但在 $x=1$ 的附近有 $y=f(x)=x+1$,可见无论 $x$ 从 1 的左侧还是从 1 的右侧无限趋近于 1 时,相应的函数值 $f(x)$ 都无限趋近于常数 2.

由此抽象出当 $x \to x_0$ 时函数极限的定义.

**定义 3** 设函数 $f(x)$ 在点 $x_0$ 的某个邻域内($x_0$ 可以除外)有定义,$A$ 是一个确定的常数,如果当 $x$ 无限趋向于 $x_0$ 时,对应的函数值 $f(x)$ 无限趋近于常数 $A$,则称常数 $A$ 为函数 $f(x)$ 当 $x$ **趋向于 $x_0$ 时的极限**,记作

$$\lim_{x \to x_0} f(x) = A \text{ 或 } f(x) \to A (x \to x_0).$$

这里所说的"当 $x$ 无限趋近于 $x_0$ 时,$f(x)$ 无限趋近于 $A$"是指当 $x$ 与 $x_0$ 充分靠近,即当 $|x-x_0|$ 任意小时,$f(x)$ 与 $A$ 的差的绝对值 $|f(x)-A|$ 也可以任意小.

**例 2** 讨论函数 $f(x)$ 当 $x \to x_0$ 时的极限.

**解** 由于 $|f(x)-x_0|=|x-x_0|$,因而只要 $|x-x_0|$ 充分小,$|f(x)-x_0|$ 就能任意小. 按定义有

$$\lim_{x \to x_0} x = x_0.$$

**例 3** 讨论函数 $f(x)=\sin x$ 当 $x \to x_0$ 时的极限.

**解** 由 $f(x)=\sin x$ 的图象(见第一节表 1-1)容易看出,$\lim\limits_{x \to x_0} \sin x = \sin x_0$. 事实上,当 $x \to x_0$ 时,

$$|f(x)-\sin x_0| = |\sin x - \sin x_0| = \left|2\sin\frac{x-x_0}{2}\cos\frac{x+x_0}{2}\right|$$

$$= 2\left|\sin\frac{x-x_0}{2}\right|\left|\cos\frac{x+x_0}{2}\right| \leq 2\left|\sin\frac{x-x_0}{2}\right| \leq 2\left|\frac{x-x_0}{2}\right| = |x-x_0|$$

可小到任意的程度,所以 $\lim\limits_{x \to x_0} \sin x = \sin x_0$.

极限 $\lim\limits_{x \to x_0} f(x) = A$ 的几何解释(见图 1-13):它表示 $x$ 无限接近 $x_0$ 但不等于 $x_0$ 时,曲线 $y=f(x)$ 上的点与直线 $y=A$ 上的对应点之间的距离 $|f(x)-A|$ 无限趋近于 0(即可任意小).

**3. 单侧极限**

在上述函数极限的讨论中,$x \to x_0$ 的方式是任意的,即 $x$ 可以从 $x_0$ 的左侧趋向于 $x_0$,也可以从 $x_0$ 的右侧趋向于 $x_0$. 但有时只能或只需考虑 $x$ 仅从 $x_0$ 的左侧趋向于 $x_0$(记作 $x \to x_0^-$)的

情形,或 $x$ 仅从 $x_0$ 的右侧趋向于 $x_0$(记作 $x \to x_0^+$)的情形.

如果 $x$ 从 $x_0$ 的左侧(即 $x < x_0$)无限趋近于 $x_0$ 时,函数 $f(x)$ 无限趋近于一个确定的常数 $A$,则称常数 $A$ 为函数 $f(x)$ 当 $x \to x_0$ 时的**左极限**,记作

$$\lim_{x \to x_0^-} f(x) = A \text{ 或 } f(x_0^-) = A;$$

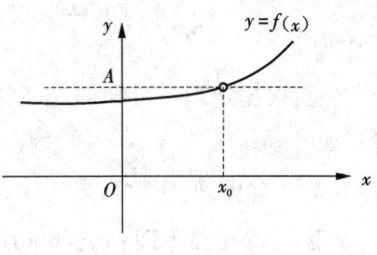

图 1-13

如果 $x$ 从 $x_0$ 的右侧(即 $x > x_0$)无限趋近于 $x_0$ 时,函数 $f(x)$ 无限趋近于一个确定的常数 $A$,则称常数 $A$ 为函数 $f(x)$ 当 $x \to x_0$ 时的**右极限**,记作

$$\lim_{x \to x_0^+} f(x) = A \text{ 或 } f(x_0^+) = A.$$

左极限与右极限统称为**单侧极限**.

根据 $x \to x_0$ 时函数 $f(x)$ 的极限定义以及左、右极限的定义,容易证明:函数 $f(x)$ 当 $x \to x_0$ 时极限存在的充分必要条件是左、右极限各自存在并且相等,即

$$f(x_0^-) = f(x_0^+).$$

因此,即使 $f(x_0^-)$ 和 $f(x_0^+)$ 都存在,但若不相等,则 $\lim_{x \to x_0} f(x)$ 仍不存在.

**例 4** 设函数

$$f(x) = \begin{cases} x+1, & x < 0, \\ 0, & x = 0, \\ x-1, & x > 0, \end{cases}$$

求当 $x \to 0$ 时 $f(x)$ 的左、右极限,并讨论当 $x \to 0$ 时 $f(x)$ 是否存在极限.

**解** 作函数图象(见图 1-14).由图象容易看出:

$$\lim_{x \to 0^-} f(x) = \lim_{x \to 0^-} (x+1) = 1,$$
$$\lim_{x \to 0^+} f(x) = \lim_{x \to 0^+} (x-1) = -1,$$

由于 $\lim_{x \to 0^-} f(x) \neq \lim_{x \to 0^+} f(x)$,所以当 $x \to 0$ 时 $f(x)$ 的极限不存在.

## 三、极限的性质

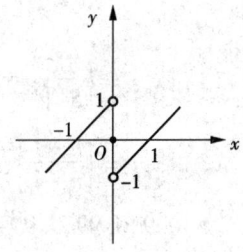

图 1-14

为了讨论方便,我们将 $\lim_{x \to -\infty} f(x)$,$\lim_{x \to +\infty} f(x)$,$\lim_{x \to \infty} f(x)$,$\lim_{x \to x_0^-} f(x)$,$\lim_{x \to x_0^+} f(x)$,$\lim_{x \to x_0} f(x)$ 统记为

$$\lim_p f(x),$$

其中 $p$ 表示自变量的某种变化过程.由于数列是一种特殊的函数,故下面的定理对数列也适用.

**定理 1(有界性定理)** 若 $\lim_p f(x) = A$,则在自变量 $x$ 变化到某一范围时,函数 $f(x)$ 必有界,即存在常数 $M > 0$,使

$$|f(x)| \leq M$$

成立.

证明略.

**注意**:根据定理1可知,有极限的函数在给定的变化过程中必有界,但有界函数不一定有极限.如 $y = \cos x$ 在 $x \to \infty$ 的过程中有界,但当 $x \to \infty$ 时,$y = \cos x$ 无极限;又如数列 $\{x_n\} = \{(-1)^{n+1}\}$ 有界,但该数列当 $n \to \infty$ 时无极限.

**定理2(保号性定理)** 若 $\lim_{p} f(x) = A$,且 $A > 0$(或 $A < 0$),则在自变量 $x$ 变化到某一范围时,相应的函数值 $f(x) > 0$(或 $f(x) < 0$).

定理2说明在自变量的同一个变化范围内,函数值 $f(x)$ 与极限值 $A$ 保持相同的符号.

由定理2立即可得如下推论.

**推论** 若 $\lim_{p} f(x) = A$,且 $f(x) \geq 0$(或 $f(x) \leq 0$),则 $A \geq 0$(或 $A \leq 0$).

证明略.

## 习题 1-2

1. 写出下列数列的前五项:

   (1) $\{x_n\} = \left\{1 - \dfrac{1}{2^n}\right\}$;　　　　(2) $\{x_n\} = \left\{\dfrac{1}{n}\sin\dfrac{\pi}{n}\right\}$;

   (3) $\{x_n\} = \left\{\dfrac{m(m-1)(m-2)\cdots(m-n+1)}{n!}\right\}$.

2. 观察下列数列当 $n \to \infty$ 时的变化趋势,指出哪些有极限,极限值是多少?哪些没有极限?

   (1) $\{x_n\} = \left\{\dfrac{1}{5^n}\right\}$;　　　　(2) $\{x_n\} = \left\{(-1)^n \dfrac{1}{n+1}\right\}$;

   (3) $\{x_n\} = \left\{\dfrac{n+1}{n-1}\right\}$;　　　　(4) $\{x_n\} = \left\{\dfrac{1+(-1)^n}{2}\right\}$;

   (5) $0.9, 0.99, 0.999, 0.9999, \cdots$.

3. 用观察法指出下列函数的极限(极限存在时说明极限值为多少,极限不存在时说明理由).

   (1) $\lim\limits_{x \to \infty} \dfrac{1}{1+x^3}$;　　　　(2) $\lim\limits_{x \to \frac{\pi}{2}} \sin x$;

   (3) $\lim\limits_{x \to 0^+} \dfrac{1}{\sqrt{x}}$;　　　　(4) $\lim\limits_{x \to +\infty} e^{-x}$.

4. 求 $f(x) = \dfrac{x}{x}$,$\varphi(x) = \dfrac{|x|}{x}$ 当 $x \to 0$ 时的左、右极限,并说明它们当 $x \to 0$ 时的极限是否存在.

5. 设函数

$$f(x) = \begin{cases} -2-x, & x \leq 1, \\ x, & 1 < x < 2, \\ 2x-2, & x \geq 2, \end{cases}$$

求 $\lim\limits_{x\to -5} f(x)$; $\lim\limits_{x\to 1} f(x)$; $\lim\limits_{x\to 2} f(x)$; $\lim\limits_{x\to 3} f(x)$.

## 第三节 极限的运算

本节讨论极限的运算法则,并讨论极限存在的两个准则和求极限的一些方法. 由于数列是一种特殊的函数,因此在下面极限运算的讨论中,不再区分是数列的极限还是函数的极限,而且在多数情况下,只就当 $x \to x_0$ 时函数极限的情况进行讨论,所有运算的结果也适用于 $x \to \infty$ 时的函数极限和 $n \to \infty$ 时数列极限的情形.

### 一、无穷小量与无穷大量

**1. 无穷小量**

**定义1** 若 $\lim\limits_{\substack{x \to x_0 \\ (x \to \infty)}} f(x) = 0$,则称函数 $f(x)$ 为当 $x \to x_0$(或 $x \to \infty$)时的**无穷小量**,简称无穷小.

例如,$\lim\limits_{x\to\infty} \dfrac{1}{x} = 0$,故函数 $y = \dfrac{1}{x}$ 当 $x \to \infty$ 时为无穷小;$\lim\limits_{x\to 0} \sin x = 0$,所以函数 $y = \sin x$ 当 $x \to 0$ 时为无穷小. 类似地,数列 $x_n = q^n (|q| < 1)$ 当 $n \to \infty$ 时为无穷小.

对于无穷小,必须注意以下两点.

(1) 无穷小是与自变量的变化趋势密切相关的,同一函数在自变量的某一变化趋势下是无穷小,而在自变量的另一变化趋势下就可能不是无穷小. 如函数 $y = \sin x$,当 $x \to 0$ 时它是无穷小;当 $x \to \dfrac{\pi}{2}$ 时,它就不是无穷小,因为 $\lim\limits_{x \to \frac{\pi}{2}} \sin x = 1$.

(2) 不能把无穷小与很小的数混为一谈. 因为无穷小是在自变量的某一变化过程中以零为极限的一个变量,而很小的数(不论它多么小)是一个常量,只要它不为零,其极限为其本身(不为零). 如 $10^{-100}$ 虽然很小,但其极限为 $10^{-100}$(不为零),因而不能说 $10^{-100}$ 是无穷小. 但数"0"是一个例外,我们说数"0"是无穷小,那是因为 $\lim\limits_{\substack{x \to x_0 \\ (x \to \infty)}} 0 = 0$.

下面定理说明无穷小与函数极限的关系.

**定理1** 在自变量的某种变化趋势下,具有极限的函数等于它的极限值与一个无穷小之和;反之,如果函数可表示为一个常数与一个无穷小之和,那么该常数就是这函数的极限.(证明略)

例如,$f(x) = \dfrac{1+x}{x} = 1 + \dfrac{1}{x}$,其中 $\dfrac{1}{x}$ 是当 $x \to \infty$ 时的无穷小,1 为常数,根据定理1 知

$$\lim\limits_{x\to\infty} \dfrac{1+x}{x} = 1.$$

## 2. 无穷小的运算

可以证明,无穷小有如下的运算性质.

**定理 2**  有限个无穷小的代数和为无穷小.

**定理 3**  有限个无穷小的乘积为无穷小.

**定理 4**  有界函数与无穷小的乘积为无穷小.

**例 1**  求 $\lim\limits_{x\to 0} x\sin\dfrac{1}{x}$.

**解**  因为当 $x\to 0$ 时,$x$ 是无穷小,而 $\left|\sin\dfrac{1}{x}\right|\leqslant 1$,即 $\sin\dfrac{1}{x}$ 为有界函数.所以,由定理 4 可知,$\lim\limits_{x\to 0} x\sin\dfrac{1}{x}=0$.

## 3. 无穷大量

**定义 2**  若当 $x\to x_0$(或 $x\to\infty$)时,函数 $|f(x)|$ 无限增大,则称函数 $f(x)$ 为当 $x\to x_0$(或 $x\to\infty$)时的**无穷大量**,简称**无穷大**.

按函数极限定义,在某种变化趋势下为无穷大的函数 $f(x)$,其极限是不存在的.但为了便于叙述函数的这一性态,我们也说"函数的极限是无穷大",并记作

$$\lim_{\substack{x\to x_0\\(x\to\infty)}} f(x)=\infty.$$

如果在自变量 $x$ 的某种变化趋势下,函数值 $f(x)$ 恒保持正(负)值且绝对值无限增大,我们就称函数 $f(x)$ 在此变化趋势下为**正(负)无穷大**.记为

$$\lim_{\substack{x\to x_0\\(x\to\infty)}} f(x)=+\infty \qquad \left(\lim_{\substack{x\to x_0\\(x\to\infty)}} f(x)=-\infty\right).$$

例如,函数 $f(x)=\dfrac{1}{x}$,当 $x\to 0$ 时,由其图象可看出 $|f(x)|=\left|\dfrac{1}{x}\right|$ 无限增大,故 $f(x)=\dfrac{1}{x}$ 当 $x\to 0$ 时为无穷大,即 $\lim\limits_{x\to 0}\dfrac{1}{x}=\infty$.进而还有 $\lim\limits_{x\to 0^+}\dfrac{1}{x}=+\infty$ 与 $\lim\limits_{x\to 0^-}\dfrac{1}{x}=-\infty$.

对于无穷大,也必须注意以下两点:

(1)无穷大也是与自变量的变化趋势密切相关的,即无穷大也是针对自变量的某个变化趋势而言的.

(2)无穷大不是一个很大的数,它是绝对值无限增大的变量.此外,无穷大与无界函数是不一样的.

## 4. 无穷小与无穷大的关系

**定理 5**  在自变量的某一变化趋势下,如果 $f(x)$ 为无穷大,则 $\dfrac{1}{f(x)}$ 为无穷小;反之,如果 $f(x)$ 为无穷小,且 $f(x)\neq 0$,则 $\dfrac{1}{f(x)}$ 为无穷大.(证明略)

例如,当 $x\to 0$ 时,$x$,$x^2$ 极限都趋近于 $0$,因而它们的倒数 $\dfrac{1}{x}$,$\dfrac{1}{x^2}$ 都是无穷大;当 $x\to +\infty$ 时,函数 $e^x$ 是无穷大,因而当 $x\to +\infty$ 时,$e^{-x}$ 趋近于 $0$.

## 二、极限的运算法则

本段讨论极限的求法,主要是建立极限的四则运算法则和复合函数的极限运算法则,利用这些法则,可以求某些函数的极限.

**定理 6** 设 $\lim f(x) = A, \lim g(x) = B$,则

(1) $\lim[f(x) \pm g(x)] = \lim f(x) \pm \lim g(x) = A \pm B$;

(2) $\lim[f(x) \cdot g(x)] = \lim f(x) \cdot \lim g(x) = A \cdot B$;

(3) $\lim \dfrac{f(x)}{g(x)} = \dfrac{\lim f(x)}{\lim g(x)} = \dfrac{A}{B}(B \neq 0)$.

**注意**:必须在满足已知条件,即两个函数的极限都存在的前提条件下才能进行极限的四则运算(商的情形要求分母的极限不为零). 如果两个函数中,有一个(或两个)函数的极限不存在,则不能使用该法则.

我们只证定理中的(2),其余留给读者作为练习.

**证明** 因为 $\lim f(x) = A, \lim g(x) = B$,由定理 1 有
$$f(x) = A + \alpha, g(x) = B + \beta,$$
其中 $\alpha, \beta$ 是在自变量同一变化过程中的无穷小,于是
$$f(x) \cdot g(x) = (A+\alpha)(B+\beta) = AB + (A\beta + B\alpha + \alpha\beta).$$
由定理 2,3,4 可知,$A\beta + B\alpha + \alpha\beta$ 为无穷小,再由定理 1 知
$$\lim[f(x) \cdot g(x)] = AB = \lim f(x) \cdot \lim g(x).$$

定理 6 中的结论(1)和(2)可以推广到有限个函数和、差、积的情形. 例如,如果 $\lim f(x)$,$\lim g(x), \lim h(x)$ 都存在,则由定理 6 有
$$\lim[f(x) + g(x) - h(x)] = \lim f(x) + \lim g(x) - \lim h(x);$$
$$\lim[f(x) \cdot g(x) \cdot h(x)] = \lim f(x) \cdot \lim g(x) \cdot \lim h(x).$$

由结论(2)可得以下两个推论.

**推论 1** 设 $\lim f(x)$ 存在,$c$ 为常数,则
$$\lim[cf(x)] = c \lim f(x).$$

**推论 2** 设 $\lim f(x)$ 存在,$n$ 为正整数,则
$$\lim[f(x)]^n = [\lim f(x)]^n.$$

推论 1 说明,求极限时常数因子可以提到极限符号外面;推论 2 说明,正整数次幂的运算与极限的运算,在极限存在的前提下,可以交换运算次序.

**例 2** 求 $\lim\limits_{x \to 2}(2x^3 - 3x^2 + 2)$.

**解** $\lim\limits_{x \to 2}(2x^3 - 3x^2 + 2) = \lim\limits_{x \to 2} 2x^3 - \lim\limits_{x \to 2} 3x^2 + \lim\limits_{x \to 2} 2$
$= 2 \lim\limits_{x \to 2} x^3 - 3 \lim\limits_{x \to 2} x^2 + 2 = 2 (\lim\limits_{x \to 2} x)^3 - 3 (\lim\limits_{x \to 2} x)^2 + 2$
$= 2 \cdot 2^3 - 3 \cdot 2^2 + 2 = 6.$

**例 3** 求 $\lim\limits_{x \to 1} \dfrac{2x^2 + 1}{x^3 - 3}$.

**解** 因为分母的极限

$$\lim_{x\to 1}(x^3-3)=\lim_{x\to 1}x^3-\lim_{x\to 1}3=(\lim_{x\to 1}x)^3-3=1^3-3=-2\neq 0,$$

且分子的极限

$$\lim_{x\to 1}(2x^2+1)=\lim_{x\to 1}2x^2+\lim_{x\to 1}1=2(\lim_{x\to 1}x)^2+1=2\cdot 1^2+1=3,$$

故

$$\lim_{x\to 1}\frac{2x^2+1}{x^3-3}=\frac{\lim_{x\to 1}(2x^2+1)}{\lim_{x\to 1}(x^3-3)}=-\frac{3}{2}.$$

从上面两个例子可以看出，求有理整函数（多项式函数）或有理分式函数当 $x\to x_0$ 时的极限，只要把 $x_0$ 代替函数中的 $x$ 就行了；但对于有理分式函数，这样代入后如果分母等于零，则没有意义.

事实上，设多项式函数

$$f(x)=a_0x^n+a_1x^{n-1}+a_2x^{n-2}+\cdots+a_n,$$

则

$$\begin{aligned}\lim_{x\to x_0}f(x)&=\lim_{x\to x_0}(a_0x^n+a_1x^{n-1}+a_2x^{n-2}+\cdots+a_n)\\&=a_0(\lim_{x\to x_0}x)^n+a_1(\lim_{x\to x_0}x)^{n-1}+a_2(\lim_{x\to x_0}x)^{n-2}+\cdots+\lim_{x\to x_0}a_n\\&=a_0x_0^n+a_1x_0^{n-1}+a_2x_0^{n-2}+\cdots+a_n=f(x_0);\end{aligned}$$

又设有理分式函数

$$F(x)=\frac{P(x)}{Q(x)},$$

其中 $P(x),Q(x)$ 都是多项式，于是

$$\lim_{x\to x_0}P(x)=P(x_0),\lim_{x\to x_0}Q(x)=Q(x_0);$$

如果 $Q(x_0)\neq 0$，则

$$\lim_{x\to x_0}F(x)=\lim_{x\to x_0}\frac{P(x)}{Q(x)}=\frac{\lim_{x\to x_0}P(x)}{\lim_{x\to x_0}Q(x)}=\frac{P(x_0)}{Q(x_0)}=F(x_0).$$

但必须注意：若 $Q(x_0)=0$，则关于商的极限运算法则不能应用，那就需要特别考虑. 下面我们举两个属于这种情形的例题.

**例 4** 求 $\lim\limits_{x\to -3}\dfrac{x^2-9}{x+3}.$

**解** 因为 $\lim\limits_{x\to -3}(x+3)=0$，同时 $\lim\limits_{x\to -3}(x^2-9)=0$，所以极限呈现 "$\dfrac{0}{0}$" 的形式. 这是一种"未定式"的极限，显然不能应用商的极限运算法则. 考虑到函数的分子和分母存在公因式 $(x+3)$，而 $x\to -3$ 时，$x\neq -3$，$x+3\neq 0$，于是可约去这个不为零的公因子. 所以

$$\lim_{x\to -3}\frac{x^2-9}{x+3}=\lim_{x\to -3}\frac{(x+3)(x-3)}{x+3}=\lim_{x\to -3}(x-3)=-6.$$

**例 5** 求 $\lim\limits_{x\to 1}\dfrac{2x-3}{x^2-5x+4}.$

**解** 因为分母的极限 $\lim\limits_{x\to 1}(x^2-5x+4)=1^2-5\cdot 1+4=0$，不能应用商的极限运算法则. 但因分子的极限 $\lim\limits_{x\to 1}(2x-3)=2\cdot 1-3=-1\neq 0$，对于这类题目，先计算其倒数的极限，再根据无穷小与无穷大的关系可得结果. 具体计算如下：

由于
$$\lim_{x\to 1}\frac{x^2-5x+4}{2x-3}=\frac{1^2-5\cdot 1+4}{2\cdot 1-3}=0,$$
故
$$\lim_{x\to 1}\frac{2x-3}{x^2-5x+4}=\infty.$$

**例6** 求 $\lim\limits_{x\to 1}\left(\dfrac{1}{x-1}-\dfrac{2}{x^2-1}\right).$

**解** 因为 $\lim\limits_{x\to 1}\dfrac{1}{x-1}=\infty$,且 $\lim\limits_{x\to 1}\dfrac{2}{x^2-1}=\infty$,所以极限呈现"$\infty-\infty$"的形式. 这也是一种"未定式"的极限,显然不能应用差的极限运算法则. 但由于
$$\frac{1}{x-1}-\frac{2}{x^2-1}=\frac{x-1}{x^2-1},$$
故
$$\lim_{x\to 1}\left(\frac{1}{x-1}-\frac{2}{x^2-1}\right)=\lim_{x\to 1}\frac{x-1}{x^2-1}=\lim_{x\to 1}\frac{1}{x+1}=\frac{1}{2}.$$

**例7** 求 $\lim\limits_{x\to\infty}\dfrac{x^2+x}{2x^2+x-1}.$

**解** 因为 $\lim\limits_{x\to\infty}(x^2+x)=\infty$,且 $\lim\limits_{x\to\infty}(2x^2+x-1)=\infty$,所以极限呈现"$\dfrac{\infty}{\infty}$"的形式. 这也是一种"未定式"的极限,显然不能应用商的极限运算法则. 求这种极限的常用方法是:将分式变形,即将分子、分母同时除以 $x$ 的最高次幂,然后取极限.

$$\lim_{x\to\infty}\frac{x^2+x}{2x^2+x-1}=\lim_{x\to\infty}\frac{1+\dfrac{1}{x}}{2+\dfrac{1}{x}-\dfrac{1}{x^2}}=\frac{\lim\limits_{x\to\infty}1+\lim\limits_{x\to\infty}\dfrac{1}{x}}{\lim\limits_{x\to\infty}2+\lim\limits_{x\to\infty}\dfrac{1}{x}-\lim\limits_{x\to\infty}\dfrac{1}{x^2}}=\frac{1+0}{2+0-0}=\frac{1}{2}.$$

**例8** 求 $\lim\limits_{x\to\infty}\dfrac{3x^2-2x-1}{2x^3+x-1}.$

**解** 分子分母同除以 $x^3$,然后取极限,得
$$\lim_{x\to\infty}\frac{3x^2-2x-1}{2x^3+x-1}=\lim_{x\to\infty}\frac{\dfrac{3}{x}-\dfrac{2}{x^2}-\dfrac{1}{x^3}}{2+\dfrac{1}{x^2}-\dfrac{1}{x^3}}=\frac{0}{2}=0.$$

**例9** 求 $\lim\limits_{x\to\infty}\dfrac{2x^3+x-1}{3x^2-2x-1}.$

**解** 应用例8的结果并根据定理5,即得
$$\lim_{x\to\infty}\frac{2x^3+x-1}{3x^2-2x-1}=\infty.$$

例7、例8、例9是下列一般情形的特例,即当 $a_0\neq 0,b_0\neq 0,m$ 和 $n$ 为非负整数时,有

$$\lim_{x\to\infty}\frac{a_0x^m+a_1x^{m-1}+\cdots+a_m}{b_0x^n+b_1x^{n-1}+\cdots+a_n}=\begin{cases}\dfrac{a_0}{b_0}, & \text{当 } n=m,\\ 0, & \text{当 } n>m,\\ \infty, & \text{当 } n<m.\end{cases}$$

下面再举两个关于数列极限的例子.

**例 10** 求 $\lim\limits_{n\to\infty}\left(\dfrac{1}{n^2}+\dfrac{2}{n^2}+\cdots+\dfrac{n}{n^2}\right)$.

**解** 因为和(差)的极限运算法则只适合于求有限个函数的代数和的情形,而本题中的数列 $x_n$ 的表达式当 $n\to\infty$ 时为无穷多项之和. 求这种极限的常用方法是:首先将数列化为有限形式,然后再求极限.

由等差数列前 $n$ 项和的公式得 $1+2+\cdots+n=\dfrac{1}{2}n(n+1)$,

因此
$$\lim_{n\to\infty}\left(\dfrac{1}{n^2}+\dfrac{2}{n^2}+\cdots+\dfrac{n}{n^2}\right)=\lim_{n\to\infty}\dfrac{1+2+\cdots+n}{n^2}=\lim_{n\to\infty}\dfrac{n(n+1)}{2n^2}$$
$$=\dfrac{1}{2}\lim_{n\to\infty}\dfrac{n+1}{n}=\dfrac{1}{2}\lim_{n\to\infty}\left(1+\dfrac{1}{n}\right)=\dfrac{1}{2}.$$

**例 11** 求 $\lim\limits_{n\to\infty}\dfrac{2^n-1}{4^n+1}$.

**解** 当 $n\to\infty$ 时,分子与分母都是无穷大,故用 $4^n$ 除分子、分母得
$$\lim_{n\to\infty}\dfrac{2^n-1}{4^n+1}=\lim_{n\to\infty}\dfrac{\left(\dfrac{2}{4}\right)^n-\left(\dfrac{1}{4}\right)^n}{1+\left(\dfrac{1}{4}\right)^n}=\dfrac{\lim\limits_{n\to\infty}\left[\left(\dfrac{1}{2}\right)^n-\left(\dfrac{1}{4}\right)^n\right]}{\lim\limits_{n\to\infty}\left[1+\left(\dfrac{1}{4}\right)^n\right]}=\dfrac{0}{1}=0.$$

前面已经看到,对于有理函数(有理整函数或有理分式函数)$f(x)$,只要 $f(x)$ 在点 $x_0$ 处有定义,那么,当 $x\to x_0$ 时 $f(x)$ 的极限必定存在且等于 $f(x)$ 在点 $x_0$ 处的函数值.

我们不加证明地指出:一切基本初等函数在其定义域内的每一点处都具有这样的性质. 这就是说,若 $f(x)$ 是基本初等函数,设其定义域为 $D$,而 $x_0\in D$,则有
$$\lim_{x\to x_0}f(x)=f(x_0).$$

例如,$f(x)=\sqrt{x}$ 是基本初等函数,它在点 $x=\dfrac{1}{6}$ 处有定义,所以
$$\lim_{x\to\frac{1}{6}}\sqrt{x}=\sqrt{\dfrac{1}{6}}=\dfrac{\sqrt{6}}{6}.$$

**定理 7(复合函数求极限定理)** 设函数 $u=g(x)$ 当 $x\to x_0$ 时的极限存在且等于 $a$,即 $\lim\limits_{x\to x_0}g(x)=a$,而函数 $y=f(u)$ 在点 $u=a$ 处有定义,且 $\lim\limits_{u\to a}f(u)=f(a)$,那么复合函数 $y=f[g(x)]$ 当 $x\to x_0$ 时的极限也存在且等于 $f(a)$,即 $\lim\limits_{x\to x_0}f[g(x)]=f(a)$.

证明从略.

因为 $\lim\limits_{x\to x_0}g(x)=a$,故式子 $\lim\limits_{x\to x_0}f[g(x)]=f(a)$ 也可写成
$$\lim_{x\to x_0}f[g(x)]=f[\lim_{x\to x_0}g(x)].$$

上式表明,在定理 7 的条件下,求复合函数 $f[g(x)]$ 的极限时,**函数符号与极限符号可以交换次序**.

**例 12** 求 $\lim\limits_{x\to 3}\sqrt{\dfrac{x^2-9}{x-3}}$.

**解** 由定理 7 有

$$\lim_{x\to 3}\sqrt{\frac{x^2-9}{x-3}} = \sqrt{\lim_{x\to 3}(x+3)} = \sqrt{6}.$$

**例 13** 求 $\lim\limits_{x\to 0}\dfrac{\sqrt{1+x^2}-1}{x}$.

**解**
$$\lim_{x\to 0}\frac{\sqrt{1+x^2}-1}{x} = \lim_{x\to 0}\frac{(\sqrt{1+x^2}-1)(\sqrt{1+x^2}+1)}{x(\sqrt{1+x^2}+1)}$$

$$= \lim_{x\to 0}\frac{x}{\sqrt{1+x^2}+1} = \frac{0}{2} = 0.$$

## 三、极限存在准则与两个重要极限

极限的运算法则是在极限存在的前提条件下,通过计算并求得结果.一个数列或函数的极限是否存在,除了直接根据定义判别外,还有一些便于使用的判别方法.下面介绍判别极限存在的两个准则,它们在应用中是十分重要的.

**准则 1(夹逼准则)** 设函数 $f(x),g(x),h(x)$ 在点 $x_0$ 的某个邻域内($x_0$ 可除外)满足下列条件:

(1) $g(x) \leqslant f(x) \leqslant h(x)$,

(2) $\lim\limits_{x\to x_0} g(x) = A, \lim\limits_{x\to x_0} h(x) = A$,

那么 $\lim\limits_{x\to x_0} f(x)$ 存在,且等于 $A$.

上述准则对 $x\to\infty$ 时也成立,对数列同样适用.

**准则 2(单调有界原理)** 如果数列 $\{x_n\}$ 单调有界,则 $\lim\limits_{n\to\infty} x_n$ 一定存在.

这两个准则证明从略.下面主要利用这两个准则来讨论一些数列或函数的极限.

**例 14** 证明 $\lim\limits_{x\to 0}\cos x = 1$.

**证明** 这个极限可由前面指出的性质,即基本初等函数在其定义域内任意一点处的极限值等于函数在该点处的函数值可知,$\lim\limits_{x\to 0}\cos x = 1$. 下面我们用夹逼准则来证明.

当 $0 < |x| < \dfrac{\pi}{2}$ 时,下列不等式成立:

$$0 < 1 - \cos x = 2\sin^2\frac{x}{2} < 2\cdot\left(\frac{x}{2}\right)^2 = \frac{x^2}{2},$$

因为
$$\lim_{x\to 0} 0 = 0, \lim_{x\to 0}\frac{x^2}{2} = 0,$$

所以由夹逼准则有
$$\lim_{x\to 0}(1-\cos x) = 0,$$

即
$$\lim_{x\to 0}\cos x = 1.$$

**例 15** 求 $\lim\limits_{n\to\infty}\left(\dfrac{1}{\sqrt{n^2+1}} + \dfrac{1}{\sqrt{n^2+2}} + \cdots + \dfrac{1}{\sqrt{n^2+n}}\right)$.

**解** 因为当 $n \to \infty$ 时,项数无限增大,所以不能用极限的运算法则. 但由于

$$\frac{n}{\sqrt{n^2+n}} \leqslant \frac{1}{\sqrt{n^2+1}} + \frac{1}{\sqrt{n^2+2}} + \cdots + \frac{1}{\sqrt{n^2+n}} \leqslant \frac{n}{\sqrt{n^2+1}},$$

而

$$\lim_{n\to\infty} \frac{n}{\sqrt{n^2+n}} = \lim_{n\to\infty} \frac{1}{\sqrt{1+\frac{1}{n}}} = 1, \lim_{n\to\infty} \frac{n}{\sqrt{n^2+1}} = \lim_{n\to\infty} \frac{1}{\sqrt{1+\frac{1}{n^2}}} = 1,$$

故由夹逼准则可得

$$\lim_{n\to\infty} \left( \frac{1}{\sqrt{n^2+1}} + \frac{1}{\sqrt{n^2+2}} + \cdots + \frac{1}{\sqrt{n^2+n}} \right) = 1.$$

**例 16** 求以下数列的极限:

$$x_1 = \sqrt{a}, x_2 = \sqrt{a+\sqrt{a}}, x_3 = \sqrt{a+\sqrt{a+\sqrt{a}}}, \cdots (a>0).$$

**解** 根据给出数列的特点,我们可得出该数列的递推表达式

$$x_{n+1} = \sqrt{a+x_n} \ (n=1,2,3,\cdots, x_1 = \sqrt{a}).$$

下面考察该数列的单调有界性.

显然,$a < a+\sqrt{a}$,从而 $\sqrt{a} < \sqrt{a+\sqrt{a}}$,即 $x_1 < x_2$. 现设 $x_k < x_{k+1}$,则有 $a+x_k < a+x_{k+1}$, $\sqrt{a+x_k} < \sqrt{a+x_{k+1}}$,即 $x_{k+1} < x_{k+2}$,由数学归纳法知,对任意的 $n$,有 $x_n < x_{n+1}$,因此给定数列为单调增加数列.

下面再证该数列为有界数列. 由 $x_{n+1} = \sqrt{a+x_n}$ 可得 $x_{n+1}^2 = a+x_n$,从而有

$$x_{n+1} = \frac{a}{x_{n+1}} + \frac{x_n}{x_{n+1}},$$

由单调性可知,$x_n < x_{n+1}$,$\sqrt{a} = x_1 < x_{n+1}$,故

$$\frac{a}{x_{n+1}} < \sqrt{a}, \frac{x_n}{x_{n+1}} < 1,$$

综合得到

$$x_{n+1} < \sqrt{a} + 1.$$

这样我们就证明了该数列为一单调有界数列,由准则 2 知该数列有极限,记此极限为 $A$. 在式子 $x_{n+1}^2 = a + x_n$ 两端取极限,得

$$A^2 = a + A,$$

解上述方程得 $A = \frac{1}{2} \pm \sqrt{\frac{1}{4}+a}$,注意到 $A$ 不为负数,于是

$$A = \frac{1}{2} + \sqrt{\frac{1}{4}+a},$$

这就是所给数列的极限.

作为准则 1 的应用,下面证明一个重要极限.

$$\lim_{x\to 0} \frac{\sin x}{x} = 1.$$

首先注意到,函数 $\dfrac{\sin x}{x}$ 对于一切 $x \neq 0$ 都有定义.

在图 1-15 所示的单位圆中,设圆心角 $\angle AOB = x \left(0 < x < \dfrac{\pi}{2}\right)$,
过点 $A$ 作圆的切线交半径 $OB$ 的延长线于 $D$,过点 $B$ 作 $x$ 轴的垂线,并交 $x$ 轴于点 $C$,则

$$\sin x = BC, \quad x = \overset{\frown}{AB}, \quad \tan x = AD.$$

因为
$$\triangle AOB \text{ 的面积} < \text{圆扇形 } AOB \text{ 的面积} < \triangle AOD \text{ 的面积},$$

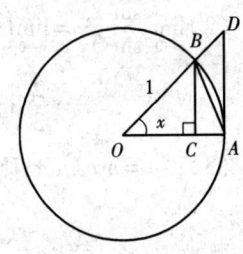

图 1-15

所以
$$\dfrac{1}{2}\sin x < \dfrac{1}{2}x < \dfrac{1}{2}\tan x,$$

即
$$\sin x < x < \tan x,$$

不等号两边同时除以 $\sin x$,有
$$1 < \dfrac{x}{\sin x} < \dfrac{1}{\cos x},$$

或
$$\cos x < \dfrac{\sin x}{x} < 1.$$

因为当用 $-x$ 代替 $x$ 时,$\cos x$ 与 $\dfrac{\sin x}{x}$ 都不变号,所以上面的不等式对于开区间 $\left(-\dfrac{\pi}{2}, 0\right)$ 内的一切 $x$ 也是成立的.

由例 14 知,$\lim\limits_{x \to 0} \cos x = 1$,又 $\lim\limits_{x \to 0} 1 = 1$,所以由夹逼准则有
$$\lim\limits_{x \to 0} \dfrac{\sin x}{x} = 1.$$

第一个重要极限也可以写成下述形式:
$$\lim\limits_{x \to 0} \dfrac{x}{\sin x} = 1.$$

这个重要极限 $\lim\limits_{x \to 0} \dfrac{\sin x}{x} = 1$ 还可推广到下述极限形式:
$$\lim\limits_{\alpha(x) \to 0} \dfrac{\sin \alpha(x)}{\alpha(x)} = 1.$$

其形式特征是:

(1) 函数可写成 $\dfrac{\sin(\ )}{(\ )}$ 的形式,其中 $(\ )$ 表示含 $x$ 的解析式(即 $x$ 的函数).

(2) 不论自变量的趋近过程如何,恒有 $\lim(\ ) = 0$ 且 $\lim \sin(\ ) = 0$.

**例 17**　求下列极限:

(1) $\lim\limits_{x \to 0} \dfrac{\tan x}{x}$;　　　　(2) $\lim\limits_{x \to 0} \dfrac{\sin 2x}{\sin 3x}$;

(3) $\lim\limits_{x \to 0} \dfrac{\arcsin x}{x}$;　　　(4) $\lim\limits_{x \to 0} \dfrac{1 - \cos x}{x^2}$.

**解** (1) $\lim\limits_{x\to 0}\dfrac{\tan x}{x}=\lim\limits_{x\to 0}\left(\dfrac{\sin x}{x}\cdot\dfrac{1}{\cos x}\right)=\lim\limits_{x\to 0}\dfrac{\sin x}{x}\cdot\lim\limits_{x\to 0}\dfrac{1}{\cos x}=1.$

(2) $\lim\limits_{x\to 0}\dfrac{\sin 2x}{\sin 3x}=\lim\limits_{x\to 0}\left(\dfrac{\sin 2x}{2x}\cdot\dfrac{3x}{\sin 3x}\cdot\dfrac{2}{3}\right)$

$=\dfrac{2}{3}\lim\limits_{x\to 0}\dfrac{\sin 2x}{2x}\cdot\lim\limits_{x\to 0}\dfrac{3x}{\sin 3x}=\dfrac{2}{3}.$

(3) 设 $t=\arcsin x$,则 $x=\sin t$,且当 $x\to 0$ 时,$t\to 0$. 于是有

$$\lim_{x\to 0}\dfrac{\arcsin x}{x}=\lim_{t\to 0}\dfrac{t}{\sin t}=1.$$

(4) $\lim\limits_{x\to 0}\dfrac{1-\cos x}{x^2}=\lim\limits_{x\to 0}\dfrac{2\sin^2\dfrac{x}{2}}{x^2}=\dfrac{1}{2}\lim\limits_{x\to 0}\left(\dfrac{\sin\dfrac{x}{2}}{\dfrac{x}{2}}\right)^2$

$=\dfrac{1}{2}\left(\lim\limits_{x\to 0}\dfrac{\sin\dfrac{x}{2}}{\dfrac{x}{2}}\right)^2=\dfrac{1}{2}\cdot 1^2=\dfrac{1}{2}.$

**例 18** 本章第二节提到圆面积 $A$ 是它的内接正 $n$ 边形的面积 $S_n$ 当 $n\to\infty$ 时的极限. 试利用极限知识证明半径为 $r$ 的圆的面积 $A=\pi r^2$.

**证明** 利用中学数学知识,容易算得半径为 $r$ 的圆的内接正 $n$ 边形的面积

$$S_n=\dfrac{nr^2}{2}\sin\dfrac{2\pi}{n}.$$

于是圆面积

$$A=\lim_{n\to\infty}S_n=\lim_{n\to\infty}\dfrac{nr^2}{2}\sin\dfrac{2\pi}{n}=\pi r^2\lim_{n\to\infty}\dfrac{\sin\dfrac{2\pi}{n}}{\dfrac{2\pi}{n}}=\pi r^2\cdot 1=\pi r^2.$$

作为准则 2 的应用,我们讨论另一个重要极限:

$$\lim_{x\to\infty}\left(1+\dfrac{1}{x}\right)^x=\mathrm{e}.$$

根据准则 2,我们先研究数列极限 $\lim\limits_{n\to\infty}\left(1+\dfrac{1}{n}\right)^n$. 表 1-5 列出了当 $n$ 越来越大时,$\left(1+\dfrac{1}{n}\right)^n$ 的对应值.

表 1-5

| $n$ | 1 | 10 | $10^2$ | $10^3$ | $10^4$ | $10^5$ | ... |
|---|---|---|---|---|---|---|---|
| $\left(1+\dfrac{1}{n}\right)^n$ | 2 | 2.593 7 | 2.048 1 | 2.169 2 | 2.181 5 | 2.182 7 | ... |

由表 5-1 可看出,当 $n$ 增大时,数列 $\left(1+\dfrac{1}{n}\right)^n$ 随之增大,即数列 $\left(1+\dfrac{1}{n}\right)^n$ 为单调递增数

列(严格论证略去);再者,无论 $n$ 如何大均有 $\left(1+\dfrac{1}{n}\right)^n < 3$(证明略),即数列 $\left\{\left(1+\dfrac{1}{n}\right)^n\right\}$ 有界. 根据准则 2 知,$\lim\limits_{n\to\infty}\left(1+\dfrac{1}{n}\right)^n$ 必存在,通常用字母 e 来表示它,即

$$\lim_{n\to\infty}\left(1+\dfrac{1}{n}\right)^n = e.$$

可以证明,当 $x$ 取实数而趋向于 $+\infty$ 或 $-\infty$ 时,函数 $\left(1+\dfrac{1}{x}\right)^x$ 的极限都存在且都等于 e. 因此

$$\lim_{x\to\infty}\left(1+\dfrac{1}{x}\right)^x = e.$$

这个数 e 是无理数,它的值是 2.718 281 828 469 045$\cdots$,在第一节中提到的指数函数 $y=e^x$ 以及自然对数函数 $y=\ln x$ 中的底 e 就是这个常数.

若作代换 $x=\dfrac{1}{t}$,则可得这个重要极限的另一种形式:

$$\lim_{t\to 0}(1+t)^{\frac{1}{t}} = e, \text{即} \lim_{x\to 0}(1+x)^{\frac{1}{x}} = e.$$

第二个重要极限可以推广为下述极限形式:

$$\lim_{\alpha(x)\to\infty}\left(1+\dfrac{1}{\alpha(x)}\right)^{\alpha(x)} = e, \lim_{\beta(x)\to 0}(1+\beta(x))^{\frac{1}{\beta(x)}} = e.$$

其形式特征是:

(1)不论自变量的趋近过程如何,函数总可以写成 $(1+\text{\textbf{无穷小}})^{\text{\textbf{无穷大}}}$ 的形式,式子中的无穷小与无穷大必须是"**恰为倒数**"关系.

(2)上式括号内的运算符号必须为"$+$".

**例 19** 求下列极限:

(1) $\lim\limits_{x\to\infty}\left(1+\dfrac{2}{x}\right)^{2x}$;  (2) $\lim\limits_{x\to 0}(1-2x)^{\frac{1}{x}}$;  (3) $\lim\limits_{x\to\infty}\left(\dfrac{x+1}{x-1}\right)^x$.

**解** (1) $\lim\limits_{x\to\infty}\left(1+\dfrac{2}{x}\right)^{2x} = \lim\limits_{x\to\infty}\left[\left(1+\dfrac{2}{x}\right)^{\frac{x}{2}}\right]^4 = \left[\lim\limits_{x\to\infty}\left(1+\dfrac{2}{x}\right)^{\frac{x}{2}}\right]^4 = e^4.$

(2) $\lim\limits_{x\to 0}(1-2x)^{\frac{1}{x}} = \lim\limits_{x\to 0}\left\{1+[-2x]^{-\frac{1}{2x}}\right\}^{-2} = \lim\limits_{x\to 0}\dfrac{1}{\left\{[1+(-2x)]^{-\frac{1}{2x}}\right\}^2} = \dfrac{1}{e^2} = e^{-2}.$

(3) $\lim\limits_{x\to\infty}\left(\dfrac{x+1}{x-1}\right)^x = \lim\limits_{x\to\infty}\dfrac{\left(1+\dfrac{1}{x}\right)^x}{\left(1-\dfrac{1}{x}\right)^x} = \lim\limits_{x\to\infty}\dfrac{\left(1+\dfrac{1}{x}\right)^x}{\left\{\left[1+\left(-\dfrac{1}{x}\right)\right]^{-x}\right\}^{-1}}$

$$= \dfrac{\lim\limits_{x\to\infty}\left(1+\dfrac{1}{x}\right)^x}{\lim\limits_{x\to\infty}\left\{\left[1+\left(-\dfrac{1}{x}\right)\right]^{-x}\right\}^{-1}} = \dfrac{e}{e^{-1}} = e^2.$$

由上例可见,利用重要极限求函数的极限时,要注意极限的形式特征,其实质就是对函数实施某种变量代换(只不过是一般并不写出代换的过程),使原极限式成为含新变量的重要极

限,从而得解.

下面再举几例.

**例20** 求 $\lim\limits_{x\to 0}\dfrac{\ln(1+x)}{x}$.

**解** 由于 $\dfrac{\ln(1+x)}{x}=\ln(1+x)^{\frac{1}{x}}$,于是

$$\lim_{x\to 0}\dfrac{\ln(1+x)}{x}=\lim_{x\to 0}\ln(1+x)^{\frac{1}{x}}=\ln\left[\lim_{x\to 0}(1+x)^{\frac{1}{x}}\right]=\ln e=1.$$

**例21** 求 $\lim\limits_{x\to 0}\dfrac{e^x-1}{x}$.

**解** 令 $t=e^x-1$,即 $x=\ln(1+t)$,则当 $x\to 0$ 时,$t\to 0$,于是

$$\lim_{x\to 0}\dfrac{e^x-1}{x}=\lim_{t\to 0}\dfrac{t}{\ln(1+t)},$$

利用例20的结果,可知上述极限为1,即

$$\lim_{x\to 0}\dfrac{e^x-1}{x}=1.$$

在利用第二个重要极限计算函数极限时,常遇到形如 $[f(x)]^{g(x)}$ 的函数(通常称为**幂指函数**)的极限. 如果 $\lim f(x)=A(A>0)$,$\lim g(x)=B$,那么可以证明

$$\lim[f(x)]^{g(x)}=A^B.$$

**注意**:这里三个 lim 都表示在同一自变量变化过程中的极限.

**例22** 求 $\lim\limits_{x\to 0}(1+x)^{\frac{2}{\sin x}}$.

**解** 由于

$$(1+x)^{\frac{2}{\sin x}}=\left[(1+x)^{\frac{1}{x}}\right]^{\frac{2x}{\sin x}},$$

于是

$$\lim_{x\to 0}(1+x)^{\frac{2}{\sin x}}=\lim_{x\to 0}\left[(1+x)^{\frac{1}{x}}\right]^{\frac{2x}{\sin x}},$$

又由于

$$\lim_{x\to 0}(1+x)^{\frac{1}{x}}=e,\lim_{x\to 0}\dfrac{2x}{\sin x}=2,$$

故

$$\lim_{x\to 0}(1+x)^{\frac{2}{\sin x}}=e^2.$$

### 四、无穷小的比较

由无穷小的性质可知,两个无穷小的和、差及乘积仍是无穷小. 但是关于两个无穷小的商,却会出现各种不同的情况. 例如,当 $x\to 0$ 时,$3x,x^2,\sin x$ 都是无穷小,而

$$\lim_{x\to 0}\dfrac{x^2}{3x}=0,\lim_{x\to 0}\dfrac{3x}{x^2}=\infty,\lim_{x\to 0}\dfrac{\sin x}{x}=1.$$

两个无穷小之比的极限的各种不同情况,反映了不同的无穷小趋于零的"快慢"程度. 就上面几个例子来说,在 $x\to 0$ 的过程中,$x^2$ 趋于零比 $3x$ 趋于零"快些",反过来,$3x$ 趋于零比 $x^2$ 趋于零"慢些",而 $\sin x$ 趋于零与 $x$ 趋于零"快慢"相仿. 为反映出在自变量的同一变化过程中不同函数变化过程的差异,我们引入无穷小比较的概念.

**定义3** 设 $\alpha$ 和 $\beta$ 都是在自变量同一变化过程中的无穷小,即 $\lim\alpha=0,\lim\beta=0$.

(1) 如果 $\lim \dfrac{\beta}{\alpha}=0$,则称 $\beta$ 是比 $\alpha$ 高阶的无穷小,记作 $\beta=o(\alpha)$;

(2) 如果 $\lim \dfrac{\beta}{\alpha}=\infty$,则称 $\beta$ 是比 $\alpha$ 低阶的无穷小;

(3) 如果 $\lim \dfrac{\beta}{\alpha}=c$($c$ 为非零常数),则称 $\beta$ 是与 $\alpha$ 同阶的无穷小;

(4) 如果 $\lim \dfrac{\beta}{\alpha^k}=c\neq 0$($k>0$),则称 $\beta$ 是关于 $\alpha$ 的 $k$ 阶无穷小;

(5) 如果 $\lim \dfrac{\beta}{\alpha}=1$,则称 $\beta$ 是与 $\alpha$ 等价的无穷小,记作 $\alpha \sim \beta$.

显然,等价无穷小是同阶无穷小的特殊情形,即 $c=1$ 的情形.

**例 23** 比较下列各组无穷小:

(1) 当 $x\rightarrow 1$ 时,比较 $x-1$ 与 $x^2-1$;

(2) 当 $x\rightarrow 0$ 时,比较 $x^2$ 与 $\dfrac{x^2}{1-x}$;

(3) 当 $x\rightarrow 0$ 时,比较 $1-\cos x$ 与 $x^2$.

**解** (1) 因为 $\lim\limits_{x\to 1}\dfrac{x-1}{x^2-1}=\lim\limits_{x\to 1}\dfrac{x-1}{(x+1)(x-1)}=\lim\limits_{x\to 1}\dfrac{1}{(x+1)}=\dfrac{1}{2}$,所以当 $x\rightarrow 1$ 时,$x-1$ 与 $x^2-1$ 是同阶无穷小.

(2) 因为 $\lim\limits_{x\to 0}\dfrac{x^2}{x^2/(1-x)}=\lim\limits_{x\to 0}(1-x)=1$,所以当 $x\rightarrow 0$ 时,$x^2$ 与 $\dfrac{x^2}{1-x}$ 是等价无穷小. 即当 $x\rightarrow 0$ 时,$x^2 \sim \dfrac{x^2}{1-x}$.

(3) 因为 $\lim\limits_{x\to 0}\dfrac{1-\cos x}{x^2}=\dfrac{1}{2}$[见本节例 17(4)],所以当 $x\rightarrow 0$ 时,$1-\cos x$ 与 $x^2$ 是同阶无穷小. 同样当 $x\rightarrow 0$ 时,$1-\cos x$ 是关于 $x$ 的 2 阶无穷小;但由于 $\lim\limits_{x\to 0}\dfrac{1-\cos x}{\frac{1}{2}x^2}=1$,因此当 $x\rightarrow 0$ 时,$1-\cos x$ 与 $\dfrac{1}{2}x^2$ 是等价无穷小.

**注意**:并非同一过程中的两个无穷小都可以进行比较. 例如,当 $x\rightarrow 0$ 时,$x\sin\dfrac{1}{x}$ 和 $x$ 都是无穷小,但是极限

$$\lim_{x\to 0}\dfrac{x\sin\dfrac{1}{x}}{x}=\lim_{x\to 0}\sin\dfrac{1}{x}$$

不存在,所以这两个无穷小不可以进行比较.

下面再举一个常用的等价无穷小的例子.

**例 24** 证明:当 $x\rightarrow 0$ 时,$\sqrt[n]{1+x}-1 \sim \dfrac{1}{n}x$.

**证明** 因为

$$\lim_{x\to 0}\frac{\sqrt[n]{1+x}-1}{\frac{1}{n}x}=\lim_{x\to 0}\frac{(\sqrt[n]{1+x})^n-1}{\frac{1}{n}x[\sqrt[n]{(1+x)^{n-1}}+\sqrt[n]{(1+x)^{n-2}}+\cdots+1]}$$

$$=\lim_{x\to 0}\frac{n}{\sqrt[n]{(1+x)^{n-1}}+\sqrt[n]{(1+x)^{n-2}}+\cdots+1}=1,$$

所以
$$\sqrt[n]{1+x}-1\sim\frac{1}{n}x\;(x\to 0).$$

关于等价无穷小,有下面两个定理.

**定理 8** $\beta$ 与 $\alpha$ 是等价无穷小的充分必要条件为 $\beta=\alpha+o(\alpha)$.

**证明** 必要性 设 $\alpha\sim\beta$,则

$$\lim\frac{\beta-\alpha}{\alpha}=\lim\left(\frac{\beta}{\alpha}-1\right)=\lim\frac{\beta}{\alpha}-1=0,$$

因此 $\beta-\alpha=o(\alpha)$,即 $\beta=\alpha+o(\alpha)$.

充分性 设 $\beta=\alpha+o(\alpha)$,则

$$\lim\frac{\beta}{\alpha}=\lim\left(\frac{\alpha+o(\alpha)}{\alpha}\right)=\lim\left(1+\frac{o(\alpha)}{\alpha}\right)=1,$$

因此 $\alpha\sim\beta$.

因为当 $x\to 0$ 时,$\sin x\sim x$,$\sqrt{1+x}-1\sim\frac{1}{2}x$(见本节例24),所以当 $x\to 0$ 时有

$$\sin x=x+o(x),\quad \sqrt{1+x}-1=\frac{1}{2}x+o(x).$$

**定理 9(等价无穷小代换定理)** 设 $\alpha\sim\alpha'$,$\beta\sim\beta'$,且 $\lim\frac{\beta'}{\alpha'}$ 存在,则

$$\lim\frac{\beta}{\alpha}=\lim\frac{\beta'}{\alpha'}.$$

**证明** $\lim\frac{\beta}{\alpha}=\lim\left(\frac{\beta}{\beta'}\cdot\frac{\alpha'}{\alpha}\cdot\frac{\beta'}{\alpha'}\right)$

$$=\lim\frac{\beta}{\beta'}\cdot\lim\frac{\alpha'}{\alpha}\cdot\lim\frac{\beta'}{\alpha'}=\lim\frac{\beta'}{\alpha'}.$$

定理 9 表明,求两个无穷小之比的极限时,分子及分母都可用等价无穷小代替. 因此,如果用来代替的等价无穷小选得适当的话,就可以使计算大大简化.

下面我们列出了当 $x\to 0$ 时的几个**常见等价无穷小**,以便于记忆和应用.

当 $x\to 0$ 时,

(1) $\sin x\sim x$;

(2) $\tan x\sim x$;

(3) $1-\cos x\sim\frac{1}{2}x^2$;

(4) $e^x-1\sim x$;

(5) $\ln(1+x)\sim x$;

(6) $\sqrt[n]{1+x}-1\sim\frac{1}{n}x$;

(7) $\arcsin x\sim x$;

(8) $\arctan x\sim x$.

**例25** 求 $\lim\limits_{x\to 0}\dfrac{\tan 2x}{\sin 5x}$.

**解** 因为当 $x\to 0$ 时,$\tan 2x \sim 2x$,$\sin 5x \sim 5x$,所以

$$\lim_{x\to 0}\frac{\tan 2x}{\sin 5x} = \lim_{x\to 0}\frac{2x}{5x} = \frac{2}{5}.$$

**例26** 求 $\lim\limits_{x\to 0}\dfrac{\sin x}{x^3 + 2x}$.

**解** 因为当 $x\to 0$ 时,$\sin x \sim x$,无穷小 $x^3 + 2x$ 与它本身显然是等价的,所以

$$\lim_{x\to 0}\frac{\sin x}{x^3 + 2x} = \lim_{x\to 0}\frac{x}{x^3 + 2x} = \lim_{x\to 0}\frac{1}{x^2 + 2} = \frac{1}{2}.$$

**例27** 求 $\lim\limits_{x\to 0}\dfrac{\tan x - \sin x}{x^3}$.

**解** 因为 $\tan x - \sin x = \tan x(1 - \cos x)$,又当 $x\to 0$ 时

$$\tan x \sim x,\ 1 - \cos x \sim \frac{1}{2}x^2,$$

所以

$$\lim_{x\to 0}\frac{\tan x - \sin x}{x^3} = \lim_{x\to 0}\frac{\tan x(1-\cos x)}{x^3} = \lim_{x\to 0}\frac{x \cdot \frac{1}{2}x^2}{x^3} = \frac{1}{2}.$$

在例27中,如果一开始就由 $\tan x \sim x$,$\sin x \sim x$ 对原式作无穷小替换,即得

$$\lim_{x\to 0}\frac{\tan x - \sin x}{x^3} = \lim_{x\to 0}\frac{x - x}{x^3} = 0.$$

这是错误的,因为当 $x\to 0$ 时,$\tan x - \sin x$ 与 $x - x$ 并不等价.

**注意**:作等价无穷小替换时,在分子或分母为和式时,通常不能将和式中的某一项或若干项以其等价无穷小替换,而应将分子或分母整个地加以替换;若分子或分母为几个因子之积时,则可将其中某个或某些因子以等价无穷小替换. 简言之,因子方可以作等价无穷小替换.

## 习题 1−3

1. 观察下列各式,哪些是无穷小?哪些是无穷大?

(1) $f(x) = \dfrac{1+2x}{x^2}$,当 $x\to 0$ 时;　　(2) $f(x) = x\cos x$,当 $x\to 0$ 时;

(3) $f(x) = \ln x$,当 $x\to 0^+$ 时;　　(4) $f(x) = 2^x$,当 $x\to -\infty$ 时;

(5) $x_n = \dfrac{1}{2^n}$,当 $n\to\infty$ 时;　　(6) $f(x) = e^{\frac{1}{x}}$,当 $x\to 0$ 时.

2. 下列函数在怎样的变化过程中是无穷小?又在怎样的变化过程中是无穷大?

(1) $\dfrac{x+1}{x^2}$;　　(2) $2^{-x}$;　　(3) $\dfrac{x+1}{x-1}$.

3. 求下列极限:

(1) $\lim\limits_{x\to 2}(3x^2-5x+2)$;

(2) $\lim\limits_{x\to 1}\dfrac{x+1}{x^2+1}$;

(3) $\lim\limits_{x\to a}\dfrac{x^2-(a+1)x+a}{x^3-a^3}(a\neq 0)$;

(4) $\lim\limits_{x\to 3}\dfrac{x-3}{x^2+1}$;

(5) $\lim\limits_{x\to 3}\dfrac{x^3-27}{x-3}$;

(6) $\lim\limits_{x\to 1}\left(\dfrac{1}{1-x}-\dfrac{3}{1-x^3}\right)$;

(7) $\lim\limits_{x\to 1}\dfrac{x}{1-x}$;

(8) $\lim\limits_{h\to 0}\dfrac{(x+h)^2-x^2}{h}$;

(9) $\lim\limits_{x\to 1}\dfrac{x^n-1}{x^m-1}(m,n$ 为正整数$)$;

(10) $\lim\limits_{x\to 0}\dfrac{4x^3-2x^2+x}{3x^2+2x}$;

(11) $\lim\limits_{x\to 1}\dfrac{x+x^2+\cdots+x^n-n}{x-1}$.

4. 求下列极限：

(1) $\lim\limits_{x\to\infty}\dfrac{2x^2+3}{1-4x^2}$;

(2) $\lim\limits_{x\to\infty}\dfrac{x^3+3x^2-1}{x^2+2}$;

(3) $\lim\limits_{x\to\infty}(2x^3-x+1)$;

(4) $\lim\limits_{x\to\infty}\left(1+\dfrac{1}{x}\right)\left(2-\dfrac{1}{x^2}\right)$;

(5) $\lim\limits_{x\to\infty}\dfrac{3x^2+1}{2-5x^3}$;

(6) $\lim\limits_{x\to\infty}\dfrac{(2x-1)^{30}\cdot(3x+2)^{20}}{(5x+1)^{50}}$.

5. 求下列极限：

(1) $\lim\limits_{n\to\infty}\left(\dfrac{1}{1\cdot 2}+\dfrac{1}{2\cdot 3}+\cdots+\dfrac{1}{n\cdot(n+1)}\right)$;

(2) $\lim\limits_{n\to\infty}\left(\dfrac{1+2+\cdots+n}{n+2}-\dfrac{n}{2}\right)$;

(3) $\lim\limits_{n\to\infty}\dfrac{n^3+n^2-3}{2n^3+2n+1}$;

(4) $\lim\limits_{n\to\infty}\left(1+\dfrac{1}{2}+\dfrac{1}{4}+\cdots+\dfrac{1}{2^n}\right)$.

6. 设 $\lim\limits_{x\to -1}\dfrac{x^3-ax^2-x+4}{x+1}=b$，求 $a,b$.

7. 求下列极限：

(1) $\lim\limits_{x\to\infty}\dfrac{\sin x}{x}$;

(2) $\lim\limits_{x\to\infty}\dfrac{\arctan x}{x^2}$;

(3) $\lim\limits_{x\to 0^+}x\sqrt{1-\cos\dfrac{2}{x}}$.

8. 求下列极限：

(1) $\lim\limits_{x\to 0}\dfrac{\sin 5x}{2x}$;

(2) $\lim\limits_{x\to 0}\dfrac{\tan ax}{\sin bx}(b\neq 0)$;

(3) $\lim\limits_{x\to\pi}\dfrac{\sin x}{\pi-x}$;

(4) $\lim\limits_{x\to 0}\dfrac{\sin^2 ax}{x^2}$;

(5) $\lim\limits_{x\to 0}(1+3x)^{\frac{1}{x}}$;

(6) $\lim\limits_{x\to\infty}\left(1+\dfrac{2}{x}\right)^{x+3}$;

(7) $\lim\limits_{x\to\infty}\left(\dfrac{1+x}{x}\right)^{2x}$;

(8) $\lim\limits_{x\to\infty}\left(\dfrac{x}{x-1}\right)^{x}$;

(9) $\lim\limits_{n\to\infty}\left(\dfrac{2n+3}{2n+1}\right)^{n+1}$;

(10) $\lim\limits_{x\to 1}(3-2x)^{\frac{3}{x-1}}$;

$(11)\lim\limits_{n\to\infty}2^n\sin\dfrac{x}{2^n}$ ($x$ 为常数, $x\neq 0$);  $(12)\lim\limits_{x\to 0}\dfrac{1-\cos 2x}{x\sin x}$.

9. 利用极限存在准则证明:

$(1)\lim\limits_{n\to\infty}n\left(\dfrac{1}{n^2+\pi}+\dfrac{1}{n^2+2\pi}+\cdots+\dfrac{1}{n^2+n\pi}\right)=1$;

$(2)$ 数列 $\sqrt{2},\sqrt{2+\sqrt{2}},\sqrt{2+\sqrt{2+\sqrt{2}}},\cdots$ 的极限存在, 并求极限值.

10. 设 $f(x)=\lim\limits_{t\to\infty}\left(1+\dfrac{\pi}{t}\right)^{xt}$, 求 $f(\ln 2)$.

11. 设 $\lim\limits_{x\to\infty}\left(\dfrac{x+k}{x-2k}\right)^x=8$, 求常数 $k$.

12. 求下列极限:

$(1)\lim\limits_{x\to 0}\sqrt{x^2-2x+4}$;  $(2)\lim\limits_{x\to 1}\dfrac{1-\sqrt{x}}{1-\sqrt[3]{x}}$;

$(3)\lim\limits_{x\to 0}\dfrac{x^2}{1-\sqrt{1+x^2}}$;  $(4)\lim\limits_{x\to 1}\sqrt{\dfrac{x-1}{x^2-1}}$;

$(5)\lim\limits_{x\to 0}\dfrac{\log_a(1+x)}{x}$;  $(6)\lim\limits_{x\to 0}(1+2x)^{\frac{3}{\sin x}}$;

$(7)\lim\limits_{x\to+\infty}(\sqrt{x^2+x}-\sqrt{x^2-x})$.

13. 当 $x\to 1$ 时, 无穷小 $1-x$ 和 (1) $1-x^3$; (2) $\dfrac{1}{2}(1-x^2)$ 是否同阶? 是否等价?

14. 已知当 $x\to 0$ 时, $\sin 4x^2$ 与 $\sqrt{ax^2+1}-1$ 是等价无穷小, 求 $a$ 的值.

15. 利用等价无穷小的性质, 求下列极限:

$(1)\lim\limits_{x\to 0}\dfrac{\tan(2x^2)}{1-\cos x}$;  $(2)\lim\limits_{x\to 0}\dfrac{\arctan 2x}{\sin 3x}$;

$(3)\lim\limits_{x\to 0}\dfrac{\sin x-\tan x}{\sin^3 x}$;  $(4)\lim\limits_{x\to 0}\dfrac{\sqrt[3]{1+x}-1}{\sqrt{1+x}-1}$;

$(5)\lim\limits_{x\to 0}\dfrac{\ln(1+2x)}{e^x-1}$;  $(6)\lim\limits_{x\to 0}\dfrac{\sin ax+x^2}{\tan bx}$ ($b\neq 0$);

$(7)\lim\limits_{x\to 0}\dfrac{\sin(x^n)}{(\sin x)^m}$ ($n,m$ 为正整数);  $(8)\lim\limits_{x\to 0^-}\left(e^{\frac{1}{x}}\sin\dfrac{1}{x^2}+\dfrac{\arcsin x^2}{x}\right)$.

## 第四节  函数的连续性

自然界中的许多现象, 如气温的变化、河水的流动、植物的生长等, 都是连续变化的. 这种现象反映到数学上就是函数的连续性. 函数的连续性是与极限概念密切相关的另一重要概念, 具有连续性的函数将是我们今后主要的研究对象.

## 一、函数连续性概念

凡属连续变化的运动,它们在数量上有共同的特点. 就气温的变化来说,当时间变化很微小时,气温的变化也很微小,这种特点就是所谓的**连续性**. 下面我们先引入增量的概念,然后来描述连续性,并引入函数连续性概念.

设变量 $u$ 从它的一个初值 $u_1$ 变到终值 $u_2$,终值与初值的差 $u_2 - u_1$ 叫作变量 $u$ 的**增量**,记作 $\Delta u$,即

$$\Delta u = u_2 - u_1.$$

**注意**:记号 $\Delta u$ 是一个整体,不能看作是某个量 $\Delta$ 与变量 $u$ 的乘积. 又 $\Delta u$ 可正可负. 当 $\Delta u > 0$ 时,变量 $u$ 是增加的;当 $\Delta u < 0$ 时,变量 $u$ 是减小的.

现在假定函数 $y = f(x)$ 在点 $x_0$ 的某一邻域内有定义,当自变量 $x$ 在这邻域内从 $x_0$ 变到 $x_0 + \Delta x$ 时,函数 $y$ 相应地从 $f(x_0)$ 变到 $f(x_0 + \Delta x)$,因此函数 $y$ 的对应增量为

$$\Delta y = f(x_0 + \Delta x) - f(x_0).$$

这个关系式的几何解释如图 1 - 16 所示.

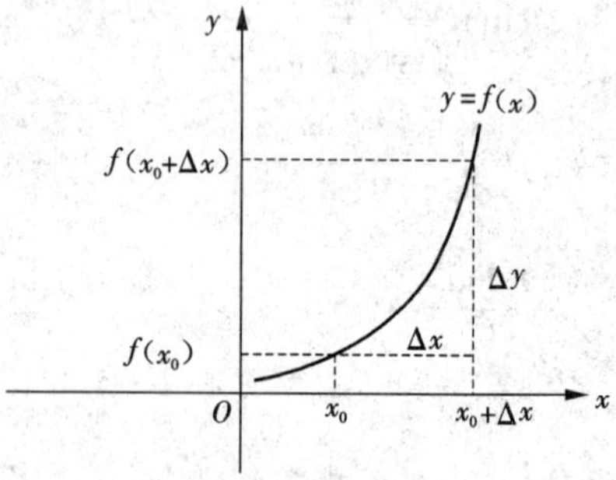

假如保持 $x_0$ 不变而让自变量的增量 $\Delta x$ 变动,一般说来,函数 $y$ 的增量 $\Delta y$ 也要随着变动. 现在我们对连续性的概念作这样描述:如果当 $\Delta x$ 趋于零时,函数 $y$ 的增量 $\Delta y$ 也趋于零,即 $\lim\limits_{\Delta x \to 0} \Delta y = 0$,或

$$\lim_{\Delta x \to 0} [f(x_0 + \Delta x) - f(x_0)] = 0,$$

那么就称函数 $y = f(x)$ 在点 $x_0$ 处是连续的.

**定义 1** 设函数 $y = f(x)$ 在点 $x_0$ 的某一邻域内有定义,如果当自变量 $x$ 在点 $x_0$ 处的增量 $\Delta x = x - x_0$ 趋于零时,对应函数值的增量

$$\Delta y = f(x_0 + \Delta x) - f(x_0)$$

图 1 - 16

也趋于零,即 $\lim\limits_{\Delta x \to 0} \Delta y = 0$,则称函数 $y = f(x)$ 在点 $x_0$ 处**连续**.

由于 $\Delta x = x - x_0$,从而 $x = x_0 + \Delta x$,$\Delta y = f(x_0 + \Delta x) - f(x_0) = f(x) - f(x_0)$,由此可见,$\Delta x \to 0$ 相当于 $x \to x_0$,$\Delta y \to 0$ 相当于 $f(x) \to f(x_0)$. 因此,函数 $y = f(x)$ 在点 $x_0$ 处连续的定义又可用下面方式来叙述:

设函数 $y = f(x)$ 在点 $x_0$ 的某一邻域内有定义,如果函数 $y = f(x)$ 当 $x \to x_0$ 时的极限存在,且极限值等于它在点 $x_0$ 处的函数值 $f(x_0)$,即

$$\lim_{x \to x_0} f(x) = f(x_0),$$

则称函数 $y = f(x)$ 在点 $x_0$ 处**连续**.

**定义 2** 如果 $\lim\limits_{x \to x_0^-} f(x) = f(x_0)$(或 $\lim\limits_{x \to x_0^+} f(x) = f(x_0)$),则称函数 $y = f(x)$ 在点 $x_0$ 处**左(右)连续**.

根据函数 $y = f(x)$ 在一点连续和左、右连续的概念,以及极限存在的充分必要条件,立即可得下述结论.

函数 $y=f(x)$ 在点 $x_0$ 处连续的充分必要条件是 $y=f(x)$ 在点 $x_0$ 处既左连续又右连续.

在区间上每一点处都连续的函数,叫作在该**区间上的连续函数**,或者说**函数在该区间上连续**. 如果区间包括端点,那么函数在右端点处连续是指左连续,在左端点处连续是指右连续.

连续函数的图形是一条连续而不间断的曲线.

在本章第三节中,我们曾经指出:基本初等函数 $y=f(x)$ 在其定义域内的任一点 $x_0$ 处都满足

$$\lim_{x \to x_0} f(x) = f(x_0).$$

现在有了连续性的概念,可把此结论表述为:基本初等函数在其定义域内的每点处均连续. 也就是说,**基本初等函数在其定义域内是连续的**.

**例1** 讨论函数

$$f(x) = \begin{cases} x\sin\dfrac{1}{x}, & x \neq 0, \\ 0, & x = 0, \end{cases}$$

在 $x=0$ 处的连续性.

**解** 因为

$$\lim_{x \to 0} f(x) = \lim_{x \to 0} x\sin\frac{1}{x} = 0 = f(0),$$

所以函数 $f(x)$ 在 $x=0$ 处是连续的.

**例2** 设函数

$$f(x) = \begin{cases} e^x, & x < 0, \\ a+x, & x \geq 0, \end{cases}$$

问 $a$ 取何值时,$f(x)$ 成为 $(-\infty, +\infty)$ 上的连续函数.

**解** 由基本初等函数的连续性知 $f(x)$ 在 $(-\infty, 0)$ 及 $(0, +\infty)$ 内连续,所以要使 $f(x)$ 在 $(-\infty, +\infty)$ 内连续,只要 $f(x)$ 在 $x=0$ 处连续即可.

在 $x=0$ 处,$\lim\limits_{x \to 0^-} f(x) = \lim\limits_{x \to 0^-} e^x = 1$, $\lim\limits_{x \to 0^+} f(x) = \lim\limits_{x \to 0^+} (a+x) = a$, $f(0) = a$. 取 $a=1$,有

$$\lim_{x \to 0^-} f(x) = \lim_{x \to 0^+} f(x) = \lim_{x \to 0} f(x) = f(0),$$

即 $f(x)$ 在 $x=0$ 处连续. 于是选择 $a=1$,$f(x)$ 就成为 $(-\infty, +\infty)$ 内的连续函数.

## 二、函数的间断点

由函数 $y=f(x)$ 在点 $x_0$ 处连续的定义可知,函数 $y=f(x)$ 在点 $x_0$ 处连续,必须同时满足下列三个条件:

(1) 函数 $y=f(x)$ 在点 $x_0$ 处有定义;

(2) 极限 $\lim\limits_{x \to x_0} f(x)$ 存在;

(3) $\lim\limits_{x \to x_0} f(x) = f(x_0)$.

如果上述三个条件中至少有一个不满足,则称点 $x_0$ 为函数 $y=f(x)$ 的**间断点**(或称为**不连续点**),这时也称函数 $y=f(x)$ 在点 $x_0$ 处**间断**.

下面举例来说明函数间断点的几种常见类型.

**例3** 函数 $y=f(x)=\dfrac{x^2-4}{x-2}$ 在点 $x=2$ 处没有定义,所以点 $x=2$ 为函数 $y=f(x)$ 的间断点(见图1-17). 但这里 $\lim\limits_{x\to 2}f(x)=\lim\limits_{x\to 2}\dfrac{x^2-4}{x-2}=\lim\limits_{x\to 2}(x+2)=4$.

如果补充定义:令 $x=2$ 时,$y=4$,则所给函数在 $x=2$ 处成为连续,所以点 $x=2$ 称为该函数的**可去间断点**.

**例4** 函数
$$y=f(x)=\begin{cases} x, & x\ne 1, \\ 2, & x=1, \end{cases}$$
在 $x=1$ 处有定义 $f(1)=2$,且 $\lim\limits_{x\to 1}f(x)=\lim\limits_{x\to 1}x=1$,但由于 $\lim\limits_{x\to 1}f(x)\ne f(1)$,因此,点 $x=1$ 为函数 $y=f(x)$ 的间断点(见图1-18). 但如果改变函数 $y=f(x)$ 在 $x=1$ 处的定义:令 $f(1)=1$,则函数 $y=f(x)$ 在 $x=1$ 处成为连续的. 所以 $x=1$ 也称为该函数的可去间断点.

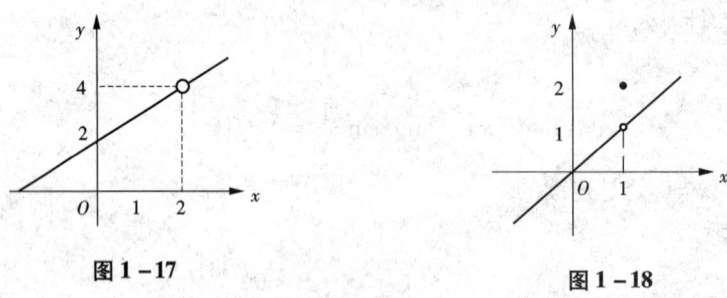

图1-17　　　　　　图1-18

**例5** 函数
$$y=f(x)=\begin{cases} x-1, & x<0, \\ 0, & x=0, \\ x+1, & x>0. \end{cases}$$

这里,当 $x\to 0$ 时,$\lim\limits_{x\to 0^-}f(x)=\lim\limits_{x\to 0^-}(x-1)=-1$,$\lim\limits_{x\to 0^+}f(x)=\lim\limits_{x\to 0^+}(x+1)=1$.

左极限与右极限虽都存在,但不相等,故极限 $\lim\limits_{x\to 0}f(x)$ 不存在,所以点 $x=0$ 为函数 $y=f(x)$ 的间断点(见图1-19). 因 $y=f(x)$ 的图形在 $x=0$ 处产生跳跃现象,我们称 $x=0$ 为函数 $y=f(x)$ 的**跳跃间断点**.

**例6** 函数 $y=\tan x$ 在 $x=\dfrac{\pi}{2}$ 处没有定义,所以点 $x=\dfrac{\pi}{2}$ 是函数 $y=\tan x$ 的间断点. 因 $\lim\limits_{x\to\frac{\pi}{2}}\tan x=\infty$,所以我们称 $x=\dfrac{\pi}{2}$ 为函数 $y=\tan x$ 的**无穷间断点**(见图1-20).

**例7** 函数 $y=\sin\dfrac{1}{x}$ 在 $x=0$ 处没有定义,所以点 $x=0$ 是函数的间断点. 又因为当 $x\to 0$ 时,函数 $y=\sin\dfrac{1}{x}$ 的值总在 $-1$ 与 $1$ 之间来回振荡,故 $\lim\limits_{x\to 0}\sin\dfrac{1}{x}$ 不存在,所以我们称 $x=0$ 为函数 $y=\sin\dfrac{1}{x}$ 的**振荡间断点**.

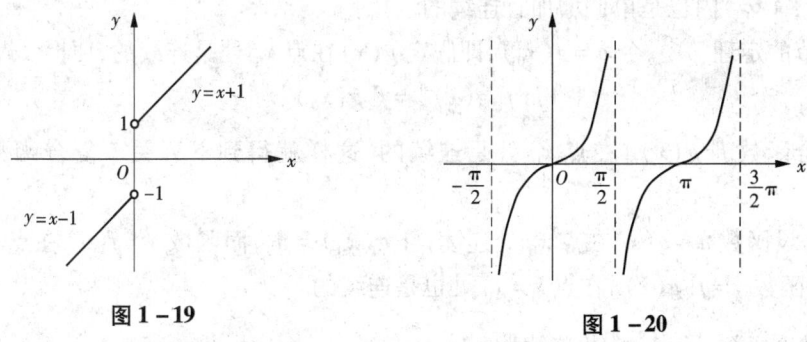

图 1-19　　　　　　　　图 1-20

以上举了一些间断点的例子. 通常我们把间断点分为两类:第一类间断点及第二类间断点. 凡是左、右极限都存在的间断点称为**第一类间断点**,其中左、右极限相等者称为可去间断点,左、右极限不相等者称为跳跃间断点. 不是第一类间断点的任何间断点,都称为**第二类间断点**. 无穷间断点和振荡间断点显然都是第二类间断点.

### 三、初等函数的连续性

**1. 连续函数的和、差、积、商的连续性**

由函数在某点连续的定义和极限的四则运算法则,立即可得下述定理:

**定理 1**　如果函数 $f(x),g(x)$ 在点 $x_0$ 处连续,则

（1）$f(x) \pm g(x)$ 在点 $x_0$ 处连续;

（2）$f(x) \cdot g(x)$ 在点 $x_0$ 处连续;

（3）$\dfrac{f(x)}{g(x)}$ 在点 $x_0$ 处连续（当 $g(x_0) \neq 0$ 时）.

**例 8**　函数

$$f(x) = \frac{x+1}{\sqrt{x-1}} + x\sin x$$

的定义域 $D = [0,1) \cup (1, +\infty)$,而基本初等函数 $x, \sin x$ 和 $\sqrt{x}$ 在 $D$ 内都是连续的,于是由定理 1 可知,函数 $f(x)$ 在它的定义域 $D$ 内是连续的.

**2. 反函数与复合函数的连续性**

由于函数 $y = f(x)$ 的图形与它的反函数 $y = f^{-1}(x)$（如果存在的话）图形关于直线 $y = x$ 对称,因此,如果 $y = f(x)$ 的图形是一条连续而不间断的曲线,那么它的反函数 $y = f^{-1}(x)$ 的图形也是一条连续而不间断的曲线. 由此容易想到,由函数 $y = f(x)$ 的连续性应该可以推出它的反函数的连续性. 如果再把反函数存在的充分条件考虑进去,则可得如下的关于反函数的连续性定理.

**定理 2**　如果函数 $y = f(x)$ 在某区间 $I_x$ 上单调增加（或单调减少）且连续,那么它的反函数 $x = f^{-1}(y)$ 也在对应的区间 $I_y = \{y \mid y = f(x), x \in I_x\}$ 上单调增加（或单调减少）且连续.

证明从略.

例如,由于 $y = \tan x$ 在开区间 $\left(-\dfrac{\pi}{2}, \dfrac{\pi}{2}\right)$ 内单调增加且连续,所以它的反函数 $y = \arctan x$

在区间$(-\infty,+\infty)$内也是单调增加且连续的.

在第三节的定理 7 中，令 $a=g(x_0)$，即假定 $g(x)$ 在点 $x_0$ 处是连续的，便得
$$\lim_{x\to x_0}f[g(x)]=f[g(x_0)].$$

上式表明复合函数 $f[g(x)]$ 在点 $x_0$ 处是连续的. 这样就得到下列关于复合函数连续性的定理.

**定理 3** 设函数 $u=g(x)$ 在点 $x_0$ 处连续，且 $g(x_0)=u_0$，而函数 $y=f(u)$ 在点 $u=u_0$ 处连续，那么复合函数 $y=f[g(x)]$ 在点 $x=x_0$ 处也是连续的.

**例 9** 讨论函数 $y=\sin\dfrac{1}{x}$ 的连续性.

**解** 函数 $y=\sin\dfrac{1}{x}$ 可看作由函数 $y=\sin u$ 及 $u=\dfrac{1}{x}$ 复合而成. $\sin u$ 当 $-\infty<u<+\infty$ 时是连续的，$\dfrac{1}{x}$ 当 $-\infty<x<0$ 和 $0<x<+\infty$ 时是连续的. 根据定理 3，函数 $y=\sin\dfrac{1}{x}$ 在区间 $(-\infty,0)$ 和 $(0,+\infty)$ 内是连续的.

**3. 初等函数的连续性**

前面我们已经指出：基本初等函数在其定义域内都是连续的. 根据初等函数的定义及基本初等函数的连续性，由定理 1 和定理 3 可得下列重要结论：**一切初等函数在其定义区间内都是连续的**. 所谓**定义区间**是指包含在定义域内的区间.

上述结论为我们提供了求初等函数极限的一个方法. 这就是：如果 $f(x)$ 是初等函数，且 $x_0$ 是 $f(x)$ 的定义区间内的点，则
$$\lim_{x\to x_0}f(x)=f(x_0).$$

例如，点 $x=2$ 是初等函数 $y=\dfrac{x+2}{\sqrt{x^2+2x+2}}$ 的定义区间 $(-\infty,+\infty)$ 内的点，所以
$$\lim_{x\to 2}\dfrac{x+2}{\sqrt{x^2+2x+2}}=\dfrac{2+2}{\sqrt{2^2+2\cdot 2+2}}=\dfrac{2}{5}\sqrt{10}.$$

## 四、闭区间上连续函数的性质

闭区间上的连续函数有几个重要性质，今以定理的形式叙述它们，只从几何上说明它的意义，不加证明.

**定理 4（最大值与最小值定理）** 设函数 $f(x)$ 在 $[a,b]$ 上连续，则函数 $f(x)$ 在闭区间 $[a,b]$ 上必有最大值和最小值.

定理 4 说明，如果 $f(x)$ 在 $[a,b]$ 上连续，则在 $[a,b]$ 上至少有一点 $\xi_1$ 和一点 $\xi_2$，使对 $[a,b]$ 上的一切 $x$ 均有
$$f(x)\leqslant f(\xi_1),f(x)\geqslant f(\xi_2)\ (a\leqslant x\leqslant b),$$
满足上述关系的函数值 $f(\xi_1),f(\xi_2)$ 就分别是函数 $f(x)$ 在 $[a,b]$ 上的最大值和最小值. 取得最大值和最小值的点 $\xi_1,\xi_2$ 也可能是闭区间的端点，如图 1-21 所示.

**注意**：如果 $f(x)$ 在开区间内连续，或在闭区间上有间断点，那么函数在该区间上就不一定

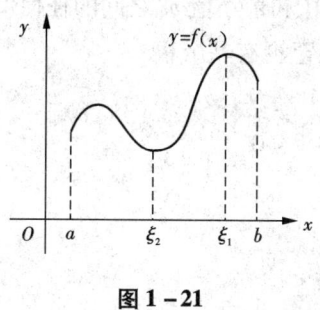
图 1-21

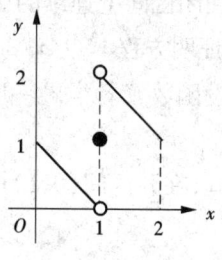
图 1-22

有最大值和最小值. 如函数 $y=x$ 在开区间 $(a,b)$ 内是连续的,但在 $(a,b)$ 上这函数既无最大值也无最小值;又如,函数

$$y=f(x)=\begin{cases} -x+1, & 0\leq x<1, \\ 1, & x=1, \\ -x+3, & 1<x\leq 2, \end{cases}$$

在闭区间 $[0,2]$ 上有间断点 $x=1$,则函数 $f(x)$ 在闭区间 $[0,2]$ 上既无最大值也无最小值(见图 1-22).

由定理 4 可得下述推论:

**推论** 如果 $f(x)$ 在 $[a,b]$ 上连续,则 $f(x)$ 在 $[a,b]$ 上有界.

**定理 5(零点定理)** 设函数 $f(x)$ 在 $[a,b]$ 上连续,且 $f(a)$ 与 $f(b)$ 异号(即 $f(a)\cdot f(b)<0$),那么在开区间 $(a,b)$ 内至少有函数 $f(x)$ 的一个**零点**(**如果存在 $x_0$,使 $f(x_0)=0$,则 $x_0$ 称为函数 $f(x)$ 的零点**),即至少存在一点 $\xi(a<\xi<b)$,使 $f(\xi)=0$.

从几何上看,定理 5 表示:如果连续曲线弧 $y=f(x)$ 的两个端点位于 $x$ 轴的不同侧,那么这段曲线弧与 $x$ 轴至少有一个交点(见图 1-23).

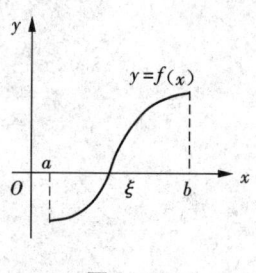
图 1-23

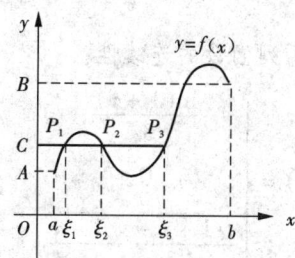
图 1-24

由定理 5 立即可得下述较一般性的定理.

**定理 6(介值定理)** 设函数 $f(x)$ 在 $[a,b]$ 上连续,且在这区间的端点取不同的函数值

$$f(a)=A \quad \text{及} \quad f(b)=B,$$

那么,对于 $A$ 与 $B$ 之间的任意一个数 $C$,在开区间 $(a,b)$ 内至少有一点 $\xi(a<\xi<b)$,使得

$$f(\xi)=C \quad (a<\xi<b).$$

此定理的几何意义是:水平直线 $y=C$($C$ 介于 $A$ 与 $B$ 之间)与连续曲线弧 $y=f(x)$ 至少相交于一点(见图 1-24).

**推论** 在闭区间上连续的函数必取得介于最大值 $M$ 和最小值 $m$ 之间的任何值.

**例 10** 证明方程 $x^3 - 4x^2 + 1 = 0$ 在开区间 $(0,1)$ 内至少有一个根.

**证明** 设函数 $f(x) = x^3 - 4x^2 + 1$,则 $f(x)$ 在 $[0,1]$ 上连续,又
$$f(0) = 1 > 0, \quad f(1) = -2 < 0,$$
根据零点定理,在开区间 $(0,1)$ 内至少有一点 $\xi$,使得
$$f(\xi) = 0,$$
即
$$\xi^3 - 4\xi^2 + 1 = 0 \quad (0 < \xi < 1).$$
这等式说明方程 $x^3 - 4x^2 + 1 = 0$ 在开区间 $(0,1)$ 内至少有一个根是 $\xi$.

## 习题 1-4

1. 试说明函数 $f(x)$ 在 $x = x_0$ 点处有定义、在 $x_0$ 点处有极限以及在 $x_0$ 点处连续这三个概念之间的区别与联系.

2. 已知 $f(x) = \dfrac{2x-3}{x^2 - 5x + 6}$,求 $f(x)$ 的连续区间,并求 $\lim\limits_{x \to 0} f(x)$ 及 $\lim\limits_{x \to 2} f(x)$.

3. 讨论函数 $f(x) = \lim\limits_{n \to \infty} \dfrac{1 - x^{2n}}{1 + x^{2n}} x$ 的连续性,若有间断点,判别其类型.

4. 求下列函数的间断点,并判别其类型:

(1) $f(x) = \dfrac{x}{(1+x)^2}$;　　(2) $f(x) = \dfrac{x}{\sin x}$;

(3) $f(x) = \sin x \cdot \cos \dfrac{1}{x}$;　　(4) $f(x) = \begin{cases} x - 1, & x \leq 1, \\ 3 - x, & x > 1. \end{cases}$

5. 研究下列函数的连续性:

(1) $f(x) = \begin{cases} \dfrac{\ln(1+x)}{x}, & x > 0, \\ 0, & x = 0, \\ \dfrac{\sqrt{1+x} - \sqrt{1-x}}{x}, & -1 \leq x < 0; \end{cases}$

(2) $f(x) = \begin{cases} \dfrac{2^{\frac{1}{x}} - 1}{2^{\frac{1}{x}} + 1}, & x \neq 0, \\ 1, & x = 0. \end{cases}$

6. 设函数
$$f(x) = \begin{cases} x \sin \dfrac{1}{x}, & x > 0, \\ a + x^2, & x \leq 0, \end{cases}$$
要使 $f(x)$ 在 $(-\infty, +\infty)$ 内连续,应当怎样选择数 $a$?

7. 求下列极限:

(1) $\lim\limits_{x\to 0} \sqrt{x^2-x+5}$;

(2) $\lim\limits_{x\to 0} \arccos \dfrac{\sqrt{3x+\ln(x+1)}}{2}$;

(3) $\lim\limits_{x\to \frac{\pi}{4}} \dfrac{\sin 2x}{2\cos(\pi-x)}$;

(4) $\lim\limits_{x\to 0} \ln \dfrac{\sin x}{x}$;

(5) $\lim\limits_{x\to +\infty} x(\sqrt{x^2+1}-x)$;

(6) $\lim\limits_{x\to 0} (\cos x)^{\frac{4}{x^2}}$.

8. 证明方程 $x\cdot 2^x = 1$ 至少有一个小于1的正根.

9. 设函数 $f(x)$ 在 $[a,b]$ 上连续, $f(a)<a, f(b)>b$, 试证: 在开区间 $(a,b)$ 内至少有一点 $\xi$, 使得 $f(\xi)=\xi$.

10. 证明方程 $x = a\sin x + b$, 其中 $a>0, b>0$, 至少有一个正根, 并且它不超过 $a+b$.

## 本章学习指导

**一、内容提要**

本章主要介绍了函数、极限、函数的连续性概念以及极限的计算方法.

**1. 函数**

(1) 构成函数关系的两个要素: 定义域和对应法则.

(2) 函数的性质: 单调性、奇偶性、周期性和有界性.

(3) 反函数、复合函数及初等函数.

**2. 极限**

(1) 极限的概念.

**数列的极限**: 设 $\{x_n\}$ 是一个数列, $a$ 是一个确定的常数. 如果当 $n$ 无限增大时, $x_n$ 无限接近于常数 $a$, 则称常数 $a$ 为数列 $\{x_n\}$ 当 $n$ 趋向于无穷大时的极限, 或者称数列 $\{x_n\}$ 收敛于 $a$, 记作

$$\lim_{n\to \infty} x_n = a \text{ 或 } x_n \to a (n\to \infty).$$

**函数的极限**: ①设函数 $f(x)$ 在原点的某个邻域以外有定义, 如果当 $|x|$ 无限增大时, 对应的函数值 $f(x)$ 无限趋近于常数 $A$, 则称常数 $A$ 为函数 $f(x)$ 当 $x$ 趋向于无穷大时的极限, 记作

$$\lim_{x\to \infty} f(x) = A \text{ 或 } f(x) \to A (x\to \infty);$$

②设函数 $f(x)$ 在点 $x_0$ 的某个邻域 ($x_0$ 可以除外) 内有定义, $A$ 是一个确定的常数. 如果当 $x$ 无限趋向于 $x_0$ 时, 对应的函数值 $f(x)$ 无限趋近于常数 $A$, 则称常数 $A$ 为函数 $f(x)$ 当 $x$ 趋向于 $x_0$ 时的极限, 记作

$$\lim_{x\to x_0} f(x) = A \quad \text{或} \quad f(x)\to A \quad (x\to x_0).$$

(2) 极限存在的充分必要条件.

$$\lim_{x\to \infty} f(x) = A \Leftrightarrow \lim_{x\to -\infty} f(x) = \lim_{x\to +\infty} f(x) = A (A \text{ 为常数});$$

$$\lim_{x\to x_0} f(x) = A \Leftrightarrow \lim_{x\to x_0^-} f(x) = \lim_{x\to x_0^+} f(x) = A (A \text{ 为常数}).$$

(3) 两个重要极限以及推广形式.

$$\lim_{x\to 0}\frac{\sin x}{x}=1,\lim_{x\to\infty}\left(1+\frac{1}{x}\right)^{x}=e \text{ 或} \lim_{x\to 0}(1+x)^{\frac{1}{x}}=e.$$

推广形式：
$$\lim_{\alpha(x)\to 0}\frac{\sin \alpha(x)}{\alpha(x)}=1,\lim_{\alpha(x)\to\infty}\left(1+\frac{1}{\alpha(x)}\right)^{\alpha(x)}=e,\lim_{\beta(x)\to 0}(1+\beta(x))^{\frac{1}{\beta(x)}}=e.$$

**3. 无穷小与无穷大**

(1)无穷小及无穷大的定义;(2)无穷小的性质;(3)无穷小的比较.

**4. 函数的连续性**

(1)函数$f(x)$在点$x_0$处连续的两个等价定义：

① 若$\lim\limits_{\Delta x\to 0}\Delta y=\lim\limits_{\Delta x\to 0}[f(x_0+\Delta x)-f(x_0)]=0$,则称函数$f(x)$在$x_0$处连续(增量式定义)；

② 若$\lim\limits_{x\to x_0}f(x)=f(x_0)$,则称函数$f(x)$在点$x_0$处连续(极限式定义).

(2)函数$f(x)$在区间$[a,b]$上连续的概念.

设函数$f(x)$在$(a,b)$内连续(即在$(a,b)$内每一点处都连续),且在$a$点处右连续,$b$点处左连续,则称函数$f(x)$在$[a,b]$上连续.

(3)函数的间断点.

第一类间断点:特点是$\lim\limits_{x\to x_0^-}f(x)$及$\lim\limits_{x\to x_0^+}f(x)$都存在,包含可去间断点和跳跃间断点；第二类间断点是第一类以外的间断点,常见的是无穷间断点和振荡间断点.

(4)初等函数的连续性.

一切初等函数在其定义区间内都是连续的.

**5. 闭区间上连续函数的性质**

(1)最大值与最小值定理;(2)零点定理;(3)介值定理.

**6. 求极限方法小结**

方法1　利用函数的连续性求极限.

方法2　利用无穷小与有界函数的积为无穷小的性质求极限.

方法3　利用无穷小与无穷大的关系求极限.

方法4　利用两个重要极限以及推广形式求极限.

方法5　当$f(x)$为有理分式函数时(分子和分母均为多项式),若分母的极限不为零,则直接运用商的极限运算法则求极限；若分母的极限为零,且分子的极限不为零,则该函数的极限为$\infty$；若极限呈"$\frac{0}{0}$"型,则约去分子和分母的公因子后,再求极限,也可以利用等价无穷小替换定理进行计算；若极限呈"$\frac{\infty}{\infty}$"型,则分子和分母同时除以$x$的最高次幂后再求极限.

方法6　若函数$f(x)$为无理分式函数,则视情况对分子或分母作有理化运算后再求极限.

方法7　若极限呈"$\infty-\infty$"型,则通常采用通分的方法来处理.

方法8　求分段函数在分界点处的极限时,通常要考虑左、右极限,然后根据极限存在的充分必要条件来求极限.

## 二、重点与难点解析

**1. 如何求函数的定义域**

由解析式给出的函数,其定义域(即自然定义域)是使解析式有意义的自变量取值的集合;对于分式函数,要求分母不为零;对于偶次根式,要求被开方数非负;对于对数函数,要求真数大于零;对于含 $\arcsin f(x)$ 或含 $\arccos f(x)$ 的函数,必须满足 $f(x) \in [-1,1]$;由多个函数经四则运算构成的函数,其定义域为各部分定义域的交集;分段函数的定义域为各段定义域之并集.

由实际问题给出的函数,其定义域是根据问题的实际意义来确定.

**2. "复合"是由简单函数构造复杂函数的一种重要方法**

设复合函数 $y = f\{\phi[g(x)]\}$,对于给定的 $x$ 值,计算函数值的顺序是:先计算内层函数值 $g(x) = v$;再计算中层函数值 $\phi(v) = u$;最后计算外层函数值 $f(u) = y$. 即"由内向外、逐层计算",并且每一层都是计算一个简单函数的值. 函数的复合顺序恰好与计算函数值的顺序相反,即"由外向内、逐层复合".

**3. 函数在点 $x_0$ 处连续的三要素**

(1) $f(x)$ 在 $x_0$ 处有定义;

(2) 极限 $\lim\limits_{x \to x_0} f(x)$ 存在;

(3) 极限值等于函数值,即 $\lim\limits_{x \to x_0} f(x) = f(x_0)$.

上述三条中只要有一条不成立,点 $x_0$ 就是函数 $f(x)$ 的间断点.

**4. 求极限是一个综合分析问题的过程,要注意类型的判别和各种方法的综合使用**

在求函数极限的过程中,自变量的变化趋势也是一个决定的因素. 同一个函数,当自变量的变化趋势不同时,函数的极限也不同.

## 三、典型例题

**例 1** 已知函数 $f(x)$ 的定义域是 $[0,1]$,求函数 $g(x) = f(x^2)$ 的定义域.

**解** 因为定义域是自变量的取值范围,所以由已知 $0 \leq x \leq 1$,要使 $g(x) = f(x^2)$ 有意义,必须使 $0 \leq x^2 \leq 1$,解不等式可得 $-1 \leq x \leq 1$,即 $g(x)$ 的定义域为 $[-1,1]$.

**例 2** 设 $f(x+1) = x^2 + 4x + 2$,求 $f(x)$.

**解法 1** 设 $x+1 = t$,则 $x = t-1$,代入函数,得
$$f(t) = (t-1)^2 + 4(t-1) + 2 = t^2 + 2t - 1,$$
所以
$$f(x) = x^2 + 2x - 1.$$

**解法 2** 将函数表达式右端化为含 $(x+1)$ 的式子
$$f(x+1) = x^2 + 4x + 2 = (x^2 + 2x + 1) + (2x + 2) - 1$$
$$= (x+1)^2 + 2(x+1) - 1,$$
所以
$$f(x) = x^2 + 2x - 1.$$

**例 3** 设函数 $f(x) = x\sin\dfrac{1}{x}$,求当 $x \to 0$,$x \to \infty$ 及 $x \to \dfrac{2}{\pi}$ 时函数的极限,并说明理由.

**解** $\lim\limits_{x \to 0} x\sin\dfrac{1}{x} = 0$(无穷小乘以有界函数);

$$\lim_{x\to\infty} x\sin\frac{1}{x} = \lim_{x\to\infty}\frac{\sin\frac{1}{x}}{\frac{1}{x}} = 1(\text{第一个重要极限});$$

$$\lim_{x\to\frac{2}{\pi}} x\sin\frac{1}{x} = \frac{2}{\pi}\sin\frac{\pi}{2} = \frac{2}{\pi}(\text{函数的连续性}).$$

**例 4** 设 $\lim\limits_{x\to\infty}\left(\dfrac{x^2+1}{x+1} - ax - b\right) = 0$,求 $a,b$.

**解** 因为

$$\lim_{x\to\infty}\left(\frac{x^2+1}{x+1} - ax - b\right) = \lim_{x\to\infty}\frac{(1-a)x^2 - (a+b)x - b + 1}{x+1} = 0,$$

如果 $1-a\neq 0$,则上述极限不存在(极限为 $\infty$),此结论与条件矛盾,这说明分子中不应该存在 $x^2$ 项,故应有 $1-a=0$,于是得到 $a=1$. 所以

$$\lim_{x\to\infty}\left(\frac{x^2+1}{x+1} - ax - b\right) = \lim_{x\to\infty}\frac{(1-a)x^2 - (a+b)x - b + 1}{x+1}$$

$$= \lim_{x\to\infty}\frac{-(1+b)x - b + 1}{x+1} = 0,$$

由此可推出 $1+b=0$,即 $b=-1$.

**例 5** 设函数 $f(x) = \begin{cases} e^{-\frac{1}{x^2}}, & x\neq 0 \\ a, & x=0 \end{cases}$ 在点 $x=0$ 处连续,求 $a$ 的值.

**解** 由于函数 $f(x)$ 在点 $x=0$ 处连续,于是有

$$\lim_{x\to 0} f(x) = f(0),$$

即

$$\lim_{x\to 0} f(x) = \lim_{x\to 0} e^{-\frac{1}{x^2}} = 0 = f(0) = a,$$

所以

$$a = 0.$$

**例 6** 求下列极限:

(1) $\lim\limits_{x\to+\infty} \sin(\sqrt{x+2} - \sqrt{x})$;

(2) $\lim\limits_{x\to 0}\dfrac{\tan x^2}{x\cdot\sin 2x}$;

(3) $\lim\limits_{x\to\infty}\dfrac{3x-5}{x^2\cdot\sin\frac{1}{x}}$;

(4) $\lim\limits_{x\to\infty} x\ln\left(\dfrac{x-1}{x+1}\right)$.

**解** (1) 当 $x\to +\infty$ 时,内层函数 $\sqrt{x+2}-\sqrt{x}$ 呈"$\infty-\infty$"型,这时应对内层函数进行分子有理化运算,再求极限. 即

$$\lim_{x\to+\infty}\sin(\sqrt{x+2}-\sqrt{x}) = \lim_{x\to+\infty}\sin\frac{(\sqrt{x+2}-\sqrt{x})(\sqrt{x+2}+\sqrt{x})}{\sqrt{x+2}+\sqrt{x}}$$

$$= \lim_{x\to+\infty}\sin\frac{2}{\sqrt{x+2}+\sqrt{x}} = \sin\lim_{x\to+\infty}\frac{2}{\sqrt{x+2}+\sqrt{x}} = 0.$$

(2) $\lim\limits_{x\to 0}\dfrac{\tan x^2}{x\cdot\sin 2x} = \lim\limits_{x\to 0}\dfrac{x^2}{x\cdot 2x} = \dfrac{1}{2}.$

(3) $\lim\limits_{x\to\infty} \dfrac{3x-5}{x^2 \cdot \sin\dfrac{1}{x}} = \lim\limits_{x\to\infty}\left(\dfrac{3x-5}{x} \cdot \dfrac{\dfrac{1}{x}}{\sin\dfrac{1}{x}}\right) = \lim\limits_{x\to\infty} \dfrac{3x-5}{x} \cdot \lim\limits_{x\to\infty} \dfrac{\dfrac{1}{x}}{\sin\dfrac{1}{x}} = 3 \cdot 1 = 3.$

(4) $\lim\limits_{x\to\infty} x\ln\left(\dfrac{x-1}{x+1}\right) = \lim\limits_{x\to\infty} \ln\left(\dfrac{x-1}{x+1}\right)^x = \ln \lim\limits_{x\to\infty}\left(\dfrac{x-1}{x+1}\right)^x$

$= \ln \lim\limits_{x\to\infty} \dfrac{\left(1-\dfrac{1}{x}\right)^x}{\left(1+\dfrac{1}{x}\right)^x} = \ln \dfrac{\lim\limits_{x\to\infty}\left(1-\dfrac{1}{x}\right)^x}{\lim\limits_{x\to\infty}\left(1+\dfrac{1}{x}\right)^x} = \ln \dfrac{e^{-1}}{e} = -2.$

## 复习题一

**一、填空题**

1. 若 $f(x)$ 的定义域是 $[0,1]$，则 $f(x^2-1)$ 的定义域是_____.

2. 若 $f(x)$ 是以 2 为周期的周期函数，且在闭区间 $[0,2]$ 上的表达式为 $f(x)=2x-x^2$，则在闭区间 $[-1,1]$ 上 $f(x)=$_____.

3. 设
$$f(x)=\begin{cases} e^x, & x\leq 0, \\ ax+b, & x>0, \end{cases}$$
则 $f(0^-)=$_____, $f(0^+)=$_____, 当 $b=$_____ 时, $\lim\limits_{x\to 0}f(x)=1$.

4. $\lim\limits_{x\to\infty}\left(\dfrac{x+c}{x+2c}\right)^x=4$，则 $c$ _____.

5. $\lim\limits_{x\to 0}\dfrac{x^2\sin\dfrac{1}{x}}{\sin x}=$_____.

6. 若 $f(x)=\begin{cases} e^x(\sin x+\cos x), & x>0 \\ 2x+a, & x\leq 0 \end{cases}$ 在点 $x=0$ 处连续，则 $a=$_____.

7. 当 $x\to 0$ 时，$\sin 2x - 2\sin x$ 是 $x$ 的_____阶无穷小量.

8. $x=0$ 是函数 $f(x)=e^{x+\frac{1}{x}}$ 的第_____类_____间断点.

9. 函数 $y=\sqrt[3]{\ln\sin^2 x}$ 的复合过程是_____.

10. 当_____时，$f(x)=\dfrac{1}{(x-1)^2}$ 是无穷大量.

**二、单项选择题**

1. 下列函数中既是奇函数又是单调增加函数的是( ).

(A) $\sin^3 x$ \hspace{2em} (B) $x^3+1$

(C) $x^3+x$ \hspace{2em} (D) $x^3-x$

2. 下列命题错误的是( ).

(A)若 $\lim_{n\to\infty} x_n$ 存在,则 $\lim_{n\to\infty} |x_n|$ 存在　　　　(B)若 $\lim_{n\to\infty} |x_n|$ 存在,则 $\lim_{n\to\infty} x_n$ 存在

(C)若 $\lim_{n\to\infty} |x_n|$ 不存在,则 $\lim_{n\to\infty} x_n$ 也不存在　　(D)若 $\lim_{n\to\infty} x_n$ 存在,则 $\lim_{n\to\infty} |x_n| = |\lim_{n\to\infty} x_n|$

3. 从 $\lim_{x\to x_0} f(x) = 1$ 不能推出(　　).

(A)$f(x_0^-) = 1$　　　　　　　　　　　(B)$f(x_0^+) = 1$

(C)$f(x_0) = 1$　　　　　　　　　　　(D)$\lim_{x\to x_0}[f(x) - 1] = 0$

4. 当 $x \to 0$ 时,$x^k$ 与 $x + x^2 + x^3$ 是等价无穷小,则 $k = ($ 　　).

(A)0　　　　　(B)1　　　　　(C)2　　　　　(D)3

5. $\lim_{x\to 0^+} \dfrac{x}{\sqrt{1 - \cos x}}$ 的值为(　　).

(A)2　　　　　(B)$\dfrac{1}{2}$　　　　　(C)4　　　　　(D)$\sqrt{2}$

6. 当 $x \to \infty$ 时,$\dfrac{\pi}{2} - \arctan x$ 是(　　).

(A)无穷小量　　　　　　　　　　　(B)无穷大量

(C)有界变量　　　　　　　　　　　(D)无界变量

7. 方程 $x^3 - 3x + 1 = 0$ 在开区间 $(0,1)$ 内(　　).

(A)无实根　　　　　　　　　　　(B)有唯一实根

(C)有两个实根　　　　　　　　　(D)有三个实根

8. 设 $f(x)$ 与 $g(x)$ 在区间 $I$ 上连续,则下列函数中在 $I$ 上可能不连续的是(　　).

(A)$\max\{f(x), g(x)\}$　　　　　　　(B)$\min\{f(x), g(x)\}$

(C)$|f(x)| + |g(x)|$　　　　　　　　(D)$\dfrac{f(x)}{g(x)}$

9. 若 $f(x)$ 在点 $x_0$ 的某个邻域内有定义,且 $f(x_0^+) = f(x_0^-)$,则下列叙述正确的是(　　).

(A)$f(x)$ 在点 $x_0$ 处有极限,但不连续　　(B)$f(x)$ 在点 $x_0$ 处有极限,但不一定连续

(C)$f(x)$ 在点 $x_0$ 处连续　　　　　　(D)$f(x)$ 在点 $x_0$ 处极限不存在

10. 设 $\alpha = 1 - \cos x, \beta = 2x^2$,则当 $x \to 0$ 时,下列叙述正确的是(　　).

(A)$\alpha$ 与 $\beta$ 是同阶无穷小,但不是等价无穷小

(B)$\alpha$ 与 $\beta$ 是等价无穷小

(C)$\alpha$ 是比 $\beta$ 高阶的无穷小

(D)$\beta$ 是比 $\alpha$ 高阶的无穷小

### 三、计算题

1. 求函数 $f(x) = \sqrt{4 - x^2} + \dfrac{1}{\ln\cos x}$ 的定义域.

2. 已知 $f[\varphi(x)] = 1 + \cos 2x$;$\varphi(x) = \sin x$,求 $f(x)$.

3. 计算下列极限:

(1) $\lim\limits_{x\to 1} \dfrac{x^2 - 3x + 2}{x^4 - 4x + 3}$;　　　　　　　(2) $\lim\limits_{x\to 2} \dfrac{\sqrt{2+x} - 2}{\sqrt{3x+3} - 3}$;

(3) $\lim\limits_{x\to+\infty} \dfrac{2x\sin x}{\sqrt{1+x^2}}\arctan\dfrac{1}{x}$;

(4) $\lim\limits_{x\to 1} \dfrac{\arctan(x-1)}{x^2+x-2}$;

(5) $\lim\limits_{x\to\infty}\left(\dfrac{2x+3}{2x+1}\right)^{x+1}$;

(6) $\lim\limits_{n\to\infty}\left(1+\dfrac{1}{n}+\dfrac{1}{n^2}\right)^n$.

4. 求常数 $a,b$, 使 $f(x)$ 连续, 其中

$$f(x)=\begin{cases} \dfrac{1}{x}\sin x, & x<0, \\ a, & x=0, \\ x\sin\dfrac{1}{x}+b, & x>0. \end{cases}$$

5. 设函数

$$f(x)=\begin{cases} \dfrac{1}{1+\mathrm{e}^{-x}}, & x\neq 0, \\ 0, & x=0, \end{cases}$$

研究函数 $f(x)$ 在点 $x=0$ 处的连续性.

6. 设函数

$$f(x)=\begin{cases} \mathrm{e}^{\frac{1}{x-1}}, & x>0, \\ \ln(1+x), & -1<x\leqslant 0, \end{cases}$$

求函数 $f(x)$ 的间断点, 并说明间断点所属类型.

7. 设函数

$$f(x)=\begin{cases} \dfrac{\cos x}{x+2}, & x\geqslant 0, \\ \dfrac{\sqrt{a}-\sqrt{a-x}}{x}, & x<0\,(a>0). \end{cases}$$

(1) 当 $a$ 为何值时, $x=0$ 是 $f(x)$ 的连续点?

(2) 当 $a$ 为何值时, $x=0$ 是 $f(x)$ 的间断点?

(3) 当 $a=2$ 时, 求函数 $f(x)$ 的连续区间.

8. 求函数 $f(x)=\dfrac{x^3+3x^2-x-3}{x^2+x-6}$ 的连续区间, 并指出间断点的类型.

## 四、证明题

1. 设 $x_n=\left(1+\dfrac{1}{n}\right)\sin\dfrac{n\pi}{2}$, 证明极限 $\lim\limits_{n\to\infty}x_n$ 不存在.

2. 证明方程 $x\mathrm{e}^x=1$ 存在唯一实根, 且此根介于 0 与 1 之间.

3. 若函数 $f(x)$ 在 $[a,b]$ 上连续, $a<x_1<x_2<\cdots<x_n<b$, 则在 $(x_1,x_n)$ 内至少有一点 $\xi$, 使得

$$f(\xi)=\dfrac{f(x_1)+f(x_2)+\cdots+f(x_n)}{n}.$$

4. 设函数 $f(x)$ 在 $[0,2a]$ 上连续, 且 $f(0)=f(2a)$, 证明: 在 $[0,a]$ 上至少有一点 $x$, 使得 $f(x)=f(x+a)$.

# 第二章 一元函数微分学及其应用

微分学的基本概念是导数与微分. 导数反映出函数相对于自变量变化而改变的快慢程度, 即函数的变化率问题; 而微分则指明了当自变量有微小变化时, 函数大体上变化多少.

本章中, 我们主要讨论导数和微分的概念、计算方法以及它们的应用.

## 第一节 导数概念

当我们研究变量时, 不仅需要研究变量与变量之间的对应关系 (即函数关系), 变量的变化趋势 (即极限), 还要研究变量变化的快慢程度. 这类问题通常叫作变化率问题.

### 一、导数概念引入: 变化率问题举例

**1. 变速直线运动的瞬时速度**

当物体作匀速直线运动时, 它在任何时刻的速度都可以用公式

$$v = \frac{s}{t}$$

来计算, 其中 $s$ 为物体经过的路程, $t$ 为时间. 但物体作变速直线运动时, 这个公式只能反映物体在一段时间内经过某段路程的平均速度, 不能反映物体在某一时刻的瞬时速度. 现在我们来计算变速直线运动的物体的瞬时速度.

设一个物体作变速直线运动, 其路程与时间的关系为

$$s = s(t)$$

求该物体在 $t$ 时刻的瞬时速度.

为此, 我们考虑 $t$ 附近的一段时间间隔, 从 $t$ 到 $t + \Delta t$ 这段时间内, 物体走过的路程为 $\Delta s = s(t + \Delta t) - s(t)$. 在 $\Delta t$ 很小时, 我们把变速运动近似地看成是匀速的, 因而用这段时间间隔的平均速度

$$\bar{v} = \frac{\Delta s}{\Delta t} = \frac{s(t + \Delta t) - s(t)}{\Delta t}$$

去近似地描述瞬时速度. 由于运动是变速的, 所以对任意的固定的 $\Delta t$, 这永远都只是一个近似值. 但是, 在 $\Delta t$ 无限变小的过程中, 平均速度 $\bar{v}$ 无限接近 $t$ 时刻的瞬时速度. 因此, 当 $\Delta t$ 趋于零时, 若极限

$$v = \lim_{\Delta t \to 0} \frac{\Delta s}{\Delta t} = \lim_{\Delta t \to 0} \frac{s(t + \Delta t) - s(t)}{\Delta t}$$

存在, 则此极限值就是变速直线运动的瞬时速度.

**2. 曲线的切线问题**

设有曲线 $C$ 及 $C$ 上的一点 $M$(见图 2-1),任取曲线 $C$ 上异于点 $M$ 的点 $N$,作割线 $MN$. 当点 $N$ 沿曲线移动而趋向于点 $M$ 时,割线 $MN$ 以 $M$ 为支点逐渐移动而趋向于一个极限位置,即直线 $MT$. 直线 $MT$ 就叫作曲线 $C$ 在点 $M$ 处的切线.

设 $M(x_0, y_0)$ 是曲线 $C$ 上的一个点(见图 2-2),则 $y_0 = f(x_0)$. 根据上述定义,要确定曲线 $C$ 在点 $M$ 处的切线,只需确定切线的斜率即可. 为此,在点 $M$ 附近,另取 $C$ 上的一点 $N(x, y)$,则割线 $MN$ 的斜率为

$$\tan \varphi = \frac{y - y_0}{x - x_0} = \frac{f(x) - f(x_0)}{x - x_0},$$

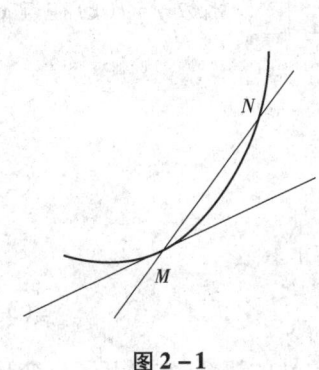

图 2-1

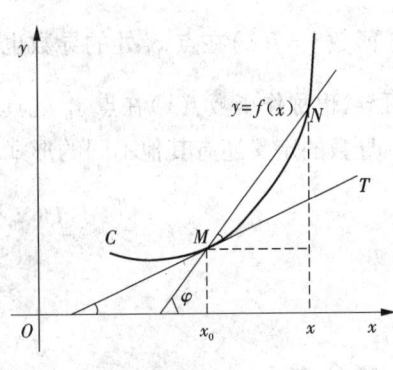

图 2-2

其中 $\varphi$ 为割线 $MN$ 的倾斜角. 当 $x \to x_0$ 时,若极限

$$\lim_{x \to x_0} \frac{f(x) - f(x_0)}{x - x_0}$$

存在,则此极限值就是曲线 $C$ 在点 $M$ 处的切线的斜率.

**3. 产品总成本的变化率**

设某产品的总成本 $C$ 是产量 $q$ 的函数,即 $C = f(q)$. 当产量由 $q_0$ 变到 $q_0 + \Delta q$ 时,总成本相应的改变量为

$$\Delta C = f(q_0 + \Delta q) - f(q_0),$$

则当产量由 $q_0$ 变到 $q_0 + \Delta q$ 时,总成本的平均变化率为

$$\frac{\Delta C}{\Delta q} = \frac{f(q_0 + \Delta q) - f(q_0)}{\Delta q}.$$

当 $\Delta q \to 0$ 时,若极限

$$\lim_{\Delta q \to 0} \frac{\Delta C}{\Delta q} = \lim_{\Delta q \to 0} \frac{f(q_0 + \Delta q) - f(q_0)}{\Delta q}$$

存在,则称此极限是产量为 $q_0$ 时总成本的变化率,又叫作 $q = q_0$ 时的**边际成本**.

从上面三个实例中看出,虽然问题的具体意义完全不同,但是从抽象的数量关系来看,都是利用函数的改变量与自变量的改变量之比的极限,即函数的平均变化率的极限来描述这个函数在某点处的变化率. 我们把这种特定的极限叫作函数的导数.

## 二、导 数

### 1. 导数的定义

**定义** 设函数 $y=f(x)$ 在点 $x_0$ 的某个邻域内有定义,当自变量 $x$ 在点 $x_0$ 处取得改变量 $\Delta x$ 时,函数 $y=f(x)$ 也取得相应的改变量 $\Delta y = f(x_0+\Delta x) - f(x_0)$. 当 $\Delta x \to 0$ 时,若 $\Delta y$ 与 $\Delta x$ 之比的极限存在,则称函数 $y=f(x)$ 在点 $x_0$ 处可导,并把这个极限值叫作函数 $f(x)$ 在点 $x_0$ 处的**导数**,记作 $y'|_{x=x_0}$. 即

$$y'|_{x=x_0} = \lim_{\Delta x \to 0} \frac{\Delta y}{\Delta x} = \lim_{\Delta x \to 0} \frac{f(x_0+\Delta x)-f(x_0)}{\Delta x} \tag{1}$$

函数 $y=f(x)$ 在点 $x_0$ 处的导数也可以记作 $f'(x_0), \frac{\mathrm{d}y}{\mathrm{d}x}\big|_{x=x_0}$ 或 $\frac{\mathrm{d}f}{\mathrm{d}x}\big|_{x=x_0}$. 函数 $y=f(x)$ 在点 $x_0$ 处可导,也称作函数 $f(x)$ 在点 $x_0$ 处具有导数或导数存在.

导数的定义还有其他不同的形式. 常见的是

$$f'(x_0) = \lim_{h \to 0} \frac{f(x_0+h)-f(x_0)}{h} \tag{2}$$

和

$$f'(x_0) = \lim_{x \to x_0} \frac{f(x)-f(x_0)}{x-x_0} \tag{3}$$

导数概括了各种实际问题的变化率,是一个具有一般性和抽象性的概念. 它撇开了自变量和因变量所代表的几何或物理方面的特殊意义,单纯从数量方面来刻画变化率的本质. 函数增量与自变量增量之比 $\frac{\Delta y}{\Delta x}$,是函数 $y=f(x)$ 在以 $x_0$ 与 $x_0+\Delta x$ 为端点的区间上的平均变化率;而导数 $y'|_{x=x_0}$ 则是函数 $y=f(x)$ 在点 $x_0$ 处的变化率. 它反映了点 $x_0$ 处函数随自变量变化的快慢程度. 由于变化率是一个极其广泛的概念,因此导数有着广泛的应用.

前面的三个例子中,瞬时速度就是路程对时间的导数;曲线上某一点切线的斜率就是对应函数对自变量 $x$ 的导数;经济分析中,边际成本就是总成本 $C$ 对产量 $q$ 的导数.

如果(1)式的极限不存在,就称函数 $y=f(x)$ 在点 $x_0$ 处不可导. 如果不可导的原因是由于当 $\Delta x \to 0$ 时,$\frac{\Delta y}{\Delta x} \to \infty$,那么,为了方便起见,就说函数 $y=f(x)$ 在点 $x_0$ 处的导数为无穷大.

如果函数 $y=f(x)$ 在区间 $(a,b)$ 内的每一点都可导,即对任意 $x \in (a,b)$,极限

$$\lim_{\Delta x \to 0} \frac{\Delta y}{\Delta x} = \lim_{\Delta x \to 0} \frac{f(x+\Delta x)-f(x)}{\Delta x}$$

都存在,那么我们就说"函数 $y=f(x)$ 在区间 $(a,b)$ 内可导". 这时,对于每一点 $x \in (a,b)$,函数都有一个确定的导数值与之对应,这就构成了 $x$ 的一个新的函数,这个新的函数叫作函数 $y=f(x)$ 的**导函数**,记为 $f'(x), y', \frac{\mathrm{d}y}{\mathrm{d}x}$ 或 $\frac{\mathrm{d}f(x)}{\mathrm{d}x}$.

显然,函数 $y=f(x)$ 在点 $x_0$ 处的导数 $f'(x_0)$ 就是导函数 $f'(x)$ 在点 $x=x_0$ 处的函数值,即

$$f'(x_0) = f'(x)|_{x=x_0}.$$

今后,在不引起混淆的情况下,将导函数和导数统称为**导数**.

**2. 求导数举例**

利用定义求函数 $y=f(x)$ 的导数,分为三个步骤:

(1) 写出函数的改变量 $\Delta y=f(x+\Delta x)-f(x)$;

(2) 计算比值 $\dfrac{\Delta y}{\Delta x}=\dfrac{f(x+\Delta x)-f(x)}{\Delta x}$;

(3) 求极限 $y'=f'(x)=\lim\limits_{\Delta x\to 0}\dfrac{f(x+\Delta x)-f(x)}{\Delta x}$.

**例1** 求函数 $y=C$($C$ 为常数)的导数.

**解** (1) 求函数的改变量

因为 $y=C$,即不论 $x$ 取何值,$y$ 的值总是 $C$,所以 $\Delta y=0$;

(2) 计算比值

$$\frac{\Delta y}{\Delta x}=0;$$

(3) 取极限

$$y'=\lim_{\Delta x\to 0}\frac{\Delta y}{\Delta x}=\lim_{\Delta x\to 0}0=0,$$

即
$$(C)'=0.$$

这就是说,常数函数的导数等于零.

**例2** 求函数 $y=x^2$ 的导数.

**解** (1) 求函数的改变量

$$\Delta y=f(x+\Delta x)-f(x)=(x+\Delta x)^2-x^2=2x\Delta x+(\Delta x)^2;$$

(2) 计算比值

$$\frac{\Delta y}{\Delta x}=\frac{2x\Delta x+(\Delta x)^2}{\Delta x}=2x+\Delta x;$$

(3) 取极限

$$y'=\lim_{\Delta x\to 0}\frac{\Delta y}{\Delta x}=\lim_{\Delta x\to 0}(2x+\Delta x)=2x.$$

即
$$(x^2)'=2x.$$

可以证明幂函数 $y=x^\alpha$($\alpha$ 是任意实数)的导数公式为

$$(x^\alpha)'=\alpha x^{\alpha-1}.$$

**例3** 求函数 $f(x)=\sin x$ 的导数.

**解** (1) 求函数的改变量

$$\begin{aligned}\Delta y&=f(x+\Delta x)-f(x)=\sin(x+\Delta x)-\sin x\\&=2\sin\frac{x+\Delta x-x}{2}\cos\frac{x+\Delta x+x}{2}\\&=2\sin\frac{\Delta x}{2}\cos\left(x+\frac{\Delta x}{2}\right);\end{aligned}$$

(2) 计算比值

$$\frac{\Delta y}{\Delta x} = \frac{2\sin\frac{\Delta x}{2}\cos\left(x+\frac{\Delta x}{2}\right)}{\Delta x} = \frac{\sin\frac{\Delta x}{2}}{\frac{\Delta x}{2}}\cos\left(x+\frac{\Delta x}{2}\right);$$

(3) 取极限

$$y' = \lim_{\Delta x\to 0}\frac{\Delta y}{\Delta x} = \lim_{\Delta x\to 0}\frac{\sin\frac{\Delta x}{2}}{\frac{\Delta x}{2}}\cdot\cos\left(x+\frac{\Delta x}{2}\right)$$

$$= \lim_{\Delta x\to 0}\frac{\sin\frac{\Delta x}{2}}{\frac{\Delta x}{2}}\lim_{\Delta x\to 0}\cos\left(x+\frac{\Delta x}{2}\right).$$

由于

$$\lim_{\Delta x\to 0}\frac{\sin\frac{\Delta x}{2}}{\frac{\Delta x}{2}} = 1,\ \lim_{\Delta x\to 0}\cos\left(x+\frac{\Delta x}{2}\right) = \cos x,$$

从而

$$y' = \lim_{\Delta x\to 0}\frac{\Delta y}{\Delta x} = 1\cdot\cos x = \cos x,$$

即

$$(\sin x)' = \cos x.$$

用类似的方法,可求得

$$(\cos x)' = -\sin x.$$

**例 4** 求函数 $y = \log_a x$ 的导数.

**解** (1) 求函数的改变量

$$\Delta y = f(x+\Delta x) - f(x) = \log_a(x+\Delta x) - \log_a x = \log_a\left(1+\frac{\Delta x}{x}\right);$$

(2) 计算比值

$$\frac{\Delta y}{\Delta x} = \frac{1}{\Delta x}\log_a\left(1+\frac{\Delta x}{x}\right) = \log_a\left(1+\frac{\Delta x}{x}\right)^{\frac{1}{\Delta x}};$$

(3) 取极限

$$y' = \lim_{\Delta x\to 0}\frac{\Delta y}{\Delta x} = \lim_{\Delta x\to 0}\log_a\left(1+\frac{\Delta x}{x}\right)^{\frac{1}{\Delta x}}$$

$$= \lim_{\Delta x\to 0}\log_a\left[\left(1+\frac{\Delta x}{x}\right)^{\frac{x}{\Delta x}}\right]^{\frac{1}{x}}$$

$$= \lim_{\Delta x\to 0}\frac{1}{x}\log_a\left(1+\frac{\Delta x}{x}\right)^{\frac{x}{\Delta x}}$$

$$= \frac{1}{x}\lim_{\Delta x\to 0}\log_a\left(1+\frac{\Delta x}{x}\right)^{\frac{x}{\Delta x}},$$

因为
$$\lim_{\Delta x \to 0}\left(1+\frac{\Delta x}{x}\right)^{\frac{x}{\Delta x}} = e,$$

所以
$$y' = \lim_{\Delta x \to 0}\frac{\Delta y}{\Delta x} = \frac{1}{x}\log_a e = \frac{1}{x \ln a},$$

即
$$(\log_a x)' = \frac{1}{x \ln a}.$$

特别地,当 $a = e$ 时,因为 $\ln e = 1$,所以有
$$(\ln x)' = \frac{1}{x}.$$

### 3. 单侧导数

根据函数 $f(x)$ 在点 $x_0$ 处的导数 $f'(x_0)$ 的定义,导数
$$f'(x_0) = \lim_{h \to 0}\frac{f(x_0+h)-f(x_0)}{h}$$

是一个极限,而极限存在的充分必要条件是左、右极限都存在且相等,因此 $f'(x_0)$ 存在,即 $f(x)$ 在点 $x_0$ 处可导的充分必要条件是左、右极限
$$\lim_{h \to 0^-}\frac{f(x_0+h)-f(x_0)}{h} \text{ 和 } \lim_{h \to 0^+}\frac{f(x_0+h)-f(x_0)}{h}$$

都存在且相等. 这两个极限分别称为 $f(x)$ 在点 $x_0$ 处的左导数和右导数,记作 $f'_-(x_0)$ 和 $f'_+(x_0)$,即
$$f'_-(x_0) = \lim_{h \to 0^-}\frac{f(x_0+h)-f(x_0)}{h},$$
$$f'_+(x_0) = \lim_{h \to 0^+}\frac{f(x_0+h)-f(x_0)}{h}.$$

因此,函数 $f(x)$ 在点 $x_0$ 处可导的充分必要条件是左导数 $f'_-(x_0)$ 和右导数 $f'_+(x_0)$ 都存在且相等.

例如,$f(x)=|x|$ 在 $x=0$ 处的左导数 $f'_-(0) = \lim_{h \to 0^-}\frac{f(0+h)-f(0)}{h} = \lim_{h \to 0^-}\frac{|h|}{h} = -1$,右导数 $f'_+(0) = \lim_{h \to 0^+}\frac{f(0+h)-f(0)}{h} = \lim_{h \to 0^+}\frac{|h|}{h} = 1$,$f'_-(0)$ 和 $f'_+(0)$ 都存在,但 $f'_-(0) \neq f'_+(0)$,所以,$f(x)=|x|$ 在 $x=0$ 处不可导.

左导数和右导数统称为**单侧导数**.

如果函数 $f(x)$ 在开区间 $(a,b)$ 内可导,且 $f'_-(b)$ 和 $f'_+(a)$ 都存在,就说 $f(x)$ 在闭区间 $[a,b]$ 上可导.

## 三、导数的几何意义

由本章开始的问题可知,函数 $y=f(x)$ 在点 $x$ 处导数的几何意义是曲线 $y=f(x)$ 在点 $M(x,y)$ 处的切线的斜率,即
$$k = f'(x) = \tan \alpha,$$

其中,$\alpha$ 是切线的倾斜角.

如果 $y=f(x)$ 在点 $x$ 处的导数为无穷大,即 $\tan\alpha$ 不存在,那么,曲线 $y=f(x)$ 的割线以垂直于 $x$ 轴的直线为极限位置,即曲线 $y=f(x)$ 在点 $M(x,y)$ 处具有垂直于 $x$ 轴的切线.

根据导数的几何意义,并应用直线的点斜式方程,可以得到曲线 $y=f(x)$ 在点 $M_0(x_0,y_0)$ 处的切线方程为

$$y-y_0=f'(x_0)(x-x_0).$$

过切点 $M_0$ 且与切线垂直的直线叫作曲线 $y=f(x)$ 在点 $M_0$ 处的法线. 如果 $f'(x_0)\neq 0$,法线的斜率为 $-\dfrac{1}{f'(x_0)}$,从而法线的方程为

$$y-y_0=\dfrac{1}{f'(x_0)}(x-x_0).$$

**例 5** 曲线 $y=x^{\frac{3}{2}}$ 上,哪一点处的切线与直线 $y=3x-1$ 平行?

**解** 已知直线的斜率 $y=3x-1$ 的斜率 $k=3$,由两条直线平行的条件知,所求切线的斜率为 3.

由于 
$$y'=(x^{\frac{3}{2}})'=\dfrac{3}{2}\sqrt{x},\quad 故\quad \dfrac{3}{2}\sqrt{x}=3,$$

解得 
$$x=4.$$

将 $x=4$ 代入所给曲线方程,得 $y=4^{\frac{3}{2}}=8$,所以曲线 $y=x^{\frac{3}{2}}$ 在点 $(4,8)$ 处的切线与直线 $y=3x-1$ 平行.

**例 6** 求曲线 $y=\dfrac{1}{\sqrt{x}}$ 在点 $(1,1)$ 处的切线的斜率,并写出曲线在该点处的切线方程和法线方程.

**解** 由导数的几何意义知,所求切线的斜率为

$$k_1=y'|_{x=1}.$$

由于 
$$y'=\left(\dfrac{1}{\sqrt{x}}\right)'=(x^{-\frac{1}{2}})'=-\dfrac{1}{2}x^{-\frac{3}{2}},$$

于是 $k_1=y'|_{x=1}=-\dfrac{1}{2}x^{-\frac{3}{2}}|_{x=1}=-\dfrac{1}{2}$,从而所求切线方程为

$$y-1=-\dfrac{1}{2}(x-1),$$

即 
$$x+2y-3=0.$$

所求法线的斜率为 
$$k_2=-\dfrac{1}{k_1}=2,$$

于是,所求法线方程为 
$$y-1=2(x-1),$$

即 
$$2x-y-1=0.$$

## 四、函数的可导性与连续性的关系

设函数 $y=f(x)$ 在点 $x$ 处可导,即

$$\lim_{\Delta x \to 0} \frac{\Delta y}{\Delta x} = f'(x),$$

由极限与无穷小的关系,有

$$\frac{\Delta y}{\Delta x} = f'(x) + \alpha,$$

其中 $\alpha$ 是当 $\Delta x \to 0$ 时的无穷小. 上式两边同时乘以 $\Delta x$,得

$$\Delta y = f'(x)\Delta x + \alpha \Delta x.$$

由此可见,当 $\Delta x \to 0$ 时,$\Delta y \to 0$. 这就是说,函数 $y=f(x)$ 在点 $x$ 处是连续的.

**定理** 如果函数 $y=f(x)$ 在点 $x_0$ 处可导,那么,函数 $y=f(x)$ 在点 $x_0$ 处一定连续.

需要注意的是,如果函数 $y=f(x)$ 在某一点连续,但在该点却不一定可导.

例如,函数 $y=f(x)=\sqrt[3]{x}$ 在区间 $(-\infty, +\infty)$ 内连续,但在点 $x=0$ 处不可导. 这是因为,在点 $x=0$ 处有

$$\frac{f(0+\Delta x)-f(0)}{\Delta x} = \frac{\sqrt[3]{\Delta x}-0}{\Delta x} = \frac{1}{\Delta x^{2/3}},$$

因为 $\lim\limits_{\Delta x \to 0} \dfrac{f(0+\Delta x)-f(0)}{\Delta x} = \lim\limits_{\Delta x \to 0} \dfrac{1}{\Delta x^{2/3}} = +\infty$,即导数为无穷大(注意,导数不存在). 其几何意义是曲线 $y=\sqrt[3]{x}$ 在原点处具有垂直于 $x$ 轴的切线 $x=0$,如图 2-3 所示.

再如,函数 $y=\sqrt{x^2}=\begin{cases} x, & x \geqslant 0 \\ -x, & x<0 \end{cases}$ 在点 $x=0$ 处连续,但在该点不可导. 这是因为,在点 $x=0$ 有

$$\frac{\Delta y}{\Delta x} = \frac{\sqrt{(0+\Delta x)^2}-\sqrt{0^2}}{\Delta x} = \frac{|\Delta x|}{\Delta x}.$$

右极限 $\quad\lim\limits_{\Delta x \to 0^+} \dfrac{\Delta y}{\Delta x} = \lim\limits_{\Delta x \to 0^+} \dfrac{|\Delta x|}{\Delta x} = 1.$

左极限 $\quad\lim\limits_{\Delta x \to 0^-} \dfrac{\Delta y}{\Delta x} = \lim\limits_{\Delta x \to 0^-} \dfrac{|\Delta x|}{\Delta x} = -1.$

因为左、右极限不相等,所以极限 $\lim\limits_{\Delta x \to 0} \dfrac{\Delta y}{\Delta x}$ 不存在,即函数 $y=\sqrt{x^2}$ 在点 $x=0$ 不可导.

其几何意义是曲线 $y=\sqrt{x^2}$ 在原点处没有切线,如图 2-4 所示.

由上面的讨论可知,函数在某一点处连续是函数在该点可导的必要条件,但不是充分条件. 所以如果函数在某点处不连续,则函数在该点处必不可导.

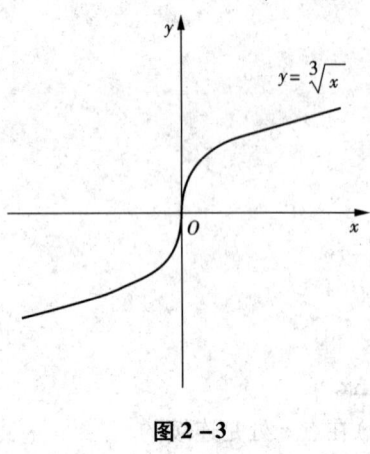
图 2-3

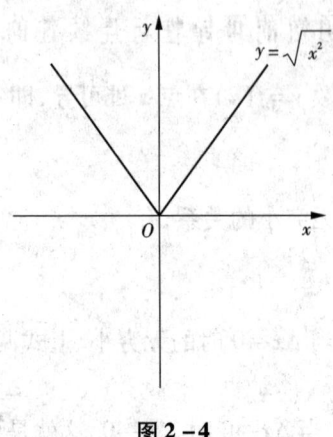
图 2-4

## 习题 2-1

1. 根据定义,求下列函数的导数:

(1) $y = \dfrac{1}{x}$;　　　　　　　　(2) $f(x) = \sqrt{1+x}$;

(3) 设 $f(x) = 5x^2$,求 $f'(0),f'(1)$;

(4) 设 $y = \sin x$,求 $\dfrac{dy}{dx}\big|_{x=\frac{\pi}{2}}$;

(5) $f(x) = ax + b$($a,b$ 都是常数).

2. 求下列各函数的导数:

(1) $y = x^4$;　　　　　　　　(2) $y = x^{0.6}$;

(3) $y = \sqrt[n]{x^m}$;　　　　　　　　(4) $y = \dfrac{1}{x^2}$;

(5) $y = \dfrac{x^2 \sqrt[3]{x^2}}{\sqrt{x^5}}$;　　　　　　　　(6) $y = x^a \cdot x^b$.

3. 证明 $(\cos x)' = -\sin x$.

4. 下列各题均假定 $f'(x_0)$ 存在,按照导数定义观察下列极限,指出 $A$ 表示什么:

(1) $\lim\limits_{\Delta x \to 0} \dfrac{f(x_0 - \Delta x) - f(x_0)}{\Delta x} = A$;

(2) $\lim\limits_{\Delta x \to 0} \dfrac{f(x_0 + \Delta x) - f(x_0 - \Delta x)}{\Delta x} = A$;

(3) $\lim\limits_{x \to 0} \dfrac{f(x)}{x} = A$,其中 $f(0) = 0$,且 $f'(0)$ 存在.

5. 已知物体的运动规律为 $s = t^3$(米),求这物体在 $t = 2$ 秒时的速度.

6. 求曲线 $y = e^x$ 在点 $(0,1)$ 处的切线方程.

7. 求曲线 $y = x^3$ 在 $x = 2$ 的切线方程与法线方程.

8. 在抛物线 $y = x^2$ 上取横坐标为 $x_1 = 1$ 及 $x_2 = 3$ 的两点,作过这两点的割线.问该抛物线上哪一点的切线平行于这条割线?

9. 讨论下列函数在 $x = 0$ 处的连续性与可导性:

(1) $y = |\sin x|$;

(2) $y = \begin{cases} x\sin \dfrac{1}{x}, & x \neq 0, \\ 0, & x = 0; \end{cases}$

(3) $y = \begin{cases} x^2 \sin \dfrac{1}{x}, & x \neq 0, \\ 0, & x = 0. \end{cases}$

10. 设函数 $f(x) = \begin{cases} x^2, & x \leq 1 \\ ax + b, & x > 1 \end{cases}$. 为了使函数 $f(x)$ 在 $x = 1$ 处连续且可导,$a,b$ 应取什么值?

11. 已知 $f(x) = \begin{cases} \sin x, & x < 0 \\ x, & x \geq 0 \end{cases}$,求 $f'(x)$.

## 第二节 函数的求导法则

根据导数的定义,我们已经求出了一些简单函数的导数.但是对于比较复杂的函数,直接根据定义来求它们的导数,往往很不方便.因此我们希望寻找一些一般的法则,借助它们来简化我们的计算.下面,我们将介绍导数的几个基本运算法则和基本初等函数的导数公式,以便能方便地计算常见函数的导数.

### 一、函数的和、差、积、商的求导法则

**1. 函数的和与差的求导法则**

**法则 1** 设函数 $u(x)$ 和 $v(x)$ 在点 $x$ 处可导,则函数 $y = u(x) \pm v(x)$ 在点 $x$ 处也可导,并且
$$y' = (u \pm v)' = u' \pm v'. \tag{1}$$
即两个函数的和(差)的导数等于它们导数的和(差).

这个法则对于有限个可导函数的和(差)也成立.例如
$$(u + v - w)' = u' + v' - w'.$$

**2. 函数乘积的求导法则**

**法则 2** 设函数 $u(x)$ 和 $v(x)$ 在点 $x$ 处可导,则函数 $y = u(x) \cdot v(x)$ 在点 $x$ 处也可导,并且
$$y' = (uv)' = u'v + uv'. \tag{2}$$
即可导函数乘积的导数等于第一个函数的导数乘第二个函数,加上第二个函数的导数乘第一个函数.

特别地,当其中一个函数为常数 $c$ 时,有

$$(cu)' = cu' \tag{3}$$

即求常数与可导函数乘积的导数时,常数可以提到求导记号外面去.

上面的公式对于有限多个可导函数的积也成立. 例如

$$(uvw)' = u'vw + uv'w + uvw'.$$

**3. 商的求导法则**

**法则 3** 设函数 $u(x)$ 和 $v(x)$ 在点 $x$ 处可导,且 $v(x) \neq 0$,则函数 $y = \dfrac{u(x)}{v(x)}$ 在点 $x$ 处也可导,并且

$$y' = \left(\frac{u}{v}\right)' = \frac{u'v - uv'}{v^2}. \tag{4}$$

即两个可导函数之商的导数等于分子的导数与分母的乘积,减去分母的导数与分子的乘积,再除以分母的平方.

特别地,令 $u = 1, v \neq 0$,则由(4)可知

$$\left(\frac{1}{v}\right)' = -\frac{v'}{v^2} \tag{5}$$

下面我们证明法则2,其他法则的证明请读者自行完成.

**证明** 设自变量 $x$ 有增量 $\Delta x$ 时,函数 $u(x), v(x)$ 及 $y = u(x) \cdot v(x)$ 相应的有增量 $\Delta u, \Delta v$ 及 $\Delta y$,因为

$$\begin{aligned}\Delta y &= u(x+\Delta x)v(x+\Delta x) - u(x)v(x)\\&= u(x+\Delta x)v(x+\Delta x) - u(x)v(x+\Delta x) + u(x)v(x+\Delta x) - u(x)v(x)\\&= v(x+\Delta x)[u(x+\Delta x) - u(x)] + u(x)[v(x+\Delta x) - v(x)]\\&= v(x+\Delta x)\Delta u + u(x)\Delta v\end{aligned}$$

故

$$\frac{\Delta y}{\Delta x} = \frac{\Delta u}{\Delta x} \cdot v(x+\Delta x) + u(x) \cdot \frac{\Delta v}{\Delta x},$$

从而

$$\lim_{\Delta x \to 0}\frac{\Delta y}{\Delta x} = \lim_{\Delta x \to 0}\left[\frac{\Delta u}{\Delta x} \cdot v(x+\Delta x) + u(x) \cdot \frac{\Delta v}{\Delta x}\right]$$

由条件知

$$\lim_{\Delta x \to 0}\frac{\Delta u}{\Delta x} = u', \lim_{\Delta x \to 0}\frac{\Delta v}{\Delta x} = v',$$

因为函数 $v(x)$ 在点 $x$ 处可导,所以函数 $v(x)$ 在点 $x$ 处必连续,故

$$\lim_{\Delta x \to 0} v(x+\Delta x) = v(x),$$

由此得

$$\lim_{\Delta x \to 0}\frac{\Delta y}{\Delta x} = \lim_{\Delta x \to 0}\frac{\Delta u}{\Delta x}\lim_{\Delta x \to 0}v(x+\Delta x) + u(x)\lim_{\Delta x \to 0}\frac{\Delta v}{\Delta x} = u'v + v'u.$$

于是有

$$y' = u'v + v'u,$$

即

$$(uv)' = u'v + uv'.$$

**例 1** 求函数 $y = 5x^2 - \dfrac{1}{x} + 4\sin x$ 的导数.

**解** $y' = 5(x^2)' - \left(\dfrac{1}{x}\right)' + 4(\sin x)' = 5(2x) - (-x^{-2}) + 4(\cos x)$

$= 10x + \dfrac{1}{x^2} + 4\cos x.$

**例 2** 求函数 $y = x^3 \ln x$ 的导数.

**解** $y' = (x^3)' \ln x + x^3 (\ln x)' = 3x^2 \ln x + x^2.$

**例 3** 已知 $f(x) = x^3 + 4\cos x + \sin \dfrac{\pi}{2}$,求 $f'(x)$ 及 $f'\left(\dfrac{\pi}{2}\right)$.

**解** $f'(x) = 3x^2 - 4\sin x, f'\left(\dfrac{\pi}{2}\right) = \dfrac{3}{4}\pi^2 - 4.$

**例 4** 已知 $y = e^x(\sin x + \cos x)$,求 $y'$.

**解** $y' = (e^x)'(\sin x + \cos x) + e^x(\sin x + \cos x)'$

$= e^x(\sin x + \cos x) + e^x(\cos x - \sin x) = 2e^x \cos x.$

**例 5** 求函数 $y = \tan x$ 的导数.

**解** $y' = (\tan x)' = \left(\dfrac{\sin x}{\cos x}\right)' = \dfrac{(\sin x)' \cos x - \sin x (\cos x)'}{\cos^2 x}$

$= \dfrac{\cos^2 x + \sin^2 x}{\cos^2 x} = \dfrac{1}{\cos^2 x} = \sec^2 x.$

这就是正切函数的导数公式.

类似可求得余切函数的导数公式为

$$(\cot x)' = -\csc^2 x.$$

**例 6** 已知 $y = \sec x$,求 $y'$.

**解** $y' = (\sec x)' = \left(\dfrac{1}{\cos x}\right)' = \dfrac{\sin x}{\cos^2 x} = \sec x \cdot \tan x,$

即

$$(\sec x)' = \sec x \cdot \tan x.$$

用类似的方法,还可求得余割的导数公式为

$$(\csc x)' = -\csc x \cdot \cot x.$$

**例 7** $f(x) = \dfrac{x \sin x}{1 + \cos x}$,求 $f'(x)$ 及 $f'\left(\dfrac{\pi}{2}\right)$.

**解** $f'(x) = \dfrac{(x \sin x)' \cdot (1 + \cos x) - x \sin x \cdot (1 + \cos x)'}{(1 + \cos x)^2}$

$= \dfrac{[(x)' \sin x + x (\sin x)'] \cdot (1 + \cos x) - x \sin x \cdot (-\sin x)}{(1 + \cos x)^2}$

$= \dfrac{(\sin x + x \cos x) \cdot (1 + \cos x) + x \sin^2 x}{(1 + \cos x)^2},$

整理得

$$f'(x) = \dfrac{x + \sin x}{1 + \cos x}.$$

$$f'\left(\frac{\pi}{2}\right) = \frac{\frac{\pi}{2}+1}{1+0} = 1 + \frac{\pi}{2}.$$

## 二、反函数与复合函数的求导法则

**1. 反函数的导数**

**法则 4** 如果函数 $x = f(y)$ 在区间 $I_y$ 内单调、可导且 $f'(y) \neq 0$，则它的反函数 $y = f^{-1}(x)$ 在区间 $I_x = \{x \mid x = f(y), y \in I_y\}$ 内也可导，且 $[f^{-1}(x)]' = \dfrac{1}{f'(y)}$。

**证明** 由于函数 $x = f(y)$ 在区间 $I_y$ 内单调、可导（从而连续），由第一章第四节的定理 2 知，$x = f(y)$ 的反函数 $y = f^{-1}(x)$ 存在，且 $y = f^{-1}(x)$ 在区间 $I_x$ 内也单调、连续，任取 $x \in I_x$，给 $x$ 以增量 $\Delta x (\Delta x \neq 0, x + \Delta x \in I_x)$，由 $y = f^{-1}(x)$ 的单调性可知

$$\Delta y = f^{-1}(x + \Delta x) - f^{-1}(x) \neq 0$$

于是有

$$\frac{\Delta y}{\Delta x} = \frac{1}{\frac{\Delta x}{\Delta y}},$$

因 $y = f^{-1}(x)$ 连续，故

$$\lim_{\Delta x \to 0} \Delta y = 0,$$

从而

$$[f^{-1}(x)]' = \lim_{\Delta x \to 0} \frac{\Delta y}{\Delta x} = \lim_{\Delta y \to 0} \frac{1}{\frac{\Delta x}{\Delta y}} = \frac{1}{f'(y)}.$$

上述结论可简单地说成反函数的导数等于直接函数导数的倒数。

**例 8** 设 $y = \arcsin x \quad (-1 < x < 1)$，求 $y'$。

**解** 因为 $y = \arcsin x, x \in [-1, 1]$ 的反函数是 $x = \sin y, y \in \left[-\dfrac{\pi}{2}, \dfrac{\pi}{2}\right]$. 所以，根据反函数的导数公式，有

$$y'_x = \frac{1}{x'_y} = \frac{1}{\cos y} = \frac{1}{\sqrt{1-\sin^2 y}} = \frac{1}{\sqrt{1-x^2}}.$$

这里根号前必须取正号，因为 $-\dfrac{\pi}{2} < y < \dfrac{\pi}{2}$ 时 $\cos y > 0$. 所以

$$(\arcsin x)' = \frac{1}{\sqrt{1-x^2}} \quad (-1 < x < 1),$$

用类似的方法，我们不难得到

$$(\arccos x)' = -\frac{1}{\sqrt{1-x^2}} \quad (-1 < x < 1),$$

$$(\arctan x)' = \frac{1}{1+x^2} \quad (-\infty < x < +\infty),$$

$$(\operatorname{arccot} x)' = -\frac{1}{1+x^2} \quad (-\infty < x < +\infty).$$

**2. 复合函数的导数**

目前,对于 $\ln \tan x, e^{x^2}, \sin x^2$ 这样的复合函数,我们还不知道它们是否可导,以及如何求出它们的导数. 下面介绍复合函数的求导法则.

**法则 5** 如果函数 $u = \varphi(x)$ 在点 $x$ 处可导,而函数 $y = f(u)$ 在对应点 $u$ 处可导,那么复合函数 $y = f[\varphi(x)]$ 在点 $x$ 处可导,且

$$\frac{dy}{dx} = \frac{dy}{du} \cdot \frac{du}{dx}. \tag{6}$$

**证明** 由于函数 $y = f(u)$ 在点 $u$ 处可导,故极限 $\lim\limits_{\Delta u \to 0} \frac{\Delta y}{\Delta u} = \frac{dy}{du}$ 存在. 由函数极限与无穷小的关系,知

$$\frac{\Delta y}{\Delta u} = \frac{dy}{du} + \alpha \quad (\text{其中 } \alpha \text{ 是 } \Delta u \to 0 \text{ 时的无穷小}).$$

两边同乘以 $\Delta u$,得

$$\Delta y = \frac{dy}{du} \cdot \Delta u + \alpha \Delta u,$$

两边同除以 $\Delta x$,得

$$\frac{\Delta y}{\Delta x} = \frac{dy}{du} \frac{\Delta u}{\Delta x} + \alpha \cdot \frac{\Delta u}{\Delta x},$$

于是

$$\lim_{\Delta x \to 0} \frac{\Delta y}{\Delta x} = \lim_{\Delta x \to 0} \left( \frac{dy}{du} \cdot \frac{\Delta u}{\Delta x} + \alpha \cdot \frac{\Delta u}{\Delta x} \right).$$

由于 $u = \varphi(x)$ 在 $x$ 处可导,故 $u = \varphi(x)$ 在 $x$ 处连续,当 $\Delta x \to 0$ 时,$\Delta u \to 0$,从而

$$\lim_{\Delta x \to 0} \alpha = \lim_{\Delta u \to 0} \alpha = 0.$$

又

$$\lim_{\Delta x \to 0} \frac{\Delta u}{\Delta x} = \frac{du}{dx},$$

所以

$$\lim_{\Delta x \to 0} \frac{\Delta y}{\Delta x} = \frac{dy}{du} \lim_{\Delta x \to 0} \frac{\Delta u}{\Delta x},$$

即

$$\frac{dy}{dx} = \frac{dy}{du} \cdot \frac{du}{dx}.$$

(6)式也可以写成

$$y'_x = y'_u \cdot u'_x \quad \text{或} \quad y'(x) = y'(u) \cdot \varphi'(x),$$

其中 $y'_x$ 表示 $y$ 对 $x$ 的导数,$y'_u$ 表示 $y$ 对 $u$ 的导数,而 $u'_x$ 表示中间变量 $u$ 对自变量 $x$ 的导数.

**例 9** 求下列函数的导数:

(1) $y = \ln \tan x$;(2) $y = e^{x^2}$;(3) $y = \cos \dfrac{x^2}{5+x}$.

**解** (1) $y = \ln \tan x$ 可看作由 $y = \ln u, u = \tan x$ 复合而成,因此

$$\frac{dy}{dx} = \frac{dy}{du} \cdot \frac{du}{dx} = \frac{1}{u} \cdot \sec^2 x = \frac{\cos x}{\sin x} \cdot \frac{1}{\cos^2 x} = \frac{1}{\sin x \cos x}.$$

(2) $y = e^{x^2}$ 可看作由 $y = e^u, u = x^2$ 复合而成,因此

$$\frac{dy}{dx} = \frac{dy}{du} \cdot \frac{du}{dx} = e^u \cdot 2x = 2xe^{x^2}.$$

(3) $y = \cos\frac{x^2}{5+x}$ 可看作由 $y = \cos u, u = \frac{x^2}{5+x}$ 复合而成,因此

$$\frac{dy}{du} = -\sin u,$$

$$\frac{du}{dx} = \frac{2x(5+x) - 1(x^2)}{(5+x)^2} = \frac{10x + x^2}{(5+x)^2},$$

$$\frac{dy}{dx} = \frac{dy}{du} \cdot \frac{du}{dx} = -\sin u \cdot \frac{10x + x^2}{(5+x)^2} = -\frac{10x + x^2}{(5+x)^2} \cdot \sin\frac{x^2}{5+x}.$$

复合函数的求导法则可以推广到多个复合过程的情形. 例如,若函数 $v = \psi(x)$ 在 $x$ 处可导,函数 $u = \varphi(v)$ 在对应的 $v$ 处可导,函数 $y = f(u)$ 在对应的 $u$ 处可导,则

$$\frac{dy}{dx} = \frac{dy}{du} \cdot \frac{du}{dx},$$

而

$$\frac{du}{dx} = \frac{du}{dv} \cdot \frac{dv}{dx},$$

即复合函数 $y = f\{\varphi[\psi(x)]\}$ 可导,并且

$$\frac{dy}{dx} = \frac{dy}{du} \cdot \frac{du}{dv} \cdot \frac{dv}{dx}.$$

求复合函数的导数时,首先要分析已知函数可看作是由哪些函数复合而成的,复合的层次和顺序是怎样的. 然后利用法则 5 求导.

对复合函数的分解比较熟练以后,就不必再写出中间变量,只要把中间变量所代替的式子默记在心,直接由外往里,逐层求导即可. 所谓"由外往里"指的是从式子的最后一次运算程序开始往里复合,"逐层求导"指的是每次只对一个中间变量进行求导.

**例 10** 设 $y = \ln(1 + x^2)$,求 $y'$.

**解** $y' = [\ln(1 + x^2)]' = \frac{1}{1 + x^2}(1 + x^2)' = \frac{2x}{1 + x^2}.$

**例 11** 已知 $y = \sqrt[3]{2x^2 - 5}$,求 $y'$.

**解** $y' = (\sqrt[3]{2x^2 - 5})' = \frac{1}{3}(2x^2 - 5)^{-\frac{2}{3}} \cdot (2x^2 - 5)' = \frac{4x}{3\sqrt[3]{(2x^2 - 5)^2}}.$

**例 12** 求 $y = e^{\sin\sqrt{x}}$ 的导数.

**解** 所给函数可分解成 $y = e^u, u = \sin v, v = \sqrt{x}.$

因为

$$\frac{dy}{du} = e^u, \frac{du}{dv} = \cos v, \frac{dv}{dx} = \frac{1}{2\sqrt{x}},$$

故

$$\frac{dy}{dx} = e^u \cdot \cos v \cdot \frac{1}{2\sqrt{x}} = \frac{1}{2\sqrt{x}} e^{\sin\sqrt{x}} \cos\sqrt{x}.$$

不写出中间变量,采用由外往里,逐层求导的方法,此例可以写作:

$$\frac{dy}{dx} = (e^{\sin\sqrt{x}})' = e^{\sin\sqrt{x}}(\sin\sqrt{x})'$$

$$= e^{\sin\sqrt{x}}\cos\sqrt{x}(\sqrt{x})'$$

$$= e^{\sin\sqrt{x}}\cos\sqrt{x}\frac{1}{2}x^{-\frac{1}{2}}$$

$$= \frac{1}{2\sqrt{x}}e^{\sin\sqrt{x}}\cos\sqrt{x}.$$

**例 13** $y = \ln\sin(e^x)$，求 $y'$.

**解** $y' = [\ln\sin(e^x)]' = \frac{1}{\sin(e^x)}[\sin(e^x)]' = \frac{\cos(e^x)}{\sin(e^x)}(e^x)' = e^x\cot(e^x).$

## 三、初等函数的求导问题

前面，我们学习了基本初等函数的导数，并推导出了函数的和、差、积、商的求导法则、反函数的求导法则与复合函数的求导法则. 因此，我们可以说，初等函数的求导问题已经解决了，而且我们还看到初等函数的导数仍为初等函数. 为了便于查阅，我们把常用导数公式和求导法则归纳如下.

**1. 常数和基本初等函数的导数公式**

(1) $(c)' = 0$;   (2) $(x^\alpha)' = \alpha x^{\alpha-1}$;

(3) $(\sin x)' = \cos x$;   (4) $(\cos x)' = -\sin x$;

(5) $(\tan x)' = \sec^2 x$;   (6) $(\cot x)' = -\csc^2 x$;

(7) $(\sec x)' = \sec x \cdot \tan x$;   (8) $(\csc x)' = -\csc x \cdot \cot x$;

(9) $(a^x)' = a^x \ln a$;   (10) $(e^x)' = e^x$;

(11) $(\log_a x)' = \frac{1}{x\ln a}$;   (12) $(\ln x)' = \frac{1}{x}$;

(13) $(\arcsin x)' = \frac{1}{\sqrt{1-x^2}}(-1 < x < 1)$;

(14) $(\arccos x)' = -\frac{1}{\sqrt{1-x^2}}(-1 < x < 1)$;

(15) $(\arctan x)' = \frac{1}{1+x^2}(-\infty < x < +\infty)$;

(16) $(\text{arccot } x)' = -\frac{1}{1+x^2}(-\infty < x < +\infty)$.

**2. 函数的和、差、积、商的求导法则**

设 $u = u(x), v = v(x)$ 都在 $x$ 处可导，则

(1) $(u \pm v)' = u' \pm v'$,   (2) $(cu)' = cu'$ ($c$ 为常数),

(3) $(uv)' = u'v + uv'$,   (4) $\left(\frac{u}{v}\right)' = \frac{u'v - uv'}{v^2}$.

**3. 反函数的求导法则**

如果函数 $x = f(y)$ 在区间 $I_y$ 内单调、可导且 $f'(y) \neq 0$，则它的反函数 $y = f^{-1}(x)$ 在区间

$I_x = \{x \mid x = f(y), y \in I_y\}$ 内也可导，且 $[f^{-1}(x)]' = \dfrac{1}{f'(y)}$.

**4. 复合函数的求导法则**

设 $u = \varphi(x)$ 在点 $x$ 处可导，$y = f(u)$ 在对应的点 $u$ 处可导，则复合函数 $y = f[\varphi(x)]$ 的导数为

$$\frac{dy}{dx} = \frac{dy}{du} \cdot \frac{du}{dx} \text{ 或 } y'(x) = f'(u) \cdot \varphi'(x).$$

### 四、高阶导数

从第一节中我们知道，变速直线运动的瞬时速度 $v(t)$ 是位置函数 $s(t)$ 对时间 $t$ 的导数，即

$$v = \frac{ds}{dt} \text{ 或 } v = s'.$$

由物理学可知，加速度 $a$ 又是速度 $v$ 对时间 $t$ 的导数

$$a = \frac{dv}{dt} = \frac{d}{dt}\left(\frac{ds}{dt}\right) \text{ 或 } a = (s')'.$$

这种导数的导数 $\dfrac{d}{dt}\left(\dfrac{ds}{dt}\right)$ 或 $a = (s')'$ 叫作 $s$ 对 $t$ 的二阶导数，记作

$$\frac{d^2 s}{dt^2} \text{ 或 } s''(t).$$

所以，直线运动的加速度就是位置函数 $s$ 对时间 $t$ 的二阶导数．

一般地，如果函数 $y = f(x)$ 的导数 $y' = f'(x)$ 仍是 $x$ 的函数，且仍在 $x$ 处可导，那么我们把函数 $y' = f'(x)$ 的导数叫作函数 $y = f(x)$ 的**二阶导数**，记作 $y''$ 或 $\dfrac{d^2 y}{dx^2}$，即

$$y'' = (y')' \text{ 或 } \frac{d^2 y}{dx^2} = \frac{d}{dx}\left(\frac{dy}{dx}\right).$$

相应地，把 $y = f(x)$ 的导数 $y' = f'(x)$ 叫作函数 $y = f(x)$ 的一阶导数．

类似地，二阶导数的导数，叫作三阶导数，三阶导数的导数，叫作四阶导数，……一般地，$(n-1)$ 阶导数的导数，叫作 $n$ **阶导数**，分别记作

$$y^{(3)}, y^{(4)}, \cdots, y^{(n)} \text{ 或 } \frac{d^3 y}{dx^3}, \frac{d^4 y}{dx^4}, \cdots, \frac{d^n y}{dx^n}.$$

函数 $y = f(x)$ 具有 $n$ 阶导数，也常说成函数 $f(x)$ 为 $n$ 阶可导．如果函数 $f(x)$ 在点 $x$ 处具有 $n$ 阶导数，那么 $f(x)$ 在点 $x$ 的某一邻域内必定具有低于 $n$ 阶的导数．

二阶及二阶以上的导数统称为**高阶导数**．

**例 14** 求下列函数的二阶导数：

(1) $y = 2x^3 + 3x^2 - 9$；  (2) $y = x\sin x$.

**解** (1) $y' = 6x^2 + 6x$,

$$y'' = 12x + 6;$$

(2) $y' = \sin x + x\cos x$,

$$y'' = \cos x + \cos x - x\sin x = 2\cos x - x\sin x.$$

**例 15** 设 $f(x) = x^2 \ln x$, 求 $f''(2)$.

**解** $f'(x) = 2x\ln x + x, f''(x) = 2\ln x + 3, f''(2) = 2\ln 2 + 3.$

**例 16** 求下列函数的 $n$ 阶导数:

(1) $y = e^x$; (2) $y = \sin x$; (3) $y = \ln(1+x)$.

**解** (1) $y = e^x, y' = e^x, y'' = e^x, y''' = e^x,$

一般地,可得
$$y^{(n)} = e^x,$$
即
$$(e^x)^{(n)} = e^x.$$
用类似的方法可得
$$(a^x)^{(n)} = a^x (\ln a)^n.$$

(2) $y = \sin x,$
$$y' = \cos x = \sin\left(x + \frac{\pi}{2}\right),$$
$$y'' = \cos\left(x + \frac{\pi}{2}\right) = \sin\left(x + \frac{\pi}{2} + \frac{\pi}{2}\right) = \sin\left(x + 2 \cdot \frac{\pi}{2}\right),$$
$$y''' = \cos\left(x + 2 \cdot \frac{\pi}{2}\right) = \sin\left(x + 3 \cdot \frac{\pi}{2}\right),$$
$$y^{(4)} = \cos\left(x + 3 \cdot \frac{\pi}{2}\right) = \sin\left(x + 4 \cdot \frac{\pi}{2}\right),$$

一般地,可得
$$y^{(n)} = \sin\left(x + n \cdot \frac{\pi}{2}\right),$$
即
$$(\sin x)^{(n)} = \sin\left(x + n \cdot \frac{\pi}{2}\right).$$
用类似的方法,可得
$$(\cos x)^{(n)} = \cos\left(x + n \cdot \frac{\pi}{2}\right).$$

(3) $y = \ln(1+x), y' = \dfrac{1}{1+x}, y'' = -\dfrac{1}{(1+x)^2}.$
$$y''' = \frac{1 \cdot 2}{(1+x)^3}, y^{(4)} = -\frac{1 \cdot 2 \cdot 3}{(1+x)^4},$$

一般地,可得
$$y^{(n)} = (-1)^{n-1} \frac{(n-1)!}{(1+x)^n},$$
即
$$[\ln(1+x)]^{(n)} = (-1)^{n-1} \frac{(n-1)!}{(1+x)^n}.$$

### 五、隐含数的导数和由参数方程所确定的函数的导数

**1. 隐函数的导数**

在实际问题中,有时需要计算隐函数的导数. 因为许多隐函数化为显函数是比较困难的,

所以我们要介绍一种方法,无论隐函数能否化成显函数,都能直接求出它的导数.

隐函数求导的方法是:方程两端同时对自变量 $x$ 求导,遇到含有函数 $y$ 的项,要注意到 $y$ 是 $x$ 的函数,利用复合函数求导法,即先对 $y$ 求导,再乘以 $y$ 对 $x$ 的导数 $y'$. 这样可以得到一个含有 $y'$ 的等式,从而得到 $y'$.

**例 17**  求由方程 $2x^2 - y^2 = 9$ 所确定的隐函数 $y$ 的导数.

**解**  方程两边同时对 $x$ 求导,注意到 $y$ 是 $x$ 的函数,需按隐函数求导的方法. 得到
$$(2x^2)' - (y^2)' = (9)',$$
即
$$4x - 2yy' = 0,$$
解得
$$y' = \frac{2x}{y}.$$

**例 18**  求由方程 $e^y + xy - e = 0$ 所确定的隐函数 $y$ 的导数.

**解**  方程两边同时对 $x$ 求导,得
$$(e^y)' + (xy)' - (e)' = 0,$$
即
$$e^y \cdot y' + x'y + xy' = 0,$$
解得
$$y' = -\frac{y}{x + e^y}.$$

从以上两例中可以看到,隐函数导数的表达式中一般是可以含有 $y$ 的,这与显函数的导数是不同的.

**例 19**  求曲线 $xy + \ln y = 1$ 在点 $M(1,1)$ 处的切线方程.

**解**  由导数的几何意义可知,所求切线的斜率为
$$k = y'|_{x=1}.$$
方程两边分别对 $x$ 求导,得
$$y + xy' + \frac{1}{y}y' = 0,$$
解得
$$y' = \frac{-y}{x + \dfrac{1}{y}} = -\frac{y^2}{xy + 1},$$
在点 $M(1,1)$ 处有
$$y'\bigg|_{\substack{x=1 \\ y=1}} = -\frac{1}{2},$$
于是在点 $M(1,1)$ 处的切线方程为
$$y - 1 = -\frac{1}{2}(x - 1).$$
即
$$x + 2y - 3 = 0.$$

我们在求导时经常会遇到这样的情形,虽然给定的函数是显函数,但由于其函数解析式比较复杂,故直接求它的导数很困难或很麻烦. 在这种情形下,可以考虑利用对数求导法使求导数变得简便些. 这种方法是先在 $y = f(x)$ 的两边取对数,然后利用隐函数求导法求出 $y$ 的导数.

下面通过例子来说明这种方法.

**例 20** 求 $y = x^{\sin x}(x>0)$ 的导数.

**解** 该函数即不是幂函数也不是指数函数,通常将其叫作**幂指函数**. 为了求这类函数的导数,可以先在两边取对数,得
$$\ln y = \sin x \cdot \ln x,$$
两边同时对 $x$ 求导,注意到 $y$ 是 $x$ 的函数,得
$$\frac{1}{y}y' = \cos x \cdot \ln x + \sin x \cdot \frac{1}{x},$$
$$y' = y\left(\cos x \cdot \ln x + \sin x \cdot \frac{1}{x}\right) = x^{\sin x}\left(\cos x \cdot \ln x + \frac{\sin x}{x}\right).$$

幂指函数的一般形式为 $y = u^v(u>0)$,其中 $u,v$ 是 $x$ 的函数. 如果 $u,v$ 都可导,则可像上面的例子那样,利用取对数求导法,求出幂指函数 $y = u^v$ 的导数.

先在两边取对数,得
$$\ln y = v\ln u,$$
上式两边对 $x$ 求导,注意到 $y,u,v$ 都是 $x$ 的函数,得
$$\frac{1}{y}y' = v' \cdot \ln u + v \cdot \frac{1}{u} \cdot u',$$
于是
$$y' = y\left(v' \cdot \ln u + v \cdot \frac{1}{u} \cdot u'\right) = u^v\left(v' \cdot \ln u + \frac{vu'}{u}\right).$$

**例 21** 求 $y = \sqrt{\dfrac{(x-1)(x-2)}{(x-3)(x-4)}}(x>4)$ 的导数.

**解** 两边取对数,有
$$\ln y = \frac{1}{2}[\ln(x-1) + \ln(x-2) - \ln(x-3) - \ln(x-4)],$$
上式两边对 $x$ 求导,注意到 $y$ 是 $x$ 的函数,得
$$\frac{1}{y}y' = \frac{1}{2}\left(\frac{1}{x-1} + \frac{1}{x-2} - \frac{1}{x-3} - \frac{1}{x-4}\right),$$
于是
$$y' = \frac{y}{2}\left(\frac{1}{x-1} + \frac{1}{x-2} - \frac{1}{x-3} - \frac{1}{x-4}\right)$$
$$= \frac{1}{2}\sqrt{\frac{(x-1)(x-2)}{(x-3)(x-4)}}\left(\frac{1}{x-1} + \frac{1}{x-2} - \frac{1}{x-3} - \frac{1}{x-4}\right).$$

一般对由几个含有变量的式子的乘、除、乘方、开方构成的函数求导时,采用对数求导法也是比较简便的.

**2. 由参数方程所确定的函数的导数**

我们知道,一般情况下参数方程
$$\begin{cases} x = \varphi(t) \\ y = \psi(t) \end{cases} (t \text{ 为参数}) \tag{7}$$
确定的函数叫作参数式函数. 在实际问题中,有时需要计算由方程(7)所确定的参数式函数 $y$ 对 $x$ 的导数. 但是,有时从(7)式中消去参数 $t$ 会很困难,因此要寻求一种直接由参数方程(7)

来计算导数的方法. 现在我们就来讨论由参数方程(7)所确定的参数式函数的求导方法.

在(7)式中,如果函数 $x=\varphi(t)$ 具有单调连续反函数 $t=\varphi^{-1}(x)$,且此反函数能与函数 $y=\psi(t)$ 构成复合函数,那么由参数方程(7)所确定的函数可以看成是由函数 $y=\psi(t)$,$t=\varphi^{-1}(x)$ 复合而成的函数 $y=\psi[\varphi^{-1}(x)]$. 现在,要计算这个复合函数的导数. 为此再假定函数 $x=\varphi(t)$,$y=\psi(t)$ 都可导,而且 $\varphi'(t) \neq 0$. 于是根据复合函数的求导法则与反函数的求导法则,就有

$$\frac{dy}{dx} = \frac{dy}{dt} \cdot \frac{dt}{dx} = \frac{dy}{dt} \cdot \frac{1}{\frac{dx}{dt}} = \frac{\psi'(t)}{\varphi'(t)},$$

即

$$\frac{dy}{dx} = \frac{\psi'(t)}{\varphi'(t)}.$$

上式也可写成

$$\frac{dy}{dx} = \frac{\frac{dy}{dt}}{\frac{dx}{dt}}.$$

这就是由参数方程(7)所确定的函数的导数公式.

**例22** 求下列参数方程所确定的函数的导数 $\frac{dy}{dx}$:

(1) $\begin{cases} x = 1 - t^2, \\ y = t - t^3; \end{cases}$ ($t$ 为参数)  (2) $\begin{cases} x = a\cos^3 \varphi, \\ y = a\sin^3 \varphi. \end{cases}$ ($\varphi$ 为参数)

**解** (1) 由于 $\frac{dx}{dt} = -2t$,$\frac{dy}{dt} = 1 - 3t^2$,

故

$$\frac{dy}{dx} = \frac{\frac{dy}{dt}}{\frac{dx}{dt}} = \frac{1 - 3t^2}{-2t} = \frac{3t^2 - 1}{2t}.$$

(2) 由于 $\frac{dx}{d\varphi} = 3a\cos^2 \varphi \cdot (-\sin \varphi)$,$\frac{dy}{d\varphi} = 3a\sin^2 \varphi \cdot \cos \varphi$,

故

$$\frac{dy}{dx} = \frac{\frac{dy}{d\varphi}}{\frac{dx}{d\varphi}} = \frac{3a\sin^2 \varphi \cos \varphi}{-3a\cos^2 \varphi \sin \varphi} = -\frac{\sin \varphi}{\cos \varphi} = -\tan \varphi.$$

**例23** 已知椭圆的参数方程为

$$\begin{cases} x = a\cos t, \\ y = b\sin t, \end{cases} \quad (t \text{ 为参数})$$

求椭圆在 $t = \frac{\pi}{4}$ 处的切线方程(见图2-5).

**解** 当 $t = \frac{\pi}{4}$ 时,椭圆上的相应点 $M_0$ 的坐标是 $(x_0, y_0)$,则

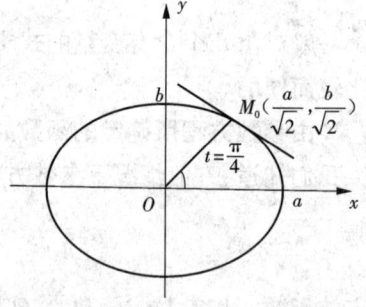

图2-5

$$x_0 = a\cos\frac{\pi}{4} = \frac{a\sqrt{2}}{2},$$

$$y_0 = b\sin\frac{\pi}{4} = \frac{b\sqrt{2}}{2}.$$

曲线在点 $M_0$ 的切线斜率为

$$\left.\frac{dy}{dx}\right|_{t=\frac{\pi}{4}} = \left.\frac{\frac{dy}{dt}}{\frac{dx}{dt}}\right|_{t=\frac{\pi}{4}} = \left.\frac{(b\sin t)'}{(a\cos t)'}\right|_{t=\frac{\pi}{4}} = \left.\frac{b\cos t}{-a\sin t}\right|_{t=\frac{\pi}{4}} = -\frac{b}{a}.$$

代入点斜式方程,得椭圆在点 $M_0$ 处的切线方程

$$y - \frac{b\sqrt{2}}{2} = -\frac{b}{a}\left(x - \frac{a\sqrt{2}}{2}\right).$$

即

$$bx + ay - \sqrt{2}ab = 0.$$

### 习题 2-2

1. 求下列函数的导数:

(1) $y = 3x^2 - \dfrac{2}{x^2} + 5$;

(2) $y = x^2(2 + \sqrt{x})$;

(3) $y = x^3\cos x$;

(4) $y = \dfrac{\ln x}{\sin x}$;

(5) $y = 3e^x\sin x$;

(6) $y = 2\tan x + \sec x - 1$;

(7) $y = a^x + 10^x + e^x$;

(8) $y = (x-a)(x-b)(x-c)$ ($a, b, c$ 都是常数);

(9) $y = \dfrac{x-1}{x+1}$;

(10) $u = \dfrac{\sin t}{\sin t + \cos t}$;

(11) $y = 3\ln x - \dfrac{3}{x}$;

(12) $y = \dfrac{1}{1+x+x^2}$.

2. 求下列函数在给定点的导数:

(1) $y = \sin x + 2\cos x$, 在 $x = 0$ 及 $x = \dfrac{\pi}{2}$;

(2) $f(t) = \dfrac{1-\sqrt{t}}{1+\sqrt{t}}$, 求 $f'(4)$;

(3) $f(x) = x^2 + x\cos x - 1$, 在 $x = -\pi$ 及 $x = \pi$.

3. 求下列函数的导数:

(1) $y = (2x+5)^4$;

(2) $y = \cos(4-3x)$;

(3) $y = \ln(1-x)$;

(4) $y = \sin^2 x$;

(5) $y = \log_a(x^2 + x + 1)$;

(6) $y = (\arcsin x)^2$;

(7) $y = \arctan(x^2)$;

(8) $y = \sqrt{a^2 - x^2}$;

(9) $y = \dfrac{1}{\cos^n x}$;

(10) $y = 3^{\cos \frac{1}{x^2}}$.

4. 求下列函数的导数：

(1) $y = \sin^2 x \cos 2x$;

(2) $y = \ln(x + \sqrt{x^2 - a^2})$;

(3) $y = \ln \dfrac{1 + \sqrt{x}}{1 - \sqrt{x}}$;

(4) $y = \dfrac{3x + 1}{\sqrt{1 - x^2}}$;

(5) $y = \sqrt{1 + \ln^2 x}$;

(6) $y = e^{-\frac{x}{2}} \cos 3x$;

(7) $y = \arcsin \sqrt{x}$;

(8) $y = \ln(x + \sin^2 x)^4$;

(9) $y = \ln x^2 + (\ln x)^2$;

(10) $y = 5^{x \ln x}$;

(11) $y = \ln \cos \dfrac{3}{x}$;

(12) $y = x^2 \sin \dfrac{1}{x}$;

(13) $y = \sin^2 x \cdot \sin(x^2)$;

(14) $y = e^{-\sin^2 \frac{1}{x}}$.

5. 求下列函数的高阶导数：

(1) $y = x^3 \ln x$，求 $y^{(4)}$;

(2) $y = x e^x$，求 $y^{(n)}$;

(3) $y = 2^{3x}$，求 $y^{(n)}$;

(4) $y = 2x^2 + \ln x$，求 $y^{(n)}$;

(5) $y = x \cos x$，求 $y^{(n)}$;

(6) $y = \sin^2 x$，求 $y^{(n)}$.

6. 求下列隐函数的导数 $\dfrac{dy}{dx}$：

(1) $y = \ln(xy + e)$，求 $\dfrac{dy}{dx}\Big|_{\substack{x=0 \\ y=1}}$;

(2) $e^{x+y} - xy = 1$，求 $\dfrac{dy}{dx}\Big|_{\substack{x=0 \\ y=0}}$;

(3) $x - \sin \dfrac{y}{x} + \tan x = 0$;

(4) $x e^y - 10 + y^2 = 0$;

(5) $\sqrt{x} + \sqrt{y} = \sqrt{a}$（$a$ 为常数）;

(6) $x^2 - 2xy + 9 = 0$.

7. 用取对数求导法求下列函数的导数：

(1) $y = \left(1 + \dfrac{1}{x}\right)^x$;

(2) $y = \dfrac{\sqrt{x+2}(3-x)^4}{(x+1)^5}$;

(3) $y = (\sin x)^{\ln x}$;

(4) $y = x^{\frac{1}{x}}$.

8. 求下列参数式函数的导数 $\dfrac{dy}{dx}$：

(1) $\begin{cases} x = a + t^2, \\ y = t \sin t; \end{cases}$（$t$ 为参数）

(2) $\begin{cases} x = t - \arctan t, \\ y = \ln(1 + t^2). \end{cases}$（$t$ 为参数）

9. 求曲线 $x + x^2 y^2 - y = 1$ 在点 $(1,1)$ 处的切线方程.

## 第三节 函数的微分

### 一、微分的定义

前面我们曾讲过，导数表示函数在点 $x_0$ 处的变化率，它描述函数在点 $x_0$ 处变化的快慢程度. 有时还需要了解函数在某一点处，当自变量有一个微小的改变量时，函数所取得的相应改变量的大小. 而用公式 $\Delta y = f(x_0 + \Delta x) - f(x)$ 来计算往往比较麻烦，于是我们想要寻求当 $\Delta x$ 很小时，能近似代替 $\Delta y$ 的量.

若给定函数 $y = f(x)$ 在点 $x_0$ 处可导，即

$$\lim_{\Delta x \to 0} \frac{\mathrm{d}y}{\mathrm{d}x} = f'(x_0),$$

则有

$$\frac{\Delta y}{\Delta x} = f'(x_0) + \alpha,$$

其中 $\alpha$ 是当 $\Delta x \to 0$ 时的无穷小量. 上式可写作

$$\Delta y = f'(x_0)\Delta x + \alpha \Delta x. \tag{1}$$

(1)式表明函数的增量可以表示为两项之和. 第一项 $f'(x_0)\Delta x$ 是 $\Delta x$ 的线性函数，第二项 $\alpha \Delta x$，当 $\Delta x \to 0$ 时是比 $\Delta x$ 高阶的无穷小量. 因此，当 $\Delta x$ 很小时，我们称第一项 $f'(x_0)\Delta x$ 为 $\Delta y$ 的线性主部，并叫作函数 $f(x)$ 在点 $x_0$ 处的**微分**.

**定义** 设函数 $y = f(x)$ 在点 $x_0$ 处有导数 $f'(x_0)$，则称 $f'(x_0)\Delta x$ 为 $y = f(x)$ 在点 $x_0$ 处的微分，记作 $\mathrm{d}y$，即

$$\mathrm{d}y = f'(x_0)\Delta x, \tag{2}$$

此时也称函数 $y = f(x)$ 在点 $x_0$ 处可微.

例如，函数 $y = x^3$ 在 $x = 2$ 处的微分为

$$\mathrm{d}y = (x^3)'|_{x=2}\Delta x = 3x^2|_{x=2}\Delta x = 12\Delta x.$$

函数 $y = f(x)$ 在任意点 $x$ 处的微分，叫作**函数的微分**. 记作 $\mathrm{d}y = f'(x)\Delta x$.

例如，函数 $y = \cos x$ 的微分为

$$\mathrm{d}y = (\cos x)'\Delta x = -\sin x \Delta x;$$

函数 $y = \mathrm{e}^x$ 的微分为

$$\mathrm{d}y = (\mathrm{e}^x)'\Delta x = \mathrm{e}^x \Delta x.$$

显然，函数的微分 $\mathrm{d}y = f'(x)\Delta x$ 与 $x$ 和 $\Delta x$ 有关.

**例 1** 求函数 $y = x^2$ 在 $x = 1, \Delta x = 0.01$ 时的改变量 $\Delta y$ 及微分 $\mathrm{d}y$.

**解** $\Delta y = (1 + 0.01)^2 - 1^2 = 1.0201 - 1 = 0.0201,$

$$\mathrm{d}y = f'(1) \cdot \Delta x = 2 \times 1 \times 0.01 = 0.02.$$

可见

$$\Delta y \approx \mathrm{d}y$$

通常把自变量 $x$ 的增量 $\Delta x$ 称为自变量的微分，记作 $\mathrm{d}x$，即 $\mathrm{d}x = \Delta x$. 于是函数 $y = f(x)$ 的

微分记作
$$dy = f'(x)dx.$$
从而有
$$\frac{dy}{dx} = f'(x).$$

这就是说，函数的微分 $dy$ 与自变量的微分 $dx$ 之商等于该函数的导数.因此，导数又叫作**微商**.

## 二、微分的几何意义

在直角坐标系中，函数 $y = f(x)$ 的图形是一条曲线.对于某一固定的值 $x_0$，对应曲线上的点 $M(x_0, y_0)$，当自变量 $x$ 有微小增量 $\Delta x$ 时，对应曲线上另一点 $N(x_0 + \Delta x, y_0 + \Delta y)$，如图 2-6 所示.
$$MQ = \Delta x, QN = \Delta y.$$
过点 $M$ 作曲线的切线 $MP$，它的倾斜角为 $\alpha$，则
$$QP = MQ \cdot \tan \alpha = \Delta x f'(x_0),$$
即
$$dy = QP.$$

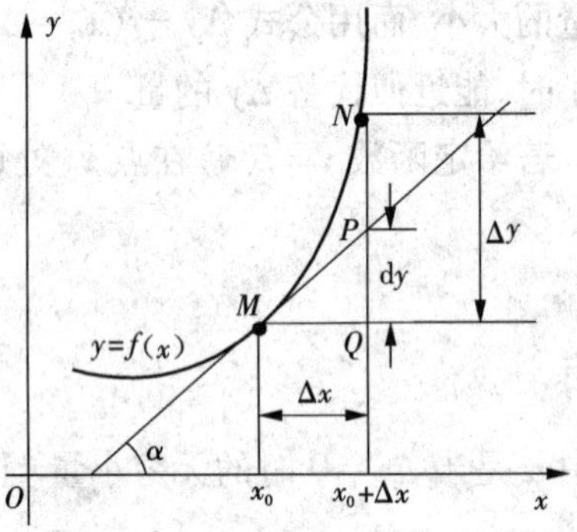

图 2-6

由此可见，当 $\Delta y$ 是曲线 $y = f(x)$ 上点的纵坐标的增量时，$dy$ 就是曲线的切线上点的纵坐标的相应增量.由于当 $|\Delta x|$ 很小时，$|\Delta y - dy|$ 比 $|\Delta x|$ 小得多，因此，在点 $M$ 邻近，我们可以用切线段来近似代替曲线段.

## 三、微分公式与微分运算法则

由函数微分的表达式
$$dy = f'(x)dx$$
可以看出，计算函数的微分，只需先计算函数的导数，然后再乘以自变量的微分.由此得到微分公式和微分运算法则.

**1. 基本初等函数的微分公式**

由基本初等函数的导数公式，可以直接写出基本初等函数的微分公式.为了便于对照，可参考(表 2-1).

第二章 一元函数微分学及其应用

表 2-1

| 导数公式 | 微分公式 |
|---|---|
| $(x^{\alpha})' = ax^{\alpha-1}$ | $d(x^{\alpha}) = ax^{\alpha-1}dx$ |
| $(\sin x)' = \cos x$ | $d(\sin x) = \cos x dx$ |
| $(\cos x)' = -\sin x$ | $d(\cos x) = -\sin x dx$ |
| $(\tan x)' = \sec^2 x$ | $d(\tan x) = \sec^2 x dx$ |
| $(\cot x)' = -\csc^2 x$ | $d(\cot x) = -\csc^2 x dx$ |
| $(\sec x)' = \sec x \cdot \tan x$ | $d(\sec x) = \sec x \cdot \tan x dx$ |
| $(\csc x)' = -\csc x \cdot \cot x$ | $d(\csc x) = -\csc x \cdot \cot x dx$ |
| $(a^x)' = a^x \ln a$ | $d(a^x) = a^x \ln a dx$ |
| $(e^x)' = e^x$ | $d(e^x) = e^x dx$ |
| $(\log_a x)' = \dfrac{1}{x \ln a}$ | $d(\log_a x) = \dfrac{1}{x \ln a}dx$ |
| $(\ln x)' = \dfrac{1}{x}$ | $d(\ln x) = \dfrac{1}{x}dx$ |
| $(\arcsin x)' = \dfrac{1}{\sqrt{1-x^2}}$ | $d(\arcsin x) = \dfrac{1}{\sqrt{1-x^2}}dx$ |
| $(\arccos x)' = -\dfrac{1}{\sqrt{1-x^2}}$ | $d(\arccos x) = -\dfrac{1}{\sqrt{1-x^2}}dx$ |
| $(\arctan x)' = \dfrac{1}{1+x^2}$ | $d(\arctan x) = \dfrac{1}{1+x^2}dx$ |
| $(\text{arccot } x)' = -\dfrac{1}{1+x^2}$ | $d(\text{arccot } x) = -\dfrac{1}{1+x^2}dx$ |

**2. 函数和、差、积、商的微分法则**

由函数的和、差、积、商的求导法则,可推得相应的微分法则. 为了便于对照,可参考表 2-2(表中 $u = u(x), v = v(x)$ 都可导).

表 2-2

| 函数和、差、积、商的求导法则 | 函数和、差、积、商的微分法则 |
|---|---|
| $(u \pm v)' = u' \pm v'$ | $d(u \pm v) = du \pm dv$ |
| $(cu)' = cu'$($c$ 为常数) | $d(cu) = cdu$($c$ 为常数) |
| $(uv)' = u'v + uv'$ | $d(uv) = vdu + udv$ |
| $\left(\dfrac{u}{v}\right)' = \dfrac{u'v - uv'}{v^2} (v \neq 0)$ | $d\left(\dfrac{u}{v}\right) = \dfrac{vdu - udv}{v^2} (v \neq 0)$ |

**3. 微分形式不变性**

我们知道,如果函数 $y = f(u)$ 是 $u$ 的函数,那么函数的微分为
$$dy = f'(u)du,$$
若 $u$ 不是自变量,而是 $x$ 的可导函数 $u = \varphi(x)$ 时,$u$ 对 $x$ 的微分为
$$du = \varphi'(x)dx,$$

因此，以 $u$ 为中间变量的复合函数 $y = f[\varphi(x)]$ 的微分
$$\begin{aligned} dy &= y'dx = f'(u)\varphi'(x)dx \\ &= f'(u)[\varphi'(x)dx] \\ &= f'(u)du. \end{aligned} \tag{3}$$

这说明，在函数的微分表达式(3)中 $u$ 既可以是自变量，也可以是中间变量. 这就是"微分形式的不变性". 也就是说，函数 $y = f(u)$ 的微分 $dy$ 也可以用 $f'(u)$ 与 $du$ 的乘积来表示.

**例 2** 求 $y = \cos(2x^2 + 1)$ 的微分.

**解 1** 因为 $[\cos(2x^2 + 1)]' = -\sin(2x^2 + 1) \cdot (2x^2 + 1)' = -4x\sin(2x^2 + 1)$，
所以 
$$dy = -4x\sin(2x^2 + 1)dx.$$

**解 2** 
$$\begin{aligned} dy &= d[\cos(2x^2 + 1)] = -\sin(2x^2 + 1)d(2x^2 + 1) \\ &= -4x\sin(2x^2 + 1)dx. \end{aligned}$$

解法 2 体现了微分形式的不变性，这是我们常用的方法.

## 四、微分在近似计算中的应用

在实际问题中，经常利用微分把一些复杂的计算公式，用简单的近似公式来代替.
例如，如果 $y = f(x)$ 在点 $x_0$ 处的导数 $f'(x_0) \neq 0$，那么，当 $|\Delta x|$ 很小时，有近似公式
$$\Delta y \approx dy = f'(x_0)\Delta x \tag{4}$$

又因为 $\Delta y = f(x_0 + \Delta x) - f(x_0) \approx f'(x_0)\Delta x$，
于是有
$$f(x_0 + \Delta x) \approx f(x_0) + f'(x_0)\Delta x, \tag{5}$$

在(5)式中，令 $x = x_0 + \Delta x$，即 $\Delta x = x - x_0$，则(5)式可改写为
$$f(x) \approx f(x_0) + f'(x_0)(x - x_0) \tag{6}$$

如果 $f(x_0)$ 与 $f'(x_0)$ 都容易计算，那么可以利用(4)式来近似计算 $\Delta y$，利用(5)式来近似计算 $f(x_0 + \Delta x)$，利用(6)式来近似计算 $f(x)$.

**例 3** 利用微分计算 $\sin 30°30'$.

**解** 把 $30°30'$ 化为弧度，得
$$30°30' = \frac{\pi}{6} + \frac{\pi}{360}.$$

设 $f(x) = \sin x$，则 $f'(x) = \cos x$，取 $x_0 = \frac{\pi}{6}$，则 $f\left(\frac{\pi}{6}\right) = \sin\frac{\pi}{6} = \frac{1}{2}$ 与 $f'\left(\frac{\pi}{6}\right) = \cos\frac{\pi}{6} = \frac{\sqrt{3}}{2}$ 都容易计算，并且 $\Delta x = \frac{\pi}{360}$ 比较小.

应用(5)式得
$$\begin{aligned} \sin 30°30' &= \sin\left(\frac{\pi}{6} + \frac{\pi}{360}\right) \approx \sin\frac{\pi}{6} + \cos\frac{\pi}{6} \cdot \frac{\pi}{360} \\ &= \frac{1}{2} + \frac{\sqrt{3}}{2} \cdot \frac{\pi}{360} = 0.5000 + 0.0076 = 0.5076. \end{aligned}$$

**例 4** 设某国的国民经济消费模型为

$$y = 10 + 0.4x + 0.01x^{\frac{1}{2}},$$

其中 $y$ 为总消费(单位:十亿元), $x$ 为可支配收入(单位:十亿元). 当 $x = 100.05$ 时,问总消费是多少?

**解** 令 $x_0 = 100, \Delta x = 0.05$,因为 $\Delta x$ 相对于 $x_0$ 较小,可用上面的近似公式来求值.

$$f(x_0 + \Delta x) \approx f(x_0) + f'(x_0)\Delta x$$
$$= (10 + 0.4 \times 100 + 0.01 \times 100^{\frac{1}{2}}) + (10 + 0.4x + 0.01x^{\frac{1}{2}})'|_{x=100} \cdot \Delta x$$
$$= 50.1 + \left(0.4 + \frac{0.01}{2\sqrt{x}}\right)\Big|_{x=100} \times 0.05 = 50.120\,025\,(\text{十亿元}).$$

下面我们来推导一些常用的近似公式. 在(6)式中取 $x_0 = 0$,于是当 $|x|$ 很小时有

$$f(x) \approx f(0) + f'(0)x. \qquad (7)$$

利用(7)式可以推得以下几个工程上常用的近似公式($|x|$ 是比较小的值):

(Ⅰ) $\sqrt[n]{1+x} \approx 1 + \frac{1}{n}x$;

(Ⅱ) $\sin x \approx x$ ($x$ 用弧度作单位来表达);

(Ⅲ) $\tan x \approx x$ ($x$ 用弧度作单位来表达);

(Ⅳ) $e^x \approx 1 + x$;

(Ⅴ) $\ln(1+x) \approx x$.

**证明** (Ⅰ) 取 $f(x) = \sqrt[n]{1+x}$,那么 $f(0) = 1, f'(0) = \frac{1}{n}(1+x)^{\frac{1}{n}-1}\Big|_{x=0} = \frac{1}{n}$,代入(7)式得.

$$\sqrt[n]{1+x} \approx 1 + \frac{1}{n}x$$

(Ⅱ) 取 $f(x) = \sin x$,那么 $f(0) = 0, f'(0) = \cos x|_{x=0} = 1$,代入(7)式得

$$\sin x \approx x.$$

其他几个近似公式可用类似方法证明,证明过程由读者自行完成.

## 习题 2-3

1. 将适合的函数填入下列括号,使等号成立:

(1) $d(\quad) = 3dx$;  (2) $d(\quad) = \cos at\,dt$;

(3) $d(\quad) = \frac{1}{1+x}dx$;  (4) $d(\quad) = \frac{1}{\sqrt{x}}dx$;

(5) $d(\quad) = e^{x^2}d(x^2)$;  (6) $d(\quad) = e^{-2x}dx$;

(7) $d(\sin^2 x) = (\quad)d(\sin x)$;

(8) $d[\ln(2x+4)] = (\quad)d(2x+4) = (\quad)dx$.

2. 求下列函数的微分：

(1) $y = \sin \dfrac{x}{3} \cdot e^{2x}$;

(2) $y = \dfrac{\cos x}{1 - x^2}$;

(3) $y = \sqrt{2 - 5x^2}$;

(4) $y = \ln \sqrt{1 - x^3}$;

(5) $y = \cos^2(2x - 5)$;

(6) $y = \dfrac{1}{x} + 2\sqrt{x}$;

(7) $y = \arccos \sqrt{x}$;

(8) $y = \tan^2(1 + 2x^2)$;

(9) $y = 5^{\ln \tan x}$;

(10) $y = e^{\cot x}$.

3. 利用微分求近似值：

(1) $\sqrt[5]{0.99}$;

(2) $e^{0.02}$;

(3) $\sin 29°$;

(4) $\ln 1.01$.

## 第四节　微分中值定理及其应用

前面我们建立了导数和微分的概念，并讨论了它们的计算方法. 本节我们介绍微分学的几个中值定理及其简单应用.

### 一、微分中值定理

**1. 罗尔(Rolle)定理**

**定理 1(罗尔定理)**　如果函数 $f(x)$ 在闭区间 $[a,b]$ 上连续，在开区间 $(a,b)$ 内可导，且 $f(a) = f(b)$，那么在 $(a,b)$ 内至少有一点 $\xi(a < \xi < b)$，使得 $f'(\xi) = 0$.

**证明**　因为 $y = f(x)$ 在 $[a,b]$ 上连续，由闭区间上连续函数的性质知，$f(x)$ 在 $[a,b]$ 上必有最大值 $M$ 和最小值 $m$. 于是，有两种可能的情况：

(1) $M = m$，此时 $f(x)$ 在 $[a,b]$ 上恒为常数，则 $f(x) = M$. 由此有 $f'(x) = 0$，因此可以取 $(a,b)$ 内任意一点作为 $\xi$，都有 $f'(\xi) = 0$.

(2) $M > m$，因为 $f(a) = f(b)$，所以 $M$ 和 $m$ 这两个数中至少有一个不等于端点的函数值，不妨假定 $M \neq f(a)$（如果设 $m \neq f(a)$，证法完全类似），那么必定在开区间 $(a,b)$ 内有一点 $\xi$ 使 $f(\xi) = M$. 下面我们证明 $f'(\xi) = 0$.

因为 $f(\xi) = M$ 是函数 $f(x)$ 在 $[a,b]$ 上的最大值，所以总有

$$f(\xi + \Delta x) - f(\xi) \leq 0,$$

当 $\Delta x > 0$ 时，有

$$\dfrac{f(\xi + \Delta x) - f(\xi)}{\Delta x} \leq 0,$$

又因为 $f(x)$ 在 $(a,b)$ 内可导，所以 $f(x)$ 在点 $\xi$ 处可导，即 $f'(\xi)$ 存在，有

$$f'(\xi) = \lim_{\Delta x \to 0^+} \dfrac{f(\xi + \Delta x) - f(\xi)}{\Delta x} \leq 0.$$

同理,当 $\Delta x < 0$ 时,有
$$\frac{f(\xi + \Delta x) - f(\xi)}{\Delta x} \geq 0,$$
$$f'(\xi) = \lim_{\Delta x \to 0^-} \frac{f(\xi + \Delta x) - f(\xi)}{\Delta x} \geq 0,$$
所以
$$f'(\xi) = 0.$$

其几何意义如图 2-7 所示,在区间 $(a,b)$ 内可导的函数 $y = f(x)$ 的图象,它是一条光滑曲线.这条曲线的两个端点 $A,B$ 的纵坐标相等,即 $f(a) = f(b)$.可以看到,曲线上存在一点 $C$,在该点处曲线的切线是水平的.从图 2-7 中看到,在曲线的最高点或最低点处,切线是水平的.

**2. 拉格朗日(Lagrange)中值定理**

**定理 2(拉格朗日中值定理)** 如果函数 $f(x)$ 在闭区间 $[a,b]$ 上连续,在开区间 $(a,b)$ 内可导,那么在 $(a,b)$ 内至少有一点 $\xi(a < \xi < b)$,使等式
$$f(b) - f(a) = f'(\xi)(b - a) \tag{1}$$
成立(证明略).

可以把(1)式改写成
$$f'(\xi) = \frac{f(b) - f(a)}{b - a},$$

由图 2-8 可看出 $\frac{f(b) - f(a)}{b - a}$ 恰好是弦 $AB$ 的斜率,而 $f'(\xi)$ 为曲线在点 $C$ 处的切线的斜率.

因此,拉格朗日中值定理的几何意义是:如果连续曲线 $y = f(x)$ 上除端点外处处具有不垂直于 $x$ 轴的切线,那么曲线上至少有一点 $C$,使曲线在 $C$ 点处的切线平行于弦 $AB$.

当 $f(a) = f(b)$ 时,拉格朗日中值定理就是罗尔中值定理,因此可以说,罗尔中值定理是拉格朗日中值定理的特例,而拉格朗日中值定理就是罗尔中值定理的推广.

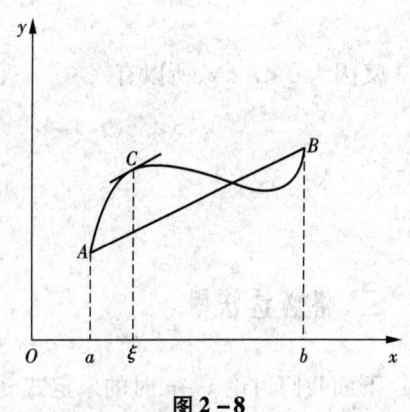

图 2-8

拉格朗日中值定理还有下面两个推论.

**推论 1** 如果函数 $y = f(x)$ 在区间 $(a,b)$ 内的导数恒为零,则在 $(a,b)$ 内 $f(x)$ 是一个常数.

**证明** 在 $(a,b)$ 内任取两点 $x_1, x_2$,不妨设 $x_1 < x_2$,则 $f(x)$ 在闭区间 $[x_1, x_2]$ 上满足拉格朗日中值定理条件,因此有
$$f(x_2) - f(x_1) = f'(\xi)(x_2 - x_1) \quad (x_1 < \xi < x_2),$$
因为在 $(a,b)$ 内 $f'(x) \equiv 0$,故 $f'(\xi) = 0$,所以有

$$f(x_1) = f(x_2).$$

由于 $x_1, x_2$ 是 $(a,b)$ 内任意两点,因此在 $(a,b)$ 内 $f(x)$ 的函数值处处相等,即在 $(a,b)$ 内 $f(x)$ 是一个常数.

**推论 2**　如果函数 $f(x)$ 与函数 $g(x)$ 在区间 $(a,b)$ 内的导数处处相等,即 $f'(x) \equiv g'(x)$,则 $f(x)$ 与 $g(x)$ 在区间 $(a,b)$ 内只相差一个常数. 即

$$f(x) - g(x) = C.$$

**证明**　设 $F(x) = f(x) - g(x)$,因为在区间 $(a,b)$ 内有

$$F'(x) = f'(x) - g'(x) \equiv 0.$$

由推论 1,在 $(a,b)$ 内有

$$F(x) = C,$$

即

$$f(x) - g(x) = C.$$

**例 1**　证明:当 $x > 0$ 时,

$$\frac{x}{1+x} < \ln(1+x) < x.$$

**证明**　设 $f(t) = \ln(1+t)$,显然 $f(t)$ 在区间 $[0,x]$ 上满足拉格朗日中值定理的条件,根据定理,应有

$$f(x) - f(0) = f'(\xi)(x-0) \quad (0 < \xi < x),$$

由于

$$f(0) = 0, f'(x) = \frac{1}{1+x},$$

因此上式变为

$$\ln(1+x) = \frac{x}{1+\xi}.$$

又因为 $0 < \xi < x$,所以有

$$\frac{x}{1+x} < \frac{x}{1+\xi} < x,$$

即

$$\frac{x}{1+x} < \ln(1+x) < x.$$

## 二、洛必达法则

下面我们讨论 $x \to a$ 时的未定式 $\frac{0}{0}$ 的极限.

**定理 3**　设

(1) $\lim\limits_{x \to a} f(x) = 0, \lim\limits_{x \to a} g(x) = 0$;

(2) 在点 $a$ 的某邻域内(点 $a$ 本身可以除外),$f'(x)$ 及 $g'(x)$ 都存在且 $g'(x) \neq 0$;

(3) $\lim\limits_{x \to a} \frac{f'(x)}{g'(x)} = A$(或为无穷大).

那么

$$\lim_{x \to a} \frac{f(x)}{g(x)} = \lim_{x \to a} \frac{f'(x)}{g'(x)} = A(或为无穷大). (证明略)$$

这就是说,当$\lim\limits_{x\to a}\dfrac{f'(x)}{g'(x)}$存在时,$\lim\limits_{x\to a}\dfrac{f(x)}{g(x)}$也存在且等于$\lim\limits_{x\to a}\dfrac{f'(x)}{g'(x)}$;当$\lim\limits_{x\to a}\dfrac{f'(x)}{g'(x)}$为无穷大时,$\lim\limits_{x\to a}\dfrac{f(x)}{g(x)}$也是无穷大.

**例2** 求$\lim\limits_{x\to 0}\dfrac{\sin ax}{\sin bx}(b\neq 0)$.

**解** $\lim\limits_{x\to 0}\dfrac{\sin ax}{\sin bx}=\lim\limits_{x\to 0}\dfrac{a\cos ax}{b\cos bx}=\dfrac{a}{b}$.

**例3** 求$\lim\limits_{x\to 1}\dfrac{x^3-3x+2}{x^3-x^2-x+1}$.

**解** $\lim\limits_{x\to 1}\dfrac{x^3-3x+2}{x^3-x^2-x+1}=\lim\limits_{x\to 1}\dfrac{3x^2-3}{3x^2-2x-1}=\lim\limits_{x\to 1}\dfrac{6x}{6x-2}=\dfrac{3}{2}$.

**注意**:上式中的$\lim\limits_{x\to 1}\dfrac{6x}{6x-2}$已不是未定式,不能对它应用洛必达法则,否则要导致错误结果.以后使用洛必达法则时应当经常注意这一点,如果不是未定式,就不能应用洛必达法则.

**定理4** 设

(1) $\lim\limits_{x\to a}f(x)=\infty$;$\lim\limits_{x\to a}g(x)=\infty$;

(2) 在点 $a$ 的某邻域内(点 $a$ 本身可以除外),$f'(x)$及$g'(x)$都存在且$g'(x)\neq 0$;

(3) $\lim\limits_{x\to a}\dfrac{f'(x)}{g'(x)}=A$(或为无穷大);

那么
$$\lim\limits_{x\to a}\dfrac{f(x)}{g(x)}=\lim\limits_{x\to a}\dfrac{f'(x)}{g'(x)}=A(或为无穷大).$$

这就是说,当$\lim\limits_{x\to a}\dfrac{f'(x)}{g'(x)}$存在时,$\lim\limits_{x\to a}\dfrac{f(x)}{g(x)}$也存在且等于$\lim\limits_{x\to a}\dfrac{f'(x)}{g'(x)}$;当$\lim\limits_{x\to a}\dfrac{f'(x)}{g'(x)}$为无穷大时,$\lim\limits_{x\to a}\dfrac{f(x)}{g(x)}$也是无穷大.

定理3和定理4统称为**洛必达法则**,把$x\to a$改为$x\to a^+$,$x\to a^-$或把$x\to\infty$改为$x\to+\infty$,$x\to-\infty$结论仍然成立.

**例4** 求$\lim\limits_{x\to+\infty}\dfrac{\dfrac{\pi}{2}-\arctan x}{\dfrac{1}{x}}$.

**解** $\lim\limits_{x\to+\infty}\dfrac{\dfrac{\pi}{2}-\arctan x}{\dfrac{1}{x}}=\lim\limits_{x\to+\infty}\dfrac{-\dfrac{1}{1+x^2}}{-\dfrac{1}{x^2}}=\lim\limits_{x\to+\infty}\dfrac{x^2}{1+x^2}=1$.

**例5** 求$\lim\limits_{x\to+\infty}\dfrac{\ln x}{x^n}(n>0)$.

**解** $\lim\limits_{x\to+\infty}\dfrac{\ln x}{x^n}=\lim\limits_{x\to+\infty}\dfrac{\dfrac{1}{x}}{nx^{n-1}}=\lim\limits_{x\to+\infty}\dfrac{1}{nx^n}=0$.

除"$\frac{0}{0}$"型和"$\frac{\infty}{\infty}$"型两个未定式外,还有一些未定式,如"$0 \cdot \infty$""$\infty - \infty$""$0^0$""$1^\infty$""$\infty^0$"型的未定式,其计算方法是通过适当的转换,把它们转化为$\frac{0}{0}$或$\frac{\infty}{\infty}$型的未定式来进行计算,下面通过例题来说明.

**例 6** 求 $\lim\limits_{x \to 0^+} x^n \ln x \, (n > 0)$.

**解** 这是未定式 $0 \cdot \infty$. 因为

$$x^n \ln x = \frac{\ln x}{\frac{1}{x^n}}.$$

当 $x \to 0^+$ 时,上式右端是未定式 $\frac{\infty}{\infty}$,应用洛必达法则,得

$$\lim_{x \to 0^+} x^n \ln x = \lim_{x \to 0^+} \frac{\ln x}{x^{-n}} = \lim_{x \to 0^+} \frac{\frac{1}{x}}{-nx^{-n-1}} = \lim_{x \to 0^+} \left( \frac{-x^n}{n} \right) = 0.$$

**例 7** 求 $\lim\limits_{x \to \frac{\pi}{2}} (\sec x - \tan x)$.

**解** 这是未定式 $\infty - \infty$,因为

$$\sec x - \tan x = \frac{1 - \sin x}{\cos x},$$

当 $x \to \frac{\pi}{2}$ 时,上式右端是未定式 $\frac{0}{0}$,应用洛比达法则,得

$$\lim_{x \to \frac{\pi}{2}} (\sec x - \tan x)$$
$$= \lim_{x \to \frac{\pi}{2}} \frac{1 - \sin x}{\cos x}$$
$$= \lim_{x \to \frac{\pi}{2}} \frac{-\cos x}{-\sin x} = 0.$$

**例 8** 求 $\lim\limits_{x \to 0^+} x^x$.

**解** 这是未定式 $0^0$. 设 $y = x^x$,则由对数恒等式有

$$y = e^{\ln x^x} = e^{x \ln x},$$

因

$$\lim_{x \to 0^+} y = \lim_{x \to 0^+} e^{x \ln x} = e^{\lim\limits_{x \to 0^+} x \ln x}.$$

应用例 6 的结果(此时 $n = 1$),得

$$\lim_{x \to 0^+} x \ln x = 0,$$

故

$$\lim_{x \to 0^+} x^x = e^0 = 1.$$

洛必达法则是求未定式极限的一种有效方法,但最好能与其他求极限的方法结合使用. 例如能化简时应首先化简,可以应用等价无穷小替换时,应尽量应用,这样会使运算更简捷.

**例 9** 求 $\lim\limits_{x \to 0} \frac{\tan x - x}{x^2 \sin x}$.

**解** 如果直接用洛必达法则,那么,分母的导数比较复杂.如果先进行等价无穷小代换,那么运算就方便得多.

$$\lim_{x\to 0}\frac{\tan x-x}{x^2\sin x}=\lim_{x\to 0}\frac{\tan x-x}{x^3}\cdot\frac{x}{\sin x}=\lim_{x\to 0}\frac{\tan x-x}{x^3}$$

$$=\lim_{x\to 0}\frac{\sec^2 x-1}{3x^2}$$

$$=\lim_{x\to 0}\frac{2\sec^2 x\tan x}{6x}=\frac{1}{3}\lim_{x\to 0}\frac{\tan x}{x}=\frac{1}{3}.$$

**例 10** 求 $\lim\limits_{x\to 0}\dfrac{x^2\sin\dfrac{1}{x}}{\sin x}$.

**解** 这个极限属于 $\dfrac{0}{0}$ 型,但因为

$$\left(x^2\sin\frac{1}{x}\right)'=2x\sin\frac{1}{x}+x^2\cos\frac{1}{x}\left(-\frac{1}{x^2}\right)$$

$$=2x\sin\frac{1}{x}-\cos\frac{1}{x},$$

其中 $\lim\limits_{x\to 0}2x\sin\dfrac{1}{x}=0$,$\lim\limits_{x\to 0}\cos\dfrac{1}{x}$ 不存在,所以,不能用洛必达法则来进行计算.事实上,

$$\lim_{x\to 0}\frac{x^2\sin\dfrac{1}{x}}{\sin x}=\lim_{x\to 0}\left[\left(\frac{x}{\sin x}\right)\left(x\sin\frac{1}{x}\right)\right]=1\cdot 0=0.$$

从上面的例子可以看出,洛必达法则虽然是求未定式极限的一种有效的方法,但它不是万能的,有时会失效,不能使用洛必达法则的函数极限不一定不存在.

## 习题 2-4

1. 下列函数在给定区间上是否满足罗尔定理条件?如果满足就求出定理中的 $\xi$:

(1) $f(x)=2x^2-x-3,[-1,1.5]$;

(2) $f(x)=\dfrac{1}{1+x^2},[-2,2]$.

2. 下列函数在给定区间上是否满足拉格朗日定理条件?如果满足就求出定理中的 $\xi$:

(1) $f(x)=x^3,[-1,2]$;      (2) $f(x)=\ln x,[1,e]$;

(3) $f(x)=x^3-5x^2+x-2,[-1,1]$.

3. 利用洛必达法则求下列极限:

(1) $\lim\limits_{x\to 0}\dfrac{e^x-e^{-x}}{x}$;      (2) $\lim\limits_{x\to 1}\dfrac{\ln x}{x-1}$;

(3) $\lim\limits_{x\to 1}\dfrac{x^3-3x^2+2}{x^3-x^2-x+1}$;      (4) $\lim\limits_{x\to\pi}\dfrac{\sin 3x}{\tan 5x}$;

(5) $\lim\limits_{x\to 1}\left(\dfrac{x}{x-1}-\dfrac{1}{\ln x}\right)$;

(6) $\lim\limits_{x\to 0}\left(\dfrac{1}{x}-\dfrac{1}{e^x-1}\right)$;

(7) $\lim\limits_{x\to +\infty}\dfrac{x+\ln x}{x\ln x}$;

(8) $\lim\limits_{x\to 0}x^2\cdot e^{\frac{1}{x^2}}$;

(9) $\lim\limits_{x\to 0}\dfrac{\ln\tan 7x}{\ln\tan 2x}$;

(10) $\lim\limits_{x\to 0^+}x^2\ln\sqrt{x}$.

## 第五节 函数及其图形性态的研究

第四节介绍了微分学的两个中值定理及其简单应用,本节我们将应用导数来研究函数及其图形的某些性态,并利用这些知识解决一些实际问题.

### 一、函数单调性的判定法

第一章中已经介绍过函数单调性的定义.下面利用导数来对函数单调性进行研究.

由导数的几何意义,从图 2-9 容易看出,若在区间 $(a,b)$ 内恒有 $f'(x)>0$,那么函数 $y=f(x)$ 的曲线在 $(x,f(x))(x\in(a,b))$ 处切线的斜率 $\tan\beta>0$,这时曲线显然是上升的;同样,$f'(x)<0$ 表示曲线在 $(x,f(x))(x\in(a,b))$ 处切线的斜率 $\tan\beta<0$,这时曲线是下降的.

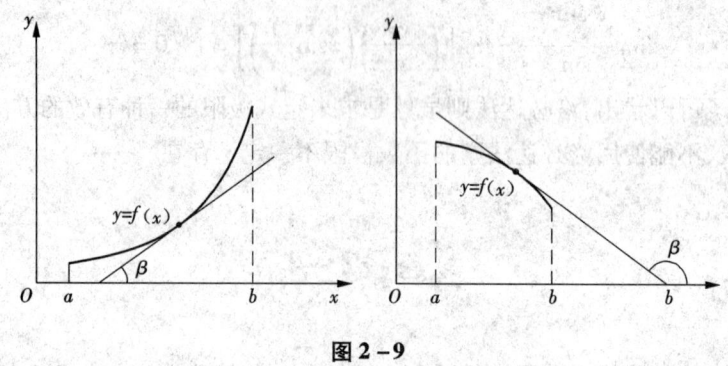

图 2-9

**定理 1** 设函数 $y=f(x)$ 在 $[a,b]$ 上连续,在 $(a,b)$ 内可导.

(1) 如果在 $(a,b)$ 内 $f'(x)>0$,那么函数 $y=f(x)$ 在 $[a,b]$ 上单调增加;

(2) 如果在 $(a,b)$ 内 $f'(x)<0$,那么函数 $y=f(x)$ 在 $[a,b]$ 上单调减少.

**证明** 设函数 $f(x)$ 在 $[a,b]$ 上连续,在 $(a,b)$ 内可导.在 $[a,b]$ 上任取两点 $x_1,x_2(x_1<x_2)$,应用拉格朗日中值定理,得到

$$f(x_2)-f(x_1)=f'(\xi)(x_2-x_1)\quad(x_1<\xi<x_2) \tag{1}$$

由于在(1)式中,$x_2-x_1>0$,因此,如果在 $(a,b)$ 内导数 $f'(x)$ 保持正号,即 $f'(x)>0$,那么也有 $f'(\xi)>0$. 于是

$$f(x_2)-f(x_1)=f'(\xi)(x_2-x_1)>0,$$

即

$$f(x_2) > f(x_1).$$

就是说,函数 $y=f(x)$ 在 $[a,b]$ 上单调增加. 同理可证,如果在 $(a,b)$ 内 $f'(x)<0$,那么函数 $y=f(x)$ 在 $[a,b]$ 上单调减少.

如果把定理 1 中的闭区间换成其他各种区间(包括无穷区间),那么结论也成立.

**例 1** 判定 $y=x+\cos x$ 在区间 $[0,2\pi]$ 上的单调性.

**解** 因为在区间 $[0,2\pi]$ 上
$$y'=1-\sin x \geq 0,$$

因为当 $x=\dfrac{\pi}{2}$ 时,$y'=0$,所以对 $x\in\left[0,\dfrac{\pi}{2}\right)\cup\left(\dfrac{\pi}{2},2\pi\right]$ 都有 $y'>0$,

故函数在区间 $\left[0,\dfrac{\pi}{2}\right)$ 和 $\left(\dfrac{\pi}{2},2\pi\right]$ 内均为单调增函数,因此我们可以说函数在 $[0,2\pi]$ 上是单调增函数.

一般地,$f(x)$ 在 $[a,b]$ 内有有限个点 $x_i(i\in N)$,使 $f'(x_i)=0$,而在其余点处均有 $f'(x)>0$(或 $f'(x)<0$),则 $f(x)$ 在 $[a,b]$ 上仍为单调增加函数(或单调减少函数).

**例 2** 讨论函数 $y=e^x-x-1$ 的单调性.

**解** 函数 $y=e^x-x-1$ 的定义域为 $(-\infty,+\infty)$.

由于 $y'=e^x-1$,在 $(-\infty,0)$ 内 $y'<0$,所以函数 $y=e^x-x-1$ 在 $(-\infty,0]$ 内单调减少;在 $(0,+\infty)$ 内 $y'>0$,所以函数 $y=e^x-x-1$ 在 $(0,+\infty)$ 内单调增加;而 $y'|_{x=0}=0$. 上面的讨论可用表 2-3 表示(表中"↗"表示单调增加,"↘"表示单调减少).

表 2-3

| $x$ | $(-\infty,0)$ | 0 | $(0,+\infty)$ |
| --- | --- | --- | --- |
| $y'$ | − | 0 | + |
| $y$ | ↘ | | ↗ |

即函数在 $(-\infty,0]$ 内单调减少,在 $[0,+\infty)$ 内单调增加. 其中 $x=0$ 是单调减少区间 $(-\infty,0)$ 和单调增加区间 $(0,+\infty)$ 的分界点,在 $x=0$ 处 $y'=0$.

由例 2 可看出,有些函数在它的定义区间上不是单调的,但是当我们用导数等于零的点来划分函数的定义区间以后,就可以使函数在划分后的各个部分区间上单调. 这个结论对于在定义区间上具有连续导数的函数都是成立的. 如果函数在某些点处不可导,那么划分函数的定义区间的分点,还应包括这些导数不存在的点. 综合上述两种情形,我们有如下结论.

如果函数在定义区间上连续,除去有限个导数不存在的点外导数存在且连续,那么只要用方程 $f'(x)=0$ 的根及 $f'(x)$ 不存在的点来划分函数 $f(x)$ 的定义区间,就能保证 $f'(x)$ 在各个部分区间内保持固定符号,从而函数 $f(x)$ 在每个部分区间上单调.

**例 3** 确定函数 $f(x)=36x^5+15x^4-40x^3-7$ 的单调区间.

**解** 函数 $f(x)$ 的定义域为 $(-\infty,+\infty)$,求导数得
$$f'(x)=180x^4+60x^3-120x^2=60x^2(x+1)(3x-2).$$

令 $f'(x)=0$，得 $x_1=-1, x_2=0, x_3=\dfrac{2}{3}$.

它们把 $(-\infty,+\infty)$ 分为四个区间：$(-\infty,-1), (-1,0), \left(0,\dfrac{2}{3}\right), \left(\dfrac{2}{3},+\infty\right)$.

列表(见表 2-4).

表 2-4

| $x$ | $(-\infty,-1)$ | $-1$ | $(-1,0)$ | $0$ | $\left(0,\dfrac{2}{3}\right)$ | $\dfrac{2}{3}$ | $\left(\dfrac{2}{3},+\infty\right)$ |
|---|---|---|---|---|---|---|---|
| $y'$ | + | 0 | − | 0 | − | 0 | + |
| $y$ | ↗ |  | ↘ |  | ↘ |  | ↗ |

从表 2-4 容易看出，$f(x)$ 在区间 $[-1,0], \left[0,\dfrac{2}{3}\right]$ 内单调减少；在区间 $(-\infty,-1]$，$\left[\dfrac{2}{3},+\infty\right)$ 内单调增加.

**例 4**  求下列函数的单调区间：

(1) $f(x)=x^3$；

(2) $y=2x^2-\ln x$；

(3) $y=\sqrt[3]{x^2}$.

**解**  (1) 函数定义域为 $(-\infty,+\infty)$，求导数得 $f'(x)=3x^2$.

显然，除了点 $x=0$ 使 $y'=0$ 外，在其余各点处均有 $y'>0$. 因此函数 $y=x^3$ 在区间 $(-\infty,0]$ 及 $[0,+\infty)$ 上都是单调增加的，从而在整个定义域 $(-\infty,+\infty)$ 内是单调增加的. 在点 $x=0$ 处曲线有一水平切线，函数的图形如图 2-10 所示.

(2) 函数的定义域为 $(0,+\infty)$，求导数，得

$$y'=4x-\dfrac{1}{x}=\dfrac{4x^2-1}{x}=\dfrac{(2x+1)(2x-1)}{x}.$$

令 $y'=0$ 得 $x_1=-\dfrac{1}{2}$(舍)，$x_2=\dfrac{1}{2}$. 列表(见表 2-5).

表 2-5

| $x$ | $\left(0,\dfrac{1}{2}\right)$ | $\dfrac{1}{2}$ | $\left(\dfrac{1}{2},+\infty\right)$ |
|---|---|---|---|
| $y'$ | − | 0 | + |
| $y$ | ↘ |  | ↗ |

从表 2-5 可看出，函数在区间 $\left(0,\dfrac{1}{2}\right]$ 内单调减少；在区间 $\left[\dfrac{1}{2},+\infty\right)$ 内单调增加.

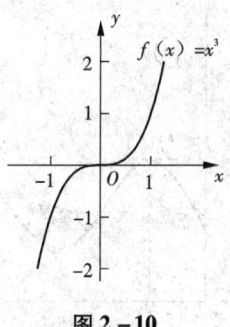
图 2-10

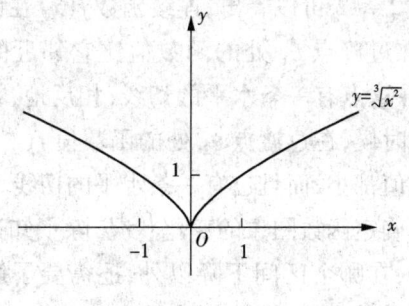
图 2-11

(3) 函数的定义域为 $(-\infty, +\infty)$,当 $x \neq 0$ 时,求导数得

$$y' = \frac{2}{3\sqrt[3]{x}} \neq 0.$$

又当 $x=0$ 时,函数的导数不存在,列表(见表 2-6). 从表 2-6 可看出,函数在 $(-\infty, 0]$ 内单调减少,在 $[0, +\infty)$ 内单调增加(见图 2-11).

表 2-6

| $x$ | $(-\infty, 0)$ | 0 | $(0, +\infty)$ |
|---|---|---|---|
| $y'$ | $-$ | 不存在 | $+$ |
| $y$ | ↘ | | ↗ |

**例5** 证明:当 $x>1$ 时,$2\sqrt{x} > 3 - \frac{1}{x}$.

**证明** 令 $f(x) = 2\sqrt{x} - \left(3 - \frac{1}{x}\right)$,则

$$f'(x) = \frac{1}{\sqrt{x}} - \frac{1}{x^2} = \frac{1}{x^2}(x\sqrt{x} - 1).$$

$f(x)$ 在 $[1, +\infty)$ 上连续,在 $(1, +\infty)$ 内 $f'(x) > 0$,因此 $f(x)$ 在 $[1, +\infty)$ 上单调增加,从而当 $x>1$ 时,$f(x) > f(1)$,由于 $f(1) = 0$,故 $f(x) > f(1) = 0$,即

$$2\sqrt{x} - \left(3 - \frac{1}{x}\right) > 0,$$

亦即

$$2\sqrt{x} > 3 - \frac{1}{x} \quad (x>1).$$

## 二、函数的极值和最大值、最小值

### 1. 函数的极值

如果函数在某个区间内连续,且在整个区间内非单调,那么函数由增变为减,或由减变为增的时候,总会出现某一瞬时的相对稳定,在这一瞬时,它的导数应当为零.

由图 2-12 可以看出,连续函数 $f(x)$ 在由增变为减的时候,在过渡点 $\xi_1$ 处的函数值比它邻近的函数值都大,而且在这点有一条水平的切线;相反地,在函数由减变为增的时候,在过渡点 $\xi_2$ 处的函数值 $f(\xi_2)$ 就比它邻近的函数值都小,而且也有一条水平的切线.

为了确定函数图象的变化状况,除了知道它在哪个区间上升,在哪个区间下降以外,还需要了解它在哪一点实现这种转变. 为此,我们有如下定义:

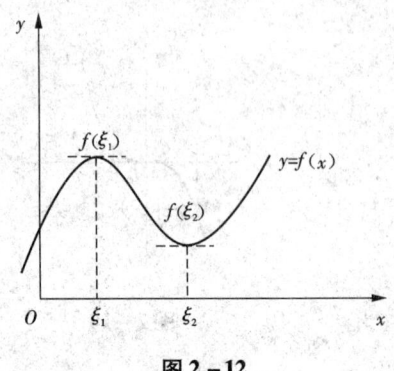

图 2-12

**定义 1** 设函数 $y=f(x)$ 在区间 $(a,b)$ 内有定义,$x_0$ 是 $(a,b)$ 内的点,如果存在着点 $x_0$ 的一个邻域,对于这邻域内除了点 $x_0$ 外的任何点 $x$,均有 $f(x)<f(x_0)$ 成立,那么,就把 $f(x_0)$ 叫作函数 $f(x)$ 的一个**极大值**,点 $x_0$ 叫作 $f(x)$ 的一个**极大值点**;如果存在着点 $x_0$ 的一个邻域,对于这邻域内的任何点 $x(x\ne x_0)$,均有 $f(x)>f(x_0)$ 成立,那么,把 $f(x_0)$ 叫作函数 $f(x)$ 的一个**极小值**,点 $x_0$ 叫作 $f(x)$ 的一个**极小值点**. 函数的极大值和极小值统称为函数的**极值**,使函数取得极值的点叫作**函数的极值点**.

函数的极大值和极小值是局部性概念. 它只意味着在 $x_0$ 的邻近,即在半径很小的邻域内,各点的函数值的比较是相对的较大或较小,而不意味它在整个区间内最大或最小.

另一方面,那些有水平切线的点 $\xi$,它们使 $f'(\xi)=0$,也就是导数为零的点应当与极值点有一定的联系. 我们把导数为零的点(即方程 $f'(x)=0$ 的根)叫作函数 $f(x)$ 的**驻点**.

这样,若能确定极值点与驻点之间的关系,我们就能将导数应用于研究函数的极值问题. 现在我们就来讨论函数取得极值的必要条件和充分条件.

**定理 2(必要条件)** 设函数 $f(x)$ 在点 $x_0$ 具有导数,且在 $x_0$ 处取得极值,那么这函数在 $x_0$ 处的导数 $f'(x_0)=0$.

也就是说,可导函数 $f(x)$ 的极值点必定是它的驻点. 但反过来,函数的驻点却不一定是极值点. 例如,函数 $f(x)=x^3$ 的导数为 $f'(x)=3x^2$,由于 $f'(0)=0$,因此 $x=0$ 是函数的驻点,但 $x=0$ 却不是该函数的极值点. 值得注意的是,定理 2 的条件之一是函数在 $x_0$ 点可导,而导数不存在(但连续)的点也有可能取得极值. 例如,函数 $f(x)=x^{\frac{2}{3}}$,有 $f'(x)=\frac{2}{3}x^{-\frac{1}{3}}$,显然 $f'(0)$ 不存在,但在 $x=0$ 处却取得极小值 $f(0)=0$(见图 2-11). 因此函数的极值点只能在驻点和导数不存在的点处取得,我们称它们为可能的极值点. 下面的定理 3 给出利用函数的单调性来判定函数的极值的充分条件.

**定理 3** 设函数 $f(x)$ 在点 $x_0$ 的邻域内连续且可导($f'(x_0)$ 可以不存在),当 $x$ 由小增大经过 $x_0$ 点时,若

(1) $f'(x)$ 由正变负,则 $x_0$ 是极大值点;

(2) $f'(x)$ 由负变正,则 $x_0$ 是极小值点;

(3) $f'(x)$ 不改变符号,则 $x_0$ 不是极值点. (证明略)

把必要条件和充分条件结合起来,就可以求函数的极值了.

**例 6** 求函数 $f(x) = (x-1)^2(x+1)^3$ 的极值.

**解** 函数 $f(x)$ 的定义域为 $(-\infty, +\infty)$.
$$f'(x) = 2(x-1)(x+1)^3 + 3(x-1)^2(x+1)^2$$
$$= (x-1)(x+1)^2(2x+2+3x-3)$$
$$= (x-1)(x+1)^2(5x-1).$$

令 $f'(x) = 0$,解得 $x_1 = -1, x_2 = \dfrac{1}{5}, x_3 = 1$. 列表(见表 2-7).

表 2-7

| $x$ | $(-\infty, -1)$ | $-1$ | $\left(-1, \dfrac{1}{5}\right)$ | $\dfrac{1}{5}$ | $\left(\dfrac{1}{5}, 1\right)$ | $1$ | $(1, +\infty)$ |
|---|---|---|---|---|---|---|---|
| $f'(x)$ | + | 0 | + | 0 | − | 0 | + |
| $f(x)$ | ↗ | 无极值 0 | ↗ | 极大值 $\dfrac{3456}{3125}$ | ↘ | 极小值 0 | ↗ |

由上表可见函数的极大值为 $f\left(\dfrac{1}{5}\right) = \dfrac{3456}{3125}$,极小值为 $f(0) = 0$.

**例 7** 求函数 $f(x) = 1 - (x-2)^{\frac{2}{3}}$ 的极值.

**解** 函数 $f(x)$ 的定义域为 $(-\infty, +\infty)$. 图象如图 2-13 所示.

当 $x \neq 2$ 时,$f'(x) = -\dfrac{2}{3\sqrt[3]{x-2}}$;

当 $x = 2$ 时,$f'(x)$ 不存在.

当 $x \neq 2$ 时,即在 $(-\infty, 2)$ 和 $(2, +\infty)$ 内的各点处,$f'(x)$ 都存在,且 $f'(x) \neq 0$. 由于在 $(-\infty, 2)$ 内,$f'(x) > 0$,函数 $f(x)$ 单调增加,在 $(2, +\infty)$ 内,$f'(x) < 0$,

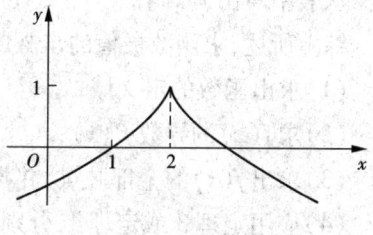

图 2-13

函数 $f(x)$ 单调减少,故 $x = 2$ 为函数的极值点,函数的极大值为 $f(2) = 1$.

上述过程可以利用表 2-8 清晰反映出来.

表 2-8

| $x$ | $(-\infty, 2)$ | 2 | $(2, +\infty)$ |
|---|---|---|---|
| $f'(x)$ | + | 不存在 | − |
| $f(x)$ | ↗ | 极大值 1 | ↘ |

**定理 4** 设函数 $f(x)$ 在点 $x_0$ 处有二阶导数,且 $f'(x_0) = 0$.

(1) 若 $f''(x_0) < 0$,则函数 $f(x)$ 在点 $x_0$ 处取得极大值;

(2)若$f''(x_0)>0$,则函数$f(x)$在点$x_0$处取得极小值;

(3)若$f''(x_0)=0$,则不能判断$f(x)$在点$x_0$是否取得极值.(证明略)

**例8** 求函数$f(x)=(x^2-1)^3+1$的极值.

**解** 函数$f(x)$的定义域为$(-\infty,+\infty)$,图象如图2-14所示.

$$f'(x)=6x(x^2-1)^2.$$

令$f'(x)=0$,求得驻点$x_1=-1,x_2=0,x_3=1$.

$$f''(x)=6(x^2-1)(5x^2-1).$$

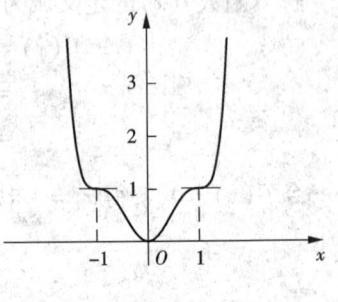

图2-14

因$f''(0)=6>0$,$f(x)$在$x=0$处取得极小值,极小值为$f(0)=0$;因$f''(-1)=f''(1)=0$,故用定理4无法判别$x=\pm1$是否为极值点,还需用定理2判别(见表2-9).

表2-9

| $x$ | $(-\infty,-1)$ | $-1$ | $(-1,0)$ | $0$ | $(0,1)$ | $1$ | $(1,+\infty)$ |
|---|---|---|---|---|---|---|---|
| $f'(x)$ | $-$ | $0$ | $-$ | $0$ | $+$ | $0$ | $+$ |
| $f(x)$ | ↘ | 无极值 | ↘ | 极小值 | ↗ | 无极值 | ↗ |

从表中看出$f(x)$在$x=-1$处没有极值,同理在$x=1$处也没有极值(见图2-14).

综上所述,求函数极值的步骤归纳如下:

(1)求出函数的定义域;

(2)求$f(x)$的导数$f'(x)$;

(3)求出$f(x)$的全部驻点,并找出$f(x)$在定义域内所有导数不存在的点;

(4)应用定理3或定理4,分别考察每一个驻点或导数不存在的点是否为极值点,是极大值还是极小值;

(5)求出各极值点的函数值即为极值.

**2. 最大值与最小值**

在工农业生产、工程技术及科学技术分析中,往往会遇到,在一定条件下,怎样提高生产效率,降低成本,节约原材料等问题,这类问题在数学上有时可归结为求某一函数的最大值或最小值问题,这类问题统称为**最值问题**.

下面,我们就函数的不同情况,分别研究函数最值的求法.

(1)闭区间$[a,b]$上的连续函数.

由连续函数的性质知,若$f(x)$在闭区间上连续,则一定存在最大值和最小值.显然,最值如果在区间内部取得,它一定是极值点的函数值;如果不在区间内部取得,它一定是端点的函数值.因此,只要求出函数$f(x)$的所有极值点和端点的函数值,进行比较即可.

由于极值点肯定是驻点或一阶导数不存在的点,即可能极值点.所以在求最值时,我们只需求出所有可能极值点的函数值和端点的函数值,比较即可,而无须判定这些可能极值点是否确为极值点.

最大、最小值与极大、极小值是不同的. 极值是局部性的概念,在一个区间内可能有多个数值不同的极大值或极小值,有的极小值也有可能大于某个极大值. 而最大值和最小值是整体的概念,是所考察的闭区间上全部函数值的最大者或最小者. 函数在$[a,b]$上取得最大值的点可能不只一个,但最大值只有一个;对于最小值也是如此.

**例 9** 求函数 $f(x) = x^4 - 2x^2 + 3$ 在 $[-2, 2]$ 上的最大值和最小值.

**解**
$$f(x) = x^4 - 2x^2 + 3,$$
$$f'(x) = 4x^3 - 4x = 4x(x+1)(x-1),$$

令 $f'(x) = 0$,解得 $x_1 = -1, x_2 = 0, x_3 = 1$.

计算出
$$f(0) = 3, f(\pm 1) = 2,$$

再计算出
$$f(\pm 2) = 11,$$

比较后知,$f(x)$ 在 $[-2, 2]$ 上的最大值为 $f(\pm 2) = 11$,最小值为 $f(\pm 1) = 2$.

(2) 一般区间上的连续函数.

如果 $f(x)$ 在一个区间(有限或无限,开或闭)内可导且只有一个驻点 $x_0$,那么,当 $f(x_0)$ 是极大值时,$f(x_0)$ 就是 $f(x)$ 在该区间上的最大值;当 $f(x_0)$ 是极小值时,$f(x_0)$ 就是 $f(x)$ 在该区间上的最小值. 分析函数的图形,以上结论不难得到.

**例 10** 求函数 $y = -x^2 + 4x - 3$ 的最大值.

**解** 函数的定义域为 $(-\infty, +\infty)$.

因为 $y' = -2x + 4 = -2(x-2), y'' = -2.$

令 $y' = 0$,得驻点 $x = 2, y''(2) = -2 < 0$,故 $x = 2$ 是函数的极大值点,极大值为 1.

因为函数在 $(-\infty, +\infty)$ 内只有唯一的一个极值点,所以函数的极大值就是函数的最大值,即函数的最大值点是 $x = 2$,如图 2-15 所示.

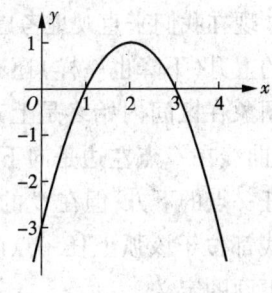

**图 2-15**

(3) 实际问题中的最值.

实际问题中,往往根据问题的性质就可以断定可导函数 $f(x)$ 确有最大值或最小值,而且一定在定义区间内部取得,这时如果函数在定义区间内部只有一个驻点 $x_0$,那么,不用讨论就可断定 $f(x_0)$ 是所求的最大值或最小值.

**例 11** 生产 $q$ 个单位某种产品时的费用函数为
$$C(q) = 5q + 200,$$

收入函数为
$$R(q) = 10q - 0.01q^2,$$

问每批生产多少个单位,才能使利润最大?

**解** 先构造利润函数
$$L(q) = R(q) - C(q) = 10q - 0.01q^2 - 5q - 200$$
$$= -0.01q^2 + 5q - 200.$$

函数的定义域为$[0, +\infty]$,
$$L'(q) = -0.02q + 5.$$
令$L'(q) = 0$,得$q = 250$.

由于函数在定义区间内只有唯一的驻点,而由实际问题知道利润存在最大值,因此驻点就是最大值点. 即每批生产 250 个单位时利润最大.

**例 12** 欲用长 6 m 的铝合金料加工一"日"字形窗框(见图 2 - 16),问它的长和宽分别为多少时,才能使窗户面积最大?最大面积是多少?

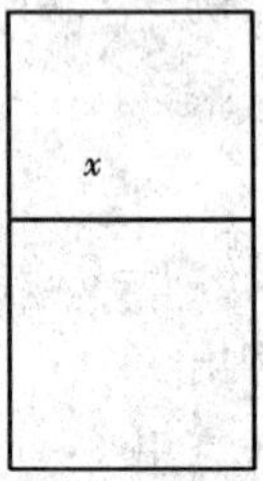

**解** 设窗框的宽为 $x$ m,则长为$\frac{1}{2}(6 - 3x)$m.
窗户的面积为
$$y = x \cdot \frac{1}{2}(6 - 3x) = 3x - \frac{3}{2}x^2, (0 < x < 6)$$
$$y' = 3 - 3x.$$

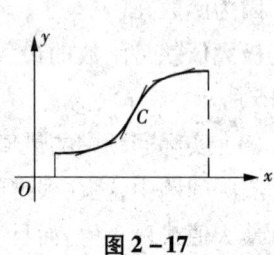

图 2 - 16

令 $y' = 0$,求得驻点 $x = 1$,当 $x = 1$ 时,$y = \frac{3}{2}$ m.

由于函数在定义区间内只有唯一的驻点,而由实际问题知道面积的最大值存在,因此驻点就是最大值点,即窗户的宽为 1 m,长为 $\frac{3}{2}$ m 时,窗户的面积最大. 最大的面积为
$$y|_{x=1} = \frac{3}{2} \text{ m}^2.$$

### 三、函数图形的凹凸性与拐点

现在我们来直观地考虑一下函数的图象的弯曲情况. 函数图象的上升(下降也一样)还有不同的情况. 如图 2 - 17 所示,函数的图象在区间内始终是上升的,但却有不同的弯曲状况. 可以看到,曲线在 $C$ 点左边是向下弯曲的,它的每一条切线都位于该弧上任一点的下方;但在 $C$ 的右边曲线是向上弯曲的,它的每一条切线都位于该弧上任一点的上方. 关于曲线弯曲的方向,我们给出下面的定义.

图 2 - 17

**定义 2** 如果在某区间内的曲线位于其任一点切线的上方,那么称此曲线在该区间内是凹的(或上凹),该区间称为曲线的凹(或上凹)区间;如果在某区间内的曲线位于其任一点切线的下方,那么称此曲线在该区间内是凸的(或下凹),该区间称为曲线的凸(或下凹)区间.

容易由图 2 - 17 看出,曲线 $f(x)$ 在某区间是凹的,其实质是它的切线的斜率就随着 $x$ 的增加而增加,即在该区间 $f'(x)$ 是增函数,因而 $f''(x) \geq 0$.

这样我们就可以由函数 $f(x)$ 的二阶导数的符号来判断它的图象是凸的还是凹的.

**定理 5** 设函数 $f(x)$ 在 $(a, b)$ 内具有二阶导数.

(1) 若在 $(a, b)$ 内 $f''(x) > 0$,则函数 $f(x)$ 的图象在 $(a, b)$ 内是凹的;

(2) 若在 $(a, b)$ 内 $f''(x) < 0$,则函数 $f(x)$ 的图象在 $(a, b)$ 内是凸的.

例如,曲线 $y = \ln x$,因为 $y' = \dfrac{1}{x}$,$y'' = -\dfrac{1}{x^2}$,所以函数 $y = \ln x$ 在定义域 $(0, +\infty)$ 内,$y'' < 0$,由曲线凹凸的判定定理可知,曲线 $y = \ln x$ 是凸的.

**例 13**　判断曲线 $y = x^3$ 的凹凸性.

**解**　$y = x^3$ 的定义域为 $(-\infty, +\infty)$.

因 $y' = 3x^2$,$y'' = 6x$,当 $x < 0$ 时,$y'' < 0$,所以曲线在 $(-\infty, 0)$ 内为凸的;当 $x > 0$ 时,$y'' > 0$,所以曲线在 $(-\infty, 0)$ 内为凹的.

一般地,设 $y = f(x)$ 在区间 $I$ 上连续,$x_0$ 是 $I$ 上的内点,如果曲线 $y = f(x)$ 在经过点 $(x_0, f(x_0))$ 时,曲线的凹凸性改变了,那么就称点 $(x_0, f(x_0))$ 为这条曲线的**拐点**. 如在例 13 中,点 $(0,0)$ 是曲线 $y = x^3$ 的拐点.

由于拐点是凹弧与凸弧的分界点,故在拐点的左、右两侧 $f''(x)$ 必然异号,因而在拐点处必有 $f''(x) = 0$ 或 $f''(x)$ 不存在.

于是,我们归纳出求拐点的一般步骤:

(1) 求 $f''(x)$;

(2) 令 $f''(x) = 0$,解出全部实根,并求出所有二阶导数不存在的点;

(3) 对步骤(2)求出的每一个点 $(x_0, f(x_0))$,考察左、右两侧二阶导数的符号,如果异号,则点 $(x_0, f(x_0))$ 为曲线的拐点;如果同号,则点 $(x_0, f(x_0))$ 不是曲线的拐点.

**例 14**　求曲线 $y = 3x^4 - 4x^3 + 1$ 的拐点及凹、凸区间.

**解**　函数 $y = 3x^4 - 4x^3 + 1$ 的定义域为 $(-\infty, +\infty)$,

$$y' = 12x^3 - 12x^2,$$

$$y'' = 36x^2 - 24x = 36x\left(x - \dfrac{2}{3}\right).$$

解方程 $y'' = 0$,得 $x_1 = 0$,$x_2 = \dfrac{2}{3}$.

列表(见表 2-10)来讨论曲线的凹、凸区间和拐点.

从表中可以看出,$(-\infty, 0)$、$\left(\dfrac{2}{3}, +\infty\right)$ 是凹区间;$\left(0, \dfrac{2}{3}\right)$ 是凸区间. 点 $(0,1)$ 和点 $\left(\dfrac{2}{3}, \dfrac{11}{27}\right)$ 分别是曲线的两个拐点(见图 2-18).

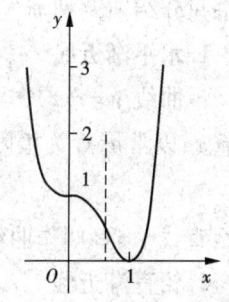

图 2-18

表 2-10　(用 ∪ 代表凹曲线,∩ 代表凸曲线)

| $x$ | $(-\infty, 0)$ | $0$ | $\left(0, \dfrac{2}{3}\right)$ | $\dfrac{2}{3}$ | $\left(\dfrac{2}{3}, +\infty\right)$ |
| --- | --- | --- | --- | --- | --- |
| $y''$ | $+$ | $0$ | $-$ | $0$ | $+$ |
| $y$ | ∪ | 拐点 $(0,1)$ | ∩ | 拐点 $\left(\dfrac{2}{3}, \dfrac{11}{27}\right)$ | ∪ |

**例 15**　求曲线 $y = \sqrt[3]{x}$ 的拐点.

**解** 函数在$(-\infty,+\infty)$内连续,当$x\neq 0$时,

$$y'=\frac{1}{3\sqrt[3]{x^3}}, y''=-\frac{2}{9x\sqrt[3]{x^2}},$$

当$x=0, y', y''$都不存在.列表(见表2-11).

表 2-11

| $x$ | $(-\infty,0)$ | 0 | $(0,+\infty)$ |
| --- | --- | --- | --- |
| $y''$ | + | 不存在 | - |
| $y$ | ∪ | 拐点(0,0) | ∩ |

从表中看出,点$(0,0)$是曲线的一个拐点.

我们知道双曲线$y=\frac{1}{x}$上的点,沿双曲线远离原点时,会无限逼近$x$轴或$y$轴,如图2-19所示,$x$轴或$y$轴就是双曲线$y=\frac{1}{x}$的两条渐近线.

**定义3** 如果曲线上的一点沿着曲线无限远离原点时,该点无限逼近某条直线,则称此直线为曲线的**渐近线**.

渐近线分为水平渐近线、铅直渐近线和斜渐近线三种.本书只介绍前两种渐近线的求法.

**1. 水平渐近线**

设曲线$y=f(x)$,当$x\to\infty$($x\to+\infty$或$x\to-\infty$)时,函数$f(x)$以常量$C$为极限,即

$$\lim_{x\to\infty}f(x)=C,$$

那么直线$y=C$叫作曲线$y=f(x)$的**水平渐近线**.

**2. 铅直渐近线**

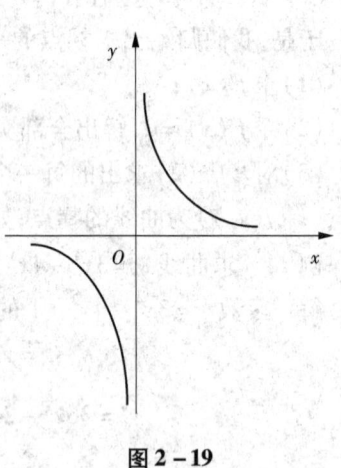

图 2-19

设曲线$y=f(x)$,当$x\to x_0$(有时仅当$x\to x_0^-$或$x_0^+$)时,函数$f(x)$为无穷大量,即

$$\lim_{x\to x_0}f(x)=\infty,$$

那么直线$x=x_0$叫作曲线$y=f(x)$的**铅直渐近线**.

**例16** 求下列曲线的水平渐近线或铅直渐近线:

(1) $y=\frac{1}{x-4}$; (2) $y=\frac{3x^2+2}{1-x^2}$.

**解** (1)因为$\lim_{x\to\infty}\frac{1}{x-4}=0$,所以$y=0$是曲线的水平渐近线.

又因为4是$y=\frac{1}{x-4}$的间断点,且$\lim_{x\to 4}\frac{1}{x-4}=\infty$,所以$x=4$是曲线的铅直渐近线.

(2)因为 $\lim\limits_{x\to\infty}\dfrac{3x^2+2}{1-x^2}=-3$,所以 $y=-3$ 是曲线的水平渐近线.

又因为 1 和 $-1$ 是 $y=\dfrac{3x^2+2}{1-x^2}$ 的间断点,且

$$\lim_{x\to 1}\frac{3x^2+2}{1-x^2}=\infty,\ \lim_{x\to -1}\frac{3x^2+2}{1-x^2}=\infty,$$

所以 $x=1$ 和 $x=-1$ 是曲线的铅直渐近线.

### 四、函数图形的描绘

我们已经掌握了求函数的单调区间、极值点、凹凸区间、驻点、拐点及渐近线的方法,综合使用这些方法,就能简捷且较准确地作出函数的图象.

描绘函数图象的一般步骤如下.

(1)确定函数 $y=f(x)$ 的定义域,并求出函数的一阶导数 $f'(x)$ 和二阶导数 $f''(x)$.

(2)求出方程 $f'(x)=0$ 和 $f''(x)=0$ 在函数定义域内的全部实根,用这些实根把函数的定义域划分成几个部分区间(如果函数有间断点或导数不存在的点,这些点也要作为分点).

(3)确定在各区间内 $f'(x)$ 和 $f''(x)$ 的符号,并由此确定函数图形的升降和凹凸,极值点和拐点.

(4)确定函数图象是否有水平或铅直渐近线.

(5)描绘出极值点、拐点、渐近线.为了把图形描得准确些,有时还需要补充一些点;用圆滑曲线联结这些点便可描绘出函数 $y=f(x)$ 的图象.

**例17** 描绘函数 $y=3x^2-x^3$ 的图象.

**解** 函数 $y=3x^2-x^3$ 的定义域为 $(-\infty,+\infty)$.

$$y'=6x-3x^2=3x(2-x),$$
$$y''=6-6x=6(1-x).$$

令 $y'=0$,得 $\qquad x=0, x=2.$

令 $y''=0$,得 $\qquad x=1.$

无渐近线.列表(见表 2-12).

表 2-12

| $x$ | $(-\infty,0)$ | 0 | $(0,1)$ | 1 | $(1,2)$ | 2 | $(2,+\infty)$ |
|---|---|---|---|---|---|---|---|
| $y'$ | $-$ | 0 | $+$ | | $+$ | 0 | $-$ |
| $y''$ | $+$ | $+$ | $+$ | 0 | $-$ | $-$ | $-$ |
| $y$ | $\cup\searrow$ | 极小值 $y=0$ | $\cup\nearrow$ | 拐点 $(1,2)$ | $\cap\nearrow$ | 极大值 $y=4$ | $\cap\searrow$ |

为了使图象更精确,再补充 $(3,0),(-1,4)$ 等点,然后根据表中各区间的变化情况,画出函数的图象(见图 2-20).

**例18** 试作函数 $f(x) = \dfrac{x}{(1-x^2)^2}$ 的图象.

**解** 函数在 $x = \pm 1$ 时无定义,所以它的定义域为 $(-\infty, -1) \cup (-1, 1) \cup (1, +\infty)$.

因为
$$f'(x) = \frac{(1-x^2)^2 + 4x(1-x^2)}{(1-x^2)^4} = \frac{1+3x^2}{(1-x^2)^3},$$
$$f''(x) = \frac{6x(1-x^2)^3 - (-6x)(1+3x^2)(1-x^2)^2}{(1-x^2)^6} = \frac{12x(1+x^2)}{(1-x^2)^4}.$$

没有使 $f'(x) = 0$ 的点,但在 $x = \pm 1$ 时,$f'(x)$ 不存在. 令 $f''(x) = 0$,得到 $x = 0$;且在 $x \pm 1$ 时,$f''(x)$ 不存在. 列表(见表 2-13).

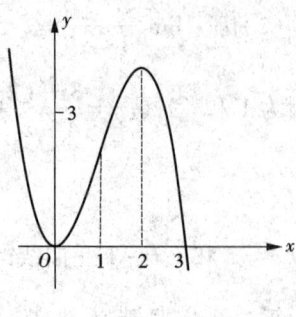

图 2-20

表 2-13

| X | $(-\infty, -1)$ | $-1$ | $(-1, 0)$ | $0$ | $(0, 1)$ | $1$ | $(1, +\infty)$ |
|---|---|---|---|---|---|---|---|
| $y'$ | $-$ | $\times$ | $+$ | $+$ | $+$ | $\times$ | $-$ |
| $y''$ | $-$ | $\times$ | $-$ | $0$ | $+$ | $\times$ | $+$ |
| $y$ | $\cap \searrow$ | $\times$ | $\cap \nearrow$ | 拐点 $(0,0)$ | $\cup \nearrow$ | $\times$ | $\cup \searrow$ |

因为 $\lim\limits_{x \to \infty} \dfrac{x}{(1-x^2)^2} = 0$,所以 $y = 0$ 是该函数图象的水平渐近线.

又因为 $x = \pm 1$ 是函数的间断点,且 $\lim\limits_{x \to \pm 1} \dfrac{x}{(1-x^2)^2} = \infty$,所以 $x = 1, x = -1$ 是其铅直渐近线.

根据以上讨论,描绘出函数的图象(见图 2-21).

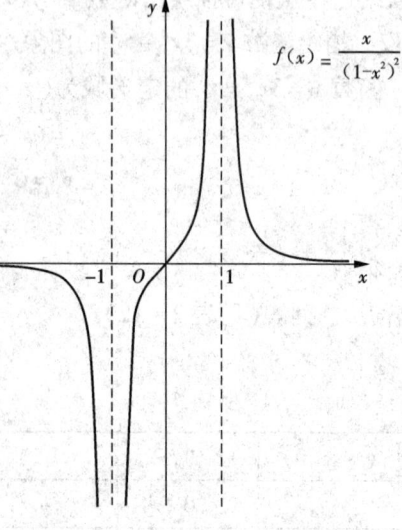

图 2-21

**例19** 描绘函数 $y = \dfrac{1}{\sqrt{2\pi}} e^{-\frac{x^2}{2}}$ 的图象.

**解** 函数 $y = \dfrac{1}{\sqrt{2\pi}} e^{-\frac{x^2}{2}}$ 的定义域为 $(-\infty, +\infty)$.

$$f'(x) = \frac{1}{\sqrt{2\pi}} e^{-\frac{x^2}{2}} \cdot (-x) = -\frac{1}{\sqrt{2\pi}} x e^{-\frac{x^2}{2}},$$

$$f''(x) = -\frac{1}{\sqrt{2\pi}} [e^{-\frac{x^2}{2}} + xe^{-\frac{x^2}{2}} \cdot (-x)]$$

$$= \frac{1}{\sqrt{2\pi}} e^{-\frac{x^2}{2}} (x^2 - 1).$$

方程 $f'(x) = 0$ 的根为 $x = 0$；方程 $f''(x) = 0$ 的根为 $x = \pm 1$.

用点 $x = -1, x = 0, x = 1$ 把 $(-\infty, +\infty)$ 划分成 4 个区间，列表(见表 2-14).

表 2-14

| $x$ | $(-\infty, -1)$ | $-1$ | $(-1, 0)$ | $0$ | $(0, 1)$ | $1$ | $(1, +\infty)$ |
|---|---|---|---|---|---|---|---|
| $y'$ | + | − | + | 0 | − | − | − |
| $y''$ | + | 0 | − | − | − | 0 | + |
| $y$ | ∪ ↗ | 拐点 $\left(-1, \dfrac{1}{\sqrt{2\pi e}}\right)$ | ∩ ↗ | 极大值 $\left(0, \dfrac{1}{\sqrt{2\pi}}\right)$ | ∩ ↘ | 拐点 $\left(1, \dfrac{1}{\sqrt{2\pi e}}\right)$ | ∪ ↘ |

函数的极大值 $f(0) = \dfrac{1}{\sqrt{2\pi}}$，拐点为 $\left(-1, \dfrac{1}{\sqrt{2\pi e}}\right)$ 和 $\left(1, \dfrac{1}{\sqrt{2\pi e}}\right)$.

由于 $\lim\limits_{x \to \infty} f(x) = 0$，所以图形有一条水平渐近线 $y = 0$.

根据以上讨论，描绘出函数的图象(见图 2-22).

本题还可以利用函数的奇偶性来作图. 因为函数 $y = \dfrac{1}{\sqrt{2\pi}} e^{-\frac{x^2}{2}}$ 是偶函数，它的图形关于 $y$ 轴对称. 所以只需讨论函数在 $[0, +\infty)$ 上的图象，再利用图形的对称性，便可得到函数在整个定义域内的图象.

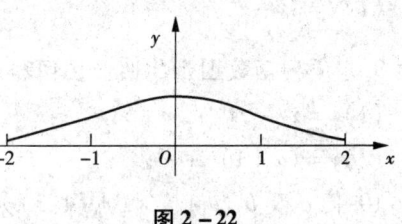

图 2-22

习题 2-5

1. 求下列函数的单调区间：

(1) $y = x - \ln(1 + x)$；

(2) $y = 2x^3 - 9x^2 + 12x - 3$；

(3) $y = \dfrac{\sqrt{100}}{x + 100}$；

(4) $y = \arctan x - x$；

(5) $y = x^3 + x$；

(6) $y = \dfrac{x^2}{1 + x}$；

(7) $y = 2x + \dfrac{8}{x} (x > 0)$；

(8) $y = x^2 e^{-x}$.

2. 利用函数的单调性证明不等式：

(1) 当 $x > 0$ 时，$1 + \dfrac{1}{2}x > \sqrt{1 + x}$；

(2) 当 $x > 4$ 时，$2^x > x^2$.

3. 证明函数 $y = \sin x - x$ 在区间 $[-2\pi, 2\pi]$ 上单调减少.

4. 求下列函数的极值点和极值：

(1) $y = 2 + x - x^2$;

(2) $y = x^2 \ln x$;

(3) $y = x - e^x$;

(4) $y = \dfrac{2x}{1 + x^2}$;

(5) $y = x - \ln(1 + x)$;

(6) $y = \sqrt[3]{(2x - x^2)^2}$;

(7) $y = \sqrt{2 + x - x^2}$;

(8) $y = 3 - 2(x + 1)^{\frac{1}{3}}$.

5. 求下列函数在指定区间内的极值：

(1) $f(x) = \sin x + \cos x$, $\left(-\dfrac{\pi}{2}, \dfrac{\pi}{2}\right)$;

(2) $f(x) = e^x \cos x$, $(0, 2\pi)$.

6. 求下列函数的最大值、最小值：

(1) $y = x + \sqrt{1 - x}$, $[-5, 1]$;

(2) $y = \dfrac{x}{x^2 + 1}$, $[0, +\infty)$.

7. 某车间靠墙壁要盖一间长方形小屋，现有存砖只够砌 20 m 长的墙壁. 问应围成怎样的长方形才能使这间小屋的面积最大？

8. 判定下列函数的凹凸性：

(1) $y = 4x - x^2$;

(2) $y = x + \dfrac{1}{x}$ $(x > 0)$.

9. 求下列函数图形的凹凸区间和拐点：

(1) $y = x^3 - 5x^2 + 3x + 5$;

(2) $y = xe^{-x}$;

(3) $y = (x + 1)^4 + e^x$;

(4) $y = \ln(x^2 + 1)$.

10. 问 $a$ 及 $b$ 为何值时，点 $(1, 3)$ 为曲线 $y = ax^3 + bx^2$ 的拐点？

11. 作出下列函数的图象：

(1) $y = (x + 1)(x - 2)^2$;

(2) $y = x^3 - x^2 - x + 1$;

(3) $y = \dfrac{e^x}{1 + x}$;

(4) $y = 1 + \dfrac{36x}{(x + 3)^2}$;

(5) $y = x - \ln(1 + x)$.

12. 设函数 $f(x)$ 的导函数是一个脉冲函数，$f'(x)$ 如图 2-23 所示，那么函数 $f(x)$ 的图象有什么特点呢？

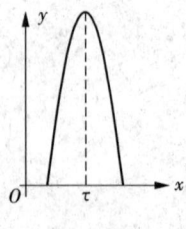

图 2-23

# 本章学习指导

### 一、内容提要

本章学习了导数和微分的概念及计算方法,导数在研究函数特性方面的应用及函数作图.

**1. 导数概念**

导数来源于各种实际问题,它描述了非均匀变化过程的变化率. 例如,变速直线运动的瞬时速度、曲线切线的斜率等.

一个给定函数 $y = f(x)$ 在点 $x$ 处的导数定义为

$$\frac{dy}{dx} = f'(x) = \lim_{\Delta x \to 0} \frac{f(x + \Delta x) - f(x)}{\Delta x}.$$

导数的几何意义是:$f'(x_0)$ 表示曲线 $y = f(x)$ 在点 $(x_0, f(x_0))$ 处切线的斜率,因而切线方程是

$$y - f(x_0) = f'(x_0)(x - x_0).$$

当 $x$ 变化时,导数 $f'(x)$ 也随之变化,因此 $f'(x)$ 是 $x$ 的函数,称为导函数. $f'(x)$ 的导数 $f''(x)$ 称为 $f(x)$ 的二阶导数. 二阶导数的一种物理解释是变速直线运动的加速度.

可导与连续的关系:可导必连续,连续却不一定可导.

**2. 基本导数公式和求导法则**

(1) 基本初等函数的导数公式.

(2) 函数的和、差、积、商的求导法则.

$$(u \pm v)' = u' \pm v'$$

$$(uv)' = u'v + uv'$$

$$\left(\frac{u}{v}\right)' = \frac{u'v - uv'}{v^2} \quad (v \neq 0)$$

(3) 反函数与复合函数求导法、隐函数求导法、参数方程所确定的函数求导方法、取对数求导法及求分段函数的导数. 其中重点是掌握复合函数求导法则.

**3. 微分**

(1) 微分的定义和微分的几何意义.

函数 $f(x)$ 在点 $x$ 处关于自变量改变量的微分定义为

$$dy = f'(x) \Delta x = f'(x) dx$$

微分的几何意义是:当 $\Delta y$ 是曲线 $y = f(x)$ 上的点的纵坐标的增量时,$dy$ 就是曲线的切线上的点的纵坐标的相应增量.

(2) 微分的运算法则,可微与可导的关系.

$$d(u \pm v) = du \pm dv$$

$$d(uv) = vdu + udv$$

$$d\left(\frac{u}{v}\right) = \frac{vdu - udv}{v^2} \quad (v \neq 0)$$

可微与可导的关系：可导必可微，可微也必可导．

（3）微分形式的不变性

$$dy = f'(u)du$$

其中 $y = f(u)$，而 $u$ 可以是自变量，也可以是中间变量（例如 $u = \varphi(x)$）．

**4. 中值定理与导数的应用**

（1）罗尔（Rolle）中值定理、拉格朗日（Lagrange）中值定理的几何意义和推论．

（2）洛必达（L'hospital）法则．

（3）函数单调性的判定．

（4）函数极值的概念，极值存在的必要条件及极值的判别法．函数的最大（小）值．

（5）曲线的凹凸性与曲线的拐点．

（6）描绘简单函数的图象．

## 二、重点与难点解析

**1. 利用导数定义求相关形式极限或导数**

导数 $f'(x_0)$ 是一种固定形式的极限，即函数增量与自变量增量之比，常用下列不同形式来表述．

$$f'(x_0) = \lim_{\Delta x \to 0} \frac{f(x_0 + \Delta x) - f(x_0)}{\Delta x} = \lim_{h \to 0} \frac{f(x_0 + h) - f(x_0)}{h} = \lim_{x \to x_0} \frac{f(x) - f(x_0)}{x - x_0}.$$

在计算中注意灵活运用．

**2. 利用求导的基本公式或法则求导**

由于函数的结构不同，求导方法也不尽相同，既要熟练掌握基本公式与法则，又要注意对函数灵活变形，灵活应用求导法则，化繁为简，化难为易．

对复合函数求导，要特别注意分析函数是经几次复合，并确定每次复合的中间变量，由外向内，逐次求导．

**3. 导数应用常见题型**

(1) 求曲线的切线和法线方程及变速直线运动的速度与加速度等．

(2) 求函数的单调区间、极值；曲线的凹凸区间、拐点等，并描绘函数图象．

(3) 建立数学模型，解决生产实践中的最优解问题．

(4) 利用函数的单调性证明不等式．

(5) 利用微分中值定理证明简单不等式．

## 三、典型例题

**例 1** $f(x) = \begin{cases} x^2 + 1, & 0 \leq x < 1 \\ 3x - 1, & x \geq 1 \end{cases}$ 在 $x = 1$ 处是否连续？是否可导？

**解** $\lim_{x \to 1^-} f(x) = \lim_{x \to 1^-} (x^2 + 1) = 2,$

$\lim_{x \to 1^+} f(x) = \lim_{x \to 1^+} (3x - 1) = 2,$

于是有

$$\lim_{x \to 1} f(x) = 2,$$

又因为
$$f(1) = 2 = \lim_{x \to 1} f(x) = 2,$$
所以 $f(x)$ 在 $x = 1$ 处连续.

而
$$\lim_{\Delta x \to 0^-} \frac{[(1+\Delta x)^2 + 1] - 2}{\Delta x} = \lim_{\Delta x \to 0^-} (2 + \Delta x) = 2,$$
$$\lim_{\Delta x \to 0^+} \frac{[3(1+\Delta x) - 1] - 2}{\Delta x} = 3.$$

因左、右极限不等,故 $f(x)$ 在 $x = 1$ 处不可导.

在本例题中由于函数 $f(x)$ 在 $x = 1$ 处左、右两侧导函数 $2x$ 与 $3$ 都在 $x = 1$ 处连续,故求 $x = 1$ 处左、右两侧导数时,可以不必利用定义,而分别使用导数公式求出导函数,再把 $x = 1$ 直接带入导函数即可.

**例 2**  下列各题中均假定 $f'(x_0)$ 存在,按照导数定义求下列极限:

(1) $\lim\limits_{\Delta x \to 0} \dfrac{f(x_0 - \Delta x) - f(x_0)}{\Delta x}$,  (2) $\lim\limits_{x \to 0} \dfrac{f(x)}{x}$.

**解**  (1) $\lim\limits_{\Delta x \to 0} \dfrac{f(x_0 - \Delta x) - f(x_0)}{\Delta x} = \lim\limits_{\Delta x \to 0} (-1) \dfrac{f[x_0 + (-\Delta x)] - f(x_0)}{-\Delta x} = -f'(x_0)$,

(2) $\lim\limits_{x \to 0} \dfrac{f(x)}{x} = \lim\limits_{x \to 0} \dfrac{f(x) - f(0)}{x - 0} = f'(0)$.

**例 3**  求下列函数的导数:

(1) $y = \dfrac{x+1}{\sqrt{x}}$,  (2) $y = \ln \cos \sqrt{2x}$,  (3) $y = (\tan x)^x$

**解**  (1) $y' = \left(\dfrac{x+1}{\sqrt{x}}\right)' = \left(\sqrt{x} + \dfrac{1}{\sqrt{x}}\right)' = \dfrac{1}{2}x^{-\frac{1}{2}} - \dfrac{1}{2}x^{-\frac{3}{2}} = \dfrac{1}{2\sqrt{x}}\left(1 - \dfrac{1}{x}\right)$,

(2) $y' = \dfrac{1}{\cos \sqrt{2x}} \cdot (-\sin \sqrt{2x}) \cdot \dfrac{1}{2\sqrt{2x}} \cdot 2 = -\dfrac{1}{\sqrt{2x}} \cdot \tan \sqrt{2x}$,

(3) 两边取对数,得
$$\ln y = x \ln \tan x$$
上式两边对 $x$ 求导得
$$\dfrac{1}{y} y' = \ln \tan x + \dfrac{\sec^2 x}{\tan x} \cdot x$$
故
$$y' = (\tan x)^x \left(\ln \tan x + \dfrac{\sec^2 x}{\tan x} \cdot x\right).$$

**例 4**  求由方程 $x - y + \dfrac{1}{2}\cos y = 0$ 所确定的隐函数 $y$ 的二阶导数 $y''$.

**解**  应用隐函数的求导方法,得
$$1 - y' - \dfrac{1}{2}\sin y \cdot y' = 0$$
于是

$$y' = \frac{2}{2+\sin y},$$

上式两边再对 $x$ 求导,得

$$y'' = \frac{(2)' \cdot (2+\sin y) - 2 \cdot (2+\sin y)'}{(2+\sin y)^2}$$

$$= \frac{-2\cos y \cdot y'}{(2+\sin y)^2} = \frac{-4\cos y}{(2+\sin y)^3}.$$

在求隐函数的二阶导数时应注意 $y'$ 表达式中的 $x$ 仍是 $x$ 的函数.

**例5** 证明:当 $x>1$ 时,$e^x > e \cdot x$.

**证明1** 利用函数的单调性.

令 $f(x) = e^x - e \cdot x$,则

$$f'(x) = e^x - e,$$

$f(x)$ 在 $[1,+\infty]$ 内连续,在 $[1,+\infty]$ 内 $f'(x) > 0$,因此在 $[1,+\infty)$ 内 $f(x)$ 单调增加,从而当 $x>1$ 时,$f(x) > f(1) = 0$,即

$$e^x - e \cdot x > 0,$$

也就是

$$e^x > e \cdot x \quad (x>1).$$

**证明2** 利用拉格朗日中值定理.

设 $f(t) = e^t$,显然 $f(t)$ 在区间 $[1,x]$ 上满足拉格朗日中值定理的条件,应有

$$f(x) - f(1) = f'(\xi)(x-1), (1<\xi<x),$$

由于 $f(1) = e$,$f'(\xi) = e^\xi$ 因此上式即为

$$e^x - e = e^\xi(x-1),$$

又由 $1<\xi<x$,有 $e^x - e > e^1(x-1)$,

即

$$e^x > e \cdot x \quad (x>1).$$

## 复习题二

**一、填空题**

1. 设 $f(e^x) = e^{2x} + 5e^x$,则 $f(x) = $ _____.

2. 函数 $f(x) = \begin{cases} x^2 \sin \dfrac{1}{x}, & x \neq 0, \\ 0, & x = 0, \end{cases}$ 则 $f'(0) = $ _____.

3. 曲线 $f(x) = xe^x$ 在区间____内是凸的,在区间____内是凹的,拐点的坐标为____.

4. 如果函数 $f(x)$ 在 $[a,b]$ 上可导,则在 $(a,b)$ 内至少存在一点 $\xi$,使 $f'(\xi)$ ____.

5. $\lim\limits_{x \to +\infty} \dfrac{x^2 + \ln x}{x \ln x} = $ _____.

6. 设 $f(x)$ 为可导函数,且满足 $\lim\limits_{x\to 1}\dfrac{f(1)-f(1-2x)}{x}=-1$,则曲线 $y=f(x)$ 在点 $(1,f(1))$ 处的切线斜率为_____.

7. 设 $y=x\ln x+\dfrac{1}{\sqrt{x}}$,则 $\dfrac{dy}{dx}\Big|_{x=1}$ _____.

8. 设 $y=e^{\sqrt{\sin 2x}}$,则 $dy=$ _____ $d(\sin 2x)$.

9. 设 $\begin{cases} y=\ln t, \\ x=\dfrac{1}{1+t}, \end{cases}$ 则 $\dfrac{d^2 y}{dx^2}$ _____.

10. 函数 $f(x)=e^{x^2-2x}$ 在 $[0,2]$ 上的最大值为_____;最小值为_____.

二、选择题

1. 过曲线 $y=x^3-3x$ 上一点的切线平行于 $x$ 轴的点为(　　).

(A) $(0,0)$          (B) $(-1,2)$

(C) $(1,-2)$          (D) $(-1,2)$ 和 $(1,-2)$

2. 设 $f(x)=\begin{cases}\dfrac{2}{3}x^3, & x\leq 1 \\ x^2, & x>1\end{cases}$,则 $f(x)$ 在 $x=1$ 处(　　).

(A) 左、右导数都存在      (B) 左导数存在,但右导数不存在

(C) 左导数不存在,但右导数存在    (D) 左、右导数都不存在

3. $f(x)$ 在点 $x=a$ 处可导,则 $\lim\limits_{x\to 0}\dfrac{f(a+x)-f(a-x)}{x}$ 等于(　　).

(A) $f'(a)$    (B) $2f'(a)$    (C) $0$    (D) $f'(2a)$

4. 若 $f(u)$ 可导,且 $y=f(e^x)$,则有(　　).

(A) $dy=f'(e^x)dx$       (B) $dy=f'(e^x)de^x$

(C) $dy=f(e^x)de^x$       (D) $dy=[f(e^x)]'e^x de^x$

5. 以下结论正确的是(　　).

(A) 若对于任意 $x\in(a,b)$,都有 $f'(x_0)=0$,则在 $(a,b)$ 内,$f(x)$ 恒为常数

(B) 若 $f'(x_0)=0$,则点 $x_0$ 处为函数 $f(x)$ 的极值点

(C) 若 $x_0$ 为 $f(x)$ 的极值点,则必有 $f'(x_0)=0$

(D) 函数 $f(x)$ 在 $(a,b)$ 内的极大值必定大于极小值

6. 若 $\dfrac{d}{dx}f\left(\dfrac{1}{x^2}\right)=\dfrac{1}{x}$,则 $f'\left(\dfrac{1}{2}\right)$ 的值为(　　).

(A) $\dfrac{1}{\sqrt{2}}$      (B) $-1$      (C) $2$      (D) $-4$

7. 设 $f(x)=\begin{cases}x, & x<0 \\ \ln(1+x), & x\geq 0\end{cases}$,$f(x)$ 在 $x=0$ 处(　　).

(A) 可导    (B) 连续但不可导    (C) 不连续    (D) 无意义

8. 函数 $y=e^x+\arctan x$ 在区间 $[-1,1]$ 上(　　).

(A)单调减少　　　　(B)单调增加　　　　(C)无最大值　　　　(D)无最小值

9. 已知 $y = x\ln x$，则 $y^{(10)} = (\quad)$.

(A) $-\dfrac{1}{x^9}$　　　　(B) $\dfrac{1}{x^9}$　　　　(C) $\dfrac{8!}{x^9}$　　　　(D) $-\dfrac{8!}{x^9}$

10. 下列条件不能使函数 $f(x)$ 在区间 $[a,b]$ 上应用拉格朗中值定理的是($\quad$).
(A)在 $[a,b]$ 上连续，在 $(a,b)$ 内可导
(B)在 $(a,b)$ 内有连续导数
(C)在 $(a,b)$ 内可导，且在 $a$ 点右连续，$b$ 点左连续
(D)在 $[a,b]$ 上可导

### 三、计算题

1. 求下列函数的单调区间和极值：

(1) $f(x) = x^3 - 3x^2 + 7$;　　　　(2) $y = \dfrac{x^2}{1+x^2}$.

2. 求下列函数的导数：

(1) $y = 2^x(x\sin x + \cos x)$;　　　　(2) $y = \arcsin x^3$;

(3) $y = (1+\cos x)^{\frac{1}{x}}$;　　　　(4) $y = e^{\sqrt[3]{x+1}} + \cos \pi$;

(5) $x^3 + y^3 - 3axy = 0$（$a$ 为常数）;

(6) 求参数方程 $\begin{cases} x = \ln(1+t^2) \\ y = 1 - \arctan t \end{cases}$ 所确定的函数的导数 $\dfrac{dy}{dx}$;

(7) 已知 $x^2 + 2xy - y^2 = 2x$，求 $\dfrac{dy}{dx}\Big|_{\substack{x=2 \\ y=0}}$.

3. 设函数 $f(x) = \begin{cases} ax+b, & x \leq 1 \\ \ln x, & x > 1 \end{cases}$ 在 $x = 1$ 处可导，求 $a,b$ 的值.

4. 设 $f(x) = \arctan 2x$，求 $f''(1)$.

5. 求函数 $y = 3^{\ln\cos x}$ 的微分.

6. 求下列极限：

(1) $\lim\limits_{x\to 0} \dfrac{e^x\sin x - x(1+x)}{x^3}$;　　　　(2) $\lim\limits_{x\to\pi}(x-\pi)\tan\dfrac{x}{2}$;

(3) $\lim\limits_{x\to 0}\left[\dfrac{1}{x\sin x} - \dfrac{1}{x^2}\right]$;　　　　(4) $\lim\limits_{x\to 0}\dfrac{e^x - \sin x - 1}{(\arcsin x)^2}$.

7. 求曲线 $y = x^4(12\ln x - 7)$ 的凹凸区间及拐点.

8. 试作函数 $y = \dfrac{x}{(x+1)(x-1)}$ 的图象.

9. 在半径为 $R$ 的半圆内作一内接梯形，使其底为直径，其他三边为圆的弦，问怎样做梯形的面积最大？

### 四、证明题

1. 证明：曲线 $xy = 1$ 上任一点处的切线与 $x$ 轴和 $y$ 轴构成的三角形面积为常数.

2. 证明：函数 $f(x) = \begin{cases} \dfrac{\sqrt{1+x}-1}{\sqrt{x}}, & x > 0 \\ 0, & x \leq 0 \end{cases}$ 在点 $x = 0$ 处连续，但不可导.

# 第三章 一元函数积分学及其应用

第二章我们讨论了求函数的导数或微分的问题,在自然科学和工程技术中经常还需要研究相反的问题.即已知函数的导数或微分求出该函数,这就是积分学的问题.本章主要讨论不定积分与定积分的概念、运算以及它们的应用.

## 第一节 不定积分的定义和性质

### 一、原函数

先看下面的例子.

**例 1** 已知物体作变速直线运动,其运动方程为 $s = s(t)$,在任意时刻 $t$ 的瞬时速度为 $v(t) = at$($a$ 为常数),且当 $t = 0$ 时,$s = 0$.求物体的运动方程 $s(t)$.

**解** 由导数的物理意义可知 $v(t) = s'(t) = at$.

由于
$$\left(\frac{1}{2}at^2 + C\right)' = at \,(C \text{ 为常数}),$$

显然 $s = \frac{1}{2}at^2 + C$ 满足上述等式,又因为当 $t = 0$ 时,$s = 0$,

故
$$C = 0.$$

因此,物体的运动方程为
$$s(t) = \frac{1}{2}at^2.$$

**例 2** 设曲线上任意一点 $M(x, y)$ 处切线的斜率为 $k = 2x$,若该曲线经过坐标原点,求该曲线的方程.

**解** 设所求曲线方程为 $y = f(x)$,由导数的几何意义可知,
$$y' = f'(x) = 2x,$$

显然,$y = x^2 + C$ 满足上述等式,又因为当 $x = 0$ 时,$y = 0$,

故
$$C = 0,$$

因此,所求曲线方程为
$$y = x^2.$$

对于以上两个问题,如果不考虑它们的物理意义和几何意义,单纯从数学的角度来讨论,可以归纳为同一个问题,就是已知某个函数的导数,求该函数的问题.

**定义 1** 设 $F(x)$ 与 $f(x)$ 是定义在某一区间 $I$ 上的函数.如果对于该区间内的任意一点 $x$ 都有 $F'(x) = f(x)$(或 $\mathrm{d}F(x) = f(x)\mathrm{d}x$)成立,那么函数 $F(x)$ 叫作 $f(x)$ 在该区间上的一个**原函数**.

显然，在 $(-\infty, +\infty)$ 上 $s = \frac{1}{2}at^2$ 是 $v = at$ 的一个原函数；$f(x) = x^2$ 是 $2x$ 在 $(-\infty, +\infty)$ 上的一个原函数. 并且我们发现 $f(x) = x^2 + C$（$C$ 为常数），也是 $2x$ 的原函数. 由此可见，一个函数的原函数如果存在，有可能不止一个.

**定理 1（原函数族定理）** 如果函数 $f(x)$ 有原函数，那么它就有无穷多个原函数，并且任意两个原函数之间仅相差一个常数.

**证明** （1）先证明 $f(x)$ 有无穷多个原函数.

如果 $F'(x) = f(x)$，那么 $(F(x) + C)' = f(x)$，其中 $C$ 为任意常数. 所以，$F(x) + C$ 是 $f(x)$ 的原函数.

由 $C$ 的任意性可知，$f(x)$ 有无穷多个原函数.

（2）再证明 $f(x)$ 的任意两个原函数之间相差一个常数.

设 $F(x)$ 和 $G(x)$ 是 $f(x)$ 的任意两个原函数，由于

$$[F(x) - G(x)]' = F'(x) - G'(x) = f(x) - f(x) \equiv 0.$$

由拉格朗日中值定理的推论有 $F(x) - G(x) = C$.

从这个定理中可以看出，如果 $F(x)$ 是 $f(x)$ 的一个原函数，那么 $F(x) + C$（$C$ 为任意常数）就是 $f(x)$ 的全部原函数.

但是，是不是每一个函数都有原函数呢？我们有如下定理.

**定理 2（原函数存在定理）** 如果函数 $f(x)$ 在某一区间 $I$ 上连续，则函数 $f(x)$ 在该区间上的原函数一定存在（证明见**第四节**）.

## 二、不定积分的概念

**定义 2** 函数 $f(x)$ 的全部原函数 $F(x) + C$ 叫作 $f(x)$ 的**不定积分**. 记为 $\int f(x) dx$，其中"$\int$"叫作积分号，$f(x)$ 叫作被积函数，$f(x)dx$ 叫作被积表达式，$x$ 叫作积分变量，$C$ 叫作积分常数. 即

$$\int f(x) dx = F(x) + C.$$

**例 3** 求 $\int \cos x dx$.

**解** 因为 $(\sin x)' = \cos x$，所以 $\int \cos x dx = \sin x + C$.

同理有 $\int \sin x dx = -\cos x + C$.

**例 4** 求 $\int e^x dx$.

**解** 因为 $(e^x)' = e^x$，所以 $\int e^x dx = e^x + C$.

**例 5** 求 $\int x^b dx$，这里 $b \neq -1$.

**解** 因为 $\left(\dfrac{x^{b+1}}{b+1}\right)' = x^b$，所以 $\int x^b dx = \dfrac{1}{b+1} x^{b+1} + C$.

## 三、不定积分的性质

由不定积分的概念,可以得到如下性质.

**性质 1**  (1) $\left[\int f(x)\mathrm{d}x\right]' = f(x)$ 或 $\mathrm{d}\left[\int f(x)\mathrm{d}x\right] = f(x)\mathrm{d}x$,

(2) $\int f'(x)\mathrm{d}x = f(x) + C$ 或 $\int \mathrm{d}f(x) = f(x) + C.$

由性质 1 看到,积分和求导互为逆运算.

**性质 2**  $\int [f(x) \pm g(x)]\mathrm{d}x = \int f(x)\mathrm{d}x \pm \int g(x)\mathrm{d}x.$

性质 2 可以推广到有限多个函数代数和的情况,即

$$\int [f_1(x) \pm f_2(x) \pm \cdots \pm f_n(x)]\mathrm{d}x = \int f_1(x)\mathrm{d}x \pm \int f_2(x)\mathrm{d}x \pm \cdots \pm \int f_n(x)\mathrm{d}x$$

**性质 3**  $\int kf(x)\mathrm{d}x = k\int f(x)\mathrm{d}x (k$ 为非零常数$).$

**注意**:当 $k = 0$ 时,$\int kf(x)\mathrm{d}x = \int 0\mathrm{d}x = C$,而 $k\int f(x)\mathrm{d}x = 0.$
故此时,性质 3 不成立.

由性质 2 和性质 3 可以得到

$$\int [k_1 f_1(x) \pm k_2 f_2(x) \pm \cdots \pm k_n f_n(x)]\mathrm{d}x = k_1\int f_1(x)\mathrm{d}x \pm k_2\int f_2(x)\mathrm{d}x \pm \cdots \pm k_n\int f_n(x)\mathrm{d}x,$$

称为不定积分的**线性性质**.

利用性质 2 和性质 3 可以求出一些简单函数的不定积分.

**例 6**  求 $\int (3x^2 + \cos x)\mathrm{d}x.$

**解**  $\int (3x^2 + \cos x)\mathrm{d}x = \int 3x^2\mathrm{d}x + \int \cos x\mathrm{d}x = 3\int x^2\mathrm{d}x + \int \cos x\mathrm{d}x$

$= x^3 + C_1 + \sin x + C_2 = x^3 + \sin x + C$(这里 $C = C_1 + C_2$ 是任意常数).

在熟悉运算之后,中间的 $C_1,C_2$ 可以省略,而直接将 $C_1 + C_2$ 写成 $C$.

**例 7**  已知某函数 $s = s(t), v = s'(t) = 3t^2$,且 $s|_{t=1} = 2.$ 求函数 $s(t).$

**解**  因为 $s'(t) = v = 3t^2$,所以

$$s(t) = \int 3t^2\mathrm{d}t = 3\int t^2\mathrm{d}t = t^3 + C.$$

代入条件 $s|_{t=1} = 2$,得 $2 = 1 + C$,即 $C = 1.$
于是所求函数为 $s(t) = t^3 + 1.$

## 四、不定积分的几何意义

由例 2 可知 $y = \int 2x\mathrm{d}x = x^2 + C.$ 当 $C$ 每取一个确定的值(如 $-1,0,1$ 等),就得到 $2x$ 的一个原函数(如 $y = x^2 - 1, y = x^2, y = x^2 + 1$ 等),每一个原函数都对应一条曲线,该曲线叫作**积分曲线**,显然函数 $y = 2x$ 的不定积分 $y = x^2 + C$ 表示了无穷多条积分曲线,构成了一个曲线的集

合,叫作**积分曲线族**,如图 3-1 所示. 在点 $x = x_0$ 处,各条积分曲线对应的纵坐标 $y_0$ 之间总是相差一个常数;同时,在点 $x = x_0$ 处的切线也相互平行. 即曲线族中任一曲线都可由另一曲线沿 $y$ 轴方向通过平移而得到.

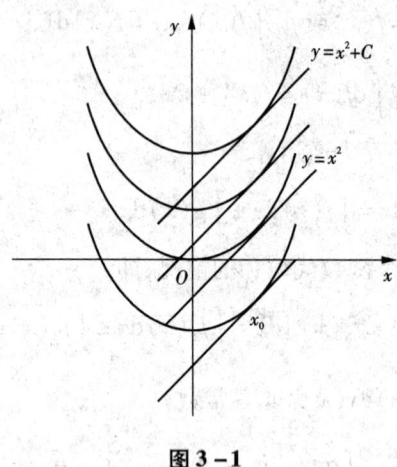

图 3-1

## 习题 3-1

1. 验证下列等式是否成立($C$ 为常数):

(1) $\int \dfrac{x}{\sqrt{1+x^2}} \mathrm{d}x = \sqrt{1+x^2} + C$;  (2) $\int \cos 2x \mathrm{d}x = \dfrac{1}{2}\sin 2x + C$;

(3) $\int \dfrac{1}{\sqrt{a^2+x^2}} \mathrm{d}x = \ln(x + \sqrt{a^2+x^2}) + C$ ($a$ 为大于 0 的常数);

(4) 若 $\int f(x) \mathrm{d}x = F(x) + C$, 则 $\int f(ax+b) \mathrm{d}x = F(ax+b) + C$, 其中 $a,b$ 均为不等于零的常数.

2. 验证函数 $F(x) = x(\ln x - 1)$ 是 $f(x) = \ln x$ 的一个原函数.

3. 设某曲线上任一点处的切线的斜率等于该点横坐标的平方,又知该曲线通过原点,求此曲线方程.

4. 某物体作变速直线运动,运动速度为 $v = \cos t (\mathrm{m/s})$, 当 $t = \dfrac{\pi}{2} (\mathrm{s})$ 时,物体所经过的路程 $s = 10 \mathrm{~m}$, 求该物体的运动方程.

## 第二节 不定积分的计算

### 一、直接积分法

由于积分是微分的逆运算,所以由基本初等函数的导数公式,可以相应地得到不定积分的公式. 现将最常用的初等函数的基本公式对照列出. 这个表通常称为**基本积分表**.

**1. 基本积分表**(见表 3–1)

表 3–1

| $F'(x) = f(x)$ | $\int f(x)\,dx = F(x) + C$ |
| --- | --- |
| $(1)\ (kx)' = k$ | $(1)\ \int k\,dx = kx + C\ (k\text{ 为常数})$ |
| $(2)\ \left(\dfrac{x^{\alpha+1}}{\alpha+1}\right)' = x^{\alpha}\ (\alpha \neq -1)$ | $(2)\ \int x^{\alpha}\,dx = \dfrac{x^{\alpha+1}}{\alpha+1} + C\ (\alpha \neq -1)$ |
| $(3)\ (\ln|x|)' = \dfrac{1}{x}$ | $(3)\ \int \dfrac{1}{x}\,dx = \ln|x| + C$ |
| $(4)\ \left(\dfrac{a^x}{\ln a}\right)' = a^x\ (a > 0, a \neq 1)$ | $(4)\ \int a^x\,dx = \dfrac{a^x}{\ln a} + C\ (a > 0, a \neq 1)$ |
| $(5)\ (e^x)' = e^x$ | $(5)\ \int e^x\,dx = e^x + C$ |
| $(6)\ (\sin x)' = \cos x$ | $(6)\ \int \cos x\,dx = \sin x + C$ |
| $(7)\ (-\cos x)' = \sin x$ | $(7)\ \int \sin x\,dx = -\cos x + C$ |
| $(8)\ (\tan x)' = \sec^2 x$ | $(8)\ \int \sec^2 x\,dx = \tan x + C$ |
| $(9)\ (-\cot x)' = \csc^2 x$ | $(9)\ \int \csc^2 x\,dx = -\cot x + C$ |
| $(10)\ (\sec x)' = \sec x \tan x$ | $(10)\ \int \sec x \tan x\,dx = \sec x + C$ |
| $(11)\ (-\csc x)' = \csc x \cot x$ | $(11)\ \int \csc x \cot x\,dx = -\csc x + C$ |
| $(12)\ (\arcsin x)' = \dfrac{1}{\sqrt{1-x^2}}$ | $(12)\ \int \dfrac{1}{\sqrt{1-x^2}}\,dx = \arcsin x + C$ |
| $(13)\ (\arctan x)' = \dfrac{1}{1+x^2}$ | $(13)\ \int \dfrac{1}{1+x^2}\,dx = \arctan x + C$ |

上述基本积分公式是计算不定积分的基础,必须熟记.

**2. 直接积分法**

直接利用不定积分的性质和基本积分公式求得原函数的积分方法叫作**直接积分法**.

**例 1** 求 $\int (e^x + 3\sin x + \sqrt{x})\,dx$.

**解** $\int (e^x + 3\sin x + \sqrt{x})dx = \int e^x dx + 3\int \sin x dx + \int x^{\frac{1}{2}} dx$

$$= e^x - 3\cos x + \frac{1}{\frac{1}{2}+1}x^{\frac{1}{2}+1} + C = e^x - 3\cos x + \frac{2}{3}x^{\frac{3}{2}} + C.$$

这里需要注意的是，①虽然每一项积分后都有一个积分常数，但由于任意常数的代数和还是任意常数，所以作为结果只写一个任意常数 $C$ 就可以了，如第一节的例6；②要检查积分结果是否正确，只需求导验证. 如例1中，因为

$$\left(e^x - 3\cos x + \frac{2}{3}x^{\frac{3}{2}} + C\right)' = e^x + 3\sin x + \sqrt{x},$$

所以积分结果是正确的.

**例2** 求 $\int \frac{x^2-1}{x+1}dx$.

**解** $\int \frac{x^2-1}{x+1}dx = \int (x-1)dx = \int x dx - \int dx = \frac{1}{2}x^2 - x + C.$

该题中，对被积函数所进行的恒等变形是十分重要的. 在一些分式函数的积分中，这种方法经常遇到.

**例3** 求 $\int \frac{x^4}{1+x^2}dx$.

**解** $\int \frac{x^4}{1+x^2}dx = \int \frac{x^4-1+1}{x^2+1}dx = \int \left(x^2 - 1 + \frac{1}{1+x^2}\right)dx$

$$= \int x^2 dx - \int dx + \int \frac{1}{1+x^2}dx = \frac{x^3}{3} - x + \arctan x + C.$$

**例4** 求 $\int \frac{2x^2+1}{x^2(x^2+1)}dx$.

**解** $\int \frac{2x^2+1}{x^2(x^2+1)}dx = \int \frac{x^2+(x^2+1)}{x^2(x^2+1)}dx = \int \left(\frac{1}{(x^2+1)} + \frac{1}{x^2}\right)dx$

$$= \int \frac{1}{x^2+1}dx + \int \frac{1}{x^2}dx = \arctan x - \frac{1}{x} + C.$$

**例5** 求 $\int \tan^2 x dx$.

**解** $\int \tan^2 x dx = \int (\sec^2 x - 1)dx = \int \sec^2 x dx - \int 1 dx = \tan x - x + C.$

**例6** 求 $\int \frac{1}{\sin^2 x \cos^2 x}dx$.

**解** $\int \frac{1}{\sin^2 x \cos^2 x}dx = \int \frac{\sin^2 x + \cos^2 x}{\sin^2 x \cos^2 x}dx = \int \left(\frac{1}{\cos^2 x} + \frac{1}{\sin^2 x}\right)dx$

$$= \int \frac{1}{\cos^2 x}dx + \int \frac{1}{\sin^2 x}dx = \tan x - \cot x + C.$$

## 二、换元积分法

能利用直接积分法计算的积分是很有限的,如 $\int \sin 2x dx$ 就不能用直接积分法. 为了解决上述问题,下面我们就来介绍积分的另一种常用方法——**换元积分法**.

### 1. 第一类换元积分法

由复合函数的求导公式,我们引出如下换元积分法.

**定理1(第一类换元法)** 设 $u = \varphi(x)$ 在 $[a,b]$ 上可导,$\alpha \leq \varphi(x) \leq \beta$,$f(u)$ 在 $[\alpha,\beta]$ 上有定义,并有原函数 $F(u)$,则

$$\int f[\varphi(x)]\varphi'(x)dx = \int f[\varphi(x)]d[\varphi(x)] \xrightarrow{u=\varphi(x)} \int f(u)du = F(u) + C \xrightarrow{u=\varphi(x)} F[\varphi(x)] + C.$$

**证明** 利用复合函数的求导法则,来验证上述结论.

由于 $\dfrac{d}{dx}(F[\varphi(x)]) = F'(u)\varphi'(x) = f(u)\varphi'(x) = f[\varphi(x)]\varphi'(x)$(其中 $u = \varphi(x)$),

故 $$\int f(\varphi(x))\varphi'(x)dx = \int (F[\varphi(x)])'dx = F[\varphi(x)] + C.$$

**例7** 求 $\int \sin 2x dx$.

**解** 令 $u = 2x$,则 $du = 2dx$,即 $dx = \dfrac{1}{2}du$,

于是 $$\int \sin 2x dx = \dfrac{1}{2}\int \sin u du = -\dfrac{1}{2}\cos u + C = -\dfrac{1}{2}\cos 2x + C.$$

**例8** 求 $\int (3x-1)^4 dx$.

**解** 令 $u = 3x - 1$,$du = 3dx$,$dx = \dfrac{1}{3}du$,则

$$\int (3x-1)^4 dx = \dfrac{1}{3}\int u^4 du = \dfrac{1}{15}u^5 + C = \dfrac{1}{15}(3x-1)^5 + C.$$

**例9** 求 $\int \dfrac{dx}{a^2 + x^2}$($a$ 为常数).

**解** $\int \dfrac{dx}{a^2+x^2} = \dfrac{1}{a^2}\int \dfrac{1}{1+\left(\dfrac{x}{a}\right)^2}dx = \dfrac{1}{a}\int \dfrac{1}{1+\left(\dfrac{x}{a}\right)^2}d\left(\dfrac{x}{a}\right).$

令 $u = \dfrac{x}{a}$,原式 $= \dfrac{1}{a}\int \dfrac{1}{1+u^2}du = \dfrac{1}{a}\arctan u + C = \dfrac{1}{a}\arctan \dfrac{x}{a} + C.$

类似地,可得到 $\int \dfrac{dx}{\sqrt{a^2-x^2}} = \arcsin \dfrac{x}{a} + C$ ($a > 0$,为常数).

对换元积分法比较熟悉后,设中间变量 $u$ 的过程可以省略.

**例10** 求 $\int \dfrac{1}{x^2 - a^2}dx$.

**解** $\int \dfrac{1}{x^2-a^2}dx = \dfrac{1}{2a}\int\left(\dfrac{1}{x-a}-\dfrac{1}{x+a}\right)dx$

$= \dfrac{1}{2a}\left[\int \dfrac{1}{x-a}d(x-a)-\int\dfrac{1}{x+a}d(x+a)\right] = \dfrac{1}{2a}[\ln|x-a|-\ln|x+a|]+C$

$= \dfrac{1}{2a}\ln\left|\dfrac{x-a}{x+a}\right|+C.$

一般地,若被积函数为 $f(ax+b)$ ($a\neq 0$, $a$, $b$ 均为常数),则可以作代换 $u=ax+b$,总有
$\int f(ax+b)dx = \dfrac{1}{a}\int f(ax+b)d(ax+b) = \dfrac{1}{a}\int f(u)du.$

**例 11** 求 $\int \cos 3x\cos 2x dx$.

**解** 本题应先利用积化和差公式进行恒等变形,然后再积分.

$\int \cos 3x\cos 2x dx = \int \dfrac{1}{2}(\cos x+\cos 5x)dx = \dfrac{1}{2}\int \cos x dx + \dfrac{1}{10}\int \cos 5x d(5x)$

$= \dfrac{1}{2}\sin x + \dfrac{1}{10}\sin 5x + C.$

**例 12** $\int \cos^2 x dx$.

**解** $\int \cos^2 x dx = \int \dfrac{1+\cos 2x}{2}dx = \dfrac{1}{2}(\int dx + \int \cos 2x dx)$

$= \dfrac{1}{2}(\int dx + \dfrac{1}{2}\int \cos 2x d(2x)) = \dfrac{1}{2}x + \dfrac{1}{4}\sin 2x + C.$

类似地可以得到 $\qquad \int \sin^2 x dx = \dfrac{1}{2}x - \dfrac{1}{4}\sin 2x + C.$

**例 13** 求 $\int xe^{x^2}dx$.

**解** $\int xe^{x^2}dx = \dfrac{1}{2}\int e^{x^2}d(x^2) = \dfrac{1}{2}e^{x^2} + C.$

一般地,若被积函数为 $f(x^n)x^{n-1}$ ($n\neq 1$),则总可以作换元 $u=x^n$,使得
$\int f(x^n)x^{n-1}dx = \dfrac{1}{n}\int f(x^n)d(x^n) = \dfrac{1}{n}\int f(u)du.$

**例 14** 求 $\int \sin^3 x\cos x dx$.

**解** 令 $u=\sin x$, 则 $du = \cos x dx$

$\int \sin^3 x\cos x dx = \int \sin^3 x d(\sin x) = \int u^3 du = \dfrac{1}{4}u^4 + C = \dfrac{1}{4}\sin^4 x + C.$

一般地,若积分形式为 $\int f(\cos x)\sin x dx$ (或 $\int f(\sin x)\cos x dx$, $\int f(\tan x)\sec^2 x dx$, $\int f(\cot x)\csc^2 x dx$, $\int f(\sec x)\sec x\tan x dx$, $\int f(\csc x)\csc x\cot x dx$ 等),则可以作换元 $u=\cos x$ (或 $u=\sin x$, $u=\tan x$, $u=\cot x$, $u=\sec x$, $u=\csc x$). 再看下面几个例子.

**例 15** 求 $\int \tan x dx$.

**解** $\int \tan x \mathrm{d}x = \int \dfrac{\sin x}{\cos x} \mathrm{d}x = -\int \dfrac{1}{\cos x} \mathrm{d}(\cos x) = -\ln|\cos x| + C.$

类似地可求得 $\qquad \int \cot x \mathrm{d}x = \ln|\sin x| + C.$

**例 16** $\int \sec x \mathrm{d}x.$

**解法 1** $\begin{aligned}\int \sec x \mathrm{d}x &= \int \dfrac{\cos x}{\cos^2 x} \mathrm{d}x = \int \dfrac{1}{1-\sin^2 x} \mathrm{d}(\sin x) \\ &= \dfrac{1}{2}\int \left(\dfrac{1}{1+\sin x} + \dfrac{1}{1-\sin x}\right) \mathrm{d}(\sin x) \\ &= \dfrac{1}{2}\left[\int \dfrac{1}{1+\sin x} \mathrm{d}(1+\sin x) - \int \dfrac{1}{1-\sin x} \mathrm{d}(1-\sin x)\right] \\ &= \dfrac{1}{2}\ln\left|\dfrac{1+\sin x}{1-\sin x}\right| + C = \dfrac{1}{2}\ln\left|\dfrac{(1+\sin x)^2}{\cos^2 x}\right| + C \\ &= \ln\left|\dfrac{1}{\cos x} + \tan x\right| + C = \ln|\sec x + \tan x| + C.\end{aligned}$

**解法 2** $\begin{aligned}\int \sec x \mathrm{d}x &= \int \dfrac{\sec x(\sec x + \tan x)}{\sec x + \tan x} \mathrm{d}x = \int \dfrac{\sec^2 x + \sec x \tan x}{\sec x + \tan x} \mathrm{d}x \\ &= \int \dfrac{1}{\sec x + \tan x} \mathrm{d}(\sec x + \tan x) = \ln|\sec x + \tan x| + C.\end{aligned}$

类似地可以得到 $\qquad \int \csc x \mathrm{d}x = \ln|\csc x - \cot x| + C.$

从上例可以看出,同一积分,由于解法不同,其结果在形式上可能不同,这是允许的. 实际上这些不同结果之间仅相差一个积分常数. 但是要把利用不同方法计算不定积分所得结果化成相同形式,一般是比较困难的. 事实上,要想知道计算积分的结果是否正确,只需对所得结果求导检验即可,这在前面我们已经强调过了.

**例 17** 求 $\int \tan x \sec^3 x \mathrm{d}x.$

**解** $\int \tan x \sec^3 x \mathrm{d}x = \int \sec^2 x \mathrm{d}(\sec x) = \dfrac{1}{3}\sec^3 x + C.$

**例 18** 求 $\int \sec^4 x \mathrm{d}x.$

**解** $\begin{aligned}\int \sec^4 x \mathrm{d}x &= \int \sec^2 x \sec^2 x \mathrm{d}x = \int (1+\tan^2 x) \mathrm{d}(\tan x) \\ &= \tan x + \dfrac{1}{3}\tan^3 x + C.\end{aligned}$

**例 19** $\int \dfrac{\ln x}{x} \mathrm{d}x.$

**解** $\int \dfrac{\ln x}{x} \mathrm{d}x = \int \ln x \mathrm{d}\ln x = \dfrac{1}{2}(\ln x)^2 + C.$

一般地,若被积函数为 $f(\ln x)\dfrac{1}{x}$,则可作换元 $u = \ln x$,使

$$\int f(\ln x)\frac{1}{x}\mathrm{d}x = \int f(\ln x)\mathrm{d}\ln x = \int f(u)\mathrm{d}u.$$

**例 20** $\int \dfrac{\mathrm{e}^x}{1+\mathrm{e}^x}\mathrm{d}x.$

**解** $\int \dfrac{\mathrm{e}^x}{1+\mathrm{e}^x}\mathrm{d}x = \int \dfrac{1}{1+\mathrm{e}^x}\mathrm{d}(1+\mathrm{e}^x) = \ln(1+\mathrm{e}^x) + C.$

一般地，若被积函数为 $f(\mathrm{e}^x)\mathrm{e}^x$，则可作换元 $u = \mathrm{e}^x$，使

$$\int f(\mathrm{e}^x)\mathrm{e}^x\mathrm{d}x = \int f(\mathrm{e}^x)\mathrm{d}\mathrm{e}^x = \int f(u)\mathrm{d}u.$$

**例 21** $\int \dfrac{10^{\arcsin x}}{\sqrt{1-x^2}}\mathrm{d}x.$

**解** $\int \dfrac{10^{\arcsin x}}{\sqrt{1-x^2}}\mathrm{d}x = \int 10^{\arcsin x}\mathrm{d}\arcsin x = \dfrac{10^{\arcsin x}}{\ln 10} + C.$

一般地，若被积函数为 $f(\arcsin x)\dfrac{1}{\sqrt{1-x^2}}\Big($ 或 $f(\arctan x)\dfrac{1}{1+x^2}\Big)$，则可作换元 $u = \arcsin x$（或 $u = \arctan x$），使

$$\int f(\arcsin x)\dfrac{1}{\sqrt{1-x^2}}\mathrm{d}x = \int f(u)\mathrm{d}u \;\Big(\text{或}\int f(\arctan x)\dfrac{1}{1+x^2}\mathrm{d}x = \int f(u)\mathrm{d}u\Big).$$

从上面几个例子可以看出，使用第一类换元积分法关键是把被积表达式凑成两部分，一部分为 $\mathrm{d}\varphi(x)$，另一部分为 $f[\varphi(x)]$。因此，第一类换元法又叫作"凑微分法"。

**2. 第二类换元积分法**

第一类换元法是通过选择新积分变量 $u$，用 $u = \varphi(x)$ 进行换元，从而使得原积分便于求出. 但是，对于有些积分，如 $\int \dfrac{1}{\sqrt{x}-1}\mathrm{d}x, \int \sqrt{a^2-x^2}\mathrm{d}x$（$a>0$）等，需要做相反方式的换元，才能比较顺利地进行计算. 先看下面的例子.

**例 22** 求 $\int \dfrac{1}{\sqrt{x}-1}\mathrm{d}x.$

**解** 为了去掉根号，不妨设 $\sqrt{x} = t$，则 $x = t^2$（$t>0$），$\mathrm{d}x = 2t\mathrm{d}t$，代入原式

$$\int \dfrac{1}{\sqrt{x}-1}\mathrm{d}x = \int \dfrac{2t}{t-1}\mathrm{d}t = 2\int \dfrac{t-1+1}{t-1}\mathrm{d}t = 2\Big(\int \mathrm{d}t + \int \dfrac{1}{t-1}\mathrm{d}t\Big) = 2(t + \ln|t-1|) + C$$
$$= 2(\sqrt{x} + \ln|\sqrt{x}-1|) + C.$$

**定理 2（第二类换元积分法）** 设函数 $x = \varphi(t)$ 单调、可导，且 $\varphi'(t) \neq 0$，又设 $f[\varphi(t)]\varphi'(t)$ 有原函数 $F(t)$，则有

$$\int f(x)\mathrm{d}x \xrightarrow{x=\varphi(t)} \int f[\varphi(t)]\varphi'(t)\mathrm{d}t = F(t) + C \xrightarrow{x=\varphi(t)} F[\varphi^{-1}(x)] + C.$$

证明从略.

**注意**：(1) $x = \varphi(t)$ 在 $[\alpha,\beta]$ 上要有反函数 $t = \varphi^{-1}(x)$；

(2) 在第一类换元积分法中，令 $u = \varphi(x)$，$u$ 是 $x$ 的函数；而在第二类换元积分法中，令

$x = \varphi(t)$, $x$ 却是 $t$ 的函数.

利用第二类换元法计算不定积分的重点是寻找适当的变量代换 $x = \varphi(t)$, 而利用第一类换元法计算不定积分的重点是凑微分.

一般地,利用第二类换元法计算不定积分的步骤为:

(1) 寻找适当的变量 $x = \varphi(t)$;

(2) 计算不定积分 $\int f[\varphi(t)]\varphi'(t)dt$;

(3) 利用 $t = \varphi^{-1}(x)$ 将积分结果表示为 $x$ 的函数.

**例 23** 求 $\int \sqrt{a^2 - x^2}\,dx \quad (a > 0)$.

**解** 为了去掉根号,利用三角代换,设 $x = a\sin t \ \left(-\dfrac{\pi}{2} < t < \dfrac{\pi}{2}\right)$,则

$$\sqrt{a^2 - x^2} = \sqrt{a^2 - a^2\sin^2 t} = a\cos t, \text{且 } dx = a\cos t\,dt. \text{ 于是}$$

$$\int \sqrt{a^2 - x^2}\,dx = a^2\int \cos^2 t\,dt = a^2\int \frac{1 + \cos 2t}{2}dt = \frac{a^2}{2}\left(t + \frac{1}{2}\sin 2t\right) + C$$

$$= \frac{a^2}{2}(t + \sin t\cos t) + C.$$

因为 $x = a\sin t$,所以 $t = \arcsin\dfrac{x}{a}$,故有

$$\int \sqrt{a^2 - x^2}\,dx = \frac{a^2}{2}\left(\arcsin\frac{x}{a} + \frac{x}{a} \cdot \frac{\sqrt{a^2 - x^2}}{a}\right) + C$$

$$= \frac{a^2}{2}\arcsin\frac{x}{a} + \frac{x}{2}\sqrt{a^2 - x^2} + C.$$

这里 $\cos t = \dfrac{\sqrt{a^2 - x^2}}{a}$ 是借助图 3-2 中的辅助三角形求出的.

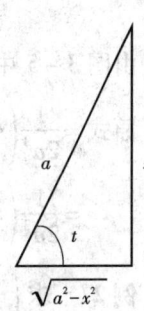

图 3-2

**例 24** $\int \dfrac{dx}{\sqrt{x^2 + a^2}} \quad (a > 0)$.

**解** 设 $x = a\tan t \ \left(-\dfrac{\pi}{2} < t < \dfrac{\pi}{2}\right)$,则 $dx = a\sec^2 t\,dt$. 于是

$$\int \frac{dx}{\sqrt{x^2 + a^2}} = \int \frac{a\sec^2 t}{a\sec t}dt = \int \sec t\,dt = \ln|\sec t + \tan t| + C.$$

因为 $x = a\tan t$,所以 $\tan t = \dfrac{x}{a}$,借助图 3-3 中的辅助三角形求出

$\sec t = \dfrac{\sqrt{a^2 + x^2}}{a}$,故有

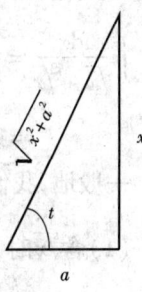

图 3-3

$$\int \frac{dx}{\sqrt{x^2 + a^2}} = \ln|\sec t + \tan t| + C_1 = \ln\left|\frac{\sqrt{x^2 + a^2}}{a} + \frac{x}{a}\right| + C_1$$

$$= \ln|x + \sqrt{x^2 + a^2}| + C \ (C = C_1 - \ln a).$$

**例25** $\int \dfrac{\mathrm{d}x}{\sqrt{x^2-a^2}}$ $(a>0)$.

**解** 令 $x=a\sec t$，则 $\mathrm{d}x=a\sec t\tan t\mathrm{d}t$，$\sqrt{x^2-a^2}=\sqrt{a^2\sec^2 t-a^2}=a\tan t$，

故 $\int \dfrac{\mathrm{d}x}{\sqrt{x^2-a^2}}=\int \dfrac{\sec t\tan t}{\tan t}\mathrm{d}t=\int \sec t\mathrm{d}t=\ln|\sec t+\tan t|+C_1$，

由图 3-4 得 $\tan t=\dfrac{\sqrt{x^2-a^2}}{a}$.

故有 $\int \dfrac{\mathrm{d}x}{\sqrt{x^2-a^2}}=\ln\left|\dfrac{x}{a}+\dfrac{\sqrt{x^2-a^2}}{a}\right|+C_1$

$=\ln|x+\sqrt{x^2-a^2}|+C$ $(C=C_1-\ln a)$.

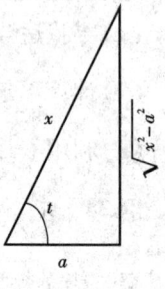

图 3-4

**例26** $\int \dfrac{\mathrm{d}x}{(x^2+a^2)^2}$ $(a>0)$.

**解** 令 $x=a\tan t$，则 $\mathrm{d}x=a\sec^2 t\mathrm{d}t$，于是有

$\int \dfrac{\mathrm{d}x}{(x^2+a^2)^2}=\int \dfrac{a\sec^2 t\mathrm{d}t}{(a^2\tan^2 t+a^2)^2}=\int \dfrac{a\sec^2 t}{a^4\sec^4 t}\mathrm{d}t=\dfrac{1}{a^3}\int \cos^2 t\mathrm{d}t$

$=\dfrac{1}{2a^3}\left(t+\dfrac{1}{2}\sin 2t\right)+C=\dfrac{1}{2a^3}(t+\sin t\cos t)+C$.

由图 3-5 中的辅助三角形得

原式 $=\dfrac{1}{2a^3}\left(\arctan \dfrac{x}{a}+\dfrac{x}{\sqrt{a^2+x^2}}\cdot\dfrac{a}{\sqrt{a^2+x^2}}\right)+C$

$=\dfrac{1}{2a^3}\left(\arctan \dfrac{x}{a}+\dfrac{ax}{a^2+x^2}\right)+C$.

**例27** 求 $\int \dfrac{\mathrm{d}x}{\sqrt{x}+\sqrt[3]{x}}$.

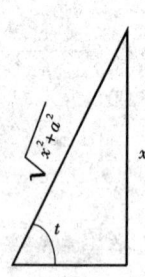

图 3-5

**解** 为了去掉被积函数中的根式，取 2 与 3 的最小公倍数 6，令 $\sqrt[6]{x}=t$，则 $\sqrt[3]{x}=t^2$，$\sqrt{x}=t^3$，$x=t^6$，$\mathrm{d}x=6t^5\mathrm{d}t$，于是

$\int \dfrac{\mathrm{d}x}{\sqrt{x}+\sqrt[3]{x}}=\int \dfrac{6t^5}{t^3+t^2}\mathrm{d}t=6\int \dfrac{t^3}{t+1}\mathrm{d}t=6\int \dfrac{t^3+1-1}{t+1}\mathrm{d}t=6\int\left(t^2-t+1-\dfrac{1}{t+1}\right)\mathrm{d}t$

$=2t^3-3t^2+6t-6\ln|t+1|+C=2\sqrt{x}-3\sqrt[3]{x}+6\sqrt[6]{x}-6\ln|\sqrt[6]{x}+1|+C$.

一般地，我们有如下的几种常见的第二类换元：

(1) 含 $\sqrt[n]{x}$ 时，令 $\sqrt[n]{x}=t$；含 $\sqrt[n]{ax+b}$ $\left(\text{或}\sqrt[n]{\dfrac{ax+b}{cx+d}}\right)$ 时，令 $\sqrt[n]{ax+b}=t\left(\text{或}\sqrt[n]{\dfrac{ax+b}{cx+d}}=t\right)$（这里 $a,c$ 是不为零的常数，$b,d$ 为常数）；

(2) 含 $\sqrt[n]{x},\sqrt[m]{x}$ 时，令 $\sqrt[s]{x}=t$（其中 $s$ 是 $m$ 和 $n$ 的最小公倍数）；

(3) 含 $\sqrt{a^2+x^2}$ $(a>0,\text{为常数})$ 时，令 $x=a\tan t$；

(4) 含 $\sqrt{a^2-x^2}$ $(a>0,\text{为常数})$ 时，令 $x=a\sin t$；

(5) 含 $\sqrt{x^2-a^2}$ ($a>0$,为常数)时,令 $x=a\sec t$.

由上述例题知道,以下一些积分经常用到,故可作为公式使用.

(1) $\int \tan x \mathrm{d}x = -\ln|\cos x| + C = \ln|\sec x| + C$;

(2) $\int \cot x \mathrm{d}x = \ln|\sin x| + C = -\ln|\csc x| + C$;

(3) $\int \sec x \mathrm{d}x = \ln|\sec x + \tan x| + C$;

(4) $\int \csc x \mathrm{d}x = \ln|\csc x - \cot x| + C$;

(5) $\int \dfrac{1}{x^2-a^2} \mathrm{d}x = \dfrac{1}{2a} \ln\left|\dfrac{x-a}{x+a}\right| + C$;

(6) $\int \dfrac{1}{a^2+x^2} \mathrm{d}x = \dfrac{1}{a} \arctan \dfrac{x}{a} + C$;

(7) $\int \dfrac{1}{\sqrt{a^2-x^2}} \mathrm{d}x = \arcsin \dfrac{x}{a} + C$;

(8) $\int \sqrt{a^2-x^2} \mathrm{d}x = \dfrac{a^2}{2} \arcsin \dfrac{x}{a} + \dfrac{1}{2} x \sqrt{a^2-x^2} + C$;

(9) $\int \dfrac{1}{\sqrt{x^2 \pm a^2}} \mathrm{d}x = \ln|x + \sqrt{x^2 \pm a^2}| + C$.

## 三、分部积分法

我们在复合函数微分法的基础上,得到了换元积分法,从而通过适当的变量代换或凑微分,把一些不定积分转化成容易计算的形式.下面,利用两个函数乘积的微分法来推导一种新的求积分的方法——**分部积分法**.

**定理 3(分部积分法)** 若函数 $u=u(x)$,$v=v(x)$ 可导,则
$$\int uv' \mathrm{d}x = uv - \int u'v \mathrm{d}x \text{ 或} \int u \mathrm{d}v = uv - \int v \mathrm{d}u.$$

**证明** 由函数乘积的微分公式知 $uv' = (uv)' - u'v$,

两边积分,得 $\int uv' \mathrm{d}x = uv - \int u'v \mathrm{d}x.$

使用分部积分法的关键在于适当选取被积表达式中的 $u$ 和 $\mathrm{d}v$,使等式右边的不定积分容易求出,若选取不当,反而使运算更加复杂.

因此,选取 $u$ 和 $\mathrm{d}v$ 应注意以下两个方面:

(1) 由 $v'$ 求 $v$ 较容易;

(2) $\int v \mathrm{d}u$ 要比 $\int u \mathrm{d}v$ 容易积出.

**例 28** 求 $\int x \cos x \mathrm{d}x$.

**解** 令 $u=x$,$\mathrm{d}v = \cos x \mathrm{d}x$,则 $v = \sin x$,$\mathrm{d}u = \mathrm{d}x$,

$$\int x\cos x\,dx = x\sin x - \int \sin x\,dx = x\sin x + \cos x + C.$$

熟练之后,令 $u$ 与 $dv$ 的过程可以不必写出.

**例 29** 求 $\int x^2 e^x dx$.

**解**
$$\int x^2 e^x dx = \int x^2 de^x = x^2 e^x - \int e^x dx^2 = x^2 e^x - \int 2x e^x dx$$
$$= x^2 e^x - 2\int x de^x = x^2 e^x - 2\left(x e^x - \int e^x dx\right) = x^2 e^x - 2x e^x + 2 e^x + C.$$

一般地,若被积函数 $f(x)$ 为 $n$ 次多项式函数与指数函数或三角函数的乘积时,应设 $n$ 次多项式函数为 $u$,且要连续使用 $n$ 次分部积分法.

**例 30** 求 $\int x^3 \ln x\,dx$.

**解**
$$\int x^3 \ln x\,dx = \int \ln x\,d\left(\frac{x^4}{4}\right) = \frac{x^4}{4}\ln x - \int \frac{x^4}{4}d(\ln x)$$
$$= \frac{x^4}{4}\ln x - \int \frac{x^4}{4}(\ln x)'dx = \frac{x^4}{4}\ln x - \int \frac{x^4}{4}\cdot \frac{1}{x}dx = \frac{x^4}{4}\ln x - \frac{1}{4}\int x^3 dx$$
$$= \frac{x^4}{4}\ln x - \frac{1}{16}x^4 + C.$$

**例 31** 求 $\int \arctan x\,dx$.

**解**
$$\int \arctan x\,dx = x\arctan x - \int x\,d\arctan x = x\arctan x - \int \frac{x}{1+x^2}dx$$
$$= x\arctan x - \frac{1}{2}\int \frac{1}{1+x^2}d(1+x^2) = x\arctan x - \frac{1}{2}\ln(1+x^2) + C.$$

一般地,若被积函数 $f(x)$ 为幂函数 $x^\alpha (\alpha \ne -1)$ 与对数函数或反三角函数的乘积时,应设对数函数或反三角函数为 $u$.

**例 32** 求 $\int e^x \cos x\,dx$.

**解**
$$\int e^x \cos x\,dx = \int \cos x\,d(e^x) = e^x \cos x + \int e^x \sin x\,dx$$
$$= e^x \cos x + \int \sin x\,d(e^x) = e^x \cos x + e^x \sin x - \int e^x \cos x\,dx$$

移项化简得
$$2\int e^x \cos x\,dx = e^x (\cos x + \sin x) + C_1$$

即
$$\int e^x \cos x\,dx = \frac{1}{2}e^x (\cos x + \sin x) + C \qquad \left(C = \frac{1}{2}C_1\right).$$

一般地,若被积函数 $f(x)$ 为指数函数与正(余)弦三角函数的乘积时,设哪一个为 $u$ 均可,但当运用两次分部积分时,要注意前后假设保持一致.

在某些函数的积分过程中,换元积分法和分部积分法都要用到,如下例.

**例 33** 求 $\int e^{\sqrt[3]{x}}dx$.

**解** 令 $t = \sqrt[3]{x}$,则 $x = t^3$, $dx = 3t^2 dt$,于是

$$\int e^{\sqrt[3]{x}} dx = 3\int t^2 e^t dt = 3(t^2 - 2t + 2)e^t + C(利用例 29 的结果)$$

$$= 3(\sqrt[3]{x^2} - 2\sqrt[3]{x} + 2)e^{\sqrt[3]{x}} + C.$$

我们再来看一个函数的积分.

**例 34** 求 $\int \cos(\ln x) dx$.

**解** $\int \cos(\ln x) dx = x\cos(\ln x) - \int x d\cos(\ln x) = x\cos(\ln x) + \int \sin(\ln x) dx$

$$= x\cos(\ln x) + x\sin(\ln x) - \int x d\sin(\ln x)$$

$$= x[\cos(\ln x) + \sin(\ln x)] - \int \cos(\ln x) dx$$

移项化简得 $\int \cos(\ln x) dx = \dfrac{x}{2}[\cos(\ln x) + \sin(\ln x)] + C.$

### 四、积分表的使用

通过以上对不定积分的讨论可以看出,积分的运算要比求导运算复杂得多. 为了使用方便,人们将一些函数的不定积分编汇成表(见附录 VI),供我们查阅. 积分表是按被积函数的类型来排列的,我们只要根据被积函数的类型,或经过简单的变形后将被积函数化成表中所列的类型,查阅相应的公式就可得到结果.

**例 35** 求 $\int \dfrac{dx}{x(3+2x)^2}$.

**解** 被积函数含有 $a + bx$,在附录 VI 的积分表(一)中查得公式(9).
当 $a = 2, b = 3$ 时,有

$$\int \dfrac{dx}{x(3+2x)^2} = \dfrac{1}{3(3+2x)} - \dfrac{1}{9}\ln\left|\dfrac{3+2x}{x}\right| + C.$$

**例 36** 求 $\int \dfrac{1}{3 - 2\sin x} dx$.

**解** 被积函数含有三角函数,在附录 VI 的积分表(十一)中查得 $\int \dfrac{1}{a + b\sin x} dx$ 公式,又因为 $a = 3, b = -2$,且 $a^2 > b^2$,所以

$$\int \dfrac{1}{3 - 2\sin x} dx = \dfrac{2}{\sqrt{3^2 - (-2)^2}} \arctan \dfrac{3\tan\dfrac{x}{2} - 2}{\sqrt{3^2 - (-2)^2}} + C = \dfrac{2}{\sqrt{5}} \arctan \dfrac{3\tan\dfrac{x}{2} - 2}{\sqrt{5}} + C.$$

**例 37** 求 $\int \sqrt{9x^2 + 4} dx$.

**解** 该积分在附录 VI 的积分表中不能直接查到,可令 $3x = u$,则 $dx = \dfrac{1}{3} du$, $\sqrt{9x^2 + 4} = \sqrt{u^2 + 2^2}$, $\int \sqrt{9x^2 + 4} dx = \dfrac{1}{3} \int \sqrt{u^2 + 2^2} du$.

在附录 VI 的积分表(六)中查得公式(39)当 $a=2$ 时,有

$$\int \sqrt{9x^2+4}\,dx = \frac{1}{3}\int \sqrt{u^2+2^2}\,du = \frac{u}{6}\sqrt{u^2+4} + \frac{4}{6}\ln(u+\sqrt{u^2+4}) + C$$

$$= \frac{x}{2}\sqrt{9x^2+4} + \frac{2}{3}\ln(3x+\sqrt{9x^2+4}) + C.$$

**例 38** 求 $\int \dfrac{x^2 \,dx}{3+4x^2}$.

**解** 在附录 VI 的积分表(四)中查得公式(24),且 $a=4,b=3$,

$$\int \frac{x^2 \,dx}{3+4x^2} = \frac{x}{4} - \frac{3}{4}\int \frac{dx}{3+4x^2},\text{再利用公式(22),得}$$

$$\text{原式} = \frac{x}{4} - \frac{3}{4}\cdot\frac{1}{\sqrt{12}}\arctan\sqrt{\frac{4}{3}}x + C = \frac{x}{4} - \frac{\sqrt{3}}{8}\arctan\frac{2\sqrt{3}}{3}x + C.$$

应当指出,不是所有的积分都需要查表,如 $\int \sin^2 x\cos x\,dx$ 并不需要查表,只要凑成 $\int \sin^2 x\,d(\sin x)$,即可解出,因此还是需要着重掌握不定积分的几种基本积分方法.

至此,我们已经学过了计算不定积分的几种基本方法及积分表的使用,可以计算一般常见的函数的积分,并用初等函数把计算结果表示出来. 必须说明,不是所有的初等函数的积分都可求出来,例如下列不定积分 $\int e^{x^2}\,dx$, $\int \dfrac{1}{\ln x}\,dx$, $\int \sqrt{1-k^2\sin^2 x}\,dx$, $\int \dfrac{\sin x}{x}\,dx$ 虽然存在,但由于它们不能用初等函数来表示,所以我们无法计算这些积分. 由此可知,初等函数的导数仍是初等函数,但初等函数的不定积分却不一定是初等函数.

### 习题 3–2

1. 求下列不定积分:

(1) $\int x^3 \cdot \sqrt[3]{x}\,dx$;

(2) $\int (x^4+3x+2)\,dx$;

(3) $\int (1+\sqrt{x})^2\,dx$;

(4) $\int \dfrac{1-x}{x\sqrt{x}}\,dx$;

(5) $\int \left(2^x + \dfrac{3}{\sqrt{1-x^2}}\right)dx$;

(6) $\int (\sqrt{x}+1)(x^2-1)\,dx$;

(7) $\int \dfrac{3\cdot 4^x - 3^x}{4^x}\,dx$;

(8) $\int \dfrac{\sqrt{x^4+x^{-4}+2}}{x^3}\,dx$;

(9) $\int \dfrac{2+x^2+x^4}{1+x^2}\,dx$;

(10) $\int \dfrac{dx}{1+\cos 2x}$;

(11) $\int \dfrac{2-\sin^2 x}{\cos^2 x}\,dx$;

(12) $\int \dfrac{\cos 2x}{\cos x - \sin x}\,dx$;

(13) $\int 3^x \left(1 - \dfrac{3^{-x}}{\sqrt{x}}\right) dx$;

(14) $\int e^{x-4} dx$;

(15) $\int 2 \cos^2 \dfrac{x}{2} dx$;

(16) $\int \dfrac{1}{\cos^2 x \sin^2 x} dx$;

(17) $\int \sec x (\sec x + \tan x) dx$;

(18) $\int \cot^2 x dx$.

2. 在下列等式中填入适当的系数：

(1) $x dx = \underline{\quad} d(x^2 + 1)$;

(2) $dx = \underline{\quad} d\left(\dfrac{x}{4} + 3\right)$;

(3) $x^2 dx = \underline{\quad} d(1 - x^3)$;

(4) $e^{-\frac{1}{2}x} dx = \underline{\quad} d(e^{-\frac{1}{2}x})$;

(5) $x e^{x^2} dx = \underline{\quad} d(e^{x^2} + 2)$;

(6) $\dfrac{1}{x} dx = \underline{\quad} d(-\ln x)$;

(7) $\cos 2x dx = \underline{\quad} d(-\sin 2x)$;

(8) $\sin x dx = \underline{\quad} d(2 + \cos x)$;

(9) $3^{-x} dx = \underline{\quad} d(1 + 3^{-x})$;

(10) $\sec^2(2x) dx = \underline{\quad} d[\tan(2x)]$;

(11) $\dfrac{1}{1-2x} dx = \underline{\quad} d[\ln(1-2x)]$;

(12) $\dfrac{1}{(x-1)^2} dx = \underline{\quad} d\left(\dfrac{1}{x-1}\right)$;

(13) $\dfrac{1}{\sqrt{1-4x^2}} dx = \underline{\quad} d(\arcsin 2x)$;

(14) $\dfrac{x}{9+x^2} dx = \underline{\quad} d[\ln(9+x^2)]$.

3. 求下列不定积分：

(1) $\int \dfrac{dx}{\sqrt{1-2x}}$;

(2) $\int \dfrac{dx}{\sqrt{1-2x^2}}$;

(3) $\int \dfrac{dx}{(2x-5)^5}$;

(4) $\int \dfrac{dx}{x^2+x+1}$;

(5) $\int \dfrac{2^x \cdot 3^x}{9^x - 4^x} dx$;

(6) $\int \dfrac{\sin x}{\sqrt{\cos^3 x}} dx$;

(7) $\int \sin 3x \sin 5x dx$;

(8) $\int \sin^3 x dx$;

(9) $\int \dfrac{dx}{1+\cos x}$;

(10) $\int \dfrac{dx}{\sqrt{x}(1+x)}$;

(11) $\int \dfrac{1}{\sqrt{x}} e^{\sqrt{x}} dx$;

(12) $\int \dfrac{dx}{e^x + e^{-x}}$;

(13) $\int \dfrac{2x+3}{(x-2)(x+5)} dx$;

(14) $\int \dfrac{1}{x^2+6x+10} dx$;

(15) $\int \dfrac{e^{3x}+1}{e^x+1} dx$;

(16) $\int \sin^2 x \cos^3 x dx$;

(17) $\int \tan^4 x dx$;

(18) $\int \dfrac{dx}{\sqrt{3+2x-x^2}}$;

(19) $\int \dfrac{dx}{x \ln x \ln(\ln x)}$;

(20) $\int x^3 \sqrt{1+x^2} dx$;

(21) $\int e^{e^x+x}dx$;

(22) $\int \dfrac{\ln x \, dx}{x\sqrt{1+\ln x}}$.

4. 求下列不定积分：

(1) $\int \dfrac{dx}{\sqrt{x^2+a^2}}$;

(2) $\int \dfrac{dx}{x^2\sqrt{1-x^2}}$;

(3) $\int \dfrac{dx}{x\sqrt{x^2-4}}$;

(4) $\int \dfrac{\sqrt{x^2-9}}{x}dx$;

(5) $\int \dfrac{dx}{\sqrt{(x^2+1)^3}}$;

(6) $\int \dfrac{dx}{1+\sqrt{1-x^2}}$;

(7) $\int \dfrac{dx}{1+\sqrt{x+1}}$;

(8) $\int x^2\sqrt[3]{1-x}\,dx$;

(9) $\int \dfrac{\sqrt{x}}{\sqrt[4]{x^3}+1}dx$;

(10) $\int \dfrac{1}{\sqrt{2x-1}+1}dx$;

(11) $\int \dfrac{x^2}{\sqrt{x-2}}dx$;

(12) $\int \sqrt{\dfrac{1+x}{x}}\dfrac{dx}{x}$;

(13) $\int \dfrac{\sqrt{a^2-x^2}}{x^4}dx \,(a>0)$;

(14) $\int \dfrac{\sin x \cos^3 x}{1+\cos^2 x}dx$.

5. 求下列不定积分：

(1) $\int \ln x \, dx$;

(2) $\int xe^{2x}dx$;

(3) $\int x\sin 2x \, dx$;

(4) $\int x\ln(1+x^2)dx$;

(5) $\int \arcsin x \, dx$;

(6) $\int x\arctan x \, dx$;

(7) $\int e^x \sin x \, dx$;

(8) $\int e^{\sqrt{x}}dx$.

6. 查表求下列不定积分：

(1) $\int \dfrac{dx}{x^2+2x+5}$;

(2) $\int \dfrac{dx}{4-9x^2}$;

(3) $\int e^{2x}\cos x \, dx$;

(4) $\int \dfrac{dx}{5-4\cos x}$;

(5) $\int x\arcsin \dfrac{x}{2}dx$;

(6) $\int \sqrt{3x^2+2}\,dx$;

(7) $\int \dfrac{dx}{x^2(1-x)}$;

(8) $\int \dfrac{\sqrt{x-1}}{x}dx \quad (x\geq 1)$.

## 第三节　定积分的概念与性质

### 一、定积分问题举例

**1. 求曲边梯形的面积**

曲边梯形 $A$ 是由连续曲线 $y=f(x)$ $(f(x)>0)$ 与直线 $x=a, x=b(a<b)$ 及 $x$ 轴所围成的平面图形(见图3-6),如何求曲边梯形的面积呢？

我们曾讨论过求圆的面积的问题,那是用一系列边数无限增加的圆内接正多边形来逼近圆,从而圆的面积就是这一系列内接正多边形面积的极限,现在也用这种方法来求曲边梯形的面积.

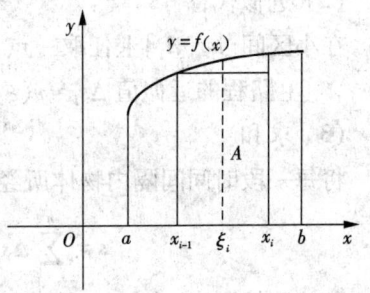

图 3-6

(1) 分割

在区间 $[a,b]$ 内任取 $n-1$ 个分点, $a=x_0<x_1<x_2<\cdots<x_{i-1}<x_i<\cdots<x_{n-1}<x_n=b$,把区间 $[a,b]$ 分割成 $n$ 个小区间 $[x_{i-1},x_i]$ $(i=1,2,\cdots,n)$,小区间 $[x_{i-1},x_i]$ 的长度记为
$$\Delta x_i = x_i - x_{i-1} \quad (i=1,2,\cdots,n),$$
同时用直线 $x=x_i$ $(i=1,2,\cdots,n-1)$ 把曲边梯形 $A$(同时也代表 $A$ 的面积)分割成 $n$ 个小曲边梯形:

$\Delta A_1, \Delta A_2, \cdots, \Delta A_n$(同时它们也代表这 $n$ 个小曲边梯形的面积).

(2) 近似代替

在小区间 $[x_{i-1},x_i]$ 上任取一点 $\xi_i$,用以 $f(\xi_i)$ 为高, $\Delta x_i$ 为底的小矩形面积近似代替小曲边梯形 $\Delta A_i$ 的面积,即 $\Delta A_i \approx f(\xi_i)\Delta x_i$ $(i=1,2,\cdots,n)$.

(3) 求和

用各小矩形面积的和近似代替曲边梯形面积,得 $A = \sum_{i=1}^{n} \Delta A_i \approx \sum_{i=1}^{n} f(\xi_i)\Delta x_i$.

(4) 取极限

当上述分割越来越细,即分点无限地增多,同时最大的小区间长度趋于零时,即 $\|\Delta x_i\| \to 0$ ($\|\Delta x_i\|$ 表示最大小区间长度),和式 $\sum_{i=1}^{n} f(\xi_i)\Delta x_i$ 的极限就是曲边梯形的面积,即
$$A = \lim_{\|\Delta x_i\| \to 0} \sum_{i=1}^{n} f(\xi_i)\Delta x_i.$$

**2. 求变速直线运动的路程**

设某物体沿直线运动,已知速度 $v=v(t)$ 是时间 $t$ 的连续函数,且 $v(t) \geq 0$,求物体在 $t \in [a,b]$ 时刻内所经过的路程.

对匀速直线运动有 $s=vt$,但现在速度 $v$ 不是常量,而是时间 $t$ 的函数,不能直接使用该公

式,我们仍用上面的方法来进行分析.

(1) 分割

在区间 $[a,b]$ 内任取 $n-1$ 个分点:
$$a = t_0 < t_1 < t_2 < \cdots < t_{i-1} < t_i < \cdots < t_{n-1} < t_n = b,$$
把时间区间 $[a,b]$ 分割成 $n$ 个小区间 $[t_{i-1}, t_i]$ $(i=1,2,\cdots,n)$,小区间 $[t_{i-1}, t_i]$ 的长度记为
$$\Delta t_i = t_i - t_{i-1} \quad (i=1,2,\cdots,n).$$

(2) 近似代替

在小区间 $[t_{i-1}, t_i]$ 上任取一点 $\xi_i$,以 $v(\xi_i)$ 来近似代替变化的速度 $v(t)$,从而得到物体在 $[t_{i-1}, t_i]$ 上路程的近似值 $\Delta s_i \approx v(\xi_i) \Delta t_i$.

(3) 求和

将每一段时间间隔内物体所经过路程的近似值相加,得到在时间 $[a,b]$ 上路程的近似值
$$s = \sum_{i=1}^{n} \Delta s_i \approx \sum_{i=1}^{n} v(\xi_i) \Delta t_i \quad (i=1,2,\cdots,n).$$

(4) 取极限

当最大的小区间长度趋于零时,即 $\|\Delta t_i\| \to 0$ 时,和式 $\sum_{i=1}^{n} v(\xi_i) \Delta t_i$ 的极限就是路程 $s$ 的精确值,即 $s = \lim_{\|\Delta t_i\| \to 0} \sum_{i=1}^{n} v(\xi_i) \Delta t_i$.

## 二、定积分的定义

### 1. 定积分的定义

由上面两个例子看出,无论是计算曲边梯形的面积,还是求变速直线运动的路程,它们都采用"分割、近似代替、求和、取极限"的方法,把问题转化为计算形如 $\sum_{i=1}^{n} f(\xi_i) \Delta x_i$ 的和式极限问题,由此得到下面的定义.

**定义 1** 设函数 $y = f(x)$ 在区间 $[a,b]$ 上有定义,在区间 $[a,b]$ 内任取 $n-1$ 个分点,$a = x_0 < x_1 < x_2 < \cdots < x_{i-1} < x_i < \cdots < x_{n-1} < x_n = b$,将区间 $[a,b]$ 分成 $n$ 个小区间 $[x_{i-1}, x_i]$ $(i=1,2,\cdots,n)$,其长度为 $\Delta x_i = x_i - x_{i-1}$ $(i=1,2,\cdots,n)$,在区间 $[x_{i-1}, x_i]$ 上任取一点 $\xi_i$,作乘积 $f(\xi_i) \Delta x_i$ $(i=1,2,\cdots,n)$ 及和式 $\sum_{i=1}^{n} f(\xi_i) \Delta x_i$.如果不论 $\xi_i$ 如何选取及对区间 $[a,b]$ 采用怎样的分法,当最大的小区间长度趋于零时,即 $\|\Delta x_i\| \to 0$ 时,和式 $\sum_{i=1}^{n} f(\xi_i) \Delta x_i$ 的极限存在,那么该极限值就叫作函数 $f(x)$ 在区间 $[a,b]$ 上的**定积分**.记作 $\int_{a}^{b} f(x) \mathrm{d}x$. 即
$$\int_{a}^{b} f(x) \mathrm{d}x = \lim_{\|\Delta x_i\| \to 0} \sum_{i=1}^{n} f(\xi_i) \Delta x_i.$$

其中"$\int$"叫作**积分号**,$f(x)$ 叫作**被积函数**,$f(x)\mathrm{d}x$ 叫作**被积表达式**,$x$ 叫作**积分变量**,$b$ 叫作**积分上限**,$a$ 叫作**积分下限**,$[a,b]$ 叫作**积分区间**.

如果定积分 $\int_a^b f(x)\mathrm{d}x$ 存在,则称 $f(x)$ 在 $[a,b]$ 上**可积**.

因此,上述两个问题写成定积分的形式分别为:

(1) 曲边梯形面积 $A$ 等于其曲边函数 $y=f(x)$ 在区间 $[a,b]$ 上的定积分,即 $A=\int_a^b f(x)\mathrm{d}x$.

(2) 变速直线运动物体所经过的路程 $s$ 等于其速度 $v=v(t)$ 在时间间隔 $[a,b]$ 上的定积分,即 $s=\int_a^b v(t)\mathrm{d}t$.

**2. 定积分的存在条件**

提出了定积分的概念后,自然会考虑这样的问题:是不是任意函数都是可积的呢?答案是否定的.那么什么样的函数才是可积的呢?我们不加证明地给出下面结论.

**定理1** 如果函数 $f(x)$ 在 $[a,b]$ 上有界,并且至多只有有限个间断点,则函数 $f(x)$ 在 $[a,b]$ 上的定积分存在.

**推论** 如果函数 $f(x)$ 在 $[a,b]$ 上连续,则函数 $f(x)$ 在 $[a,b]$ 上可积.

对于定积分的概念还要**注意**:

定积分的值只与被积函数和积分区间有关,而与积分变量用什么字母表示无关,如
$$\int_a^b f(x)\mathrm{d}x = \int_a^b f(t)\mathrm{d}t = \int_a^b f(u)\mathrm{d}u.$$

同时规定:

(1) 定积分上下限互换时,定积分的符号改变,即
$$\int_a^b f(x)\mathrm{d}x = -\int_b^a f(x)\mathrm{d}x.$$

(2) $\int_a^a f(x)\mathrm{d}x = 0$.

**3. 定积分的几何意义**

由以上讨论我们已经知道,如果函数 $f(x)$ 在 $[a,b]$ 上连续,且 $f(x) \geq 0$,那么定积分 $\int_a^b f(x)\mathrm{d}x$ 就表示以 $y=f(x)$ 为曲边的曲边梯形的面积,即
$$A = \int_a^b f(x)\mathrm{d}x.$$

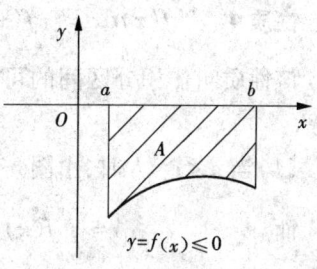

图 3-7

如果 $f(x) \leq 0$(见图 3-7 所示),定积分 $\int_a^b f(x)\mathrm{d}x \leq 0$,则曲边梯形的面积 $A = -\int_a^b f(x)\mathrm{d}x$. 如果 $f(x)$ 在 $[a,b]$ 上有正有负时(见图 3-8)那么定积分 $\int_a^b f(x)\mathrm{d}x$ 表示 $f(x)$ 与 $x$ 轴及 $x=a$, $x=b$ 所围各曲边梯形面积的代数和,即

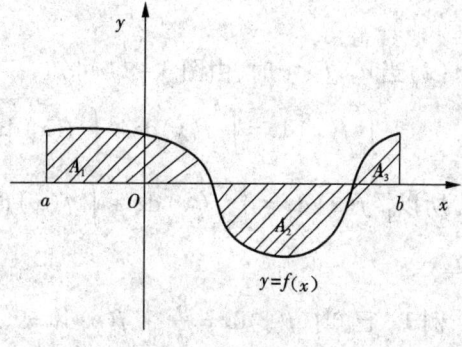

图 3-8

$\int_a^b f(x)\,\mathrm{d}x = A_1 - A_2 + A_3$,这就是定积分的几何意义.

### 三、定积分的性质

设函数 $f(x)$ 和 $g(x)$ 在所给区间上可积,有以下性质(证明从略).

**性质 1** 函数代数和的定积分等于它们定积分的代数和,即

$$\int_a^b [f(x) \pm g(x)]\,\mathrm{d}x = \int_a^b f(x)\,\mathrm{d}x \pm \int_a^b g(x)\,\mathrm{d}x.$$

该性质可推广到有限个函数的代数和的情形.

**性质 2** 被积函数中的常数因子可以移到积分号外面,即

$$\int_a^b kf(x)\,\mathrm{d}x = k\int_a^b f(x)\,\mathrm{d}x\,(k\text{ 为常数}).$$

**性质 3** 如果被积函数 $f(x) = 1$,那么

$$\int_a^b \mathrm{d}x = b - a.$$

这个性质的几何意义是非常明显的. 如图 3-9 所示, $f(x) = 1$ 与 $x = a, x = b$ 及 $x$ 轴所围图形为一矩形,它的面积 $A = 1 \times (b - a) = b - a$.

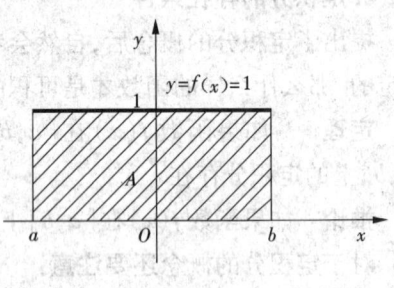

图 3-9

**性质 4** $\int_a^b f(x)\,\mathrm{d}x = \int_a^c f(x)\,\mathrm{d}x + \int_c^b f(x)\,\mathrm{d}x.$

该性质叫作积分区间的**可加性**,可通过图形加深理解.

(1) 当 $a < c < b$ 时,由图 3-10 可知, $A = A_1 + A_2$.

而 $A = \int_a^b f(x)\,\mathrm{d}x,$

$A_1 = \int_a^c f(x)\,\mathrm{d}x, A_2 = \int_c^b f(x)\,\mathrm{d}x.$

所以 $\int_a^b f(x)\,\mathrm{d}x = \int_a^c f(x)\,\mathrm{d}x + \int_c^b f(x)\,\mathrm{d}x,$ 性质 4 成立.

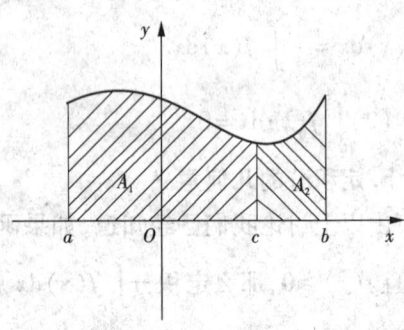

图 3-10

(2) 当 $a < b < c$ 时,由图 3-11 可知

$$\int_a^c f(x)\,\mathrm{d}x = \int_a^b f(x)\,\mathrm{d}x + \int_b^c f(x)\,\mathrm{d}x.$$

所以 $\int_a^b f(x)\,\mathrm{d}x = \int_a^c f(x)\,\mathrm{d}x + \int_c^b f(x)\,\mathrm{d}x.$ 性质 4 也成立.

**例 1** 已知 $\int_0^2 f(x)\,\mathrm{d}x = \dfrac{8}{3}, \int_0^3 f(x)\,\mathrm{d}x = 9$,求 $\int_2^3 f(x)\,\mathrm{d}x.$

**解** 由 $\int_0^3 f(x)\,\mathrm{d}x = \int_0^2 f(x)\,\mathrm{d}x + \int_2^3 f(x)\,\mathrm{d}x,$

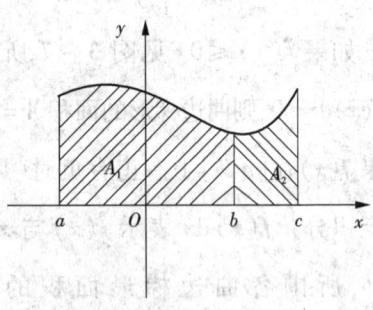

图 3-11

所以 $\int_2^3 f(x)\mathrm{d}x = \int_0^3 f(x)\mathrm{d}x - \int_0^2 f(x)\mathrm{d}x = 9 - \dfrac{8}{3} = \dfrac{19}{3}$.

**性质 5** 如果在区间 $[a,b]$ 上有 $f(x) \leq g(x)$，那么 $\int_a^b f(x)\mathrm{d}x \leq \int_a^b g(x)\mathrm{d}x$.

**推论 1** 若函数 $f(x)$ 在区间 $[a,b]$ 内有 $f(x) \geq 0$，则 $\int_a^b f(x)\mathrm{d}x \geq 0$.

**推论 2** $\left|\int_a^b f(x)\mathrm{d}x\right| \leq \int_a^b |f(x)|\mathrm{d}x$.

这个性质也称为定积分的**不等式性质**.

**例 2** 比较下列各对积分值的大小：

(1) $\int_0^1 \sqrt{x}\,\mathrm{d}x$ 与 $\int_0^1 x\,\mathrm{d}x$；    (2) $\int_0^{\frac{\pi}{2}} \sin x\,\mathrm{d}x$ 与 $\int_\pi^{\frac{3\pi}{2}} \sin x\,\mathrm{d}x$.

**解** (1) 当 $x \in [0,1]$ 时，有 $\sqrt{x} \geq x$，由性质 5 有 $\int_0^1 \sqrt{x}\,\mathrm{d}x \geq \int_0^1 x\,\mathrm{d}x$.

(2) 当 $x \in \left[0, \dfrac{\pi}{2}\right]$ 时，$\sin x \geq 0$，有 $\int_0^{\frac{\pi}{2}} \sin x\,\mathrm{d}x \geq 0$；当 $x \in \left[\pi, \dfrac{3\pi}{2}\right]$ 时，$\sin x \leq 0$，有 $\int_\pi^{\frac{3\pi}{2}} \sin x\,\mathrm{d}x \leq 0$；

所以 $\int_0^{\frac{\pi}{2}} \sin x\,\mathrm{d}x \geq \int_\pi^{\frac{3\pi}{2}} \sin x\,\mathrm{d}x$.

**性质 6（积分估值定理）** 设函数 $f(x)$ 在区间 $[a,b]$ 上的最大值为 $M$，最小值为 $m$，则
$$m(b-a) \leq \int_a^b f(x)\mathrm{d}x \leq M(b-a).$$

这个性质的几何意义也很明显. 如图 3-12 所示，由 $y = f(x)(f(x) \geq 0)$，$x = a$，$x = b$ 及 $x$ 轴所围成的平面图形的面积总介于两个矩形的面积之间.

**性质 7（积分中值定理）** 设函数 $f(x)$ 在区间 $[a,b]$ 上连续，则在此区间上至少存在一点 $\xi$，使 $\int_a^b f(x)\mathrm{d}x = f(\xi)(b-a) \quad (a \leq \xi \leq b)$.

它的几何解释是，设函数 $f(x)$ 在区间 $[a,b]$ 上连续，则在此区间上至少存在一点 $\xi$，使得以 $f(x)$ 为曲边的曲边梯形面积等于底为 $(b-a)$ 高为 $f(\xi)$ 的矩形面积（见图 3-13）.

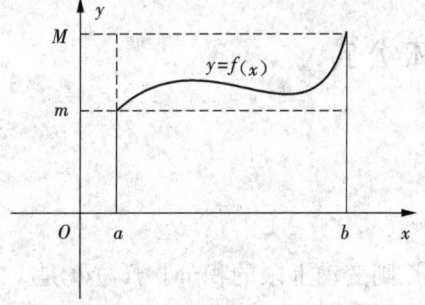

图 3-12

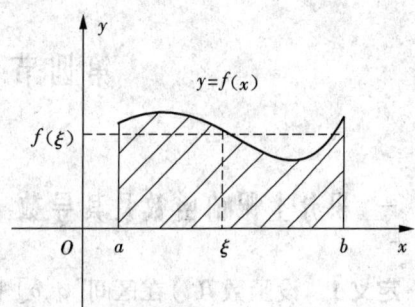

图 3-13

由于这一缘故，通常称高度 $f(\xi)$ 为曲边梯形的"**平均高度**"，也称它为 $f(x)$ 在区间 $[a,b]$ 上的"**积分平均值**". 利用性质可得"**积分平均值**"的计算公式为：

$$f(\xi) = \frac{1}{b-a}\int_a^b f(x)\,\mathrm{d}x.$$

## 习题 3-3

1. 说明下列定积分的几何意义：

   (1) $\int_{-\pi}^{\pi} \sin x\,\mathrm{d}x = 0$；

   (2) $\int_{-\frac{\pi}{2}}^{\frac{\pi}{2}} \cos x\,\mathrm{d}x = 2\int_0^{\frac{\pi}{2}} \cos x\,\mathrm{d}x.$

2. 利用定积分的几何意义，求下列定积分：

   (1) $\int_{-2}^{2} \sqrt{4-x^2}\,\mathrm{d}x$；

   (2) $\int_a^b x\,\mathrm{d}x.$

3. 比较下列各组积分值的大小：

   (1) $\int_0^1 x\,\mathrm{d}x$ 与 $\int_0^1 \sqrt[3]{x}\,\mathrm{d}x$；

   (2) $\int_0^1 x\,\mathrm{d}x$ 与 $\int_0^1 \sin x\,\mathrm{d}x$；

   (3) $\int_1^2 \ln x\,\mathrm{d}x$ 与 $\int_1^2 (\ln x)^2\,\mathrm{d}x$；

   (4) $\int_1^e x\,\mathrm{d}x$ 与 $\int_1^e \ln(1+x)\,\mathrm{d}x.$

4. 利用定积分的定义计算 $\int_a^b (x^2+1)\,\mathrm{d}x.$

5. 将下列极限写成定积分的形式：

   (1) $\lim\limits_{n\to\infty}\left(\dfrac{1}{n^2}+\dfrac{2}{n^2}+\cdots+\dfrac{n-1}{n^2}\right)$；

   (2) $\lim\limits_{n\to\infty}\dfrac{1}{n}\left(\sin\dfrac{\pi}{n}+\sin\dfrac{2\pi}{n}+\cdots+\sin\dfrac{(n-1)\pi}{n}\right).$

6. 证明下列积分不等式：

   (1) $1 < \int_0^1 \mathrm{e}^{x^2}\,\mathrm{d}x < \mathrm{e}$；

   (2) $2\mathrm{e}^{-\frac{1}{4}} < \int_0^2 \mathrm{e}^{x^2-x}\,\mathrm{d}x < 2\mathrm{e}^2.$

7. 证明：$\lim\limits_{n\to\infty}\int_0^{\frac{1}{2}} \dfrac{x^n}{1+x^n}\,\mathrm{d}x = 0.$

## 第四节 微积分基本公式

### 一、积分上限的函数及其导数

**定义1** 设函数 $f(t)$ 在区间 $[a,b]$ 上可积，$x\in[a,b]$，则变动上限的积分 $\int_a^x f(t)\,\mathrm{d}t$ 是 $x$ 的函数，叫作积分上限函数，记作 $\Phi(x)$，即 $\Phi(x) = \int_a^x f(t)\,\mathrm{d}t.$ 如图 3-14 所示，曲边梯形面积是变积分上限 $x$ 的函数。

该函数具有如下性质.

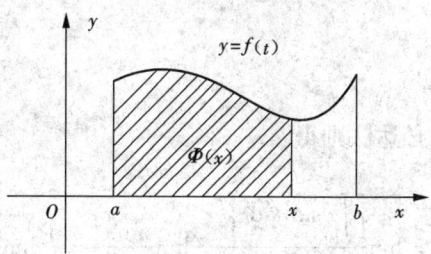

图 3-14

**定理 1** 设函数 $f(t)$ 在区间 $[a,b]$ 上连续,则积分上限函数 $\Phi(x) = \int_a^x f(t)\mathrm{d}t$ 在 $[a,b]$ 上可导,且 $\Phi'(x) = \left[\int_a^x f(t)\mathrm{d}t\right]' = f(x)$.

**证明** 给上限 $x$ 以增量 $\Delta x$,则 $\Phi(x+\Delta x) = \int_a^{x+\Delta x} f(t)\mathrm{d}t$.

$$\Delta\Phi = \Phi(x+\Delta x) - \Phi(x) = \int_a^{x+\Delta x} f(t)\mathrm{d}t - \int_a^x f(t)\mathrm{d}t = \int_x^{x+\Delta x} f(t)\mathrm{d}t,$$

由积分中值定理得到

$$\Delta\Phi = f(\xi)\Delta x \;(\xi \text{ 介于 } x \text{ 与 } x+\Delta x \text{ 之间}),$$

$$\frac{\Delta\Phi}{\Delta x} = f(\xi),$$

当 $\Delta x \to 0$ 时,$\xi \to x$,又由 $f(t)$ 在 $[a,b]$ 上连续,有 $\lim\limits_{\xi \to x} f(\xi) = f(x)$,于是

$$\lim_{\Delta x \to 0} \frac{\Delta\Phi}{\Delta x} = \Phi'(x) = f(x).$$

由定理 1 知道,$\Phi(x)$ 是连续函数 $f(x)$ 的一个原函数,这就证明了**第一节**中的原函数存在定理.

**定理 2(原函数存在定理)** 如果函数 $f(x)$ 在区间 $[a,b]$ 上连续,则函数 $\Phi(x) = \int_a^x f(t)\mathrm{d}t$ 是 $f(x)$ 在区间 $[a,b]$ 上的一个原函数.

这个定理的重要意义在于它不仅肯定了连续函数的原函数一定存在,更重要的是它初步揭示了积分学中定积分与原函数之间潜在的联系,从而使我们可以通过利用原函数来计算定积分成为可能.

**例 1** 设 $\Phi(x) = \int_0^x \ln(1+t^3)\mathrm{d}t$,求 $\Phi'(x)$.

**解** $\Phi'(x) = \left[\int_0^x \ln(1+t^3)\mathrm{d}t\right]' = \ln(1+x^3)$.

**例 2** 求 $\dfrac{\mathrm{d}}{\mathrm{d}x}\int_0^{x^2} \mathrm{e}^{t^2}\mathrm{d}t$.

**解** 设 $u = x^2$,则

$$\frac{\mathrm{d}}{\mathrm{d}x}\int_0^{x^2} \mathrm{e}^{t^2}\mathrm{d}t = \frac{\mathrm{d}}{\mathrm{d}u}\left(\int_0^u \mathrm{e}^{t^2}\mathrm{d}t\right)\frac{\mathrm{d}u}{\mathrm{d}x} = \mathrm{e}^{u^2} \cdot 2x = \mathrm{e}^{x^4} \cdot 2x = 2x\mathrm{e}^{x^4}.$$

**例 3**  求 $\lim\limits_{x\to 0}\dfrac{\int_0^x \sin t^2 \mathrm{d}t}{x^3}$.

**解**  这是 $\dfrac{0}{0}$ 未定式,由洛必达法则得

$$\lim_{x\to 0}\frac{\int_0^x \sin t^2 \mathrm{d}t}{x^3}=\lim_{x\to 0}\frac{\left[\int_0^x \sin t^2 \mathrm{d}t\right]'}{(x^3)'}=\lim_{x\to 0}\frac{\sin x^2}{3x^2}=\frac{1}{3}\lim_{x\to 0}\frac{\sin x^2}{x^2}=\frac{1}{3}.$$

## 二、牛顿 – 莱布尼兹公式

**定理 3**  如果函数 $f(x)$ 在 $[a,b]$ 上连续,且 $F(x)$ 是 $f(x)$ 在 $[a,b]$ 上的一个原函数,那么

$$\int_a^b f(x)\mathrm{d}x = F(b)-F(a) \tag{1}$$

**证明**  由定理 2 知,$\Phi(x)=\int_a^x f(t)\mathrm{d}t$ 是 $f(x)$ 的一个原函数,而由题设知 $F(x)$ 也是 $f(x)$ 的一个原函数,因此 $\Phi(x)=F(x)+C$($C$ 为某个常数). 于是 $\Phi(b)=F(b)+C$,$\Phi(a)=F(a)+C$,两式相减得

$$\Phi(b)-\Phi(a)=F(b)-F(a).$$

由于

$$\Phi(b)=\int_a^b f(t)\mathrm{d}t=\int_a^b f(x)\mathrm{d}x,\Phi(a)=\int_a^a f(t)\mathrm{d}t=0,$$

所以

$$\int_a^b f(x)\mathrm{d}x=F(b)-F(a).$$

为方便起见,$F(b)-F(a)$ 常记作 $F(x)\big|_a^b$ 或 $[F(x)]_a^b$.

公式(1)叫作**牛顿 – 莱布尼兹**(Newton-Leibinz)**公式**. 它是积分学中的基本公式. 公式揭示了定积分与原函数之间的内在联系. 连续函数在积分区间 $[a,b]$ 上的定积分等于它的任意一个原函数在积分区间端点 $b$ 和 $a$ 处的函数值之差. 从而为定积分的计算提供了简便有效的方法. 由于它的这一特殊作用才使得定积分的理论得以进一步发展完善成为一门独立的学科. 因此通常又把牛顿 – 莱布尼兹公式叫作**微积分基本公式**.

**例 4**  求 $\int_{-1}^1 \dfrac{\mathrm{d}x}{1+x^2}$.

**解**  由于 $\arctan x$ 是 $\dfrac{1}{1+x^2}$ 的一个原函数,由公式(1)有

$$\int_{-1}^1\frac{\mathrm{d}x}{1+x^2}=[\arctan x]_{-1}^1=\arctan 1-\arctan(-1)=\frac{\pi}{4}-\left(-\frac{\pi}{4}\right)=\frac{\pi}{2}.$$

**例 5**  求 $\int_0^5 |x-3|\mathrm{d}x$.

**解**  当 $0\leq x\leq 3$ 时,$|x-3|=3-x$;当 $3\leq x\leq 5$ 时,$|x-3|=x-3$.
由积分区间的可加性,得

$$\int_0^5 |x-3|\mathrm{d}x=\int_0^3(3-x)\mathrm{d}x+\int_3^5(x-3)\mathrm{d}x=\left[3x-\frac{1}{2}x^2\right]_0^3+\left[\frac{1}{2}x^2-3x\right]_3^5=\frac{13}{2}.$$

最后我们强调指出:在运用牛顿-莱布尼兹公式求定积分时,必须判明被积函数是否连续,如果被积函数在积分区间上不连续,则不能用牛顿-莱布尼兹公式进行计算. 例如,若 $\int_{-1}^{1}\frac{1}{x^2}dx = -\frac{1}{x}\Big|_{-1}^{1} = -2$,但由于在$[-1,1]$内$\frac{1}{x^2}>0$,由定积分的不等式性质知$\int_{-1}^{1}\frac{1}{x^2}dx \geq 0$, 出现矛盾. 错误原因就在于$\frac{1}{x^2}$在$[-1,1]$上不连续.

## 习题 3-4

1. 计算下列各函数的导数:

(1) $\Phi(x) = \int_0^x \frac{1}{1+t^2}dt$;

(2) $\Phi(x) = \int_x^{-2} e^{-2t}\sin t\, dt$;

(3) $\Phi(x) = \int_{\frac{\pi}{4}}^x \sin(t^2)\, dt$;

(4) $\Phi(x) = \int_2^{x^2} e^{2t}\, dt$.

2. 求下列极限:

(1) $\lim\limits_{x\to 0}\dfrac{\int_0^x \frac{\sin^2 t}{t}dt}{x^2}$;

(2) $\lim\limits_{x\to 0}\dfrac{\int_0^x e^t \sin t^2\, dt}{x^3}$;

(3) $\lim\limits_{x\to 0}\dfrac{\int_0^x t(t+\sin t)\, dt}{\int_x^0 t^2\, dt}$;

(4) $\lim\limits_{x\to 0}\dfrac{\int_0^{x^2} \arctan\sqrt{t}\, dt}{x^2}$.

3. 计算下列定积分:

(1) $\int_0^1 \sqrt[3]{x}(1+\sqrt{x})\, dx$;

(2) $\int_1^e \left(x + \frac{1}{x}\right)dx$;

(3) $\int_0^1 \frac{x^2}{1+x^2}dx$;

(4) $\int_0^{\frac{\pi}{4}} \tan^2 x\, dx$;

(5) $\int_0^{\frac{\pi}{2}} \sin x\cos x\, dx$;

(6) $\int_{-2}^0 \left(\frac{1}{x^2+2x+2}\right)dx$;

(7) $\int_{\frac{1}{2}}^{\frac{2}{3}} \frac{1}{\sqrt{x(1-x)}}dx$;

(8) $\int_0^2 f(x)\, dx$,其中$f(x) = \begin{cases} 3x, & 0 \leq x \leq 1, \\ 2, & 1 < x \leq 2; \end{cases}$

(9) $\int_0^{\frac{\pi}{2}} |\sin x - \cos x|\, dx$;

(10) $\int_0^\pi \sqrt{1-\cos 2x}\, dx$.

## 第五节 定积分的换元积分法与分部积分法

### 一、定积分的换元积分法

**定理 1** 如果①函数 $f(x)$ 在 $[a,b]$ 上连续；②函数 $x=\varphi(t)$ 在区间 $[\alpha,\beta]$ 上是单值函数且具有连续导数；③当 $t$ 在区间 $[\alpha,\beta]$ 上变化时，$x=\varphi(t)$ 的值在 $[a,b]$ 上变化，且 $\varphi(\alpha)=a$，$\varphi(\beta)=b$. 那么有定积分的换元公式：

$$\int_a^b f(x)\,\mathrm{d}x = \int_\alpha^\beta f[\varphi(t)]\varphi'(t)\,\mathrm{d}t.$$

这就是定积分的换元公式，我们省略证明. 但是我们需要说明的是，在定积分 $\int_a^b f(x)\,\mathrm{d}x$ 中的 $\mathrm{d}x$，本来是整个定积分记号中的不可分割的一部分，但是由上述定理知，在一定条件下，它确实可以作为微分记号来对待. 这就是说，应用换元公式时，如果把 $\int_a^b f(x)\,\mathrm{d}x$ 中的 $x$ 换成 $\varphi(t)$，则 $\mathrm{d}x$ 就换成 $\varphi'(t)\,\mathrm{d}t$，这正好是 $x=\varphi(t)$ 的微元 $\mathrm{d}x$.

显然换元公式对于 $\alpha>\beta$ 也是适用的.

同时，应用换元公式时还应注意以下几点.

(1) 用 $x=\varphi(t)$ 把原来变量 $x$ 换成新变量 $t$ 时，积分上、下限也要换成相应于新变量 $t$ 的积分上、下限.

(2) 求出 $f[\varphi(t)]\varphi'(t)$ 的一个原函数 $F(t)$ 后，不必像计算不定积分那样把 $F(t)$ 变换成原来的变量 $x$ 的函数，而只要把变量 $t$ 的上、下限分别代入 $F(t)$ 中，然后计算就可以了.

(3) 换元公式也可以反过来使用，为方便起见，把换元公式中左、右两边对调位置，同时把 $t$ 改为 $x$，而把 $x$ 改为 $t$，得 $\int_a^b f[\varphi(x)]\varphi'(x)\,\mathrm{d}x = \int_\alpha^\beta f(t)\,\mathrm{d}t$.

**例 1** 求 $\int_0^{\frac{\pi}{2}} 3\cos^2 x \sin x\,\mathrm{d}x$.

**解法 1** 设 $u=\cos x$，则 $\mathrm{d}u=-\sin x\,\mathrm{d}x$，且当 $x=0$ 时，$u=1$；$x=\frac{\pi}{2}$ 时，$u=0$.

于是 $\int_0^{\frac{\pi}{2}} 3\cos^2 x \sin x\,\mathrm{d}x = -\int_1^0 3u^2\,\mathrm{d}u = -u^3\Big|_1^0 = 1.$

**解法 2** $\int_0^{\frac{\pi}{2}} 3\cos^2 x \sin x\,\mathrm{d}x = -\int_0^{\frac{\pi}{2}} 3\cos^2 x\,\mathrm{d}(\cos x) = -\cos^3 x\Big|_0^{\frac{\pi}{2}} = 1.$

从解 2 可以看出，如果用凑微分法不写出新变量，那么积分的上下限不变.

**例 2** 求 $\int_1^4 \dfrac{\mathrm{d}x}{x+\sqrt{x}}$.

**解** 设 $\sqrt{x}=t$，则 $x=t^2$，$\mathrm{d}x=2t\,\mathrm{d}t$，且当 $x=1$ 时，$t=1$；当 $x=4$ 时，$t=2$.

$$\int_1^4 \frac{dx}{x+\sqrt{x}} = \int_1^2 \frac{2tdt}{t^2+t} = \int_1^2 \frac{2}{t+1}dt = 2\int_1^2 \frac{1}{t+1}d(t+1) = 2\ln(t+1)\Big|_1^2$$

$$= 2(\ln 3 - \ln 2) = 2\ln\frac{3}{2}$$

**例3** 求 $\int_0^2 \sqrt{4-x^2}\,dx$.

**解** 设 $x = 2\sin t\ \left(-\frac{\pi}{2} \leq t \leq \frac{\pi}{2}\right)$，则 $dx = 2\cos t\,dt$，且当 $x=0$ 时，$t=0$；当 $x=2$ 时，$t=\frac{\pi}{2}$. 于是

$$\int_0^2 \sqrt{4-x^2}\,dx = \int_0^{\frac{\pi}{2}} 2\cos t \cdot 2\cos t\,dt = 4\int_0^{\frac{\pi}{2}} \cos^2 t\,dt = 2\int_0^{\frac{\pi}{2}}(1+\cos 2t)\,dt$$

$$= 2\left[t + \frac{1}{2}\sin 2t\right]_0^{\frac{\pi}{2}} = 2 \cdot \frac{\pi}{2} = \pi.$$

**例4** 设函数 $f(x)$ 在区间 $[-a,a]$ 上连续，证明：

(1) $f(x)$ 为奇函数时，$\int_{-a}^a f(x)\,dx = 0$；

(2) $f(x)$ 为偶函数时，$\int_{-a}^a f(x)\,dx = 2\int_0^a f(x)\,dx$.

**证明** 因 $\int_{-a}^a f(x)\,dx = \int_{-a}^0 f(x)\,dx + \int_0^a f(x)\,dx$，

又对 $\int_{-a}^0 f(x)\,dx$，令 $x = -t$，则 $dx = -dt$，且当 $x=-a$ 时，$t=a$；当 $x=0$ 时，$t=0$.

于是 $\int_{-a}^0 f(x)\,dx = -\int_a^0 f(-t)\,dt = \int_0^a f(-t)\,dt = \int_0^a f(-x)\,dx.$

所以 $\int_{-a}^a f(x)\,dx = \int_0^a f(-x)\,dx + \int_0^a f(x)\,dx = \int_0^a [f(-x) + f(x)]\,dx.$

(1) $f(x)$ 为奇函数时，$f(-x) = -f(x)$，有 $\int_{-a}^a f(x)\,dx = 0$；

(2) $f(x)$ 为偶函数时，$f(-x) = f(x)$，有 $\int_{-a}^a f(x)\,dx = 2\int_0^a f(x)\,dx$.

利用以上两个公式，可以简化奇（偶）函数在对称区间上的定积分计算.

**例5** 求 $\int_{-3}^3 \frac{x^2 \sin x}{1+x^4}\,dx$.

**解** 由于 $\frac{x^2 \sin x}{1+x^4}$ 是 $[-3,3]$ 上的奇函数，所以 $\int_{-3}^3 \frac{x^2 \sin x}{1+x^4}\,dx = 0$.

**例6** 求 $\int_{-2}^2 (3x^2 + 5x^4)\,dx$.

**解** $\int_{-2}^2 (3x^2 + 5x^4)\,dx = 2\int_0^2 (3x^2 + 5x^4)\,dx = 2\left[x^3 + x^5\right]_0^2 = 80.$

**例7** 求 $\int_0^\pi \sqrt{\sin x - \sin^3 x}\,dx$.

**解** 由于 $\sqrt{\sin x - \sin^3 x} = \sqrt{\sin x(1-\sin^2 x)} = \sqrt{\sin x}|\cos x|$,在 $\left[0,\dfrac{\pi}{2}\right]$ 上,$|\cos x| = \cos x$;在 $\left[\dfrac{\pi}{2},\pi\right]$ 上,$|\cos x| = -\cos x$.

所以 $\displaystyle\int_0^\pi \sqrt{\sin x - \sin^3 x}\,dx = \int_0^{\frac{\pi}{2}} \sqrt{\sin x}\cos x\,dx + \int_{\frac{\pi}{2}}^\pi \sqrt{\sin x}(-\cos x)\,dx$

$$= \dfrac{2}{3}\sin^{\frac{3}{2}} x\Big|_0^{\frac{\pi}{2}} - \dfrac{2}{3}\sin^{\frac{3}{2}} x\Big|_{\frac{\pi}{2}}^\pi = \dfrac{2}{3}(1-0) - \dfrac{2}{3}(0-1) = \dfrac{4}{3}.$$

**注意**:如果忽略 $\cos x$ 在 $\left[\dfrac{\pi}{2},\pi\right]$ 上非正,而按

$$\sqrt{\sin x - \sin^3 x} = \sqrt{\sin x}\cdot\cos x$$

计算将导致错误.

**例 8** 设函数 $f(x) = \begin{cases} xe^{-x^2}, & x\geqslant 0 \\ \dfrac{1}{1+\cos x}, & -1 < x < 0 \end{cases}$,计算 $\displaystyle\int_1^4 f(x-2)\,dx$.

**解** 令 $x-2 = t$,则 $dx = dt$,且当 $x=1$ 时,$t=-1$;当 $x=4$ 时,$t=2$. 于是

$$\int_1^4 f(x-2)\,dx = \int_{-1}^2 f(t)\,dt = \int_{-1}^0 \dfrac{1}{1+\cos t}\,dt + \int_0^2 te^{-t^2}\,dt$$

$$= \int_{-1}^0 \dfrac{1}{2\cos^2\dfrac{t}{2}}\,dt + \int_0^2 te^{-t^2}\,dt = \int_{-1}^0 \sec^2\dfrac{t}{2}\,d\left(\dfrac{t}{2}\right) - \dfrac{1}{2}\int_0^2 e^{-t^2}\,d(-t^2)$$

$$= \left[\tan\dfrac{t}{2}\right]_{-1}^0 - \left[\dfrac{1}{2}e^{-t^2}\right]_0^2 = \tan\dfrac{1}{2} - \dfrac{1}{2}e^{-4} + \dfrac{1}{2}.$$

## 二、定积分的分部积分法

**定理 2** 设函数 $u=u(x)$,$v=v(x)$ 在 $[a,b]$ 上具有连续导数,则

$$\int_a^b u\,dv = uv\Big|_a^b - \int_a^b v\,du, \quad 或 \quad \int_a^b uv'\,dx = uv\Big|_a^b - \int_a^b u'v\,dx.$$

这就是定积分的**分部积分公式**. 我们可以看到,此公式与不定积分的分部积分公式类似,因此公式中 $u$ 和 $dv$ 的选取,与不定积分的分部积分法选取方法相同.

**例 9** 求 $\displaystyle\int_0^\pi x\cos x\,dx$.

**解** $\displaystyle\int_0^\pi x\cos x\,dx = \int_0^\pi x\,d(\sin x) = [x\sin x]_0^\pi - \int_0^\pi \sin x\,dx = 0 - [-\cos x]_0^\pi = -2.$

**例 10** 求 $\displaystyle\int_0^1 xe^{-x}\,dx$.

**解** $\displaystyle\int_0^1 xe^{-x}\,dx = -\int_0^1 x\,d(e^{-x}) = [-xe^{-x}]_0^1 + \int_0^1 e^{-x}\,dx = -e^{-1} - [e^{-x}]_0^1 = 1 - \dfrac{2}{e}.$

**例 11** 求 $\displaystyle\int_1^e \ln^2 x\,dx$.

解 $\int_1^e \ln^2 x \, dx = [x\ln^2 x]_1^e - \int_1^e 2\ln x \, dx = e - 2\left([x\ln x]_1^e - \int_1^e dx\right)$
$= e - 2(e - e + 1) = e - 2.$

## 习题 3-5

求下列定积分：

1. $\int_1^4 \dfrac{\sin\sqrt{x}}{\sqrt{x}} dx$；

2. $\int_0^{\frac{\pi}{2}} \sin^5 x \cos x \, dx$；

3. $\int_0^1 \dfrac{\arctan x}{1+x^2} dx$；

4. $\int_0^a \sqrt{a^2 - x^2} \, dx$；

5. $\int_1^{\sqrt{3}} \dfrac{\sqrt{1+x^2}}{x^2} dx$；

6. $\int_1^e \dfrac{\ln x}{x} dx$；

7. $\int_1^e \dfrac{1}{x(2x+1)} dx$；

8. $\int_{-a}^a x\sin^8 x \, dx$；

9. $\int_{-1}^1 \dfrac{x\sin^2 x}{1+x^2} dx.$

## 第六节  广义积分

在前面所讨论的定积分中，都假定积分区间是有限的，被积函数是有界的，但在一些实际问题中，常会遇到积分区间为无限的，被积函数是无界的积分问题. 一般把前者称为**普通积分**，后者称为**广义积分**. 我们将讨论两类广义积分，一是无限区间上的广义积分；二是无界函数的广义积分.

### 一、无限区间上的广义积分

**定义 1**  设函数 $f(x)$ 在区间 $[a, +\infty)$ 上连续，如果 $\lim\limits_{b \to +\infty} \int_a^b f(x) dx \, (a < b)$ 存在，则此极限叫作函数 $f(x)$ 在区间 $[a, +\infty)$ 上的**广义积分**，记作 $\int_a^{+\infty} f(x) dx.$ 即

$$\int_a^{+\infty} f(x) dx = \lim_{b \to +\infty} \int_a^b f(x) dx,$$

这时也称广义积分 $\int_a^{+\infty} f(x) dx$ **收敛**；若上述极限不存在，则称广义积分 $\int_a^{+\infty} f(x) dx$ **发散**.

类似地，可以定义函数 $f(x)$ 在 $(-\infty, b]$ 和 $(-\infty, +\infty)$ 的广义积分：

$$\int_{-\infty}^b f(x) dx = \lim_{a \to -\infty} \int_a^b f(x) dx \quad (a < b);$$

$$\int_{-\infty}^{+\infty} f(x)\,dx = \int_{-\infty}^{c} f(x)\,dx + \int_{c}^{+\infty} f(x)\,dx \quad (c \text{ 为 } (-\infty, +\infty) \text{ 上任一实数}).$$

对于广义积分 $\int_{-\infty}^{+\infty} f(x)\,dx$,其收敛的充要条件是 $\int_{-\infty}^{c} f(x)\,dx$ 与 $\int_{c}^{+\infty} f(x)\,dx$ 都收敛.

**例1** 计算广义积分 $\int_{-\infty}^{+\infty} \dfrac{dx}{1+x^2}$.

**解**
$$\int_{-\infty}^{+\infty} \frac{dx}{1+x^2} = \int_{-\infty}^{0} \frac{dx}{1+x^2} + \int_{0}^{+\infty} \frac{dx}{1+x^2} = \lim_{a \to -\infty} \int_{a}^{0} \frac{dx}{1+x^2} + \lim_{b \to +\infty} \int_{0}^{b} \frac{dx}{1+x^2}$$
$$= \lim_{a \to -\infty} [\arctan x]_{a}^{0} + \lim_{b \to +\infty} [\arctan x]_{0}^{b}$$
$$= -\lim_{a \to -\infty} \arctan a + \lim_{b \to +\infty} \arctan b$$
$$= -\left(-\frac{\pi}{2}\right) + \frac{\pi}{2} = \pi.$$

为简便起见,上面计算过程可写成
$$\int_{-\infty}^{+\infty} \frac{dx}{1+x^2} = [\arctan x]_{-\infty}^{+\infty} = \frac{\pi}{2} - \left(-\frac{\pi}{2}\right) = \pi.$$

其中 $[\arctan x]_{-\infty}^{+\infty} = \lim\limits_{x \to +\infty} \arctan x - \lim\limits_{x \to -\infty} \arctan x$.

这个广义积分的几何意义是:如图 3-15 所示,当 $a \to -\infty$, $b \to +\infty$ 时,虽然图中的阴影部分向左、右无限延伸,但其面积是 $\pi$. 简单地说,它是位于曲线 $y = \dfrac{1}{1+x^2}$ 的下方,$x$ 轴上方的图形的面积.

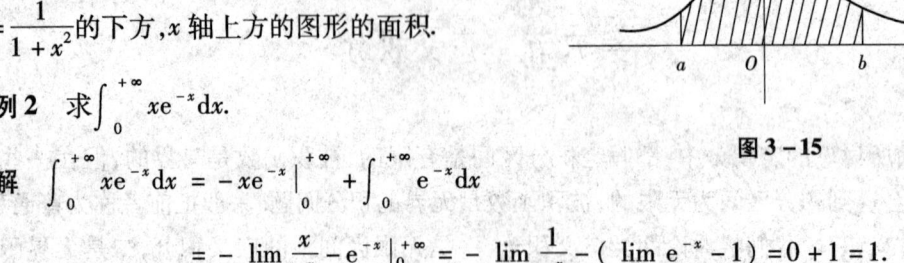

图 3-15

**例2** 求 $\int_{0}^{+\infty} x e^{-x}\,dx$.

**解**
$$\int_{0}^{+\infty} x e^{-x}\,dx = -x e^{-x} \Big|_{0}^{+\infty} + \int_{0}^{+\infty} e^{-x}\,dx$$
$$= -\lim_{x \to +\infty} \frac{x}{e^x} - e^{-x} \Big|_{0}^{+\infty} = -\lim_{x \to +\infty} \frac{1}{e^x} - \left(\lim_{x \to +\infty} e^{-x} - 1\right) = 0 + 1 = 1.$$

**例3** 讨论 $\int_{a}^{+\infty} \dfrac{1}{x^p}\,dx \ (p > 0, a > 0)$ 的敛散性.

**解** 当 $p \neq 1$ 时,
$$\int_{a}^{+\infty} \frac{1}{x^p}\,dx = \lim_{b \to +\infty} \int_{a}^{b} \frac{1}{x^p}\,dx = \lim_{b \to +\infty} \left[\frac{x^{1-p}}{1-p}\right]_{a}^{b}$$
$$= \lim_{b \to +\infty} \left(\frac{b^{1-p}}{1-p} - \frac{a^{1-p}}{1-p}\right) = \begin{cases} \dfrac{a^{1-p}}{p-1}, & p > 1, \\ +\infty, & p < 1. \end{cases}$$

当 $p = 1$ 时,
$$\int_{a}^{+\infty} \frac{1}{x}\,dx = \ln x \Big|_{a}^{+\infty} = +\infty.$$

所以,积分 $\int_{a}^{+\infty} \dfrac{1}{x^p}\,dx \ (p > 0, a > 0)$,当 $p > 1$ 时收敛,当 $p \leqslant 1$ 时发散.

## 二、无界函数的广义积分

**定义 2** 设函数 $f(x)$ 在区间 $(a,b]$ 上连续,且 $\lim\limits_{x\to a^+}f(x)=\infty$,如果 $\lim\limits_{\varepsilon\to 0^+}\int_{a+\varepsilon}^{b}f(x)dx$ 存在,则此极限叫作函数 $f(x)$ 在区间 $(a,b]$ 上的**广义积分**,记作 $\int_{a}^{b}f(x)dx$. 即

$$\int_{a}^{b}f(x)dx=\lim_{\varepsilon\to 0^+}\int_{a+\varepsilon}^{b}f(x)dx,$$

这时,称广义积分 $\int_{a}^{b}f(x)dx$ **收敛**;否则称广义积分 $\int_{a}^{b}f(x)dx$ **发散**.

如果函数 $f(x)$ 在 $a$ 的任一邻域内都无界,那么点 $a$ 称为函数 $f(x)$ 的**瑕点**或**奇点**或**无界间断点**,所以无界函数的广义积分也称为**瑕积分**.

类似地,设函数 $f(x)$ 在区间 $[a,b)$ 上连续,且 $\lim\limits_{x\to b^-}f(x)=\infty$,则函数 $f(x)$ 在区间 $[a,b)$ 上的广义积分为

$$\int_{a}^{b}f(x)dx=\lim_{\varepsilon\to 0^-}\int_{a}^{b+\varepsilon}f(x)dx.$$

设函数 $f(x)$ 在 $[a,b]$ 上除点 $c(c\in[a,b])$ 外连续,且 $\lim\limits_{x\to c}f(x)=\infty$,则函数 $f(x)$ 在区间 $[a,b]$ 上的广义积分为

$$\int_{a}^{b}f(x)dx=\int_{a}^{c}f(x)dx+\int_{c}^{b}f(x)dx.$$

对于广义积分 $\int_{a}^{b}f(x)dx$,其收敛的充要条件是 $\int_{a}^{c}f(x)dx$ 与 $\int_{c}^{b}f(x)dx$ 都收敛.

**例 4** $\int_{0}^{a}\dfrac{dx}{\sqrt{a^2-x^2}}\quad (a>0)$.

**解** 当 $x\to a$ 时,$\dfrac{1}{\sqrt{a^2-x^2}}\to +\infty$,所以 $x=a$ 是被积函数的一个无穷间断点.

$$\int_{0}^{a}\frac{dx}{\sqrt{a^2-x^2}}=\lim_{\varepsilon\to 0^+}\int_{0}^{a-\varepsilon}\frac{dx}{\sqrt{a^2-x^2}}=\lim_{\varepsilon\to 0^+}\int_{0}^{a-\varepsilon}\frac{d\left(\dfrac{x}{a}\right)}{\sqrt{1-\left(\dfrac{x}{a}\right)^2}}=\lim_{\varepsilon\to 0^+}\left[\arcsin\frac{x}{a}\right]_{0}^{a-\varepsilon}=\frac{\pi}{2}.$$

**例 5** 计算 $\int_{-1}^{1}\dfrac{1}{x^2}dx$.

**解** $\int_{-1}^{1}\dfrac{1}{x^2}dx=\int_{-1}^{0}\dfrac{1}{x^2}dx+\int_{0}^{1}\dfrac{1}{x^2}dx=\lim\limits_{\varepsilon\to 0^-}\int_{-1}^{0}\dfrac{1}{x^2}dx+\lim\limits_{\varepsilon\to 0^+}\int_{0}^{1}\dfrac{1}{x^2}dx$

而 $\lim\limits_{\varepsilon\to 0^-}\int_{-1}^{\varepsilon}\dfrac{1}{x^2}dx=-\lim\limits_{\varepsilon\to 0^-}\left(\dfrac{1}{x}\bigg|_{-1}^{\varepsilon}\right)=-\lim\limits_{\varepsilon\to 0^-}\left(\dfrac{1}{\varepsilon}+1\right)=+\infty.$

因此,积分 $\int_{-1}^{1}\dfrac{1}{x^2}dx$ 是发散的.

## 习题 3-6

1. 求下列广义积分：

(1) $\int_{1}^{+\infty} x^{-\frac{4}{3}} dx$；

(2) $\int_{0}^{+\infty} \frac{2x}{1+x^2} dx$；

(3) $\int_{2}^{+\infty} \frac{dx}{x^2+x-2}$；

(4) $\int_{e}^{+\infty} \frac{1}{x \ln x} dx$；

(5) $\int_{0}^{1} \frac{x dx}{\sqrt{1-x^2}}$；

(6) $\int_{0}^{1} \frac{dx}{\sqrt{1-x^2}}$；

(7) $\int_{0}^{2} \frac{dx}{x^2-4x+3}$；

(8) $\int_{-\infty}^{+\infty} \frac{1}{(1+x+x^2)^2} dx$.

2. 讨论广义积分 $\int_{2}^{+\infty} \frac{dx}{x(\ln x)^k}$ $(k \geq 2)$ 的敛散性.

## 第七节 定积分的应用

### 一、定积分的元素法

前面我们已经讨论了求曲边梯形的面积，是通过分割、近似代替、求和、取极限四步来完成的。一般地，可以写作：在区间 $[a,b]$ 上任取一个小区间 $[x, x+dx]$，用以左端点 $x$ 的函数值 $f(x)$ 为高，$dx$ 为宽的小矩形面积来近似代替小曲边梯形的面积 $\Delta A$，即 $\Delta A \approx f(x) dx$，其中 $f(x) dx$ 叫作**面积元素**，记为 $dA$，即 $dA = f(x) dx$ (见图 3-16). 于是 $A = \int_{a}^{b} dA = \int_{a}^{b} f(x) dx$. 这种方法叫作**元素法**或**微元法**.

### 二、定积分在几何学上的应用

**1. 在直角坐标系下求平面图形的面积**

设函数 $f(x), g(x)$ 在区间 $[a,b]$ 上连续，现利用微元法计算由曲线 $y=f(x), y=g(x)$ 及直线 $x=a, x=b$ 所围成的平面图形的面积 (见图 3-17).

将区间 $[a,b]$ 分割，在典型区间 $[x, x+dx]$ 上，$\Delta s \approx |f(x)-g(x)| \Delta x$，于是 $dA = |f(x)-g(x)| dx$，这样

$$A = \int_{a}^{b} |f(x)-g(x)| dx. \tag{1}$$

若平面图形 $A$ 由曲线 $x=\psi(y), x=\varphi(y) (\varphi(y) > \psi(y))$ 及直线 $y=c, y=d (c<d)$ 围成 (见图 3-18). 设函数 $x=\psi(y), x=\varphi(y)$ 在区间 $[c,d]$ 上连续，现利用微元法计算 $A$ 的面积.

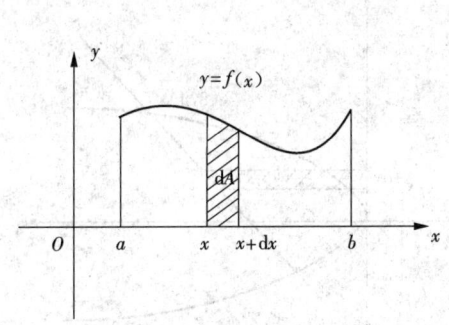

图 3-16

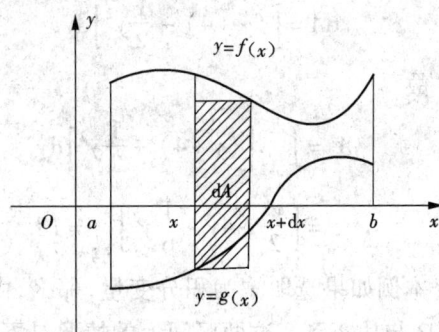

图 3-17

将区间 $[c,d]$ 分割,在典型区间 $[y, y+\mathrm{d}y]$ 上,$\Delta A \approx |\varphi(y) - \psi(y)| \Delta y$,于是 $\mathrm{d}A = |\varphi(y) - \psi(y)| \mathrm{d}y$,这样

$$A = \int_c^d |\varphi(y) - \psi(y)| \mathrm{d}y. \tag{2}$$

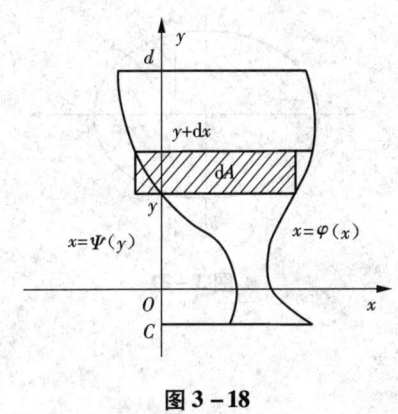

图 3-18

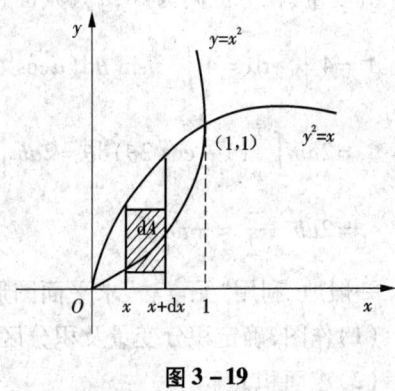

图 3-19

在(1)式中,我们以 $x$ 作为积分变量,而在(2)式中,我们则以 $y$ 作为积分变量. 一般地,在直角坐标系下计算平面图形面积时,就会遇到选择合适的积分变量问题.

**例 1** 计算由抛物线 $y = x^2$ 及 $y^2 = x$ 所围图形的面积.

**解** 解方程组 $\begin{cases} y = x^2 \\ y^2 = x \end{cases}$ 得交点 $(0,0),(1,1)$(见图 3-19). 确定 $x$ 为积分变量,则积分区间为 $[0,1]$. 在区间 $[0,1]$ 上任取一小区间 $[x, x+\mathrm{d}x]$,则面积元素

$$\mathrm{d}A = (\sqrt{x} - x^2) \mathrm{d}x.$$

故

$$A = \int_0^1 (\sqrt{x} - x^2) \mathrm{d}x = \left[\frac{2}{3} x^{\frac{3}{2}} - \frac{1}{3} x^3\right]_0^1 = \frac{1}{3}.$$

**例 2** 计算由抛物线 $y^2 = 2x$ 与直线 $x - y = 4$ 所围图形的面积.

**解** 解方程组 $\begin{cases} y^2 = 2x \\ x - y = 4 \end{cases}$ 得交点 $(2, -2), (8, 4)$(见图 3-20). 确定 $y$ 为积分变量,则积分区间为 $[-2, 4]$. 在区间 $[-2, 4]$ 上任取一小区间 $[y, y+\mathrm{d}y]$,则面积元素

$$dA = \left[(y+4) - \frac{1}{2}y^2\right]dy,$$

故

$$A = \int_{-2}^{4}\left[(y+4) - \frac{1}{2}y^2\right]dy$$
$$= \left[\frac{y^2}{2} + 4y - \frac{1}{6}y^3\right]_{-2}^{4} = 18.$$

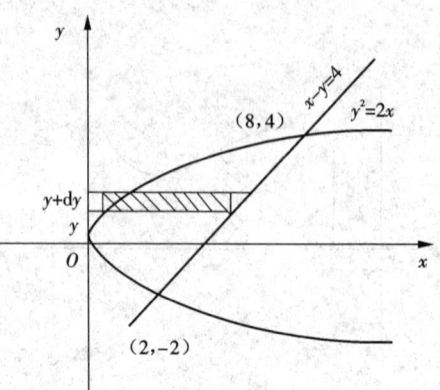

图 3-20

本例如果选取 $x$ 为积分变量,那么,由于 $x$ 从 0 到 2 与从 2 到 8 这两区间上的情况是不同的,因此需要先把图形分成两部分计算. 显然,这样做不如本例题采用的方法简便.

**例3** 求椭圆 $\begin{cases} x = a\cos\theta \\ y = b\sin\theta \end{cases}$ 的面积.

**解** 由椭圆的对称性,得 $A = 4A_1$(见图 3-21). 确定 $x$ 为积分变量,积分区间为 $[0,a]$,则面积元素 $dA_1 = ydx$,

$$A = 4\int_0^a ydx = 4\int_{\frac{\pi}{2}}^0 b\sin\theta d(a\cos\theta) = 4ab\int_0^{\frac{\pi}{2}}\sin^2\theta d\theta$$
$$= 2ab\int_0^{\frac{\pi}{2}}(1-\cos 2\theta)d\theta = 2ab\left[\theta - \frac{1}{2}\sin 2\theta\right]_0^{\frac{\pi}{2}}$$
$$= 2ab \cdot \frac{\pi}{2} = \pi ab.$$

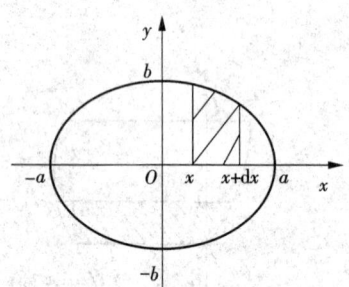

图 3-21

一般地,利用"元素法"求平面图形面积步骤如下:
(1) 作图,确定积分变量及积分区间.
(2) 求面积元素.
(3) 写出定积分表达式,计算定积分得面积.

**2. 在极坐标系下求平面图形面积**

我们利用微元法求由 $r = r(\theta)$,射线 $\theta = \alpha, \theta = \beta$ ($\alpha < \beta$)所围成的曲边扇形(见图 3-22)的面积. 设 $r = r(\theta)$ 在 $[\alpha,\beta]$ 上连续.

已知扇形面积 $s = \frac{1}{2}r^2\theta$. 分割区间 $[\alpha,\beta]$,考虑在典型区间 $[\theta, \theta+d\theta]$ 上小曲边扇形 $\Delta A$,当 $d\theta$ 很小时,$\Delta A$ 可由小扇形面积替代,即 $\Delta A \approx \frac{1}{2}r^2(\theta)d\theta$,即 $dA = \frac{1}{2}r^2(\theta)d\theta$,因此

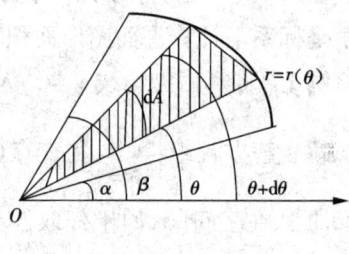

图 3-22

$$A = \int_\alpha^\beta \frac{1}{2}r^2(\theta)d\theta = \frac{1}{2}\int_\alpha^\beta r^2(\theta)d\theta. \tag{3}$$

**例4** 求阿基米德螺线 $r = a\theta$ ($a > 0$) 最初一圈与极轴所围成图形的面积.

**解** 如图 3-23 所示,螺线最初一圈中 $\theta$ 对应于 0 到 $2\pi$,由上面的公式(3)知,

$$A = \int_0^{2\pi} \frac{1}{2} r^2(\theta) \mathrm{d}\theta = \frac{1}{2} \int_0^{2\pi} (a\theta)^2 \mathrm{d}\theta = \frac{a^2}{2} \cdot \frac{\theta^3}{3} \bigg|_0^{2\pi} = \frac{4a^2\pi^3}{3}.$$

**例 5** 计算心形线 $r = a(1 - \cos\theta)$ 所围成的图形面积 ($a > 0$ 且为常数).

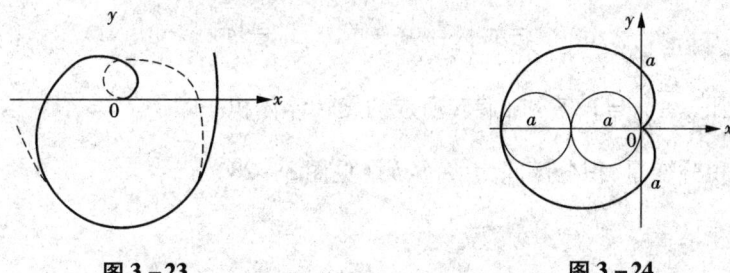

图 3-23　　　　　　　　　图 3-24

**解**　心形线如图 3-24 所示，由于图形关于极轴对称，故我们只需计算 $A_1$，此时 $A_1$ 中 $\theta$ 的变化区间是 $[0, \pi]$，于是按公式(3)得

$$A = 2A_1 = 2\int_0^\pi \frac{1}{2}[a(1-\cos\theta)]^2 \mathrm{d}\theta = a^2 \int_0^\pi (1 - 2\cos\theta + \cos^2\theta) \mathrm{d}\theta$$

$$= a^2 \int_0^\pi \left(\frac{3}{2} - 2\cos\theta + \frac{1}{2}\cos 2\theta\right) \mathrm{d}\theta = a^2 \left[\frac{3}{2}\theta - 2\sin\theta + \frac{1}{4}\sin 2\theta\right]_0^\pi = \frac{3}{2}\pi a^2.$$

**3. 旋转体的体积**

如图 3-25 所示，旋转体是由曲线 $y = f(x)$，直线 $x = a, x = b$ 及 $x$ 轴所围成的平面图形绕 $x$ 轴旋转一周而成的，下面用元素法来求它的体积.

在区间 $[a, b]$ 上任取 $[x, x + \mathrm{d}x]$，小旋转体的体积近似于以 $f(x)$ 为底半径，$\mathrm{d}x$ 为高的小圆柱体体积，从而得到体积元素

$$\mathrm{d}V = \pi [f(x)]^2 \mathrm{d}x,$$

则旋转体的体积为

$$V = \pi \int_a^b [f(x)]^2 \mathrm{d}x. \tag{4}$$

如果旋转体是由曲线 $x = \varphi(y)$，直线 $y = c, y = d (c < d)$ 及 $y$ 轴所围成的平图形绕 $y$ 轴旋转一周而成的(见图 3-26). 类似地，我们可以得到此旋转体的体积为

$$V = \pi \int_c^d [\varphi(y)]^2 \mathrm{d}y. \tag{5}$$

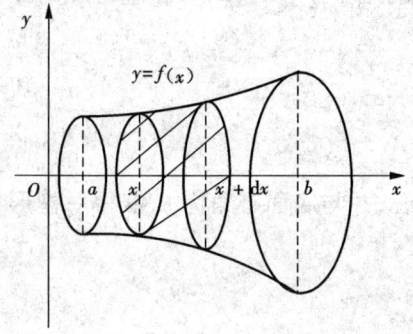

图 3-25

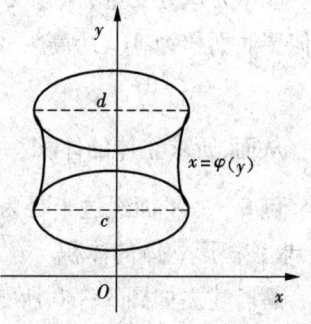

图 3-26

**例6** 求由曲线 $y^2 = 2x$ 及 $x = 2$ 所围平面图形绕 $x$ 轴旋转所成的几何体体积.

**解** 取 $x$ 为积分变量,积分区间为 $[0,2]$(见图3-27),在 $[0,2]$ 上的体积元素为 $dV = \pi [f(x)]^2 dx = 2\pi x dx$,故体积为

$$V = \pi \int_0^2 2x dx = \pi [x^2]_0^2 = 4\pi.$$

**例7** 求椭圆 $\dfrac{x^2}{a^2} + \dfrac{y^2}{b^2} = 1$ 绕 $y$ 轴旋转所成的旋转体体积.

**解** 取 $y$ 为积分变量,积分区间为 $[-b,b]$(见图3-28).

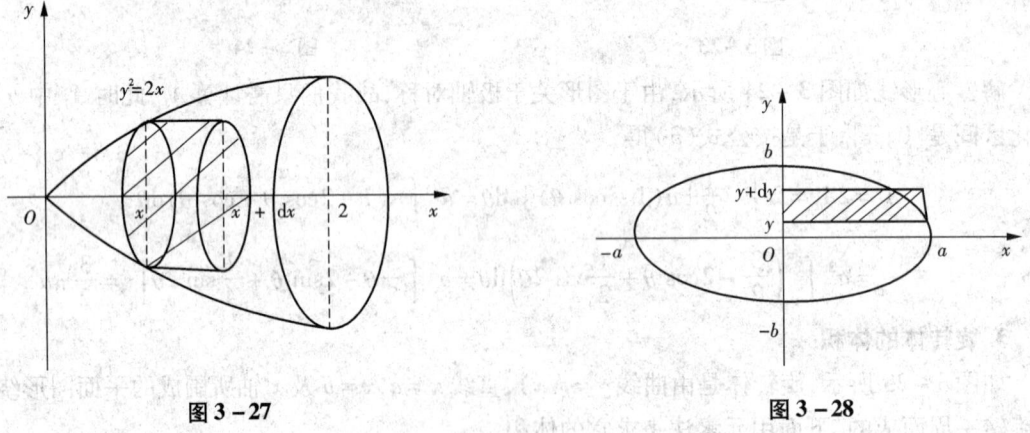

图3-27　　　　　　　　　　图3-28

体积元素 $dV = \pi x^2 dy = \pi \dfrac{a^2}{b^2}(b^2 - y^2) dy$,体积为

$$V = \pi \int_{-b}^b \dfrac{a^2}{b^2}(b^2 - y^2) dy = 2\pi \int_0^b \dfrac{a^2}{b^2}(b^2 - y^2) dy = 2\pi \dfrac{a^2}{b^2} \left[ b^2 y - \dfrac{1}{3} y^3 \right]_0^b$$

$$= \dfrac{4}{3} \pi a^2 b.$$

### 4. 已知平行截面面积的立体体积

设立体在垂直于 $x$ 轴的两个平面 $x = a, x = b$ $(a < b)$ 之间,并设垂直于 $x$ 轴的平面与该立体相交的截面面积 $A(x)$ 是 $x$ 的已知函数(见图3-29).现用元素法计算它的体积.

取 $x$ 为积分变量,积分区间为 $[a,b]$,在 $[a,b]$ 上任取小区间 $[x, x+dx]$,相应薄片的体积近似于底面积为 $A(x)$,高为 $dx$ 的柱体体积,即体积元素

$$dV = A(x) dx.$$

从而,所求立体的体积　　　　　　$V = \int_a^b A(x) dx.$　　　　　　　　　　　(6)

**例8** 一平面经过半径为 $R$ 的圆柱体的底面圆的中心,并与底面夹角为 $\theta$,截得一楔形立体,求该楔形立体的体积.

**解** 建立如图3-30所示的坐标系,底面圆的方程为

$$x^2 + y^2 = R^2,$$

取 $x$ 为积分变量,积分区间为 $[-R, R]$,该立体在 $[-R, R]$ 上的任一点 $x$ 处垂直于 $x$ 轴的截面

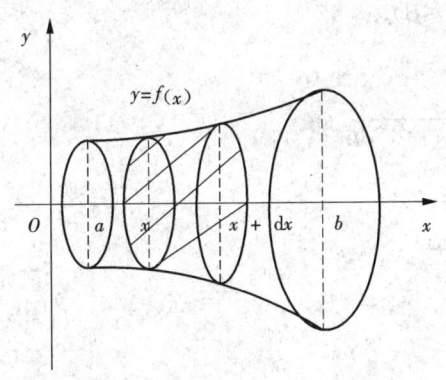

图 3 – 29

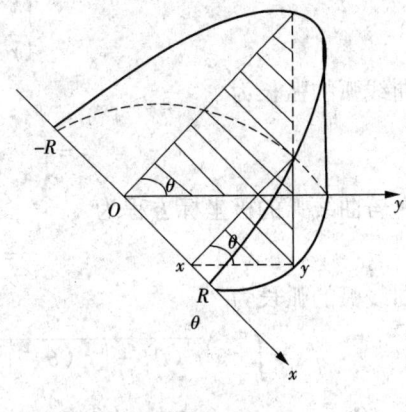

图 3 – 30

是直角三角形,它的两条直角边为 $\sqrt{R^2-x^2}$, $\sqrt{R^2-x^2}\tan\theta$,因此截面面积为

$$A(x) = \frac{1}{2}(R^2-x^2)\tan\theta,$$

则所求立体体积

$$V = \int_{-R}^{R} \frac{1}{2}(R^2-x^2)\tan\theta \mathrm{d}x = \frac{1}{2}\tan\theta \left[R^2 x - \frac{x^3}{3}\right]_{-R}^{R} = \frac{2}{3}R^3 \tan\theta.$$

**5. 平面曲线的弧长**

设曲线弧由直角坐标方程 $y=f(x)(a\leq x\leq b)$ 给出,其中 $f(x)$ 在 $[a,b]$ 上具有一阶连续导数,下面用元素法求该曲线弧的弧长.

如图 3 – 31 所示,选择 $x$ 作积分变量,则 $x$ 的变化区间为 $[a,b]$,分割区间 $[a,b]$,相应于 $[a,b]$ 上的小区间 $[x,x+\mathrm{d}x]$ 的小弧段的长度 $\Delta s$ 近似等于对应弦的长度 $\sqrt{(\mathrm{d}x)^2+(\mathrm{d}y)^2} = \sqrt{1+y'^2}\mathrm{d}x$. 于是弧长元素为

$$\mathrm{d}s = \sqrt{1+y'^2}\mathrm{d}x,$$

所以所求弧长为

$$s = \int_a^b \sqrt{1+y'^2}\mathrm{d}x.$$

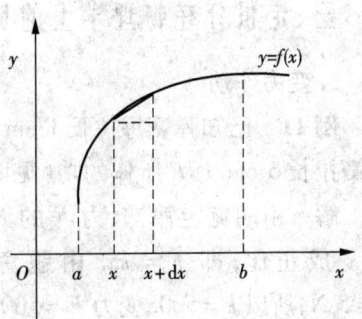

图 3 – 31

**例 9** 计算曲线 $y = \frac{2}{3}x^{\frac{3}{2}}$ 上相应于 $x$ 从 $a$ 到 $b$ 的弧段(见图 3 – 32)的长度.

**解** $y' = x^{\frac{1}{2}}$,从而弧长元素 $\mathrm{d}s = \sqrt{1+(x^{\frac{1}{2}})^2}\mathrm{d}x = \sqrt{1+x}\mathrm{d}x.$

因此所求弧长为

$$s = \int_a^b \sqrt{1+x}\mathrm{d}x = \left[\frac{2}{3}(1+x)^{\frac{3}{2}}\right]_a^b = \frac{2}{3}\left[(1+b)^{\frac{3}{2}} - (1+a)^{\frac{3}{2}}\right].$$

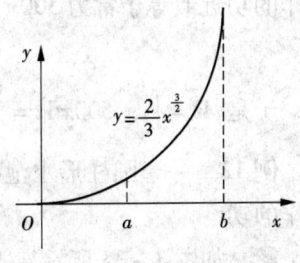

图 3 – 32

用定积分的元素法还可以证明:若曲线弧的参数方程为

$$\begin{cases} x = x(t), \\ y = y(t), \end{cases} (\alpha \le t \le \beta)$$

则曲线弧的弧长为

$$s = \int_\alpha^\beta \sqrt{[x'(t)]^2 + [y'(t)]^2}\, dt.$$

若曲线弧的极坐标方程为

$$r = r(\theta) \quad (\alpha \le \theta \le \beta),$$

则曲线弧的弧长为

$$s = \int_\alpha^\beta \sqrt{r^2(\theta) + [r'(\theta)^2]}\, d\theta.$$

**例 10** 计算摆线 $\begin{cases} x = a(\theta - \sin\theta) \\ y = a(1 - \cos\theta) \end{cases} (0 \le \theta \le 2\pi)$ 的一拱的长度(见图 3-33).

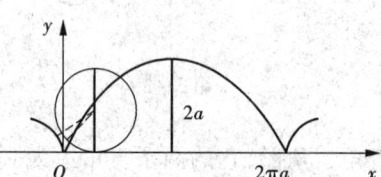

图 3-33

**解** 弧长元素 $ds = \sqrt{[x'(\theta)]^2 + [y'(\theta)]^2}\, d\theta$

$= \sqrt{a^2(1-\cos\theta)^2 + a^2 \sin^2\theta}\, d\theta$

$= a\sqrt{2(1-\cos\theta)}\, d\theta = 2a\sin\dfrac{\theta}{2}\, d\theta,$

则曲线弧的弧长为

$$s = \int_0^{2\pi} 2a\sin\dfrac{\theta}{2}\, d\theta = 2a\left[-2\cos\dfrac{\theta}{2}\right]_0^{2\pi} = 8a.$$

## 三、定积分在物理学上的应用

### 1. 变力作功

**例 11** 已知弹簧每拉长 1 cm,需 5 N 的力,求把弹簧拉长 6 cm 力 $F$ 所作的功(见图 3-34).

**解** 由胡克定律知,力 $F$ 的大小与弹簧的伸长量 $x$ 成正比,即 $F = kx$. 由题意 $x = 0.01$ m 时, $F = 5$ N,所以 $k = 500$. 变力 $F = 500x$.

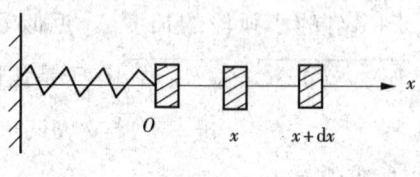

图 3-34

下面用元素法求变力 $F$ 所作的功.

取 $x$ 为积分变量,积分区间为 $[0, 0.06]$,在 $[0, 0.06]$ 上任取一小区间 $[x, x+dx]$,变力 $F$ 所作的功近似等于常力 $500x$ 所作的功,即功元素

$$dW = 500x\, dx.$$

于是, $W = \displaystyle\int_0^{0.06} 500x\, dx = \dfrac{500}{2} x^2 \Big|_0^{0.06} = 0.9$ J.

**例 12** 一个圆柱形水池高 5 m,底圆半径为 3 m,池内盛满水,计算把池内的水全部吸出所作的功.

**解** 如图 3-35 所示建立坐标系,取 $x$ 为积分变量,积分区间为 $[0, 5]$,功元素

$$dW = \pi \rho g R^2 x\, dx$$

$$= 3^2 \cdot 9800\pi x\mathrm{d}x = 88\,200\pi x\mathrm{d}x$$

(其中 $\rho = 1000 \text{ kg/m}^3$；$g = 9.8 \text{ m/s}^2$；$R = 3 \text{ m}$)

则 $W = \int_0^5 88\,200\pi x\mathrm{d}x = 88\,200\pi \left[\dfrac{x^2}{2}\right]_0^5$

$\approx 346.185 \text{ kJ}.$

### 2. 液体的压力

由物理学知道,一个面积为 $S$ 的薄板,水平放在深为 $h$ 处的液体中,则薄板一侧所受的压力为 $P = \rho g h S$, 其中 $\rho$ 为液体的密度, $g$ 为重力加速度($g = 9.8 \text{ m/s}^2$).

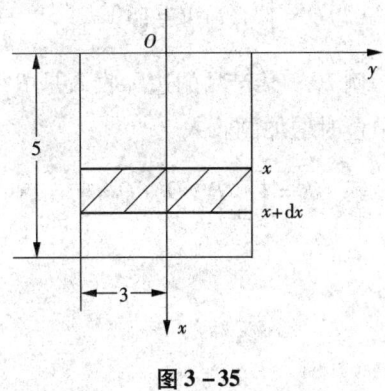

图 3-35

如果将薄板垂直放置在液体中,求一侧所受压力,就不能直接利用上述公式,因为薄板上水深不同的点处压强也不同. 可以用元素法来解决这类问题.

**例 13** 有一矩形闸门直立水中,已知水的密度为 $\rho = 1000 \text{ kg/m}^3$,闸门高 3 m,宽 2 m,水面超过门顶 2 m,求闸门一侧所受的水压力.

**解** 建立如图 3-36 所示的坐标系,取 $x$ 为积分变量,积分区间为 $[2,5]$,在 $[2,5]$ 上任取一小区间 $[x, x+\mathrm{d}x]$,小矩形所受的压强看成是不变的,压力元素

$$\mathrm{d}P = 2\rho g x\mathrm{d}x = 19\,600 x\mathrm{d}x.$$

故 $P = 19\,600\int_2^5 x\mathrm{d}x = 19\,600\left[\dfrac{x^2}{2}\right]_2^5 = 205\,800 \text{(N)}.$

一般地,当薄板为曲边梯形时(见图 3-37),垂直放置在液体中,一侧所受压力为

$$P = \int_a^b \rho g x f(x)\mathrm{d}x.$$

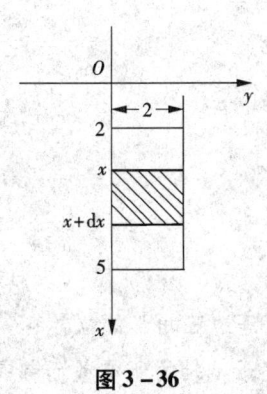

图 3-36

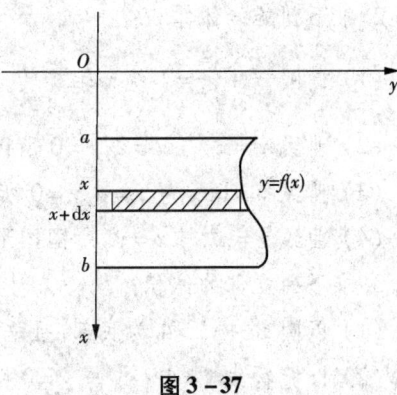

图 3-37

### 四、定积分在经济学上的应用

**例 14** 设某产品的总产量变化率为 $f(t) = 100 + 10t - 0.45t^2$ (吨/小时),求：

(1) 总产量函数 $Q(t)$；　　(2) 从 $t_0 = 4$ 到 $t_1 = 8$ 这段时间内的产量.

**解** (1) $Q(t) = \int_0^t f(x)\mathrm{d}x = \int_0^t (100 + 10x - 0.45x^2)\mathrm{d}x = 100t + 5t^2 - 0.15t^3$ (吨).

$(2) Q = \int_4^8 f(t)\,dt = [100t + 5t^2 - 0.15t^3]_4^8 = 572.8(吨).$

**例 15** 某产品的边际收入是 $R'(Q) = 75(20 - \sqrt{Q})$,求当产品生产从 225 个上升到 400 个单位时增加的收入.

**解** $R = \int_{225}^{400} R'(Q)\,dQ = \int_{225}^{400} 75(20 - \sqrt{Q})\,dQ = 75\left[20Q - \frac{2}{3}Q^{\frac{3}{2}}\right]_{225}^{400} = 31\,250.$

## 习题 3–7

1. 求下列各曲线所围成的平面图形的面积:

(1) 抛物线 $y = 1 - x^2$ 与 $y = x^2 - 1$;

(2) 抛物线 $y = 4 - x^2$ 与直线 $x = 4, x = 0, y = 0$ 在 $[0,4]$ 上;

(3) 抛物线 $y^2 = 2x$ 与直线 $y = \frac{3}{2} - x$;

(4) 曲线 $y = x^2 - 2x + 3$ 与直线 $y = x + 3$;

(5) 曲线 $y = \frac{1}{x}$ 与直线 $y = x, x = 2$;

(6) 计算心形线 $r = a(1 - \cos\theta)(a > 0$ 为常数$)$ 所围成的图形的面积;

(7) 抛物线 $y = \frac{1}{2}x^2$ 分割圆 $x^2 + y^2 \leq 8$ 成的两部分图形的面积;

(8) $r = 1$ 被 $r = 1 + \cos\theta$ 所分割成的两部分图形的面积.

2. 求下列旋转体体积:

(1) 椭圆 $\frac{x^2}{a^2} + \frac{y^2}{b^2} = 1$ 绕 $x$ 轴旋转;

(2) 曲线 $y = x^2$ 与 $x = 2, y = 0$ 所围图形绕 $x$ 轴和 $y$ 轴;

(3) 曲线 $y = \ln x$ 与 $x = e, y = 0$ 所围图形绕 $y$ 轴;

(4) 曲线 $y = x^2$ 与 $x = y^2$ 所围图形绕 $x$ 轴.

3. 求下列立体的体积:

(1) 以圆 $x^2 + y^2 = 4$ 为底部,且垂直于 $x$ 轴的所有截面均为等边三角形的立体;

(2) 以抛物线 $y = 4 - x^2$ 与 $y = 0$ 围成的图形为底部,且垂直于 $y$ 轴的所有截面都是高为 2 的矩形的立体的体积.

4. 求下列平面曲线的弧长:

(1) $y = \ln x, \sqrt{3} \leq x \leq \sqrt{8}$;

(2) $y = \frac{e^x + e^{-x}}{2}, 0 \leq x \leq a$;

(3) $x^{\frac{2}{3}} + y^{\frac{2}{3}} = a^{\frac{2}{3}}(a > 0)$;

(4) $\begin{cases} x = e^t \sin t, \\ y = e^t \cos t; \end{cases}$ $(0 \leq t \leq 1)$

(5) 计算心形线 $r = a(1 + \cos\theta)$ ($a > 0$ 为常数) 的周长；

(6) 计算 $r = ae^{m\theta}$ ($\theta_1 \leq \theta \leq \theta_2$).

5. 质点在力 $F = 2x + x^2$ 作用下，沿直线 $x = 1$ 移动到 $x = 2$，求力 $F$ 所作的功.

6. 设有一个弹簧，用 5 N 的力可以把它拉长 0.01 m，求把弹簧拉长 0.1 m 所作的功.

7. 修建一座大桥的桥墩时先要下围图，并且抽尽其中的水以便施工，已知围图的直径为 20 m，水深 27 m，围图高出水面 3 m，求抽尽水所作的功.

8. 设一个水平放置的水管，其断面是直径为 6 m 的圆，求当水半满时，水管一端的竖立闸门上所受的压力.

9. 设某产品的总成本 $C$ (单位:万元) 的变化率是产量 $x$ (单位:百台) 的函数 $\dfrac{dC}{dx} = 6 + \dfrac{x}{2}$，且总收入函数 $R$ (单位:万元) 的变化率也是产量 $x$ 的函数 $\dfrac{dR}{dx} = 12 - x$，求：

(1) 产量从 1 百台增加到 3 百台时，总成本与总收入各增加多少万元？

(2) 产量为多少时总利润 $L(x)$ 最大？

10. 某工厂生产某产品 $q$ (百台) 的总成本为 $C$ (万元)，且 $C' = 2$ (设固定成本为零，单位:万元/百台)，收益 $R$ (万元) 的变化率 (边际收益) 为产品数 $q$ 的函数，$R'(q) = 7 - 2q$ (单位:万元/百台)，问：产量为多少时总利润 $L(q)$ 最大？

# 本章学习指导

## 一、内容提要

**1. 原函数**

$F'(x) = f(x)$.

**2. 不定积分**

(1) 定义 $\int f(x) dx = F(x) + C$.

(2) 微分运算与求不定积分运算是互逆的.

$\int f'(x) dx = f(x) + C;$ $\quad$ $\left[\int f(x) dx\right]' = f(x);$

$d\left[\int f(x) dx\right] = f(x) dx;$ $\quad$ $\int df(x) = f(x) + C.$

(3) 不定积分的运算性质.

**3. 积分法**

(1) 利用基本积分表直接积分.

(2) 换元积分法：第一类换元积分法（凑微分法）、第二类换元积分法.

(3) 分部积分法.

**4. 定积分的定义、性质、几何意义**

**5. 微积分基本公式**

$$\int_a^b f(x)\,dx = F(b) - F(a).$$

**6. 定积分的换元积分法和分部积分法**

**7. 广义积分**

**8. 定积分的应用**

## 二、重点与难点解析

**1. 不定积分和定积分的区别与联系**

不定积分和定积分是两个完全不同的概念. 函数 $f(x)$ 的不定积分是 $f(x)$ 的全部原函数，其几何意义是积分曲线族；而定积分是一个数，其几何意义是曲边梯形面积的代数和. 它们是通过微积分基本公式（Newton–Leibniz 公式）建立了联系，不定积分的计算是定积分计算的基础；而定积分的计算又有自己独特的方法和技巧.

**2. 怎样选择比较简洁的方法计算不定积分**

要想选择比较简洁的方法计算不定积分，必须要熟练掌握积分公式和法则，要了解各种比较典型的方法，认真分析被积函数的形式特点.

计算不定积分的首选方法是直接积分法，它是以不定积分的性质和公式为基础. 如果遇到某些不能直接运用公式的积分问题，就需要先进行一系列代数变形和三角变形，使之能利用不定积分的基本公式.

如果不能运用直接积分法，那么要找出原因，分析困难在哪里.

换元积分法实质就是变量代换法，引入新的变量就是为了使得所求的积分与基本公式相接近. 通常是在积分感到困难的地方作变换，常见关于无理函数积分的换元有三种方法："凑微分"法、三角代换法和简单根式替代法，用的最多的是省略了换元过程的"凑微分法".

分部积分法的实质是更换被积函数，将感到困难的积分转化为容易计算的积分. 只有具有几种特殊形式的被积函数才能运用分部积分法. 要认识这几种形式的特点及采取的相应方法.

被积函数含有根式时，要做具体分析，并非都要做第二类换元，有的可以用第一类换元"凑微分"法，有的可以用简单根式替代法. 以上两种方法解决不了时，才利用第二类换元法.

在很多不定积分的计算中，都需要把换元法和分部积分法结合起来. 不定积分计算方法灵活多变，需要一定的思维能力和技巧，除了要多做一些练习外，还要注意方法的积累和分析，注意数学通法的应用.

**3. 怎样选择比较简洁的方法计算定积分**

计算不定积分的方法同样适用于定积分. 除了上面所述内容外，还需要注意以下几点.

(1) 如果积分区间是关于坐标原点对称的，那么要注意分析被积函数是否具有奇偶性，以便利用奇、偶函数积分的性质.

(2) 如果被积函数是周期函数，积分区间的长度恰为一个周期，那么可以应用周期函数积分的性质.

(3) 应用定积分的换元积分法时,首先要检查变量代换是否符合换元积分法的条件,作三角代换要注意其值域,作简单根式替代法要注意在所讨论的区间上,旧变量是否为新变量的单值函数. 作变量代换的同时,积分限要随之改变,即换元必换限.

(4) 当被积函数为分段函数时,要根据定积分对区间具有的可加性,把原积分转化为若干个小区间的定积分.

(5) 在计算被积函数中含有绝对值的定积分时,一般可令绝对值部分等于 0,从而求出在积分区间内符号一致的小区间,根据定积分对区间具有的可加性,从而把原积分转化为若干个小区间上被积函数中不含绝对值的定积分.

(6) 计算定积分时,不能只把注意力集中在被积函数上,而应当首先检查该积分是常义积分还是广义积分,如果是广义积分,只能用广义积分的定义去求.

**4. 关于变上限积分函数的说明**

变上限的积分 $\int_a^x f(t)\,dt$ 表示函数,当 $f(x)$ 为连续函数时,$\int_a^x f(t)\,dt$ 为可导函数,因此微分学中的关于函数的性质的研究完全可以用于变上限积分函数. 在使用其求导公式时要注意:

(1) 被积函数中的变量是 $t$ 不含变上限的变元 $x$,而如果被积函数中含变上限的变元 $x$,不能直接利用变上限函数的求导公式. 通常的做法是进行恒等变形,将 $x$ 分离出来. 如

$$\int_0^x (x^2 - t)f(t)\,dt = x^2 \int_0^x f(t)\,dt - \int_0^x tf(t)\,dt.$$

(2) 积分上限如果是 $x$ 的函数,那么求导时要应用复合函数的求导法则.

**5. 定积分应用中需要注意的问题**

(1) 要掌握用定积分表示一些几何量和物理量的方法,明了这些应用的共同思想.

(2) "以直代曲,以不变代变"是建立微元的基本思想,但是这种代换必须是等价无穷小间的代换.

(3) 要正确地确定积分变量的变化范围,将微元无限积累,写出并计算定积分方可解决问题.

**三、典型例题**

**例 1** 设曲线过点 $(-1,2)$,且曲线上任意一点处切线的斜率等于该点横坐标的 2 倍,求该曲线方程.

**解** 设所求曲线方程为 $y = f(x)$,由题意 $y' = 2x$,则 $y = \int 2x\,dx = x^2 + C$,将 $(-1,2)$ 代入,得 $C = 1$,所求曲线方程为 $y = x^2 + 1$.

**例 2** 求 $\int \dfrac{1 - x^2}{1 + x^2}\,dx$.

**解** $\int \dfrac{1 - x^2}{1 + x^2}\,dx = \int \dfrac{2 - (1 + x^2)}{1 + x^2}\,dx = 2\int \dfrac{dx}{1 + x^2} - \int dx = 2\arctan x - x + C$.

**例 3** 求 $\int \dfrac{1 + \ln x}{(x\ln x)^2}\,dx$.

**解** $\int \dfrac{1+\ln x}{(x\ln x)^2}dx = \int \dfrac{1}{(x\ln x)^2}d(x\ln x) = -\dfrac{1}{x\ln x}+C.$

**例4** 求 $\int \arctan\sqrt{x}\,dx.$

**解** 设 $t=\sqrt{x}$,则 $x=t^2, dx=2t\,dt,$

$\int \arctan\sqrt{x}\,dx = 2\int t\cdot\arctan t\,dt = \int \arctan t\,d(t^2) = t^2\arctan t - \int \dfrac{t^2}{1+t^2}dt$

$\qquad = t^2\arctan t - \int\left(1-\dfrac{1}{1+t^2}\right)dt = t^2\arctan t - t + \arctan t + C$

$\qquad = x\arctan\sqrt{x} - \sqrt{x} + \arctan\sqrt{x} + C.$

**例5** 设 $f(x)=\begin{cases}1, & 0\leq x\leq 1\\ 2x, & 1<x\leq 2\end{cases}$,求 $\int_0^2 f(x)dx.$

**解** $\int_0^2 f(x)dx = \int_0^1 dx + \int_1^2 2x\,dx = x\big|_0^1 + x^2\big|_1^2 = 1+3=4.$

**例6** 求 $\int_2^4 \dfrac{dx}{x\sqrt{x-1}}.$

**解** 设 $t=\sqrt{x-1}$,则 $x=1+t^2, dx=2t\,dt$;当 $x=2$ 时,$t=1$;当 $x=4$ 时,$t=\sqrt{3}.$

$\int_2^4 \dfrac{dx}{x\sqrt{x-1}} = \int_1^{\sqrt{3}} \dfrac{2t\,dt}{(1+t^2)t} = 2\int_1^{\sqrt{3}} \dfrac{1}{1+t^2}dt = 2\arctan t\big|_1^{\sqrt{3}} = \dfrac{\pi}{6}.$

**例7** 求曲线 $y=e^x, y=e^{-x}$ 与直线 $x=1$ 所围平面图形的面积.

**解** 如图 3-38 所示,曲线 $y=e^x, y=e^{-x}$ 与直线 $x=1$ 的交点为 $(1,e),(1,e^{-1})$,则面积

$A = \int_0^1 (e^x - e^{-x})dx = (e^x + e^{-x})\big|_0^1 = e+e^{-1}-2.$

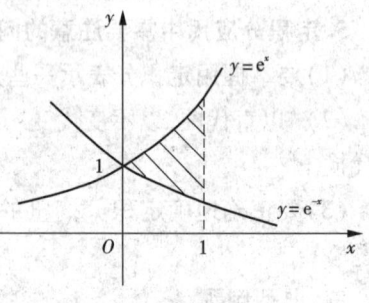

图 3-38

**例8** 讨论 $\int_a^b \dfrac{1}{(b-x)^p}dx$ 的敛散性.

**解** 当 $p=1$ 时,

$\int_a^b \dfrac{1}{(b-x)^p}dx = \int_a^b \dfrac{1}{b-x}dx = \lim_{\varepsilon\to 0^-}\int_a^{b+\varepsilon} \dfrac{1}{b-x}dx$

$\qquad = \lim_{\varepsilon\to 0^-}[\ln|b-x|]_a^{b+\varepsilon}$

$\qquad = \lim_{\varepsilon\to 0^-}\ln(-\varepsilon) - \ln|b-a| = +\infty,$

当 $p\neq 1$ 时,

$\int_a^b \dfrac{1}{(b-x)^p}dx = \lim_{\varepsilon\to 0^-}\int_a^{b+\varepsilon} \dfrac{1}{(b-x)^p}dx = \lim_{\varepsilon\to 0^+}\left(\dfrac{(b-x)^{1-p}}{1-p}\Big|_a^{b-\varepsilon}\right)$

$\qquad = \lim_{\varepsilon\to 0^+}\dfrac{\varepsilon^{1-p}}{1-p} - \dfrac{(b-a)^{1-p}}{1-p} = \begin{cases}\dfrac{(b-a)^{1-p}}{p-1}, & p<1,\\ +\infty, & p>1.\end{cases}$

所以,积分 $\int_a^b \dfrac{1}{(b-x)^p}dx$,当 $p<1$ 时收敛,当 $p\geq 1$ 时发散.

## 复习题三

**一、填空题**

1. $\int x^2 e^{2x^3} dx = $ _____.

2. 设 $f(x) = e^{-x}$,则 $\int \dfrac{f'(\ln x)}{x} dx = $ _____.

3. 函数 $f(x) = x^2$ 的积分曲线过点 $(-1, 2)$,则这条积分曲线是 _____.

4. 定积分 $\int_{-\pi}^{\pi} \dfrac{\sin x}{1 + \sin^2 x} dx = $ _____.

5. $\dfrac{d}{dx} \int_a^b f(x) dx = $ _____.

6. $\int x f(x^2) f'(x^2) dx = $ _____.

7. 设 $\Phi(x) = \int_0^x \tan t \, dt$,则 $\Phi'(x) = $ _____.

8. 若 $\int_1^b \ln x \, dx = 1$,则 $b = $ _____.

9. 若 $\int f(x) dx = x^2 e^{2x} + C$,则 $f(x) = $ _____.

10. 由定积分的几何意义,$\int_0^1 \sqrt{1 - x^2} dx = $ _____.

**二、选择题**

1. 设在 $(a, b)$ 内 $f'(x) = g'(x)$,则下列各式中一定成立的是( ).
   (A) $f(x) = g(x)$                      (B) $f(x) = g(x) + 1$
   (C) $\left( \int f(x) dx \right)' = \left( \int g(x) dx \right)'$     (D) $\int f'(x) dx = \int g'(x) dx$

2. 设 $F(x)$ 是 $f(x)$ 的一个原函数,则 $\int e^{-x} f(e^{-x}) dx = $ ( ).
   (A) $F(e^{-x}) + C$     (B) $-F(e^{-x}) + C$     (C) $F(e^x) + C$     (D) $-F(e^x) + C$

3. 下列函数对中是同一函数的原函数的是( ).
   (A) $\ln x^2$ 与 $\ln 2x$               (B) $\sin^2 x$ 与 $\sin 2x$
   (C) $2 \cos^2 x$ 与 $\cos 2x$       (D) $\arcsin x$ 与 $\arccos x$

4. $\int \ln(2x) dx = $ ( ).
   (A) $2x \ln 2x - 2x + C$           (B) $2x \ln 2 + \ln x + C$
   (C) $x \ln 2x - x + C$              (D) $\dfrac{1}{2} (x - 1) \ln x + C$

5. 设 $\int f'(x^3) dx = x^3 + C$,则 $f(x) = $ ( ).

(A) $\dfrac{1}{2}x^2 + C$  (B) $\dfrac{9}{5}x^{\frac{5}{3}} + C$  (C) $\dfrac{5}{9}x^{\frac{3}{5}} + C$  (D) $\dfrac{3}{5}x^{\frac{5}{3}} + C$

6. 下列式子正确的是(　　).

(A) $\int_0^1 e^x dx < \int_0^1 e^{x^2} dx$　　　　　　(B) $\int_0^1 e^x dx > \int_0^1 e^{x^2} dx$

(C) $\int_0^1 e^x dx = \int_0^1 e^{x^2} dx$　　　　　　(D) 以上都不对

7. 设 $f(x)$ 为连续函数，则积分上限函数 $\int_a^x f(t)dt$ 是(　　).

(A) $f'(x)$ 的一个原函数　　　　　(B) $f'(x)$ 的所有原函数
(C) $f(x)$ 的一个原函数　　　　　(D) $f(x)$ 的所有原函数

8. 设函数 $f(x)$ 在 $[0,1]$ 上连续，令 $t = 2x$，则 $\int_0^1 f(2x)dx = $(　　).

(A) $\int_0^2 f(t)dt$  (B) $\dfrac{1}{2}\int_0^1 f(t)dt$  (C) $2\int_0^2 f(t)dt$  (D) $\dfrac{1}{2}\int_0^2 f(t)dt$

9. $\dfrac{d}{dx}\int_a^b \arcsin x\, dx = $(　　).

(A) $\arcsin x$　　　　　　　　　(B) $\dfrac{1}{\sqrt{1-x^2}}$

(C) $\arcsin b - \arcsin a$　　　　　(D) $0$

10. 下列广义积分中收敛的是(　　).

(A) $\int_e^{+\infty} \dfrac{\ln x}{x}dx$　(B) $\int_e^{+\infty} \dfrac{1}{x\ln x}dx$　(C) $\int_e^{+\infty} \dfrac{(\ln x)^2}{x}dx$　(D) $\int_e^{+\infty} \dfrac{1}{x(\ln x)^2}dx$

### 三、计算题

1. $\int \left(1 - \dfrac{1}{x^2}\right)\sqrt{x\sqrt{x}}\, dx$;　　　　2. $\int \left(\sin\dfrac{x}{2} + \cos\dfrac{x}{2}\right)^2 dx$;

3. $\int \dfrac{1}{1+e^{2x}} dx$;　　　　　　　　4. $\int \sin 2x \cos 4x\, dx$;

5. $\int \sin\sqrt{x}\, dx$;　　　　　　　　　6. $\int_{\frac{1}{e}}^{e} |\ln x|\, dx$;

7. $\int_2^{+\infty} \dfrac{1}{1-x^2} dx$;

8. 求曲线 $y = \cos x$ 与直线 $y = 1$, $x = \dfrac{\pi}{2}$ 在 $\left[0, \dfrac{\pi}{2}\right]$ 上所围成的平面图形的面积．

# 第四章 微分方程

函数是客观事物的内部联系在数量上的反映,利用函数关系可以对客观事物的规律性进行研究. 在科研、生产的大量实际问题中,我们常常会遇到求在事物变化过程中的某一时刻,事物内部相联系的数量关系的问题. 这类问题通常不能直接求得函数的关系,往往可以得到关于自变量、未知函数及未知函数的导数(或微分)的方程. 这种方程就是**微分方程**.

本章我们将介绍一些常见的微分方程及其解法.

## 第一节 微分方程的基本概念

### 一、实 例

**例1** 求过点$(1,3)$且在曲线上任一点$M(x,y)$处的切线斜率为$2x$的曲线方程.

**解** 设曲线方程是$y=f(x)$,由导数的几何意义,得

$$\begin{cases} \dfrac{dy}{dx}=2x, \\ f(1)=3. \end{cases}$$

由$\dfrac{dy}{dx}=2x$,得$y=x^2+c$,这是一条抛物线. 曲线上任一点$M(x,y)$处的切线斜率为$2x$. 又由$f(1)=3$,即$x=1$时,$y=3$,得$c=2$. 因此,$y=x^2+2$就是所求的过点$M(1,3)$且在曲线上任意一点$M(x,y)$处的切线斜率为$2x$的曲线方程.

**例2** 一个物体以初速度$v_0$竖直上抛,设物体的运动只受重力影响. 试确定该物体运动的路程$s$与时间$t$的函数关系.

**解** 因为物体运动的加速度是路程$s$对时间$t$的二阶导数,故由牛顿第二定律有

$$ms''(t)=-mg, \text{即} s''(t)=-g,$$

两边积分得

$$v=-gt+c_1, \text{即} \dfrac{ds}{dt}=-gt+c_1.$$

再一次积分得

$$s=-\dfrac{1}{2}gt^2+c_1t+c_2(\text{其中}c_1,c_2\text{为任意常数}).$$

这是一族曲线. 如果物体开始上抛时的路程为$s_0$,则依题意有$v(0)=v_0,s(0)=s_0$,代入上式得$c_1=v_0,c_2=s_0$. 故$s=-\dfrac{1}{2}gt^2+v_0t+s_0$为所求函数关系.

### 二、微分方程的概念

含有未知函数的导数(或微分)的方程叫作**微分方程**. 未知函数为一元函数的微分方程叫

作**常微分方程**. 本章只讨论常微分方程,简称方程. 如 $s''(t) = -g, \dfrac{dy}{dx} = 2x, y' + 2xy = \sin x$, $\dfrac{d^2y}{dx^2} + 3x\dfrac{dy}{dx} = x+1, xdy + ydx = 0$ 都是微分方程. 微分方程中出现的未知函数的各阶导数中的最高阶数叫作微分方程的**阶**. 在上述五个方程中, $s''(t) = -g$ 和 $\dfrac{d^2y}{dx^2} + 3x\dfrac{dy}{dx} = x+1$ 均是二阶微分方程,其余三个均是一阶微分方程. 如果将一个函数代入微分方程,使得方程成立,那么,这个函数就叫作该微分方程的**解**. 如果微分方程的解中所含有的独立的任意常数的个数等于微分方程的阶数,那么,此解就叫作该微分方程的**通解**. 独立的任意常数是指这些常数不能进行合并. 在通解中,利用一些给定的条件,确定了任意常数的解叫作微分方程的**特解**,相应的条件叫作**初始条件**. 如例1中, $f(1) = 3$ 是初始条件,函数 $y = x^2 + C$ 是一阶微分方程 $\dfrac{dy}{dx} = 2x$ 的通解, $y = x^2 + 2$ 是满足初始条件 $f(1) = 3$ 的特解. 一阶微分方程的初始条件一般记作 $y|_{x=x_0} = y_0$ 的形式,如 $y|_{x=1} = 3$. 二阶微分方程的初始条件一般记作 $y|_{x=x_0} = a, y'|_{x=x_0} = b$ 的形式.

**例3** (1) 验证函数 $y = C_1 \cos kx + C_2 \sin kx$ 是微分方程 $\dfrac{d^2y}{dx^2} + k^2 y = 0$ 的通解.

(2) 求(1)中满足初始条件 $y|_{x=0} = 2, y'|_{x=0} = 3$ 的特解.

**解** (1) 对函数 $y = C_1 \cos kx + C_2 \sin kx$ 的两边连续分别求导,得

$$\dfrac{dy}{dx} = -kC_1 \sin kx + kC_2 \cos kx, \dfrac{d^2y}{dx^2} = -k^2 C_1 \cos kx - k^2 C_2 \sin kx.$$

将 $\dfrac{dy}{dx}$ 和 $\dfrac{d^2y}{dx^2}$ 代入微分方程左端,得

$$-k^2 C_1 \cos kx - k^2 C_2 \sin kx + k^2 (C_1 \cos kx + C_2 \sin kx)$$
$$= -k^2 (C_1 \cos kx + C_2 \sin kx) + k^2 (C_1 \cos kx + C_2 \sin kx) = 0.$$

因为已知微分方程是二阶微分方程,而函数 $y = C_1 \cos kx + C_2 \sin kx$ 中含有两个相互独立的常数 $C_1$ 和 $C_2$. 所以, $y = C_1 \cos kx + C_2 \sin kx$ 是微分方程 $\dfrac{d^2y}{dx^2} + k^2 y = 0$ 的通解.

(2) 将初始条件 $y|_{x=0} = 2$ 代入通解中,得 $C_1 = 2$,将 $y'|_{x=0} = 3$ 代入 $\dfrac{dy}{dx} = -kC_1 \sin kx + kC_2 \cos kx$ 中,得 $C_2 = \dfrac{3}{k}$. 所以,满足初始条件的微分方程的特解是

$$y = 2\cos kx + \dfrac{3}{k} \sin kx.$$

### 习题 4-1

1. 试写出下列各微分方程的阶数:

(1) $x^2 dx + y dy = 0$;

(2) $x(y')^2 - 2yy' + x = 0$;

(3) $x^2 y'' - xy' + y = 0$;　　(4) $(y')^2 + y = 0$;

(5) $xy''' - y' + x = 0$;　　(6) $xy''' + 2y'' + x^2 y = 0$;

(7) $(7x - 6y)dx + (x + y)dy = 0$;　　(8) $L\dfrac{d^2 Q}{dt^2} + R\dfrac{dQ}{dt} + \dfrac{Q}{t} = 0$.

2. 验证下列各题中所给函数或隐函数是否为所给微分方程的解. 若是指出是通解还是特解:(其中 $c_1, c_2$ 为任意常数)

(1) $y = e^{-3x} + \dfrac{1}{3}, \dfrac{dy}{dx} + 3y = 1$;

(2) $y = 3\sin x - 4\cos x, y'' + y = 0$;

(3) $y = x^2 e^x, y'' - 2y' + y = 0$;

(4) $x^2 - xy + y^2 = 0, (x - 2y)y' = 2x - y$;

(5) $y = C_1 e^{-x} + C_2 e^{-2x} - \left(\dfrac{1}{2}x^2 + x\right)e^{-2x}, y'' + 3y' + 2y = xe^{-2x}$;

(6) $y = C_1 e^{\lambda_1 x} + C_2 e^{\lambda_2 x}, y'' - (\lambda_1 + \lambda_2)y' + \lambda_1 \lambda_2 y = 0$.

3. 验证函数 $y = Ce^{-x} + x - 1$ 是微分方程 $y' + y = x$ 的通解,并求满足初始条件 $y|_{x=0} = 2$ 的特解.

4. 验证 $e^y + C_1 = (x + C_2)^2$ 是微分方程 $y'' + (y')^2 = 2e^{-y}$ 的通解,并求满足初始条件 $y|_{x=0} = 0, y'|_{x=0} = \dfrac{1}{2}$ 的特解.

5. 写出由下列条件确定的曲线满足的微分方程:

(1) 曲线在点 $(x, y)$ 处的切线斜率等于该点横坐标的平方;

(2) 曲线上点 $P(x, y)$ 处的法线与 $x$ 轴的交点为 $Q$,且线段 $PQ$ 被 $y$ 轴平分.

6. 设有一个质量为 $m$ 的质点作直线运动,假定有一个和时间成正比例的拉力作用在它的上面,同时质点又受到与速度成正比例的阻力,试求速度随时间变化的微分方程.

## 第二节　一阶微分方程

一阶微分方程的一般式为 $y' = F(x, y)$,其通解中含有一个任意常数,确定这个任意常数只需给出一个初始条件. 下面介绍几种常见的一阶微分方程及其解法.

### 一、可分离变量的一阶微分方程

可化为形如

$$g(y)dy = f(x)dx \tag{1}$$

形式的一阶微分方程叫作**可分离变量的微分方程**.

将(1)式两边分别对 $x, y$ 积分

$$\int g(y)dy = \int f(x)dx + C,$$

即可得微分方程的通解 $G(y) = F(x) + C$,其中 $C$ 为任意常数,$G(y)$ 和 $F(x)$ 分别是 $g(y)$ 和 $f(x)$ 的一个原函数.

由此看到,解这类方程的方法是,首先经过适当的恒等变形,将含不同变量的函数及其微分分别置于方程的两端,将方程化为 (1) 的形式,即分离变量;然后方程两边对不同变量进行积分.

**例1** 解微分方程 $\dfrac{dy}{dx} = -\dfrac{y}{x}$.

**解** 分离变量,得 $\dfrac{dy}{y} = -\dfrac{dx}{x}$,

两边积分,得 $\ln y = -\ln x + C_1 = \ln\dfrac{1}{x} + \ln C = \ln\dfrac{C}{x}$ $(C_1 = \ln C)$.

即 $y = \dfrac{C}{x}$ ($C$ 为任意常数).

微分方程的通解也可以表示为隐函数的形式. 如上面的通解也可以写作 $xy = C$.

**例2** 解微分方程 $\dfrac{dy}{dx} = -\dfrac{x}{y}$.

**解** 分离变量,得 $ydy = -xdx$,

两边积分,得 $\dfrac{1}{2}y^2 = -\dfrac{1}{2}x^2 + C_1$,即 $x^2 + y^2 = 2C_1$,

设 $C = 2C_1$,则 $x^2 + y^2 = C$ 为所给微分方程的通解.

**例3** 解微分方程 $y' - e^y \sin x = 0$.

**解** 分离变量,得 $e^{-y}dy = \sin x dx$,

两边积分,得 $-e^{-y} = -\cos x + C$,即 $y = -\ln(\cos x - C)$.

故 $y = -\ln(\cos x - C)$ 为所给微分方程的通解.

**例4** 解微分方程 $xydy + dx = y^2 dx + ydy$.

**解** 分离变量,得 $\dfrac{y}{y^2 - 1}dy = \dfrac{1}{x - 1}dx$,

两边积分,得 $\dfrac{1}{2}\ln|y^2 - 1| = \ln|x - 1| + C_1$,

$\ln|y^2 - 1| = \ln(x - 1)^2 + C_2$ $(C_2 = 2C_1)$,

由 $|y^2 - 1| = C_3 (x - 1)^2$ $(C_2 = \ln C_3)$ 得 $y^2 - 1 = \pm C_3 (x - 1)^2$ $(C_3 \neq 0)$,

即 $y^2 - 1 = C(x - 1)^2$ $(C = \pm C_3 \neq 0)$.

可以验证当 $C = 0$ 时,$y = \pm 1$ 也是原微分方程的解. 所以 $y^2 - 1 = C(x - 1)^2$ 是原微分方程的通解,其中 $C$ 为任意常数.

在解微分方程过程中,如果积分后出现对数,一般应当做相应的讨论. 但是,由于 $C$ 为任意常数,当 $C > 0$ 时,$\ln C$ 仍为任意常数,故为方便起见,今后凡是遇到积分后出现对数时,可以作简化处理. 现以上例为例说明.

分离变量,得 $\dfrac{ydy}{y^2 - 1} = \dfrac{dx}{x - 1}$.

两边积分,得
$$\frac{1}{2}\ln(y^2-1)=\ln(x-1)+\ln C,$$
故通解为
$$y^2-1=C(x-1)^2.$$

**例 5** 求微分方程 $(1+e^x)yy'=e^x$ 满足初始条件 $y|_{x=0}=1$ 的特解.

**解** 变形分离变量,得
$$ydy=\frac{e^x}{1+e^x}dx,$$
两边积分,得
$$\frac{1}{2}y^2=\ln(1+e^x)+C,$$
由初始条件 $y|_{x=0}=1$,得 $C=\frac{1}{2}-\ln 2$.

所以,$y^2=2\ln(1+e^x)+1-\ln 4$ 为所求微分方程满足初始条件的特解.

**例 6** 求微分方程 $dp=kp(N-p)dt$ ($N>k>0$ 为常数)的解.

**解** 微分方程可化为 $\frac{dp}{p(N-p)}=kdt$,两边分别积分,得
$$左边=\int\frac{dp}{p(N-p)}=\frac{1}{N}\int\left(\frac{1}{p}+\frac{1}{N-p}\right)dp=\frac{1}{N}\ln\frac{p}{N-p},$$
$$右边=\int kdt=kt.$$

所以 $\frac{1}{N}\ln\frac{p}{N-p}=kt+C$ 即 $\ln\frac{p}{N-p}=kNt+NC,$

于是有
$$\frac{p}{N-p}=e^{kNt}\cdot e^{NC}.$$

令 $\alpha=kN,A=e^{NC}$,则 $\frac{p}{N-p}=Ae^{\alpha t}$,解得
$$p=\frac{NAe^{\alpha t}}{Ae^{\alpha t}+1}=\frac{N}{1+Be^{-\alpha t}}\left(其中 B=\frac{1}{A}\right).$$

**例 7** 解微分方程 $y'=(x-y)^2+1$.

**解** 该方程形式上不是可分离变量的微分方程,但如果作适当的变换:令 $u=x-y$,则 $\frac{du}{dx}=1-\frac{dy}{dx}$.代入原方程得 $\frac{du}{dx}=-u^2$,这是一个可分离变量的方程.

分离变量,得
$$-\frac{1}{u^2}du=dx,$$
两边积分,得
$$\frac{1}{u}=x+C,$$
将 $u=x-y$ 代入,可得 $y=x-\frac{1}{x+C}$ 为所给微分方程的通解.

## 二、齐次微分方程

如果一阶微分方程可化为形如
$$\frac{dy}{dx}=f\left(\frac{y}{x}\right) \tag{2}$$

的微分方程,则该一阶微分方程叫作**齐次微分方程**.

例如,$\dfrac{dy}{dx}=\dfrac{y^2}{xy-x^2}$ 可化为 $\dfrac{dy}{dx}=\dfrac{\left(\dfrac{y}{x}\right)^2}{\dfrac{y}{x}-1}$,方程右边是关于 $\dfrac{y}{x}$ 的函数.

$xy'=y(1+\ln y-\ln x)$  可化为  $y'=\dfrac{y}{x}\left(1+\ln\dfrac{y}{x}\right)$.

$(xy-y^2)dx-(x^2-2xy)dy=0$ 可化为 $\dfrac{dy}{dx}=\dfrac{xy-y^2}{x^2-2xy}=\dfrac{\dfrac{y}{x}-\left(\dfrac{y}{x}\right)^2}{1-2\left(\dfrac{y}{x}\right)}$.

所以上面的三个方程都是齐次微分方程.

对齐次微分方程 $\dfrac{dy}{dx}=f\left(\dfrac{y}{x}\right)$,设 $u=\dfrac{y}{x}$,则 $y=ux$,其中 $u$ 是 $x$ 的函数. 于是 $\dfrac{dy}{dx}=u+x\dfrac{du}{dx}$,代入方程,得

$$u+x\dfrac{du}{dx}=f(u),$$

分离变量,得

$$\dfrac{du}{f(u)-u}=\dfrac{dx}{x},$$

两边积分,得

$$\int\dfrac{du}{f(u)-u}=\ln x-\ln C=\ln\dfrac{x}{C}.$$

于是 $x=Ce^{\int\frac{du}{f(u)-u}}$ 即为所给齐次微分方程的通解.

**例 8** 解微分方程 $\dfrac{dy}{dx}=\dfrac{y^2}{xy-x^2}$.

**解** 将方程化为 $\dfrac{dy}{dx}=\dfrac{\left(\dfrac{y}{x}\right)^2}{\dfrac{y}{x}-1}$,令 $u=\dfrac{y}{x}$,$y=ux$,则 $\dfrac{dy}{dx}=u+x\dfrac{du}{dx}$. 于是有

$$u+x\dfrac{du}{dx}=\dfrac{u^2}{u-1}, \text{即} x\dfrac{du}{dx}=\dfrac{u}{u-1},$$

分离变量,得

$$\left(1-\dfrac{1}{u}\right)du=\dfrac{dx}{x},$$

两边积分,得

$$u-\ln u=\ln x+C_1, \text{即} xu=e^{u-C_1}=e^u e^{-C_1},$$

将 $u=\dfrac{y}{x}$ 代入,得

$$y=Ce^{\frac{y}{x}}\quad(C=e^{-C_1}).$$

这就是所给齐次微分方程的通解.

**例 9** 解微分方程 $xy'=y(1+\ln y-\ln x)$.

**解** 方程可化为

$$\dfrac{dy}{dx}=\dfrac{y}{x}\left(1+\ln\dfrac{y}{x}\right),$$

令 $u=\dfrac{y}{x}$,$y=ux$,则 $\dfrac{dy}{dx}=u+x\dfrac{du}{dx}$,

于是有
$$u + x\frac{du}{dx} = u(1 + \ln u), 即 x\frac{du}{dx} = u\ln u,$$

分离变量,得
$$\frac{du}{u\ln u} = \frac{dx}{x},$$

两边积分,得
$$\ln\ln u = \ln x + \ln C$$
$$\ln u = Cx, u = e^{Cx}.$$

将 $u = \frac{y}{x}$ 代入,得 $y = xe^{Cx}$ 即为所给微分方程的通解.

**例 10** 解微分方程 $(xy - y^2)dx - (x^2 - 2xy)dy = 0$.

**解** 将方程化为 $\frac{dy}{dx} = \frac{\frac{y}{x} - \left(\frac{y}{x}\right)^2}{1 - 2\left(\frac{y}{x}\right)}$,令 $u = \frac{y}{x}, y = ux$,则 $\frac{dy}{dx} = u + x\frac{du}{dx}$.

于是有
$$u + x\frac{du}{dx} = \frac{u - u^2}{1 - 2u}, 即 x\frac{du}{dx} = \frac{u^2}{1 - 2u},$$

分离变量,得
$$\left(\frac{1}{u^2} - \frac{2}{u}\right)du = \frac{dx}{x},$$

$$-\frac{1}{u} - 2\ln u = \ln x + \ln C, -\frac{1}{u} = \ln(xu^2) + \ln C,$$

$$e^{-\frac{1}{u}} = Cxu^2$$

将 $u = \frac{y}{x}$ 代入,得 $e^{-\frac{x}{y}} = \frac{Cy^2}{x}$,即 $Cy^2 = xe^{-\frac{x}{y}}$ 为所给微分方程的通解.

### 三、一阶线性微分方程

形如
$$\frac{dy}{dx} + p(x)y = Q(x) \tag{3}$$

的方程叫作**一阶线性微分方程**. 其中 $p(x), Q(x)$ 是 $x$ 的已知函数,$Q(x)$ 叫作方程的**自由项**.

如果 $Q(x) \equiv 0$,方程(3)变为
$$\frac{dy}{dx} + p(x)y = 0 \tag{4}$$

方程(4)叫作对应于方程(3)的**一阶线性齐次微分方程**,当 $Q(x) \neq 0$ 时,方程(3)叫作**一阶线性非齐次微分方程**.

一阶线性齐次微分方程 $\frac{dy}{dx} + p(x)y = 0$ 是一个可以分离变量的微分方程.

分离变量,得
$$\frac{dy}{y} = -p(x)dx,$$

两边积分,得
$$\ln y = -\int p(x)dx + \ln C,$$

所以
$$y = Ce^{-\int p(x)dx}. \tag{5}$$

这就是一阶线性齐次微分方程(4)的通解.

下面研究一阶线性非齐次微分方程(3)的解法.

设 $y = y(x)(y \neq 0)$ 是方程(3)的解,则
$$\frac{dy}{y} = -p(x)dx + \frac{Q(x)}{y}dx.$$

因为 $y$ 是 $x$ 的函数,所以 $\frac{Q(x)}{y}$ 也是 $x$ 的函数. 两边积分,得
$$\ln y = -\int p(x)dx + \int \frac{Q(x)}{y}dx + \ln C.$$

故
$$y = Ce^{-\int p(x)dx} \cdot e^{\int \frac{Q(x)}{y}dx} = Ce^{\int \frac{Q(x)}{y}dx} \cdot e^{-\int p(x)dx}.$$

设 $C(x) = Ce^{\int \frac{Q(x)}{y}dx}$,则 $y = C(x)e^{-\int p(x)dx}$. $\tag{6}$

可见,(6)式是非齐次方程(3)的通解.

比较一阶线性非齐次微分方程(3)与它所对应的一阶线性齐次微分方程(4)的通解,他们具有相同的表示形式,而在求解的过程中,求方程(4)的解要比求方程(3)的解容易得多.

因此我们有如下解一阶线性非齐次微分方程(3)的方法.

求一阶非齐次线性微分方程
$$\frac{dy}{dx} + p(x)y = Q(x)$$

的通解. 首先求出它所对应的一阶线性齐次微分方程
$$\frac{dy}{dx} + p(x)y = 0$$

的通解 $y = Ce^{-\int p(x)dx}$.

设 $y = C(x)e^{-\int p(x)dx}$ 是(3)的解,其中 $C(x)$ 是 $x$ 的函数. 则
$$y' = C'(x)e^{-\int p(x)dx} - C(x)p(x)e^{-\int p(x)dx},$$

于是有
$$C'(x)e^{-\int p(x)dx} - p(x)C(x)e^{-\int p(x)dx} + p(x)C(x)e^{-\int p(x)dx} = Q(x),$$

即
$$C'(x) = Q(x)e^{\int p(x)dx},$$

两边积分得
$$C(x) = \int Q(x)e^{\int p(x)dx}dx + C,$$

所以
$$y = e^{-\int p(x)dx}\left[\int Q(x)e^{\int p(x)dx}dx + C\right].$$

显然,$y = 0$ 不是方程(3)的解. 因此,一阶非齐次线性微分方程
$$\frac{dy}{dx} + p(x)y = Q(x)$$

的通解为
$$y = e^{-\int p(x)dx}\left[\int Q(x)e^{\int p(x)dx}dx + C\right]. \tag{7}$$

这种解微分方程的方法叫作**常数变易法**. (7)式可以作为公式使用. 我们解一阶非齐次线性微分方程时,可以应用常数变异法;也可以应用公式法,直接利用公式(7),但需要注意,首先要把方程化成$\dfrac{\mathrm{d}y}{\mathrm{d}x}+p(x)y=Q(x)$的形式.

**例11** 解微分方程$\dfrac{\mathrm{d}y}{\mathrm{d}x}-\dfrac{2}{x+1}y=(x+1)^{\frac{5}{2}}$.

**解1(常数变易法)** 方程对应的齐次方程是$\dfrac{\mathrm{d}y}{\mathrm{d}x}-\dfrac{2}{x+1}y=0$,其通解为

$$y=C(x+1)^2.$$

设函数$y=C(x)(x+1)^2$是所给非齐次微分方程的通解,则

$$\dfrac{\mathrm{d}y}{\mathrm{d}x}=C'(x)(x+1)^2+2C(x)(x+1),$$

于是有

$$C'(x)(x+1)^2+2C(x)(x+1)-\dfrac{2}{x+1}\cdot C(x)(x+1)^2=(x+1)^{\frac{5}{2}},$$

$$C'(x)=(x+1)^{\frac{1}{2}},$$

积分,得

$$C(x)=\dfrac{2}{3}(x+1)^{\frac{3}{2}}+C,$$

所以

$$y=(x+1)^2\left[\dfrac{2}{3}(x+1)^{\frac{3}{2}}+C\right].$$

这就是所给微分方程的通解.

**解2(应用公式法)** 这里$p(x)=-\dfrac{2}{x+1},Q(x)=(x+1)^{\frac{5}{2}}$. 因为

$$\int p(x)\mathrm{d}x=-\int\dfrac{2}{x+1}\mathrm{d}x=-2\ln(x+1),$$

$$\int Q(x)\mathrm{e}^{\int p(x)\mathrm{d}x}\mathrm{d}x=\int(x+1)^{\frac{5}{2}}\cdot(x+1)^{-2}\mathrm{d}x$$

$$=\int(x+1)^{\frac{1}{2}}\mathrm{d}x=\dfrac{2}{3}(x+1)^{\frac{3}{2}},$$

所以原方程的通解是

$$y=\mathrm{e}^{-\int p(x)\mathrm{d}x}\left[C+\int Q(x)\mathrm{e}^{\int p(x)\mathrm{d}x}\mathrm{d}x\right]=(x+1)^2\left[\dfrac{2}{3}(x+1)^{\frac{3}{2}}+C\right].$$

**例12** 解微分方程$(\cos x)y'+(\sin x)y=1$.

**解1(常数变易法)** 方程可化成$y'+(\tan x)y=\dfrac{1}{\cos x}$,对应的齐次方程是$y'+(\tan x)y=0$,其通解为$y=C\cos x$,设$y=C(x)\cos x$是所求微分方程的通解,则

$$y'=C'(x)\cos x-C(x)\sin x,$$

于是有

$$C'(x)\cos x-C(x)\sin x+\tan x\cdot C(x)\cos x=\dfrac{1}{\cos x},$$

$$C'(x) = \frac{1}{\cos^2 x},$$

所以 $\qquad C(x) = \tan x + C.$

故 $y = \cos x(\tan x + C)$ 是所给微分方程的通解.

**解2（应用公式法）** 与方程 $y' + \tan x \cdot y = \frac{1}{\cos x}$ 对应的公式中相应函数为

$$p(x) = \tan x, Q(x) = \frac{1}{\cos x},$$

于是

$$\int p(x)dx = \int \tan x\, dx = -\ln \cos x,$$

即

$$\int Q(x) e^{\int p(x)dx} dx = \int \frac{1}{\cos^2 x} dx = \tan x,$$

所以

$$y = e^{-\int p(x)dx} \left[ \int Q(x) e^{\int p(x)dx} dx + C \right] = \cos x(\tan x + C),$$

故 $y = \cos x(\tan x + C)$ 是所给微分方程的通解.

**例13** 解微分方程 $y\,dx + (x - y^3)dy = 0 \quad (y > 0).$

**解** 原方程可以化为 $\dfrac{dx}{dy} + \dfrac{1}{y}x = y^2$，它是以 $y$ 为自变量，$x$ 是 $y$ 的函数的一阶非齐次线性微分方程. 对应的齐次方程是

$$\frac{dx}{dy} + \frac{x}{y} = 0,$$

分离变量，得

$$\frac{dx}{x} = -\frac{dy}{y},$$

两边积分，得

$$\ln x = -\ln y + \ln c = \ln \frac{C}{y},$$

所以 $x = \dfrac{C}{y}$ 是齐次方程的通解. 设 $x = \dfrac{C(y)}{y}$ 是原方程的解，则

$$x' = \frac{1}{y}C'(y) - \frac{C(y)}{y^2},$$

代入方程有

$$\frac{1}{y}C'(y) - \frac{C(y)}{y^2} + \frac{1}{y} \cdot \frac{1}{y}C(y) = y^2,$$

$$C'(y) = y^3, C(y) = \frac{1}{4}y^4 + C.$$

所以 $x = \dfrac{1}{y}\left(\dfrac{1}{4}y^4 + C\right) = \dfrac{1}{4}y^3 + \dfrac{C}{y}$ 是原方程的通解.

以 $y$ 为自变量的一阶线性非齐次微分方程的一般形式为 $x' + p(y)x = Q(y)$，求解此方程也可直接利用公式(7)，只需将(7)式改写成

$$x = e^{-\int p(y)dy} \left[ \int Q(y) e^{\int p(y)dy} dy + C \right].$$

**例 14** 求微分方程 $x^2 \mathrm{d}y + (2xy - x + 1)\mathrm{d}x = 0$ 满足初始条件 $y|_{x=1} = 0$ 的解.

**解** 方程可以化为
$$\frac{\mathrm{d}y}{\mathrm{d}x} + \frac{2}{x}y = \frac{x-1}{x^2},$$

对应的齐次方程为
$$\frac{\mathrm{d}y}{\mathrm{d}x} + \frac{2}{x}y = 0,$$

分离变量,得
$$\frac{\mathrm{d}y}{y} = -\frac{2}{x}\mathrm{d}x,$$

两边积分,得
$$\ln y = -2\ln x + \ln C,$$

所以 $y = \dfrac{C}{x^2}$ 是齐次方程的通解. 设 $y = \dfrac{C(x)}{x^2}$ 是原非齐次方程的解,则
$$y' = \frac{C'(x)}{x^2} - \frac{2C(x)}{x^3},$$

于是有
$$\frac{C'(x)}{x^2} - \frac{2C(x)}{x^3} + \frac{2}{x} \cdot \frac{C(x)}{x^2} = \frac{x-1}{x^2},$$

$$C'(x) = x - 1, \quad C(x) = \frac{1}{2}x^2 - x + C,$$

所以
$$y = \frac{1}{x^2}\left(\frac{1}{2}x^2 - x + C\right) = \frac{1}{2} - \frac{1}{x} + \frac{C}{x^2},$$

代入初始条件 $y|_{x=1} = 0$,得 $C = \dfrac{1}{2}$.

故满足初始条件 $y|_{x=1} = 0$ 的特解是 $y = \dfrac{1}{2} - \dfrac{1}{x} + \dfrac{1}{2x^2}$.

有些微分方程,虽不是一阶线性微分方程,但通过适当的变量代换后,可以化为一阶线性微分方程. 例如,形如

$$\frac{\mathrm{d}y}{\mathrm{d}x} + P(x)y = Q(x)y^n \quad (n \neq 0, 1) \tag{8}$$

的方程叫作**贝努里(Bernoulli)方程**. 当 $n = 0$ 或 $n = 1$ 时,该方程是线性微分方程,当 $n \neq 0$, $n \neq 1$ 时,该方程不是线性微分方程,但是通过变量代换后,便可把它化为线性的. 事实上,以 $y^n$ 除方程(8)的两端,得

$$y^{-n}\frac{\mathrm{d}y}{\mathrm{d}x} + P(x)y^{1-n} = Q(x),$$

或
$$\frac{1}{1-n}\frac{\mathrm{d}y^{1-n}}{\mathrm{d}x} + P(x)y^{1-n} = Q(x),$$

只需作变量代换 $z = y^{1-n}$,就可把它化为一阶线性微分方程

$$\frac{\mathrm{d}z}{\mathrm{d}x} + (1-n)P(x)z = (1-n)Q(x), \tag{9}$$

求出方程(9)的通解后,以 $y^{1-n}$ 代 $z$,便得到方程(8)的通解.

**例 15** 求方程 $\dfrac{\mathrm{d}y}{\mathrm{d}x} - \dfrac{4}{x}y = x\sqrt{y}$ 的通解.

**解** 这是一个贝努里方程,以$\sqrt{y}$除方程的两端,得

$$\frac{1}{\sqrt{y}}\frac{dy}{dx} - \frac{4}{x}\sqrt{y} = x,$$

或

$$2\frac{d\sqrt{y}}{dx} - \frac{4}{x}\sqrt{y} = x.$$

令$\sqrt{y} = z$,则原方程就变为关于$z$的一阶线性微分方程

$$\frac{dz}{dx} - \frac{2}{x}z = \frac{x}{2},$$

利用通解公式(7)求得其通解为

$$z = e^{\int \frac{2}{x}dx}\left(\int \frac{2}{x}e^{-\int \frac{2}{x}dx}dx + C\right) = x^2\left(\int \frac{x}{2} \cdot \frac{dx}{x^2} + C\right) = x^2\left(\frac{\ln x}{2} + C\right).$$

以$\sqrt{y} = z$代入上式,则所求方程的通解为

$$y = x^4\left(\frac{\ln x}{2} + C\right)^2.$$

## 习题 4-2

1. 解下列微分方程:

(1) $(1 + x^2)y' = \arctan x$;  
(2) $y\ln x dx + x\ln y dy = 0$;  
(3) $yy' - e^{y^2 + 3x} = 0$;  
(4) $(xy^2 + x)dx + (y - x^2y)dy = 0$;  
(5) $xy dx + \sqrt{1 - x^2} dy = 0$;  
(6) $(1 + 2y)x dx + (1 + x^2) dy = 0$.

2. 求下列微分方程满足给定初始条件的特解:

(1) $\sec^2 x \tan y dx + \sec^2 y \tan x dy = 0, y|_{x = \frac{\pi}{4}} = \frac{\pi}{4}$;

(2) $y dx = (x - 1) dy, y|_{x=2} = 1$;

(3) $\frac{x}{1+y}dx - \frac{y}{1+x}dy = 0, y|_{x=0} = 1$;

(4) $y'\sin x = y\ln y, y|_{x = \frac{\pi}{2}} = 1$.

3. 求解下列微分方程:

(1) $y' = \frac{y}{x} - 1$;  
(2) $(x - y)y dx - x^2 dy = 0$;  
(3) $y^2 dx + (x^2 - xy) dy = 0$;  
(4) $y' = \frac{y}{x} + \tan \frac{y}{x}$.

4. 求下列微分方程满足给定初始条件的特解:

(1) $(x^2 - 3y^2)dx + 2xy dy = 0, y|_{x=2} = 1$;

(2) $(x^2 + y^2)dx - xy dy = 0, y|_{x=1} = 0$.

5. 求解下列微分方程:

(1) $y' - 2xy = e^{x^2}\cos x$;  (2) $y' = \tan x \cdot y + \cos x$;

(3) $\dfrac{dy}{dx} + \dfrac{y}{x} = -xy^2$;  (4) $\dfrac{dy}{dx} - \dfrac{2y}{x+1} = (x+1)^3$;

(5) $(x^2 + 1)\dfrac{dy}{dx} + 2xy = 4x^2$;  (6) $(x^2 - 1)y' + 2xy - \cos x = 0$;

(7) $y dx + \left(x - \dfrac{1}{2}x^3 y\right)dy = 0$;  (8) $(x + y^3)dy = y dx$.

6. 求下列微分方程满足给定初始条件的特解:

(1) $2y' + y = 3$, $y|_{x=0} = 10$;

(2) $\cos x \dfrac{dy}{dx} + y\sin x = \cos^2 x$, $y|_{x=\pi} = 1$;

(3) $x\dfrac{dy}{dx} - 2y = x^3 e^x$, $y|_{x=1} = 0$;

(4) $y' - y\tan x = \dfrac{1}{\cos x}$, $y|_{x=0} = 0$;

(5) $xy' + y - e^x = 0$, $y|_{x=a} = b$;

(6) $(t+1)\dfrac{dx}{dt} + x = 2e^{-t}$, $x|_{t=1} = 0$.

7. 求下列贝努里方程的通解:

(1) $y' + 2xy = 2x^3 y^3$;  (2) $y' + \dfrac{2}{x}y = 3x^2 y^{\frac{4}{3}}$.

## 第三节 高阶微分方程

前面我们介绍了一阶微分方程的解法,本节我们讨论二阶及二阶以上的微分方程,即高阶微分方程的解法. 解高阶微分方程是比较困难的,而且没有一般通用的解法. 我们这里只介绍几种常见的解法.

### 一、可降阶的高阶微分方程

**1. $y^{(n)} = f(x)$ 型的微分方程**

方程 $y^{(n)} = f(x)$ 的左端是函数对自变量 $x$ 的 $n$ 阶导数,右端是仅含自变量 $x$ 的一元函数,容易看出,我们只需对方程两边连续 $n$ 次积分就可求出其通解.

**例1** 解微分方程 $y''' = e^{2x} - \cos x$.

**解** 对方程两边连续三次积分,得

$$y'' = \dfrac{1}{2}e^{2x} - \sin x + C, \quad y' = \dfrac{1}{4}e^{2x} + \cos x + Cx + C_2,$$

$$y = \dfrac{1}{8}e^{2x} + \sin x + \dfrac{1}{2}Cx^2 + C_2 x + C_3$$

$$= \frac{1}{8}e^{2x} + \sin x + C_1 x^2 + C_2 x + C_3 \quad (C_1 = \frac{1}{2}C).$$

**例 2**  解微分方程 $y''' = \sin x + x$.

**解**  对方程两边连续三次积分,得

$$y'' = -\cos x + \frac{1}{2}x^2 + C, \quad y' = -\sin x + \frac{1}{6}x^3 + Cx + C_2,$$

$$y = \cos x + \frac{1}{24}x^4 + \frac{1}{2}Cx^2 + C_2 x + C_3$$

$$= \cos x + \frac{1}{24}x^4 + C_1 x^2 + C_2 x + C_3 \ (C_1 = \frac{1}{2}C).$$

**例 3**  解微分方程 $y'' = xe^x$.

**解**  对方程两边连续两次积分,得

$$y' = \int xe^x dx + C_1 = (x-1)e^x + C_1,$$

$$y = \int (x-1)e^x dx + C_1 x + C_2 = (x-2)e^x + C_1 x + C_2.$$

**2. $y'' = f(x, y')$ 型的微分方程**

方程 $y'' = f(x, y')$ 的右端不明显含未知函数 $y$. 因此,为了使方程降阶,可以考虑使用变量替换. 设 $y' = p(x)$ 则 $y'' = p'(x) = \frac{dp}{dx}$. 于是有

$$\frac{dp}{dx} = f(x, p).$$

这是一个以 $p(x)$ 为未知函数的一阶方程. 设其通解为 $p(x) = \varphi(x, C_1)$ 即 $\frac{dy}{dx} = \varphi(x, C_1)$,则 $y = \int \varphi(x, C_1) dx + C_2$ 即为方程 $y'' = f(x, y')$ 的通解.

**例 4**  解微分方程 $y'' = \frac{1}{x}y' + xe^x$.

**解**  设 $y' = p(x)$,则 $y'' = \frac{dp}{dx}$,于是 $\frac{dp}{dx} = \frac{1}{x}p + xe^x$,即

$$\frac{dp}{dx} - \frac{1}{x}p = xe^x,$$

于是 $p(x) = x(e^x + C_1)$,即 $\frac{dy}{dx} = p(x) = x(e^x + C_1)$,

所以原方程的通解为 $y = (x-1)e^x + \frac{C_1}{2}x^2 + C_2$ 或 $y = (x-1)e^x + C_1 x^2 + C_2$.

**例 5**  求方程 $(1+x^2)y'' = 2xy'$ 满足初始条件 $y|_{x=0} = 1, y'|_{x=0} = 3$ 的特解.

**解**  设 $y' = p(x)$,则 $y'' = p'(x)$,于是有

$$(1+x^2)\frac{dp}{dx} = 2xp,$$

分离变量,得

$$\frac{dp}{p} = \frac{2x}{1+x^2},$$

两边积分,得 $\ln p = \ln(1+x^2) + \ln C_1$,即 $p = C_1(1+x^2)$.

所以 $y' = C_1(1+x^2)$,因为 $y'|_{x=0} = 3$,所以 $C_1 = 3$. 故
$$y' = 3(1+x^2),$$

两边积分,得
$$y = 3\left(x + \frac{1}{3}x^3\right) + C_2.$$

又由 $y|_{x=0} = 1$,得 $C_2 = 1$. 所以 $y = x^3 + 3x + 1$ 是原方程满足初始条件的特解.

**3.** $y'' = f(y, y')$ **型的微分方程**

方程 $y'' = f(y, y')$ 的右端不明显含自变量 $x$. 因此,为使方程降阶,可以考虑使用变量替换.

设 $y' = p(y)$,则 $y'' = \dfrac{\mathrm{d}p}{\mathrm{d}y} \cdot \dfrac{\mathrm{d}y}{\mathrm{d}x} = p\dfrac{\mathrm{d}p}{\mathrm{d}y}$,于是有
$$p\frac{\mathrm{d}p}{\mathrm{d}y} = f(y, p),$$

这是一个以 $p$ 为未知函数、形式上以 $y$ 为自变量的一阶微分方程. 设其通解为 $p = \varphi(y, C_1)$,即 $\dfrac{\mathrm{d}y}{\mathrm{d}x} = \varphi(y, C_1)$,分离变量,得 $\dfrac{\mathrm{d}y}{\varphi(y, C_1)} = \mathrm{d}x$,两边积分得原方程的通解为 $\displaystyle\int \dfrac{\mathrm{d}y}{\varphi(y, c)} = x + C_2$.

**例 6** 解微分方程 $yy'' - (y')^2 = 0$.

**解** 方程不明显含 $x$. 设 $y' = p(y)$,则 $y'' = p\dfrac{\mathrm{d}p}{\mathrm{d}y}$,代入方程,得
$$yp\frac{\mathrm{d}p}{\mathrm{d}y} - p^2 = 0,$$

当 $y \neq 0, p \neq 0$ 时,约去 $p$ 并分离变量,得
$$\frac{\mathrm{d}p}{p} = \frac{\mathrm{d}y}{y},$$

两边积分整理,得 $p = C_1 y$,即 $\dfrac{\mathrm{d}y}{\mathrm{d}x} = C_1 y$,

分离变量有 $\dfrac{\mathrm{d}y}{y} = C_1 \mathrm{d}x$,两边积分,得 $\ln y = C_1 x + \ln C_2$.

所以
$$y = C_2 \mathrm{e}^{C_1 x}.$$

由于当 $p = 0$ 时,即 $y' = 0$,则 $y = C$ 为 $y = C_2 \mathrm{e}^{C_1 x}$ 当 $x = 0$ 时的情形. 所以 $y = C_2 \mathrm{e}^{C_1 x}$ 是原方程的通解.

**例 7** 求微分方程 $y'' = \dfrac{3}{2} y^2$ 满足初始条件 $y|_{x=3} = 1, y'|_{x=3} = 1$ 的特解.

**解** 方程不显自变量 $x$,设 $y' = p(y)$,则 $y'' = p\dfrac{\mathrm{d}p}{\mathrm{d}y}$,所以
$$p\frac{\mathrm{d}p}{\mathrm{d}y} = \frac{3}{2} y^2,$$

即
$$2p\mathrm{d}p = 3y^2 \mathrm{d}y,$$

两边积分,得
$$p^2 = y^3 + C_1$$

由初始条件 $y|_{x=3} = 1, y'|_{x=3} = 1$,得 $C_1 = 0$,所以 $p^2 = y^3$,即 $(y')^2 = y^3$. 由于所要求的特解

满足条件 $y'|_{x=3}=1>0$,所以 $y'=y^{\frac{3}{2}}$,即 $\dfrac{dy}{dx}=y^{\frac{3}{2}}$,即 $y^{-\frac{3}{2}}dy=dx$. 两边积分,得 $-2y^{-\frac{1}{2}}=x+C_2$.

由 $y|_{x=3}=1$,得 $C_2=-5$,所以 $-2y^{-\frac{1}{2}}=x-5$ 即 $y=\dfrac{4}{(x-5)^2}$ 是原方程满足初始条件的特解.

如果一个方程形如 $y''=f(y')$,既不显含未知函数 $y$,又不显含自变量 $x$,则应根据具体方程的表达形式确定 $y'=p(y)$ 或 $y'=p(x)$.

**例8** 解微分方程 $y''=1+(y')^2$.

**解** 设 $y'=p(x)$,则 $y''=\dfrac{dp}{dx}$,代入方程,得

$$\frac{dp}{dx}=1+p^2,$$

分离变量,得
$$\frac{dp}{1+p^2}=dx,$$

两边积分,得
$$\arctan p=x+C_1,$$
即
$$p=\tan(x+C_1),$$

于是 $\dfrac{dy}{dx}=\tan(x+C_1)$,所以 $y=-\ln\cos(x+C_1)+C_2$ 是原方程的通解.

## 二、二阶常系数线性微分方程

二阶线性微分方程的一般形式为
$$y''+p(x)y'+q(x)y=f(x), \tag{1}$$
其中 $p(x),q(x),f(x)$ 是 $x$ 的已知函数.

如果 $f(x)\equiv 0$,则方程(1)可以写成
$$y''+p(x)y'+q(x)y=0 \tag{2}$$

方程(2)叫作**二阶线性齐次微分方程**.

如果 $f(x)\not\equiv 0$,则方程(1)叫作**二阶线性非齐次微分方程**,并且把方程(2)叫作对应于二阶线性非齐次微分方程(1)的线性齐次方程;如果 $p(x),q(x)$ 是常数 $p,q$,即
$$y''+py'+qy=f(x) \tag{3}$$
和
$$y''+py'+qy=0. \tag{4}$$

方程(3)叫作**二阶常系数线性非齐次方程**;方程(4)叫作**二阶常系数线性齐次方程**.

在实际应用中,特别是在电学、力学及工程学中,很多实际应用问题的数学模型都是二阶常系数线性微分方程. 这里我们讨论常见的二阶常系数线性微分方程的解法.

**1. 二阶线性微分方程解的结构**

(1) 二阶线性齐次微分方程解的结构.

**定理1** 设 $y_1,y_2$ 是方程 $y''+p(x)y'+q(x)y=0$ 的两个解,则对任意两个常数 $C_1,C_2$,$y=C_1y_1+C_2y_2$ 仍是该方程的解. (证明略)

定理1的结论很容易得到验证. 我们还需要判定 $y=C_1y_1+C_2y_2$ 是否是所给方程的通解.

如果 $\dfrac{y_1}{y_2}\equiv k$($k$ 是常数),则 $y_1=ky_2$,于是 $y=C_1y_1+C_2y_2$ 可写成

$$y = C_1 k y_2 + C_2 y_2 = (C_1 k + C_2) y_2,$$

令 $C_1 k + C_2 = C$，则 $y = C y_2$，即 $y = C_1 y_1 + C_2 y_2$ 中只含有一个独立的任意常数，因此，$y = C_1 y_1 + C_2 y_2$ 不是所给方程的通解. 此时称 $y_1$ 与 $y_2$ 两个函数是**线性相关**的.

如果 $\dfrac{y_1}{y_2} \neq k$（$k$ 是常数），设 $\dfrac{y_1}{y_2} = u(x)$，则 $y_1 = u(x) y_2$. $y = C_1 y_1 + C_2 y_2$ 可写成 $y = C_1 u(x) y_2 + C_2 y_2 = (C_1 u(x) + C_2) y_2$，而 $C_1 u(x) + C_2$ 不是常数. 这说明 $C_1, C_2$ 是两个相互独立的常数，此时称 $y_1$ 与 $y_2$ 是**线性无关**的，$y = C_1 y_1 + C_2 y_2$ 是所给方程的通解.

一般地，设函数 $y_1$ 和 $y_2$ 是定义在某区间 $I$ 内的函数，若存在两个不全为零的常数 $k_1$ 和 $k_2$，使得在 $I$ 内 $k_1 y_1 + k_2 y_2 = 0\left[\text{即} \dfrac{y_1}{y_2} \equiv k\ (k\ \text{是常数})\right]$，则称函数 $y_1, y_2$ 在 $I$ 内**线性相关**，否则称函数 $y_1$ 与 $y_2$ 在 $I$ 内**线性无关**.

**定理 2**  设 $y_1, y_2$ 是二阶线性齐次方程 $y'' + p(x) y' + q(x) y = 0$ 的两个线性无关的特解，则 $y = C_1 y_1 + C_2 y_2$ 是该方程的通解，其中 $C_1, C_2$ 是任意常数.（证明略）

(2) 二阶线性非齐次微分方程解的结构.

**定理 3**  如果 $Y$ 是 $y'' + p(x) y' + q(x) y = 0$ 的通解，$y^*$ 是 $y'' + p(x) y' + q(x) y = f(x)$ 的一个特解，则 $y = Y + y^*$ 是二阶线性非齐次微分方程 $y'' + p(x) y' + q(x) y = f(x)$ 的通解.（证明略）

**定理 4**  如果 $y_1^*$ 与 $y_2^*$ 为 $y'' + p(x) y' + q(x) y = f(x)$ 的两个解，则它们的差 $y_1^* - y_2^*$ 为 $y'' + p(x) y' + q(x) y = 0$ 的解.（证明略）

**定理 5（非齐次线性微分方程解的叠加原理）**  如果 $y_1^*$ 与 $y_2^*$ 分别为 $y'' + p(x) y' + q(x) y = f_1(x)$ 与 $y'' + p(x) y' + q(x) y = f_2(x)$ 的解，则 $y^* = y_1^* + y_2^*$ 为 $y'' + p(x) y' + q(x) y = f_1(x) + f_2(x)$ 的解.（证明略）

**2. 二阶常系数齐次线性微分方程的解**

由前面的定理可以知道，寻求二阶常系数齐次线性微分方程 $y'' + py' + qy = 0$（$p, q$ 均为常数）的通解，只需要找出该方程的两个线性无关的特解 $y_1$ 和 $y_2$，即可得它的通解 $y = C_1 y_1 + C_2 y_2$. 考虑到指数函数 $y = e^{rx}$ 的各阶导数之间只相差一个常数，且当 $r_1 \neq r_2$ 时，$y_1 = e^{r_1 x}$ 与 $y_2 = e^{r_2 x}$ 线性无关（其他函数不同时具备上述两点），因此，我们用指数函数 $y = e^{rx}$ 来试解.

设 $y = e^{rx}$（$r$ 是常数）是方程 $y'' + py' + qy = 0$ 的解，将 $y' = r e^{rx}, y'' = r^2 e^{rx}$ 代入，得 $e^{rx}(r^2 + pr + q) = 0$，于是有

$$r^2 + pr + q = 0. \tag{5}$$

如果 $r$ 是方程 (5) 的根，那么函数 $y = e^{rx}$ 就是方程 $y'' + py' + qy = 0$ 的解. 因此，方程 $r^2 + pr + q = 0$ 叫作微分方程 $y'' + py' + qy = 0$ 的**特征方程**. 特征方程的根叫作**特征根**.

特征根有下面三种情况.

(1) 当特征方程有两个不相等的实根 $r_1, r_2$（$p^2 - 4q > 0$）时，$y_1 = e^{r_1 x}$ 和 $y_2 = e^{r_2 x}$ 是方程 $y'' + py' + qy = 0$ 的两个特解，并且，$\dfrac{y_1}{y_2} = e^{(r_1 - r_2)x} \neq$ 常数，即 $y_1$ 与 $y_2$ 线性无关. 此时，$y = C_1 y_1 + C_2 y_2 = C_1 e^{r_1 x} + C_2 e^{r_2 x}$ 是方程 $y'' + py' + qy = 0$ 的通解.

(2) 当特征方程有两个相等的实根 $r(p^2-4q=0)$ 时,$y_1=\mathrm{e}^{rx}$ 是方程 $y''+py'+qy=0$ 的一个特解,还需寻求一个与 $y_1$ 线性无关的特解.

设 $y_2$ 是所求方程的另一个特解,且 $\dfrac{y_2}{y_1}=u(x)$,$u(x)$ 是 $x$ 的一元待定函数(不是常数),则 $y_2=u(x)y_1=u(x)\mathrm{e}^{rx}$,$y_2'=\mathrm{e}^{rx}[u'(x)+ru(x)]$,$y_2''=\mathrm{e}^{rx}[u''(x)+2ru'(x)+r^2u(x)]$.

于是有
$$\mathrm{e}^{rx}[u''+(2r+p)u'+(r^2+pr+q)]=0.$$

因为 $r$ 是 $r^2+pr+q=0$ 的重根,所以,$2r+p=0$,$r^2+pr+q=0$,于是,由 $u''=0$,$u'=k$,得 $u=kx+C$. 取其中最简单的一个函数,不妨取 $C=0$,$k=1$,即 $u=x$. 从而 $y_2=x\mathrm{e}^{rx}$ 是方程 $y''+py'+qy=0$ 的一个特解,并且 $\dfrac{y_2}{y_1}=x$,$y_1$ 与 $y_2$ 线性无关. 所以,$y=C_1y_1+C_2y_2=C_1\mathrm{e}^{rx}+C_2x\mathrm{e}^{rx}=(C_1+C_2x)\mathrm{e}^{rx}$ 是方程 $y''+py'+qy=0$ 的通解.

(3) 当特征方程有一对共轭复根 $r_1=\alpha+\mathrm{i}\beta$,$r_2=\alpha-\mathrm{i}\beta$ ($p^2-4q<0$)时,可以验证 $y_1=\mathrm{e}^{r_1x}$ 和 $y_2=\mathrm{e}^{r_2x}$ 是方程 $y''+py'+qy=0$ 的两个特解,由于我们是在实数范围内讨论问题,由欧拉(Euler)公式 $\mathrm{e}^{\mathrm{i}x}=\cos x+\mathrm{i}\sin x$,有
$$y_1=\mathrm{e}^{r_1x}=\mathrm{e}^{(\alpha+\beta\mathrm{i})x}=\mathrm{e}^{\alpha x}(\cos\beta x+\mathrm{i}\sin\beta x),$$
$$y_2=\mathrm{e}^{r_2x}=\mathrm{e}^{(\alpha-\beta\mathrm{i})x}=\mathrm{e}^{\alpha x}(\cos\beta x-\mathrm{i}\sin\beta x),$$

两式相加,得 $\dfrac{1}{2}(y_1+y_2)=\mathrm{e}^{\alpha x}\cos\beta x$,两式相减得 $\dfrac{1}{2\mathrm{i}}(y_1-y_2)=\mathrm{e}^{\alpha x}\sin\beta x$. 由定理 1 知,$\mathrm{e}^{\alpha x}\cos\beta x$ 和 $\mathrm{e}^{\alpha x}\sin\beta x$ 是方程 $y''+py'+qy=0$ 的两个线性无关的特解. 因此,
$$y=\mathrm{e}^{\alpha x}(C_1\cos\beta x+C_2\sin\beta x)$$
是方程 $y''+py'+qy=0$ 的通解.

综上所述,解二阶常系数齐次线性微分方程 $y''+py'+qy=0$(其中 $p$,$q$ 均为常数)的步骤如下.

(1) 写出特征方程 $r^2+pr+q=0$;
(2) 求出特征方程的两个根 $r_1$,$r_2$;
(3) 根据情况(见表 4-1)写出方程的通解.

表 4-1

| 特征方程 $r^2+pr+q=0$ 的两个根 $r_1$,$r_2$ | 方程 $y''+py'+qy=0$ 的通解 |
| --- | --- |
| $r_1\neq r_2(p^2-4q>0)$ | $y=C_1\mathrm{e}^{r_1x}+C_2\mathrm{e}^{r_2x}$ |
| $r_1=r_2=r(p^2-4q=0)$ | $y=C_1\mathrm{e}^{rx}+C_2x\mathrm{e}^{rx}=(C_1+C_2x)\mathrm{e}^{rx}$ |
| $r_1=\alpha+\mathrm{i}\beta$,$r_2=\alpha-\mathrm{i}\beta(p^2-4q<0)$ | $y=\mathrm{e}^{\alpha x}(C_1\cos\beta x+C_2\sin\beta x)$ |

**例 9** 解微分方程 $y''+5y'+6y=0$.

**解** 特征方程为 $r^2+5r+6=0$,解得特征根为 $r_1=-2$,$r_2=-3$. 故方程通解为

$$y = C_1 e^{-2x} + C_2 e^{-3x}.$$

**例10** 求微分方程 $y'' + 2y' + y = 0$ 满足初始条件 $y|_{x=0} = 0, y'|_{x=0} = 1$ 的特解.

**解** 特征方程为 $r^2 + 2r + 1 = 0$,解得特征根为 $r_1 = r_2 = -1$. 故方程通解为

$$y = (C_1 + C_2 x) e^{-x}.$$

由 $y|_{x=0} = 0$,得 $C_1 = 0$,由 $y'|_{x=0} = 1$,得 $C_2 = 1$. 所以,方程满足初始条件的特解为

$$y = x e^{-x}.$$

**例11** 解微分方程 $y'' - 4y' + 13y = 0$.

**解** 特征方程为 $r^2 - 4r + 13 = 0$,解得特征根为 $r_1 = 2 + 3i, r_2 = 2 - 3i$. 故方程通解是

$$y = e^{2x}(C_1 \cos 3x + C_2 \sin 3x).$$

**3. 二阶常系数线性非齐次微分方程的解**

由非齐次方程解的结构得知,二阶常系数线性非齐次微分方程 $y'' + py' + qy = f(x)$ ($p,q$ 均为常数)的通解是由该方程的一个特解 $y^*$ 与对应齐次方程 $y'' + py' + qy = 0$ 的通解 $Y$ 的和构成的. 对应齐次方程的通解我们已经能够求得,下面我们分情况讨论非齐次方程的一个特解 $y^*$ 的求法.

(1) $f(x) = p_m(x) e^{\lambda x}$ 的情形.

$$y'' + py' + qy = p_m(x) e^{\lambda x}, \tag{6}$$

其中 $p_m(x)$ 是 $x$ 的 $m$ 次多项式,$\lambda$ 是常数.

下面我们利用待定系数法求方程的一个特解 $y^*$. 因为方程(6)右端是一个 $x$ 的 $m$ 次多项式与指数函数 $e^{\lambda x}$ 的积,由于多项式与指数函数的积的导数仍为多项式与指数函数的积,所以方程的左端也应具备这种形式,故特解也具备这种形式. 不妨设 $y^* = Q(x) e^{\lambda x}$[其中 $Q(x)$ 是 $x$ 的多项式]是方程(6)的解. 则

$$y^{*\prime} = e^{\lambda x}[Q'(x) + \lambda Q(x)], y^{*\prime\prime} = e^{\lambda x}[Q''(x) + 2\lambda Q'(x) + \lambda^2 Q(x)].$$

代入方程(6),得

$$e^{\lambda x}[Q''(x) + (2\lambda + p) Q'(x) + (\lambda^2 + p\lambda + q) Q(x)] = P_m(x) e^{\lambda x},$$

方程两边约去 $e^{\lambda x}$,得

$$Q''(x) + (2\lambda + p) Q'(x) + (\lambda^2 + p\lambda + q) Q(x) = P_m(x).$$

(1) 如果 $\lambda$ 不是特征方程的根,那么 $2\lambda + p \neq 0, \lambda^2 + p\lambda + q \neq 0$. 此时可取 $Q(x)$ 为另一个 $m$ 次多项式 $Q_m(x)$,即设特解 $y^* = Q_m(x) e^{\lambda x}$.

(2) 如果 $\lambda$ 是特征方程的单根,那么 $2\lambda + p \neq 0, \lambda^2 + p\lambda + q = 0$,此时可取 $Q'(x)$ 是 $x$ 的 $m$ 次多项式,$Q(x)$ 是 $x$ 的 $m+1$ 次多项式,即设特解 $y^* = x Q_m(x) e^{\lambda x}$.

(3) 如果 $\lambda$ 是特征方程的重根,那么 $2\lambda + p = 0, \lambda^2 + p\lambda + q = 0$,此时可取 $Q''(x)$ 是 $x$ 的 $m$ 次多项式,$Q(x)$ 是 $x$ 的 $m+2$ 次多项式,即设特解 $y^* = x^2 Q_m(x) e^{\lambda x}$.

综合上面三种情况,方程(6)的特解 $y^*$ 的一般形式为 $y^* = x^k Q_m(x) e^{\lambda x}$. 当 $\lambda$ 不是特征方程的根时,$k = 0$;当 $\lambda$ 是特征方程的单根时,$k = 1$;当 $\lambda$ 是特征方程的重根时,$k = 2$.

**例12** 解微分方程 $y'' - 2y' - 3y = 3x + 1$.

**解** 对应的齐次方程为 $y'' - 2y' - 3y = 0$,其特征方程为 $r^2 - 2r - 3 = 0$,解得特征根为

$r_1 = -1, r_2 = 3$. 所以 $y'' - 2y' - 3y = 0$ 的通解为 $Y = C_1 e^{-x} + C_2 e^{3x}$.

$f(x) = p_m(x) e^{\lambda x} = 3x + 1$, 即 $p_m(x) = 3x + 1, \lambda = 0$. 由于 $\lambda = 0$ 不是特征根, 故设 $y^* = b_0 x + b_1$. 代入原方程, 得

$$-3b_0 x - 2b_0 - 3b_1 = 3x + 1.$$

比较等式两边同次项的系数, 得

$$\begin{cases} -3b_0 = 3 \\ -2b_0 - 3b_1 = 1 \end{cases},$$

解得

$$b_0 = -1, b_1 = \frac{1}{3},$$

因此所求方程的一个特解为

$$y^* = -x + \frac{1}{3},$$

从而所求方程的通解为 $y = C_1 e^{-x} + C_2 e^{3x} - x + \frac{1}{3}$.

**例 13** 解微分方程 $y'' - 5y' + 6y = xe^{2x}$.

**解** 方程对应的齐次方程为 $y'' - 5y' + 6y = 0$, 其特征方程为 $r^2 - 5r + 6 = 0$. 解得特征根为 $r_1 = 2, r_2 = 3$. 所以, 齐次方程的通解为 $Y = C_1 e^{2x} + C_2 e^{3x}$.

$f(x) = xe^{2x}$, 即 $p_m(x) = x, \lambda = 2$, 由于 $\lambda = 2$ 是特征单根. 故设特解 $y^* = x(b_0 x + b_1) e^{2x}$.

将 $y^*$ 代入原方程, 得 $-2b_0 x + 2b_0 - b_1 = x$. 比较等式两边同次项的系数得

$$\begin{cases} -2b_0 = 1 \\ 2b_0 - b_1 = 0 \end{cases},$$

解得

$$b_0 = -\frac{1}{2}, b_1 = 1.$$

于是 $y^* = -x\left(\frac{1}{2}x + 1\right)e^{2x}$. 所以, 原方程的通解为

$$y = Y + y^* = \left(C_1 - \frac{1}{2}x^2 - x\right)e^{2x} + C_2 e^{3x}.$$

**例 14** 解微分方程 $y'' + 6y' + 9y = 5xe^{-3x}$.

**解** 对应的齐次方程为 $y'' + 6y' + 9y = 0$, 其特征方程为 $r^2 + 6r + 9 = 0$. 解得特征根为 $r_1 = r_2 = -3$. 所以, 齐次方程的通解为 $Y = (C_1 + C_2 x) e^{-3x}$.

$f(x) = 5xe^{-3x}$, 即 $p_m(x) = 5x, \lambda = -3$, 由于 $\lambda = -3$ 是特征重根. 故设特解

$$y^* = x^2 (b_0 x + b_1) e^{-3x},$$

将 $y^*$ 代入原方程, 得 $6b_0 x + 2b_1 = 5x$, 比较两边的同次项系数, 得

$$\begin{cases} 6b_0 = 5, \\ 2b_1 = 0, \end{cases}$$

解得

$$b_0 = \frac{5}{6}, b_1 = 0.$$

于是 $y^* = \frac{5}{6}x^3 e^{-3x}$. 所以原方程的通解为

$$y = Y + y^* = \left(C_1 + C_2 x + \frac{5}{6}x^3\right)e^{-3x}.$$

**例 15** 求微分方程 $y'' + y = 2x^2 - 3$ 满足初始条件 $y|_{x=0} = 1, y'|_{x=0} = 2$ 的特解.

**解** 对应的齐次方程为 $y'' + y = 0$,其特征方程为 $r^2 + 1 = 0$. 解得特征根为 $r = \pm i$,故齐次方程的通解为 $Y = C_1 \cos x + C_2 \sin x$.

$f(x) = 2x^2 - 3$,即 $p_m(x) = 2x^2 - 3, \lambda = 0$. 由于 $\lambda = 0$ 不是特征根. 故设 $y^* = b_0 x^2 + b_1 x + b_2$,将 $y^*$ 代入原方程,得

$$b_0 x^2 + b_1 x + (2b_0 + b_2) = 2x^2 - 3,$$

比较两边的同次项系数,得

$$\begin{cases} b_0 = 2, \\ b_1 = 0, \\ 2b_0 + b_2 = -3, \end{cases}$$

解得

$$b_0 = 2, b_1 = 0, b_2 = -7.$$

于是 $y^* = 2x^2 - 7$. 所以,原方程的通解为

$$y = Y + y^* = C_1 \cos x + C_2 \sin x + 2x^2 - 7.$$

由初始条件 $y|_{x=0} = 1, y'|_{x=0} = 2$,得 $C_1 = 8, C_2 = 2$.
所以,原方程满足初始条件的特解是

$$y = 8\cos x + 2\sin x + 2x^2 - 7.$$

(2) $f(x) = e^{\lambda x}[p_l(x)\cos \omega x + p_n(x)\sin \omega x]$,其中 $\lambda, \omega$ 是常数,$p_l(x), p_n(x)$ 分别是 $x$ 的 $l$, $n$ 次多项式.

可以证明,此时方程 $y'' + p(x)y' + q(x)y = f(x)$ 有形如

$$y^* = x^k e^{\lambda x}[A_m(x)\cos \omega x + B_m(x)\sin \omega x] \tag{7}$$

的特解,其中 $A_m(x), B_m(x)$ 是 $m$ 次多项式,$m = \max\{l, n\}$,而 $k$ 按 $\lambda + \omega i$(或 $\lambda - \omega i$)不是特征方程的根或是特征方程的单根依次取 0 或 1.

详细推导这里从略.

**例 17** 求方程 $y'' - y = x\cos x$ 的一个特解.

**解** $\lambda = 0, \omega = 1, \lambda + \omega i = i$ 不是特征根,$\lambda_{1,2} = \pm 1, m = 1$,所以方程 $y'' - y = x\cos x$ 的特解形式为

$$y^* = (a + bx)\cos x + (c + dx)\sin x,$$

将 $y^*$ 代入原方程,得

$$2(d-a-bx)\cos x - (b+c+dx)\sin x = x\cos x,$$

比较 $\cos x, x\cos x, \sin x, x\sin x$ 的系数,得

$$\begin{cases} 2(d-a) = 0 \\ -2b = 1 \\ -2(b+c) = 0 \\ -2d = 0 \end{cases}$$

解得 $a = 0, b = -\dfrac{1}{2}, c = \dfrac{1}{2}, d = 0$

所以原方程的一个特解为 $y^* = -\dfrac{1}{2}x\cos x + \dfrac{1}{2}\sin x.$

## 习题 4-3

1. 求解下列微分方程:
   (1) $y'' = x + \sin x$;
   (2) $y'' = e^{2x}$;
   (3) $y'' = \dfrac{1}{1+x^2}$;
   (4) $y''' = xe^x$;
   (5) $y'' = y' + x$;
   (6) $xy'' + y' = 0$.

2. 求下列各微分方程满足所给初始条件的特解:
   (1) $y''' = e^{ax}, y|_{x=1} = y'|_{x=1} = y''|_{x=1} = 0$;
   (2) $y^3 y'' + 1 = 0, y|_{x=1} = 1, y'|_{x=1} = 0$;
   (3) $y'' = e^{2y}, y|_{x=0} = y'|_{x=0} = 0$;
   (4) $xy'' = y', y|_{x=0} = y'|_{x=0} = 0$;
   (5) $y'' + (y')^2 = 1, y|_{x=0} = y'|_{x=0} = 0$.

3. 解下列微分方程:
   (1) $y'' + y' - 2y = 0$;
   (2) $y'' - 4y' = 0$;
   (3) $y'' - 4y' + 5y = 0$;
   (4) $y'' - 9y = 0$;
   (5) $4y'' - 8y' + 5y = 0$;
   (6) $4\dfrac{d^2 x}{dt^2} - 20\dfrac{dx}{dt} + 25x = 0$.

4. 求解下列微分方程:
   (1) $2y'' + y' - y = 2e^x$;
   (2) $2y'' + 5y' = 5x^2 - 2x - 1$;
   (3) $y'' + 3y' + 2y = 3xe^{-x}$;
   (4) $y'' - 6y' + 9y = (x+1)e^{2x}$;
   (5) $y'' - 2y' + 5y = e^x \sin 2x$;
   (6) $y'' + 4y = x\cos x$.

5. 求下列微分方程满足初始条件的特解:
   (1) $y'' - 4y' + 3y = 0, y|_{x=0} = 6, y'|_{x=0} = 10$;

(2) $4y'' + 4y' + y = 0$, $y|_{x=0} = 2$, $y'|_{x=0} = 0$；

(3) $y'' - y = 4xe^x$, $y|_{x=0} = 0$, $y'|_{x=0} = 1$；

(4) $y'' - 4y' = 5$, $y|_{x=0} = 1$, $y'|_{x=0} = 0$.

## 本章学习指导

### 一、内容提要

**1. 概念**

微分方程、方程的阶、解、通解、初始条件、特解等概念.

**2. 几种微分方程的类型**

(1) 可分离变量的微分方程；      (2) 简单的齐次微分方程；

(3) 一阶线性微分方程；      (4) 贝努里方程；

(5) 可降阶微分方程；      (6) 二阶常系数齐次微分方程；

(7) 自由项为 $p_m(x)e^{\lambda x}$ 和 $e^{\alpha x}[p_l(x)\cos\beta x + p_n(x)\sin\beta x]$ 型的二阶常系数线性非齐次微分方程.

**3. 微分方程的应用问题**

### 二、重点与难点解析

**1. 微分方程的解**

微分方程的解是满足微分方程的函数，它包含通解和特解.

通解是指含有任意常数且独立的任意常数的个数等于微分方程的阶数的解. 需要注意任意常数的个数不是形式上的，而是实质上的，各个常数必须是相互独立的. 例如，函数 $y = C_1 \ln x + C_2 \ln x^2$ 是二阶微分方程 $x^2 y'' + xy' = 0$ 的解，从形式上看，这个解中含有两个任意常数. 但是，由于

$$y = C_1 \ln x + C_2 \ln x^2 = C_1 \ln x + 2C_2 \ln x = (C_1 + 2C_2)\ln x = C \ln x.$$

所以，$C_1$ 和 $C_2$ 不相互独立，微分方程只含有一个任意常数，它不是微分方程的通解.

特解是指通过初始条件确定了任意常数的微分方程的解，特解不再含有任意常数.

**2. 解微分方程的基本思路**

解微分方程的基本思路是"对号入座"和"对症下药".

"对号入座"是指要分清所给的微分方程的类型. 这就要求对所学过的微分方程的类型要心中有数，并且掌握常用的转化手段.

"对症下药"是指要掌握每种类型方程的解法，根据方程的类型，采用相应的方法.

**3. 解微分方程的应用问题的一般步骤**

解微分方程的应用问题的一般步骤是：

(1) 建立微分方程并确定初始条件；

(2) 求出通解和满足初始条件的特解；

(3) 根据所得的特解讨论其实际意义，并求出其他所需的结果.

第一步是非常关键的. 在建立方程的过程中,一般问题中如果用到的几何量、物理量或经济量是用导数表示的,那么,所得到的方程就是微分方程. 有时也会利用"元素法"来建立微分方程,如同定积分一样.

### 三、典型例题

**例1** 解微分方程 $3e^x \tan y\, dx + (2 - e^x)\sec^2 y\, dy = 0$.

**解** 方程两边同除以 $(2 - e^x)\tan y$ 并移项,得 $\dfrac{\sec^2 y\, dy}{\tan y} = -\dfrac{3e^x dx}{2 - e^x}$,

两边积分,得
$$\ln|\tan y| = 3\ln|2 - e^x| + C_1,$$

整理,得
$$\frac{\tan y}{(2 - e^x)^3} = \pm e^{C_1},$$

记 $C = \pm e^{C_1}$,则隐函数 $\tan y - C(2 - e^x)^3 = 0$ 即为原方程的通解.

**例2** 解微分方程 $x\,dy + y\,dx = xy^3 dx$.

**解** 设 $u = xy$,则 $\dfrac{du}{dx} = y + x\dfrac{dy}{dx}$,所以 $\dfrac{du}{dx} = \dfrac{u^3}{x^2}$. 该方程是一个可分离变量的方程,分离变量,得
$$\frac{du}{u^3} = \frac{dx}{x^2},$$

两边积分,得
$$-\frac{1}{2}u^{-2} = -\frac{1}{x} - C,$$

将 $u = xy$ 代入整理得方程的通解为 $y^2 = \dfrac{1}{2x(1 + Cx)}$.

**例3** 解微分方程 $xy' = \sqrt{x^2 - y^2} + y$.

**解** 容易看出这是一个齐次方程. 设 $u = \dfrac{y}{x}$,则 $y' = u + xu'$. 代入原方程,得 $x\dfrac{du}{dx} = \sqrt{1 - u^2}$. 该方程是一个可分离变量的方程.

分离变量,得
$$\frac{du}{\sqrt{1 - u^2}} = \frac{dx}{x},$$

两边积分,得
$$\arcsin u = \ln|x| + \ln C = \ln C|x|,$$
所以
$$u = \sin\ln C|x|$$

将 $u = \dfrac{y}{x}$ 代入整理,得 $y = x\sin\ln C|x|$ 是原方程的通解.

**例4** 解微分方程 $\dfrac{dy}{dx} = \dfrac{1}{x\cos y + \sin 2y}$.

**解** 若把 $x$ 看作是 $y$ 的函数,原方程可化成 $\dfrac{dx}{dy} - x\cos y = \sin 2y$. 这是一阶线性方程,其对应的齐次方程的通解是
$$x = Ce^{\sin y}.$$

利用常数变易法. 设 $x = C(y)e^{\sin y}$ 是方程的解,则 $C'(y) = e^{-\sin y}\sin 2y$,所以

$$C(y) = -2(\sin y e^{-\sin y} + e^{-\sin y}) + C.$$

故函数 $x = Ce^{\sin y} - 2(1 + \sin y)$ 是原方程的通解.

**例 5**　解微分方程　$yy' = x^2 + y^2$.

**解**　这个方程表面上不是线性的,但是,若设 $u = y^2$,则 $u' = 2yy'$. 代入方程,得
$$u' - 2u = 2x^2.$$

它是一阶线性方程. 对应的齐次方程为 $u' - 2u = 0$,其通解为 $u = Ce^{2x}$.

设 $u = C(x)e^{2x}$ 是方程的解,则 $u' = C'(x)e^{2x} + 2C(x)e^{2x}$,代入方程,得
$$C'(x) = 2x^2 e^{-2x}.$$

所以
$$C(x) = -\left(x^2 + x + \frac{1}{2}\right)e^{-2x} + C,$$
$$u = -\left(x^2 + x + \frac{1}{2}\right) + Ce^{2x},$$

将 $u = y^2$ 代入得原方程的通解为
$$y^2 = -\left(x^2 + x + \frac{1}{2}\right) + Ce^{2x}.$$

**例 6**　解微分方程　$xy'' + y' = 0$.

**解**　此方程是不明显含 $y$ 的微分方程,设 $p = y'$,则 $y'' = p'$. 于是有
$$x\frac{dp}{dx} + p = 0.$$

其通解为 $p = \dfrac{C_1}{x}$. 故 $\dfrac{dy}{dx} = \dfrac{C_1}{x}$. 所以,原方程的通解为 $y = C_1 \ln x + C_2$.

**例 7**　求解微分方程　$y'' - 6y' + 13y = 0$.

**解**　特征方程为 $r^2 - 6r + 13 = 0$,解得特征根为 $r_1 = 3 + 2i, r_2 = 3 - 2i$,所以原方程的通解为 $y = e^{3x}(C_1 \cos 2x + C_2 \sin 2x)$.

**例 8**　解微分方程 $y'' + 4y = \sin 2x$.

**解**　原方程对应的齐次方程为 $y'' + 4y = 0$,其特征方程为 $r^2 + 4 = 0$,解得特征根为 $r_1 = 2i$, $r_2 = -2i$. 所以齐次方程的通解为 $Y = C_1 \cos 2x + C_2 \sin 2x$, $f(x) = \sin 2x$,即 $\lambda = 0, \omega = 2$, $p_l(x) = 0, p_n(x) = 1$,由于 $\lambda + i\omega = 2i$ 是特征方程的单根,故设特解为 $y^* = x(A\cos 2x + B\sin 2x)$,将其代入原方程得
$$y^* = -\frac{1}{4}x\cos 2x.$$

故原方程的通解为 $y = C_1 \cos 2x + C_2 \sin 2x - \dfrac{1}{4}x\cos 2x$.

## 复习题四

**一、填空题**

1. 曲线族 $y = \sin(x + C)$ 所满足的一阶微分方程是 _____.

2. 微分方程 $e^{y'} = x$ 的通解为_____.

3. 已知 $y' + p(x)y = Q(x)$ 有两个解 $y_1 = -\frac{1}{4}x^2, y_2 = -\frac{1}{4}x^2 - \frac{4}{x^2}$, 则 $p(x) =$ _____; $Q(x) =$ _____; 其通解 $y =$ _____.

4. 微分方程 $xy' - y\ln y = 0$ 的通解是_____.

5. 若连续函数 $f(x)$ 满足关系式 $f(x) = \int_0^{2x} f\left(\frac{t}{2}\right) dt + \ln 2$, 则 $f(x) =$ _____.

6. 微分方程 $yy'' + y'^2 = 0$ 满足初始条件 $y|_{x=0} = 1, y'|_{x=0} = \frac{1}{2}$ 的特解是_____.

7. 微分方程 $y'' + y' + y = 0$ 的通解为_____.

8. 设 $y = (C_1 + x)e^x + C_2 e^{-x}$ 是微分方程 $y'' + ay' + by = de^{cx}$ 的通解, 则 $(a, b, c, d) =$ _____.

9. 设一质量为 $m$ 的物体, 在空中由静止开始下落, 若空气阻力为 $R = k\sqrt{v}$ ($k$ 为常数, $v$ 为物体运动的速度), 该物体下落的距离 $s$ 所满足的定解问题为_____.

10. $\begin{cases} y'' + p(x)y' = 0 \\ y|_{x=0} = 1, y|_{x=1} = 1 \end{cases}$ 的一个解 $y =$ _____.

二、选择题

1. 微分方程 $(y')^2 + y'(y'')^3 + xy^4 = 0$ 的阶数是( ).
   (A)4  (B)3  (C)2  (D)0

2. 设 $y_1$ 是微分方程 $y' + p(x)y = Q(x)$ 的解, 则该方程的通解为( ).
   (A)$y_1 + Ce^{\int p(x)dx}$  (B)$y_1 + Ce^{-\int p(x)dx}$
   (C)$Cy_1 + Ce^{\int p(x)dx}$  (D)$Cy_1 + Ce^{-\int p(x)dx}$

3. 已知微分方程 $y' + p(x)y = x\sin x$ 有一特解为 $y = -x\cos x$, 则此方程的通解为( ).
   (A)$y = Cx\cos x$  (B)$y = C - x\cos x$  (C)$y = Cx - x\cos x$  (D)$y = -x\cos Cx$

4. 微分方程 $(x - 2xy - y^2)dy - y^2 dx = 0$ 是( ).
   (A)可分离变量的方程  (B)线性方程
   (C)伯努里方程  (D)齐次微分方程

5. 如果当 $\Delta x \to 0$ 时, 函数 $y = f(x)$ 在任意点 $x$ 的增量 $\Delta y$ 与 $\frac{y}{1+x^2}\Delta x$ 之差是 $\Delta x$ 的高阶无穷小, 则当 $y(0) = \pi$ 时, $y(1)$ 等于( ).
   (A)$4\pi e^\pi$  (B)$\pi e^{\frac{\pi}{4}}$  (C)$\frac{\pi}{4}e^\pi$  (D)$\frac{1}{\pi}e^{4\pi}$

6. 设 $f(x) \neq 0$, 又 $y_1, y_2, y_3$ 是 $y'' + p(x)y' + Q(x)y = f(x)$ 的解, 则该方程必定有解( ).
   (A)$y_1 + y_2 + y_3$  (B)$y_1 + y_2 - y_3$
   (C)$y_1 - y_2 - y_3$  (D)$-y_1 - y_2 - y_3$

7. 设 $f_1(x), f_2(x)$ 为二阶常系数线性微分方程 $y'' + py' + qy = 0$ 的两个特解, 则 $C_1 f_1(x) +$

$C_2 f_2(x)$ ($C_1$, $C_2$ 为任意常数)是该方程通解的充分条件是(　　).

(A) $f_1(x)f_2'(x) + f_2(x)f_1'(x) = 0$

(B) $f_1(x)f_2'(x) - f_2(x)f_1'(x) = 0$

(C) $f_1(x)f_2'(x) + f_2(x)f_1'(x) \neq 0$

(D) $f_1(x)f_2'(x) - f_2(x)f_1'(x) \neq 0$

8. 设 $y = y(x)$ 是微分方程 $y'' + py' + qy = e^{3x}$ 满足初始条件 $y(0) = y'(0) = 0$ 的特解,则当 $x \to 0$ 时,函数 $\dfrac{\ln(1 + x^2)}{y(x)}$ 的极限(　　)

(A) 不存在　　(B) 等于1　　(C) 等于2　　(D) 等于3

9. 微分方程 $y'' + y = x^2 + 1 + \sin x$ 的特解形式为(　　).

(A) $ax^2 + bx + C + x(A\sin x + B\cos x)$

(B) $x(ax^2 + bx + C + A\sin x + B\cos x)$

(C) $ax^2 + bx + C + A\sin x$

(D) $ax^2 + bx + C + A\cos x$

10. 设二阶常系数齐次微分方程 $y'' + ay' + y = 0$ 的每个解 $y(x)$ 都在 $(0, +\infty)$ 上有界,则实数 $a$ 的取值范围是(　　).

(A) $[0, +\infty)$　　(B) $(-\infty, 0)$　　(C) $(-\infty, 4]$　　(D) $(-\infty, +\infty)$

三、计算题

1. 求微分方程 $x^2 y' \cos y + 1 = 0$ 的通解.

2. 求微分方程 $y' = \dfrac{1}{y^3 + xy}$,满足 $y|_{x=1} = 0$ 的特解.

3. 求微分方程 $(x^3 + y^3)\mathrm{d}x - xy^2 \mathrm{d}y = 0$ 的通解.

4. 设函数 $f(x)$ 满足 $2f(x) + e^{-x^2} + 4\int_0^x tf(t)\mathrm{d}t = 0$,求 $f(x)$.

5. 求微分方程 $x\mathrm{d}y + (x - 2y)\mathrm{d}x = 0$ 的一个解 $y = y(x)$,使得由曲线 $y = y(x)$ 与直线 $x = 1$,$x = 2$ 以及 $x$ 轴围成的平面图形绕 $x$ 轴旋转一周所得的旋转体的体积最小.

6. 设 $y = e^x$ 是 $xy' + p(x)y = x$ 的一个解,求此微分方程满足初始条件 $y|_{x=\ln 2} = 0$ 的特解.

7. 设一曲线 $y = f(x)$ 为连接 $A(1,0)$,$B(0,1)$ 两点的曲线,位于弦 $AB$ 上方,$P(x,y)$ 为其上任一点,弦 $BP$ 与曲线所围图形的面积为 $x^3$,求该曲线方程.

8. $(1 - x^2)y'' - xy' = 0$,求满足初始条件 $y|_{x=0} = 0$,$y'|_{x=0} = 1$ 的特解.

9. 求微分方程 $y'' + y' - 2y = 3e^x - \dfrac{1}{2}\sin 2x$ 的通解.

10. 设 $y_1 = x$,$y_2 = x + e^{2x}$,$y_3 = x(1 + e^{2x})$ 是二阶常系数线性非齐次微分方程的特解,求该微分方程的通解.

11. 设二阶常系数线性方程 $y'' + ay' + by = ce^x$ 的一个特解为 $y = e^{2x} + (x+1)e^x$,试确定常数 $a, b, c$,并求该微分方程的通解.

12. 求微分方程 $y'' - 2ay' + a^2 y = e^x$ 的通解(其中 $a$ 为常数).

### 四、证明题

如果可微函数 $f(x)$ 满足关系式 $f(x) = \int_0^x f(t)\,dt$,证明 $f(x) \equiv 0$.

# 第五章 空间向量与空间解析几何

空间向量是研究空间解析几何最有效的工具,它在工程技术中有着广泛的应用. 空间解析几何是多元函数微积分的必要基础. 本章以空间向量为基础来讨论空间的直线、平面、曲线与曲面.

## 第一节 空间向量

### 一、空间直角坐标系

**1. 空间直角坐标系的建立**

过空间一定点 $O$,作三条两两相互垂直的数轴,它们都以 $O$ 为原点,具有相同的长度单位,这三条数轴分别称为 $x$ 轴(横轴)、$y$ 轴(纵轴)、$z$ 轴(竖轴),统称为**坐标轴**. 通常把 $x$ 轴和 $y$ 轴配置在水平面上,而 $z$ 轴垂直于 $x$ 轴和 $y$ 轴所确定的平面. 三个坐标轴的正向之间符合右手法则,即以右手握住 $z$ 轴,当右手的四个手指从 $x$ 轴的正向以 $\frac{\pi}{2}$ 角度转向 $y$ 轴的正向时,大拇指的指向就是 $z$ 轴的正向(见图 5-1). 这样三条坐标轴就组成一个**空间直角坐标系**,记作 $O-xyz$,称为**右手系**,点 $O$ 叫作**坐标原点**. 以后再应用空间直角坐标系时,如无特别说明,都指右手系.

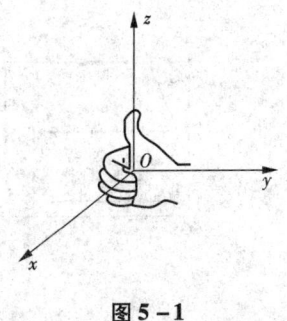

图 5-1

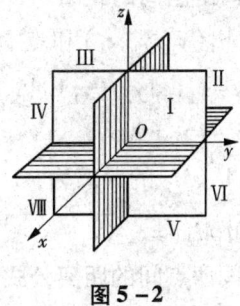

图 5-2

在空间直角坐标系中,三个坐标轴中任意两条可以确定一个平面,这样定出的三个平面统称为**坐标面**,由 $x$ 轴、$y$ 轴确定的平面为 $xOy$ 面,类似地可确定 $yOz$ 面和 $zOx$ 面. 三个坐标面将空间分为八个部分,每一部分称为一个**卦限**. 含有 $x$ 轴、$y$ 轴、$z$ 轴的正半轴的卦限叫作第 I 卦限. 在 $xOy$ 面的上方按逆时针方向左转,依次为 II、III、IV 卦限. 它们的下方依次为 V、VI、VII、VIII 卦限(见图 5-2).

## 2. 空间点的直角坐标

设点 $M$ 为空间一已知点,过点 $M$ 分别作垂直于三个坐标轴的平面,与 $x$ 轴、$y$ 轴、$z$ 轴分别交于 $P,Q,R$ 三点(见图 5-3),这三点在 $x$ 轴、$y$ 轴、$z$ 轴上的坐标依次为 $x,y,z$,于是空间点 $M$ 就唯一确定了一个有序三元数组 $(x,y,z)$,这个有序数组就是点 $M$ 的坐标,记作 $M(x,y,z)$,其中 $x$ 称为**横坐标**,$y$ 称为**纵坐标**,$z$ 称为**竖坐标**. 反之,已知一个有序三元数组 $(x,y,z)$,可以在 $x$ 轴上取坐标为 $x$ 的点 $P$,在 $y$ 轴上取坐标为 $y$ 的点 $Q$,在 $z$ 轴上取坐标为 $z$ 的点 $R$,然后过 $P,Q,R$ 分别作与 $x$ 轴、$y$ 轴、$z$ 轴垂直的平面,这三个平面的交点 $M$ 便是以有序三元数组 $(x,y,z)$ 在空间确定的唯一的点(见图 5-3). 这样通过空间直角坐标系,我们建立了空间一点 $M$ 与有序三元数组 $(x,y,z)$ 之间的一一对应关系.

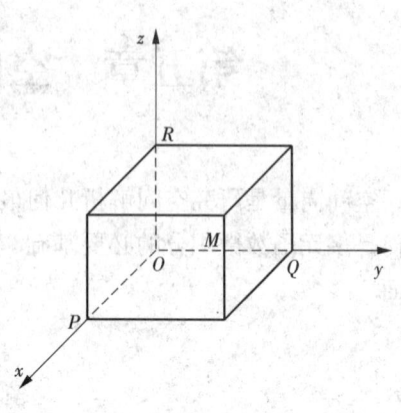

图 5-3

显然,坐标原点 $O$ 的坐标为 $(0,0,0)$;$x$ 轴上的点的坐标为 $(x,0,0)$;$y$ 轴上点的坐标为 $(0,y,0)$;$z$ 轴上点的坐标为 $(0,0,z)$;坐标面 $xOy,yOz,zOx$ 上点的坐标依次为 $(x,y,0)$,$(0,y,z)$,$(x,0,z)$.

**例 1** 求点 $(a,b,c)$ 关于各坐标面、各坐标轴以及坐标原点的对称点的坐标.

**解** (1)关于坐标面:点 $(a,b,c)$ 关于 $xOy$ 面的对称点是 $(a,b,-c)$;关于 $yOz$ 面的对称点是 $(-a,b,c)$;关于 $zOx$ 面的对称点是 $(a,-b,c)$.

(2)关于坐标轴:点 $(a,b,c)$ 关于 $x$ 轴的对称点是 $(a,-b,-c)$;关于 $y$ 轴的对称点是 $(-a,b,-c)$;关于 $z$ 轴的对称点是 $(-a,-b,c)$.

(3)关于坐标原点:点 $(a,b,c)$ 关于原点的对称点是 $(-a,-b,-c)$.

## 3. 空间两点间的距离

设点 $M_1(x_1,y_1,z_1)$ 和点 $M_2(x_2,y_2,z_2)$,线段 $M_1M_2$ 可看成是由 $|x_2-x_1|,|y_2-y_1|,|z_2-z_1|$ 为三度的长方体的对角线(见图 5-4).

因此 $M_1,M_2$ 的距离为:

$$d = |M_1M_2| = \sqrt{(x_2-x_1)^2 + (y_2-y_1)^2 + (z_2-z_1)^2},$$

这就是空间两点间的**距离公式**.

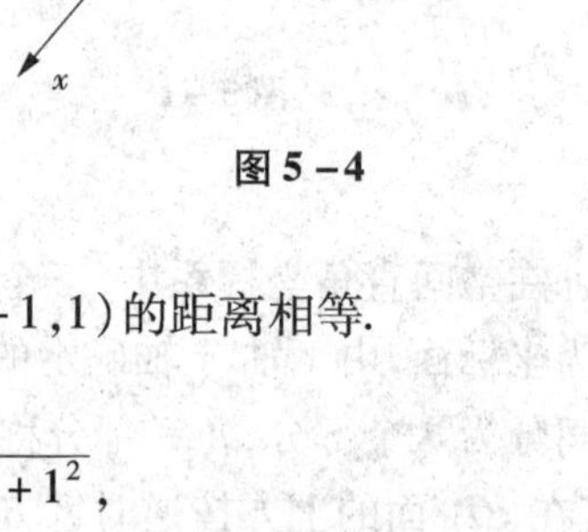

特别地,点 $M(x,y,z)$ 与坐标原点 $O(0,0,0)$ 的距离为

$$d = |OM| = \sqrt{x^2+y^2+z^2}.$$

图 5-4

**例 2** 在 $x$ 轴上求一点 $P$,使它与 $M_1(1,2,3)$ 和 $M_2(-2,-1,1)$ 的距离相等.

**解** 设点 $P$ 的坐标为 $(x,0,0)$,则有 $|PM_1|=|PM_2|$,

即 $$\sqrt{(x-1)^2+2^2+3^2} = \sqrt{(x+2)^2+1^2+1^2},$$

解得
$$x = \frac{4}{3}.$$

故所求点为
$$P\left(\frac{4}{3}, 0, 0\right).$$

## 二、向量的概念及其线性运算

### 1. 向量的概念

现实世界中的量可分为两类,一类如长度、面积、质量、时间、功等,它们只有大小,可用一个数来表示,称为**数量(或标量)**.另一类如力、力矩、位移、速度、加速度等,它们既有大小,又有方向,称为**向量(或矢量)**.

几何上常用一条有向线段表示向量. 有向线段的长度表示向量的大小,有向线段的方向表示向量的方向. 以 $A$ 为始点,$B$ 为终点的有向线段表示的向量记为 $\overrightarrow{AB}$(见图 5-5).

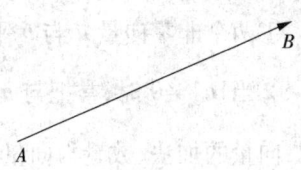

在空间直角坐标系中,以坐标原点 $O$ 为起点,点 $M$ 为终点的向量 $\overrightarrow{OM}$ 叫作**向径**,常用 $r$ 表示.

图 5-5

向量的大小称为向量的**模**. 向量 $\overrightarrow{AB}$ 与 $\boldsymbol{a}$ 的模记作 $|\overrightarrow{AB}|$ 或 $|\boldsymbol{a}|$.

模等于 1 的向量叫作**单位向量**,模等于 0 的向量称为**零向量**,记作 **0** 或 $\vec{\mathbf{0}}$,零向量的始点与终点重合,它的方向可以看作是任意的.

在实际问题中,有些向量与始点无关,本书只研究与始点无关的向量,并称这种向量为**自由向量**(以后简称向量). 所以如果两个向量 $\boldsymbol{a}$ 和 $\boldsymbol{b}$ 大小相等,方向相同,则称向量 $\boldsymbol{a}$ 和 $\boldsymbol{b}$ 相等,记作 $\boldsymbol{a} = \boldsymbol{b}$.

### 2. 向量的线性运算

(1) 向量的加法

设 $\overrightarrow{OA} = \boldsymbol{a}, \overrightarrow{OB} = \boldsymbol{b}$,向量 $\boldsymbol{a}$ 和 $\boldsymbol{b}$ 有同一始点 $O$,以 $\boldsymbol{a}$ 和 $\boldsymbol{b}$ 为边作平行四边形,则以 $O$ 为始点的对角线向量 $\overrightarrow{OC}$ 称为**和向量**(见图 5-6),记作 $\boldsymbol{c} = \boldsymbol{a} + \boldsymbol{b}$.

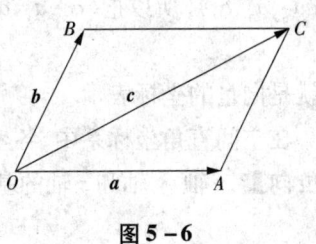

求和向量的运算称为向量的**加法**. 这种求和的方法称为向量加法的**平行四边形法则**.

图 5-6

此外,平移向量 $\boldsymbol{b}$,使其始点与向量 $\boldsymbol{a}$ 的终点重合,则由 $\boldsymbol{a}$ 的始点到 $\boldsymbol{b}$ 的终点的向量也是 $\boldsymbol{a}$ 和 $\boldsymbol{b}$ 的和,这种求和的方法称为向量加法的**三角形法则**(见图 5-7).

通常用三角形法则较简单些. 另外,三角形法则还可推广到多边形法则,从而解决两个以上向量的求和问题.

向量的加法满足以下运算律:

**交换律** $\boldsymbol{a} + \boldsymbol{b} = \boldsymbol{b} + \boldsymbol{a}$;

**结合律** $(\boldsymbol{a} + \boldsymbol{b}) + \boldsymbol{c} = \boldsymbol{a} + (\boldsymbol{b} + \boldsymbol{c})$.

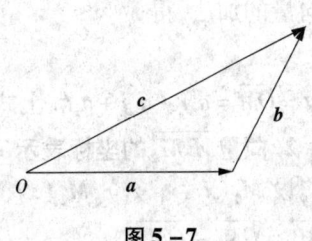

图 5-7

利用向量加法的三角形法则,很容易验证上面两条规则,请读者自己完成.

(2) 数量与向量的乘法

设 $\lambda$ 是一数量, $\lambda$ 与向量 $a$ 的乘积是一个向量, 记为 $\lambda a$. 这个向量的模 $|\lambda a| = |\lambda||a|$, 当 $\lambda > 0$ 时, $\lambda a$ 与 $a$ 同向; 当 $\lambda < 0$ 时, $\lambda a$ 与 $a$ 反向; 当 $\lambda = 0$ 时, $\lambda a = 0$. 特别地, 当 $\lambda = -1$ 时, $(-1)a$ 称为 $a$ 的**向负量**, 记为 $-a$.

我们也可以用负向量定义向量的减法: $a - b = a + (-b)$, 并称为向量 $a$ 和 $b$ 的差.

数量与向量的乘法满足下面的运算律:

**结合律**   $\lambda(\mu a) = (\lambda \mu)a$;

**分配率**   $(\lambda + \mu)a = \lambda a + \mu a$; $\lambda(a + b) = \lambda a + \lambda b$.

根据数量与向量乘积的定义, 可以推出以下结论:

① 两个非零向量 $a$ 与 $b$ 平行的充要条件是 $b = \lambda a$. $a$ 与 $b$ 平行, 记作 $a // b$.

② 当 $|a| \neq 0$ 时, 常把与 $a$ 同向的单位向量记作 $a^0$, 那么 $\dfrac{a}{|a|} = a^0$.

向量的加法、数量与向量的乘法这两种运算统称为向量的**线性运算**.

### 三、向量的坐标

**1. 向径的坐标表示**

在空间直角坐标系中, 给定向量 $a$, 将 $a$ 平行移动, 使它的起点与坐标原点重合, 记 $a$ 的终点为 $M$, 则 $a = \overrightarrow{OM}$ ($\overrightarrow{OM}$ 就是前面定义的向径). 设点 $M$ 的坐标是 $(a_x, a_y, a_z)$, 则它由向量 $a$ 唯一确定, 于是向径 $a$ 就唯一地对应着三个有序实数 $(a_x, a_y, a_z)$. 反过来, 任意给定三个有顺序的实数 $(a_x, a_y, a_z)$, 在空间便唯一确定一点 $M(a_x, a_y, a_z)$, 于是也就唯一确定了一个向径 $\overrightarrow{OM} = a$. 这样, 空间向径 $a$ 与三元有序数组 $(a_x, a_y, a_z)$ 之间建立了一一对应的关系, 称 $(a_x, a_y, a_z)$ 为向径 $a$ 的**坐标**. 由于我们研究的是自由向量, 故无论把向径平行移动到什么地方, 它的坐标仍然是 $(a_x, a_y, a_z)$. 所以把 $(a_x, a_y, a_z)$ 叫作向量 $a$ 的**坐标**, 记作

$$a = \{a_x, a_y, a_z\}.$$

这就是向量的坐标表示.

在空间直角坐标系中, 各坐标轴上与该轴的正方向相同的单位向量, 叫作该坐标轴的**基本单位向量**, $x$ 轴、$y$ 轴和 $z$ 轴的基本单位向量分别用 $i, j, k$ 表示. 因为

$$a = \{a_x, a_y, a_z\},$$

故由向量与数的乘法, 得 $\overrightarrow{OA} = a_x i, \overrightarrow{OB} = a_y j, \overrightarrow{OC} = a_z k$, 如图 5-8 所示.

由向量的加法, 得

$$\overrightarrow{OM} = \overrightarrow{OM_1} + \overrightarrow{M_1M} = \overrightarrow{OA} + \overrightarrow{OB} + \overrightarrow{OC}.$$

即 $a = \overrightarrow{OM} = a_x i + a_y j + a_z k$. 上式叫作向量 $a$ 按基本单位向量的分解式.

**2. 向量 $\overrightarrow{M_1M_2}$ 的坐标表示**

设 $M_1(x_1, y_1, z_1), M_2(x_2, y_2, z_2)$, 则以点 $M_1$ 为起点, 点 $M_2$ 为终点的向量 (见图 5-9) $\overrightarrow{M_1M_2} = \overrightarrow{OM_2} - \overrightarrow{OM_1}$,

因为

$$\overrightarrow{OM_1} = x_1 i + y_1 j + z_1 k, \overrightarrow{OM_2} = x_2 i + y_2 j + z_2 k,$$

所以 $\overrightarrow{M_1M_2} = (x_2-x_1)\boldsymbol{i} + (y_2-y_1)\boldsymbol{j} + (z_1-z_2)\boldsymbol{k}$,

即 $\overrightarrow{M_1M_2} = \{x_2-x_1, y_2-y_1, z_1-z_2\}$.

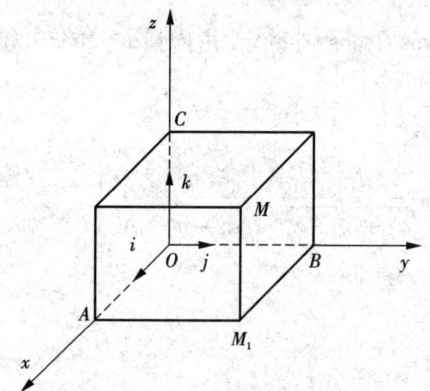

图 5-8

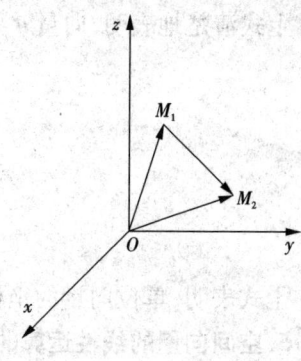

图 5-9

**例 3** 已知空间两点 $A(1,3,2), B(-5,3,-2)$,求向量 $\overrightarrow{AB}$ 的坐标.

**解** $\overrightarrow{AB} = (-5-1)\boldsymbol{i} + (3-3)\boldsymbol{j} + (-2-2)\boldsymbol{k} = -6\boldsymbol{i} + 0\boldsymbol{j} - 4\boldsymbol{k}$,

即 $\overrightarrow{AB} = \{-6, 0, -4\}$.

**3. 空间向量模的坐标表示**

空间向量 $\boldsymbol{a} = \{a_x, a_y, a_z\}$ 可以看成以点 $M(a_x, a_y, a_z)$ 为终点的向径 $\overrightarrow{OM}$(见图 5-10),由两点间距离公式,得

$$|\boldsymbol{a}| = |\overrightarrow{OM}| = \sqrt{a_x^2 + a_y^2 + a_z^2}.$$

**4. 向量的方向与方向角**

设 $\boldsymbol{a}$ 与 $x$ 轴、$y$ 轴、$z$ 轴的正方向的夹角为 $\alpha, \beta, \gamma$ $(0 \leq \alpha \leq \pi, 0 \leq \beta \leq \pi, 0 \leq \gamma \leq \pi)$(图 5-10),当 $\alpha, \beta, \gamma$ 确定后,向量 $\boldsymbol{a}$ 的方向也就确定了,因此可以用 $\alpha, \beta, \gamma$ 来表示 $\boldsymbol{a}$ 的方向,称为 $\boldsymbol{a}$ 的**方向角**,这三个角的余弦值 $\cos\alpha, \cos\beta, \cos\gamma$ 统称为向量 $\boldsymbol{a}$ 的**方向余弦**. 由于

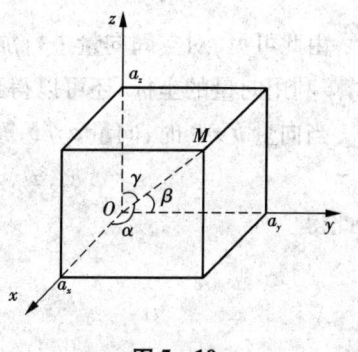

图 5-10

$$a_x = |\boldsymbol{a}|\cdot\cos\alpha, a_y = |\boldsymbol{a}|\cdot\cos\beta, a_z = |\boldsymbol{a}|\cdot\cos\gamma.$$

因此方向余弦可以表示为:

$$\cos\alpha = \frac{a_x}{|\boldsymbol{a}|} = \frac{a_x}{\sqrt{a_x^2 + a_y^2 + a_z^2}};$$

$$\cos\beta = \frac{a_y}{|\boldsymbol{a}|} = \frac{a_y}{\sqrt{a_x^2 + a_y^2 + a_z^2}};$$

$$\cos\gamma = \frac{a_z}{|\boldsymbol{a}|} = \frac{a_z}{\sqrt{a_x^2 + a_y^2 + a_z^2}}.$$

将上面三个等式两边平方后相加,得

$$\cos^2\alpha + \cos^2\beta + \cos^2\gamma = 1.$$

综上所述,知
$$\boldsymbol{a} = \{a_x, a_y, a_z\} = \{|\boldsymbol{a}|\cdot\cos\alpha, |\boldsymbol{a}|\cdot\cos\beta, |\boldsymbol{a}|\cdot\cos\gamma\}$$
$$= |\boldsymbol{a}|\cdot\{\cos\alpha, \cos\beta, \cos\gamma\}.$$

上式清楚地表明,向量 $\boldsymbol{a}$ 的模是 $|\boldsymbol{a}|$,方向由 $\{\cos\alpha, \cos\beta, \cos\gamma\}$ 确定. 由向量 $\boldsymbol{a} = |\boldsymbol{a}|\boldsymbol{e}_a$,得

$$\boldsymbol{e}_a = \frac{\boldsymbol{a}}{|\boldsymbol{a}|} = \frac{\{a_x, a_y, a_z\}}{\sqrt{a_x^2 + a_y^2 + a_z^2}}$$
$$= \left\{\frac{a_x}{\sqrt{a_x^2 + a_y^2 + a_z^2}}, \frac{a_y}{\sqrt{a_x^2 + a_y^2 + a_z^2}}, \frac{a_z}{\sqrt{a_x^2 + a_y^2 + a_z^2}}\right\}$$
$$= \{\cos\alpha, \cos\beta, \cos\gamma\}.$$

上式表明,单位向量的坐标是向量 $\boldsymbol{a}$ 的方向余弦.

**5. 空间向量的线性运算的坐标表示**

设 $\boldsymbol{a} = a_x\boldsymbol{i} + a_y\boldsymbol{j} + a_z\boldsymbol{k} = \{a_x, a_y, a_z\}$, $\boldsymbol{b} = b_x\boldsymbol{i} + b_y\boldsymbol{j} + b_z\boldsymbol{k} = \{b_x, b_y, b_z\}$,

则
$$\boldsymbol{a} + \boldsymbol{b} = (a_x + b_x)\boldsymbol{i} + (a_y + b_y)\boldsymbol{j} + (a_z + b_z)\boldsymbol{k};$$
$$\boldsymbol{a} - \boldsymbol{b} = (a_x - b_x)\boldsymbol{i} + (a_y - b_y)\boldsymbol{j} + (a_z - b_z)\boldsymbol{k};$$
$$\lambda\boldsymbol{a} = \lambda a_x\boldsymbol{i} + \lambda a_y\boldsymbol{j} + \lambda a_z\boldsymbol{k}.$$

即
$$\boldsymbol{a} + \boldsymbol{b} = \{a_x + b_x, a_y + b_y, a_z + b_z\};$$
$$\boldsymbol{a} - \boldsymbol{b} = \{a_x - b_x, a_y - b_y, a_z - b_z\};$$
$$\lambda\boldsymbol{a} = \{\lambda a_x, \lambda a_y, \lambda a_z\}.$$

由此可见,对空间向量进行加、减、数乘运算,只需对向量的各个坐标分别进行相应的数值运算. 利用向量的坐标,还可以得到两个向量平行的充要条件.

当向量 $\boldsymbol{b}\neq\boldsymbol{0}$ 时,向量 $\boldsymbol{a}\parallel\boldsymbol{b}$ 等价于 $\boldsymbol{a} = \lambda\boldsymbol{b}$,用坐标表示就是

$$\{a_x, a_y, a_z\} = \lambda\{b_x, b_y, b_z\} = \{\lambda b_x, \lambda b_y, \lambda b_z\},$$

由此得
$$a_x = \lambda b_x, \ a_y = \lambda b_y, \ a_z = \lambda b_z,$$

即
$$\frac{a_x}{b_x} = \frac{a_y}{b_y} = \frac{a_z}{b_z} = \lambda,$$

于是
$$\boldsymbol{a}\parallel\boldsymbol{b} \Leftrightarrow \frac{a_x}{b_x} = \frac{a_y}{b_y} = \frac{a_z}{b_z}.$$

即空间两向量平行的充要条件是两向量对应的坐标成比例.

**例 4** 设 $A(x_1, y_1, z_1)$, $B(x_2, y_2, z_2)$ 为已知两点,而 $M$ 是直线 $AB$ 上不与 $B$ 重合的一点, $\dfrac{|\overrightarrow{AM}|}{|\overrightarrow{MB}|} = |\lambda|(\lambda \neq -1)$. 求点 $M$ 的坐标.

**解** 设 $M(x, y, z)$,则 $\overrightarrow{AM} = (x - x_1)\boldsymbol{i} + (y - y_1)\boldsymbol{j} + (z - z_1)\boldsymbol{k}$,

$\overrightarrow{MB} = (x_2 - x)\boldsymbol{i} + (y_2 - y)\boldsymbol{j} + (z_2 - z)\boldsymbol{k}$,由 $\dfrac{|\overrightarrow{AM}|}{|\overrightarrow{MB}|} = |\lambda|$,得 $\overrightarrow{AM} = \lambda\overrightarrow{MB}$,

当 $|\overrightarrow{AM}|$ 与 $|\overrightarrow{BM}|$ 同向时，$\lambda > 0$；当 $|\overrightarrow{AM}|$ 与 $|\overrightarrow{BM}|$ 异向时，$\lambda < 0$；$|\overrightarrow{AM}| = 0$ 时，$\lambda = 0$.
于是
$$x - x_1 = \lambda(x_2 - x), y - y_1 = \lambda(y_2 - y), z - z_1 = \lambda(z_2 - z),$$
即
$$x = \frac{x_1 + \lambda x_2}{1 + \lambda}, \quad y = \frac{y_1 + \lambda y_2}{1 + \lambda}, \quad z = \frac{z_1 + \lambda z_2}{1 + \lambda}.$$

上式叫作**有向线段的定比分点公式**.

如果 $\lambda = 1$，那么 $M$ 为 $A$ 与 $B$ 的中点，其坐标为
$$x = \frac{x_1 + x_2}{2}, y = \frac{y_1 + y_2}{2}, z = \frac{z_1 + z_2}{2}.$$

上式叫作**有向线段的中点公式**.

**例 5** 已知 $a = \{1, -1, 0\}, b = \{1, 2, -1\}, c = \{1, -2, 4\}$，

求：(1) $3a + 2b - c$；

(2) $e_b$ 及方向余弦.

**解** (1) $3a + 2b - c = 3\{1, -1, 0\} + 2\{1, 2, -1\} - \{1, -2, 4\} = \{4, 3, -6\}$；

(2) 因为 $|b| = \sqrt{1^2 + 2^2 + (-1)^2} = \sqrt{6}$，

所以
$$e_b = \frac{b}{|b|} = \left\{\frac{1}{\sqrt{6}}, \frac{2}{\sqrt{6}}, -\frac{1}{\sqrt{6}}\right\},$$
$$\cos \alpha = \frac{1}{\sqrt{6}}, \cos \beta = \frac{2}{\sqrt{6}}, \cos \gamma = -\frac{1}{\sqrt{6}}.$$

**例 6** 已知三个力 $F_1 = \{1, 2, 3\}, F_2 = \{-2, 3, -4\}, F_3 = \{3, -4, 5\}$，同时作用于一点. 求合力 $F$ 的大小及其方向余弦.

**解** 由物理的力学知识，得
$$F = F_1 + F_2 + F_3 = \{1 - 2 + 3, 2 + 3 - 4, 3 - 4 + 5\} = \{2, 1, 4\}.$$

故力 $F$ 的大小为 $\quad |F| = \sqrt{2^2 + 1^2 + 4^2} = \sqrt{21}$，

其方向余弦为 $\quad \cos \alpha = \dfrac{2}{\sqrt{21}}, \cos \beta = \dfrac{1}{\sqrt{21}}, \cos \gamma = \dfrac{4}{\sqrt{21}}$.

## 四、空间向量的数量积与向量积

### 1. 空间向量的数量积

(1) 定义

由力学中功的定义可知，功等于力与力的方向上的位移的乘积. 可用公式表示为
$$W = |F| \cdot |s| \cos \theta.$$

我们知道力和位移都是向量，而功是标量. 功就叫作力 $F$ 和位移 $s$ 的数量积.

**定义 1** 设两个向量 $a$ 和 $b$，它们的夹角为 $\theta(0 \leq \theta \leq \pi)$，数值 $|a||b|\cos \theta$ 叫作向量 $a$ 和向量 $b$ 的**数量积**. 记作 $a \cdot b$，即

$$a \cdot b = |a||b|\cos\theta.$$

数量积又叫作**点积**或**内积**.

在物理学中,功就表示为 $W = F \cdot s$.

(2) 数量积的几何意义(见图 5-11)

向量 $a$ 和向量 $b$ 的起点重合,从向量 $a$ 的终点向向量 $b$ 作垂线 $MN$,则 $ON = |a|\cos\theta$,$ON$ 叫作向量 $a$ 在向量 $b$ 上的**投影**,记作 $\text{Prj}_b a$. 它是一个数值. 由于 $\text{Prj}_b a = |a|\cos\theta$,$\text{Prj}_a b = |b|\cos\theta$,故

$$a \cdot b = |b|\text{Prj}_b a = |a|\text{Prj}_a b.$$

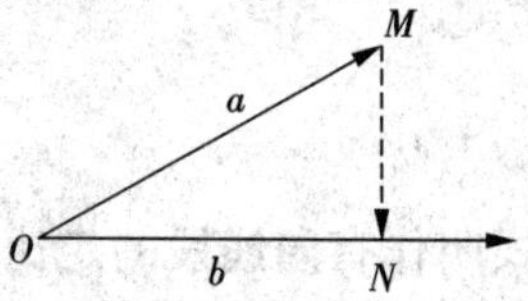

图 5-11

因此,两向量的数量积的几何意义是:**两向量的数量积等于一个向量的模与另一个向量在该向量上的投影的积**.

(3) 数量积的性质(证明略)

交换律  $a \cdot b = b \cdot a$.

结合律  $(\lambda a) \cdot b = \lambda(a \cdot b) = a \cdot (\lambda b)$ ($\lambda$ 为常数).

分配律  $a \cdot (b + c) = a \cdot b + a \cdot c$.

非零向量 $a$ 与 $b$ 垂直的充要条件是  $a \cdot b = 0$.

由于零向量的方向是任意的,故可以认为零向量与任何向量都垂直.

(4) 数量积的坐标表示

设 $a = \{a_x, a_y, a_z\}$,$b = \{b_x, b_y, b_z\}$,

则 $a \cdot b = (a_x i + a_y j + a_z k) \cdot (b_x i + b_y j + b_z k)$

$= a_x b_x i \cdot i + a_x b_y i \cdot j + a_x b_z i \cdot k + a_y b_x j \cdot i + a_y b_y j \cdot j + a_y b_z j \cdot k$

$+ a_z b_x k \cdot i + a_z b_y k \cdot j + a_z b_z k \cdot k.$

又 $i \cdot i = j \cdot j = k \cdot k = 1$,$i \cdot j = i \cdot k = j \cdot i = j \cdot k = k \cdot i = k \cdot j = 0$,

所以 $a \cdot b = a_x b_x + a_y b_y + a_z b_z.$

由 $a \cdot b = |a||b|\cos\theta$,

得 $\cos\theta = \dfrac{a \cdot b}{|a||b|} = \dfrac{a_x b_x + a_y b_y + a_z b_z}{\sqrt{a_x^2 + a_y^2 + a_z^2}\sqrt{b_x^2 + b_y^2 + b_z^2}}.$

由此得到,非零向量 $a$ 和向量 $b$ 垂直的充要条件是

$$a_x b_x + a_y b_y + a_z b_z = 0.$$

**例 7**  计算 $a = \{2, 0, -3\}$ 与 $b = \{-4, 1, 1\}$ 的数量积.

**解**  $a \cdot b = 2 \times (-4) + 0 \times 1 + (-3) \times 1 = -11.$

**例 8**  已知三点 $A(0, 2, 2)$,$B(1, 2, 1)$,$C(1, 1, 2)$. 求 $\angle BAC$.

**解**  $\overrightarrow{AB} = \{1-0, 2-2, 1-2\} = \{1, 0, -1\}$,$\overrightarrow{AC} = \{1-0, 1-2, 2-2\} = \{1, -1, 0\}.$

所以

$$\cos\angle BAC = \dfrac{\overrightarrow{AB} \cdot \overrightarrow{AC}}{|\overrightarrow{AB}||\overrightarrow{AC}|} = \dfrac{1 \times 1 + 0 \times (-1) + (-1) \times 0}{\sqrt{1^2 + 0^2 + (-1)^2}\sqrt{1^2 + (-1)^2 + 0^2}} = \dfrac{1}{2}.$$

故

$$\angle BAC = \frac{\pi}{3}.$$

**2. 空间两个向量的向量积**

(1) 两个向量的向量积

**定义 2**  如果有两个向量 $a$ 和 $b$，它们的夹角为 $\theta(0 \leq \theta \leq \pi)$，那么，由 $a$ 和 $b$ 可确定一个向量 $c$，它的模 $|c| = |a||b|\sin\theta$，它的方向垂直于 $a$ 和 $b$ 所确定的平面，且按右手规则从 $a$ 转向 $b$ 来确定 (见图 5-12). 向量 $c$ 叫作向量 $a$ 与 $b$ 的**向量积**，记作 $a \times b$，即

$$c = a \times b.$$

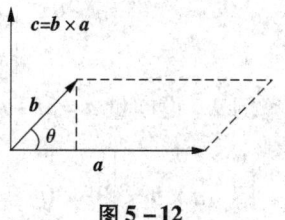

图 5-12

因为两向量的向量积的记号是在 $a$ 和 $b$ 中间加 "×" 号，所以向量积又叫作**叉积**或**外积**.

两个向量的向量积仍是一个向量，而两个向量的数量积则是一个数量. 这是数量积和向量积在本质上的区别.

如图 5-12 所示，以 $a$、$b$ 为邻边的平行四边形，其面积等于 $|a||b|\sin\theta$，等于向量 $a \times b$ 的模. 因此可以利用 $a \times b$ 来计算三角形的面积.

(2) 向量积的性质

① $a \times a = 0$. 事实上，由于向量 $a$ 与 $a$ 的夹角 $\theta = 0$，故有

$$|a \times a| = |a||a|\sin 0 = 0,$$

即

$$a \times a = 0.$$

② $a \times b = -b \times a$. 事实上，由于

$$|a \times b| = |a||b|\sin\theta = |b||a|\sin\theta = |b \times a|,$$

即它们的模相等. 但是按右手规则，由于 $a$ 和 $b$ 交换了顺序，从 $b$ 转向 $a$ 定出的方向恰好与 $a$ 转向 $b$ 的方向相反，因此 $a \times b = -b \times a$. 这说明两个向量的向量积不满足交换律.

③ 结合律 $(\lambda a) \times b = \lambda(a \times b)$.

④ 分配律 $a \times (b + c) = a \times b + a \times c$.

⑤ 向量 $a // b$ 的充分必要条件是 $a \times b = 0$.

由于零向量的方向是任意的，故可以认为零向量与任何向量都平行.

(3) 向量积的坐标表示

设 $a = \{a_x, a_y, a_z\}, b = \{b_x, b_y, b_z\}$，

则

$$\begin{aligned} a \times b &= (a_x i + a_y j + a_z k) \times (b_x i + b_y j + b_z k) \\ &= a_x b_x i \times i + a_x b_y i \times j + a_x b_z i \times k + a_y b_x j \times i + a_y b_y j \times j + a_y b_z j \times k \\ &\quad + a_z b_x k \times i + a_z b_y k \times j + a_z b_z k \times k. \end{aligned}$$

因为 $i, j, k$ 互相垂直，所以由右手法则有

$$i \times j = k, j \times k = i, k \times i = j, j \times i = -k, k \times j = -i, i \times k = -j,$$

又由于

$$i \times i = j \times j = k \times k = 0,$$

故
$$a \times b = (a_y b_z - a_z b_y)i + (a_z b_x - a_x b_z)j + (a_x b_y - a_y b_x)k.$$
这就是向量积的**坐标表示**.

为了帮助记忆,便于计算,常把上式写作三阶行列式的形式:
$$a \times b = \begin{vmatrix} i & j & k \\ a_x & a_y & a_z \\ b_x & b_y & b_z \end{vmatrix} = \begin{vmatrix} a_y & a_z \\ b_y & b_z \end{vmatrix} i - \begin{vmatrix} a_x & a_z \\ b_x & b_z \end{vmatrix} j + \begin{vmatrix} a_x & a_y \\ b_x & b_y \end{vmatrix} k.$$

**例9** 设向量 $a = 3i - k, b = 2i - 3j + 2k$,求 $a \times b$.

**解** $a \times b = \begin{vmatrix} i & j & k \\ 3 & 0 & -1 \\ 2 & -3 & 2 \end{vmatrix} = \begin{vmatrix} 0 & -1 \\ -3 & 2 \end{vmatrix} i - \begin{vmatrix} 3 & -1 \\ 2 & 2 \end{vmatrix} j + \begin{vmatrix} 3 & 0 \\ 2 & -3 \end{vmatrix} k = -3i - 8j - 9k.$

**例10** 求垂直于向量 $a = \{2, 2, 1\}$ 与 $b = \{4, 5, 3\}$ 的单位向量.

**解** $c = a \times b = \begin{vmatrix} i & j & k \\ 2 & 2 & 1 \\ 4 & 5 & 3 \end{vmatrix} = \begin{vmatrix} 2 & 1 \\ 5 & 3 \end{vmatrix} i - \begin{vmatrix} 2 & 1 \\ 4 & 3 \end{vmatrix} j + \begin{vmatrix} 2 & 2 \\ 4 & 5 \end{vmatrix} k = i - 2j + 2k,$

$$|c| = |a \times b| = \sqrt{1^2 + (-2)^2 + 2^2} = 3,$$

$$\pm e_c = \pm \frac{a \times b}{|a \times b|} = \pm \frac{\{1, -2, 2\}}{3} = \left\{ \pm \frac{1}{3}, \mp \frac{2}{3}, \pm \frac{2}{3} \right\}.$$

**例11** 已知 $\overrightarrow{OA} = \{1, 0, 3\}, \overrightarrow{OB} = \{0, 1, 3\}$,求 $\triangle OAB$ 的面积.

**解** 由向量积的几何意义知: $S_{\triangle OAB} = \frac{1}{2} |\overrightarrow{OA} \times \overrightarrow{OB}|$,

$$\overrightarrow{OA} \times \overrightarrow{OB} = \begin{vmatrix} i & j & k \\ 1 & 0 & 3 \\ 0 & 1 & 3 \end{vmatrix} = -3i - 3j + k,$$

所以
$$S_{\triangle OAB} = \frac{1}{2} |\overrightarrow{OA} \times \overrightarrow{OB}| = \frac{1}{2} \sqrt{(-3)^2 + (-3)^2 + 1^2} = \frac{\sqrt{19}}{2}.$$

## 习题 5-1

1. 在空间直角坐标系中,指出下列各点的位置:
   (1) $A(3, 2, 1)$;     (2) $B(-1, 3, 2)$;     (3) $C(-3, -2, 0)$;
   (4) $D(1, 0, 1)$;     (5) $E(0, 2, 0)$;      (6) $F(-2, 0, 0)$.

2. 求下列距离:
   (1) 点 $A(4, -2, 3)$ 与点 $B(-2, 1, 3)$;
   (2) 点 $M(1, 3, 2)$ 到三个坐标面;
   (3) 点 $M(1, 3, -5)$ 到三个坐标轴.

3. 试证明以 $A(4,1,9), B(10,-1,6), C(2,4,3)$ 三点为顶点的三角形是等腰直角三角形.

4. 已知向量 $\boldsymbol{a} = 3\boldsymbol{i} - 2\boldsymbol{j} + \boldsymbol{k}$，终点为 $B(-1,1,0)$，求起点坐标.

5. 已知两点 $M_1(3,0,2), M_2(4,\sqrt{2},1)$，计算向量 $\overrightarrow{M_1M_2}$ 的模、方向余弦和方向角.

6. 两个已知力 $\boldsymbol{F}_1 = \boldsymbol{i} + \boldsymbol{j} + 3\boldsymbol{k}, \boldsymbol{F}_2 = 4\boldsymbol{i} - 3\boldsymbol{j} - 2\boldsymbol{k}$ 作用于同一点 $A$，要使 $A$ 点处于平衡状态，问需要加一个怎样的力？

7. 设一个向量与 $x$ 轴, $z$ 轴正方向夹角分别为 $\dfrac{\pi}{3}$、$\dfrac{\pi}{4}$，其模为 6，求该向量.

8. 求平行于向量 $\boldsymbol{a} = -3\boldsymbol{i} + 5\boldsymbol{j} + 4\boldsymbol{k}$ 的单位向量.

9. 判定下列各组向量间的关系：

(1) $\boldsymbol{a} = \{1, -2, 3\}, \boldsymbol{b} = \{-2, 4, -6\}$；(2) $\boldsymbol{a} = \{1, 1, -4\}, \boldsymbol{b} = \{2, 2, 1\}$；

(3) $\boldsymbol{a} = \{1, -2, 3\}, \boldsymbol{b} = \{1, 3, 2\}$.

10. 设 $\boldsymbol{a} = 3\boldsymbol{i} - \boldsymbol{j} - 2\boldsymbol{k}, \boldsymbol{b} = \boldsymbol{i} + 2\boldsymbol{j} - \boldsymbol{k}$，求：

(1) $\boldsymbol{a} \cdot \boldsymbol{b}$ 及 $\boldsymbol{a} \times \boldsymbol{b}$；(2) $(-2\boldsymbol{a}) \cdot \boldsymbol{b}$ 及 $\boldsymbol{a} \times 2\boldsymbol{b}$；(3) $\boldsymbol{a}, \boldsymbol{b}$ 夹角余弦.

11. 求同时垂直于 $\boldsymbol{a} = \{3,6,8\}, \boldsymbol{b} = \{0,0,1\}$ 的单位向量.

12. 已知 $\overrightarrow{OA} = \boldsymbol{i} + 3\boldsymbol{k}, \overrightarrow{OB} = \boldsymbol{i} - \boldsymbol{j} + 2\boldsymbol{k}$，求 $\triangle OAB$ 的面积.

13. 设 $\boldsymbol{a} = \{-1, 1, 2\}, \boldsymbol{b} = \{3, 0, 4\}$，求向量 $\boldsymbol{a}$ 在向量 $\boldsymbol{b}$ 上的投影.

14. 设 $\boldsymbol{a}, \boldsymbol{b}, \boldsymbol{c}$ 为单位向量，并且满足 $\boldsymbol{a} + \boldsymbol{b} + \boldsymbol{c} = \boldsymbol{0}$，计算 $\boldsymbol{a} \cdot \boldsymbol{b} + \boldsymbol{b} \cdot \boldsymbol{c} + \boldsymbol{c} \cdot \boldsymbol{a}$.

## 第二节　空间平面与直线

### 一、平面及其方程

我们知道，过一点且与一个向量垂直的平面是唯一确定的. 由此，我们可以得到求平面方程的方法.

**1. 平面的点法式方程**

如果一个非零向量垂直于一个平面，那么这个向量就叫作该平面的**法线向量**（简称**法向量**）. 很显然，法向量垂直于平面上的每一个向量.

设平面 $\pi$ 过点 $M_0(x_0, y_0, z_0)$，它的一个法向量为 $\boldsymbol{n} = \{A, B, C\}$，如图 5-13 所示.

任取点 $M(x, y, z) \in \pi$，则
$$\overrightarrow{M_0M} = \{x - x_0, y - y_0, z - z_0\},$$
且有 $\boldsymbol{n} \cdot \overrightarrow{M_0M} = 0$. 因此
$$A(x - x_0) + B(y - y_0) + C(z - z_0) = 0, \qquad (1)$$
其中点 $M_0(x_0, y_0, z_0)$ 是平面 $\pi$ 内一点，$\boldsymbol{n}$ 为平面 $\pi$ 的法向量，方程 (1) 叫作平面的**点法式方程**.

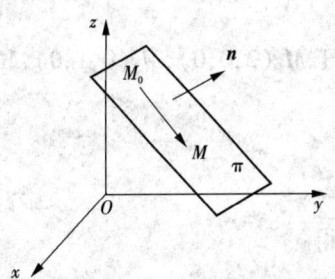

图 5-13

**例1** 已知平面过点 $(2,2,2)$ 且与向量 $\boldsymbol{n}=\{1,-2,3\}$ 垂直,求该平面的方程.

**解** 由平面的点法式方程,得
$$(x-2)+(-2)(y-2)+3(z-2)=0,$$
即
$$x-2y+3z-4=0.$$

**例2** 求经过三点 $M_1(2,0,0)$, $M_2(0,1,0)$, $M_3(0,0,2)$ 的平面方程.

**解** 设平面法向量为 $\boldsymbol{n}$,则 $\boldsymbol{n}=\overrightarrow{M_1M_2}\times\overrightarrow{M_1M_3}$,

又
$$\overrightarrow{M_1M_2}=\{0-2,1-0,0-0\}=\{-2,1,0\},$$
$$\overrightarrow{M_1M_3}=\{0-2,0-0,2-0\}=\{-2,0,2\},$$

故
$$\boldsymbol{n}=\overrightarrow{M_1M_2}\times\overrightarrow{M_1M_3}=\begin{vmatrix} \boldsymbol{i} & \boldsymbol{j} & \boldsymbol{k} \\ -2 & 1 & 0 \\ -2 & 0 & 2 \end{vmatrix}=2\boldsymbol{i}+4\boldsymbol{j}+2\boldsymbol{k}=\{2,4,2\}.$$

由平面的点法式方程,得
$$2(x-2)+4(y-0)+2(z-0)=0,$$
即
$$x+2y+z-2=0.$$

由上面两道例题得知,求平面的点法式方程,关键是找到法向量. 而寻找法向量常常要用到向量积.

**2. 平面的一般方程**

由平面的点法式方程
$$A(x-x_0)+B(y-y_0)+C(z-z_0)=0,$$
化简,得
$$Ax+By+Cz+(-Ax_0-By_0-Cz_0)=0.$$
令
$$D=-Ax_0-By_0-Cz_0,$$
则上述点法式方程化为
$$Ax+By+Cz+D=0\quad(A,B,C\text{ 不同时为零}). \tag{2}$$

方程(2)叫作平面的**一般式方程**,即任何一个平面都可以用一个三元一次方程来表示.

**例3** 用平面的一般式方程解例2.

**解** 设所求平面的方程为
$$Ax+By+Cz+D=0,$$
由于 $M_1(2,0,0)$, $M_2(0,1,0)$, $M_3(0,0,2)$ 在平面上,因此有
$$\begin{cases} 2A+D=0, \\ B+D=0, \\ 2C+D=0, \end{cases}$$
解得
$$A=-\frac{D}{2},\ B=-D,\ C=-\frac{D}{2},$$
代入平面方程,得

$$-\frac{D}{2}x - Dy - \frac{D}{2}z + D = 0,$$

因为 $D \neq 0$，所以所求平面方程为

$$x + 2y + z - 2 = 0.$$

讨论平面的一般式方程的系数，不难得到下面几种特殊情况.

① 过原点的平面方程：$Ax + By + Cz = 0$.

② 平行于坐标轴的平面方程.

平行于 $x$ 轴的平面方程：$By + Cz + D = 0$.

平行于 $y$ 轴的平面方程：$Ax + Cz + D = 0$.

平行于 $z$ 轴的平面方程：$Ax + By + D = 0$.

③ 平行于坐标面的平面方程.

平行于 $xOy$ 面的平面方程：$Cz + D = 0$.

平行于 $yOz$ 面的平面方程：$Ax + D = 0$.

平行于 $zOx$ 面的平面方程：$By + D = 0$.

**例4** 描绘出下列方程所表示的平面.

(1) $y = 3$； (2) $x + y = 1$； (3) $x + y + z = 1$.

**解** 如图 5-14 所示.

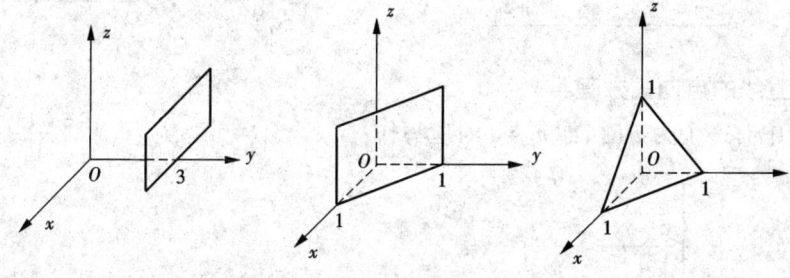

**图 5-14**

(1) 方程 $y = 3$ 表示过点 $(0,3,0)$ 且与 $xOz$ 面平行的平面；

(2) 方程 $x + y = 1$ 表示过点 $(1,0,0)$ 和 $(0,1,0)$ 且与 $z$ 轴平行的平面；

(3) 方程 $x + y + z = 1$ 表示过点 $(1,0,0)$，$(0,1,0)$ 和 $(0,0,1)$ 的平面.

**3. 平面的截距式方程**

由平面的一般式方程 $Ax + By + Cz + D = 0 (D \neq 0)$ 可得

$$\frac{x}{-\frac{D}{A}} + \frac{y}{-\frac{D}{B}} + \frac{z}{-\frac{D}{C}} = 1,$$

令

$$-\frac{D}{A} = a, \ -\frac{D}{B} = b, \ -\frac{D}{C} = c,$$

则有

$$\frac{x}{a} + \frac{y}{b} + \frac{z}{c} = 1. \tag{3}$$

方程(3)叫作平面的**截距式方程**,$a,b,c$ 分别叫作平面在 $x$ 轴、$y$ 轴、$z$ 轴上的截距.

**例 5** 将平面方程 $3x-2y+6z-12=0$ 化为截距式方程.

**解** 由 $3x-2y+6z-12=0$ 得
$$3x-2y+6z=12,$$
即
$$\frac{x}{4}+\frac{y}{-6}+\frac{z}{2}=1.$$

## 二、空间直线及其方程

由立体几何可知,过一个定点且与已知直线平行的直线是唯一确定的. 我们用向量来代替已知直线,就可以得到该点与一个平行向量所确定的直线.

**1. 直线的点向式方程与参数式方程**

如果一个非零向量平行于一条直线,这个向量就叫作该直线的**方向向量**. 由于任何一个与方向向量平行的非零向量都是该直线的方向向量,因此一条直线的方向向量并不是唯一的.

设直线 $L$ 过 $M_0(x_0,y_0,z_0)$,且有一方向向量为 $\mathbf{s}=\{m,n,p\}$. $M(x,y,z)$ 为 $L$ 上的任意一点,作向量 $\overrightarrow{M_0M}$,则 $\overrightarrow{M_0M} \parallel \mathbf{s}$(见图 5-15).

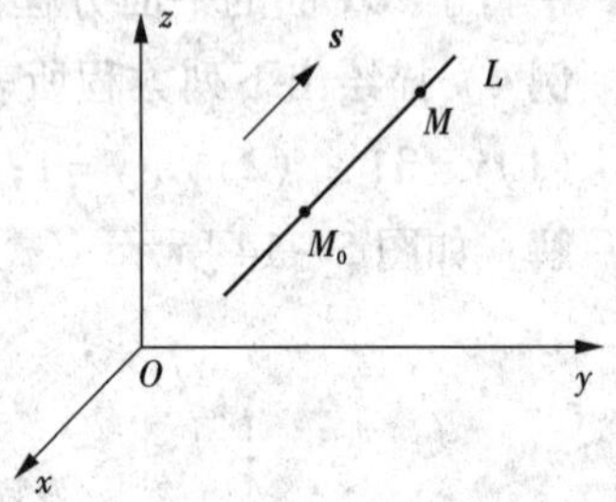

因 $\overrightarrow{M_0M}=\{x-x_0,y-y_0,z-z_0\}$,$\mathbf{s}=\{m,n,p\}$,

故
$$\frac{x-x_0}{m}=\frac{y-y_0}{n}=\frac{z-z_0}{p}. \qquad (4)$$

上式叫作空间**直线的点向式方程**.

图 5-15

当 $m,n,p$ 中有一个为零时,如 $m=0$ 时应写作:
$$\begin{cases} x-x_0=0, \\ \dfrac{y-y_0}{n}=\dfrac{z-z_0}{p}. \end{cases}$$

当 $m,n,p$ 中有两个为零时,如 $m=0,n=0$ 时,应写作
$$\begin{cases} x-x_0=0, \\ y-y_0=0. \end{cases}$$

令
$$\frac{x-x_0}{m}=\frac{y-y_0}{n}=\frac{z-z_0}{p}=t,$$
则
$$\begin{cases} x=x_0+mt, \\ y=y_0+nt, \\ z=z_0+pt. \end{cases} \qquad (5)$$

方程(5)叫作**空间直线的参数式方程**.

**例 6** 求直线 $L:x-2=y-3=\dfrac{z-4}{2}$ 与平面 $\pi:3x+y+2z-1=0$ 的交点坐标.

**解** 由直线的参数式方程,得

$$\begin{cases} x = t+2, \\ y = t+3, \\ z = 2t+4. \end{cases}$$

将其代入平面方程,得
$$3(t+2)+(t+3)+2(2t+4)-1=0,$$
解得
$$t=2.$$
代入参数方程得
$$x=4, y=5, z=8,$$
于是,直线与平面的交点坐标为 $(4,5,8)$.

**例7** 写出过点 $(0,1,0)$ 且方向向量为 $s=\{1,-1,0\}$ 的直线方程.

**解** 因为 $p=0$,所以直线方程为
$$\begin{cases} \dfrac{x}{1} = \dfrac{y-1}{-1}, \\ z=0. \end{cases}$$
即
$$\begin{cases} x+y-1=0, \\ z=0. \end{cases}$$

**例8** 求过 $A(x_1,y_1,z_1)$,$B(x_2,y_2,z_2)$ 两点的直线方程.

**解** 连接 $AB$,则
$$\overrightarrow{AB}=(x_2-x_1,y_2-y_1,z_2-z_1)$$
为所求直线的方向向量,代入点向式方程,得
$$\frac{x-x_1}{x_2-x_1}=\frac{y-y_1}{y_2-y_1}=\frac{z-z_1}{z_2-z_1}. \tag{6}$$

方程(6)叫作**直线的两点式方程**.

**2. 直线的一般方程**

空间直线 $L$ 可以看成是两个平面 $\pi_1$ 和 $\pi_2$ 的交线(见图 5-16).

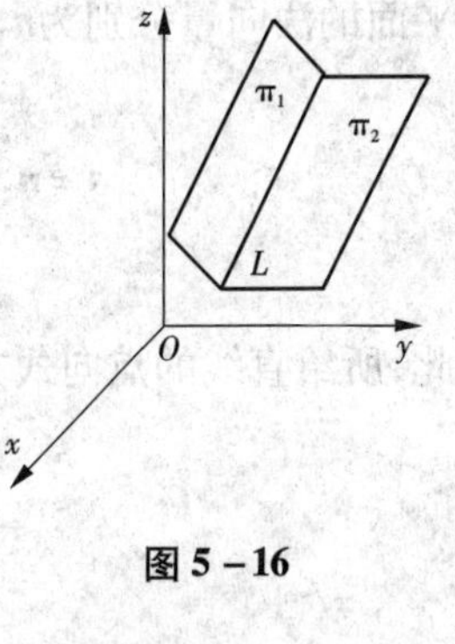

如果 $\pi_1$ 和 $\pi_2$ 的方程分别为
$$A_1x+B_1y+C_1z+D_1=0 \text{ 和 } A_2x+B_2y+C_2z+D_2=0,$$
其中 $\pi_1$ 和 $\pi_2$ 的法向量不平行,即 $A_1,B_1,C_1$ 和 $A_2,B_2,C_2$ 不成比例,则方程组
$$\begin{cases} A_1x+B_1y+C_1z+D_1=0, \\ A_2x+B_2y+C_2z+D_2=0. \end{cases} \tag{7}$$

图 5-16

叫作空间**直线的一般方程**.

**例9** 求过点 $M_0(1,2,-1)$ 且平行于直线 $L$
$$L: \begin{cases} x+y-2z-1=0, \\ x+2y-z+1=0. \end{cases}$$
的直线方程.

**解 1** $L$ 是平面 $\pi_1: x+y-2z+1=0$ 与平面 $\pi_2: x+2y-z+1=0$ 的交线,则 $\pi_1$ 和 $\pi_2$ 的法

向量分别为
$$n_1 = \{1,1,-2\}, n_2 = \{1,2,-1\}.$$
设直线 $L$ 的方向向量为 $s$，则 $s \perp n_1$ 且 $s \perp n_2$，所以
$$s = n_1 \times n_2 = \{3,-1,1\},$$
因此，过点 $M_0(1,2,-1)$ 且平行于直线 $L$ 的直线方程为
$$\frac{x-1}{3} = \frac{y-2}{-1} = \frac{z+1}{1}.$$

**解2** 在直线 $L$ 上分别取两点，令 $z=0$，由方程组
$$\begin{cases} x+y-1=0, \\ x+2y+1=0. \end{cases}$$
解得 $(3,-2,0)$. 令 $z=1$，由方程组 $\begin{cases} x+y-3=0 \\ x+2y=0 \end{cases}$，解得 $(6,-3,1)$.
于是
$$s = \{3,-1,1\}.$$
所以，所求的直线方程为
$$\frac{x-1}{3} = \frac{y-2}{-1} = \frac{z+1}{1}.$$

**例10** 将直线的一般方程 $\begin{cases} x-2y+z-1=0 \\ 2x+y-2=0 \end{cases}$，化为点向式方程.

**解** 令 $z=0$，则 $\begin{cases} x-2y-1=0, \\ 2x+y-2=0. \end{cases}$

解得
$$y=0, x=1.$$
即点 $A(1,0,0)$ 为直线上一点.
两平面的法向量分别为 $n_1 = \{1,-2,1\}, n_2 = \{2,1,0\}$. 设直线方向向量为 $s$，则
$$s = n_1 \times n_2 = \begin{vmatrix} i & j & k \\ 1 & -2 & 1 \\ 2 & 1 & 0 \end{vmatrix} = -i + 2j + 5k = \{-1,2,5\},$$

因此，所给直线的点向式方程为 $\dfrac{x-1}{-1} = \dfrac{y}{2} = \dfrac{z}{5}.$

## 习题 5-2

1. 满足下列条件的平面，其方程有何特点：
(1) 过原点； (2) 平行于 $x$ 轴； (3) 过 $x$ 轴； (4) 平行于 $xOy$ 面.
2. 求下列平面在各坐标轴上的截距：
(1) $2x-6y-z+12=0$； (2) $5x+3y-15z+15=0$.
3. 求下列各平面的方程：

(1) 过点 $(1,0,-1)$, 且法向量为 $\boldsymbol{n}=\{-1,2,3\}$ 的平面.

(2) 过点 $(1,1,1)$, 且与过点 $A(2,0,-1)$ 和点 $B(1,2,-2)$ 连线垂直的平面.

(3) 过 $M_0(2,1,-1)$, 且与向量 $\boldsymbol{a}=\{2,1,-1\}, \boldsymbol{b}=\{3,0,4\}$ 平行的平面.

(4) 过 $Oz$ 轴及点 $(1,1,-1)$ 的平面.

4. 求经过 $M_1(2,3,0), M_2(-2,-3,4), M_3(0,6,0)$ 三点的平面方程.

5. 过点 $(5,-7,4)$ 且在三个坐标轴上截距都相等的平面方程.

6. 写出三个坐标面的方程.

7. 过点 $(4,-1,3)$, 且平行于直线 $\dfrac{x-3}{2}=\dfrac{y}{1}=\dfrac{z-1}{5}$ 的直线方程.

8. 过点 $(1,0,2)$, 且与直线 $\begin{cases} x-2y+4z-7=0 \\ 3x+5y-2z+1=0 \end{cases}$ 平行的直线方程.

9. 过点 $(3,-4,5)$, 且与平面 $3x-2y+6z-4=0$ 垂直的直线方程.

10. 证明直线 $\begin{cases} x+2y-z=7 \\ -2x+y+z=7 \end{cases}$ 与直线 $\begin{cases} 3x+6y-3z=8 \\ 2x-y-z=0 \end{cases}$ 平行.

11. 某直线过点 $(1,1,1)$ 且和直线 $\dfrac{x}{1}=\dfrac{y}{2}=\dfrac{z}{5}$ 垂直相交, 求该直线方程.

## 第三节　空间曲面与空间曲线

在平面解析几何中, 我们曾讨论过平面曲线与方程之间的关系, 在本节中, 我们将用类似的方法讨论空间曲面、空间曲线与方程间的关系.

### 一、曲面及其方程

在空间直角坐标系中, 由三个变量 $x, y, z$ 组成的方程 $F(x, y, z) = 0$ 的图形是什么呢? 对于任何一个有序数组 $(x, y)$, 可由方程 $F(x, y, z) = 0$ 求出一个 $z$, 这样满足方程的三元有序数组 $(x, y, z)$ 就对应空间的一个点 $M$. 当 $(x, y, z)$ 变化时, $M$ 点也随之变化, 于是点 $M$ 的集合在空间就形成一个曲面.

反之, 在空间直角坐标系中, 曲面可以看作点的几何轨迹, 它是由满足某些条件的点组成的, 也就是说这样的点的坐标要满足一定的关系, 而坐标要满足的关系式就是曲面的方程.

**定义 1**　如果曲面 $S$ 与三元方程 $F(x, y, z) = 0$ 有下述关系.

(1) 曲面 $S$ 上的任一点的坐标都满足方程 $F(x, y, z) = 0$.

(2) 不在曲面 $S$ 上的点的坐标都不满足方程 $F(x, y, z) = 0$.

那么方程 $F(x, y, z) = 0$ 叫作曲面 $S$ 的方程, 曲面 $S$ 为方程 $F(x, y, z) = 0$ 的图形 (见图 5-17).

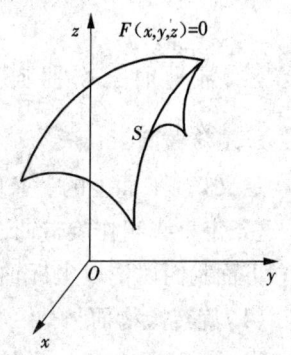

图 5-17

本节我们讨论以下两个问题.

(1) 已知一个曲面，如何建立该曲面的方程，即已知图形求方程；

(2) 已知曲面的方程，讨论曲面的形状，即由已知方程做出图形.

首先我们讨论球面方程.

设半径为 $R$ 的球的球心在点 $M_0(x_0, y_0, z_0)$，$M(x, y, z)$ 为球面上任一点（见图 5-18），则有 $|M_0M| = R$. 即

$$\sqrt{(x-x_0)^2 + (y-y_0)^2 + (z-z_0)^2} = R,$$

即 $\qquad (x-x_0)^2 + (y-y_0)^2 + (z-z_0)^2 = R^2 \qquad (1)$

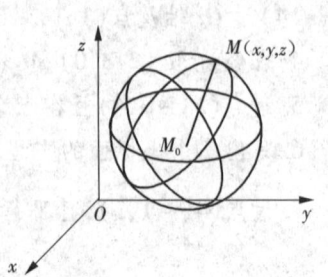

图 5-18

方程(1)即为球心在点 $M_0(x_0, y_0, z_0)$，半径为 $R$ 的球面的标准方程.

特别地，球心在原点 $(0,0,0)$ 时，球面方程为

$$x^2 + y^2 + z^2 = R^2. \qquad (2)$$

**例 1** 讨论方程 $x^2 + y^2 + z^2 - 2x + 4y + 4 = 0$ 所表示的图形.

**解** 方程 $x^2 + y^2 + z^2 - 2x + 4y + 4 = 0$ 可以化为

$$(x-1)^2 + (y+2)^2 + z^2 = 1,$$

即该方程所表示的是以点 $(1, -2, 0)$ 为球心，1 为半径的球面.

我们把三元二次方程

$$Ax^2 + Ay^2 + Az^2 + Dx + Ey + Fz + G = 0. \qquad (3)$$

叫作**球面的一般式方程**.

这个方程的特点是：

(1) $x^2, y^2, z^2$ 项的系数相等；

(2) 没有 $xy, yz, zx$ 等交叉项.

**例 2** 已知点 $A(1,0,3)$，$B(2,-1,4)$. 求以线段 $AB$ 为直径的球面方程.

**解** 由于 $|AB| = \sqrt{(2-1)^2 + (-1-0)^2 + (4-3)^2} = \sqrt{3}$，

故球面半径为 $R = \dfrac{\sqrt{3}}{2}$，球心为 $x_0 = \dfrac{2+1}{2} = \dfrac{3}{2}$，$y_0 = -\dfrac{1}{2}$，$z_0 = \dfrac{3+4}{2} = \dfrac{7}{2}$.

因此，所求球面方程为

$$\left(x - \frac{3}{2}\right)^2 + \left(y + \frac{1}{2}\right)^2 + \left(z - \frac{7}{2}\right)^2 = \frac{3}{4}.$$

## 二、常见的二次曲面及其方程

**1. 旋转曲面**

**定义 2** 平面上的一条曲线绕着平面上的一条定直线旋转一周所组成的曲面叫作**旋转曲面**. 这条定直线叫作**旋转曲面的轴**.

下面我们讨论以坐标轴为轴的旋转曲面.

(1) 旋转抛物面

设在 $yOz$ 面上有一条抛物线 $y^2 = 2pz$，绕 $z$ 轴旋转一周，可以得到的一个以 $z$ 轴为轴的**旋转抛物面**.

设 $M(x,y,z)$ 为旋转抛物面上任意一点,则该点是由 $yOz$ 面上的抛物线上的点 $M_0(0,y_0,z_0)$ 旋转得到的(见图 5-19),由于在旋转过程中 $z=z_0$ 保持不变,而且点 $M$ 到 $z$ 轴的距离为

$$d = \sqrt{x^2+y^2} = |y_0|,$$

即

$$y_0 = \pm\sqrt{x^2+y^2}.$$

将 $z=z_0, y_0 = \pm\sqrt{x^2+y^2}$ 代入 $y^2 = 2pz_0$,得

$$(\pm\sqrt{x^2+y^2})^2 = 2pz,即$$

$$x^2+y^2 = 2pz.$$

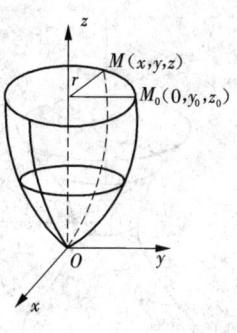

图 5-19

这就是 $yOz$ 面上的一条抛物线 $y^2=2pz$ 绕 $z$ 轴旋转所得旋转抛物面的方程.

从上面推导过程发现,在抛物线 $y^2=2pz$ 中将 $y$ 改成 $\pm\sqrt{x^2+y^2}$,便得到抛物线绕 $z$ 轴旋转的抛物面方程.

这个结果具有普遍意义. 也就是说,在平面曲线 $C$ 的方程 $f(y,z)=0$ 中将 $y$ 改成 $\pm\sqrt{x^2+y^2}$,就得曲线 $C$ 绕 $z$ 轴旋转所成的曲面的方程. 方程为:

$$f(\pm\sqrt{x^2+y^2}, z) = 0.$$

同理,曲线 $C:f(y,z)=0$ 绕 $y$ 轴旋转而成的旋转曲面的方程为 $f(y, \pm\sqrt{x^2+z^2})=0$.

利用上面的结论,我们得到各种旋转曲面的方程.

(2) 旋转椭球面

设 $yOz$ 面上的椭圆 $\dfrac{y^2}{a^2}+\dfrac{z^2}{b^2}=1$ 绕 $z$ 轴旋转所成的曲面方程为 $\dfrac{x^2+y^2}{a^2}+\dfrac{z^2}{b^2}=1$(见图 5-20).

(3) 旋转双曲面

① 单叶旋转双曲面(见图 5-21(a))

设在 $yOz$ 坐标面上的双曲线的方程为 $\dfrac{y^2}{a^2}-\dfrac{z^2}{b^2}=1$,它绕 $z$ 轴(虚轴)旋转所成的曲面叫作**单叶旋转双曲面**,其方程为

$$\dfrac{x^2+y^2}{a^2} - \dfrac{z^2}{b^2} = 1.$$

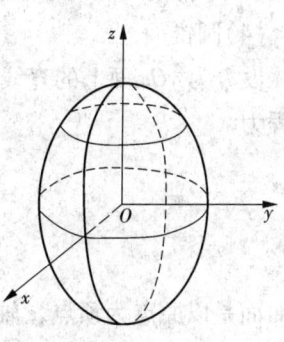

图 5-20

② 双叶旋转双曲面(见图 5-21(b))

设在 $xOy$ 面上的双曲线的方程为 $\dfrac{x^2}{a^2}-\dfrac{y^2}{b^2}=1$,它绕 $x$ 轴(实轴)旋转所成的曲面叫作**双叶旋转双曲面**,其方程为

$$\dfrac{x^2}{a^2} - \dfrac{y^2+z^2}{b^2} = 1.$$

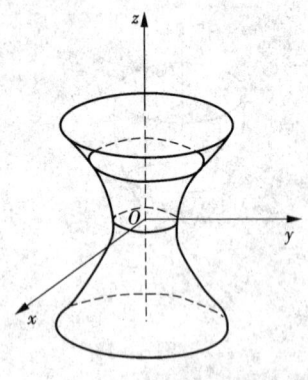

图 5–21(a)　　　　　　　　　图 5–21(b)

**例 3**　说明下列旋转曲面是怎样形成的：

(1) $\dfrac{x^2}{4}+\dfrac{y^2}{16}+\dfrac{z^2}{16}=1$；　　　　(2) $x^2-y^2-z^2=1$.

**解**　(1) 将原方程写成 $\dfrac{x^2}{4}+\dfrac{y^2+z^2}{16}=1$，它可以看成是 $xOy$ 面上的椭圆 $\dfrac{x^2}{4}+\dfrac{y^2}{16}=1$ 绕 $x$ 轴旋转一周而成的旋转椭球面，也可以看成是 $zOx$ 面上的椭圆 $\dfrac{x^2}{4}+\dfrac{z^2}{16}=1$ 绕 $x$ 轴旋转一周而成的旋转椭球面.

(2) 将原方程改写成 $x^2-(y^2+z^2)=1$，它可以可看成是 $xOy$ 面上的等轴双曲线 $x^2-y^2=1$ 绕 $x$ 轴旋转一周而成的双叶旋转双曲面，也可以看成是 $zOx$ 面上的等轴双曲线 $x^2-z^2=1$ 绕 $x$ 轴旋转一周所形成的双叶旋转双曲线.

(4) 圆锥面

设 $L$ 为 $yOz$ 面上的直线，其方程为 $z=ky(k\neq0)$. 则直线 $L$ 绕 $z$ 轴旋转一周所形成的曲面方程为

$$z=\pm k\sqrt{x^2+y^2},$$

即

$$z^2=k^2(x^2+y^2).$$

此曲面是以原点为顶点，$z$ 轴为旋转轴的**圆锥面**(见图 5–22).

**2. 柱面**

**定义**　平行于定直线并沿定曲线 $C$ 移动的直线 $L$ 所形成的曲面叫作柱面. 定曲线 $C$ 叫作**柱面的准线**，动直线 $L$ 叫作**柱面的母线**(见图 5–23).

我们只讨论母线与坐标轴平行的柱面.

方程 $x^2+y^2=R^2$ 在 $xOy$ 面上表示一个圆. 在空间直角坐标系，方程 $x^2+y^2=R^2$ 中不含竖坐标 $z$. 这意味着 $z$ 可以取任意数. 这样，对空间的一点，不论该点的竖坐标 $z$ 怎样，只要它的横坐标 $x$ 和纵坐标 $y$ 能满足方程，这个点就在该方程所表示的曲面上. 也就是说，如果

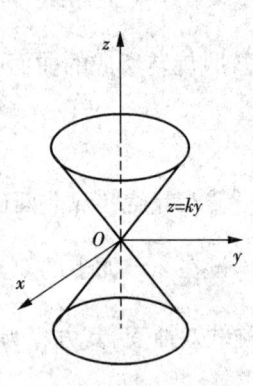

图 5–22

$(x_0,y_0,0)$ 满足方程,那么点 $(x_0,y_0,z_0)$ 也满足方程,因而过点 $(x_0,y_0,0)$ 而平行于 $z$ 轴的直线必在方程 $x^2+y^2=R^2$ 所表示的曲面上. 实际上,该曲面是平行于 $z$ 轴的直线 $L$ 沿 $xOy$ 面内的圆 $x^2+y^2=R^2$ 移动而形成的. 这种曲面叫作**圆柱面**(见图 5-24).

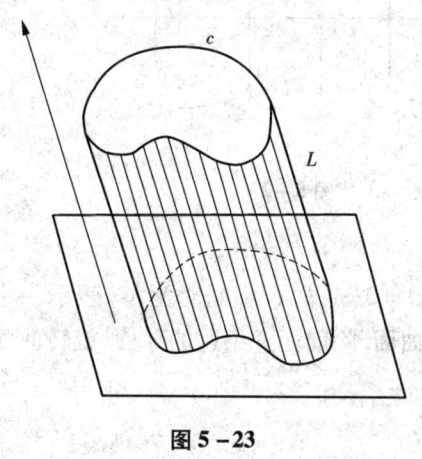

图 5-23

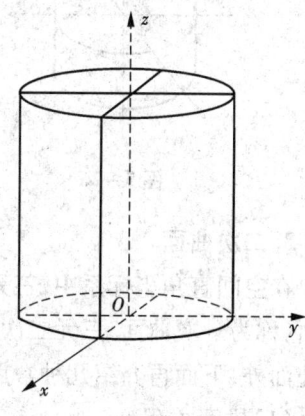

图 5-24

应该注意,在平面直角坐标系中,方程 $x^2+y^2=R^2$ 表示一个圆,在空间直角坐标系中,方程 $x^2+y^2=R^2$ 表示一个柱面,其母线平行于 $z$ 轴,准线是 $xOy$ 面上的圆 $x^2+y^2=R^2$.

类似地,我们还可以得到母线平行于 $z$ 轴的几个柱面的方程.

方程 $x^2=2py$ 表示母线平行于 $z$ 轴,准线是 $xOy$ 面上的抛物线 $x^2=2py$ 的抛物柱面(见图 5-25).

方程 $\dfrac{x^2}{a^2}+\dfrac{y^2}{b^2}=1$ 表示母线平行于 $z$ 轴,准线是 $xOy$ 坐标面上的椭圆 $\dfrac{x^2}{a^2}+\dfrac{y^2}{b^2}=1$ 的椭圆柱面(见图 5-26).

方程 $\dfrac{y^2}{a^2}-\dfrac{x^2}{b^2}=1$ 表示母线平行于 $z$ 轴,准线是 $xOy$ 坐标面上的双曲线 $\dfrac{y^2}{a^2}-\dfrac{x^2}{b^2}=1$ 的双曲柱面(见图 5-27).

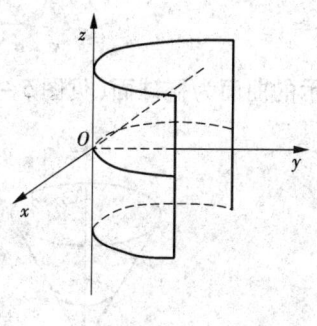

图 5-25

一般地,如果柱面的准线是 $xOy$ 面上的曲线 $C$,它的方程为 $F(x,y)=0$,那么,以 $C$ 为准线,母线垂直于 $xOy$ 面的柱面方程就是 $F(x,y)=0$.

类似地,方程 $G(y,z)=0$ 表示以 $yOz$ 面上的曲线 $G(y,z)=0$ 为准线,母线垂直于 $yOz$ 面的柱面;方程 $H(x,z)=0$ 表示以 $xOz$ 面上的曲线 $H(x,z)=0$ 为准线,母线垂直于 $xOz$ 面的柱面.

**例 4** 指出下列方程在平面解析几何中和空间解析几何中各表示什么图形:

(1) $x^2+y^2=16$;   (2) $\dfrac{x^2}{9}+\dfrac{z^2}{16}=1$;   (3) $x^2-y^2=1$.

**解** 在平面直角坐标系中,方程(1)表示圆心在原点,半径为 4 的圆;方程(2)表示长半轴长为 4,短半轴长为 3 的椭圆;方程(3)表示等轴双曲线.

在空间解析几何中,方程(1)表示母线平行于 $z$ 轴的圆柱面;方程(2)表示母线平行于 $y$ 轴的椭圆柱面;方程(3)表示母线平行于 $z$ 轴的双曲柱面.

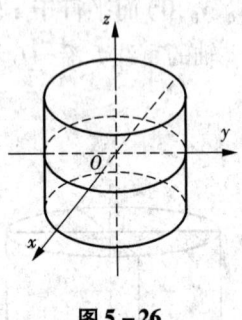
图 5-26

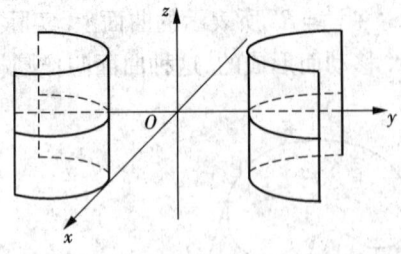
图 5-27

**3. 二次曲面**

在空间直角坐标系中,三元一次方程 $Ax+By+Cz+D=0(A,B,C$ 不同时为零$)$ 表示一个平面,称为**一次曲面**. 三元二次方程表示的图形叫作**二次曲面**. 除前面介绍过的球面、旋转曲面和柱面外,下面再介绍几种常用的二次曲面.

(1) 锥面方程

$$\frac{x^2}{a^2}+\frac{y^2}{b^2}-\frac{z^2}{c^2}=0 \quad (a>0,b>0,c>0)$$

表示的曲面为**锥面**. 当 $a=b$ 时,方程表示**圆锥面**(见图 5-28).

(2) 椭球面方程

$$\frac{x^2}{a^2}+\frac{y^2}{b^2}+\frac{z^2}{c^2}=1 \quad (a>0,b>0,c>0)$$

表示的曲面为**椭球面**(见图 5-29). 当 $a=b=c$ 时,方程表示**球面**.

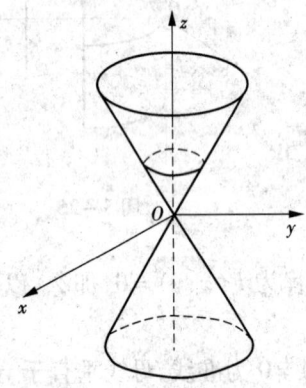
图 5-28

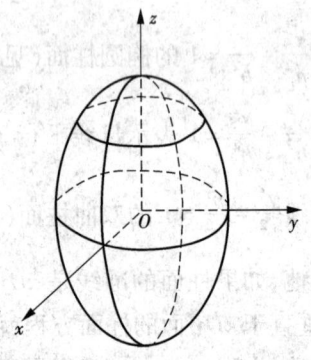
图 5-29

(3) 椭圆抛物面方程

$$\frac{x^2}{a^2}+\frac{y^2}{b^2}=z \quad (a>0,b>0),$$

$$\frac{y^2}{b^2}+\frac{z^2}{c^2}=x \quad (b>0,c>0),$$

$$\frac{x^2}{a^2}+\frac{z^2}{c^2}=y \quad (a>0,c>0),$$

当上式依次有 $a=b,b=c,a=c$ 时,方程所表示的曲面分别为绕 $z$ 轴、$x$ 轴、$y$ 轴旋转抛物面,方程 $\dfrac{x^2}{a^2}+\dfrac{y^2}{b^2}=z$ 表示的曲面如图 5-30 所示. 其余的图形,请读者自己完成.

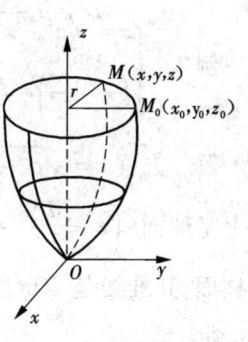

图 5-30

### 三、空间曲线及其方程

**1. 空间曲线的一般方程**

一般地,空间曲面可用一个方程
$$F(x,y,z)=0$$
来表示,而空间曲线视作两个曲面的交线,用两个方程联立表示.

设 $F(x,y,z)=0$ 和 $G(x,y,z)=0$ 是两个曲面的方程,它们的交线为 $C$(见图 5-31). 因为交线上的任何点的坐标同时满足这两个曲面的方程,故满足方程组:

$$\begin{cases} F(x,y,z)=0, \\ G(x,y,z)=0. \end{cases} \tag{1}$$

反过来,如果点 $M$ 不在 $C$ 上,则它不可能同时在两个曲面上,所以它的坐标不满足方程组(1),因此,曲线 $C$ 可以用方程组(1)来表示.

方程组(1)叫作曲线 $C$ 的**一般方程**.

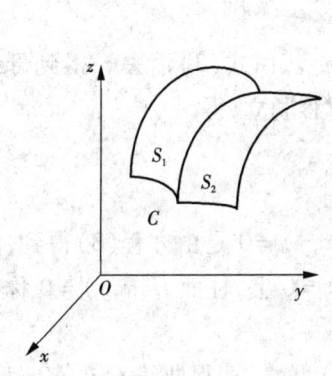

图 5-31

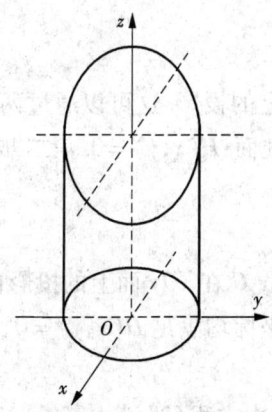

图 5-32

**例 5** $\begin{cases} x^2+y^2=1 \\ z=0 \end{cases}$,表示柱面 $x^2+y^2=1$ 与 $xOy$ 面($z=0$)的交线,表示一个圆.

**例 6** $\begin{cases} x^2+y^2=1 \\ 2x+3z=6 \end{cases}$,表示怎样的曲线?

**解** $x^2+y^2=1$ 表示母线平行于 $z$ 轴的圆柱面,其准线是 $xOy$ 面上的一个圆,$2x+3z=6$ 表示一个母线平行于 $y$ 轴的柱面,由于它的准线是 $zOx$ 面上的直线,因此它是一个平面,方程组就表示它们的交线(见图 5-32).

**例7** $\begin{cases} z = \sqrt{a^2 - x^2 - y^2}, \\ \left(x - \dfrac{a}{2}\right)^2 + y^2 = \left(\dfrac{a}{2}\right)^2 \end{cases}$ 表示怎样的曲线?

**解** 方程 $z = \sqrt{a^2 - x^2 - y^2}$ 表示以原点为球心,半径为 $a$ 的上半球面. $\left(x - \dfrac{a}{2}\right)^2 + y^2 = \left(\dfrac{a}{2}\right)^2$ 表示母线平行于 $z$ 轴的圆柱面,其准线是 $xOy$ 面上的圆. 方程组就表示它们的交线 (见图 5-33).

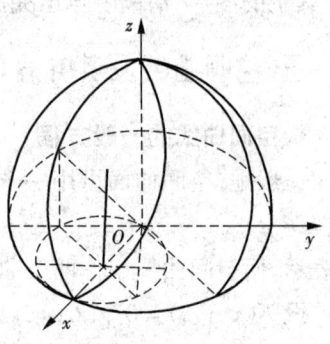

图 5-33

**2. 空间曲线的参数方程**

空间曲线的方程除了一般方程之外,有时用参数形式表达更简单些. 方程

$$\begin{cases} x = x(t), \\ y = y(t), (t \text{ 为参数}) \\ z = z(t). \end{cases} \qquad (2)$$

称为**空间曲线的参数方程**.

**3. 空间曲线在坐标面上的投影**

有时,需要求空间曲线

$$C: \begin{cases} F(x,y,z) = 0, \\ G(x,y,z) = 0. \end{cases} \qquad (3)$$

在坐标面上的投影. 这可以通过两个关键步骤来实现. 第一步,由式(3)消去 $z$,得到母线平行于 $z$ 轴的柱面:$H(x,y) = 0$. 第二步,$H(x,y) = 0$ 与 $xOy$ 面方程联立,得

$$\begin{cases} H(x,y) = 0, \\ z = 0. \end{cases}$$

即称为曲线 $C$ 在 $xOy$ 面上的**投影曲线**,简称**投影**. 因为 $H(x,y) = 0$ 是由方程(3)得到,故曲线 $C$ 上点的坐标均满足 $H(x,y) = 0$,即曲线 $C$ 在柱面 $H(x,y) = 0$ 上,柱面 $H(x,y) = 0$ 称为**投影柱面**.

同理,由方程(3)消去 $x$ 或 $y$ 后,再分别与 $x = 0$ 或 $y = 0$ 联立,即得曲线 $C$ 在 $yOz$ 面或 $xOz$ 面上的投影方程

$$\begin{cases} R(y,z) = 0, \\ x = 0. \end{cases} \quad \text{或} \quad \begin{cases} T(x,z) = 0, \\ y = 0. \end{cases}$$

**例9** 求曲线 $C: \begin{cases} z = \sqrt{x^2 + y^2}, \\ x^2 + y^2 + z^2 = 1 \end{cases}$,在 $xOy$ 面上的投影,并问它在 $xOy$ 面上是怎样一条曲线?

**解** 消去 $z$,得 $x^2 + y^2 = \dfrac{1}{2}$,这是曲线 $C$ 关于 $xOy$ 面上的投影柱面,故在 $xOy$ 面上的投影方程为 $\begin{cases} x^2 + y^2 = \dfrac{1}{2}, \\ z = 0 \end{cases}$,它是 $xOy$ 面上的一个圆,如图 5-34 所示.

**例 10** 求曲线 $C: \begin{cases} x^2 + y^2 + z^2 = 1 \\ x^2 + (y-1)^2 + (z-1)^2 = 1 \end{cases}$,在 $xOy$ 面上的投影方程.

**解** 曲线 $C$ 为两球面的交线,消去 $z$,得 $x^2 + 2y^2 - 2y = 0$. 这即为 $C$ 关于 $xOy$ 面上的投影柱面方程,于是 $C$ 在 $xOy$ 面上的投影方程为

$$\begin{cases} x^2 + 2y^2 - 2y = 0, \\ z = 0. \end{cases}$$

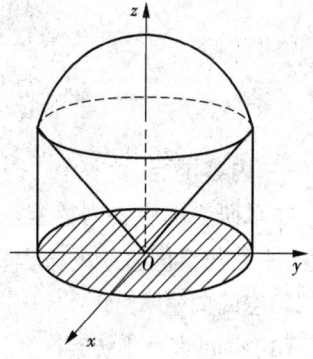

图 5-34

## 习题 5-3

1. 一动点与两定点 $(1, -1, 3)$ 和 $(2, 3, -1)$ 等距离,求该动点的轨迹方程.
2. 方程 $2x^2 + 2y^2 + 2z^2 - 2x + 8y + 4z = 0$ 表示什么曲面.
3. 将 $yOz$ 坐标面上的圆 $y^2 + z^2 = 16$ 绕 $z$ 轴旋转一周,求所形成的旋转曲面的方程.
4. 将 $zOx$ 坐标面上的抛物线 $z^2 = 12x$ 绕 $x$ 轴旋转一周,求所形成曲面的方程.
5. 说明下列旋转曲面是怎样形成的:
(1) $\dfrac{x^2 + y^2}{12} + \dfrac{z^2}{9} = 1$;   (2) $x^2 - \dfrac{y^2}{4} + z^2 = 1$.
6. 在空间,下列方程分别表示什么图形:
(1) $z = 2$;   (2) $x^2 + y^2 = 9$;
(3) $y^2 = 6x + 12$;   (4) $x^2 - y^2 = 1$.
7. 画出下列曲线在第一卦限内的图形:
(1) $\begin{cases} x = 1, \\ y = 2; \end{cases}$   (2) $\begin{cases} z = \sqrt{4 - x^2 - y^2}, \\ x - y = 0; \end{cases}$   (3) $\begin{cases} x^2 + y^2 = a^2, \\ x^2 + z^2 = a^2. \end{cases}$
8. 指出下列方程所表示的曲线:
(1) $\begin{cases} x^2 + y^2 + z^2 = 25, \\ x = 3; \end{cases}$   (2) $\begin{cases} x^2 + 4y^2 + 9z^2 = 36, \\ y = 1; \end{cases}$
(3) $\begin{cases} x^2 - 4y^2 + z^2 = 25, \\ x = -3; \end{cases}$   (4) $\begin{cases} y^2 + z^2 - 4x + 8 = 0, \\ y = 4. \end{cases}$
9. 指出下列方程组在平面解析几何中与在空间解析几何中分别表示什么曲线:
(1) $\begin{cases} y = 5x + 1, \\ y = 2x - 3; \end{cases}$   (2) $\begin{cases} \dfrac{x^2}{4} + \dfrac{y^2}{9} = 1, \\ y = 3. \end{cases}$
10. 分别求母线平行 $x$ 轴及 $y$ 轴而且通过曲线 $\begin{cases} 2x^2 + y^2 + z^2 = 16 \\ x^2 - y^2 + z^2 = 0 \end{cases}$ 的柱面方程.
11. 求球面 $x^2 + y^2 + z^2 = 9$ 与平面 $x + z = 1$ 的交线在 $xOy$ 面上的投影的方程.

# 本章学习指导

## 一、内容提要

本章研究的主要内容是空间向量与空间解析几何. 它包括空间直角坐标系;空间向量及其运算;平面与空间直线的方程;简单的二次曲面及它们的方程;简单的空间曲线及其方程.

### 1. 空间向量

(1) 空间直角坐标系.

① 空间直角坐标系的概念.

② 两点 $M_1(x_1,y_1,z_1)$, $M_2(x_2,y_2,z_2)$ 间的距离公式

$$|M_1M_2| = \sqrt{(x_2-x_1)^2 + (y_2-y_1)^2 + (z_2-z_1)^2}.$$

特别是空间一点 $M(x,y,z)$ 与原点间的距离是

$$|OM| = \sqrt{x^2+y^2+z^2}.$$

(2) 向量及其运算.

① 空间向量的坐标表示为

$$\boldsymbol{a} = \{a_x, a_y, a_z\};$$

基本向量分解式为

$$\boldsymbol{a} = a_x\boldsymbol{i} + a_y\boldsymbol{j} + a_z\boldsymbol{k};$$

若 $A(x_1,y_1,z_1)$, $B(x_2,y_2,z_2)$, 则向量 $\overrightarrow{AB} = \{x_2-x_1, y_2-y_1, z_2-z_1\}$.

② 空间向量 $\boldsymbol{a}$ 的模为

$$|\boldsymbol{a}| = \sqrt{a_x^2 + a_y^2 + a_z^2};$$

③ 空间向量的方向余弦为

$$\cos\alpha = \frac{a_x}{|\boldsymbol{a}|}, \cos\beta = \frac{a_y}{|\boldsymbol{a}|}, \cos\gamma = \frac{a_z}{|\boldsymbol{a}|}.$$

④ 空间向量的运算    设 $\boldsymbol{a} = (a_x, a_y, a_z)$, $\boldsymbol{b} = (b_x, b_y, b_z)$, 则

空间向量的加法与减法:$\boldsymbol{a} \pm \boldsymbol{b} = (a_x \pm b_x, a_y \pm b_y, a_z \pm b_z)$.

空间向量的数乘:$\lambda\boldsymbol{a} = (\lambda a_x, \lambda a_y, \lambda a_z)$, 其中 $\lambda$ 为常数.

空间两向量的数量积:$\boldsymbol{a} \cdot \boldsymbol{b} = |\boldsymbol{a}||\boldsymbol{b}|\cos(\widehat{\boldsymbol{a},\boldsymbol{b}})$,

$$\boldsymbol{a} \cdot \boldsymbol{b} = a_xb_x + a_yb_y + a_zb_z, \cos(\widehat{\boldsymbol{a},\boldsymbol{b}}) = \frac{\boldsymbol{a} \cdot \boldsymbol{b}}{|\boldsymbol{a}||\boldsymbol{b}|}.$$

空间两向量的向量积:两向量的向量积是一个向量. 其几何意义为:方向按右手法则,且与 $\boldsymbol{a}, \boldsymbol{b}$ 两向量都垂直的向量;模为 $|\boldsymbol{a}||\boldsymbol{b}|\sin\theta$. 向量积的坐标表示为

$$\boldsymbol{a} \times \boldsymbol{b} = \begin{vmatrix} \boldsymbol{i} & \boldsymbol{j} & \boldsymbol{k} \\ a_x & a_y & a_z \\ b_x & b_y & b_z \end{vmatrix} = \begin{vmatrix} a_y & a_z \\ b_y & b_z \end{vmatrix}\boldsymbol{i} - \begin{vmatrix} a_x & a_z \\ b_x & b_z \end{vmatrix}\boldsymbol{j} + \begin{vmatrix} a_x & a_y \\ b_x & b_y \end{vmatrix}\boldsymbol{k}.$$

## 2. 空间平面与空间直线的方程

（1）空间平面方程：

点法式方程 $\quad A(x-x_0)+B(y-y_0)+C(z-z_0)=0$；

一般式方程 $\quad Ax+By+Cz+D=0\quad(A,B,C\text{ 不同时为零})$；

截距式方程 $\quad \dfrac{x}{a}+\dfrac{y}{b}+\dfrac{z}{c}=1.$

（2）空间直线的方程：

点向式方程 $\quad \dfrac{x-x_0}{m}=\dfrac{y-y_0}{n}=\dfrac{z-z_0}{p}$；

参数式方程 $\quad \begin{cases} x=x_0+mt, \\ y=y_0+nt,(t\text{ 为参数}) \\ z=z_0+pt; \end{cases}$

一般式方程 $\begin{cases} A_1x+B_1y+C_1z+D_1=0 \\ A_2x+B_2y+C_2z+D_2=0 \end{cases}$（其中 $A_1,B_1,C_1$ 与 $A_2,B_2,C_2$ 不成比例）.

## 3. 常见的曲面方程及曲线方程（见表 5-1）

表 5-1

| 名称 | | 方程形式 |
|---|---|---|
| 常见二次曲面 | 柱面 | 母线平行于 $z$ 轴的柱面方程 $F(x,y)=0$<br>圆柱面 $\quad x^2+y^2=R^2$<br>抛物柱面 $\quad y^2=2px$<br>双曲柱面 $\quad \dfrac{x^2}{a^2}-\dfrac{y^2}{b^2}=1$<br>椭圆柱面 $\quad \dfrac{x^2}{a^2}+\dfrac{y^2}{b^2}=1$ |
| | 旋转曲面 | 曲线 $L:\begin{cases} f(y,z)=0 \\ x=0 \end{cases}$ 绕 $z$ 轴旋转而成的曲面<br>$f(\pm\sqrt{x^2+y^2},z)=0$ |
| | 球面 | $(x-a)^2+(y-b)^2+(z-c)^2=R^2$ |
| | 椭球面 | $\dfrac{x^2}{a^2}+\dfrac{y^2}{b^2}+\dfrac{z^2}{c^2}=1(a>0,b>0,c>0)$ |
| | 椭圆抛物面 | $\dfrac{x^2}{a^2}+\dfrac{y^2}{b^2}=z(a>0,b>0)$ |
| | 锥面 | $\dfrac{x^2}{a^2}+\dfrac{y^2}{b^2}-\dfrac{z^2}{c^2}=0(a>0,b>0,c>0)$ |
| 常见二次曲线 | 曲线 $C:\begin{cases} F(x,y,z)=0 \\ G(x,y,z)=0 \end{cases}$ 在 $xOy$ 面上的投影曲线 | $\begin{cases} H(x,y)=0 \\ z=0 \end{cases}$ |

## 二、重点与难点解析

(1)向量的坐标与空间点的坐标都是三元有序实数组,他们有什么区别?

首先是几何意义不同,点的坐标是点在坐标轴上的投影所对应的数;向量的坐标是向量在坐标轴上的投影.其次是对应关系不同,平面上的点和它的坐标是一一对应的;而由于我们研究的是自由向量,故平面上的向量和它的坐标不是一一对应的,只有向径和它的坐标才是一一对应的.另外,它们的表示方法也不同,点的坐标用小括号表示,而向量的坐标用大括号表示.

(2)两个向量的数量积是一个数,两个向量的向量积是一个向量.数量积与向量积的运算符号"·"、"×"都不能省略.要在它们的表示方法、几何意义、计算公式、满足的运算律以及对判定各种位置关系所起的作用上加以辨析和区别.

(3)方向余弦表示向量 $a$ 的方向,它们是互相制约的,条件是
$$\cos^2\alpha + \cos^2\beta + \cos^2\gamma = 1.$$

(4)两个非零向量 $a \perp b$ 的充要条件是 $a \cdot b = 0$. 其等价形式为
$$a_x b_x + a_y b_y + a_z b_z = 0.$$

两个非零向量 $a /\!/ b$ 的充要条件是 $a \times b = \mathbf{0}$. 其等价形式为
$$\frac{a_x}{b_x} = \frac{a_y}{b_y} = \frac{a_z}{b_z}.$$

(5)平面方程的核心是点法式方程,其他形式的几种方程都可以通过它变化而来.
$$A(x-x_0) + B(y-y_0) + C(z-z_0) = 0 \Rightarrow Ax + By + Cz + D = 0$$
$$\Rightarrow \frac{x}{a} + \frac{y}{b} + \frac{z}{c} = 1.$$

(6)空间直线方程的核心是点向式方程,关键是要抓住方向向量 $s = \{m, n, p\}$,在求方向向量 $s$ 的过程中也经常遇到和两向量同时垂直的问题,这时提醒读者要用到向量积.有关相交的问题一般要用到参数式方程.将直线的一般方程化为标准方程的常用方法有:①先确定直线上一点,再确定直线的方向向量(有时会用到数量积);②在直线上找出两点,然后利用直线的两点式方程.

(7)对一般的曲面方程,研究的重点是柱面和旋转曲面.

①要掌握柱面的特点.在空间中缺一个变量的方程一般是柱面方程.要注意与平面坐标系下曲线方程的区别,在空间是柱面,在平面则为曲线.

②要理解旋转曲面的定义,掌握旋转曲面的规律及求方程的方法.

(8)①知道空间曲线的参数方程和一般方程;

②知道投影柱面和投影曲线概念.

## 三、典型例题

**例1** 已知向量 $a$ 与 $Ox$ 轴、$Oy$ 轴、$Oz$ 轴正向夹角依次为 $\alpha, \beta, \gamma$,且 $\alpha = 45°, \beta = 60°$,求 $\gamma$.

**解** $\cos\alpha = \cos 45° = \frac{\sqrt{2}}{2}, \cos\beta = \cos 60° = \frac{1}{2}, \cos^2\alpha = \frac{1}{2}, \cos^2\beta = \frac{1}{4},$

根据
$$\cos^2\alpha + \cos^2\beta + \cos^2\gamma = 1,$$
解得
$$\cos^2\gamma = \frac{1}{4}, \quad \cos\gamma = \pm\frac{1}{2}.$$
则
$$\gamma = 60° \quad \text{或} \quad \gamma = 120°.$$

**例 2** 求经过点 $A(2,-1,4)$ 和 $z$ 轴的平面方程.

**解** 设平面的法向量为 $\boldsymbol{n}$,因 $z$ 轴的单位向量为 $\boldsymbol{k} = \{0,0,1\}$,向量 $\overrightarrow{OA} = \{2,-1,4\}$,
故
$$\boldsymbol{n} = \boldsymbol{k} \times \overrightarrow{OA} = \{1,2,0\}.$$
所求平面方程为
$$(x-2) + 2(y+1) = 0,$$
即
$$x + 2y = 0.$$

**例 3** 已知直线过点 $A(1,0,-2)$ 且与平面 $\pi:2x - y + 3z = 0$ 垂直,求该直线的点向式方程.

**解** 因为所求的直线与平面垂直,故平面的法向量即是直线的方向向量,
即
$$\boldsymbol{s} = \{2,-1,3\},$$
故所求的直线方程为
$$\frac{x-1}{2} = \frac{y}{-1} = \frac{z+2}{3}.$$

**例 4** 设点 $A(1,-3,3)$ 和点 $B(4,2,-1)$. 求向量 $\overrightarrow{AB}$ 的模、方向余弦及 $\overrightarrow{AB}$ 方向上的单位向量.

**解** $\overrightarrow{AB} = \{4-1, 2-(-3), -1-3\} = \{3,5,-4\}$,
$$|\overrightarrow{AB}| = \sqrt{(3)^2 + (5)^2 + (-4)^2} = 5\sqrt{2},$$
设 $\overrightarrow{AB}$ 与 $Ox$ 轴、$Oy$ 轴、$Oz$ 轴正向夹角依次为 $\alpha,\beta,\gamma$,则
$$\cos\alpha = \frac{3}{5\sqrt{2}}, \quad \cos\beta = \frac{5}{5\sqrt{2}} = \frac{1}{\sqrt{2}}, \quad \cos\gamma = \frac{-4}{5\sqrt{2}},$$
因此 $\overrightarrow{AB}$ 方向上的单位向量 $\boldsymbol{e}$ 为
$$\boldsymbol{e} = \left\{\frac{3}{5\sqrt{2}}, \frac{1}{\sqrt{2}}, \frac{-4}{5\sqrt{2}}\right\} = \left\{\frac{3\sqrt{2}}{10}, \frac{\sqrt{2}}{2}, \frac{-2\sqrt{2}}{5}\right\}.$$

**例 5** 设 $\boldsymbol{a} = \{-1,1,2\}$, $\boldsymbol{b} = \{3,0,4\}$,求向量 $\boldsymbol{a}$ 在向量 $\boldsymbol{b}$ 上的投影.

**解** 因为
$$|\boldsymbol{b}| = \sqrt{3^2 + 0^2 + 4^2} = 5, \boldsymbol{a} \cdot \boldsymbol{b} = (-1) \cdot 3 + 1 \cdot 0 + 2 \cdot 4 = 5,$$
所以
$$\text{Prj}_{\boldsymbol{b}}\boldsymbol{a} = |\boldsymbol{a}|\cos\langle\boldsymbol{a},\boldsymbol{b}\rangle = \frac{|\boldsymbol{a}|\boldsymbol{a}\cdot\boldsymbol{b}}{|\boldsymbol{a}||\boldsymbol{b}|} = \frac{\boldsymbol{a}\cdot\boldsymbol{b}}{|\boldsymbol{b}|},$$
即
$$\text{Prj}_{\boldsymbol{b}}\boldsymbol{a} = 1.$$

**例 6** 已知两个平面 $\pi_1: x + y - 2z = 0, \pi_2: x + 2y - z = 0$,求过点 $M_0(0,2,4)$ 且与这两个平面都平行的直线方程.

**解** 平面 $\pi_1$ 的法向量 $n_1 = \{1,1,-2\}$，平面 $\pi_2$ 的法向量 $n_2 = \{1,2,-1\}$，设所求的直线的方向向量为 $s$，则

$$s = n_1 \times n_2,$$

即

$$s = n_1 \times n_2 = \begin{vmatrix} i & j & k \\ 1 & 1 & -2 \\ 1 & 2 & -1 \end{vmatrix} = 3i - j + k,$$

因此过点 $M_0$ 的直线方程为

$$\frac{x}{3} = \frac{y-2}{-1} = \frac{z-4}{1}.$$

**例 7** 求点 $A(2,4,1)$ 到直线 $L: \dfrac{x+1}{2} = \dfrac{y}{2} = \dfrac{z-2}{-3}$ 的距离.

**解** 直线 $L$ 的参数方程为

$$\begin{cases} x = 2t - 1, \\ y = 2t, \\ z = -3t + 2. \end{cases} \quad (t \text{ 为参数})$$

设点 $A$ 在 $L$ 上的投影为 $M(x,y,z)$，则 $\overrightarrow{AM} \perp s$，其中 $s$ 为直线 $L$ 的方向向量，于是

$$2[(2t-1)-2] + 2[2t-4] - 3[(-3t+2)-1] = 0$$

解得

$$t = 1.$$

从而所求的距离为

$$d = \sqrt{(2-1)^2 + (4-2)^2 + (1+1)^2} = 3.$$

**例 8** 已知四面体顶点 $A(1,1,0), B(0,1,1), C(-1,0,1), D(0,0,-1)$. 求 $BCD$ 面上的高.

**解** 设 $B,C,D$ 三点所在的平面 $\pi$ 的法向量为 $n$，则

$$n = \overrightarrow{BC} \times \overrightarrow{BD} = \begin{vmatrix} i & j & k \\ -1 & -1 & 0 \\ 0 & -1 & -2 \end{vmatrix} = \{2,-2,1\},$$

所以平面 $\pi$ 的方程为

$$2x - 2(y-1) + (z-1) = 0,$$

即

$$2x - 2y + z + 1 = 0,$$

所求的长为

$$d = \frac{|2 \times 1 - 2 \times 1 + 1 \times 0 + 1|}{\sqrt{2^2 + (-2)^2 + 1^2}} = \frac{1}{3}.$$

## 复习题五

**一、填空题**

1. 向量 $a = \{4,-3,4\}$ 在向量 $b = \{2,2,1\}$ 上的投影为 _____．

2. 已知向量 $a$ 的终点坐标是 $(2,-1,0)$，$|a| = 14$，其方向与向量 $m = -2i + 3j + 6k$ 的方向

一致,则向量 $a$ 的起点坐标是_____.

3. 已知 $|a|=13,|b|=19,|a+b|=24$,则 $|a-b|=$ _____.

4. 已知 $A(-1,2,3),B(1,1,1),C(0,0,5)$,则 $\triangle ABC$ 中 $\angle B=$ _____.

5. 设 $a$ 为非零向量,则 $\lim\limits_{x\to 0}\dfrac{|a+xb|-|a-xb|}{x}=$ _____.

6. 直线 $\dfrac{x}{1}=\dfrac{y+7}{2}=\dfrac{z-3}{-1}$ 上与点 $(3,2,6)$ 的距离最近点为_____.

7. 将曲线 $\begin{cases} x=2z^2 \\ y=0 \end{cases}$ 绕 $z$ 轴旋转一周的曲面为_____.

8. 方程 $z^2=3(x^2+y^2)$ 表示的曲面是_____.

9. 曲面 $x^2+y^2+z^2=a^2$ 与 $x^2+y^2=2az(a>0)$ 的交线方程是_____,图形是_____.

10. 动点到两定点 $P(c,0,0),Q(-c,0,0)$ 的距离之和为 $2a(a>0,c>0)$,则动点的轨迹方程为_____,表示的曲面是_____.

## 二、选择题

1. 点 $M(2,-3,1)$ 关于坐标原点的对称点是( ).
   (A) $(-2,-3,1)$　(B) $(-2,-3,-1)$　(C) $(2,-3,-1)$　(D) $(-2,3,-1)$

2. 设 $a,b$ 为非零向量,且 $a\perp b$,则必有( ).
   (A) $|a+b|=|a|+|b|$　　　　(B) $|a-b|=|a|-|b|$
   (C) $|a+b|=|a-b|$　　　　(D) $a+b=a-b$

3. 在 $yOz$ 平面内与 $A(3,1,2),B(4,-2,-2),C(0,5,1)$ 等距离的点为( ).
   (A) $(0,-1,2)$　(B) $(0,1,-2)$　(C) $(0,1,2)$　(D) $(0,-1,-2)$

4. 已知 $a,b,c$ 为单位向量,且满足关系式 $a+b+c=0$,则 $a\cdot b+b\cdot c+c\cdot a=$( ).
   (A) $-\dfrac{3}{2}$　　(B) $1$　　(C) $-1$　　(D) $\dfrac{3}{2}$

5. 设 $a,b$ 为非零向量,并且 $(a+3b)\perp(7a-5b),(a-4b)\perp(7a-2b)$,则 $a$ 与 $b$ 的夹角为( ).
   (A) $\dfrac{\pi}{6}$　　(B) $\dfrac{\pi}{3}$　　(C) $\dfrac{\pi}{2}$　　(D) $\dfrac{2\pi}{3}$

6. 直线 $L_1:\begin{cases} x+2y-z=7 \\ -2x+y+z=7 \end{cases}$ 与 $L_2:\begin{cases} 3x+6y-3z=8 \\ 2x-y-z=0 \end{cases}$ 的关系是( ).
   (A) $L_1\perp L_2$　　　　(B) $L_1$ 与 $L_2$ 相交但不一定垂直
   (C) $L_1 // L_2$　　　　(D) $L_1$ 与 $L_2$ 是异面直线

7. 空间直线的方程为 $\dfrac{x}{0}=\dfrac{y}{1}=\dfrac{z}{2}$,则该直线( ).
   (A) 垂直于 $Oy$ 轴,但不平行于 $Ox$ 轴　　(B) 垂直于 $Ox$ 轴
   (C) 垂直于 $Oz$ 轴,但不平行于 $Ox$ 轴　　(D) 平行于 $Ox$ 轴

8. 曲线 $l:\begin{cases}\dfrac{x^2}{16}+\dfrac{y^2}{4}-\dfrac{z^2}{5}=1\\ x-2z+3=0\end{cases}$ 在 $xOy$ 平面上的投影柱面的方程是( ).

(A) $x^2+20y^2-24x-116=0$  (B) $4y^2+4z^2-12z-7=0$

(C) $\begin{cases}x^2+20y^2-24x-116=0\\ z=0\end{cases}$  (D) $\begin{cases}4y^2+4z^2-12z-7=0\\ z=0\end{cases}$

9. 平行平面 $19x-4y+8z+21=0$ 与 $19x-4y+8z+42=0$ 间的距离为( ).

(A) 21  (B) 1  (C) 2  (D) $\dfrac{1}{2}$

10. 方程 $x^2-\dfrac{y^2}{4}+z^2=1$ 表示( ).

(A) 旋转双曲面  (B) 双叶双曲面  (C) 双曲柱面  (D) 锥面

## 三、计算题

1. 已知 $A(1,0,2),B(4,5,10),C(0,3,1),D(2,-1,-6)$ 和 $m=5i+j-4k$,求(1)向量在三坐标轴上的投影及分向量;(2) $a$ 的模;(3) $a$ 的方向余弦;(4)与 $a$ 平行的两个单位向量;(5) $A$ 与 $C$ 两点间的距离.

2. 已知 $|a|=10,|b|=2,a\cdot b=12$,求 $|a\times b|$.

3. 设 $|a|=4,|b|=3,(\widehat{a,b})=\dfrac{\pi}{6}$,求以 $a+2b$ 和 $a-3b$ 为边的平行四边形的面积.

4. 将 $xOy$ 坐标面上的双曲线 $4x^2-9y^2=36$ 分别绕 $x$ 轴及 $y$ 轴旋转一周,求所生成的旋转曲面的方程,并指出分别是什么曲面.

5. 求曲面 $x^2+y^2+z^2=9$ 与平面 $x+z=1$ 的交线在 $xOy$ 面上的投影方程.

6. 求母线平行于 $x$ 轴,且通过曲线 $\begin{cases}2x^2+y^2+z^2=16\\ x^2-y^2+z^2=0\end{cases}$ 的柱面方程.

7. 按下列条件求平面方程:
(1) 平行于 $xOz$ 平面且过点 $(2,-5,3)$;
(2) 通过 $z$ 轴和点 $(-3,1,-2)$;
(3) 平行于 $x$ 轴且经过两点 $(4,0,-2)$ 和 $(5,1,7)$;
(4) 平面过点 $(5,-7,4)$ 且在 $x,y,z$ 三个轴上截距相等;
(5) 过点 $(1,2,1)$ 且垂直于两平面 $x+y=0$ 和 $5y+z=0$.

8. 求点 $(1,2,1)$ 到平面 $x+2y+2z-10=0$ 的距离.

9. 用对称式方程及参数方程表示直线 $\begin{cases}x-y+z=1,\\ 2x+y+z=4.\end{cases}$

10. 求点 $(-1,2,0)$ 在平面 $x+2y-z+1=0$ 上的投影.

11. 求过点 $M(1,0,1)$ 且平行于平面 $\pi:3x+y+3z-1=0$,又与直线 $l:\dfrac{x+1}{2}=\dfrac{y-1}{3}=z$ 相交的直线方程.

12. 求过点 $A(1,1,1),B(2,0,1),C(1,-1,2),D(2,2,0)$ 所在的平面方程.

# 第六章　多元函数微分学及其应用

前面我们讨论的函数中都只有一个自变量,这类函数叫作一元函数.在自然科学和工程技术中经常遇到一个变量依赖于多个自变量的函数,这类函数叫作多元函数.本章将在一元函数微分学的基础上,讨论多元函数的基本概念和多元函数的微分及其应用.本章以二元函数为主.在学习时要特别注重一元函数和二元函数在内容和方法上的相同点和不同点,掌握它们的本质,以便更好地掌握多元函数的基本概念和应用.

## 第一节　多元函数的基本概念

### 一、多元函数的概念

在许多自然现象和实际问题中,经常会遇到多个变量之间的依赖关系.举例如下.

**例1**　圆柱体的体积 $V$ 和它的底半径 $r$、高 $h$ 之间具有关系
$$V = \pi r^2 h \qquad (r>0, h>0).$$
这里,当 $r,h$ 在集合 $\{(r,h) | r>0, h>0\}$ 内取定一对值 $(r,h)$ 时,$V$ 的对应值就随之确定.

**例2**　设 $R$ 是电阻 $R_1, R_2$ 并联后的总电阻,由欧姆定律知道,它们之间具有关系
$$R = \frac{R_1 R_2}{R_1 + R_2} \qquad (R_1>0, R_2>0).$$
这里,当 $R_1, R_2$ 在集合 $\{(R_1, R_2) | R_1>0, R_2>0\}$ 内取定一对值 $(R_1, R_2)$ 时,$R$ 的对应值就随之确定.

**例3**　设 $Z$ 表示居民人均消费收入,$Y$ 表示国民收入总额,$P$ 表示总人口数,则有 $Z = S_1 S_2 \dfrac{Y}{P}$.其中 $S_1$ 是消费率(国民收入总额中用于消费所占的比例),$S_2$ 是居民消费率(消费总额中用于居民消费所占的比例).这里,当 $Y,P$ 在集合 $\{(Y,P) | Y>0, P>0\}$ 内取定一对值 $(Y,P)$ 时,$Z$ 的对应值就随之确定.

以上三个实例的具体意义虽然不同,但却有一个共同性质,即一个变量依赖于两个变量的变化情形,抽象出它们的共性,就得出二元函数的定义.

**1. 二元函数的定义**

**定义1**　设有三个变量 $x,y,z$,如果对于变量 $x,y$ 在它们的变化范围内所取的每一对值,变量 $z$ 按照一定的规律,总有唯一确定的值与之对应,则 $z$ 叫作 $x,y$ 的**二元函数**,记作 $z=f(x,y)$ 或 $z=z(x,y)$.$x,y$ 叫作**自变量**,$z$ 叫作**函数**(或**因变量**),自变量 $x,y$ 的变化范围叫作**函数的定义域**,用 $D$ 表示.数集 $\{z | z=f(x,y), (x,y) \in D\}$ 称为该函数的**值域**.

当自变量 $x,y$ 分别取 $x_0,y_0$ 时,函数 $z$ 的对应值 $z_0$,记作 $z_0 = f(x_0,y_0)$,并称 $z_0$ 为二元函数 $z = f(x,y)$ 当 $x = x_0, y = y_0$ 时的**函数值**.

二元函数与一元函数可统一成点函数的形式.

**定义 2** 设 $D$ 是一个点集(直线或平面),若对任意的点 $P \in D$,变量 $z$ 按照一定的规律总有唯一确定的值与之对应,则称 $z$ 是 $D$ 上的**点函数**,记为 $z = f(P)$. 当 $D$ 是 $x$ 轴上点集时为**一元函数**;当 $D$ 是坐标面 $xOy$ 上点集时为**二元函数**.

类似地,可以定义三元函数 $u = f(x,y,z)$ 以及三元以上的函数. 二元以及二元以上的函数统称为**多元函数**.

### 2. 二元函数的定义域

与一元函数相似,对二元函数的定义域,我们做如下约定:对于用算式表达的二元函数,其定义域是使该算式有意义的那些 $(x,y)$ 所构成的点集. 一般说来,它是平面上由一条或几条曲线所围成的部分平面,称此部分平面为**区域**. 常用 $D$ 表示. 围成区域的曲线叫作它的边界,包含边界的区域,叫作**闭区域**,不包含边界的区域叫作**开区域**,开区域和闭区域统称为**区域**. 如果区域总可以被包围在一个以原点为中心而半径适当大的圆内,则该区域叫作**有界区域**. 如果这样的圆不存在,即区域可以延伸到无限远,那么该区域叫作**无界区域**.

**例 4** 求二元函数 $z = \sqrt{1 - x^2 - y^2}$ 的定义域.

**解** 依题意 $x,y$ 必须满足不等式 $1 - x^2 - y^2 \geq 0$,即 $x^2 + y^2 \leq 1$,故函数的定义域是以原点为圆心,半径为 1 的圆形闭区域 $D = \{(x,y) | x^2 + y^2 \leq 1\}$ (见图 6-1).

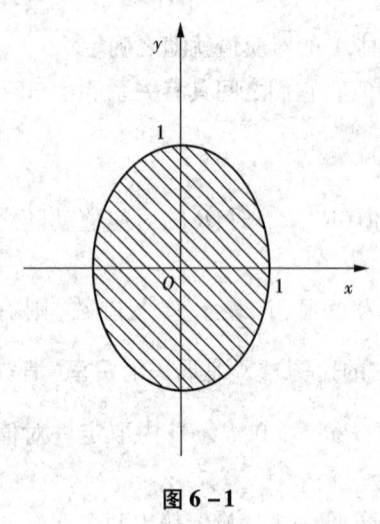

图 6-1

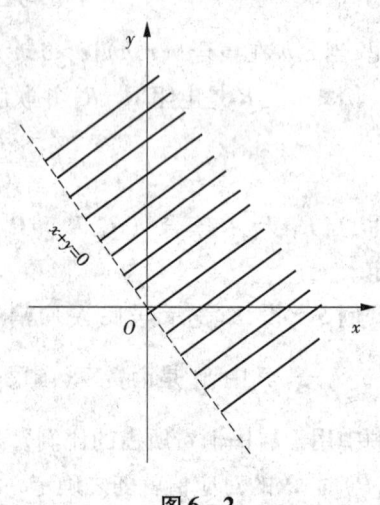

图 6-2

**例 5** 求函数 $z = \ln(x + y)$ 的定义域.

**解** 依题意,$x,y$ 必须满足不等式 $x + y > 0$,故函数的定义域是 $xOy$ 平面上直线 $y = -x$ 上方的半平面(而不包括直线在内),如图 6-2 所示. 即 $D = \{(x,y) | x + y > 0\}$.

这是一个无界开区域.

**例 6** 求函数 $z = \ln(y - x) + \dfrac{\sqrt{x}}{\sqrt{1 - x^2 - y^2}}$ 的定义域.

**解** 由已知函数表达式看出,自变量必须满足下列不等式组

$$\begin{cases} y-x>0, \\ x\geq 0, \\ x^2+y^2<1, \end{cases}$$

故函数的定义域为 $D=\{(x,y)\,|\,y-x>0,x\geq 0,x^2+y^2<1\}$(见图 6-3). 这是一个有界区域, 但它不是开区域, 也不是闭区域.

研究函数在一点附近的性质时, 常要用到邻域的概念.

**定义 3** 以点 $P_0(x_0,y_0)$ 为中心, $\delta>0$ 为半径的圆的内部点的全体称为点 $P_0$ 的 $\delta$ 邻域, 记为 $U(P_0,\delta)$, 即

$$U(P_0,\delta)=\{(x,y)\,|\,\sqrt{(x-x_0)^2+(y-y_0)^2}<\delta\}.$$

不含点 $P_0$ 的邻域称为去心邻域 $\mathring{U}(P_0,\delta)$.

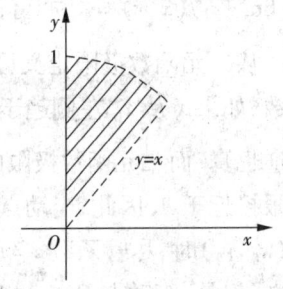

图 6-3

### 3. 二元函数的几何意义

我们知道, 一元函数 $y=f(x)$ 其实质是二元方程, 在 $xOy$ 平面上表示一条曲线. 由于二元函数 $z=f(x,y)$ 的实质是三元方程, 故在空间直角坐标系 $Oxyz$ 中一般表示一张曲面. 设函数 $z=f(x,y)$, 其定义域为 $D$, $P_0(x_0,y_0)$ 为函数 $z=f(x,y)$ 定义域中的一点, 其所对应的函数值 $z_0=f(x_0,y_0)$, 于是在空间直角坐标系中可以作出点 $M_0(x_0,y_0,z_0)$. 一般地, 当点 $P(x,y)$ 在定义域 $D$ 内变动时对应点 $M(x,y,z)$ 的全体形成一个曲面, 这个曲面就叫作函数 $z=f(x,y)$ 的图形, 如图 6-4 所示. 而定义域 $D$ 正是这曲面在 $xOy$ 平面上的投影.

**例 7** 作函数 $z=\sqrt{1-x^2-y^2}$ 的图形.

**解** 函数的定义域为 $D=\{(x,y)\,|\,x^2+y^2\leq 1\}$, 图形是球心在原点, 半径为 1 的上半球面, 如图 6-5 所示.

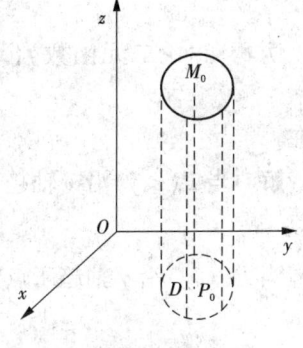

图 6-4

## 二、二元函数的极限

研究函数的极限, 就是研究函数的变化趋势. 由于二元函数有两个自变量, 因此, 它的自变量的变化过程要比一元函数的自变量的变化过程复杂得多. 考虑当点 $P(x,y)$ 趋于点 $P_0(x_0,y_0)$ 时, 函数 $z=f(x,y)$ 的变化趋势. 在平面上, 点 $P(x,y)$ 趋近于定点 $P_0(x_0,y_0)$ 的方式可以是多种多样的, 不管采取哪种方式, 只要点 $P(x,y)$ 趋近于定点 $P_0(x_0,y_0)$, 那么动点 $P(x,y)$ 与定点 $P_0(x_0,y_0)$ 的距离

$$\rho=|P_0P|=\sqrt{(x-x_0)^2+(y-y_0)^2}$$

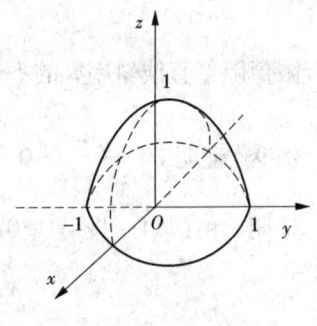

图 6-5

就必然趋于零. 因此, 总可以用 $\rho\to 0$ 表示 $P(x,y)$ 趋近点 $P_0(x_0,y_0)$ 的变化过程.

**定义 4** 设函数 $z=f(x,y)$ 在点 $P_0(x_0,y_0)$ 的某一个去心邻域 $\overset{\circ}{U}(P_0,\delta)$ 内有定义,如果动点 $P(x,y)$ 在该邻域内以任意方式趋于定点 $P_0(x_0,y_0)$ 时,函数的对应值 $f(x,y)$ 都趋近于唯一确定的常数 $A$,则常数 $A$ 叫作函数 $z=f(x,y)$ 当 $x\to x_0, y\to y_0$ 时的**极限**,记作 $\lim\limits_{\substack{x\to x_0\\y\to y_0}}f(x,y)=A$ 或 $\lim\limits_{(x,y)\to(x_0,y_0)}f(x,y)=A$,亦可记作 $\lim\limits_{\rho\to 0}f(x,y)=A$,其中 $\rho=\sqrt{(x-x_0)^2+(y-y_0)^2}$.

从二元函数极限定义可以看到,二元函数的极限要比一元函数的极限复杂得多. 对于一元函数,如果 $x$ 从 $x_0$ 左侧趋于 $x_0$ 和 $x$ 从 $x_0$ 右侧趋于 $x_0$ 时的极限存在且相等,则 $\lim\limits_{x\to x_0}f(x)$ 存在,其逆也真. 而二元函数极限的存在,是指点 $P(x,y)$ 以任意方式趋于定点 $P_0(x_0,y_0)$ 时,函数都无限接近于 $A$. 因此,当动点 $P(x,y)$ 以某些特殊路径,例如沿着一条或几条直线或曲线趋于 $P_0(x_0,y_0)$ 时,尽管函数 $z=f(x,y)$ 都无限接近于某个定值,我们仍然不能由此断定函数的极限存在. 但是,当动点 $P(x,y)$ 以不同路径趋于 $P_0(x_0,y_0)$ 点时,如果函数趋于不同的值,那么就可以断定该函数的极限不存在.

关于多元函数极限的计算,有与一元函数类似的运算法则.

**例 8** 讨论二元函数 $f(x,y)=\begin{cases}\dfrac{xy}{x^2+y^2}, & x^2+y^2\neq 0\\ 0, & x^2+y^2=0\end{cases}$,当 $P(x,y)\to O(0,0)$ 时,极限是否存在.

**解** 当 $P(x,y)$ 沿 $x$ 轴趋于点 $O(0,0)$ 时,即 $y=0, f(x,y)=f(x,0)=0(x\neq 0)$,所以
$$\lim_{x\to 0}f(x,0)=0.$$

当 $P(x,y)$ 沿 $y$ 轴趋于点 $O(0,0)$ 时,即 $x=0, f(x,y)=f(0,y)=0(y\neq 0)$,所以
$$\lim_{y\to 0}f(0,y)=0.$$

当 $P(x,y)$ 沿直线 $y=kx$ 趋于点 $O(0,0)$ 时,$f(x,y)=f(x,kx)=\dfrac{k}{1+k^2}(x\neq 0)$,所以
$$\lim_{\substack{y=kx\\x\to 0}}f(x,y)=\lim_{x\to 0}\frac{k}{1+k^2}=\frac{k}{1+k^2},$$

其极限值随着直线斜率 $k$ 的不同而不同,因此 $\lim\limits_{\substack{x\to 0\\y\to 0}}f(x,y)$ 不存在.

**例 9** 证明 $\lim\limits_{\substack{x\to 0\\y\to 0}}\dfrac{x^2y}{x^2+y^2}=0 \quad (x^2+y^2\neq 0).$

**证明** 由 $(|x|-|y|)^2\geq 0$,得 $x^2+y^2\geq 2|x||y|$,故
$$0\leq\left|\frac{x^2y}{x^2+y^2}\right|=|x|\cdot\frac{|xy|}{x^2+y^2}\leq\frac{1}{2}|x|,$$

显然有 $\lim\limits_{\substack{x\to 0\\y\to 0}}\dfrac{1}{2}|x|=0$,故得 $\lim\limits_{\substack{x\to 0\\y\to 0}}\dfrac{x^2y}{x^2+y^2}=0.$

**例 10** 求极限 $\lim\limits_{\substack{x\to 0\\y\to 2}}\dfrac{\sin(xy)}{x}.$

**解** 对于在点 $P_0(0,2)$ 的某一去心邻域 $\overset{\circ}{U}(P_0,\delta)$ 内的任意点 $P(x,y)$,当 $P\to P_0$ 时,$x\to 0$

且 $y\to 2, xy\to 0$,故

$$\lim_{\substack{x\to 0\\y\to 2}}\frac{\sin(xy)}{x}=\lim_{xy\to 0}\frac{\sin(xy)}{xy}\cdot\lim_{y\to 2}y=1\cdot 2=2.$$

## 三、二元函数的连续性

### 1. 二元函数连续的定义

与一元函数类似,可以利用函数值来定义二元函数在某一点连续的概念.

**定义 5** 设函数 $z=f(x,y)$ 在点 $P_0(x_0,y_0)$ 的某一个邻域内有定义,若当点 $P(x,y)$ 趋于定点 $P_0(x_0,y_0)$ 时,函数 $z=f(x,y)$ 极限存在且极限值等于 $P(x,y)$ 在点 $P_0(x_0,y_0)$ 处的函数值 $f(x_0,y_0)$,即 $\lim\limits_{\substack{x\to x_0\\y\to y_0}}f(x,y)=f(x_0,y_0)$,或 $\lim\limits_{P\to P_0}f(P)=f(P_0)$,则称**函数 $z=f(x,y)$ 在点 $P_0(x_0,y_0)$ 处连续**.

若令 $x=x_0+\Delta x,y=y_0+\Delta y$,则 $x\to x_0$ 相当于 $\Delta x\to 0$;$y\to y_0$ 相当于 $\Delta y\to 0$,因此 $\lim\limits_{\substack{x\to x_0\\y\to y_0}}f(x,y)=f(x_0,y_0)$ 可改写成

$$\lim_{\substack{\Delta x\to 0\\\Delta y\to 0}}[f(x_0+\Delta x,y_0+\Delta y)-f(x_0,y_0)]=0,$$

其中 $f(x_0+\Delta x,y_0+\Delta y)-f(x_0,y_0)$ 称为当自变量 $x$、$y$ 分别有增量 $\Delta x$、$\Delta y$ 时函数 $z=f(x,y)$ 的全增量,用 $\Delta z$ 表示,即

$$\Delta z=f(x_0+\Delta x,y_0+\Delta y)-f(x_0,y_0).$$

有了全增量的概念,连续的定义可用另一形式表述.

**定义 6** 设函数 $z=f(x,y)$ 在点 $P_0(x_0,y_0)$ 的某一邻域内有定义,若 $\lim\limits_{\substack{\Delta x\to 0\\\Delta y\to 0}}\Delta z=0$,则称函数 $z=f(x,y)$ **在点 $P_0(x_0,y_0)$ 处连续**.

**定义 7** 如果函数 $z=f(x,y)$ 在区域 $D$ 内各点处都连续,则称**函数 $z=f(x,y)$ 在区域 $D$ 内连续**.

连续的二元函数 $z=f(x,y)$ 在几何上表示为一个无孔无隙的曲面.

如果函数 $z=f(x,y)$ 在点 $P_0(x_0,y_0)$ 处不连续,则称点 $P_0(x_0,y_0)$ 为函数 $f(x,y)$ 的**不连续点**或**间断点**. 例如,函数 $z=\dfrac{1}{x^2+y^2-1}$,在圆周 $x^2+y^2=1$ 上的每一点都是间断点,因为对圆周上的点,函数无定义,由此可知,二元函数不但有间断点,还可以有间断线.

关于二元函数的连续性的讨论完全可以推广到三元以上的多元函数.

前面已经指出,一元函数中关于极限的运算法则,对于多元函数仍适用. 根据多元函数极限的运算法则,可以证明多元连续函数的和、差、积、商(分母不为零)仍为连续函数;多元连续函数的复合函数也是连续函数.

与一元函数相类似,多元初等函数是由常数及具有不同自变量的一元基本初等函数经过有限次的四则运算和复合运算而构成的,并能用一个式子表示的函数. 例如,$\dfrac{x+x^2-y^2}{1+y^2}$、$\sin(x+y)$ 等都是多元初等函数.

我们指出,一切多元初等函数在其定义区域内是连续的. 所谓定义区域是指包含在定义域内的区域.

由多元初等函数的连续性知,如果函数在 $P_0$ 处的极限存在,而该点又在此函数的定义域内,那么有

$$\lim_{P \to P_0} f(P) = f(P_0).$$

**例 11** 证明函数 $f(x,y) = \begin{cases} \dfrac{xy}{x^2+y^2}, & x^2+y^2 \neq 0 \\ 0, & x^2+y^2 = 0 \end{cases}$ 在 $O(0,0)$ 处连续.

**证明** 由例 9 可知 $\lim\limits_{\substack{x \to 0 \\ y \to 0}} \dfrac{x^2 y}{x^2+y^2} = 0$,而 $f(0,0) = 0$,故

$$\lim_{\substack{x \to 0 \\ y \to 0}} \dfrac{x^2 y}{x^2+y^2} = f(0,0) = 0,$$

故函数在原点处连续.

**例 12** 求 $\lim\limits_{\substack{x \to 1 \\ y \to 2}} \dfrac{x+y}{xy}$.

**解** 函数 $f(x,y) = \dfrac{x+y}{xy}$ 是初等函数,它的定义区域为

$$D = \{(x,y) \mid x \neq 0, y \neq 0\}, P_0(1,2) \in D = \{(x,y) \mid x \neq 0, y \neq 0\},$$

故

$$\lim_{\substack{x \to 1 \\ y \to 2}} \dfrac{x+y}{xy} = f(1,2) = \dfrac{3}{2}.$$

**例 13** 求 $\lim\limits_{\substack{x \to 0 \\ y \to 0}} \dfrac{\sqrt{xy+1}-1}{xy}$.

**解** $\lim\limits_{\substack{x \to 0 \\ y \to 0}} \dfrac{\sqrt{xy+1}-1}{xy} = \lim\limits_{\substack{x \to 0 \\ y \to 0}} \dfrac{xy+1-1}{xy(\sqrt{xy+1}+1)} = \lim\limits_{\substack{x \to 0 \\ y \to 0}} \dfrac{1}{\sqrt{xy+1}+1} = \dfrac{1}{2}.$

**2. 有界闭区域上连续函数的性质**

与闭区间上一元连续函数的性质相类似,在有界闭区域上连续的二元函数有如下性质.

**定理 1(最大值和最小值定理)** 在有界闭区域上连续的二元函数在该区域上一定能取得最大值和最小值.

**定理 2(介值定理)** 在有界闭区域上连续的二元函数必能取得介于它的两个不同函数值之间的任何值至少一次.

## 习题 6-1

1. 证明函数 $f(x,y) = (\ln x)(\ln y)$ 满足关系式

$$f(xy, uv) = f(x,u) + f(x,v) + f(y,u) + f(y,v).$$

2. 设 $\varphi(x,y) = (x+y)^{x-y}$,求 $\varphi(0,1), \varphi(-1,-1), \varphi(2,3)$.

3. 设 $f\left(x+y, \dfrac{y}{x}\right) = x^2 - y^2$，求 $f(x,y)$.

4. 求下列函数的定义域，并画出定义域的图形.

(1) $z = \dfrac{xy}{x-y}$；

(2) $z = \ln(xy)$；

(3) $f(x,y) = \sqrt{xy}$；

(4) $f(x,y) = \sin(x^2 + y^2)$；

(5) $z = \sqrt{1 - \dfrac{x^2}{a^2} - \dfrac{y^2}{b^2}}$；

(6) $z = \dfrac{\sqrt{4x - y^2}}{\ln(1 - x^2 - y^2)}$；

(7) $z = \ln(y - x) + \arcsin\dfrac{y}{x}$.

5. 用定义讨论下列二元函数的极限：

(1) $\lim\limits_{\substack{x \to 0 \\ y \to 0}} \dfrac{x+y}{x-y}$；

(2) $f(x,y) = \begin{cases} \dfrac{xy^2}{x^2 + y^2}, & x^2 + y^2 \neq 0 \\ 0, & x^2 + y^2 = 0 \end{cases}$ 当 $(x,y)$ 趋于 $(0,0)$ 时的极限；

(3) $\lim\limits_{\substack{x \to 0 \\ y \to 0}} \dfrac{xy}{x+y}$.

6. 用定义讨论下列函数在指定点处的连续性：

(1) 讨论函数 $z = \sqrt{x^2 + y^2}$ 在点 $(0,0)$ 处的连续性；

(2) 讨论函数 $f(x,y) = \begin{cases} \dfrac{x}{\sqrt{x^2 + y^2}}, & x^2 + y^2 \neq 0 \\ 0, & x^2 + y^2 = 0 \end{cases}$ 在点 $(0,0)$ 处的连续性.

7. 指出下列函数在何处间断.

(1) $u = \ln(x^2 + y^2)$；

(2) $z = \dfrac{1}{y^2 - 2x}$.

## 第二节　偏导数与全微分

### 一、偏导数的概念

**1. 偏导数的定义及其计算方法**

在研究一元函数时，我们从研究函数的变化率引入了导数的概念. 对于多元函数，同样也要讨论它的变化率. 由于多元函数的自变量不止一个，多元函数与自变量的关系要比一元函数复杂得多. 因此，我们首先研究多元函数关于一个自变量的变化率. 以二元函数 $z = f(x,y)$ 为例，如果自变量 $x$ 变化，而自变量 $y$ 保持不变（可以看作常量），这时函数 $z$ 可视为 $x$ 的一元函数，该函数对 $x$ 求导，就称为二元函数 $z$ 对 $x$ 的偏导数. 同样有 $z$ 对 $y$ 的偏导数. 下面给出偏导数的定义.

**定义 1** 设函数 $z=f(x,y)$ 在点 $(x_0,y_0)$ 的某一邻域内有定义,当 $y$ 固定在 $y_0$,而 $x$ 在 $x_0$ 处有增量 $\Delta x$ 时,相应函数有增量 $\Delta z_x = f(x_0+\Delta x, y_0) - f(x_0, y_0)$,如果极限 $\lim\limits_{\Delta x \to 0} \dfrac{f(x_0+\Delta x, y_0) - f(x_0, y_0)}{\Delta x}$ 存在,则该极限值叫作函数 $z=f(x,y)$ 在点 $(x_0,y_0)$ 处对 $x$ 的**偏导数**. 记作 $\left.\dfrac{\partial z}{\partial x}\right|_{(x_0,y_0)}, \left.\dfrac{\partial f}{\partial x}\right|_{(x_0,y_0)}, f_x'(x_0,y_0), z_x'(x_0,y_0), f_x(x_0,y_0)$ 或 $z_x(x_0,y_0)$. 即

$$\left.\frac{\partial z}{\partial x}\right|_{(x_0,y_0)} = \lim_{\Delta x \to 0} \frac{f(x_0+\Delta x, y_0) - f(x_0, y_0)}{\Delta x}.$$

类似地,函数 $z=f(x,y)$ 在点 $(x_0,y_0)$ 处对 $y$ 的偏导数定义为

$$\lim_{\Delta y \to 0} \frac{f(x_0, y_0+\Delta y) - f(x_0, y_0)}{\Delta y},$$

记作 $\left.\dfrac{\partial z}{\partial y}\right|_{(x_0,y_0)}, \left.\dfrac{\partial f}{\partial y}\right|_{(x_0,y_0)}, f_y'(x_0,y_0), z_y'(x_0,y_0), f_y(x_0,y_0)$ 或 $z_y(x_0,y_0)$. 即

$$\left.\frac{\partial z}{\partial y}\right|_{(x_0,y_0)} = \lim_{\Delta y \to 0} \frac{f(x_0, y_0+\Delta y) - f(x_0, y_0)}{\Delta y}.$$

**定义 2** 如果函数 $z=f(x,y)$ 在区域 $D$ 内的每一点 $(x,y)$ 处对自变量 $x$ 的偏导数都存在,即 $\lim\limits_{\Delta x \to 0} \dfrac{f(x+\Delta x, y) - f(x,y)}{\Delta x}$ $((x,y) \in D)$ 存在,显然这个偏导数仍是 $x, y$ 的函数,这个函数叫作函数 $z=f(x,y)$ 对 $x$ 的**偏导函数**,记作 $\dfrac{\partial z}{\partial x}, \dfrac{\partial f}{\partial x}, f_x'(x,y), z_x'(x,y), f_x(x,y)$ 或 $z_x(x,y)$. 即

$$\frac{\partial z}{\partial x} = \lim_{\Delta x \to 0} \frac{f(x+\Delta x, y) - f(x, y)}{\Delta x}.$$

类似地,函数 $z=f(x,y)$ 在区域 $D$ 内对自变量 $y$ 的偏导函数定义为

$$\lim_{\Delta y \to 0} \frac{f(x, y+\Delta y) - f(x, y)}{\Delta y},$$

记作 $\dfrac{\partial z}{\partial y}, \dfrac{\partial f}{\partial y}, f_y'(x,y), z_y'(x,y), f_y(x,y)$ 或 $z_y(x,y)$. 即

$$\frac{\partial z}{\partial y} = \lim_{\Delta y \to 0} \frac{f(x, y+\Delta y) - f(x, y)}{\Delta y}.$$

二元函数 $z=f(x,y)$ 在点 $(x_0,y_0)$ 处对 $x$ 的偏导数 $f_x'(x_0,y_0)$ 就是偏导函数 $f_x'(x,y)$ 在点 $(x_0,y_0)$ 处的函数值,而 $f_y'(x_0,y_0)$ 就是偏导函数 $f_y(x,y)$ 在点 $(x_0,y_0)$ 处的函数值,一般地,偏导函数也叫作**偏导数**.

在多元函数偏导数的定义中,原来的所有变量中只有一个自变量是变化的,而其他变量都保持不变,实际上这就把多元函数看成了一元函数,所以多元函数的偏导数的实质就是一元函数的导数. 所谓"偏"就是指只对其中一个自变量而言. 因此,一元函数的求导法则及求导公式对求多元函数的偏导数仍然适用.

**例 1** 求函数 $f(x,y) = x^2 + 2xy - y^2$ 在点 $(1,3)$ 处的偏导数.

**解** 将 $y$ 看作常量,函数 $f(x,y)$ 对 $x$ 求导数,得 $f_x'(x,y) = 2x + 2y$,将 $x$ 看作常量,函数

$f(x,y)$ 对 $y$ 求导数 $f'_y(x,y) = 2x - 2y$,将 $(1,3)$ 代入以上两式,得
$$f'_x(1,3) = 2\times 1 + 2\times 3 = 8, f'_y(1,3) = 2\times 1 - 2\times 3 = -4.$$

**例 2** 求函数 $z = x^y$ 的偏导数.

**解** $\dfrac{\partial z}{\partial x} = yx^{y-1}, \qquad \dfrac{\partial z}{\partial y} = x^y \ln x.$

**例 3** 求函数 $z = \mathrm{e}^{x^2 + y^2}$ 的偏导数.

**解** $\dfrac{\partial z}{\partial x} = \mathrm{e}^{x^2+y^2}(x^2+y^2)'_x = 2x\mathrm{e}^{x^2+y^2}, \dfrac{\partial z}{\partial y} = \mathrm{e}^{x^2+y^2}(x^2+y^2)'_y = 2y\mathrm{e}^{x^2+y^2}.$

**例 4** 设 $f(x,y) = \begin{cases} \dfrac{xy}{x^2+y^2}, & x^2+y^2 \neq 0 \\ 0, & x^2+y^2 = 0 \end{cases}$,求函数 $f(x,y)$ 在原点 $(0,0)$ 的偏导数.

**解** 函数 $f(x,y)$ 在原点 $(0,0)$ 对 $x$ 的偏导数为
$$f'_x(0,0) = \lim_{\Delta x \to 0} \frac{f(0+\Delta x, 0) - f(0,0)}{\Delta x} = \lim_{\Delta x \to 0} \frac{\dfrac{(\Delta x)\cdot 0}{(\Delta x)^2 + 0} - 0}{\Delta x} = \lim_{\Delta x \to 0} 0 = 0,$$

函数 $f(x,y)$ 在原点 $(0,0)$ 对 $y$ 的偏导数为
$$f'_y(0,0) = \lim_{\Delta y \to 0} \frac{f(0, 0+\Delta y) - f(0,0)}{\Delta y} = \lim_{\Delta y \to 0} \frac{\dfrac{0\cdot (\Delta y)}{0 + (\Delta y)^2} - 0}{\Delta y} = \lim_{\Delta y \to 0} 0 = 0.$$

**注意**:我们知道该函数在点 $(0,0)$ 处极限不存在,因而在 $(0,0)$ 处是不连续的. 但是,由例 4 知函数在 $(0,0)$ 处的两个偏导数都存在. 因此,函数在某点的偏导数存在并不能保证函数在该点是连续的. 这与一元函数"在可导点处一定连续"的结论是不同的.

同样还可以举出函数在点 $(x_0, y_0)$ 处连续,而在该点的偏导数不存在的例子. 例如,二元函数 $f(x,y) = \sqrt{x^2 + y^2}$ 在点 $(0,0)$ 处连续,但在 $(0,0)$ 处的偏导数不存在.

事实上,$f(x,y) = \sqrt{x^2 + y^2}$ 是初等函数,$(0,0)$ 点是定义域内的一点,故 $f(x,y)$ 在 $(0,0)$ 点连续. 固定 $y = 0$,让 $x \to 0$,考察在 $(0,0)$ 点处对 $x$ 的偏导数. 此时 $f(x,0) = \sqrt{x^2 + 0^2} = |x|$ 为一元函数,由一元函数可知,$|x|$ 在 $\dot{x} = 0$ 处是不可导的,即 $f(x,y)$ 在点 $(0,0)$ 处对 $x$ 的偏导数不存在. 同样可知 $f(x,y)$ 在点 $(0,0)$ 处对 $y$ 的偏导数也不存在. 所以二元函数的连续与偏导数存在这二者之间没有因果关系.

**2. 偏导数的几何意义**

设 $M_0 = (x_0, y_0, f(x_0, y_0))$ 为曲面 $z = f(x,y)$ 上的一点,过 $M_0$ 作平面 $y = y_0$ 与曲面相交,其交线为一条曲线,此曲线在平面 $y = y_0$ 上的方程为 $z = f(x, y_0)$. 偏导数 $f'_x(x_0, y_0)$ 即为一元函数 $z = f(x, y_0)$ 在 $x = x_0$ 处导数,根据一元函数导数的几何意义可知,$f'_x(x_0, y_0)$ 在几何上表示曲面被平面 $y = y_0$ 所截得的曲线 $z = f(x, y_0)$ 在点 $M_0$ 处的切线 $M_0 T_x$ 对 $x$ 轴的斜率(见图 6-6). 同样,偏导数 $f'_y(x_0, y_0)$ 的几何意义是曲面被平面 $x = x_0$ 所截得的曲线在点 $M_0$ 处的切线 $M_0 T_y$ 对 $y$ 轴的斜率.

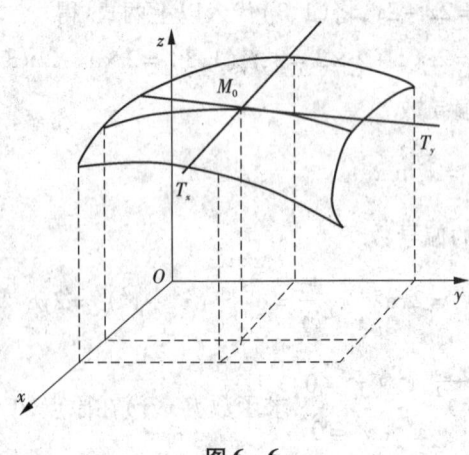

图 6-6

## 二、高阶偏导数

设函数 $z = f(x,y)$ 在区域 $D$ 内具有偏导数

$$\frac{\partial z}{\partial x} = f'_x(x,y), \frac{\partial z}{\partial y} = f'_y(x,y),$$

那么在 $D$ 内 $f'_x(x,y)$, $f'_y(x,y)$ 都是 $x,y$ 的函数,若这两个函数的偏导数也存在,则称它们是函数 $z = f(x,y)$ 的二阶偏导数. 按照对变量求导次序的不同,它们有 4 个二阶偏导数

$$\frac{\partial}{\partial x}\left(\frac{\partial z}{\partial x}\right) = \frac{\partial^2 z}{\partial x^2} = f''_{xx}(x,y), \quad \frac{\partial}{\partial y}\left(\frac{\partial z}{\partial x}\right) = \frac{\partial^2 z}{\partial x \partial y} = f''_{xy}(x,y),$$

$$\frac{\partial}{\partial x}\left(\frac{\partial z}{\partial y}\right) = \frac{\partial^2 z}{\partial y \partial x} = f''_{yx}(x,y), \quad \frac{\partial}{\partial y}\left(\frac{\partial z}{\partial y}\right) = \frac{\partial^2 z}{\partial y^2} = f''_{yy}(x,y).$$

其中第二、第三两个偏导数叫作**混合偏导数**. 同样可以定义三阶、四阶以及 $n$ 阶偏导数,二阶及二阶以上的偏导数统称为**高阶偏导数**.

**例 5** 设 $z = x^3 y^2 - 3xy^3 - xy + 1$,求 $\frac{\partial^2 z}{\partial x^2}, \frac{\partial^2 z}{\partial x \partial y}, \frac{\partial^2 z}{\partial y \partial x}, \frac{\partial^2 z}{\partial y^2}$.

**解** $\frac{\partial z}{\partial x} = 3x^2 y^2 - 3y^3 - y, \qquad \frac{\partial z}{\partial y} = 2x^3 y - 9xy^2 - x,$

$\frac{\partial^2 z}{\partial x^2} = 6xy^2, \qquad \frac{\partial^2 z}{\partial x \partial y} = 6x^2 y - 9y^2 - 1,$

$\frac{\partial^2 z}{\partial y \partial x} = 6x^2 y - 9y^2 - 1, \qquad \frac{\partial^2 z}{\partial y^2} = 2x^3 - 18xy.$

我们看到例 5 中的两个混合二阶偏导数相等,即 $\frac{\partial^2 z}{\partial x \partial y} = \frac{\partial^2 z}{\partial y \partial x}$. 这不是偶然的,事实上,有下述定理.

**定理 1** 如果函数 $z = f(x,y)$ 的两个二阶混合偏导数 $\frac{\partial^2 z}{\partial y \partial x}, \frac{\partial^2 z}{\partial x \partial y}$ 在区域 $D$ 内连续,那么在该区域内这两个二阶混合偏导数必然相等. (证明略)

也就是说,二阶混合偏导数在连续的条件下与求导次序无关. 对于二元以上的函数,我们可以类似地定义高阶偏导数,而且高阶混合偏导数在偏导数连续的条件下也与求导次序无关.

**例6** 验证函数 $z = \ln \sqrt{x^2 + y^2}$ 满足方程 $\dfrac{\partial^2 z}{\partial x^2} + \dfrac{\partial^2 z}{\partial y^2} = 0$.

**证明** 因为 $z = \ln \sqrt{x^2 + y^2} = \dfrac{1}{2}\ln(x^2 + y^2)$,所以

$$\frac{\partial z}{\partial x} = \frac{x}{x^2 + y^2}, \quad \frac{\partial z}{\partial y} = \frac{y}{x^2 + y^2},$$

$$\frac{\partial^2 z}{\partial x^2} = \frac{(x^2 + y^2) - x \cdot 2x}{(x^2 + y^2)^2} = \frac{y^2 - x^2}{(x^2 + y^2)^2},$$

$$\frac{\partial^2 z}{\partial y^2} = \frac{(x^2 + y^2) - y \cdot 2y}{(x^2 + y^2)^2} = \frac{x^2 - y^2}{(x^2 + y^2)^2},$$

因此

$$\frac{\partial^2 z}{\partial x^2} + \frac{\partial^2 z}{\partial y^2} = \frac{y^2 - x^2}{(x^2 + y^2)^2} + \frac{x^2 - y^2}{(x^2 + y^2)^2} = 0.$$

**例7** 证明函数 $u = \dfrac{1}{r}$,满足方程 $\dfrac{\partial^2 u}{\partial x^2} + \dfrac{\partial^2 u}{\partial y^2} + \dfrac{\partial^2 u}{\partial z^2} = 0$,其中 $r = \sqrt{x^2 + y^2 + z^2}$.

**证明** $\dfrac{\partial u}{\partial x} = -\dfrac{1}{r^2}\dfrac{\partial r}{\partial x} = -\dfrac{1}{r^2} \cdot \dfrac{x}{r} = -\dfrac{x}{r^3}, \dfrac{\partial^2 u}{\partial x^2} = -\dfrac{1}{r^3} + \dfrac{3x}{r^4} \cdot \dfrac{\partial r}{\partial x} = -\dfrac{1}{r^3} + \dfrac{3x^2}{r^5},$

由于函数具有对称性,故 $\dfrac{\partial^2 u}{\partial y^2} = -\dfrac{1}{r^3} + \dfrac{3y^2}{r^5}, \dfrac{\partial^2 u}{\partial z^2} = -\dfrac{1}{r^3} + \dfrac{3z^2}{r^5}$,因此

$$\frac{\partial^2 u}{\partial x^2} + \frac{\partial^2 u}{\partial y^2} + \frac{\partial^2 u}{\partial z^2} = -\frac{1}{r^3} + \frac{3x^2}{r^5} - \frac{1}{r^3} + \frac{3y^2}{r^5} - \frac{1}{r^3} + \frac{3z^2}{r^5}$$

$$= -\frac{3}{r^3} + \frac{3(x^2 + y^2 + z^2)}{r^5} = -\frac{3}{r^3} + \frac{3r^2}{r^5} = 0.$$

例6和例7中的两个方程都叫作拉普拉斯(Laplace)方程,它们是数学物理方程中一种很重要的方程.

### 三、全微分

前面我们介绍过函数在一点处的全增量的概念,一般来说,计算全增量比较复杂,与一元函数的情形一样,我们希望用自变量的增量 $\Delta x, \Delta y$ 的线性函数来近似代替全增量 $\Delta z$,为此,我们引入二元函数全微分的定义.

**定义3** 如果函数 $z = f(x, y)$ 在点 $(x_0, y_0)$ 某邻域内有定义,且其全增量

$$\Delta z = f(x_0 + \Delta x, y_0 + \Delta y) - f(x_0, y_0)$$

可表示为 $\Delta z = A\Delta x + B\Delta y + o(\rho),$

其中 $A, B$ 是与 $\Delta x, \Delta y$ 无关的量,$\rho = \sqrt{(\Delta x)^2 + (\Delta y)^2}$,则称函数 $z = f(x, y)$ 在点 $(x_0, y_0)$ 处**可微**,而把 $A\Delta x + B\Delta y$ 叫作函数 $z = f(x, y)$ 在点 $(x_0, y_0)$ 处的**全微分**,记作 $\mathrm{d}z$,即

$$\mathrm{d}z = A\Delta x + B\Delta y.$$

如果函数 $z = f(x, y)$ 在区域 $D$ 内每一点都可微,则称函数 $z = f(x, y)$ 在区域 $D$ 内可微.

**定理2** 如果函数 $z = f(x, y)$ 在 $(x_0, y_0)$ 处可微,则 $z = f(x, y)$ 在该点处必连续.

**证明**  由函数 $z=f(x,y)$ 在 $(x_0,y_0)$ 处可微,可得
$$\Delta z = A\Delta x + B\Delta y + o(\rho), \text{其中} \rho = \sqrt{(\Delta x)^2+(\Delta y)^2},$$
所以
$$\lim_{\substack{\Delta x\to 0\\ \Delta y\to 0}} \Delta z = \lim_{\Delta x\to 0} A\Delta x + B\Delta y + o(\rho) = 0.$$
即函数 $z=f(x,y)$ 在点 $(x_0,y_0)$ 处连续.

定理 2 也告诉我们,如果函数 $z=f(x,y)$ 在 $(x_0,y_0)$ 处不连续,则函数 $z=f(x,y)$ 在 $(x_0,y_0)$ 处必不可微.

下面讨论函数可微分的条件.

**定理 3(可微的必要条件)**  如果函数 $z=f(x,y)$ 在点 $(x_0,y_0)$ 处可微,则 $z=f(x,y)$ 在点 $(x_0,y_0)$ 的偏导数必定存在,并且有 $A=f_x(x_0,y_0)$, $B=f_y(x_0,y_0)$.

**证明**  因为函数 $z=f(x,y)$ 在点 $(x_0,y_0)$ 处可微,所以对任意的 $\Delta x$、$\Delta y$ 都有
$$\Delta z = f(x_0+\Delta x, y_0+\Delta y) - f(x_0,y_0) = A\Delta x + B\Delta y + o(\rho)$$
成立. 于是当 $\Delta y=0$ 时,上式也应成立. 这时 $\rho=|\Delta x|$. 所以上式成为
$$\Delta z = f(x_0+\Delta x, y_0) - f(x_0,y_0) = A\Delta x + o(|\Delta x|)$$
两边各除以 $\Delta x$,再令 $\Delta x\to 0$ 取极限,得
$$\lim_{\Delta x\to 0} \frac{f(x_0+\Delta x, y_0) - f(x_0,y_0)}{\Delta x} = A,$$
即 $A=f_x(x_0,y_0)$. 同样可得 $B=f_y(x_0,y_0)$.

由此可知,当 $z=f(x,y)$ 在点 $(x_0,y_0)$ 处可微时,必有
$$\mathrm{d}z = f_x(x_0,y_0)\Delta x + f_y(x_0,y_0)\Delta y.$$
像一元函数一样,规定 $\Delta x=\mathrm{d}x$, $\Delta y=\mathrm{d}y$,则
$$\mathrm{d}z = f_x(x_0,y_0)\mathrm{d}x + f_y(x_0,y_0)\mathrm{d}y.$$

在一元函数中,可导和可微是等价的,但对于多元函数情形就不同了. 在函数定义域的某点处偏导数存在,不一定能保证函数在该点处可微. 这是因为,由定理 2 可知,不连续一定不可微,而偏导数存在不能保证函数连续,因此,也就不能保证可微了.

例如
$$f(x,y)=\begin{cases} \dfrac{xy}{x^2+y^2}, & x^2+y^2\neq 0,\\ 0, & x^2+y^2=0, \end{cases}$$
在原点 $(0,0)$ 不连续,故由定理 2 可知 $f(x,y)$ 在 $(0,0)$ 是不可微的. 但这个函数在 $(0,0)$ 处的两个偏导数都存在,且 $f_x(0,0)=0$, $f_y(0,0)=0$.

这说明,尽管这个函数在 $(0,0)$ 处的两个偏导数都存在,但函数在 $(0,0)$ 点仍然是不可微的. 偏导数存在只是可微的必要条件,而不是充分条件.

**定理 4(可微的充分条件)**  设函数 $z=f(x,y)$ 在点 $(x,y)$ 处具有连续的偏导数 $f_x(x,y)$, $f_y(x,y)$,则函数 $z=f(x,y)$ 在点 $(x,y)$ 处可微. (证明略)

上面三个定理说明,若偏导数连续则函数一定可微;若函数可微则偏导数一定存在;若函

数可微则函数一定连续.

二元函数全微分定义,以及上面的三个定理可以类似地推广到三元和三元以上的多元函数.

**例8** 求 $z = x^3 y - 3x^2 y^3$ 的全微分.

**解** $\dfrac{\partial z}{\partial x} = 3x^2 y - 6xy^3$, $\dfrac{\partial z}{\partial y} = x^3 - 9x^2 y^2$,

$$dz = \dfrac{\partial z}{\partial x}dx + \dfrac{\partial z}{\partial y}dy = (3x^2 y - 6xy^3)dx + (x^3 - 9x^2 y^2)dy.$$

**例9** 求 $z = e^{xy}$ 在点 $(2,1)$ 处的全微分.

**解** 因 $\dfrac{\partial z}{\partial x} = ye^{xy}, \dfrac{\partial z}{\partial y} = xe^{xy}$,故 $\left.\dfrac{\partial z}{\partial x}\right|_{(2,1)} = e^2, \left.\dfrac{\partial z}{\partial y}\right|_{(2,1)} = 2e^2$,

所以
$$dz\Big|_{\substack{x=2\\y=1}} = e^2 dx + 2e^2 dy.$$

## 习题 6-2

1. 设 $f(x,y) = x + y - \sqrt{x^2 + y^2}$,求 $f_x'(3,4), f_y'(4,3)$.
2. 求下列各函数的一阶偏导数:

(1) $z = e^{xy}$;　　(2) $z = xy + \dfrac{x}{y}$;　　(3) $z = \arctan\dfrac{y}{x}$;

(4) $z = (1 + xy)^y$;　　(5) $f(x,y) = \ln\left(x + \dfrac{y}{2x}\right)$;　　(6) $u = x^{\frac{x}{z}}$.

3. 求证下列各式:

(1) $z = \ln(\sqrt{x} + \sqrt{y})$,证明 $x\dfrac{\partial z}{\partial x} + y\dfrac{\partial z}{\partial y} = \dfrac{1}{2}$;

(2) $z = \dfrac{xy}{x + y}$,证明 $x\dfrac{\partial z}{\partial x} + y\dfrac{\partial z}{\partial y} = z.$

4. 设 $z = x^2 y + xy^2$,求 $\left.\dfrac{\partial^2 z}{\partial x^2}\right|_{(1,0)}, \left.\dfrac{\partial^2 z}{\partial x \partial y}\right|_{(1,2)}, \left.\dfrac{\partial^2 z}{\partial y^2}\right|_{(0,1)}$.

5. 求下列函数的二阶偏导数:

(1) $z = x\ln(xy)$;　　(2) $z = y^{\ln x}$;　　(3) $z = e^x(\cos y + x\sin y)$.

6. 设 $z = \ln(e^x + e^y)$,证明 $\dfrac{\partial^2 z}{\partial x^2} \cdot \dfrac{\partial^2 z}{\partial y^2} = \left(\dfrac{\partial^2 z}{\partial x \partial y}\right)^2$.

7. 求函数 $z = 2x + 3y^2$,当 $x = 10, y = 8, \Delta x = 0.2, \Delta y = 0.3$ 的全微分.

8. 设函数 $z = x^2 y^3$,当 $x = 2, y = -1, \Delta x = 0.02, \Delta y = -0.01$ 的全增量和全微分.

9. 求下列函数的全微分:

(1) $z = x^y$;　　(2) $z = x\sin(x^2 + y^2)$;　　(3) $z = \dfrac{x}{\sqrt{x^2 + y^2}}$.

## 第三节 多元函数微分法

### 一、多元复合函数的求导法则

求一元复合函数导数的方法同样适用于求多元复合函数的导数. 下面以二元函数为例,介绍多元复合函数的求导方法.

**定理 1** 如果函数 $u=\varphi(x,y)$,$v=\psi(x,y)$ 都在点 $(x,y)$ 处有偏导数,而函数 $z=f(u,v)$ 在对应点 $(u,v)$ 处具有连续偏导数,则复合函数 $z=f[\varphi(x,y),\psi(x,y)]$ 在点 $(x,y)$ 处偏导数存在,且有下面的复合函数链式求导法则

$$\frac{\partial z}{\partial x}=\frac{\partial z}{\partial u}\cdot\frac{\partial u}{\partial x}+\frac{\partial z}{\partial v}\cdot\frac{\partial v}{\partial x},\quad \frac{\partial z}{\partial y}=\frac{\partial z}{\partial u}\cdot\frac{\partial u}{\partial y}+\frac{\partial z}{\partial v}\cdot\frac{\partial v}{\partial y}.\text{(证明略)}$$

为了掌握多元复合函数偏导数的链式求导法则,常借助于复合函数变量间的关系,画出变量间的结构图. 如定理中函数变量间的关系图为图 6-7.

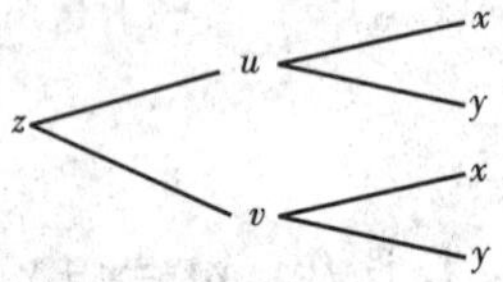

公式与结构图两者之间的对应关系是: 偏导数 $\dfrac{\partial z}{\partial x}$ 是由两项组成的,每一项又是两个偏导数的乘积. 公式的这两条规律可以通过函数的结构图得到. 一方面,公式的项数,等于结构图中自变量 $x$ 到达 $z$ 的路径的个数,函数结构图中自变量 $x$ 到达 $z$ 的路径有两条,第一条是 $x\to u\to z$,第二条是 $x\to v\to z$,所以公式有两项; 另一方面,公式的每项偏导数乘积因子的个数,等于该条路径中函数及中间变量的个数. 如第一条路径 $x\to u\to z$,有函数 $z$ 和一个中间变量 $u$,因此,第一项就是两个偏导数 $\dfrac{\partial z}{\partial u}$ 与 $\dfrac{\partial u}{\partial x}$ 的乘积,第二条路径是 $x\to v\to z$,第二项就是两个偏导数 $\dfrac{\partial z}{\partial v}$ 与 $\dfrac{\partial v}{\partial x}$ 的乘积.

图 6-7

上面的方法具有一般性. 对于中间变量或自变量不只是两个,复合步骤多于一次的各种形式的复合函数,都可借助于相应的函数结构图,参照上面的方法得到相应的复合函数的偏导数公式.

下面对于几种常见不同形式的多元复合函数,借助于函数的结构图,利用链式法则,直接写出相应的偏导数公式.

(1) 函数 $z=f(u,v,w)$ 有连续的偏导数,而 $u=\varphi(x,y)$,$v=\psi(x,y)$,$w=\omega(x,y)$ 都有偏导数,求复合函数 $z=f[\varphi(x,y),\psi(x,y),\omega(x,y)]$ 的偏导数 $\dfrac{\partial z}{\partial x},\dfrac{\partial z}{\partial y}$.

函数的结构图如图 6-8 所示.

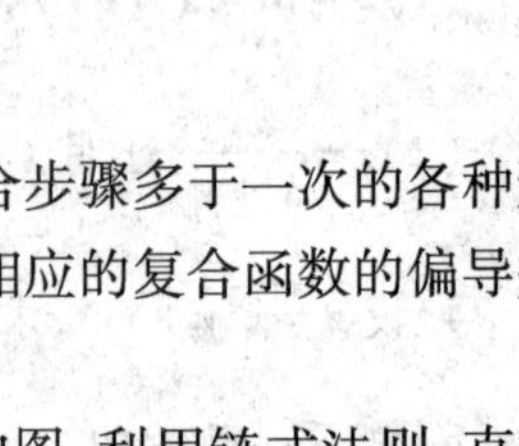

由图中看出,自变量 $x$ 到达 $z$ 的路径有三条. 因此 $\dfrac{\partial z}{\partial x}$ 应由三项组成,而每条路径上都有一个函数和一个中间变量,所以每项是函

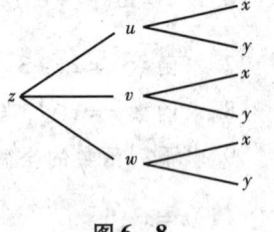

图 6-8

数对中间变量及中间变量对其相应自变量的偏导数的乘积,即

$$\frac{\partial z}{\partial x} = \frac{\partial z}{\partial u} \cdot \frac{\partial u}{\partial x} + \frac{\partial z}{\partial v} \cdot \frac{\partial v}{\partial x} + \frac{\partial z}{\partial w} \cdot \frac{\partial w}{\partial x}.$$

同样可得到

$$\frac{\partial z}{\partial y} = \frac{\partial z}{\partial u} \cdot \frac{\partial u}{\partial y} + \frac{\partial z}{\partial v} \cdot \frac{\partial v}{\partial y} + \frac{\partial z}{\partial w} \cdot \frac{\partial w}{\partial y}.$$

(2) 设函数 $w = f(u,v)$ 有连续的偏导数,而 $u = \varphi(x,y,z)$, $v = \psi(x,y,z)$ 都有偏导数,求复合函数 $w = f[\varphi(x,y,z),\psi(x,y,z)]$ 的偏导数 $\frac{\partial w}{\partial x}, \frac{\partial w}{\partial y}, \frac{\partial w}{\partial z}$.

函数的结构图如图 6-9 所示.

由结构图可得

$$\frac{\partial w}{\partial x} = \frac{\partial w}{\partial u} \cdot \frac{\partial u}{\partial x} + \frac{\partial w}{\partial v} \cdot \frac{\partial v}{\partial x},$$

$$\frac{\partial w}{\partial y} = \frac{\partial w}{\partial u} \cdot \frac{\partial u}{\partial y} + \frac{\partial w}{\partial v} \cdot \frac{\partial v}{\partial y},$$

$$\frac{\partial w}{\partial z} = \frac{\partial w}{\partial u} \cdot \frac{\partial u}{\partial z} + \frac{\partial w}{\partial v} \cdot \frac{\partial v}{\partial z}.$$

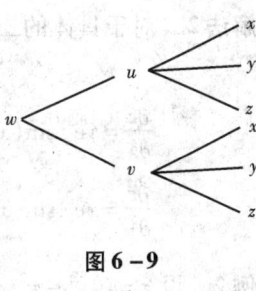

图 6-9

(3) 设函数 $z = f(u,v)$ 有连续的偏导数,而 $u = \varphi(x)$, $v = \psi(x)$ 可导,则复合函数 $z = f[\varphi(x),\psi(x)]$ 只是自变量 $x$ 的函数,求对 $x$ 的导数 $\frac{\mathrm{d}z}{\mathrm{d}x}$.

函数的结构图如图 6-10 所示.

由结构图可得 $\dfrac{\mathrm{d}z}{\mathrm{d}x} = \dfrac{\partial z}{\partial u} \cdot \dfrac{\mathrm{d}u}{\mathrm{d}x} + \dfrac{\partial z}{\partial v} \cdot \dfrac{\mathrm{d}v}{\mathrm{d}x}.$

在这里,函数 $z$ 是通过二元函数 $z = f(u,v)$ 而成为 $x$ 的一元复合函数. 因此,$z$ 对 $x$ 的导数 $\dfrac{\mathrm{d}z}{\mathrm{d}x}$ 又叫作 $z$ 对 $x$ 的**全导数**.

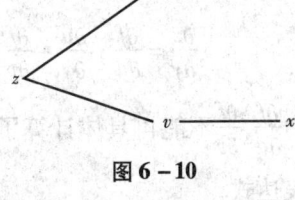

图 6-10

(4) 设函数 $z = f(x,v)$ 有连续偏导数,$v = \varphi(x,y)$ 有偏导数,求复合函数 $z = f[x,\varphi(x,y)]$ 的偏导数 $\dfrac{\partial z}{\partial x}, \dfrac{\partial z}{\partial y}.$

函数的结构图如图 6-11 所示.

由结构图可得 $\dfrac{\partial z}{\partial x} = \dfrac{\partial f}{\partial x} + \dfrac{\partial f}{\partial v} \cdot \dfrac{\partial v}{\partial x},$

$$\frac{\partial z}{\partial y} = \frac{\partial f}{\partial v} \cdot \frac{\partial v}{\partial y}.$$

**注意**:这里 $\dfrac{\partial z}{\partial x}$ 和 $\dfrac{\partial f}{\partial x}$ 是代表不同的含义,其中 $\dfrac{\partial z}{\partial x}$ 是将函数 $z = f[x,\varphi(x,y)]$ 中的 $y$ 看作常量而对自变量 $x$ 求偏导数,而 $\dfrac{\partial f}{\partial x}$ 表示将函数 $z = f(x,v)$ 中的 $v$ 看作常量而对 $x$ 求偏导数.

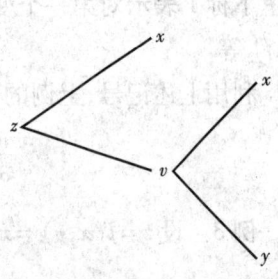

图 6-11

**例1** 设函数 $z = \mathrm{e}^u \sin v, u = xy, v = x + y$,求 $\dfrac{\partial z}{\partial x}, \dfrac{\partial z}{\partial y}.$

**解法 1** 该函数的结构图如图 6-12 所示.

由结构图可得

$$\frac{\partial z}{\partial x} = \frac{\partial z}{\partial u} \cdot \frac{\partial u}{\partial x} + \frac{\partial z}{\partial v} \cdot \frac{\partial v}{\partial x} = e^u \sin v \cdot y + e^u \cos v \cdot 1$$

$$= e^{xy}[y\sin(x+y) + \cos(x+y)],$$

$$\frac{\partial z}{\partial y} = \frac{\partial z}{\partial u} \cdot \frac{\partial u}{\partial y} + \frac{\partial z}{\partial v} \cdot \frac{\partial v}{\partial y} = e^u \sin v \cdot x + e^u \cos v \cdot 1$$

$$= e^{xy}[x\sin(x+y) + \cos(x+y)].$$

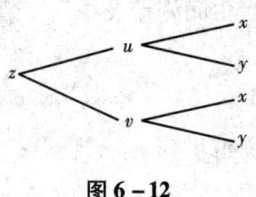

图 6-12

**解法 2** 对于具体的二元复合函数,可将中间变量 $u,v$ 用 $x,y$ 代入,则可得

$$z = e^{xy}\sin(x+y)$$

$$\frac{\partial z}{\partial x} = ye^{xy}\sin(x+y) + e^{xy}\cos(x+y) = e^{xy}[y\sin(x+y) + \cos(x+y)],$$

$$\frac{\partial z}{\partial y} = xe^{xy}\sin(x+y) + e^{xy}\cos(x+y) = e^{xy}[x\sin(x+y) + \cos(x+y)].$$

**例 2** 设 $z = f(x^2 - y^2, xy)$,其中 $f(u,v)$ 为可微函数,求 $\frac{\partial z}{\partial x}, \frac{\partial z}{\partial y}$.

**解** 令 $u = x^2 - y^2, v = xy$,则结构图如图 6-13 所示.

由函数的结构图,可得

$$\frac{\partial z}{\partial x} = \frac{\partial f}{\partial u} \cdot \frac{\partial u}{\partial x} + \frac{\partial f}{\partial v} \cdot \frac{\partial v}{\partial x} = 2x \cdot \frac{\partial f}{\partial u} + y \cdot \frac{\partial f}{\partial v},$$

$$\frac{\partial z}{\partial y} = \frac{\partial f}{\partial u} \cdot \frac{\partial u}{\partial y} + \frac{\partial f}{\partial v} \cdot \frac{\partial v}{\partial y} = -2y \cdot \frac{\partial f}{\partial u} + x \cdot \frac{\partial f}{\partial v}.$$

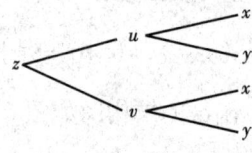

图 6-13

其中 $\frac{\partial f}{\partial u}, \frac{\partial f}{\partial v}$ 不能再具体计算了,这是因为外层函数 $f$ 仅是抽象的函数记号,没有给出函数具体的表达式.

为表达简便起见,引入以下记号.

$$f_1' = f_u(u,v), f_{12}'' = f_{uv}(u,v),$$

这里下标 1 表示对第一个变量 $u$ 求偏导数,下标 2 表示对第二个变量 $v$ 求偏导数. 同理有 $f_2'$, $f_{11}'', f_{22}''$ 等.

利用上述记号,上例的偏导数可写作

$$\frac{\partial z}{\partial x} = 2x \cdot f_1' + y \cdot f_2', \frac{\partial z}{\partial y} = -2y \cdot f_1' + x \cdot f_2'.$$

**例 3** 设 $z = f(x,v) = x\sin v + 2x^2 + e^v, v = x^2 + y^2$,求 $\frac{\partial z}{\partial x}$.

**解** 函数的结构图如图 6-14 所示.

$$\frac{\partial z}{\partial x} = \frac{\partial f}{\partial x} + \frac{\partial f}{\partial v} \cdot \frac{\partial v}{\partial x} = (\sin v + 4x) + (x\cos v + e^v) \cdot 2x$$

$$= [\sin(x^2+y^2) + 4x] + [x\cos(x^2+y^2) + e^{(x^2+y^2)}] \cdot 2x.$$

该例中,$\frac{\partial z}{\partial x}$ 和 $\frac{\partial f}{\partial x}$ 的含义是不同的.

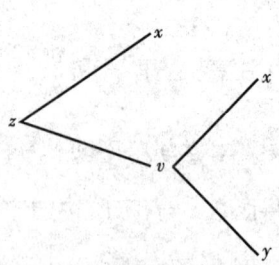

图 6-14

$$\frac{\partial f}{\partial x} = (\sin v + 4x) = [\sin(x^2+y^2)+4x],$$

显然不等于 $\frac{\partial z}{\partial x}$.

**例 4** 设 $z = u^v, u = \varphi(x), v = \psi(x)$,求全导数 $\frac{\mathrm{d}z}{\mathrm{d}x}$.

**解** 该函数的结构图如图 6-15 所示

$$\begin{aligned}\frac{\mathrm{d}z}{\mathrm{d}x} &= \frac{\partial z}{\partial u} \cdot \frac{\mathrm{d}u}{\mathrm{d}x} + \frac{\partial z}{\partial v} \cdot \frac{\mathrm{d}v}{\mathrm{d}x}\\ &= vu^{v-1}\varphi'(x) + u^v \cdot \ln u \cdot \psi'(x)\\ &= \psi(x)\varphi(x)^{\psi(x)-1} \cdot \varphi'(x) +\\ &\quad \varphi(x)^{\psi(x)} \cdot \ln \varphi(x) \cdot \psi'(x).\end{aligned}$$

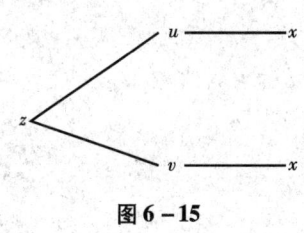

图 6-15

## 二、隐函数的求导公式

**定理 2** 设函数 $F(x,y,z)$ 在点 $P(x_0,y_0,z_0)$ 某一邻域内具有连续的偏导数,且 $F(x_0,y_0,z_0)=0, F_z(x_0,y_0,z_0)\neq 0$,则 $F(x,y,z)=0$ 在点 $P(x_0,y_0,z_0)$ 某一邻域内能唯一确定一个连续且具有连续偏导数的函数 $z=f(x,y)$,它满足条件 $z_0=f(x_0,y_0)$,并有 $\frac{\partial z}{\partial x} = -\frac{F_x}{F_z}$, $\frac{\partial z}{\partial y} = -\frac{F_y}{F_z}$.

这个定理我们不证明,仅就上述公式作如下推导.

由于 $F(x,y,f(x,y))\equiv 0$,将上式两边分别对 $x$ 和 $y$ 求偏导数,利用复合函数求导法则,得

$$F_x + F_z \frac{\partial z}{\partial x} = 0, F_y + F_z \frac{\partial z}{\partial y} = 0.$$

因为 $F_z$ 连续,且 $F_z(x_0,y_0,z_0)\neq 0$,所以存在点 $P(x_0,y_0,z_0)$ 的一个邻域,在这个邻域内 $F_z \neq 0$,于是得

$$\frac{\partial z}{\partial x} = -\frac{F_x}{F_z}, \frac{\partial z}{\partial y} = -\frac{F_y}{F_z}.$$

特别地,对于由方程 $F(x,y)=0$ 所确定的一元函数 $y=f(x)$,也可以通过上面的方法求得导数为 $\frac{\mathrm{d}y}{\mathrm{d}x} = -\frac{F_x}{F_y}(F_y\neq 0)$.

**例 6** 设隐函数 $z=f(x,y)$ 由方程 $\mathrm{e}^z = xyz$ 确定,求 $\frac{\partial z}{\partial x}$ 和 $\frac{\partial z}{\partial y}$.

**解** 设 $F(x,y,z) = \mathrm{e}^z - xyz$,则 $F_x = -yz, F_y = -xz, F_z = \mathrm{e}^z - xy$,应用上述公式,得

$$\frac{\partial z}{\partial x} = -\frac{F_x}{F_z} = \frac{yz}{\mathrm{e}^z - xy}, \frac{\partial z}{\partial y} = -\frac{F_y}{F_z} = \frac{xz}{\mathrm{e}^z - xy}.$$

应注意,把原方程中所有项都移到等号的左边,得到 $F(x,y,z)=0$. 在计算偏导数 $F_x$ 时,要把变量 $y$、$z$ 当作常量,同样在计算 $F_y$、$F_z$ 时也是如此.

**例7** 设隐函数 $y = f(x)$ 由方程 $\ln \sqrt{x^2 + y^2} = \arctan \dfrac{y}{x}$ 确定,求 $\dfrac{dy}{dx}$.

**解** 设 $F(x, y) = \ln \sqrt{x^2 + y^2} - \arctan \dfrac{y}{x}$,则

$$F_x = \frac{x}{x^2 + y^2} - \frac{1}{1 + \left(\dfrac{y}{x}\right)^2} \cdot \left(-\frac{y}{x^2}\right) = \frac{x + y}{x^2 + y^2},$$

$$F_y = \frac{y}{x^2 + y^2} - \frac{1}{1 + \left(\dfrac{y}{x}\right)^2} \cdot \left(\frac{1}{x}\right) = \frac{y - x}{x^2 + y^2},$$

于是

$$\frac{dy}{dx} = -\frac{F_x}{F_y} = \frac{x + y}{x - y}.$$

## 习题 6-3

1. 设 $u = e^{x - 2y}, x = \sin t, y = t^3$,求 $\dfrac{du}{dt}$.

2. 设 $z = xa^y, y = \ln x$,求 $\dfrac{dz}{dx}$.

3. 求下列函数的一阶偏导数:

(1) $z = u^2 v - uv^2, u = x\cos y, v = x\sin y$,求 $\dfrac{\partial z}{\partial x}$;

(2) $z = \ln(u^2 + y\sin x), u = e^{x+y}$,求 $\dfrac{\partial z}{\partial x}, \dfrac{\partial z}{\partial y}$;

(3) $u = f(x^2 - y^2, e^{xy})$,求 $\dfrac{\partial u}{\partial x}, \dfrac{\partial u}{\partial y}$;

(4) $u = f\left(\dfrac{x}{y}, \dfrac{y}{z}\right)$,求 $\dfrac{\partial u}{\partial x}, \dfrac{\partial u}{\partial y}$;

(5) $u = f(x, xy, xyz)$,求 $\dfrac{\partial u}{\partial x}, \dfrac{\partial u}{\partial y}, \dfrac{\partial u}{\partial z}$;

(6) $z = f(x^2 + y^2)$,求 $\dfrac{\partial z}{\partial x}, \dfrac{\partial z}{\partial y}$.

4. 设 $z = \dfrac{y}{f(x^2 - y^2)}$,其中 $f$ 是可导函数,证明 $\dfrac{1}{x} \cdot \dfrac{\partial z}{\partial x} + \dfrac{1}{y} \cdot \dfrac{\partial z}{\partial y} = \dfrac{z}{y^2}$.

5. 设 $u = f(x^2 + y^2 + z^2)$,其中 $f$ 有连续导数,证明 $y \cdot \dfrac{\partial u}{\partial x} - x \cdot \dfrac{\partial u}{\partial y} = 0$.

6. 设 $z = f\left(xy, \dfrac{x}{y}\right)$,其中 $f$ 有连续的偏导数,求 $dz$.

7. 设方程 $\sin y + e^x - xy^2 = 0$ 确定函数 $y = f(x)$,求 $\dfrac{dy}{dx}$.

8. 设 $x=x(y,z), y=y(x,z), z=z(x,y)$ 都是由方程 $F(x,y,z)=0$ 所确定的,其中 $F$ 有连续的偏导数,证明 $\dfrac{\partial x}{\partial y} \cdot \dfrac{\partial y}{\partial z} \cdot \dfrac{\partial z}{\partial x} = -1$.

9. 设 $F(u,v)$ 为可微函数,证明由方程 $F\left(x+\dfrac{z}{y}, y+\dfrac{z}{x}\right)=0$ 所确定的函数 $z=z(x,y)$ 满足 $x \cdot \dfrac{\partial z}{\partial x} + y \cdot \dfrac{\partial z}{\partial y} = z - xy$.

## 第四节 多元函数微分法的应用

### 一、偏导数的几何应用

**1. 空间曲线的切线和法平面**

**定义 1** 设 $M_0$ 是空间曲线 $\Gamma$ 上的一点,$M$ 是 $\Gamma$ 上的另一点(见图 6-16). 当点 $M$ 沿曲线 $\Gamma$ 趋向于点 $M_0$ 时,割线 $M_0M$ 的极限位置 $M_0T$ 称为曲线 $\Gamma$ 在点 $M_0$ 处的切线. 过点 $M_0$ 且与切线 $M_0T$ 垂直的平面称为曲线 $\Gamma$ 在点 $M_0$ 处的法平面.

下面建立空间曲线的切线与法平面方程.

设曲线 $\Gamma$ 的参数方程为 $x=x(t), y=y(t)$, $z=z(t)$,当 $t=t_0$ 时,曲线 $\Gamma$ 上的对应点为 $M_0(x_0,y_0,z_0)$. 假定 $x(t), y(t), z(t)$ 可导,且 $x'(t_0)、y'(t_0)、z'(t_0)$ 不同时为零. 给 $t_0$ 以增量 $\Delta t$,对应地在曲线 $\Gamma$ 上有一点 $M(x_0+\Delta x, y_0+\Delta y, z_0+\Delta z)$,则割线 $M_0M$ 的方程为

$$\frac{x-x_0}{\Delta x} = \frac{y-y_0}{\Delta y} = \frac{z-z_0}{\Delta z},$$

上式中各分母除以 $\Delta t$,得

$$\frac{x-x_0}{\frac{\Delta x}{\Delta t}} = \frac{y-y_0}{\frac{\Delta y}{\Delta t}} = \frac{z-z_0}{\frac{\Delta z}{\Delta t}}.$$

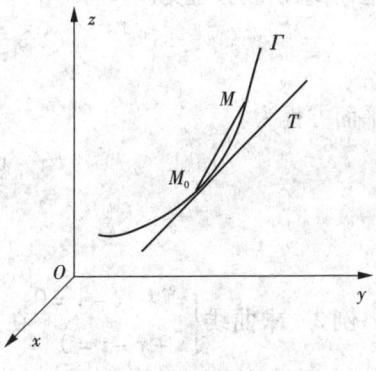

图 6-16

当点 $M$ 沿曲线 $\Gamma$ 趋向于点 $M_0$ 时,有 $\Delta t \to 0$,对上式取极限,即得曲线 $\Gamma$ 在点 $M_0$ 处的切线方程为

$$\frac{x-x_0}{x'(t_0)} = \frac{y-y_0}{y'(t_0)} = \frac{z-z_0}{z'(t_0)}. \tag{1}$$

曲线 $\Gamma$ 在点 $M_0$ 处的法平面方程为

$$x'(t_0)(x-x_0) + y'(t_0)(y-y_0) + z'(t_0)(z-z_0) = 0. \tag{2}$$

当空间曲线 $\Gamma$ 的方程不是参数形式时,则可将其化为参数形式,再利用上面的结果.

例如，设空间曲线 $\Gamma$ 的方程为
$$y = \varphi(x), z = \psi(x),$$
则可取 $x$ 为参数，这样 $\Gamma$ 的方程为
$$x = x, y = \varphi(x), z = \psi(x).$$
若 $\varphi(x)$ 及 $\psi(x)$ 在 $x = x_0$ 处都可导，那么曲线 $\Gamma$ 在点 $M_0(x_0, y_0, z_0)$ 的切线方程为
$$\frac{x - x_0}{1} = \frac{y - y_0}{\varphi'(x_0)} = \frac{z - z_0}{\psi'(x_0)}. \tag{3}$$
在点 $M_0(x_0, y_0, z_0)$ 的法平面方程为
$$(x - x_0) + \varphi'(x_0)(y - y_0) + \psi'(x_0)(z - z_0) = 0. \tag{4}$$

**例 1** 求曲线 $x = t, y = t^2, z = t^3$ 在点 $(1,1,1)$ 处的切线方程和法平面方程.

**解** 因为 $x_t = 1, y_t = 2t, z_t = 3t^2$，而点 $(1,1,1)$ 所对应的参数 $t = 1$，所以
$$x_t \big|_{t=1} = 1, y_t \big|_{t=1} = 2, z_t \big|_{t=1} = 3,$$
于是，所求切线方程为
$$\frac{x-1}{1} = \frac{y-1}{2} = \frac{z-1}{3}.$$
法平面方程为
$$(x-1) + 2(y-1) + 3(z-1) = 0,$$
即
$$x + 2y + 3z - 6 = 0.$$

**例 2** 求曲线 $\begin{cases} x^2 + 2x - y = 0 \\ x - y - z = 0 \end{cases}$ 在点 $(1, 3, -2)$ 处的切线方程和法平面方程.

**解** 取 $x$ 为参数，曲线方程可写为
$$x = x, y = x^2 + 2x, z = x - y = -x^2 - x.$$
因为 $y_x = 2x + 2, z_x = -2x - 1$，在点 $(1, 3, -2)$ 处，$y_x\big|_{x=1} = 4, z_x\big|_{x=1} = -3$，所以曲线上点 $(1, 3, -2)$ 处的切线方程为
$$\frac{x-1}{1} = \frac{y-3}{4} = \frac{z+2}{-3},$$
法平面方程为
$$(x-1) + 4(y-3) - 3(z+2) = 0,$$
即
$$x + 4y - 3z - 19 = 0.$$

**2. 曲面的切平面和法线**

**定义 2** 如果曲面 $S$ 上过点 $M$ 的所有曲线的切线都位于同一平面上，那么此平面叫作**曲面 $S$ 在点 $M$ 处的切平面**. 过点 $M$ 且垂直于曲面在该点的切平面的直线叫作**曲面在点 $M$ 处的法线**.

设曲面 $S$ 的方程为 $F(x, y, z) = 0$，$M_0(x_0, y_0, z_0)$ 是 $S$ 上的一点，$F_x, F_y, F_z$ 在点 $M$ 处连续且不同时为零. 则可以证明，曲面上过点 $M$ 的任何曲线的切线都在同一个平面上，即该平面就是

曲面 $S$ 在点 $M$ 处的切平面,且其方程为
$$F_x(x_0,y_0,z_0)(x-x_0)+F_y(x_0,y_0,z_0)(y-y_0)+F_z(x_0,y_0,z_0)(z-z_0)=0. \quad (5)$$
曲面 $S$ 在点 $M$ 处的法线方程为
$$\frac{x-x_0}{F_x(x_0,y_0,z_0)}=\frac{y-y_0}{F_y(x_0,y_0,z_0)}=\frac{z-z_0}{F_z(x_0,y_0,z_0)}. \quad (6)$$

若曲面方程由显函数 $z=f(x,y)$ 给出,令 $F(x,y,z)=f(x,y)-z$,于是
$$F_x=f_x(x,y),F_y=f_y(x,y),F_z=-1$$
所以曲面 $S$ 在点 $M$ 处的切平面方程为
$$f_x(x_0,y_0)(x-x_0)+f_y(x_0,y_0)(y-y_0)-(z-z_0)=0,$$
或
$$(z-z_0)=f_x(x_0,y_0)(x-x_0)+f_y(x_0,y_0)(y-y_0). \quad (7)$$
而法线方程为
$$\frac{x-x_0}{f_x(x_0,y_0)}=\frac{y-y_0}{f_y(x_0,y_0)}=\frac{z-z_0}{-1}. \quad (8)$$

**例3** 求球面 $x^2+y^2+z^2=14$ 在点 $(1,2,3)$ 处的切平面及法线方程.

**解** $F(x,y,z)=x^2+y^2+z^2-14, F_x=2x, F_y=2y, F_z=2z,$
$$F_x(1,2,3)=2,\ F_y(1,2,3)=4, F_z(1,2,3)=6,$$
所以在点 $(1,2,3)$ 处的切平面方程为
$$2(x-1)+4(y-2)+6(z-3)=0,$$
即
$$x+2y+3z-14=0.$$
法线方程为
$$\frac{x-1}{2}=\frac{y-2}{4}=\frac{z-3}{6},$$
即
$$\frac{x-1}{1}=\frac{y-2}{2}=\frac{z-3}{3} 或 \frac{x}{1}=\frac{y}{2}=\frac{z}{3}.$$

**例4** 求锥面 $z=\sqrt{x^2+y^2}$ 在点 $(3,4,5)$ 处的切平面及法线方程.

**解** 设 $z=f(x,y)=\sqrt{x^2+y^2}$,因为 $f_x=\frac{x}{\sqrt{x^2+y^2}}, f_y=\frac{y}{\sqrt{x^2+y^2}}$,所以
$$f_x(3,4,5)=\frac{3}{5}, f_y(3,4,5)=\frac{4}{5}.$$
因此该圆锥面在点 $(3,4,5)$ 处的切平面方程为
$$z-5=\frac{3}{5}(x-3)+\frac{4}{5}(y-4),$$
即
$$3x+4y-5z=0.$$
法线方程为
$$\frac{x-3}{\frac{3}{5}}=\frac{y-4}{\frac{4}{5}}=\frac{z-5}{-1} 或 \frac{x-3}{3}=\frac{y-4}{4}=\frac{z-5}{-5}.$$

## 二、多元函数的极值与最值

### 1. 多元函数的极值及其求法

**定义 3**  设函数 $z=f(x,y)$ 在点 $(x_0,y_0)$ 的某一邻域内有定义,对于该邻域内任何异于 $(x_0,y_0)$ 的点 $(x,y)$,如果都适合不等式 $f(x,y)<f(x_0,y_0)$,则称函数 $f(x,y)$ 在点 $(x_0,y_0)$ 有**极大值** $f(x_0,y_0)$;如果都适合不等式 $f(x,y)>f(x_0,y_0)$,则称函数 $f(x,y)$ 在点 $(x_0,y_0)$ 有**极小值** $f(x_0,y_0)$. 函数的极大值和极小值统称为**极值**,使函数取得极值的点称为**极值点**.

二元函数的极值问题,一般利用偏导数来解决. 下面两个定理就是关于这个问题的结论.

**定理 1(必要条件)**  设函数 $z=f(x,y)$ 在点 $(x_0,y_0)$ 处有极值,且在点 $(x_0,y_0)$ 处存在一阶偏导数,则 $f_x(x_0,y_0)=0, f_y(x_0,y_0)=0$.

**证明**  设函数 $z=f(x,y)$ 在点 $(x_0,y_0)$ 处有极大值(极小值情形证明类似),则根据极大值定义,对于点 $(x_0,y_0)$ 的邻域内任何异于 $(x_0,y_0)$ 的点 $(x,y)$,恒有不等式 $f(x,y)<f(x_0,y_0)$. 特别地,在该邻域内取 $y=y_0$ 而 $x\neq x_0$ 的点也有 $f(x,y_0)<f(x_0,y_0)$. 这表明一元函数 $f(x,y_0)$ 在 $x=x_0$ 处取得极大值. 由一元函数极值存在的必要条件知 $f_x(x_0,y_0)=0$. 类似地,可证 $f_y(x_0,y_0)=0$.

使各一阶偏导数都等于零的点 $(x_0,y_0)$ 叫作函数的**驻点**. 由上述定理可知,当函数存在一阶偏导数时,极值点必为驻点,但是驻点未必是极值点. 例如,点 $(0,0)$ 是函数 $z=xy$ 的驻点,但函数在该点并无极值.

怎样判断一个驻点是否是极值点呢? 下面的定理回答了这个问题.

**定理 2(充分条件)**  如果函数 $z=f(x,y)$ 在点 $(x_0,y_0)$ 的某个邻域内有二阶连续偏导数,且 $f_x(x_0,y_0)=0, f_y(x_0,y_0)=0$. 令

$$A=f_{xx}(x_0,y_0), B=f_{xy}(x_0,y_0), C=f_{yy}(x_0,y_0),$$

则 $f(x,y)$ 在 $(x_0,y_0)$ 处是否取得极值的条件如下.

(1) $B^2-AC<0$ 时具有极值,且当 $A<0$ 时有极大值;当 $A>0$ 时有极小值;

(2) $B^2-AC>0$ 时没有极值;

(3) $B^2-AC=0$ 时,可能有极值,也可能没有极值,还需另作讨论.

证明略.

综上所述,对于具有二阶连续偏导数的函数 $z=f(x,y)$,求极值的步骤如下:

(1) 求方程组 $\begin{cases} f_x(x,y)=0 \\ f_y(x,y)=0 \end{cases}$ 的一切实数解,得到所有驻点;

(2) 求出二阶偏导数 $f_{xx}(x,y), f_{xy}(x,y), f_{yy}(x,y)$,并对每一驻点,分别求出二阶偏导数的值 $A$、$B$、$C$;

(3) 对每一个驻点 $(x_0,y_0)$,判断出 $B^2-AC$ 的符号,按照定理 2 的结论判定是不是极值,是极大值还是极小值.

**例 5**  求函数 $z=x^2-xy+y^2-2x+y$ 的极值.

**解**  解方程组 $\begin{cases} f_x(x,y)=2x-y-2=0 \\ f_y(x,y)=-x+2y+1=0 \end{cases}$ 得驻点 $(1,0)$.

由于 $f_{xx}=2, f_{xy}=-1, f_{yy}=2$,故在驻点 $(1,0)$ 处有
$$A=f_{xx}(1,0)=2, B=f_{xy}(1,0)=-1, C=f_{yy}(1,0)=2.$$
因为 $B^2-AC=-3<0$,且 $A>0$,由极值的充分条件,得
$$f(1,0)=1^2-1\times 0+0^2-2\times 1+0=-1 \text{ 为极小值}.$$

讨论函数的极值问题时,如果函数在所讨论的区域内具有偏导数,则由定理 2 可知,极值只可能在驻点处取得. 然而,如果函数在个别点处的偏导数不存在,这些点当然不是驻点,但也可能是极值点. 例如,函数 $z=\sqrt{x^2+y^2}$ 在点 $(0,0)$ 处的偏导数不存在,但函数在点 $(0,0)$ 处却具有极小值. 因此,在考虑函数的极值问题时,除了考虑函数的驻点外,如果有偏导数不存在的点,那么对这些点也应当考虑.

**2. 最大值和最小值**

如果多元函数在有界闭区域 $D$ 上连续,则在闭区域 $D$ 上该函数一定取得最大值和最小值. 显然最大值和最小值既可能在区域内部取得,也可能在区域边界上取得. 如果最大值和最小值在区域内部取得,那么最大值和最小值一定是极大值和极小值. 因此求有界闭区域 $D$ 上多元连续函数的最大值和最小值时,首先要求出函数在 $D$ 内的驻点、一阶偏导数不存在的点处的函数值及该函数在 $D$ 的边界上的最大值和最小值,将这些函数值进行比较,其中最大的就是最大值,最小的就是最小值. 但这种作法由于要求出函数在 $D$ 的边界上的最大值和最小值,所以往往相当复杂. 在通常遇到的实际问题中,如果根据问题的性质,知道函数的最大值(最小值)一定在 $D$ 的内部取得,而函数在 $D$ 内只有一个驻点,那么可以肯定该驻点处的函数值就是函数在 $D$ 上的最大值(最小值).

**例 6** 要用铁板做一个体积为常数 $a$ 的有盖的长方体水箱,问水箱各边的尺寸多大时用料最省?

**解** 设水箱的长、宽、高分别为 $x,y,z$,于是体积为 $a=xyz$,表面积为
$$A=2(xy+xz+yz).$$
将 $z=\dfrac{a}{xy}$ 代入上式中,得
$$A(x,y)=2\left(xy+\frac{a}{x}+\frac{a}{y}\right) \quad (x>0,y>0).$$
这样,原问题转化为,当 $x>0, y>0$ 时,求函数 $A(x,y)$ 的最小值问题. 即当表面积 $A$ 最小时,所用的材料最省.

由 $\begin{cases}\dfrac{\partial A}{\partial x}=2\left(y-\dfrac{a}{x^2}\right)=0\\[2mm] \dfrac{\partial A}{\partial y}=2\left(x-\dfrac{a}{y^2}\right)=0\end{cases}$,得 $\begin{cases}x=\sqrt[3]{a}\\ y=\sqrt[3]{a}\end{cases}$,即唯一驻点为 $(\sqrt[3]{a},\sqrt[3]{a})$.

根据实际情况,函数 $A(x,y)$ 在 $D(x>0,y>0)$ 内定有最小值,故唯一驻点 $(\sqrt[3]{a},\sqrt[3]{a})$ 就是函数 $A(x,y)$ 在 $D$ 内的最小值点,此时高为 $z=\dfrac{a}{xy}=\sqrt[3]{a}$. 即水箱的长、宽、高都为 $\sqrt[3]{a}$(正立方体)时所用的材料最省.

**3. 条件极值与拉格朗日乘数法**

在前面所讨论的极值问题中,对所研究的函数,除了将自变量限制在定义域内,并无其他限制条件,所以有时候也将这种问题称为**无条件极值问题**. 但在许多问题中,除了将自变量限制在定义域内,还对自变量有其他一些约束条件. 一般地,求函数 $z=f(x,y)$ 在约束条件 $\varphi(x,y)=0$ 下的极值问题叫作**条件极值问题**. 对于简单的条件极值问题,可以把约束条件代入函数,化成无条件极值问题. 对于比较复杂的条件极值问题,一般采用**拉格朗日乘数法**.

下面我们以二元函数为例,介绍求条件极值的拉格朗日乘数法.

设二元函数 $z=f(x,y)$ 和 $u=\varphi(x,y)$ 在所考虑的区域内有连续的一阶偏导数,且 $\varphi_x(x,y)$,$\varphi_y(x,y)$ 不同时为零,求函数 $z=f(x,y)$ 在约束条件 $\varphi(x,y)=0$ 下的极值可用以下步骤(证明从略).

(1)构造拉格朗日函数:$F(x,y)=f(x,y)+\lambda\varphi(x,y)$,其中 $\lambda$ 叫作**拉格朗日乘数**.

(2)求 $F(x,y)$ 关于 $x,y$ 的偏导数,并令它们等于零,再和条件 $\varphi(x,y)=0$ 联立后得方程组:
$$\begin{cases} F_x=f_x(x,y)+\lambda\varphi_x(x,y)=0, \\ F_y=f_y(x,y)+\lambda\varphi_y(x,y)=0, \\ \varphi(x,y)=0. \end{cases}$$

由这个方程组解出 $x,y$,这样得到的 $(x,y)$ 就是函数 $z=f(x,y)$ 在附加条件 $\varphi(x,y)=0$ 下可能的极值点.

至于如何确定所求的点是否为极值点,在实际问题中往往根据问题本身的性质来判定.

**例7** 设周长为 $2p$ 的矩形,绕它的一边旋转构成圆柱体,求矩形的边长各为多少时,圆柱体的体积最大.

**解** 设矩形的边长分别为 $x$ 和 $y$,矩形绕边长为 $y$ 的边旋转,得到的圆柱体的体积为
$$V=\pi x^2 y \quad (x>0, y>0),$$
其中矩形边长 $x$ 和 $y$ 满足的约束条件是 $2x+2y=2p$,即 $x+y=p$,故问题转化为求函数 $V=f(x,y)=\pi x^2 y$ 在条件 $x+y-p=0$ 下的最大值.

构造辅助函数 $F(x,y)=\pi x^2 y+\lambda(x+y-p)$,求 $F(x,y)$ 的偏导数,并建立方程组
$$\begin{cases} F_x=2\pi xy+\lambda=0, \\ F_y=\pi x^2+\lambda=0, \\ x+y-p=0. \end{cases}$$

解得 $x=\dfrac{2}{3}p,y=\dfrac{1}{3}p$. 由实际问题知道,所求的最大值一定存在. 且在定义域内只有唯一的可能极值点,所以,函数的最大值必在 $\left(\dfrac{2}{3}p,\dfrac{1}{3}p\right)$ 处取到. 即矩形边长为 $x=\dfrac{2}{3}p,y=\dfrac{1}{3}p$ 时,绕 $y$ 边旋转所得的圆柱体的体积最大,且 $V_{\max}=\dfrac{4}{27}\pi p^3$.

**例8** 某化妆品公司可以通过报纸和电视台做销售化妆品的广告. 根据统计资料,销售收入 $R$(百万元)与报纸广告费用 $x$(百万元)和电视广告费用 $y$(百万元)之间的关系有如下的经

验公式
$$R = 15 + 14x + 32y - 8xy - 2x^2 - 10y^2.$$
(1) 如果不限制广告费用的支出,求最优广告策略.
(2) 如果可供使用的广告费用为 150 万元,求相应的最优广告策略.

**解** (1) 设该公司的净销售收入为
$$z = f(x,y) = 15 + 14x + 32y - 8xy - 2x^2 - 10y^2 - (x+y)$$
$$= 15 + 13x + 31y - 8xy - 2x^2 - 10y^2.$$

令 $\begin{cases} z_x = 13 - 8y - 4x = 0 \\ z_y = 31 - 8x - 20y = 0 \end{cases}$,得驻点 $(0.75, 1.25)$.

根据实际情况,最大值一定存在,故唯一的驻点 $(0.75, 1.25)$ 就是函数的最大值点,即最优广告策略为报纸广告费用 75 万元,电视广告费用 125 万元.

(2) 若广告费用限定在 150 万元,则问题化为求函数 $z = f(x,y)$ 在条件 $x + y = 1.5$ 下的条件极值问题,设
$$F(x,y) = 15 + 13x + 31y - 8xy - 2x^2 - 10y^2 + \lambda(x + y - 1.5).$$

令 $\begin{cases} F_x = -4x - 8y + 13 + \lambda = 0, \\ F_y = -8x - 20y + 31 + \lambda = 0, \\ x + y - 1.5 = 0. \end{cases}$

解上述方程组得 $x = 0, y = 1.5$.

根据问题的实际意义知,最大值一定存在,故唯一的驻点 $(0, 1.5)$ 就是函数的最大值点,即将广告费用全部用于电视广告,可使净收入最大.

## 习题 6-4

1. 求下列曲线在已知点的切线和法平面方程:

(1) $x = a\sin^2 t, y = b\sin t\cos t, z = c\cos^2 t, t = \dfrac{\pi}{4}$;

(2) $x = \dfrac{t}{1+t}, y = \dfrac{1+t}{t}, z = t^2, t = 1$;

(3) $y^2 = 2mx, z^2 = m - x$,点 $(x_0, y_0, z_0)$.

2. 求下列曲面在已知点的切平面和法线方程:

(1) $e^x - z + xy = 3$,在点 $(2, 1, 0)$;

(2) $z = \arctan\dfrac{y}{x}$,在点 $\left(1, 1, \dfrac{\pi}{4}\right)$;

(3) $ax^2 + by^2 + cz^2 = 1$,在点 $(x_0, y_0, z_0)$.

3. 在曲面 $z = xy$ 上求一点,使这点的法线垂直于平面 $x + 3y + z + 9 = 0$,并写出法线方程.

4. 求曲面 $x^2 + 2y^2 + 3z^2 = 21$ 的切平面,使它与平面 $x + 4y - 6z = 0$ 平行.

5. 证明曲面 $\sqrt{x}+\sqrt{y}+\sqrt{z}=\sqrt{a}(a>0)$ 的切平面在各坐标轴上的截距之和等于常数.

6. 求下列函数的极值:

(1) $z=x^2+y^2$;  (2) $z=x^3+y^3-3(x^2+y^2)$;

(3) $f(x,y)=4(x-y)-x^2-y^2$;  (4) $f(x,y)=e^{2x}(x+y^2+2y)$.

7. 求函数 $z=xy$ 在条件 $x+y=1$ 的极大值.

8. 已知三角形的底边长为 $a$ 及对应的顶角 $A$,求此三角形的最大面积.

9. 现有制箱材料 $4\ m^2$,要求利用这些材料做一个有盖的长方形水箱.问水箱的长、宽、高各为多少时,所做水箱容积最大?

10. 某厂为促销半产品需作两种手段的广告宣传,当广告费分别为 $x,y$ 时,销售量

$$Q=\frac{200x}{x+5}+\frac{100y}{y+10},$$

若销售产品所得利润

$$L=\frac{1}{5}Q-(x+y),$$

两种手段的广告费共 25(千元),问应如何分配两种手段的广告费,才能使利润最大?

# 本章学习指导

## 一、知识提要

本章介绍了多元函数的基本概念;多元函数的极限、连续;多元函数的偏导数、全微分;多元函数的偏导数在几何中的应用;多元函数的极值、最值.

**1. 多元函数的基本概念**

(1) 构成二元函数的两个要素:定义域和对应法则 $f$.

(2) 二元函数的定义域:平面区域,一般是闭区域或开区域.

(3) 二元函数的推广:二元函数的概念、性质及计算可以推广到二元以上的多元函数.

**2. 多元函数的极限、连续**

(1) 二元函数的极限

当 $P(x,y) \to P_0(x_0,y_0)$,函数 $f(x,y) \to A$(常数),则 $\lim\limits_{\substack{x \to x_0 \\ y \to y_0}} f(x,y)=A$.

(2) 二元函数 $f(x,y)$ 在点 $P_0(x_0,y_0)$ 处连续的两个等价定义

① $\lim\limits_{\substack{\Delta x \to 0 \\ \Delta y \to 0}} \Delta z = \lim\limits_{\substack{\Delta x \to 0 \\ \Delta y \to 0}}[f(x_0+\Delta x,y_0+\Delta y)-f(x_0,y_0)]=0$;

② $\lim\limits_{\substack{x \to x_0 \\ y \to y_0}} f(x,y) = f(x_0,y_0)$.

(3) 二元函数连续及闭区域上的连续函数的性质(与一元函数相类似).

**3. 二元函数的偏导数和全微分**

(1) 二元函数的偏导数

$$\frac{\partial z}{\partial x} = \lim_{\Delta x \to 0} \frac{f(x+\Delta x, y) - f(x,y)}{\Delta x},$$

$$\frac{\partial z}{\partial y} = \lim_{\Delta y \to 0} \frac{f(x, y+\Delta y) - f(x,y)}{\Delta y}.$$

(2)复合函数、隐函数的偏导数

①设 $u = \varphi(x,y), v = \psi(x,y)$ 都在点 $(x,y)$ 处有偏导数,而函数 $z = f(u,v)$ 在对应点 $(u,v)$ 具有连续偏导数,则复合函数 $z = f[\varphi(x,y), \psi(x,y)]$ 在点 $(x,y)$ 偏导数存在,且有下面的复合函数链式求导法则:

$$\frac{\partial z}{\partial x} = \frac{\partial z}{\partial u} \cdot \frac{\partial u}{\partial x} + \frac{\partial z}{\partial v} \cdot \frac{\partial v}{\partial x}, \frac{\partial z}{\partial y} = \frac{\partial z}{\partial u} \cdot \frac{\partial u}{\partial y} + \frac{\partial z}{\partial v} \cdot \frac{\partial v}{\partial y}.$$

②由方程 $F(x,y,z) = 0$(或 $F(x,y) = 0$)确定的二(或一)元函数 $z = f(x,y)$(或 $y = f(x)$)的偏导数(导数)

$$\frac{\partial z}{\partial x} = -\frac{F_x}{F_z}, \frac{\partial z}{\partial y} = -\frac{F_y}{F_z} \quad \left(\text{或} \frac{dy}{dx} = -\frac{F_x}{F_y}\right).$$

(3)二元函数 $z = f(x,y)$ 的全微分

$$dz = f_x(x,y) dx + f_y(x,y) dy.$$

**4. 偏导数的几何应用**

(1)空间曲线的切线与法平面

空间曲线 $x = x(t), y = y(t), z = z(t)$ 在 $t = t_0$ 点处的切线方程为

$$\frac{x - x_0}{x'(t_0)} = \frac{y - y_0}{y'(t_0)} = \frac{z - z_0}{z'(t_0)}.$$

法平面方程为 $x'(t_0)(x - x_0) + y'(t_0)(y - y_0) + z'(t_0)(z - z_0) = 0.$

(2)空间曲面的切平面与法线

空间曲面 $F(x,y,z) = 0$ 上点 $M_0(x_0, y_0, z_0)$ 处的切平面方程为

$$F_x(x_0, y_0, z_0)(x - x_0) + F_y(x_0, y_0, z_0)(y - y_0) + F_z(x_0, y_0, z_0)(z - z_0) = 0.$$

法线方程为 $\dfrac{x - x_0}{F_x(x_0, y_0, z_0)} = \dfrac{y - y_0}{F_y(x_0, y_0, z_0)} = \dfrac{z - z_0}{F_z(x_0, y_0, z_0)}.$

空间曲面 $z = f(x,y)$ 上点 $M_0(x_0, y_0, z_0)$ 处的切平面方程为

$$f_x(x_0, y_0)(x - x_0) + f_y(x_0, y_0)(y - y_0) - (z - z_0) = 0.$$

法线方程为 $\dfrac{x - x_0}{f_x(x_0, y_0)} = \dfrac{y - y_0}{f_y(x_0, y_0)} = \dfrac{z - z_0}{-1}.$

**5. 多元函数的极值与最值**

(1)二元函数的极值

①无条件极值求解步骤:求解方程组 $\begin{cases} f'_x(x,y) = 0 \\ f'_y(x,y) = 0 \end{cases}$,求出所有驻点 $(x_0, y_0)$;对于每一个驻点,分别求出 $A = f_{xx}(x_0, y_0), B = f_{xy}(x_0, y_0), C = f_{yy}(x_0, y_0)$;计算 $B^2 - AC$ 的值,通过 $B^2 - AC$ 和 $A$ 的符号判断 $(x_0, y_0)$ 是否为极值点,是极大值点还是极小值点. 若是即可求出极值 $f(x_0, y_0)$.

②条件极值求解步骤:构造拉格朗日函数 $F(x,y) = f(x,y) + \lambda \varphi(x,y)$,求 $F(x,y)$ 关于 $x$,

$y$ 的偏导数，求解方程组 $\begin{cases} F_x = f_x(x,y) + \lambda\varphi_x(x,y) = 0 \\ F_y = f_y(x,y) + \lambda\varphi_y(x,y) = 0 \\ \varphi(x,y) = 0 \end{cases}$，解出所有驻点 $(x_0, y_0)$，这些点就是可能的极值点. 一般情形下可以通过问题的实际情况直接判断这些驻点是否为极值点，求出极值 $f(x_0, y_0)$.

(2)最值应用题：列出目标函数 $z = f(x, y)$，写出目标函数的定义域，解方程组 $\begin{cases} f_x(x,y) = 0 \\ f_y(x,y) = 0 \end{cases}$，求出驻点 $(x_0, y_0)$，由实际问题，说明唯一的驻点 $(x_0, y_0)$ 即是最值点，从而求出最值 $f(x_0, y_0)$.

## 二、重点与难点解析

**1. 要注意二元函数的极限、连续的概念与一元函数的相同与不同之处**

在讨论一元函数在 $x_0$ 处的极限和连续时，点 $x$ 趋于点 $x_0$ 的方式仅从点 $x_0$ 的左、右两个方向沿数轴趋于 $x_0$；而讨论二元函数在点 $(x_0, y_0)$ 处的极限和连续时，点 $(x, y)$ 可以以任意方式和路径趋于 $(x_0, y_0)$. 若从点函数的角度去理解，它们便得到了统一.

**2. 偏导数和全微分的概念中需要注意的问题**

(1)二元函数的偏导数与连续的关系：二元函数偏导数的存在不能保证二元函数连续. 这与一元函数不同.

(2)二元函数的偏导数与可微的关系：二元函数的两个偏导数 $f_x(x,y)$，$f_y(x,y)$ 存在，不能保证函数 $z = f(x, y)$ 在 $(x, y)$ 处可微，这也和一元函数不同；但函数 $z = f(x, y)$ 在 $(x, y)$ 处可微，则两个偏导数 $f_x(x,y)$，$f_y(x,y)$ 存在，这与一元函数是相同的.

(3)二元函数的二阶混合偏导数在连续的条件下与求导次序无关.

**注意**：上述问题对于二元以上的多元函数同样适用.

**3. 求复合函数和隐函数的导数时要搞清关系**

在求复合函数的导数时，应先分清变量间的复合关系，搞清楚中间变量和自变量，画出变量间的结构图，再根据图中的路径，利用公式和运算法则求导.

在求隐函数的导数时，应先把方程化为 $F(x, y, z) = 0$（或 $F(x, y) = 0$）的标准形式，在计算 $F_x, F_y, F_z$ 时，要把 $x, y, z$ 看作独立的变量，最后利用公式

$$\frac{\partial z}{\partial x} = -\frac{F_x}{F_z}, \frac{\partial z}{\partial y} = -\frac{F_y}{F_z} \quad \left(\frac{dy}{dx} = -\frac{F_x}{F_y}\right)$$

完成求导过程.

## 三、典型例题

**例 1** 已知函数 $f(x, y) = x + (y - 1)\arcsin\sqrt{\dfrac{x}{y}}$，求 $f_x\left(\dfrac{1}{2}, 1\right)$，$f_y\left(\dfrac{1}{2}, 1\right)$.

**解 1** 先求出偏导函数

$$f_x(x, y) = 1 + \frac{1}{2}(y - 1)\frac{1}{\sqrt{1 - \dfrac{x}{y}}} \cdot \frac{1}{\sqrt{\dfrac{x}{y}}} \cdot \frac{1}{y},$$

$$f'_y(x,y) = \arcsin\sqrt{\frac{x}{y}} - \frac{1}{2}(y-1)\frac{1}{\sqrt{1-\frac{x}{y}}} \cdot \frac{1}{\frac{x}{y}} \cdot \frac{x}{y^2},$$

$$f'_x\left(\frac{1}{2},1\right) = 1, f'_y\left(\frac{1}{2},1\right) = \arcsin\frac{\sqrt{2}}{2} = \frac{\pi}{4}.$$

**解 2** 用偏导数定义

$$f'_x\left(\frac{1}{2},1\right) = \lim_{x\to\frac{1}{2}}\frac{f(x,1)-f\left(\frac{1}{2},1\right)}{x-\frac{1}{2}} = \lim_{x\to\frac{1}{2}}\frac{x-\frac{1}{2}}{x-\frac{1}{2}} = 1,$$

$$f'_y\left(\frac{1}{2},1\right) = \lim_{y\to 1}\frac{f\left(\frac{1}{2},y\right)-f\left(\frac{1}{2},1\right)}{y-1} = \lim_{y\to 1}\frac{\frac{1}{2}+(y-1)\arcsin\sqrt{\frac{1}{2y}}-\frac{1}{2}}{y-1} = \frac{\pi}{4}.$$

**解 3** $f'_x\left(\frac{1}{2},1\right) = \dfrac{\mathrm{d}}{\mathrm{d}x}f(x,1)\Big|_{x=\frac{1}{2}} = 1,$

$$f'_y\left(\frac{1}{2},1\right) = \frac{\mathrm{d}}{\mathrm{d}y}f\left(\frac{1}{2},y\right)\Big|_{y=1} = \frac{\pi}{4}.$$

**例 2** 设 $z = xf\left(x, \dfrac{y}{x}\right)$, $f$ 具有一阶连续偏导数，求 $\dfrac{\partial z}{\partial x}, \dfrac{\partial z}{\partial y}$.

**解** $\dfrac{\partial z}{\partial x} = f\left(x, \dfrac{y}{x}\right) + x\left(f'_1 + f'_2\left(-\dfrac{y}{x^2}\right)\right) = f\left(x, \dfrac{y}{x}\right) + xf'_1 - \dfrac{y}{x}f'_2,$

$$\frac{\partial z}{\partial y} = xf'_2 \cdot \frac{1}{x} = f'_2.$$

**例 3** 设 $\dfrac{x}{z} = \ln\dfrac{z}{y}$, 求 $\dfrac{\partial z}{\partial x}, \dfrac{\partial z}{\partial y}$.

**解** $F(x,y,z) = \dfrac{x}{z} - \ln\dfrac{z}{y}, \dfrac{\partial F}{\partial x} = \dfrac{1}{z}, \dfrac{\partial F}{\partial y} = -\dfrac{y}{z}\left(-\dfrac{z}{y^2}\right) = \dfrac{1}{y}, \dfrac{\partial F}{\partial z} = -\dfrac{x}{z^2} - \dfrac{y}{z} \cdot \dfrac{1}{y} = -\dfrac{x}{z^2} - \dfrac{1}{z} = -\dfrac{x+z}{z^2},$

故

$$\frac{\partial z}{\partial x} = -\frac{F_x}{F_z} = -\frac{\frac{1}{z}}{-\frac{x+z}{z^2}} = \frac{z}{z+x}, \frac{\partial z}{\partial y} = -\frac{F_y}{F_z} = -\frac{\frac{1}{y}}{-\frac{x+z}{z^2}} = \frac{z^2}{y(x+z)}.$$

**例 4** 经过点 $(1,1,1)$ 的所有平面中，哪一个平面与坐标面在第一卦限所围的立体的体积最小？求此最小体积。

**解** 设所求平面方程为 $\dfrac{x}{a} + \dfrac{y}{b} + \dfrac{z}{c} = 1(a>0, b>0, c>0)$, 因为平面过点 $(1,1,1)$, 所以该点坐标满足方程，即

$$\frac{1}{a} + \frac{1}{b} + \frac{1}{c} = 1.$$

又设所求平面与三个坐标面在第一卦限所围的立体的体积为 $V$ (见图 6-17), 所以

$$V = \frac{1}{6}abc.$$

现在求函数 $V = \frac{1}{6}abc$ 在条件 $\frac{1}{a} + \frac{1}{b} + \frac{1}{c} = 1$ ($a > 0$, $b > 0$, $c > 0$) 下的最小值. 为此构造辅助函数

$$F(a,b,c) = \frac{1}{6}abc + \lambda\left(\frac{1}{a} + \frac{1}{b} + \frac{1}{c} - 1\right).$$

求其各一阶偏导数,并令其为零,再和条件联立,得

$$\begin{cases} F_a = \frac{1}{6}bc - \frac{\lambda}{a^2} = 0, \\ F_b = \frac{1}{6}ac - \frac{\lambda}{b^2} = 0, \\ F_c = \frac{1}{6}ab - \frac{\lambda}{c^2} = 0, \\ \frac{1}{a} + \frac{1}{b} + \frac{1}{c} - 1 = 0. \end{cases}$$

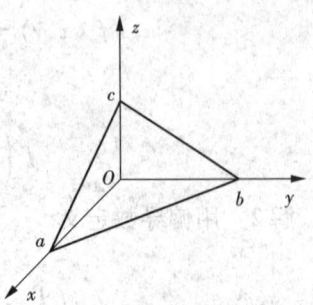

图 6-17

解上述方程组,得 $a = b = c = 3$.

由问题的性质可知最小值必定存在,又因为驻点唯一,所以当平面为 $x + y + z = 3$ 时,它与三坐标面所围立体的体积 $V$ 最小,这时

$$V = \frac{1}{6} \cdot 3^3 = \frac{9}{2}.$$

**例 5** 某厂家生产的一种产品同时在甲乙两个市场销售,售价分别为 $p_1$、$p_2$,销售量分别为 $q_1$、$q_2$,需求函数分别为 $q_1 = 24 - 0.2p_1$ 和 $q_2 = 10 - 0.05p_2$. 生产该产品的总成本为 $C = 35 + 40(q_1 + q_2)$. 试问:厂家如何确定两个市场的售价,才能使其获得的总利润最大?

**解** 厂家获得的销售收入(收益函数)为

$$R = p_1 q_1 + p_2 q_2 = p_1(24 - 0.2p_1) + p_2(10 - 0.05p_2),$$

总利润为

$$L = R - C = -1395 + 32p_1 + 12p_2 - 0.2p_1^2 - 0.05p_2^2, (p_1 > 0, p_2 > 0)$$

下面求 $L(p_1, p_2)$ 的极值,由

$$\begin{cases} L'_{p_1} = 32 - 0.4p_1 = 0, \\ L'_{p_2} = 12 - 0.1p_2 = 0. \end{cases}$$

解得

$$p_1 = 80, p_2 = 120.$$

由实际问题可知,$L(p_1, p_2)$ 存在最大值,而 $L(p_1, p_2)$ 有唯一的驻点. 因此,点 $(80, 120)$ 为最大值点. 即甲乙市场分别定价为 80 元和 120 元时,获得的总利润最大.

## 复习题六

**一、填空题**

1. 设 $z = e^{x-2y}, x = \sin t, y = t^3$,则 $\dfrac{dz}{dx} = $ _____.

2. 设 $\sin y + e^x - xy^2 = 0$,则 $\dfrac{dy}{dx} = $ _____.

3. 设 $f(x,y) = xy + \dfrac{x}{y}$,则 $df|_{(1,2)} = $ _____.

4. 函数 $z = xy(9-x-y)$ 的极值点为 _____.

5. 设函数 $u = f(t,x,y)$,而 $x = \varphi(s,t), y = \psi(s,t)$ 均有一阶连续偏导数,则 $\dfrac{\partial u}{\partial t} = $ _____.

6. 已知 $f(x,y) = \dfrac{x-y}{x+y}, f''_{xy}(x,y) = $ _____.

7. 设 $f(x,y) = xye^x + (y-1)\arcsin\sqrt{\dfrac{x}{y}}$,则 $f'_x(x,1) = $ _____.

8. $f(x-z, y-z) = 0$,其中 $f(u,v)$ 可微,则 $\dfrac{\partial z}{\partial x} + \dfrac{\partial z}{\partial y} = $ _____.

9. 若 $u = \left(\dfrac{x}{y}\right)^z$,则 $du|_{(1,1,1)} = $ _____.

10. 函数 $f(x,y) = x^2 + y^3 + 2x - 6y + 1$ 的驻点坐标为 _____.

**二、选择题**

1. 给定函数 $z_1 = \sqrt{x^2 - 2xy - y^2}$ 和 $z_2 = x - y$,则有( ).

   (A) $z_1$ 和 $z_2$ 是相同的函数  (B) 当 $x \geq y$ 时, $z_1$ 和 $z_2$ 相同
   
   (C) 当 $x \leq y$ 时, $z_1$ 和 $z_2$ 相同  (D) $z_1$ 和 $z_2$ 是完全不同的函数

2. 设 $f(x+y, x-y) = \dfrac{x^2 - y^2}{2xy}$,则 $f(x,y) = ($  ).

   (A) $\dfrac{xy}{x^2 - y^2}$  (B) $\dfrac{2xy}{x^2 - y^2}$  (C) $\dfrac{4xy}{x^2 - y^2}$  (D) $\dfrac{xy}{2(x^2 - y^2)}$

3. 函数 $u = \ln(x^2 + y^2)$ 的间断点是( ).

   (A) $(0,0)$  (B) $x^2 + y^2 \neq 0$  (C) $x^2 + y^2 > 0$  (D) 以上都不正确

4. 函数 $z = \dfrac{1}{\ln(1 - x^2 - y^2)}$ 的定义域为( ).

   (A) $\{(x,y) | 0 \leq x^2 + y^2 \leq 1\}$  (B) $\{(x,y) | x^2 + y^2 \leq 1\}$
   
   (C) $\{(x,y) | 0 < x^2 + y^2 \leq 1\}$  (D) $\{(x,y) | 0 < x^2 + y^2 < 1\}$

5. 设 $f(x,y) = \begin{cases} 0, & xy = 0 \\ 1, & xy \neq 0 \end{cases}$,则在点 $(0,0)$ 处该函数( ).

(A)连续　　　　　(B)不连续　　　　　(C)不可导　　　　　(D)极限存在

6. $\lim\limits_{\substack{x\to 0\\y\to 0}} \dfrac{2-\sqrt{4-xy}}{xy} = ($　　$)$.

(A) $-\dfrac{1}{4}$　　　　(B) $0$　　　　(C) $2$　　　　(D) $\dfrac{1}{4}$

7. 设函数 $f(x,y) = \begin{cases} \dfrac{x^2}{\sqrt{x^2+y^2}}, & x^2+y^2 \neq 0 \\ 0, & x^2+y^2 = 0 \end{cases}$，则在 $(0,0)$ 处 $($　　$)$.

(A) $f'_x(0,0)$ 存在　　(B) $f'_x(0,0)$ 存在　　(C) 不连续　　(D) 连续

8. 以下极限的极限值为 $f(x,y)$ 在点 $(x_0, y_0)$ 处对 $x$ 的偏导数的是 $($　　$)$.

(A) $\lim\limits_{\Delta x \to 0} \dfrac{f(x_0+\Delta x, y_0+\Delta y) - f(x_0, y_0)}{\Delta x}$

(B) $\lim\limits_{\Delta y \to 0} \dfrac{f(x_0+\Delta x, y_0+\Delta y) - f(x_0, y_0)}{\Delta y}$

(C) $\lim\limits_{\Delta x \to 0} \dfrac{f(x_0+\Delta x, y_0) - f(x_0, y_0)}{\Delta x}$

(D) $\lim\limits_{\Delta y \to 0} \dfrac{f(x_0, y_0+\Delta y) - f(x_0, y_0)}{\Delta y}$

9. 设 $z = \arctan[\cos(y-x)]$，则 $\dfrac{\partial z}{\partial x} = ($　　$)$.

(A) $\dfrac{\sin(y-x)\sec^2(\cos(y-x))}{1+\cos^2(y-x)}$　　　(B) $\dfrac{-\sin(y-x)\sec^2(\cos(y-x))}{1+\cos^2(y-x)}$

(C) $\dfrac{-1}{1+\cos^2(y-x)}$　　　(D) $\dfrac{\sin(y-x)}{1+\cos^2(y-x)}$

10. 设函数 $f(x,y) = \ln\left(x+\dfrac{y}{2x}\right)$，则 $f'_y(1,0) = ($　　$)$.

(A) $1$　　　　(B) $\dfrac{1}{2}$　　　　(C) $2$　　　　(D) $0$

### 三、计算题

1. 指出下列方程所表示的曲面，并做出草图：
(1) $y^2+z^2=4$；(2) $2y=x^2$；(3) $z=3x^2+3y^2$.

2. 设 $x+y+z = e^{-(x+y+z)}$，求 $\dfrac{\partial^2 z}{\partial x^2}$.

3. 设 $u = f(x^2+y^2+z^2)$，$f$ 具有一阶连续偏导数，求 $\dfrac{\partial u}{\partial x}, \dfrac{\partial u}{\partial y}$.

4. 将正常数 $a$ 分解为三个正数之和，使该三数倒数之和最小.

5. 某消费者购买两种消费品的数量 $x,y$ 的效用函数为 $u(x,y) = 2\ln x + \ln y$，两种消费品的价格分别为 $p_x=2, p_y=4$，他的预算约束为 $M=36$. 试求消费者购买两种物品的数量为多少时，消费者的效用最大（说明：效用就是商品或劳务满足人的欲望或需要的能力，此例的效用

函数就是消费者的目标函数).

6. 设函数 $z=f(e^x\sin y)$ 满足 $\dfrac{\partial^2 z}{\partial x^2}+\dfrac{\partial^2 z}{\partial y^2}=ze^{2x}$,其中 $f(u)$ 具有连续的二阶导数,求 $f(x)$.

7. 设函数 $z=f(x,y)$ 由方程 $x^2+y^2+z^2-2x+2y-4z-10=0$ 确定,求函数 $z=f(x,y)$ 的极值.

8. 求 $z=y+\ln\dfrac{x}{y}$ 在 $M(1,1,1)$ 点的切平面与法线方程.

9. 要造一个长方体厂房,已知体积为 $V(V>0)$,设屋顶与地面的单位面积造价分别为其他墙面的 4 倍与 2 倍,问厂房的长、宽、高如何设计,才使造价最低?

10. 从斜边长为 $l$ 的一切直角三角形中,求有最大周长的三角形的两直角边长.

### 四、证明题

1. 设 $z=f[x+\varphi(y)]$,其中 $f(x),\varphi(y)$ 具有连续的二阶导数,证明: $\dfrac{\partial z}{\partial x}\cdot\dfrac{\partial^2 z}{\partial x\partial y}=\dfrac{\partial z}{\partial y}\cdot\dfrac{\partial^2 z}{\partial x^2}$.

2. 设 $xy+yz+zx=1$,证明: $(x+y)^2\left(\dfrac{\partial^2 z}{\partial y^2}-\dfrac{\partial^2 z}{\partial x^2}\right)=2(x-y)$.

# 第七章 多元函数积分学及其应用

在一元函数积分中我们知道,定积分是某种确定形式的和的极限.这种和的极限的概念推广到定义在区域、曲线上多元函数的情形,便得到重积分与曲线积分的概念.本章将介绍二重积分与曲线积分的概念、计算法以及它们的一些应用.

## 第一节 二重积分

### 一、二重积分的概念与性质

**1. 引例**

**引例 1** 平面薄板的质量

已知平面薄板 $D$ 的面密度(即单位面积的质量)$\mu = \mu(x,y)$ 随点 $(x,y)$ 而连续变化,现在计算该薄板 $D$ 的质量 $M$(见图 7-1).

**解** 用类似于定积分的方法分三步解决这个问题.

(1) 分割

由于质量分布非均匀变化,为了得到质量的近似值,将 $D$ 任意分割成 $n$ 个小块:$\Delta\sigma_1, \Delta\sigma_2, \cdots, \Delta\sigma_n$(其中 $\Delta\sigma_i$ 表示第 $i$ 块薄板,也表示第 $i$ 块薄板的面积).

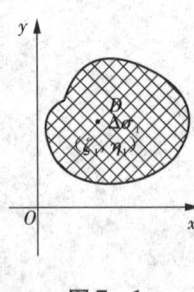

图 7-1

(2) 近似代替

设 $\lambda_i$ 表示 $\Delta\sigma_i$ 的直径($\Delta\sigma_i$ 中任意两点间的距离的最大值),则当 $\lambda_i$ 很小时,可近似地认为在 $\Delta\sigma_i$ 上,质量分布是均匀的. 故可将任意一点 $(\xi_i, \eta_i) \in \Delta\sigma_i$ 处的密度 $\mu(\xi_i, \eta_i)$ 近似看作整个小块 $\Delta\sigma_i$ 的面密度,即在 $\Delta\sigma_i$ 上,面密度是常量 $\mu(\xi_i, \eta_i)$,得小块薄板质量的近似值 $\Delta M_i \approx \mu(\xi_i, \eta_i) \Delta\sigma_i$,所以要求的质量 $M$ 的近似值为 $M \approx \sum_{i=1}^{n} \mu(\xi_i, \eta_i) \Delta\sigma_i$.

(3) 取极限

记 $\lambda = \max\{\lambda_1, \lambda_2, \cdots, \lambda_n\}$,则定义 $M = \lim_{\lambda \to 0} \sum_{i=1}^{n} \mu(\xi_i, \eta_i) \Delta\sigma_i$.

**引例 2** 曲顶柱体的体积

设有一个柱体,它的底是 $xOy$ 平面上的闭区域 $D$,它的侧面是以 $D$ 的边界曲线为准线,母线平行于 $z$ 轴的柱面,它的顶是曲面 $z = f(x,y)$,已知 $f(x,y) \geq 0$ 且在 $D$ 上连续. 这种立体叫作曲顶柱体. 如何求这个曲顶柱体的体积呢?

**解** 分三个步骤解决这个问题(见图 7-2).

**(1) 分割**

将区域 $D$ 用两组曲线网任意分割成 $n$ 个小块：$\Delta\sigma_1, \Delta\sigma_2, \cdots, \Delta\sigma_n$，（其中 $\Delta\sigma_i$ 也表示第 $i$ 个小块的面积）.

**(2) 近似代替**

设 $\lambda_i$ 表示 $\Delta\sigma_i$ 的直径，则当 $\lambda_i$ 很小时，对于任意一点 $(\xi_i, \eta_i) \in \Delta\sigma_i$，以 $f(\xi_i, \eta_i)$ 为高而底为 $\Delta\sigma_i$ 的平顶柱体体积可以作为小曲顶柱体体积的近似值，即 $\Delta V_i \approx f(\xi_i, \eta_i)\Delta\sigma_i$，故曲顶柱体的体积的近似值为 $V \approx \sum_{i=1}^{n} f(\xi_i, \eta_i)\Delta\sigma_i$.

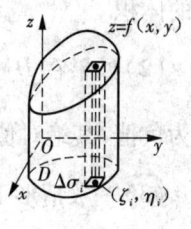

图 7 – 2

**(3) 取极限**

记 $\lambda = \max\{\lambda_1, \lambda_2, \cdots, \lambda_n\}$，则定义 $V = \lim\limits_{\lambda\to 0} \sum_{i=1}^{n} f(\xi_i, \eta_i)\Delta\sigma_i$.

**2. 二重积分的概念**

**定义** 设函数 $f(x,y)$ 在闭区域 $D$ 上有定义且有界. 将区域 $D$ 任意分成 $n$ 个小闭区域 $\Delta\sigma_1, \Delta\sigma_2, \cdots, \Delta\sigma_n$，其中 $\Delta\sigma_i$ 表示第 $i$ 个小闭区域，也表示它的面积. 在每个 $\Delta\sigma_i$ 上任取一点 $(\xi_i, \eta_i)$，作乘积 $f(\xi_i, \eta_i)\Delta\sigma_i (i=1,2,\cdots,n)$ 并作和 $\sum_{i=1}^{n} f(\xi_i, \eta_i)\Delta\sigma_i$. 若当 $\lambda\to 0$（$\lambda$ 表示各小区域的直径中的最大值），和式 $\sum_{i=1}^{n} f(\xi_i, \eta_i)\Delta\sigma_i$ 的极限总存在，则称此极限值为函数 $f(x,y)$ 在闭区域 $D$ 上的**二重积分**，记作 $\iint\limits_{D} f(x,y)\,\mathrm{d}\sigma$，即

$$\iint\limits_{D} f(x,y)\,\mathrm{d}\sigma = \lim_{\lambda\to 0} \sum_{i=1}^{n} f(\xi_i, \eta_i)\Delta\sigma_i,$$

其中 $f(x,y)$ 叫作被积函数，$f(x,y)\,\mathrm{d}\sigma$ 叫作被积表达式，$\mathrm{d}\sigma$ 叫作面积元素，$x, y$ 叫作积分变量，$D$ 叫作积分区域，$\sum_{i=1}^{n} f(\xi_i, \eta_i)\Delta\sigma_i$ 叫作积分和.

这里我们要指出，当 $f(x,y)$ 在闭区域 $D$ 上连续时，$\iint\limits_{D} f(x,y)\,\mathrm{d}\sigma$ 必定存在. 我们总假定函数 $f(x,y)$ 在闭区域 $D$ 上连续，所以 $f(x,y)$ 在 $D$ 上的二重积分都是存在的，以后就不再每次加以说明了.

由定义可知，质量非均匀分布的薄板的质量为面密度 $\mu = \mu(x,y)$ 在薄板所占闭区域 $D$ 上的二重积分

$$M = \iint\limits_{D} \mu(x,y)\,\mathrm{d}\sigma.$$

曲顶柱体的体积是函数在底面区域 $D$ 上的二重积分

$$V = \iint\limits_{D} f(x,y)\,\mathrm{d}\sigma.$$

**3. 二重积分的几何意义**

(1) 如果在 $D$ 上 $f(x,y) \geq 0$，则 $\iint\limits_{D} f(x,y)\,\mathrm{d}\sigma$ 表示以区域 $D$ 为底，以 $f(x,y)$ 为曲顶的曲顶柱

体的体积.

(2) 如果在 $D$ 上 $f(x,y)<0$, 则曲顶柱体的曲顶在 $xOy$ 面的下方, 二重积分 $\iint\limits_{D} f(x,y)\mathrm{d}\sigma$ 的值为负值, 其绝对值为该曲顶柱体的体积.

(3) 一般情形下, $\iint\limits_{D} f(x,y)\mathrm{d}\sigma$ 表示曲顶柱体体积的代数和, 即在 $xOy$ 面上方部分的曲顶柱体体积减去 $xOy$ 面下方部分的曲顶柱体体积.

**4. 二重积分的性质**

比较定积分与二重积分的定义可知, 二重积分与定积分有类似的性质, 现叙述如下.

**性质 1 (线性性质)** 设 $C_1, C_2$ 为常数, 则

$$\iint\limits_{D} [C_1 f(x,y) + C_2 g(x,y)] \mathrm{d}\sigma = C_1 \iint\limits_{D} f(x,y)\mathrm{d}\sigma + C_2 \iint\limits_{D} g(x,y)\mathrm{d}\sigma.$$

**性质 2 (积分区域的可加性)** 如果闭区域 $D$ 分为两个区域 $D_1, D_2$, 则

$$\iint\limits_{D} f(x,y)\mathrm{d}\sigma = \iint\limits_{D_1} f(x,y)\mathrm{d}\sigma + \iint\limits_{D_2} f(x,y)\mathrm{d}\sigma.$$

**性质 3 (保号性定理)** 若在 $D$ 上处处有 $f(x,y) \leq g(x,y)$, 则有

$$\iint\limits_{D} f(x,y)\mathrm{d}\sigma \leq \iint\limits_{D} g(x,y)\mathrm{d}\sigma.$$

特别地, 有

$$\left| \iint\limits_{D} f(x,y)\mathrm{d}\sigma \right| \leq \iint\limits_{D} |f(x,y)|\mathrm{d}\sigma.$$

**性质 4 (估值定理)** 若 $M, m$ 分别是 $f(x,y)$ 在有界闭区域 $D$ 上的最大值和最小值, $\sigma$ 是 $D$ 的面积, 则

$$m\sigma \leq \iint\limits_{D} f(x,y)\mathrm{d}\sigma \leq M\sigma.$$

**性质 5 (二重积分中值定理)** 设 $f(x,y)$ 在有界闭区域 $D$ 上连续, $\sigma$ 是 $D$ 的面积, 则在 $D$ 上至少存在一点 $(\xi, \eta)$, 使得

$$\iint\limits_{D} f(x,y)\mathrm{d}\sigma = f(\xi, \eta)\sigma.$$

## 二、二重积分的计算

由于二重积分和定积分类似, 是一种确定形式的和式的极限, 因此, 按定义来计算二重积分是非常困难的, 必须采取一个切实可行的计算方法. 本节将介绍二重积分化为二次定积分的计算方法, 即"累次积分法".

**1. 在直角坐标系下计算二重积分**

由于在二重积分的定义中对闭区域 $D$ 的划分是任意的, 故在直角坐标系下我们选用与坐标轴平行的两组直线网把 $D$ 划分成各边平行于坐标轴的一些小矩形, 于是小矩形的面积 $\Delta\sigma = \Delta x \Delta y$, 因此在直角坐标系下的面积元素为 $\mathrm{d}\sigma = \mathrm{d}x\mathrm{d}y$, 于是二重积分可写为

$$\iint_D f(x,y)\,\mathrm{d}\sigma = \iint_D f(x,y)\,\mathrm{d}x\mathrm{d}y.$$

下面根据二重积分的几何意义推导二重积分的计算方法.

设积分区域 $D$ 可以用不等式
$$y_1(x) \leq y \leq y_2(x),\, a \leq x \leq b$$
来表示(见图 7-3),其中函数 $y_1(x), y_2(x)$ 在 $[a,b]$ 上连续.

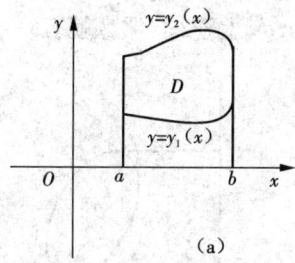
(a)

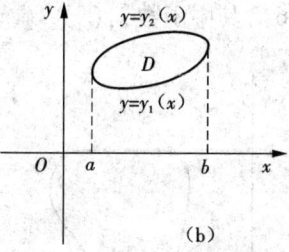
(b)

图 7-3

我们知道,当 $f(x,y) \geq 0$ 时,$\iint_D f(x,y)\,\mathrm{d}\sigma$ 表示以 $D$ 为底,以曲面 $z=f(x,y)$ 为顶的曲顶柱体(见图 7-4)的体积. 下面我们来计算这个曲顶柱体的体积.

在区间 $[a,b]$ 上任意取定一点 $x_0$,过 $x_0$ 作垂直于 $x$ 轴的平面,该平面截曲顶柱体所得的截面是以区间 $[y_1(x_0), y_2(x_0)]$ 为底,平面 $x=x_0$ 上的曲线 $z=f(x_0,y)$ 为曲边的曲边梯形(见图 7-5),所以该截面的面积为

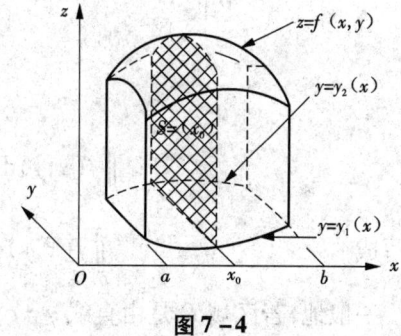
图 7-4

$$S(x_0) = \int_{y_1(x_0)}^{y_2(x_0)} f(x_0, y)\,\mathrm{d}y.$$

一般地,过区间 $[a,b]$ 上任意一点 $x$ 作垂直于 $x$ 轴的平面截曲顶柱体所得的截面面积为
$$S(x) = \int_{y_1(x)}^{y_2(x)} f(x,y)\,\mathrm{d}y.$$

由平行截面面积为已知的立体体积公式可知,所求的曲顶柱体的体积为
$$V = \int_a^b S(x)\,\mathrm{d}x = \int_a^b \left[\int_{y_1(x)}^{y_2(x)} f(x,y)\,\mathrm{d}y\right]\mathrm{d}x.$$

图 7-5

故
$$\iint_D f(x,y)\,\mathrm{d}x\mathrm{d}y = \int_a^b \left[\int_{y_1(x)}^{y_2(x)} f(x,y)\,\mathrm{d}y\right]\mathrm{d}x,$$

或写成
$$\iint_D f(x,y)\,\mathrm{d}x\mathrm{d}y = \int_a^b \mathrm{d}x \int_{y_1(x)}^{y_2(x)} f(x,y)\,\mathrm{d}y. \tag{1}$$

一般地,若区域 $D$ 是由直线 $x=a, x=b(a<b)$ 和曲线 $y=y_1(x), y=y_2(x)$ 所围成,则区域 $D$ 叫作 **$X$ 型区域**,其二重积分的计算可以化为一个先对 $y$ 积分,后对 $x$ 积分的二次定积分.

**注意**:计算第一次积分时,把 $f(x,y)$ 中的 $x$ 看作是 $[a,b]$ 中任意一个固定值(常量),这时,$f(x,y)$ 只是 $y$ 的函数,$y$ 是积分变量,对 $y$ 求定积分,积分限是 $x$ 的函数,积分区间为 $[y_1(x),y_2(x)]$,积分结果是关于 $x$ 的函数,计算第二次积分时,$x$ 是积分变量,在 $[a,b]$ 上对 $x$ 求定积分,所得结果就是 $f(x,y)$ 在 $D$ 上的二重积分.

类似地,若积分区域 $D$ 可以用不等式

$$x_1(y) \leq x \leq x_2(y), c \leq y \leq d$$

来表示(见图 7-6),其中函数 $x_1(y), x_2(y)$ 在区间 $[c,d]$ 上连续.那么就有

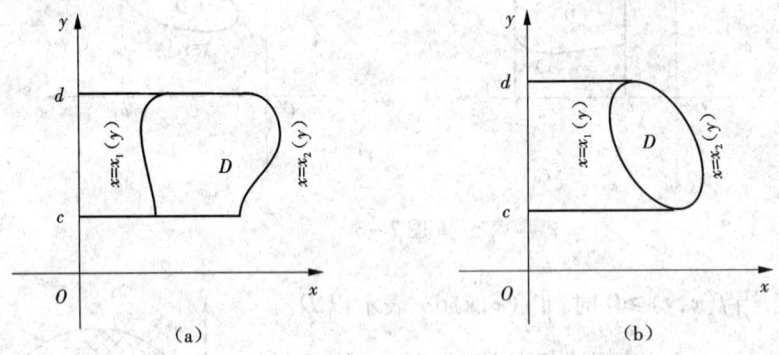

图 7-6

$$\iint\limits_{D} f(x,y) dxdy = \int_c^d \left[ \int_{x_1(y)}^{x_2(y)} f(x,y) dx \right] dy,$$

或写成

$$\iint\limits_{D} f(x,y) dxdy = \int_c^d dy \int_{x_1(y)}^{x_2(y)} f(x,y) dx. \qquad (2)$$

一般地,若区域 $D$ 是由直线 $y=c, y=d(c<d)$ 和曲线 $x=x_1(y), x=x_2(y)$ 所围成,则区域 $D$ 叫作 $Y$ 型区域,其二重积分的计算可以化为一个先对 $x$ 积分,后对 $y$ 积分的二次定积分.

上述化二重积分为二次定积分的方法叫作**累次积分法**.

把二重积分化为累次积分的关键是选择积分顺序和确定两次积分的上、下限.以 $X$ 型区域 $D$ 为例,归纳如下计算步骤.

(1)画出积分区域,选择积分顺序.

(2)将积分区域投影到 $x$ 轴上得区间 $[a,b]$,则对 $x$ 积分的下限为 $a$,上限为 $b$.

(3)在 $[a,b]$ 内任意固定一点 $x$,作平行于 $y$ 轴的直线,它与 $D$ 的边界曲线相交于两点 $y_1(x), y_2(x)(y_1(x) \leq y_2(x))$,则对 $y$ 积分的下限为 $y_1(x)$,上限为 $y_2(x)$,于是

$$\iint\limits_{D} f(x,y) dxdy = \int_a^b dx \int_{y_1(x)}^{y_2(x)} f(x,y) dy.$$

**例1** 计算 $\iint\limits_{D} \dfrac{y}{x^2} dxdy$,其中 $D$ 是正方形区域:$1 \leq x \leq 2, 0 \leq y \leq 1$.

**解** 画出积分区域 $D$ 如图 7-7 所示.
利用公式(1)得

$$\iint_D \frac{y}{x^2}dxdy = \int_1^2 dx \int_0^1 \frac{y}{x^2}dy = \frac{1}{2}\int_1^2 \frac{1}{x^2}[y^2]_0^1 dx = \frac{1}{2}\int_1^2 \frac{1}{x^2}dx$$
$$= \frac{1}{4}.$$

利用公式(2)得

$$\iint_D \frac{y}{x^2}dxdy = \int_0^1 dy \int_1^2 \frac{y}{x^2}dx = \int_0^1 y\left[-\frac{1}{x}\right]_1^2 dx = \frac{1}{2}\int_0^1 ydy$$
$$= \frac{1}{4}.$$

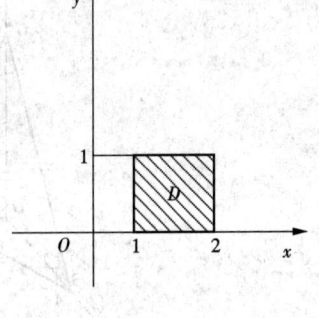

图 7-7

**例2** 计算 $\iint_D xy\,dxdy$,其中 $D$ 是由抛物线 $y^2 = x$ 及直线 $y = x-2$ 所围成的闭区域.

**解** 画出积分区域 $D$ 如图 7-8 所示. 利用公式(2)得

$$\iint_D xy\,dxdy = \int_{-1}^2 dy \int_{y^2}^{y+2} xy\,dx$$
$$= \int_{-1}^2 y\left[\frac{1}{2}x^2\right]_{y^2}^{y+2} dy = \int_{-1}^2 \frac{1}{2}y[(y+2)^2 - y^4]dy$$
$$= \frac{1}{2}\left[\frac{y^4}{4} + \frac{4}{3}y^3 + 2y^2 - \frac{y^6}{6}\right]_{-1}^2 = 5\frac{5}{8}.$$

若利用公式(1)来计算,则由于在区间 $[0,1]$ 和 $[1,4]$ 上表示 $y = y_1(x)$ 的式子不同,所以要用经过 $(1,-1)$ 且平行于 $y$ 轴的直线 $x = 1$ 把区域 $D$ 分成 $D_1$ 和 $D_2$ 两部分(见图 7-9). 因此,根据二重积分的性质 2,就有

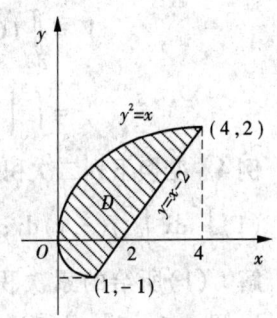

图 7-8

$$\iint_D xy\,dxdy = \iint_{D_1} xy\,dxdy + \iint_{D_2} xy\,dxdy$$
$$= \int_0^1 dx \int_{-\sqrt{x}}^{\sqrt{x}} xy\,dy + \int_1^4 dx \int_{x-2}^{\sqrt{x}} xy\,dy.$$

由此可见,这里用公式(1)来计算比较麻烦.

由上例可知,在化二重积分为二次定积分时,为计算简便,需要选择恰当的二次积分的次序. 这时,既要考虑积分区域 $D$ 的形状,又要考虑被积函数的特性.

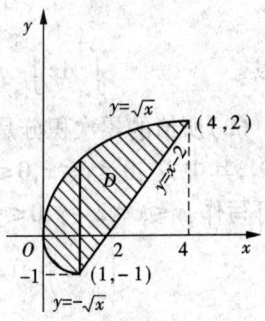

图 7-9

**例3** 利用二重积分计算由平面 $2x + 3y + z = 6$ 和三个坐标平面所围成的四面体的体积.

**解** 所求立体(见图 7-10(a))是以 $z = 6 - 2x - 3y$ 为顶,三角形 $\triangle ABO$ 围成区域 $D$(见图 7-10(b))为底的柱体体积. 于是

$$V = \iint_D (6 - 2x - 3y)dxdy.$$

利用公式(1)得

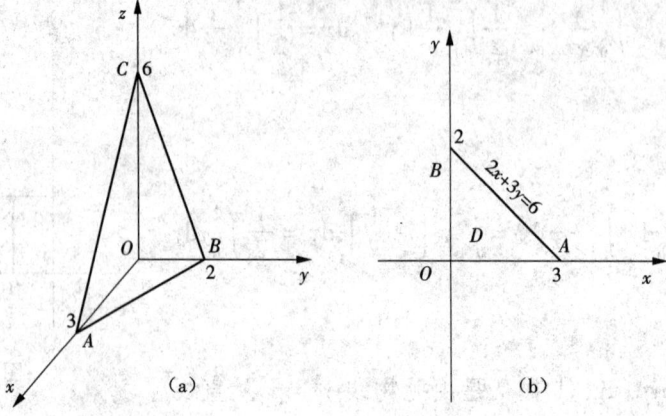

图 7-10

$$V = \iint_D (6-2x-3y)\,dxdy = \int_0^3 dx \int_0^{2(1-\frac{x}{3})} (6-2x-3y)\,dy$$
$$= \int_0^3 \left[ 12\left(1-\frac{x}{3}\right)^2 - 6\left(1-\frac{x}{3}\right)^2 \right] dx = 6\int_0^3 \left(1-\frac{x}{3}\right)^2 dx = 6.$$

**例4** 变换下列二次积分的积分顺序：

(1) $\int_1^2 dx \int_x^{2x} f(x,y)\,dy$；　　　(2) $\int_0^1 dx \int_0^x f(x,y)\,dy + \int_1^2 dx \int_0^{2-x} f(x,y)\,dy.$

**解** (1)所给的累次积分的顺序是先对 $y$ 积分,后对 $x$ 积分.画出积分区域 $D$(见图 7-11)知,$x \leq y \leq 2x, 1 \leq x \leq 2$.若变换积分顺序,则需要把区域 $D$ 划分为两个区域 $D_1$ 和 $D_2$.由于

$$D_1: 1 \leq x \leq y, 1 \leq y \leq 2; D_2: \frac{y}{2} \leq x \leq 2, 2 \leq y \leq 4,$$

所以
$$\int_1^2 dx \int_x^{2x} f(x,y)\,dy = \int_1^2 dy \int_1^y f(x,y)\,dx + \int_2^4 dy \int_{\frac{y}{2}}^2 f(x,y)\,dx.$$

(2)所给的累次积分是先对 $y$ 积分,后对 $x$ 积分,画出积分区域 $D$(见图 7-12)知 $D = D_1 + D_2$,其中 $D_1: 0 \leq y \leq x, 0 \leq x \leq 1, D_2: 0 \leq y \leq 2-x, 1 \leq x \leq 2$.若先对 $x$ 积分,后对 $y$ 积分,则区域 $D$ 可写作: $y \leq x \leq 2-y, 0 \leq y \leq 1$,所以

$$\int_0^1 dx \int_0^x f(x,y)\,dy + \int_1^2 dx \int_0^{2-x} f(x,y)\,dy = \int_0^1 dy \int_y^{2-y} f(x,y)\,dx.$$

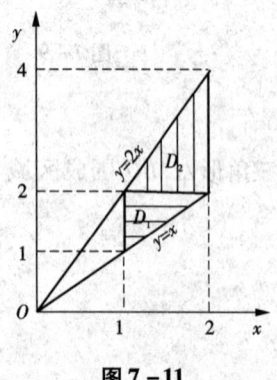

图 7-11

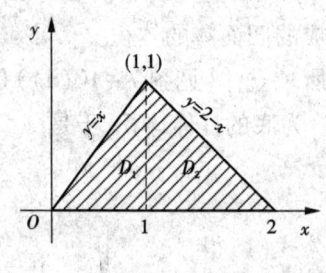

图 7-12

**2. 在极坐标系下计算二重积分**

有些二重积分，积分区域 $D$ 的边界曲线用极坐标方程表示比较方便，且被积函数用极坐标变量 $r,\theta$ 表示比较简单，这时，就可以考虑利用极坐标来计算二重积分. 下面介绍在极坐标系下二重积分 $\iint\limits_D f(x,y)\,d\sigma$ 的计算方法.

在极坐标系下的二重积分的计算，只要将积分区域和被积函数都化为极坐标表示即可. 为此，分割积分区域时，我们用以极点为中心的一族同心圆（$r=$ 常数）以及从极点出发的一族射线（$\theta=$ 常数）把 $D$ 分成几个小闭区域 $\Delta\sigma_i$（见图 7-13）.

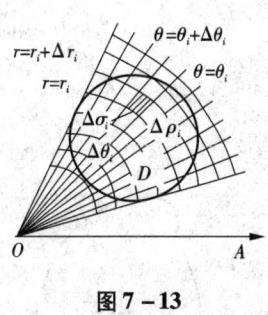

图 7-13

设 $\Delta\sigma_i$ 是半径 $r_i$ 和 $r_i+\Delta r_i$ 的两个圆弧及极角 $\theta_i$ 和 $\theta_i+\Delta\theta_i$ 的两条射线所围成的小区域，其面积可近似地表示为 $\Delta\sigma_i \approx r_i\Delta r_i\Delta\theta_i$，因此在极坐标系下的面积元素 $d\sigma = rdrd\theta$，用 $x=r\cos\theta$，$y=r\sin\theta$ 代入被积函数 $f(x,y)$ 中，得到二重积分在极坐标系下的表达式

$$\iint\limits_D f(x,y)\,d\sigma = \iint\limits_D f(r\cos\theta, r\sin\theta)\,rdrd\theta. \qquad (3)$$

极坐标系中的二重积分同样可以化为二次定积分来计算. 下面我们分两种情况讨论.

(1) 极点 $O$ 在积分区域 $D$ 的外部（或边界上）.

设积分区域 $D$ 可以由不等式

$$r_1(\theta) \leqslant r \leqslant r_2(\theta),\ \alpha \leqslant \theta \leqslant \beta$$

表示（见图 7-14），其中 $r_1(\theta),r_2(\theta)$ 在区间 $[\alpha,\beta]$ 上连续.

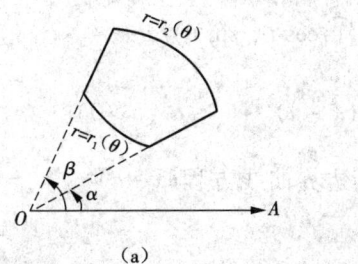
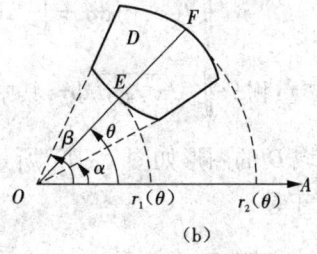

图 7-14

先在区间 $[\alpha,\beta]$ 上任意取定一个 $\theta$ 值，对应于这个 $\theta$ 值，$D$ 上的点（见图 7-14(b)）（在线段 $EF$ 上）的极径 $r$ 从 $r_1(\theta)$ 变到 $r_2(\theta)$. 又 $\theta$ 是在区间 $[\alpha,\beta]$ 上任意取定的，所以 $\theta$ 的变化范围是区间 $[\alpha,\beta]$. 因此，极坐标系下的二次积分公式为

$$\iint\limits_D f(r\cos\theta, r\sin\theta)\,rdrd\theta = \int_\alpha^\beta d\theta \int_{r_1(\theta)}^{r_2(\theta)} f(r\cos\theta, r\sin\theta)\,rdr. \quad (4)$$

特别地，若 $r_1(\theta)=0$，即极点 $O$ 在区域 $D$ 的边界上（见图 7-15），则

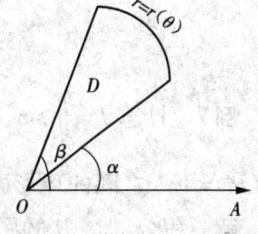

图 7-15

$$\iint_D f(r\cos\theta, r\sin\theta) r \mathrm{d}r\mathrm{d}\theta = \int_\alpha^\beta \mathrm{d}\theta \int_0^{r(\theta)} f(r\cos\theta, r\sin\theta) r \mathrm{d}r. \tag{5}$$

(2) 极点 $O$ 在区域 $D$ 的内部.

设区域 $D$(见图 7-16)的边界曲线方程为 $r = r(\theta)$,当固定一个角 $\theta$ 时,极径 $r$ 从 0 变到 $r(\theta)$, $\theta$ 从 0 变到 $2\pi$,于是

$$\iint_D f(r\cos\theta, r\sin\theta) r \mathrm{d}r\mathrm{d}\theta = \int_0^{2\pi} \mathrm{d}\theta \int_0^{r(\theta)} f(r\cos\theta, r\sin\theta) r \mathrm{d}r. \tag{6}$$

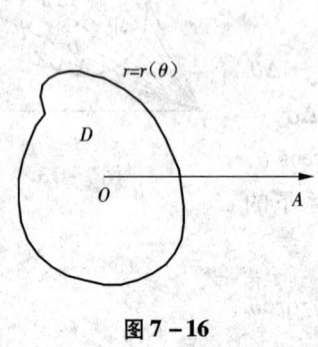

图 7-16

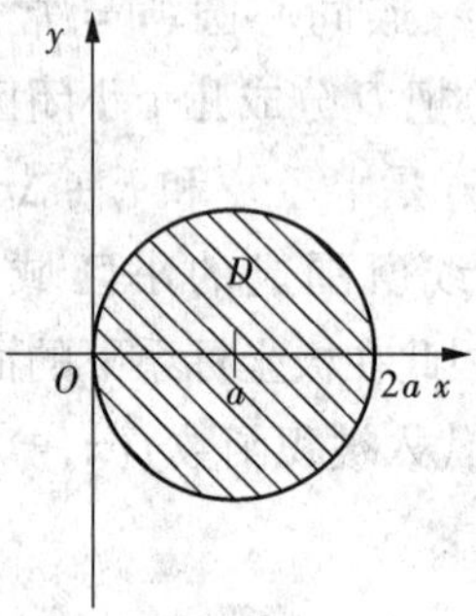

图 7-17

**例 5** 将二重积分 $\iint_D f(x,y) \mathrm{d}\sigma$ 化为极坐标系下的二次积分,其中 $D$ 为圆形闭区域 $x^2 + y^2 \leq R^2 (R > 0)$.

**解** 面积元素为 $\mathrm{d}\sigma = r\mathrm{d}r\mathrm{d}\theta$,积分区域 $D$ 的边界曲线方程 $x^2 + y^2 = R^2$ 在极坐标系下为 $r = R$,所以

$$\iint_D f(x,y) \mathrm{d}\sigma = \int_0^{2\pi} \mathrm{d}\theta \int_0^R f(r\cos\theta, r\sin\theta) r \mathrm{d}r.$$

**例 6** 计算二重积分 $\iint_D \sqrt{x^2 + y^2} \mathrm{d}\sigma$,其中 $D:(x-a)^2 + y^2 \leq a^2 (a > 0)$.

**解** 积分区域 $D$ 的图形如图 7-17 所示,其边界曲线方程 $(x-a)^2 + y^2 = a^2$ 在极坐标系下为 $r = 2a\cos\theta$,于是

$$\iint_D \sqrt{x^2 + y^2} \mathrm{d}\sigma = \iint_D r^2 \mathrm{d}r = \int_{-\frac{\pi}{2}}^{\frac{\pi}{2}} \mathrm{d}\theta \int_0^{2a\cos\theta} r^2 \mathrm{d}r$$

$$= \frac{8}{3}a^3 \int_{-\frac{\pi}{2}}^{\frac{\pi}{2}} \cos^3\theta \mathrm{d}\theta$$

$$= \frac{16}{3}a^3 \int_0^{\frac{\pi}{2}} \cos^3\theta \mathrm{d}\theta = \frac{16}{3}a^3 \cdot \frac{2}{3} = \frac{32}{9}a^3.$$

**例 7** 计算 $I = \iint_D \sin\sqrt{x^2 + y^2} \mathrm{d}x\mathrm{d}y$,其中 $D$ 是两圆 $x^2 + y^2 = \pi^2$ 和 $x^2 + y^2 = 4\pi^2$ 之间的环形区域.

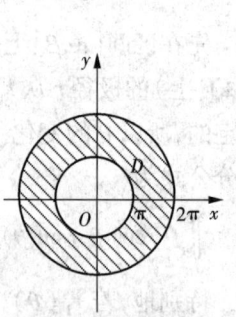

图 7-18

**解** 积分区域 $D$ 的图形如图 7-18 所示,闭区域 $D$ 可表示为

$$\pi \leq r \leq 2\pi, 0 \leq \theta \leq 2\pi,$$

于是
$$I = \iint_D \sin\sqrt{x^2+y^2}\,dxdy = \iint_D r\sin r\,drd\theta$$
$$= \int_0^{2\pi} d\theta \int_\pi^{2\pi} r\sin r\,dr = 2\pi\left\{\left[-r\cos r\right]_\pi^{2\pi} + \int_\pi^{2\pi} \cos r\,dr\right\}$$
$$= -6\pi^2.$$

### 三、二重积分的应用

**1. 平面图形的面积**

当被积函数 $f(x,y)=1$ 时，二重积分 $\iint_D d\sigma$ 就表示区域 $D$ 的面积.

**例8** 求由抛物线 $y=x^2$ 和直线 $x+y=2$ 所围成图形的面积.

**解** 两条曲线围成平面图形 $D$ 如图 7-19 所示，则
$$A = \iint_D d\sigma = \int_{-2}^1 dx \int_{x^2}^{2-x} dy = \int_{-2}^1 (2-x-x^2)\,dx = \frac{9}{2}.$$

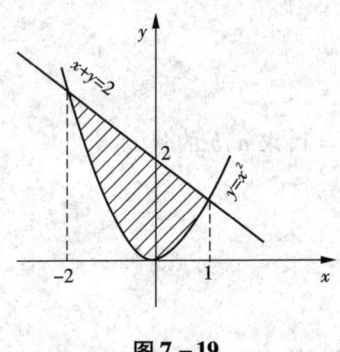

图 7-19

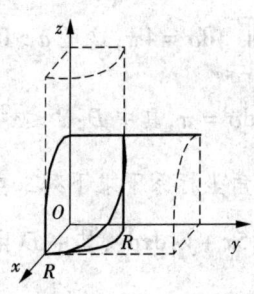

图 7-20

**2. 空间立体的体积**

**例9** 求两个底圆半径都等于 $R$ 的直交的圆柱面所围成的立体的体积.

**解** 如设这两个圆柱面的方程分别为
$$x^2+y^2=R^2 \text{ 及 } x^2+z^2=R^2,$$
由对称性，只要计算出它在第一卦限部分（见图 7-20）的体积，然后再乘以 8 即可. 所求立体在第一卦限部分可以看成一个曲顶柱体，它的顶是柱面 $z=\sqrt{R^2-x^2}$，底是 $xOy$ 平面上的四分之一圆域 $D$，则
$$D: 0 \leqslant x \leqslant R, 0 \leqslant y \leqslant \sqrt{R^2-x^2},$$
故
$$V = 8\iint_D \sqrt{R^2-x^2}\,dxdy = 8\int_0^R dx \int_0^{\sqrt{R^2-x^2}} \sqrt{R^2-x^2}\,dy = 8\int_0^R (R^2-x^2)\,dx = \frac{16}{3}R^3.$$

## 习题 7-1

1. 根据二重积分的几何意义直接写出二重积分 $\iint\limits_{D} \sqrt{a^2-x^2-y^2}\,d\sigma$ 的值,其中 $D$ 为 $x^2+y^2 \leq a^2$.

2. 利用二重积分的性质比较两式的大小:

(1) 比较积分 $I_1 = \iint\limits_{D}(x+y)^7 d\sigma$ 与 $I_2 = \iint\limits_{D}(x+y)^8 d\sigma$ 的大小,其中 $D$ 为 $Ox$ 轴、$Oy$ 轴及直线 $x+y=1$;

(2) 比较积分 $I_1 = \iint\limits_{D}\ln(x+y)\,d\sigma$ 与 $I_2 = \iint\limits_{D}[\ln(x+y)]^3 d\sigma$ 的大小,其中 $D$ 为 $2 \leq x \leq 4$,$1 \leq y \leq 2$.

3. 估计积分 $I = \iint\limits_{D}(3x^2+y^2+7)\,d\sigma$ 的值,其中 $D: x^2+y^2 \leq 9$.

4. 设 $\iint\limits_{x^2+y^2 \leq a} d\sigma = 4\pi$,这里 $a > 0$,求 $a$ 的值.

5. 设 $\iint\limits_{D} d\sigma = \pi$,其中 $D: a^2 \leq x^2+y^2 \leq b^2$,这里 $a^2+b^2=1$,求 $a,b$ 的值.

6. 在直角坐标系下求下列二重积分:

(1) $\iint\limits_{D}(5x+y)\,dxdy$,其中 $D$ 由 $y=2x$ 和 $y=x^2$ 围成;

(2) $\iint\limits_{D}\dfrac{x}{y}d\sigma$,其中 $D$ 由 $y=x$,$xy=1$ 和 $y=2$ 围成;

(3) $\iint\limits_{D} 2x^2 y\,d\sigma$,其中 $D$ 由 $x$ 轴和抛物线 $y=1-x^2$ 围成;

(4) $\iint\limits_{D}(x+2y)\,dxdy$,其中 $D$ 由 $y=2$,$y=x$ 和 $y=2x$ 围成;

(5) $\iint\limits_{D} x\sin(x+y)\,d\sigma$,其中 $D$ 是顶点分别为 $(0,0),(\pi,0)$ 及 $(\pi,\pi)$ 的三角形区域;

(6) $\iint\limits_{D} y\sqrt{x}\,d\sigma$,其中 $D$ 由 $y=\sqrt{x}$ 和 $y=x^2$ 围成;

(7) $\iint\limits_{D}|xy|\,d\sigma$,其中 $D$ 由 $x$ 轴,$y+x=1$,$y-x=1$ 围成.

7. 交换下列二次积分的积分次序:

(1) $\int_0^1 dy \int_y^1 \sqrt{1-x^4}\,dx$;

(2) $\int_0^2 dy \int_{-\sqrt{4-y^2}}^{\sqrt{4-y^2}} x^2 y\,dx$;

(3) $\int_0^2 dy \int_{-\sqrt{2-y}}^{y-2}(x+2y)\,dx$;

(4) $\int_0^1 dy \int_0^y f(x,y)\,dx$.

8. 选择适当的坐标系和积分次序,求下列二重积分：

(1) $\iint\limits_{D} \sin y^2 \mathrm{d}\sigma$,其中 $D: x \leqslant y \leqslant \sqrt{\pi}, 0 \leqslant x \leqslant \sqrt{\pi}$；

(2) $\iint\limits_{D} \mathrm{e}^{x^2} \mathrm{d}\sigma$,其中 $D: 0 \leqslant y \leqslant x, 0 \leqslant x \leqslant 1$；

(3) $\iint\limits_{D} x\mathrm{e}^{y^3} \mathrm{d}\sigma$,其中 $D: x \leqslant y \leqslant 1, 0 \leqslant x \leqslant 1$；

(4) $\iint\limits_{D} \dfrac{x^2}{y^2} \mathrm{d}\sigma$,其中 $D$:由直线 $x=2, y=x$ 及曲线 $xy=1$ 所围成的区域.

9. 在极坐标系下求下列二重积分：

(1) $\iint\limits_{D} \mathrm{e}^{x^2+y^2} \mathrm{d}\sigma$,其中 $D: x^2+y^2 \leqslant 9$；

(2) $\iint\limits_{D} \dfrac{1}{x^2+y^2} \mathrm{d}\sigma$,其中 $D: 4 \leqslant x^2+y^2 \leqslant 9$；

(3) $\iint\limits_{D} \ln \sqrt{x^2+y^2} \mathrm{d}\sigma$,其中 $D: 1 \leqslant x^2+y^2 \leqslant 4$；

(4) $\iint\limits_{D} \sqrt{x^2+y^2} \mathrm{d}\sigma$,其中 $D$ 由 $y=-x, y=\sqrt{3}x$ 和 $x=\sqrt{4-y^2}$ 围成；

(5) $\iint\limits_{D} \cos(x^2+y^2) \mathrm{d}\sigma$,其中 $D$ 由 $x$ 轴和 $y=\sqrt{\dfrac{\pi}{2}-x^2}$ 围成；

(6) $\iint\limits_{D} \sqrt{4-x^2-y^2} \mathrm{d}\sigma$,其中 $D$ 由 $x$ 轴及曲线 $y=\sqrt{2x-x^2}$ 围成.

10. 将直角坐标系下的累次积分转换为极坐标系下的累次积分：

(1) $\int_0^2 \mathrm{d}x \int_{-\sqrt{4-x^2}}^{\sqrt{4-x^2}} \ln(1+x^2+y^2) \mathrm{d}y$；   (2) $\int_0^2 \mathrm{d}x \int_0^{\sqrt{2x-x^2}} \sqrt{x^2+y^2} \mathrm{d}y$；

(3) $\int_0^1 \mathrm{d}y \int_{y^2}^{y} (x^2+y^2) \mathrm{d}x$；   (4) $\int_0^1 \mathrm{d}x \int_{x^2}^{x} (x^2+y^2)^{-\frac{1}{2}} \mathrm{d}y$.

11. 求由 $y=x, y=0, x=2$ 围成图形的面积.

12. 求由 $y$ 轴, $y=-x, x=\sqrt{4-y^2}$ 围成图形的面积.

13. 计算由四个平面 $x=0, y=0, x=1, y=1$ 所围成的柱体被平面 $z=0$ 及 $z=6-2x-3y$ 截得的立体的体积.

14. 计算由平面 $x+y=4, x=0, y=0, z=0$ 及曲面 $z=x^2+y^2$ 围成的立体的体积.

## 第二节 曲线积分

### 一、对弧长的曲线积分

**1. 对弧长的曲线积分的概念与性质**

**曲线型构件的质量** 在设计曲线型构件时,为了合理使用材料,应该根据构件各部分受力情况对构件上各点处的粗细进行设计. 因此,可以认为该构件的线密度(单位长度的质量)是变量. 假设构件所占的位置在 $xOy$ 面内的一段曲线弧 $L$ 上,它的端点是 $A,B$,在 $L$ 上任一点 $(x,y)$ 处,它的线密度为 $\mu(x,y)$. 现在要计算该构件的质量 $M$(见图 7-21).

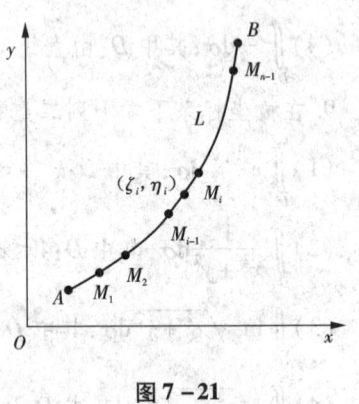

图 7-21

如果构件的线密度为常量,那么构件的质量就等于它的线密度与长度的乘积. 现在构件上各点处的线密度是变量,就不能直接用上述方法来计算. 为了克服这个困难,可以用 $L$ 上的点 $M_1,M_2,\cdots,M_{n-1}$ 把 $L$ 分成 $n$ 个小段,取其中一段构件 $\widehat{M_{i-1}M_i}$ 来分析,在线密度连续变化的前提下,只要这小段很短,就可以用这小段上任一点 $(\xi_i,\eta_i)$ 处的线密度代替这小段 $\widehat{M_{i-1}M_i}$ 上其他各点处的线密度,从而得到这小段构件的质量的近似值为

$$\mu(\xi_i,\eta_i)\Delta s_i.$$

其中 $\Delta s_i$ 表示 $\widehat{M_{i-1}M_i}$ 的长度. 于是整个曲线型构件的质量为

$$M\approx\sum_{i=1}^{n}\mu(\xi_i,\eta_i)\Delta s_i.$$

用 $\lambda$ 表示 $n$ 个小弧段的最大长度. 为了计算 $M$ 的精确值,取上式右端之和当 $\lambda\to 0$ 时的极限,从而得到

$$M=\lim_{\lambda\to 0}\sum_{i=1}^{n}\mu(\xi_i,\eta_i)\Delta s_i.$$

这种和的极限在研究其他问题时也会遇到. 现在引进下面的定义.

**定义 1** 设 $L$ 为 $xOy$ 面内的一条光滑曲线弧,函数 $f(x,y)$ 在 $L$ 上有界,在 $L$ 上任意插入一点列 $M_1,M_2,\cdots,M_{n-1}$ 把 $L$ 分成 $n$ 个小段. 设第 $i$ 个小段的长度为 $\Delta s_i$. 又 $(\xi_i,\eta_i)$ 为第 $i$ 个小段上任取的一点,作乘积 $f(\xi_i,\eta_i)\Delta s_i(1,2,\cdots,n)$,并作和 $\sum_{i=1}^{n}f(\xi_i,\eta_i)\Delta s_i$,如果当各小弧段的长度的最大值 $\lambda\to 0$ 时,该和式的极限总存在,则称此极限为函数 $f(x,y)$ 在曲线 $L$ 上**对弧长的曲线积分**或**第一类曲线积分**,记作 $\int_L f(x,y)\mathrm{d}s$,即

$$\int_L f(x,y)\,\mathrm{d}s = \lim_{\lambda \to 0} \sum_{i=1}^n f(\xi_i,\eta_i)\Delta s_i,$$

其中 $f(x,y)$ 叫作**被积函数**，$L$ 叫作**积分弧段**。

在后面我们将看到，当 $f(x,y)$ 在光滑曲线弧 $L$ 上连续时，对弧长的曲线积分 $\int_L f(x,y)\,\mathrm{d}s$ 是存在的。以后我们总假定 $f(x,y)$ 在 $L$ 上是连续的。

根据这个定义，前述曲线型构件的质量 $M$ 当线密度 $\mu(x,y)$ 在 $L$ 上连续时，就等于 $\mu(x,y)$ 在 $L$ 上对弧长的曲线积分，即

$$M = \int_L \mu(x,y)\,\mathrm{d}s.$$

上述定义可以类似地推广到积分弧段为空间曲线弧 $\Gamma$ 的情形，即函数 $f(x,y,z)$ 在曲线弧 $\Gamma$ 上对弧长的曲线积分

$$\int_\Gamma f(x,y,z)\,\mathrm{d}s = \lim_{\lambda \to 0} \sum_{i=1}^n f(\xi_i,\eta_i,\zeta_i)\Delta s_i.$$

如果 $L$（或 $\Gamma$）是分段光滑的，我们规定函数在 $L$（或 $\Gamma$）上的曲线积分等于函数在光滑的各段上的曲线积分之和。

如果 $L$ 是闭曲线，那么函数 $f(x,y)$ 在闭曲线 $L$ 上对弧长的曲线积分记为

$$\oint_L f(x,y)\,\mathrm{d}s.$$

由对弧长的曲线积分的定义可知，它有以下性质：

**性质1** 设 $\alpha,\beta$ 为常数，则

$$\int_L [\alpha f(x,y) + \beta g(x,y)]\,\mathrm{d}s = \alpha \int_L f(x,y)\,\mathrm{d}s + \beta \int_L g(x,y)\,\mathrm{d}s.$$

**性质2** 若积分弧段可分成两段光滑曲线弧 $L_1$ 和 $L_2$，则

$$\int_L f(x,y)\,\mathrm{d}s = \int_{L_1} f(x,y)\,\mathrm{d}s + \int_{L_2} f(x,y)\,\mathrm{d}s.$$

**性质3** 设在 $L$ 上 $f(x,y) \leqslant g(x,y)$，则

$$\int_L f(x,y)\,\mathrm{d}s \leqslant \int_L g(x,y)\,\mathrm{d}s.$$

特别地，有

$$\left|\int_L f(x,y)\,\mathrm{d}s\right| \leqslant \int_L |f(x,y)|\,\mathrm{d}s.$$

### 2. 对弧长的曲线积分的计算法

**定理1** 设 $f(x,y)$ 在曲线弧 $L$ 上有定义且连续，$L$ 的参数方程为

$$\begin{cases} x = \varphi(t) \\ y = \psi(t) \end{cases} (\alpha \leqslant t \leqslant \beta),$$

其中 $\varphi(t),\psi(t)$ 在 $[\alpha,\beta]$ 上具有一阶连续导数，且 $\varphi'^2(t) + \psi'^2(t) \neq 0$，则曲线积分 $\int_L f(x,y)\,\mathrm{d}s$ 存在，且

$$\int_L f(x,y)\,\mathrm{d}s = \int_\alpha^\beta f[\varphi(t),\psi(t)]\sqrt{\varphi'^2(t) + \psi'^2(t)}\,\mathrm{d}t \quad (\alpha < \beta). \tag{1}$$

证明略.

公式(1)表明,计算对弧长的曲线积分 $\int_L f(x,y)\mathrm{d}s$ 时,只要把 $x,y,\mathrm{d}s$ 依次换为 $\varphi(t)$, $\psi(t)$, $\sqrt{\varphi'^2(t)+\psi'^2(t)}\mathrm{d}t$,然后从 $\alpha$ 到 $\beta$ 作定积分,这里必须注意,定积分的下限 $\alpha$ 一定要小于上限 $\beta$. 这是因为,由于弧微分 $\mathrm{d}s>0$,所以必有 $\mathrm{d}t>0$.

如果曲线 $L$ 由方程
$$y = \psi(x) \qquad (x_0 \leqslant x \leqslant X)$$
给出,那么可以把这种情形看作是特殊的参数方程
$$x = x, y = \psi(x) \qquad (x_0 \leqslant x \leqslant X)$$
的情形,从而由公式(1)得出
$$\int_L f(x,y)\mathrm{d}s = \int_{x_0}^{X} f[x,\psi(x)]\sqrt{1+\psi'^2(x)}\mathrm{d}x \qquad (x_0 < X). \tag{2}$$

类似地,如果曲线 $L$ 由方程
$$x = \varphi(y) \qquad (y_0 \leqslant y \leqslant Y)$$
给出,则有
$$\int_L f(x,y)\mathrm{d}s = \int_{y_0}^{Y} f[\varphi(y),y]\sqrt{1+\varphi'^2(y)}\mathrm{d}y \qquad (y_0 < Y). \tag{3}$$

公式(1)可推广到空间曲线弧 $\Gamma$ 由参数方程
$$x = \varphi(t), y = \psi(t), z = \omega(t) \qquad (\alpha \leqslant t \leqslant \beta)$$
给出的情形,这时有
$$\int_\Gamma f(x,y,z)\mathrm{d}s = \int_\alpha^\beta f[\varphi(t),\psi(t),\omega(t)]\sqrt{\varphi'^2(t)+\psi'^2(t)+\omega'^2(t)}\mathrm{d}t \qquad (\alpha < \beta). \tag{4}$$

**例1** 计算 $\int_L \sqrt{y}\mathrm{d}s$,其中 $L$ 是抛物线 $y=x^2$ 上点 $O(0,0)$ 与点 $B(1,1)$ 之间的一段弧.

**解** 由于 $L$ 由方程 $y=x^2(0 \leqslant x \leqslant 1)$ 给出,因此
$$\int_L \sqrt{y}\mathrm{d}s = \int_0^1 \sqrt{x^2}\sqrt{1+(x^2)'^2}\mathrm{d}x = \left[\frac{1}{12}(1+4x^2)^{3/2}\right]_0^1 = \frac{1}{12}(5\sqrt{5}-1).$$

**例2** 计算 $I = \int_L (x+y)\mathrm{d}s$,其中 $L$ 为圆 $x^2+y^2=a^2$ 上连接点 $A(a,0)$ 和 $B(0,a)$ 的一段弧.

**解** 如图 7-22 所示,$L$ 的参数方程为
$$x = a\cos t, y = a\sin t \quad \left(0 \leqslant t \leqslant \frac{\pi}{2}\right).$$
$$\mathrm{d}s = \sqrt{[x'(t)]^2+[y'(t)]^2}\mathrm{d}t = a\mathrm{d}t,$$
故
$$\int_L (x+y)\mathrm{d}s = \int_0^{\frac{\pi}{2}} (a\cos t + a\sin t)a\mathrm{d}t = 2a^2.$$

**例3** 计算曲线积分 $\int_\Gamma (x^2+y^2+z^2)\mathrm{d}s$,其中 $\Gamma$ 为螺旋线 $x=a\cos t, y=a\sin t, z=kt$ 上相应于 $t$ 从 0 到 $2\pi$ 的一段弧.

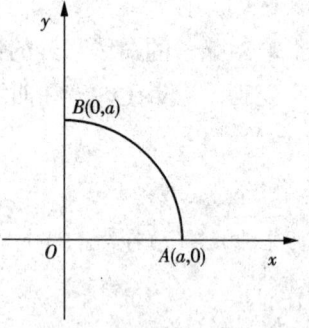

图 7-22

**解** $\int_\Gamma (x^2+y^2+z^2)\mathrm{d}s$

$= \int_0^{2\pi} \left[(a\cos t)^2+(a\sin t)^2+(kt)^2\right]\cdot\sqrt{(-a\sin t)^2+(a\cos t)^2+k^2}\,\mathrm{d}t$

$= \int_0^{2\pi}(a^2+k^2t^2)\sqrt{a^2+k^2}\,\mathrm{d}t = \sqrt{a^2+k^2}\left[a^2t+\dfrac{k^2}{3}t^3\right]_0^{2\pi}$

$= \dfrac{2}{3}\pi\sqrt{a^2+k^2}(3a^2+4\pi^2k^2).$

## 二、对坐标的曲线积分

**1. 对坐标的曲线积分的概念与性质**

**变力沿曲线做功问题** 设一个质点在 $xOy$ 平面内从点 $A$ 沿光滑曲线弧 $L$ 移动到点 $B$,在移动的过程中,该质点受到力 $F(x,y) = P(x,y)\vec{i} + Q(x,y)\vec{j}$ 的作用,其中函数 $P(x,y)$, $Q(x,y)$ 在 $L$ 上连续,要计算在上述移动过程中变力 $F(x,y)$ 所做的功(见图 7-23).

我们知道,如果力 $F$ 是常力,且质点从 $A$ 沿直线移动到 $B$,那么常力 $F$ 所作的功 $W$ 等于向量 $F$ 与向量 $\overrightarrow{AB}$ 的数量积,即

$$W = F\cdot\overrightarrow{AB}.$$

现在 $F(x,y)$ 是变力,且质点沿曲线 $L$ 移动,功 $W$ 不能直接按以上公式计算.

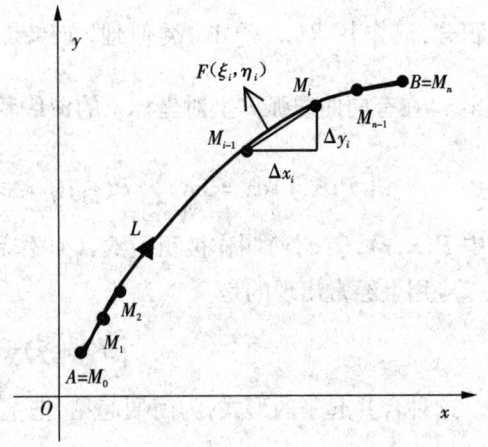

图 7-23

先用曲线弧 $L$ 上的点 $M_1(x_1,y_1), M_2(x_2,y_2), \cdots, M_{n-1}(x_{n-1},y_{n-1})$ 把 $L$ 分成 $n$ 个小弧段,取其中一个有向小弧段 $\widehat{M_{i-1}M_i}$ 来分析.

由于 $\widehat{M_{i-1}M_i}$ 光滑而且很短,可以用有向线段 $\overrightarrow{M_{i-1}M_i} = (\Delta x_i)\vec{i} + (\Delta y_i)\vec{j}$ 来近似代替它,其中 $\Delta x_i = x_i - x_{i-1}, \Delta y_i = y_i - y_{i-1}$. 又由于函数 $P(x,y), Q(x,y)$ 在 $L$ 上连续,可以用 $\widehat{M_{i-1}M_i}$ 上任意取定的一点 $(\xi_i,\eta_i)$ 处的力 $F(\xi_i,\eta_i) = P(\xi_i,\eta_i)\vec{i} + Q(\xi_i,\eta_i)\vec{j}$ 来近似代替小弧段上各点处的力. 这样,变力 $F(x,y)$ 沿小弧段 $\widehat{M_{i-1}M_i}$ 所作的功 $\Delta W_i$ 可以认为近似地等于常力 $F(\xi_i,\eta_i)$ 沿 $\overrightarrow{M_{i-1}M_i}$ 所作的功:

$$\Delta W_i \approx F(\xi_i,\eta_i)\cdot\overrightarrow{M_{i-1}M_i},$$

即 $\Delta W_i \approx P(\xi_i,\eta_i)\Delta x_i + Q(\xi_i,\eta_i)\Delta y_i.$

于是 $W = \sum_{i=1}^n \Delta W_i \approx \sum_{i=1}^n \left[P(\xi_i,\eta_i)\Delta x_i + Q(\xi_i,\eta_i)\Delta y_i\right].$

用 $\lambda$ 表示 $n$ 个小弧段的最大长度,令 $\lambda\to 0$ 取上述和的极限,所得到的极限自然地被认作变力 $F$ 沿有向曲线弧所作的功,即

$$W = \lim_{\lambda \to 0} \sum_{i=1}^{n} [P(\xi_i, \eta_i) \Delta x_i + Q(\xi_i, \eta_i) \Delta y_i].$$

这种和的极限在研究其他问题时也会遇到. 现在引进下面的定义.

**定义 2** 设 $L$ 为 $xOy$ 面内从点 $A$ 到点 $B$ 的一条有向光滑曲线弧, 函数 $P(x,y), Q(x,y)$ 在 $L$ 上有界. 在 $L$ 上沿 $L$ 的方向任意插入一点列 $M_1(x_1, y_1), M_2(x_2, y_2), \cdots, M_{n-1}(x_{n-1}, y_{n-1})$, 把 $L$ 分成 $n$ 个有向小弧段 $\widehat{M_{i-1}M_i}$ ($i=1,2,\cdots n, M_0 = A, M_n = B$). 设 $\Delta x_i = x_i - x_{i-1}, \Delta y_i = y_i - y_{i-1}$, 点 $(\xi_i, \eta_i)$ 为 $\widehat{M_{i-1}M_i}$ 上任意取定的点. 如果当各小弧段的长度的最大值 $\lambda \to 0$ 时, $\sum_{i=1}^{n} P(\xi_i, \eta_i) \Delta x_i$ 的极限总存在, 则称此极限值为函数 $P(x,y)$ 在有向曲线弧 $L$ 上对坐标 $x$ 的**曲线积分**, 记作 $\int_L P(x,y) \mathrm{d}x$. 类似地, 如果 $\lim_{\lambda \to 0} \sum_{i=1}^{n} Q(\xi_i, \eta_i) \Delta y_i$ 存在, 则称此极限值为函数 $Q(x,y)$ 在有向曲线弧 $L$ 上**对坐标 $y$ 的曲线积分**, 记作 $\int_L Q(x,y) \mathrm{d}y$, 即

$$\int_L P(x,y) \mathrm{d}x = \lim_{\lambda \to 0} \sum_{i=1}^{n} P(\xi_i, \eta_i) \Delta x_i, \int_L Q(x,y) \mathrm{d}y = \lim_{\lambda \to 0} \sum_{i=1}^{n} Q(\xi_i, \eta_i) \Delta y_i.$$

其中 $P(x,y), Q(x,y)$ 叫作**被积函数**, $L$ 叫作**积分弧段**.

应用上经常出现的是

$$\int_L P(x,y) \mathrm{d}x + \int_L Q(x,y) \mathrm{d}y.$$

这种合并起来的形式, 为简便起见, 把上式写成

$$\int_L P(x,y) \mathrm{d}x + Q(x,y) \mathrm{d}y.$$

根据这个定义, 前述变力沿曲线所作的功可表达成

$$W = \int_L P(x,y) \mathrm{d}x + Q(x,y) \mathrm{d}y.$$

我们指出, 当 $P(x,y), Q(x,y)$ 在有向光滑曲线 $L$ 上连续时, 对坐标的曲线积分 $\int_L P(x,y) \mathrm{d}x + Q(x,y) \mathrm{d}y$ 总是存在的.

对坐标的曲线积分有如下性质.

**性质 1** 如果把 $L$ 分成 $L_1$ 和 $L_2$ (记为 $L = L_1 + L_2$), 则

$$\int_L P(x,y) \mathrm{d}x + Q(x,y) \mathrm{d}y = \int_{L_1} P(x,y) \mathrm{d}x + Q(x,y) \mathrm{d}y + \int_{L_2} P(x,y) \mathrm{d}x + Q(x,y) \mathrm{d}y$$

性质 1 可推广到 $L$ 由 $L_1, L_2, \cdots L_k$ 组成的情形.

**性质 2** 设 $L$ 是有向曲线弧, $L^-$ 是与 $L$ 方向相反的有向曲线弧, 则

$$\int_{L^-} P(x,y) \mathrm{d}x + Q(x,y) \mathrm{d}y = -\int_L P(x,y) \mathrm{d}x + Q(x,y) \mathrm{d}y.$$

**证明** 把 $L$ 分成 $n$ 小段, 相应地 $-L$ 也分成 $n$ 小段. 对于每一个小段弧来说, 当曲线弧的方向改变时, 有向弧段在坐标轴上的投影的绝对值不变, 但要改变符号, 因此性质 2 成立.

性质 2 表明, 当积分弧段的方向改变时, 对坐标的曲线积分要改变符号. 因此关于对坐标的曲线积分, 我们必须注意积分弧段的方向.

另外,曲线积分还有其他与定积分相类似的性质,在此不再重述.

当 $L$ 是一条闭曲线时,把对坐标的曲线积分记作 $\oint_L P\mathrm{d}x + Q\mathrm{d}y$.

**2. 对坐标的曲线积分的计算法**

**定理 2** 设函数 $P(x,y),Q(x,y)$ 在有向光滑曲线弧 $L$ 上有定义且连续,$L$ 的参数方程为
$$\begin{cases} x = \varphi(t) \\ y = \psi(t) \end{cases}$$
当参数 $t$ 单调地由 $\alpha$ 变到 $\beta$ 时,点 $M(x,y)$ 从 $L$ 的起点 $A$ 沿 $L$ 运动到终点 $B$,$\varphi(t),\psi(t)$ 在 $[\alpha,\beta]$ 上具有一阶连续导数,且 $\varphi'^2(t) + \psi'^2(t) \neq 0$,则曲线积分 $\int_L P(x,y)\mathrm{d}x + Q(x,y)\mathrm{d}y$ 存在,且

$$\int_L P(x,y)\mathrm{d}x + Q(x,y)\mathrm{d}y = \int_\alpha^\beta \{P[\varphi(t),\psi(t)]\varphi'(t) + Q[\varphi(t),\psi(t)]\psi'(t)\}\mathrm{d}t. \quad (5)$$

证明略.

公式(5)表明,计算对坐标的曲线积分 $\int_L P(x,y)\mathrm{d}x + Q(x,y)\mathrm{d}y$ 时,只要把 $x,y,\mathrm{d}x,\mathrm{d}y$ 依次换为 $\varphi(t),\psi(t),\varphi'(t)\mathrm{d}t,\psi'(t)\mathrm{d}t$,然后从 $L$ 的起点所对应的参数值 $\alpha$ 到 $L$ 的终点所对应的参数值 $\beta$ 作定积分. 这里必须注意,下限 $\alpha$ 对应于 $L$ 的起点,上限 $\beta$ 对应于 $L$ 的终点,$\alpha$ 不一定小于 $\beta$.

如果 $L$ 由方程 $y = y(x)$ 或 $x = x(y)$ 给出,可以把它们看作是参数方程的特殊情形,例如,当 $L$ 由 $y = y(x)$ 给出时,公式(5)成为

$$\int_L P(x,y)\mathrm{d}x + Q(x,y)\mathrm{d}y = \int_a^b \{P[x,y(x)] + Q[x,y(x)]y'(x)\}\mathrm{d}x.$$

这里下限 $a$ 对应于 $L$ 的起点,上限 $b$ 对应于 $L$ 的终点.

**例 4** 计算 $\int_L xy^2 \mathrm{d}y$,其中 $L$ 为抛物线 $y = x^2$ 上从点 $A(-1,1)$ 到点 $B(1,1)$ 的一段弧(见图 7-24).

**解** 将所给曲线积分化为对 $x$ 的定积分来计算. 已知 $y = x^2$,$x$ 从 $-1$ 变到 $1$,因此
$$\int_L xy^2 \mathrm{d}y = \int_{-1}^1 x \cdot (x^2)^2 \cdot 2x \mathrm{d}x = 2\int_{-1}^1 x^6 \mathrm{d}x = \frac{4}{7}.$$

**例 5** 计算 $\int_L 2xy^2 \mathrm{d}x + x^3 \mathrm{d}y$,其中 $L$ 为如图 7-25 所示的曲线段.

(1)抛物线 $y^2 = x$ 上从点 $O(0,0)$ 到点 $A(1,1)$ 的一段弧;

(2)从点 $O(0,0)$ 到 $A(1,1)$ 的直线段.

**解** (1)现在 $L$ 的方程为 $y^2 = x$,即以 $x = x(y)$ 的形式给出,把它化为对 $y$ 的定积分来计算,$y$ 从 $0$ 变到 $1$,因此
$$\int_L 2xy^2 \mathrm{d}x + x^3 \mathrm{d}y = \int_0^1 (2 \cdot y^2 \cdot y^2 \cdot 2y + y^6)\mathrm{d}y = \int_0^1 (4y^5 + y^6)\mathrm{d}y = \frac{17}{21}.$$

(2)$L$ 为从点 $O(0,0)$ 到 $A(1,1)$ 的直线段,所以 $L$ 的方程为:$y = x$,$x$ 从 $0$ 变到 $1$,于是
$$\int_L 2xy^2 \mathrm{d}x + x^3 \mathrm{d}y = \int_0^1 (2x \cdot x^2 + x^3)\mathrm{d}x = \int_0^1 3x^3 \mathrm{d}x = \frac{3}{4}.$$

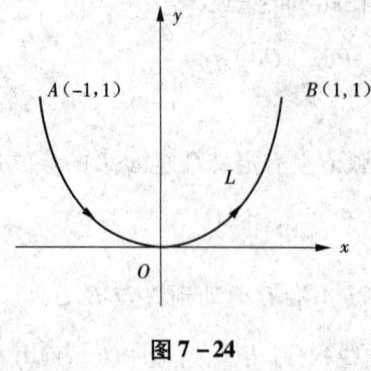
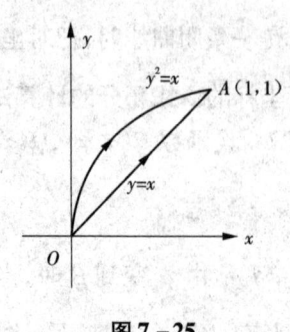

图 7-24                           图 7-25

从例 5 看出,虽然两个曲线积分的被积函数相同,起点和终点也相同,但沿不同的路径得出的值并不相等.

**例 6** 计算 $\int_L y\mathrm{d}x + x\mathrm{d}y$,其中 $L$ 为如图 7-26 所示的曲线.

(1) 半径为 $a$,圆心在原点,按逆时针方向绕行的上半圆周;

(2) 从点 $A(a,0)$ 沿 $x$ 轴到点 $B(-a,0)$ 的直线段;

(3) 有向折线 $ACB$,这里 $A, C, B$ 依次为点 $(a,0)$, $(0,a)$, $(-a,0)$.

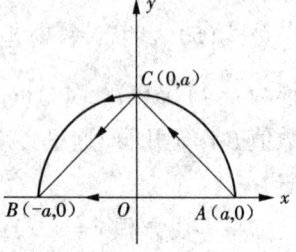

图 7-26

**解** (1) $L$ 的参数方程为: $x = a\cos t, y = a\sin t, t$ 从 $0$ 变到 $\pi$,因此

$$\int_L y\mathrm{d}x + x\mathrm{d}y = \int_0^\pi [a\sin t(-a\sin t) + a\cos t \cdot a\cos t]\mathrm{d}t$$

$$= a^2\int_0^\pi \cos 2t\,\mathrm{d}t = a^2\left(\frac{1}{2}\sin 2t\right)\bigg|_0^\pi = 0.$$

(2) $L$ 为直线段 $AB$,方程为 $y = 0$, $x$ 从 $a$ 变到 $-a$,因此

$$\int_L y\mathrm{d}x + x\mathrm{d}y = \int_a^{-a} 0 \cdot \mathrm{d}x = 0.$$

(3) $\int_L y\mathrm{d}x + x\mathrm{d}y = \int_{AC} y\mathrm{d}x + x\mathrm{d}y + \int_{CB} y\mathrm{d}x + x\mathrm{d}y,$

直线段 $AC$ 的方程为 $y = a - x$, $x$ 从 $a$ 变到 $0$,所以

$$\int_{AC} y\mathrm{d}x + x\mathrm{d}y = \int_a^0 [(a-x) + x \cdot (-1)]\mathrm{d}x = \int_a^0 (a - 2x)\mathrm{d}x = 0,$$

直线段 $CB$ 的方程为 $y = a + x$, $x$ 从 $0$ 变到 $-a$,所以

$$\int_{CB} y\mathrm{d}x + x\mathrm{d}y = \int_0^{-a} [(a+x) + x]\mathrm{d}x = \int_0^{-a} (a + 2x)\mathrm{d}x = 0,$$

从而

$$\int_L y\mathrm{d}x + x\mathrm{d}y = 0.$$

从例 6 可以看出,虽然沿不同的路径,但曲线积分的值是相等的.

**例 7** 设一个质点在 $M(x,y)$ 处受到力 $F$ 的作用,$F$ 的大小与 $M$ 到原点 $O$ 的距离成正比,

$F$ 的方向恒指向原点,此质点由点 $A(a,0)$ 沿椭圆 $\dfrac{x^2}{a^2}+\dfrac{y^2}{b^2}=1$ 按逆时针方向移动到点 $B(0,b)$,求力 $F$ 所作的功 $W$.

**解** $\overrightarrow{OM}=x\boldsymbol{i}+y\boldsymbol{j}$,$|\overrightarrow{OM}|=\sqrt{x^2+y^2}$,由假设有 $\boldsymbol{F}=-k(x\boldsymbol{i}+y\boldsymbol{j})$,其中 $k>0$ 是比例常数,于是

$$W=\int_{\widehat{AB}}-kx\mathrm{d}x-ky\mathrm{d}y=-k\int_{\widehat{AB}}x\mathrm{d}x+y\mathrm{d}y.$$

利用椭圆的参数方程:$x=a\cos t, y=b\sin t$,起点 $A$,终点 $B$ 分别对应参数 $t=0, t=\dfrac{\pi}{2}$. 于是

$$W=-k\int_0^{\frac{\pi}{2}}(-a^2\cos t\sin t+b^2\sin t\cos t)\mathrm{d}t$$

$$=k(a^2-b^2)\int_0^{\frac{\pi}{2}}\sin t\cos t\,\mathrm{d}t=\dfrac{k}{2}(a^2-b^2).$$

以上我们讨论了平面上对坐标的曲线积分的定义. 用完全类似的方法,可以建立空间对坐标曲线积分的定义,性质与计算公式.

设 $\Gamma$ 为空间的一条曲线弧,函数 $P(x,y,z), Q(x,y,z), R(x,y,z)$ 是定义在其上的函数,则空间对坐标的曲线积分为

$$\int_\Gamma P(x,y,z)\mathrm{d}x+Q(x,y,z)\mathrm{d}y+R(x,y,z)\mathrm{d}z$$

$$=\lim_{\lambda\to 0}\sum_{i=1}^n\left[P(\xi_i,\eta_i,\zeta_i)\Delta x_i+Q(\xi_i,\eta_i,\zeta_i)\Delta y_i+R(\xi_i,\eta_i,\zeta_i)\Delta z_i\right].$$

若空间曲线 $\Gamma$ 的参数方程为 $x=\varphi(t), y=\psi(t), z=\omega(t)$,则

$$\int_\Gamma P(x,y,z)\mathrm{d}x+Q(x,y,z)\mathrm{d}y+R(x,y,z)\mathrm{d}z$$

$$=\int_\alpha^\beta\{P[\varphi(t),\psi(t),\omega(t)]\varphi'(t)+Q[\varphi(t),\psi(t),\omega(t)]\psi'(t)+P[\varphi(t),\psi(t),\omega(t)]\omega'(t)\}\mathrm{d}t. \quad (6)$$

这里下限 $\alpha$ 对应于 $\Gamma$ 的起点,上限 $\beta$ 对应于 $\Gamma$ 的终点.

**例8** 计算 $\int_L x\mathrm{d}x+y\mathrm{d}y+(x+y-1)\mathrm{d}z$,其中 $\Gamma$ 是从点 $A(1,1,1)$ 到点 $B(2,3,4)$ 的一段直线.

**解** 直线段 $AB$ 的方程为

$$\dfrac{x-1}{2-1}=\dfrac{y-1}{3-1}=\dfrac{z-1}{4-1},$$

化为参数方程,得

$$x=1+t, y=1+2t, z=1+3t,$$

$t$ 从 0 变到 1,所以

$$\int_L x\mathrm{d}x+y\mathrm{d}y+(x+y-1)\mathrm{d}z=\int_0^1\left[(1+t)+(1+2t)\cdot 2+(1+3t)\cdot 3\right]\mathrm{d}t$$

$$=\int_0^1(6+14t)\mathrm{d}t=[6t+7t^2]_0^1=13.$$

## 三、格林公式及其应用

### 1. 格林(Green)公式

在一元函数积分学中,牛顿莱布尼兹公式表示在区间$[a,b]$上的积分可以通过它的原函数在这个区间端点上的值来表达.

下面要介绍的格林公式告诉我们,在平面闭区域 $D$ 上的二重积分可以通过沿闭区域 $D$ 的边界线 $L$ 上的曲线积分来表达.

我们首先规定区域 $D$ 的边界曲线 $L$ 的正向:当观察者沿 $L$ 的这个方向行走时,区域 $D$ 总在其左边,则该方向称为 $L$ 的正向. 按此规定,对于由一条封闭曲线 $L$ 所围成的区域而言,其边界曲线 $L$ 的正向就是逆时针方向. 又如,对于由两个同心圆所围成的区域而言,其边界为大圆周与小圆周,边界的正向:大圆周为逆时针方向,小圆周为顺时针方向.

**定理 3** 设闭区域 $D$ 由分段光滑的曲线 $L$ 围成,函数 $P(x,y)$ 及 $Q(x,y)$ 在 $D$ 上具有一阶连续偏导数,则有

$$\iint_D \left( \frac{\partial Q}{\partial x} - \frac{\partial P}{\partial y} \right) dxdy = \oint_L Pdx + Qdy. \tag{7}$$

其中 $L$ 是 $D$ 的取正向的边界曲线. 公式(7)叫作格林公式.

**证明** 先假设区域 $D$ 的边界曲线 $L$ 与平行于坐标轴的直线至多交于两点(见图 7-27),于是根据二重积分的计算法有

$$\iint_D \frac{\partial P}{\partial y} dxdy = \int_a^b dx \int_{\varphi_1(x)}^{\varphi_2(x)} \frac{\partial P(x,y)}{\partial y} dy$$

$$= \int_a^b \{ P[x,\varphi_2(x)] - P[x,\varphi_1(x)] \} dx.$$

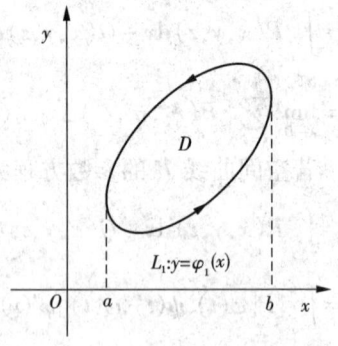

图 7-27

另一方面,由对坐标的曲线积分的性质及计算法有

$$\oint_L Pdx = \oint_{L_1} Pdx + \oint_{L_2} Pdx$$

$$= \int_a^b P[x,\varphi_1(x)] - P[x,\varphi_2(x)] dx$$

$$= \int_a^b \{ P[x,\varphi_1(x)] - P[x,\varphi_2(x)] \} dx.$$

因此,

$$- \iint_D \frac{\partial P}{\partial y} dxdy = \oint_L Pdx.$$

同理可证 $\iint_D \frac{\partial Q}{\partial x} dxdy = \oint_L Qdy.$

两式相加,即得

$$\iint_D \left( \frac{\partial Q}{\partial x} - \frac{\partial P}{\partial y} \right) dxdy = \oint_L Pdx + Qdy.$$

再考虑一般情形,如果闭区域 $D$ 不满足以上条件,那么可以在 $D$ 内引一条或几条辅助曲

线把 $D$ 分成有限个部分闭区域,使得每个部分闭区域都满足以上条件. 例如,对图 7-28 所示的闭区域而言,它的边界曲线 $L$ 为 $\overset{\frown}{MNPM}$,引进一条辅助线 $ABC$ 把 $D$ 分成 $D_1, D_2, D_3$ 三部分,应用公式(7)于每个部分,得

$$\iint_{D_1}\left(\frac{\partial Q}{\partial x}-\frac{\partial P}{\partial y}\right)dxdy = \oint_{\overset{\frown}{MCBAM}} Pdx+Qdy,$$

$$\iint_{D_2}\left(\frac{\partial Q}{\partial x}-\frac{\partial P}{\partial y}\right)dxdy = \oint_{\overset{\frown}{ABPA}} Pdx+Qdy,$$

$$\iint_{D_3}\left(\frac{\partial Q}{\partial x}-\frac{\partial P}{\partial y}\right)dxdy = \oint_{\overset{\frown}{BCNB}} Pdx+Qdy.$$

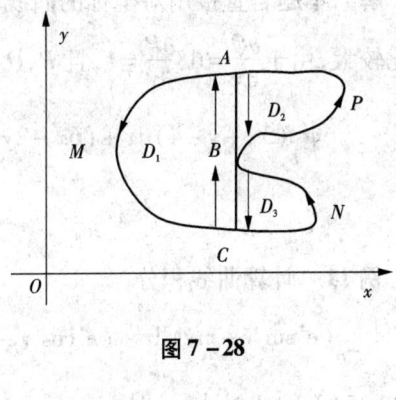

图 7-28

把这三个等式相加,注意到相加时沿辅助曲线的曲线积分相互抵消,便得

$$\iint_{D}\left(\frac{\partial Q}{\partial x}-\frac{\partial P}{\partial y}\right)dxdy = \oint_{L} Pdx+Qdy.$$

其中 $L$ 的方向对 $D$ 来说为正方向. 一般地,公式(7)对于由分段光滑的曲线围成的闭区域都成立.

**2. 格林公式的简单应用**

(1) 利用曲线积分求平面图形的面积.

在格林公式(7)中取 $P(x,y)=-y, Q(x,y)=x$,即得

$$2\iint_{D}dxdy = \oint_{L} xdy-ydx.$$

上式左端是闭区域 $D$ 的面积 $A$ 的 2 倍,因此有

$$A = \frac{1}{2}\oint_{L} xdy-ydx. \tag{8}$$

**例9** 求椭圆 $\dfrac{x^2}{a^2}+\dfrac{y^2}{b^2}=1$ 所围成图形的面积 $A$.

**解** 椭圆的参数方程为:$x=a\cos t, y=b\sin t$,根据公式(8)有

$$A = \frac{1}{2}\oint_{L} xdy-ydx = \frac{1}{2}\int_{0}^{2\pi}(ab\cos^2 t+ab\sin^2 t)dt = \frac{1}{2}ab\int_{0}^{2\pi}dt = \pi ab.$$

(2) 利用格林公式计算曲线积分.

如果计算曲线积分遇到困难,而在闭曲线 $L$ 所围成的区域 $D$ 上的二重积分 $\iint_{D}\left(\dfrac{\partial Q}{\partial x}-\dfrac{\partial P}{\partial y}\right)dxdy$ 却容易计算,这时可利用格林公式把曲线积分化为二重积分计算.

**例10** 计算 $\oint_{L}(3x+y-4)dx+(6x-2y+3)dy$,其中 $L$ 是以 $O(0,0), B(4,0), C(4,5)$ 为顶点的三角形正向边界(见图 7-29).

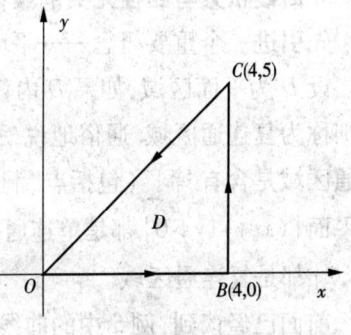

图 7-29

**解** 本题若直接用对坐标的曲线积分计算法计算，需要把 $L$ 分成三部分 $OB,BC,CO$，计算量比较大，由于 $\frac{\partial Q}{\partial x}=6,\frac{\partial P}{\partial y}=1$，且 $P,Q$ 满足格林公式的条件，所以由格林公式，得

$$\oint_L (3x+y-4)\,dx+(6x-2y+3)\,dy = \iint_D (6-1)\,dxdy = 5\iint_D dxdy = 5\cdot S_{\triangle OBC}$$
$$= 5\cdot\frac{1}{2}\cdot 4\cdot 5 = 50.$$

**例11** 计算曲线积分

$\int_{\widehat{AnO}}(e^x\sin y-my)\,dx+(e^x\cos y-m)\,dy$，其中 $\widehat{AnO}$ 为由点 $A(a,0)$ 到点 $O(0,0)$ 的上半圆 $x^2+y^2=ax$ $(a>0)$.

**解** 显然直接计算十分麻烦，我们应用格林公式计算. 但由于 $\widehat{AnO}$ 不是闭曲线，为了能应用格林公式，我们添加有向线段 $OA$，则 $\widehat{AnO}+OA=L$ 是一条正向闭曲线，由它围成的区域为 $D$（见图 7-30）.

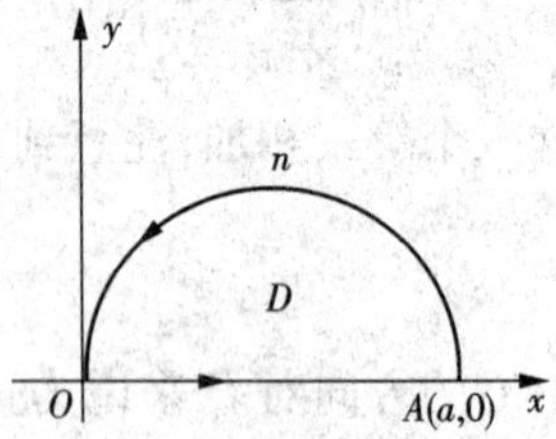

由于 $\frac{\partial P}{\partial y}=e^x\cos y-m,\frac{\partial Q}{\partial x}=e^x\cos y$，所以

图 7-30

$$\oint_L (e^x\sin y-my)\,dx+(e^x\cos y-m)\,dy = \iint_D [e^x\cos y-(e^x\cos y-m)]\,dxdy$$
$$= \iint_D m\,dxdy = m\cdot\frac{1}{2}\cdot\pi\cdot\left(\frac{a}{2}\right)^2 = \frac{m\pi}{8}a^2.$$

而 $\int_{\widehat{AnO}}(e^x\sin y-my)\,dx+(e^x\cos y-m)\,dy$

$$= \oint_L (e^x\sin y-my)\,dx+(e^x\cos y-m)\,dy - \int_{OA}(e^x\sin y-my)\,dx+(e^x\cos y-m)\,dy$$
$$= \frac{m\pi}{8}a^2 - \int_0^a 0\cdot dx = \frac{m\pi}{8}a^2.$$

本例题的解法具有一定的典型意义. 当一个非闭曲线积分不易计算时，可适当补充某些曲线使其成为闭曲线，然后应用格林公式来求所给的曲线积分.

**3. 曲线积分与路径无关的条件**

先引进一个重要概念——平面单连通区域.

设 $D$ 为平面区域，如果 $D$ 内任一闭曲线所围的部分都属于 $D$，则称 $D$ 为平面单连通区域，否则称为复连通区域. 通俗地说，平面单连通区域就是不含有"洞"（包括点"洞"）的区域，复连通区域是含有"洞"（包括点"洞"）的区域. 例如，平面上的圆形区域 $\{(x,y)|x^2+y^2<1\}$，上半平面 $\{(x,y)|y>0\}$ 都是单连通区域；圆环形区域 $\{(x,y)|1<x^2+y^2<4\}$，$\{(x,y)|0<x^2+y^2<2\}$ 都是复连通区域.

前面已经谈到，例 5 中的曲线积分与路径有关；例 6 中的曲线积分与路径无关，仅与曲线的始点、终点有关. 那么在什么条件下曲线积分与路径无关呢？为了研究这个问题，首先要明

确什么叫作曲线积分 $\int_L P\mathrm{d}x + Q\mathrm{d}y$ 与路径无关.

设 $G$ 是一个开区域,函数 $P(x,y),Q(x,y)$ 在区域 $G$ 内具有一阶连续偏导数,如果对于 $G$ 内任意指定的两个点 $A,B$ 以及 $G$ 内从点 $A$ 到点 $B$ 的任意两条曲线 $L_1,L_2$(见图 7-31),等式 $\int_{L_1} P\mathrm{d}x + Q\mathrm{d}y = \int_{L_2} P\mathrm{d}x + Q\mathrm{d}y$ 恒成立,则称曲线积分 $\int_L P\mathrm{d}x + Q\mathrm{d}y$ 在 $G$ 内与路径无关,否则称与路径有关.

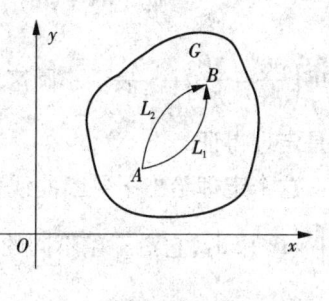

图 7-31

如果曲线积分与路径无关,那么根据上述定义有
$$\int_{L_1} P\mathrm{d}x + Q\mathrm{d}y = \int_{L_2} P\mathrm{d}x + Q\mathrm{d}y,$$

由于
$$\int_{L_2} P\mathrm{d}x + Q\mathrm{d}y = -\int_{L_2^-} P\mathrm{d}x + Q\mathrm{d}y,$$

所以
$$\int_{L_1} P\mathrm{d}x + Q\mathrm{d}y + \int_{L_2^-} P\mathrm{d}x + Q\mathrm{d}y = 0,$$

即
$$\oint_{L_1 + L_2^-} P\mathrm{d}x + Q\mathrm{d}y = 0.$$

这里 $L_1 + L_2^-$ 是一条有向闭曲线,因此,在区域 $G$ 内由曲线积分与路径无关可推得在 $G$ 内沿任意闭曲线的曲线积分为零. 反过来,把上述步骤逆推便知,如果在区域 $G$ 内沿任意闭曲线的曲线积分为零,那么在 $G$ 内曲线积分与路径无关. 由此得出结论:曲线积分 $\int_L P\mathrm{d}x + Q\mathrm{d}y$ 在 $G$ 内与路径无关等价于在 $G$ 内沿任一闭曲线 $C$ 的曲线积分 $\int_C P\mathrm{d}x + Q\mathrm{d}y = 0$.

**定理 4** 设函数 $P(x,y),Q(x,y)$ 在单连通区域 $G$ 内有一阶连续偏导数,则曲线积分 $\int_L P\mathrm{d}x + Q\mathrm{d}y$ 在 $G$ 内与路径无关(或沿 $G$ 内任意闭曲线的曲线积分为零)的充分必要条件是等式 $\dfrac{\partial P}{\partial y} = \dfrac{\partial Q}{\partial x}$ 在 $G$ 内恒成立.

**证明** 充分性:因为 $G$ 是单连通区域,所以对于 $G$ 内的任一闭曲线 $C$ 所围成的区域 $D$ 全在 $G$ 内. 于是等式 $\dfrac{\partial P}{\partial y} = \dfrac{\partial Q}{\partial x}$ 在 $D$ 上恒成立,应用格林公式有
$$\oint_C P\mathrm{d}x + Q\mathrm{d}y = \iint_D \left(\dfrac{\partial Q}{\partial x} - \dfrac{\partial P}{\partial y}\right)\mathrm{d}x\mathrm{d}y = 0.$$

于是得曲线积分在 $G$ 内与路径无关.

再证必要性:用反证法,设在 $G$ 内的一点 $M_0(x_0,y_0)$,使 $\left(\dfrac{\partial Q}{\partial x} - \dfrac{\partial P}{\partial y}\right)_{M_0} \neq 0$. 不妨假定 $\left(\dfrac{\partial Q}{\partial x} - \dfrac{\partial P}{\partial y}\right)_{M_0} > 0$,我们取一个以 $M_0$ 为中心,$R$ 为半径的小圆 $k$(小圆面积也用 $k$ 表示),由于偏导数的连续性,只要圆 $k$ 取得足够小,就能使得在其内 $\left(\dfrac{\partial Q}{\partial x} - \dfrac{\partial P}{\partial y}\right) > 0$,于是利用格林公式及重

积分性质可得

$$\oint_\gamma P\mathrm{d}x + Q\mathrm{d}y = \iint_k \left(\frac{\partial Q}{\partial x} - \frac{\partial P}{\partial y}\right)\mathrm{d}x\mathrm{d}y = \left(\frac{\partial Q}{\partial x} - \frac{\partial P}{\partial y}\right)_{(\xi,\eta)} \quad (k>0).$$

这里 $\left(\dfrac{\partial Q}{\partial x} - \dfrac{\partial P}{\partial y}\right)_{(\xi,\eta)}$ 表示小圆区域 $k$ 内点 $(\xi,\eta)$ 处的值,$\gamma$ 是 $k$ 的正向边界曲线. 这与题设矛盾,于是定理得证.

这个定理给出了判断曲线积分与路径无关的简便方法. 例如,在例 6 中我们计算过曲线积分 $\int_L y\mathrm{d}x + x\mathrm{d}y$,它沿三条不同的路径所取得的值都等于零. 由定理 4 可知,这不是偶然的,因为这里 $\dfrac{\partial P}{\partial y} = \dfrac{\partial Q}{\partial x} = 1$ 在整个 $xOy$ 面内恒成立,所以曲线积分 $\int_L y\mathrm{d}x + x\mathrm{d}y$ 与路径无关.

对于起点为 $(x_0,y_0)$,终点为 $(x_1,y_1)$ 的与路径无关的曲线积分,记为

$$\int_{(x_0,y_0)}^{(x_1,y_1)} P\mathrm{d}x + Q\mathrm{d}y.$$

它的值可采用沿平行于坐标轴的直线段连成的折线作为积分路线(见图 7-32),即有

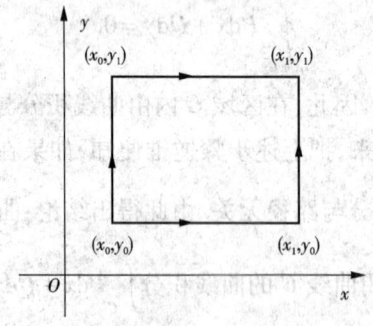

图 7-32

$$\int_{(x_0,y_0)}^{(x_1,y_1)} P(x,y)\mathrm{d}x + Q(x,y)\mathrm{d}y$$
$$= \int_{x_0}^{x_1} P(x,y_0)\mathrm{d}x + \int_{y_0}^{y_1} Q(x_1,y)\mathrm{d}y = \int_{y_0}^{y_1} Q(x_0,y)\mathrm{d}y + \int_{x_0}^{x_1} P(x,y_1)\mathrm{d}x. \tag{9}$$

**例 12** 验证曲线积分 $\int_L (x^4 + 4xy^3 - 1)\mathrm{d}x + (6x^2y^2 - 5y^4 + 1)\mathrm{d}y$ 在全平面上与路径无关,并就 $L$ 为 $x^2 + y^2 = 9$ 在第一象限部分弧段从 $A(0,3)$ 到 $B(3,0)$ 来计算此曲线积分的值.

**解** 这里 $P(x,y) = x^4 + 4xy^3 - 1$,$Q(x,y) = 6x^2y^2 - 5y^4 + 1$,$\dfrac{\partial Q}{\partial x} = 12xy^2 = \dfrac{\partial P}{\partial y}$ 在全平面上恒成立,故由定理 4 可知,曲线积分 $\int_L (x^4 + 4xy^3 - 1)\mathrm{d}x + (6x^2y^2 - 5y^4 + 1)\mathrm{d}y$ 在全平面上与路径无关. 选取 $AO + OB$ 为积分路径(见图 7-33),于是

$$\int_L (x^4 + 4xy^3 - 1)\mathrm{d}x + (6x^2y^2 - 5y^4 + 1)\mathrm{d}y$$
$$= \int_3^0 (-5y^4 + 1)\mathrm{d}y + \int_0^3 (x^4 - 1)\mathrm{d}x = \left[-y^5 + y\right]_3^0 + \left[\frac{1}{5}x^5 - x\right]_0^3 = \frac{1428}{5}.$$

在定理 4 中,区域 $D$ 是"单连通区域"的条件是很重要的,若 $D$ 不是单连通区域,即使 $P,Q$ 有连续偏导数,且在区域内恒有 $\frac{\partial P}{\partial y} = \frac{\partial Q}{\partial x}$,但曲线积分也不一定与路径无关.

**例 13** 计算 $I = \oint_L \frac{x\mathrm{d}y - y\mathrm{d}x}{x^2 + y^2}$,(1) $L$ 为以原点为圆心的任一正向圆周;(2) $L$ 为任一不包含原点在内的闭曲线.

**解** (1)因为
$$P(x,y) = -\frac{y}{x^2 + y^2}, Q(x,y) = \frac{x}{x^2 + y^2},$$
$$\frac{\partial Q}{\partial x} = \frac{y^2 - x^2}{(x^2 + y^2)^2} = \frac{\partial P}{\partial y}$$

在全平面内去掉原点 $O(0,0)$ 的任一区域内恒成立.

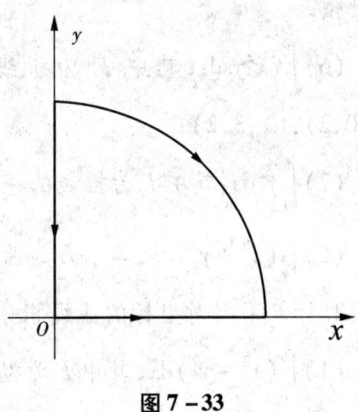

图 7 - 33

但是,在以原点为圆心的任一圆周上 $I$ 都不等于零,这可由曲线积分计算法直接算出. 设圆周为 $x = R\cos t, y = R\sin t$,则
$$\oint_L \frac{x\mathrm{d}y - y\mathrm{d}x}{x^2 + y^2} = \int_0^{2\pi} \frac{R^2(\cos^2 t + \sin^2 t)}{R^2}\mathrm{d}t = 2\pi.$$

这是因为去掉原点 $O(0,0)$ 的区域不是单连通区域.

(2)在任一不包含原点在内的闭曲线 $L$ 上,因为该曲线所围成的区域总可以含在某一个不含原点的单连通域 $D$ 内(见图 7 - 34),且 $\frac{\partial P}{\partial y} = \frac{\partial Q}{\partial x}$,所以满足定理 4 的条件,故所求的曲线积分都等于零.

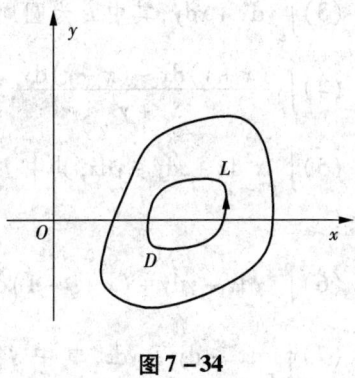

图 7 - 34

## 习题 7 - 2

1. 计算下列对弧长的曲线积分:

(1) $\oint_L (x^2 + y^2)^n \mathrm{d}s$,其中 $L$ 为圆周 $x = R\cos t, y = R\sin t, (0 \leqslant t \leqslant 2\pi)$;

(2) $\int_L (x + y)\mathrm{d}s$,其中 $L$ 为连接 $(1,0)$ 及 $(0,1)$ 两点的直线段;

(3) $\oint_L x\mathrm{d}s$,其中 $L$ 为由直线 $y = x$ 及抛物线 $y = x^2$ 所围成的区域的整个边界;

(4) $\oint_L \mathrm{e}^{\sqrt{x^2+y^2}} \mathrm{d}s$,其中 $L$ 为圆周 $x^2 + y^2 = a^2$,直线 $y = x$ 及 $x$ 轴在第一象限内所围成的扇形的整个边界;

(5) $\int_\Gamma \frac{1}{x^2 + y^2 + z^2} \mathrm{d}s$,其中 $\Gamma$ 为曲线 $x = \mathrm{e}^t \cos t, y = \mathrm{e}^t \sin t, z = \mathrm{e}^t$ 上相应于 $t$ 从 0 变到 2 的

这段弧；

(6) $\int_{\Gamma} x^2 yz\,\mathrm{d}s$，其中 $\Gamma$ 为折线 $ABCD$，这里 $A,B,C,D$ 依次为点 $(0,0,0),(0,0,2)$, $(1,0,2),(1,3,2)$；

(7) $\int_L y^2\,\mathrm{d}s$，其中 $L$ 为摆线的一拱 $x=a(t-\sin t),y=a(1-\cos t)(0\leqslant t\leqslant 2\pi)$；

(8) $\int_L (x^2+y^2)\,\mathrm{d}s$，其中 $L$ 为曲线 $x=a(\cos t+t\sin t),y=a(\sin t-t\cos t)(0\leqslant t\leqslant 2\pi)$.

2. 计算下列对坐标的曲线积分：

(1) $\int_L (x^2-y^2)\,\mathrm{d}x$，其中 $L$ 为抛物线 $y=x^2$ 上从点 $(0,0)$ 到点 $(2,4)$ 的一段弧；

(2) $\oint_L xy\,\mathrm{d}x$，其中 $L$ 为圆周 $(x-a)^2+y^2=a^2$ $(a>0)$，$x$ 轴所围成的在第一象限内的区域的整个边界(按逆时针方向绕行)；

(3) $\int_L y\,\mathrm{d}x+x\,\mathrm{d}y$，其中 $L$ 为圆周 $x=R\cos t,y=R\sin t$ 上对应 $t$ 从 $0$ 到 $\dfrac{\pi}{2}$ 的一段弧；

(4) $\int_L \dfrac{(x+y)\,\mathrm{d}x-(x-y)\,\mathrm{d}y}{x^2+y^2}$，其中 $L$ 为圆周 $x^2+y^2=a^2$ (按逆时针方向绕行)；

(5) $\int_{\Gamma} x^2\,\mathrm{d}x+z\,\mathrm{d}y-y\,\mathrm{d}z$，其中 $\Gamma$ 为曲线 $x=k\theta,y=a\cos\theta,z=a\sin\theta$ 上对应 $\theta$ 从 $0$ 到 $\pi$ 的一段弧；

(6) $\int_{\Gamma} x\,\mathrm{d}x+y\,\mathrm{d}y+(x+y-1)\,\mathrm{d}z$，其中 $\Gamma$ 是从点 $(1,1,1)$ 到点 $(2,3,4)$ 的一段直线；

(7) $\oint_{\Gamma} \mathrm{d}x-\mathrm{d}y+y\,\mathrm{d}z$，其中 $\Gamma$ 为有向闭折线 $ABCA$，这里 $A,B,C$ 依次为点 $(1,0,0)$, $(0,1,0),(0,0,1)$；

(8) $\int_L (x^2-2xy)\,\mathrm{d}x+(y^2-2xy)\,\mathrm{d}y$，其中 $L$ 为抛物线 $y=x^2$ 上从点 $(-1,1)$ 到点 $(1,1)$ 的一段弧.

3. $\int_L (x+y)\,\mathrm{d}x+(y-x)\,\mathrm{d}y$，其中 $L$ 是：

(1) 抛物线 $x=y^2$ 上从点 $(1,1)$ 到点 $(4,2)$ 的一段弧；

(2) 从点 $(1,1)$ 到点 $(4,2)$ 的直线段；

(3) 先沿直线从点 $(1,1)$ 到点 $(1,2)$，然后再沿直线到点 $(4,2)$ 的折线；

(4) 曲线 $x=2t^2+t+1,y=t^2+1$ 上从点 $(1,1)$ 到点 $(4,2)$ 的一段弧.

4. 计算下列曲线积分，并验证格林公式的正确性：

(1) $\oint_L (2xy-x^2)\,\mathrm{d}x+(x+y^2)\,\mathrm{d}y$，其中 $L$ 是由抛物线 $y=x^2$ 和 $y^2=x$ 所围成的区域的正向边界曲线；

(2) $\oint_L (x^2-xy^3)\,\mathrm{d}x+(y^2-2xy)\,\mathrm{d}y$，其中 $L$ 是四个顶点分别为 $(0,0),(2,0),(2,2)$ 和 $(0,2)$ 的正方形区域的正向边界.

5. 利用曲线积分，求下列曲线所围成的图形的面积：

(1) 星形线 $x = a\cos^3 t, y = a\sin^3 t$；

(2) 椭圆 $9x^2 + 16y^2 = 144$；

(3) 圆 $x^2 + y^2 = 2ax$.

6. 计算曲线积分 $\oint_L \dfrac{y\mathrm{d}x - x\mathrm{d}y}{2(x^2 + y^2)}$，其中 $L$ 是圆周 $(x-1)^2 + y^2 = 2$，$L$ 的方向为逆时针方向.

7. 证明下列曲线积分在整个 $xOy$ 面内与路径无关，并计算积分值：

(1) $\displaystyle\int_{(1,1)}^{(2,3)} (x+y)\mathrm{d}x + (x-y)\mathrm{d}y$；

(2) $\displaystyle\int_{(1,2)}^{(3,4)} (6xy^2 - y^3)\mathrm{d}x + (6x^2 y - 3xy^2)\mathrm{d}y$；

(3) $\displaystyle\int_{(1,0)}^{(2,1)} (2xy - y^4 + 3)\mathrm{d}x + (x^2 - 4xy^3)\mathrm{d}y$.

8. 利用格林公式，计算下列曲线积分：

(1) $\oint_L (2x - y + 4)\mathrm{d}x + (5y + 3x - 6)\mathrm{d}y$，其中 $L$ 为三顶点分别为 $(0,0), (3,0)$ 和 $(3,2)$ 的三角形正向边界；

(2) $\displaystyle\int_L (x^2 - y)\mathrm{d}x - (x + \sin y^2)\mathrm{d}y$，其中 $L$ 为正向星形线 $x^{\frac{2}{3}} + y^{\frac{2}{3}} = a^{\frac{2}{3}} (a > 0)$；

(3) $\displaystyle\int_L (2xy^3 - y^2 \cos x)\mathrm{d}x + (1 - 2y\sin x + 3x^2 y^2)\mathrm{d}y$，其中 $L$ 为抛物线 $2x = \pi y^2$ 上由点 $(0,0)$ 到点 $\left(\dfrac{\pi}{2}, 1\right)$ 的一段弧；

(4) $\oint_L (2x - y + 4)\mathrm{d}x + (5y + 3x - 6)\mathrm{d}y$，其中 $L$ 是在圆周 $y = \sqrt{2x - x^2}$ 上由点 $(0,0)$ 到点 $(2,0)$ 的一段弧.

# 本章学习指导

## 一、内容提要

### 1. 二重积分

(1) 二重积分的概念.

(2) 二重积分的运算性质.

(3) 二重积分的计算：直角坐标系下计算二重积分，极坐标系下计算二重积分.

(4) 二重积分的应用.

### 2. 曲线积分

(1) 曲线积分的概念.

(2) 曲线积分的运算性质.

(3) 曲线积分的计算.

### 3. 格林公式及其应用

(1) 格林公式.

(2) 曲线积分与路径无关的条件.

## 二、重点与难点解析

### 1. 计算二重积分关键是选择坐标系和选择积分次序

在计算二重积分时,如果积分区域是圆、圆环或与它们有关的区域,或被积函数中含有 $x^2+y^2$ 的变量形式,可以考虑选择极坐标系;否则,一般选取直角坐标系. 在选取直角坐标系后,选择积分顺序时要考虑积分区域和被积函数两个要素.

在直角坐标系中计算二重积分的方法是:

(1) 在平面直角坐标系下画出积分区域 $D$;

(2) 判断积分区域 $D$ 的类型;

(3) 确定积分限(注意后积分变元的积分上下限必须是常数).

在极坐标系中计算二重积分的方法是先对极径 $r$ 积分,后对极角 $\theta$ 积分,其积分区域为:

(1) 极点在区域 $D$ 的外部:

积分区域 $D$ 为 $\begin{cases} \alpha \leqslant \theta \leqslant \beta, \\ r_1(\theta) \leqslant r \leqslant r_2(\theta). \end{cases}$

(2) 极点在区域 $D$ 的边界线上:

积分区域 $D$ 为 $\begin{cases} \alpha \leqslant \theta \leqslant \beta, \\ 0 \leqslant r \leqslant r(\theta). \end{cases}$

(3) 极点在区域 $D$ 的内部:

积分区域 $D$ 为 $\begin{cases} 0 \leqslant \theta \leqslant 2\pi, \\ 0 \leqslant r \leqslant r(\theta). \end{cases}$

### 2. 二重积分的应用

会用二重积分计算一些几何量,如面积、体积.

(1) 面积 $A = \iint\limits_{D} d\sigma$.

(2) 空间立体的体积 $V = \iint\limits_{D} f(x,y) d\sigma$,其中 $z = f(x,y)$ 为曲顶柱体的顶,$D$ 为它的底.

### 3. 计算对弧长的曲线积分 $\int_L f(x,y) ds$

(1) 若 $L$ 由 $x = \varphi(t), y = \psi(t), \alpha \leqslant t \leqslant \beta$ 给出,则

$$\int_L f(x,y) ds = \int_\alpha^\beta f[\varphi(t), \psi(t)] \sqrt{\varphi'^2(t) + \psi'^2(t)} dt.$$

(2) 若 $L$ 由 $y = \psi(x), a \leqslant x \leqslant b$ 给出,则

$$\int_L f(x,y) ds = \int_a^b f[x, \psi(x)] \sqrt{1 + \psi'^2(x)} dx.$$

(3) 若 $L$ 由 $x = \varphi(y), c \leqslant y \leqslant d$ 给出,则

$$\int_L f(x,y) ds = \int_c^d f[\varphi(y), y] \sqrt{1 + \varphi'^2(y)} dy.$$

### 4. 计算对坐标的曲线积分 $\int_L P\mathrm{d}x + Q\mathrm{d}y$

(1)若 $L$ 由 $x=\varphi(t), y=\psi(t)$ 给出,则

$$\int_L P\mathrm{d}x + Q\mathrm{d}y = \int_\alpha^\beta \{P[\varphi(t),\psi(t)]\varphi'(t) + Q[\varphi(t),\psi(t)]\psi'(t)\}\mathrm{d}t,$$

其中 $t=\alpha$ 对应 $L$ 的起点,$t=\beta$ 对应 $L$ 的终点,$\alpha$ 不一定小于 $\beta$.

(2)若 $L$ 由 $x=\varphi(y)$ 给出,则

$$\int_L P\mathrm{d}x + Q\mathrm{d}y = \int_c^d \{P[\varphi(y),y]\varphi'(y) + Q[\varphi(y),y]\}\mathrm{d}y,$$ 这里下限 $c$ 对应于 $L$ 的起点,上限 $d$ 对应 $L$ 的终点,$c$ 不一定小于 $d$.

(3)若 $L$ 由 $y=\psi(x)$ 给出,则

$$\int_L P\mathrm{d}x + Q\mathrm{d}y = \int_a^b \{P[x,\psi(x)] + Q[x,\psi(x)]\psi'(x)\}\mathrm{d}x$$ 这里下限 $a$ 对应 $L$ 的起点,上限 $b$ 对应 $L$ 的终点,$a$ 不一定小于 $b$.

### 5. 格林公式的应用

(1)格林公式:$\iint_D \left(\dfrac{\partial Q}{\partial x} - \dfrac{\partial P}{\partial y}\right)\mathrm{d}x\mathrm{d}y = \oint_L P\mathrm{d}x + Q\mathrm{d}y$.

应用格林公式时应注意它的条件.

(2)闭区域 $D$ 的面积 $A = \dfrac{1}{2}\oint_L x\mathrm{d}y - y\mathrm{d}x$.

(3)用二重积分计算曲线 $\oint_L P\mathrm{d}x + Q\mathrm{d}y = \iint_D \left(\dfrac{\partial Q}{\partial x} - \dfrac{\partial P}{\partial y}\right)\mathrm{d}x\mathrm{d}y$.

若 $L$ 不是闭曲线,则补充一些曲线,使其成为闭曲线,然后应用格林公式计算.

### 6. 利用曲线积分与路径无关的条件计算曲线积分

若 $\dfrac{\partial P}{\partial y} = \dfrac{\partial Q}{\partial x}$ 在 $G$ 内恒成立,则 $\int_L P\mathrm{d}x + Q\mathrm{d}y$ 在 $G$ 内与路径无关. 这样就可选取最简单的路径(通常选平行于坐标轴的直线段组成的折线)进行计算.

### 三、典型例题解析

**例 1** 利用二重积分的性质,估计积分值 $I = \iint_D (x+y+1)\mathrm{d}\sigma$,其中 $D$ 是矩形域 $0 \leq x \leq 1$, $0 \leq y \leq 2$.

**解** 因为在 $D$ 上有:$1 \leq x+y+1 \leq 4$,而 $D$ 的面积为 2,由性质 4,可得

$$1 \times 2 \leq \iint_D (x+y+1)\mathrm{d}\sigma \leq 4 \times 2,$$

即

$$2 \leq \iint_D (x+y+1)\mathrm{d}\sigma \leq 8.$$

**例 2** 求 $\int_0^1 dy \int_y^1 \dfrac{\sin x}{x} dx$.

**解** 由于 $\dfrac{\sin x}{x}$ 的原函数不能用初等函数表示,故按题中所给积分次序不能计算出二重积分,对此类问题常考虑采用交换积分次序的方法解决. 积分区域 $D$ 如图 7-35 所示,则

$$\int_0^1 dy \int_y^1 \dfrac{\sin x}{x} dx = \int_0^1 dx \int_0^x \dfrac{\sin x}{x} dy$$
$$= \int_0^1 dx \int_0^x \dfrac{\sin x}{x} dy = \int_0^1 \dfrac{\sin x}{x} \cdot x dx$$
$$= \int_0^1 \sin x dx = 1 - \cos 1.$$

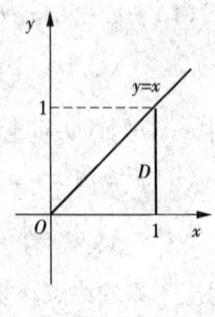

图 7-35

**例 3** 计算 $\iint_D y d\sigma$,其中 $D$ 是由 $x^2+y^2 \le 4, x^2+y^2 \ge 2x$ 及 $y \ge 0$, $x \ge 0$ 所确定的区域(见图 7-36).

**解** 考虑利用极坐标进行计算. 显然区域 $D$ 可表示为

$$2\cos\theta \le r \le 2, 0 \le \theta \le \dfrac{\pi}{2}.$$

故

$$\iint_D y d\sigma = \int_0^{\frac{\pi}{2}} d\theta \int_{2\cos\theta}^2 r^2 \sin\theta dr$$
$$= \dfrac{8}{3} \int_0^{\frac{\pi}{2}} \sin\theta(1-\cos^3\theta) d\theta = 2.$$

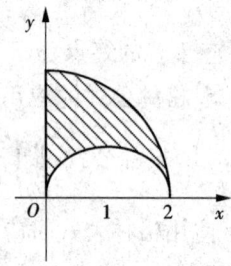

图 7-36

**例 4** 将二次积分 $\int_0^a dx \int_0^{\sqrt{a^2-x^2}} (x^2+y^2) dy$ 化为极坐标系下的二次积分,并计算其积分值 $(a \ge 0)$.

**解** 积分区域 $D: 0 \le x \le a, 0 \le y \le \sqrt{a^2-x^2}$,在极坐标系下,$D$ 可表示为 $0 \le \theta \le \dfrac{\pi}{2}$, $0 \le r \le a$,故

$$\int_0^a dx \int_0^{\sqrt{a^2-x^2}} (x^2+y^2) dy = \int_0^{\frac{\pi}{2}} d\theta \int_0^a r^3 dr = \dfrac{\pi}{8} a^4.$$

**例 5** 设 $f(x)$ 为区间 $[a,b]$ 上的连续函数,证明:对于任意 $x \in (a,b)$,总有

$$\int_a^b dx \int_a^x f(y) dy = \int_a^b f(x)(b-x) dx.$$

**证明** 积分区域 $D$ 如图 7-37 所示,交换积分次序

$$\int_a^b dx \int_a^x f(y) dy = \int_a^b dy \int_y^b f(y) dx = \int_a^b f(y) x \Big|_y^b dy = \int_a^b f(y)(b-y) dy = \int_a^b f(x)(b-x) dx.$$

**例 6** 计算 $\oint_L \sqrt{x^2+y^2} ds$,其中 $L$ 为圆周 $x^2+y^2=ax$ $(a>0)$(见图 7-38).

**解** $L$ 的参数方程为 $x = \dfrac{a}{2}(1+\cos\theta), y = \dfrac{a}{2}\sin\theta, (0 \le \theta \le 2\pi)$.

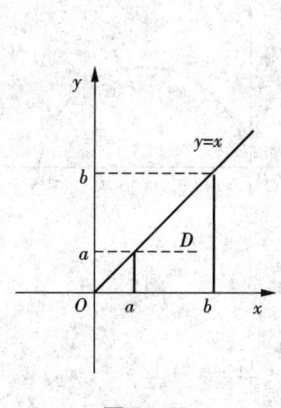

图 7-37

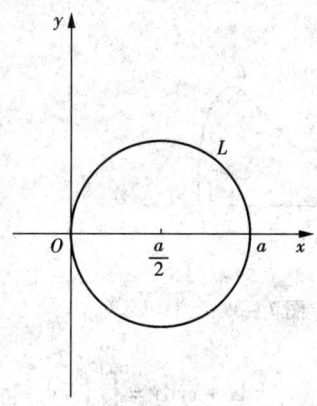

图 7-38

于是

$$\oint_L \sqrt{x^2+y^2}\,ds = \int_0^{2\pi} \sqrt{a\cdot\frac{a}{2}(1+\cos\theta)}\cdot\sqrt{\left(-\frac{a}{2}\sin\theta\right)^2+\left(\frac{a}{2}\cos\theta\right)^2}\,d\theta$$

$$= \frac{a^2}{2}\int_0^{2\pi}\sqrt{\cos^2\frac{\theta}{2}}\,d\theta = \frac{a^2}{2}\left[\int_0^\pi \cos\frac{\theta}{2}\,d\theta - \int_\pi^{2\pi}\cos\frac{\theta}{2}\,d\theta\right] = 2a^2.$$

**例7** 计算 $\oint_L e^{\sqrt{x^2+y^2}}\,ds$,其中 $L$ 为圆周 $x^2+y^2=a^2$,直线 $y=x$ 及 $x$ 轴在第一象限内所围成的图形的整个边界(见图7-39).

**解** 在线段 $OA$ 上,$\sqrt{x^2+y^2}=x$,$ds=dx$,则

$$\int_{OA} e^{\sqrt{x^2+y^2}}\,ds = \int_0^a e^x\,dx = e^a - 1.$$

在圆弧 $\widehat{AB}$ 上,$x=a\cos\theta$,$y=a\sin\theta$,$\sqrt{x^2+y^2}=a$,$ds=a\,d\theta$,则

$$\int_{OA} e^{\sqrt{x^2+y^2}}\,ds = \int_0^{\frac{\pi}{4}} e^a a\,d\theta = \frac{\pi}{4}a e^a.$$

在线段 $OB$ 上,$\sqrt{x^2+y^2}=\sqrt{2}x$,$ds=\sqrt{2}\,dx$,则

$$\int_{OB} e^{\sqrt{x^2+y^2}}\,ds = \int_0^{\frac{\sqrt{2}a}{2}} e^{\sqrt{2}x}\sqrt{2}\,dx = e^a - 1.$$

故

$$\oint_L e^{\sqrt{x^2+y^2}}\,ds = 2(e^a - 1) + \frac{\pi}{4}a e^a.$$

**例8** 计算曲线积分 $\int_L x\,dx + xy\,dy$,其中 $L$:上半圆周 $x^2+y^2=2x$ 的正向(见图7-40).

**解1** $L$ 的参数方程为:$x=1+\cos\theta$,$y=\sin\theta$,$0\le\theta\le\pi$.

$$\int_L x\,dx + xy\,dy = \int_0^\pi [(1+\cos\theta)(-\sin\theta) + (1+\cos\theta)\sin\theta\cos\theta]\,d\theta = -\frac{4}{3}.$$

**解2** 半圆周方程为 $y=\sqrt{2x-x^2}$,$x$ 由 2 变化到 0. 因此

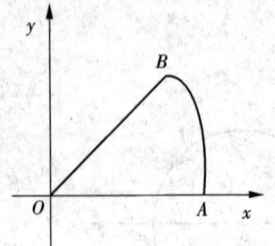

图 7-39

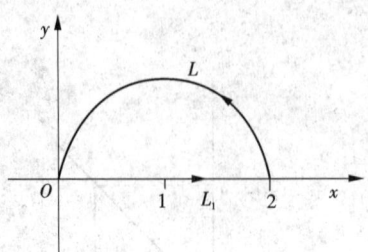

图 7-40

$$\int_L x\mathrm{d}x + xy\mathrm{d}y = \int_2^0 \left(x + x\sqrt{2x-x^2}\,\frac{1-x}{\sqrt{2x-x^2}}\right)\mathrm{d}x = \int_2^0 (2x - x^2)\mathrm{d}x = -\frac{4}{3}.$$

**解 3** 补 $L_1: y = 0$，$x$ 由 0 变化到 2. 由格林公式，得

$$\oint_{L+L_1} x\mathrm{d}x + xy\mathrm{d}y = \iint_D y\mathrm{d}x\mathrm{d}y = \int_0^{\frac{\pi}{2}} \mathrm{d}\theta \int_0^{2\cos\theta} r^2 \sin\theta\,\mathrm{d}r = \frac{2}{3},$$

$$\int_L x\mathrm{d}x + xy\mathrm{d}y = \frac{2}{3} - \int_{L_1} x\mathrm{d}x + xy\mathrm{d}y = \frac{2}{3} - \int_0^2 x\mathrm{d}x = \frac{2}{3} - 2 = -\frac{4}{3}.$$

**注意**：采取补线法时，应注意所补线与曲线构成闭合曲线，还应注意方向.

**例 9** $\oint_L \dfrac{x\mathrm{d}y - y\mathrm{d}x}{x^2 + y^2}$，其中 $L$ 为正向椭圆 $4x^2 + y^2 = 1$（见图 7-41）.

**解** 令 $P = \dfrac{-y}{x^2 + y^2}$，$Q = \dfrac{x}{x^2 + y^2}$. 则当 $x^2 + y^2 \ne 0$ 时，有 $\dfrac{\partial P}{\partial y} = \dfrac{y^2 - x^2}{(x^2 + y^2)^2} = \dfrac{\partial Q}{\partial x}$，记 $L$ 所围成的区域为 $D$. 由于 $(0,0) \in D$，格林公式不能应用，这时我们选取适当小的 $\varepsilon > 0$，作位于 $D$ 内的圆周 $l: x^2 + y^2 = \varepsilon^2$. 记 $L$ 和 $l$ 所围成的闭区域为 $D_1$，对复连通区域 $D_1$ 应用格林公式，得

$$\oint_L \frac{x\mathrm{d}y - y\mathrm{d}x}{x^2 + y^2} - \oint_l \frac{x\mathrm{d}y - y\mathrm{d}x}{x^2 + y^2} = 0,$$

其中 $L$ 的方向取逆时针方向. 于是

图 7-41

$$\oint_L \frac{x\mathrm{d}y - y\mathrm{d}x}{x^2 + y^2} = \oint_l \frac{x\mathrm{d}y - y\mathrm{d}x}{x^2 + y^2} = \int_0^{2\pi} \frac{\varepsilon^2 \cos^2\theta + \varepsilon^2 \sin^2\theta}{\varepsilon^2}\mathrm{d}\theta = 2\pi.$$

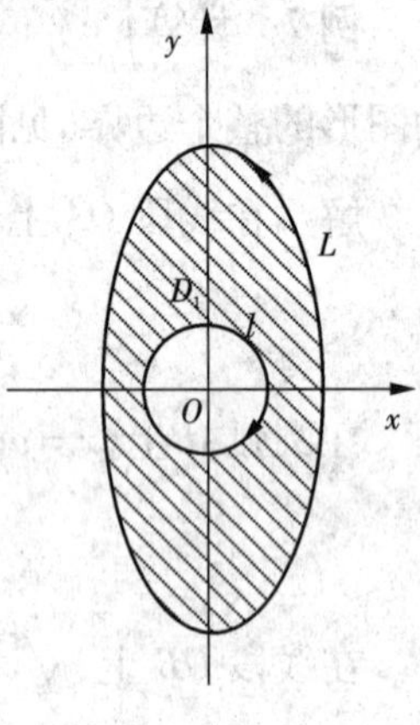

## 复习题七

**一、填空题**

1. $\displaystyle\int_0^1 \mathrm{d}x \int_0^{\sqrt{1-x^2}} \sqrt{x^2 + y^2}\,\mathrm{d}y = $ _____.

2. 设 $L$ 是从点 $O(0,0,0)$ 经点 $A(1,1,1)$ 到点 $B(1,1,-1)$ 的折线段,则曲线积分 $\int_L \mathrm{d}s =$ _____.

3. 若 $L$ 为逆时针方向的简单闭曲线,且 $\oint_L y\mathrm{d}x + 2x\mathrm{d}y = 2$,则 $L$ 所围区域 $D$ 的面积为_____.

4. 若 $D$ 为圆域 $x^2 + y^2 \leq a^2 (a > 0)$,则二重积分 $\iint_D (x^2 + y^2)\mathrm{d}\sigma =$ _____.

5. 化二重积分 $I = \iint_D f(x,y)\mathrm{d}\sigma$ 为二次积分,其中 $D$ 由 $x$ 轴及直线 $x = e$ 及曲线 $y = \ln x$ 围成,$I =$ _____.

6. 设 $\iint_D \mathrm{d}\sigma = 8$,其中 $D$ 为 $0 \leq x \leq a, 0 \leq y \leq ax$,这里 $a > 0$,则 $a =$ _____.

7. 变换二次积分 $\int_0^\pi \mathrm{d}y \int_{\sqrt{y}}^{\sqrt{\pi}} \frac{\sin x^2}{x}\mathrm{d}x$ 的积分次序为_____.

8. 计算 $\iint_D xy\mathrm{d}\sigma =$ _____,其中 $D$ 是由 $y$ 轴,$y = -x, x = \sqrt{4 - y^2}$ 围成的闭区域.

9. 设 $D$ 为平面 $xOy$ 上顺时针方向的简单闭曲线 $L$ 所围成的平面区域,且 $\oint_L (3x+y)\mathrm{d}x + (4x+2y)\mathrm{d}y = -9$,则 $D$ 的面积为_____.

10. $\iint_D (x+y)\mathrm{d}x\mathrm{d}y =$ _____,其中 $D$ 为圆域 $x^2 + y^2 \leq a^2$.

二、选择题

1. 设 $f(x,y)$ 在 $D: x^2 + y^2 \leq a^2$ 上连续,则 $\lim_{a \to 0} \frac{1}{\pi a^2}\iint_D f(x,y)\mathrm{d}\sigma$ ( ).

(A)不一定存在　　　　　　　　(B)存在且等于 $f(0,0)$
(C)存在且与 $f(0,0)$ 无关　　　　(D)一定不存在

2. 设 $f(x,y)$ 连续,且 $f(x,y) = xy + \iint_D f(x,y)\mathrm{d}x\mathrm{d}y$,其中 $D$ 由 $y = 0, y = x^2, x = 1$ 所围成,则 $f(x,y)$ 等于( ).

(A)$xy$　　(B)$2xy$　　(C)$xy + \frac{1}{8}$　　(D)$xy + 8$

3. 化二重积分 $\iint_D f(x,y)\mathrm{d}\sigma$ 为二次积分,其中 $D$ 由直线 $y = x$ 及 $y^2 = 9x$ 围成,以下正确的是( ).

(A)$\int_0^9 \mathrm{d}x \int_{\sqrt{x}}^x f(x,y)\mathrm{d}y$　　　　(B)$\int_0^9 \mathrm{d}x \int_x^{\sqrt{x}} f(x,y)\mathrm{d}y$

(C)$\int_0^9 \mathrm{d}y \int_{\frac{y^2}{9}}^y f(x,y)\mathrm{d}x$　　　　(D)$\int_0^9 \mathrm{d}y \int_y^{\sqrt{x}} f(x,y)\mathrm{d}x$

4. 化二重积分 $\iint_D f(x,y)\mathrm{d}x\mathrm{d}y$ 为极坐标系的二次积分,其中 $D$ 由直线 $y = x^2$ 及 $y = x$ 围成,以下正确的是( ).

(A) $\int_0^{\frac{\pi}{4}} d\theta \int_0^{\tan\theta} f(r\cos\theta, r\sin\theta) r dr$ 　　　　(B) $\int_0^{\frac{\pi}{4}} d\theta \int_0^{\tan\theta \sec\theta} f(r\cos\theta, r\sin\theta) dr$

(C) $\int_0^{\frac{\pi}{4}} d\theta \int_0^{\tan\theta \sec\theta} f(r\cos\theta, r\sin\theta) r dr$ 　　(D) $\int_0^{\frac{\pi}{4}} d\theta \int_0^{\tan\theta \csc\theta} f(r\cos\theta, r\sin\theta) r dr$

5. 设 $D: \{(x,y) | (x-2)^2 + (y-2)^2 \leq 2\}$, $I_i = \iint_D (x+y)^i dxdy (i=1,2,3)$, 则正确的关系是( ).

(A) $I_3 < I_2 < I_1$ 　　(B) $I_2 < I_3 < I_1$ 　　(C) $I_1 < I_3 < I_2$ 　　(D) $I_1 < I_2 < I_3$

6. 设 $L$ 是由 $y^2 = 2(x+2)$ 及 $x=2$ 所围区域的边界曲线, 取逆时针方向, 则 $\oint_L \frac{xdy - ydx}{x^2 + y^2}$ =( ).

(A) 0 　　(B) $\pi$ 　　(C) $2\pi$ 　　(D) $-2\pi$

7. 设 $L$ 为逆时针方向的上半圆周 $y = \sqrt{a^2 - x^2}$, 则 $\oint_L \frac{xdx - ydy}{x^2 + y^2}$ 的值为( ).

(A) 不存在 　　(B) 0 　　(C) $-1$ 　　(D) 1

8. 设 $G$ 为一个平面单连通区域, $P, Q$ 在 $G$ 上具有一阶连续偏导数, 则积分 $\int_L Pdx - Qdy$ 与路径无关的充分必要条件是( ).

(A) $\frac{\partial P}{\partial y} = \frac{\partial Q}{\partial x}$ 　　(B) $\frac{\partial P}{\partial x} = \frac{\partial Q}{\partial y}$ 　　(C) $\frac{\partial P}{\partial x} = -\frac{\partial Q}{\partial y}$ 　　(D) $\frac{\partial P}{\partial y} = -\frac{\partial Q}{\partial x}$

9. 若 $L$ 为圆周 $x^2 + y^2 = a^2 (a > 0)$, 则曲线积分 $\oint_L e^{\sqrt{x^2+y^2}} ds$ 的值为( ).

(A) $2a$ 　　(B) $2\pi a$ 　　(C) 2 　　(D) $2\pi a e^a$

10. $\int_L ydx + xdy = ($ 　　), 其中 $L$ 为从 $A(4,0)$ 沿曲线 $y = \sqrt{16-x^2}$ 到 $B(-4,0)$ 的一段弧.

(A) 0 　　(B) 1 　　(C) 2 　　(D) 3

### 三、计算题

1. 计算 $\iint_D e^{-y^2} dxdy$, 其中 $D$ 是以 $(0,0), (1,1), (0,1)$ 为顶点的三角形区域.

2. 计算 $\iint_D \arctan \frac{y}{x} d\sigma$, 其中 $D: 1 \leq x^2 + y^2 \leq 4, y \leq x, y \geq 0$.

3. 计算 $\iint_D xdxdy$, 其中 $D$ 是由直线 $y=2, y=x$ 及 $xy=1$ 所围成的区域.

4. 求曲面 $z = x^2 + y^2$ 与 $z = 2 - x^2$ 所围成的立体的体积.

5. 计算二重积分 $\iint_D y^2 \sin xy dxdy$, 其中 $D$ 由 $x=0, y=1, y=x$ 围成.

6. 计算二重积分 $\iint_D xye^{x^2+y^2} dxdy$, 其中 $D: a \leq x \leq b, c \leq y \leq d$.

7. 计算曲线积分 $\int_L (y^2 \cos x - 2xy^3) dx + (4 + 2y\sin x - 2x^2 y^2) dy$, 其中 $L$ 为从 $A(2,-1)$ 沿

曲线 $x = 1 + y^2$ 到 $B(2,1)$ 的一段弧.

8. 计算曲线积分 $\int_L \dfrac{x\mathrm{d}y - y\mathrm{d}x}{x^2 + y^2}$，其中 $L$ 为从 $A(0,1)$ 沿曲线 $y = 1 + x^2$ 到 $B(1,2)$ 的一段弧.

9. 计算曲线积分 $I = \int_L (\mathrm{e}^x \sin y - bx - by)\mathrm{d}x + (\mathrm{e}^x \cos y - ax)\mathrm{d}y$，其中 $L$ 为沿曲线 $y = \sqrt{2ax - x^2}$ 从 $A(2a, 0)$ 到 $O(0,0)$ 的弧.

10. 利用二重积分计算由 $z = 1 - x^2 - y^2$ 及 $z = 0$ 所围成立体的体积 $V$.

### 四、证明题

1. 设 $f(x)$ 为连续函数，证明：
$$\int_0^a \mathrm{d}y \int_0^y \mathrm{e}^{m(a-x)} f(x) \mathrm{d}x = \int_0^a (a-x)\mathrm{e}^{m(a-x)} f(x) \mathrm{d}x.$$

2. 证明：曲线积分 $\int_L (\mathrm{e}^x \cos y + 2xy^2)\mathrm{d}x + (2x^2 y - \mathrm{e}^x \sin y)\mathrm{d}y$ 在整个 $xOy$ 面内与路径无关.

# 第八章 无穷级数

无穷级数是高等数学的重要组成部分,在科学领域中有着广泛的应用,它是研究函数的性质以及进行数值计算的重要工具. 本章先讨论常数项级数,介绍无穷级数的一些基本内容,然后讨论函数项级数,着重讨论如何将函数展成幂级数的问题.

## 第一节 常数项无穷级数

### 一、常数项无穷级数的概念与性质

**1. 常数项无穷级数的概念**

公元前 3 世纪,道家的代表人物庄子在《庄子·天下篇》中记载:"一尺之棰,日取其半,万世不竭."如果把每日所截得的木杆的长度逐日列出,可以得到数列 $\frac{1}{2}, \frac{1}{4}, \frac{1}{8} \cdots \frac{1}{2^n} \cdots$,逐项相加得到式子

$$\frac{1}{2} + \frac{1}{4} + \frac{1}{8} + \cdots + \frac{1}{2^n} + \cdots,$$

这是无穷多个常数相加,我们把这个式子就叫作**无穷级数**.

**定义 1** 设给定一个无穷数列 $\{u_n\}$,则表达式

$$u_1 + u_2 + u_3 + \cdots + u_n + \cdots \tag{1}$$

叫作**无穷级数**,简称**级数**. 记作 $\sum_{n=1}^{\infty} u_n$. 即

$$\sum_{n=1}^{\infty} u_n = u_1 + u_2 + u_3 + \cdots + u_n + \cdots,$$

其中 $u_n$ 叫作级数的第 $n$ 项,也叫作一般项或通项. 如果 $u_n$ 是常数,则级数 $\sum_{n=1}^{\infty} u_n$ 叫作**常数项级数**. 如果 $u_n$ 是函数,则级数 $\sum_{n=1}^{\infty} u_n$ 叫作**函数项级数**.

例如,

$$\sum_{n=1}^{\infty} \frac{3}{10^n} = \frac{3}{10} + \frac{3}{10^2} + \frac{3}{10^3} + \cdots + \frac{3}{10^n} + \cdots,$$

$$\sum_{n=1}^{\infty} (-1)^{n-1} \frac{1}{n} = 1 - \frac{1}{2} + \frac{1}{3} - \frac{1}{4} + \cdots + (-1)^{n-1} \frac{1}{n} + \cdots,$$

$$\sum_{n=1}^{\infty} (-1)^{n-1} = 1 + (-1) + 1 + \cdots + (-1)^{n-1} + \cdots,$$

都是**常数项级数**.

又如

$$\sum_{n=1}^{\infty}(-1)^{n-1}x^{n-1}=1-x+x^2-x^3+\cdots+(-1)^{n-1}x^{n-1}+\cdots,$$

$$\sum_{n=1}^{\infty}\sin nx=\sin x+\sin 2x+\sin 3x+\cdots+\sin nx+\cdots$$

都是**函数项级数**.

本节先讨论常数项级数. 有限个常数相加其和是确定的, 而无穷多个常数相加就不一定有意义了. 为此, 我们先求有限项的和, 然后运用极限的方法来讨论无穷多项的累加问题.

**定义2** 对于无穷级数 $\sum_{n=1}^{\infty}u_n$, 它的前 $n$ 项和

$$S_n=u_1+u_2+u_3+\cdots+u_n \tag{2}$$

叫作级数的**部分和**. 如果当 $n\to\infty$ 时, 部分和数列 $\{S_n\}$ 有极限 $s$, 即 $\lim_{n\to\infty}S_n=s$, 则称级数 $\sum_{n=1}^{\infty}u_n$ 是**收敛**的, 并把 $s$ 叫作该级数的和. 即

$$S=u_1+u_2+u_3+\cdots+u_n+\cdots,$$

如果当 $n\to\infty$ 时, $\{S_n\}$ 的极限不存在, 则称这个级数是**发散**的.

当级数收敛时, 级数的和 $S$ 与它的部分和 $S_n$ 之差 $R_n=S-S_n=u_{n+1}+u_{n+2}+\cdots$ 叫作级数的**余项**, 以部分和 $S_n$ 作为和 $S$ 的近似值所产生的误差, 就是这个余项的绝对值 $|R_n|$.

**例1** 判定级数 $\sum_{n=1}^{\infty}\dfrac{1}{n(n+1)}=\dfrac{1}{1\times 2}+\dfrac{1}{2\times 3}+\dfrac{1}{3\times 4}+\cdots+\dfrac{1}{n(n+1)}+\cdots$ 的敛散性.

**解** 已知级数的前 $n$ 项和是

$$S_n=\dfrac{1}{1\times 2}+\dfrac{1}{2\times 3}+\dfrac{1}{3\times 4}+\cdots+\dfrac{1}{n(n+1)}$$

$$=1-\dfrac{1}{2}+\dfrac{1}{2}-\dfrac{1}{3}+\dfrac{1}{3}-\dfrac{1}{4}+\cdots+\dfrac{1}{n}-\dfrac{1}{n+1}$$

$$=1-\dfrac{1}{n+1},$$

因为 $\lim_{n\to\infty}S_n=\lim_{n\to\infty}\left(1-\dfrac{1}{n+1}\right)=1$, 所以这个级数收敛, 且其和为 1.

**例2** 判定级数 $\sum_{n=1}^{\infty}\ln\left(1+\dfrac{1}{n}\right)=\ln(1+1)+\ln\left(1+\dfrac{1}{2}\right)+\cdots+\ln\left(1+\dfrac{1}{n}\right)+\cdots$ 的敛散性.

**解** 已知级数的前 $n$ 项和为

$$S_n=\ln(1+1)+\ln\left(1+\dfrac{1}{2}\right)+\cdots+\ln\left(1+\dfrac{1}{n}\right)$$

$$=(\ln 2-\ln 1)+(\ln 3-\ln 2)+\cdots+[\ln(n+1)-\ln n]$$

$$=\ln(n+1),$$

因为 $\lim_{n\to\infty}S_n=\lim_{n\to\infty}\ln(1+n)=+\infty$, 所以这个级数发散.

**例3** 讨论等比级数(几何级数)

$$\sum_{n=1}^{\infty} aq^{n-1} = a + aq + aq^2 + \cdots + aq^{n-1} + \cdots \qquad (3)$$

的敛散性.

**解** (1) 当 $|q| \neq 1$ 时,前 $n$ 项和为

$$S_n = a + aq + aq^2 + \cdots + aq^{n-1} = \frac{a(1-q^n)}{1-q}.$$

当 $|q| < 1$ 时,$\lim_{n \to \infty} q^n = 0$,于是 $\lim_{n \to \infty} S_n = \frac{a}{1+q}$,所以级数 $\sum_{n=1}^{\infty} aq^{n-1}$ 收敛. 其和 $S = \frac{a}{1-q}$. 当 $|q| > 1$ 时,$\lim_{n \to \infty} q^n = \infty$,于是 $\lim_{n \to \infty} S_n = \infty$,所以级数 $\sum_{n=1}^{\infty} aq^{n-1}$ 发散.

(2) 当 $|q| = 1$ 时,有 $q = \pm 1$.

当 $q = 1$ 时,$S_n = na$,于是 $\lim_{n \to \infty} S_n = \lim_{n \to \infty} na = \infty$,所以此时级数 $\sum_{n=1}^{\infty} aq^{n-1}$ 发散.

当 $q = -1$ 时,$S_n = \begin{cases} a, & \text{当 } n \text{ 为奇数时} \\ 0, & \text{当 } n \text{ 为偶数时} \end{cases}$,显然,当 $n \to \infty$ 时,$S_n$ 没有极限,所以此时级数 $\sum_{n=1}^{\infty} aq^{n-1}$ 发散.

综上所述,等比级数 $\sum_{n=1}^{\infty} aq^{n-1}$ 当公比 $q$ 的绝对值 $|q| < 1$ 时收敛;$|q| \geq 1$ 时发散.

**2. 常数项级数的基本性质**

**性质1** 若级数 $\sum_{n=1}^{\infty} u_n$ 收敛,其和为 $s$,则对任意常数 $c$,级数 $\sum_{n=1}^{\infty} cu_n$ 也收敛,其和为 $cs$;若 $\sum_{n=1}^{\infty} u_n$ 发散,当 $c \neq 0$ 时,级数 $\sum_{n=1}^{\infty} cu_n$ 也发散.

**证明** 设级数 $\sum_{n=1}^{\infty} u_n$ 收敛,级数 $\sum_{n=1}^{\infty} u_n$ 与 $\sum_{n=1}^{\infty} cu_n$ 的部分和分别为 $S_n$ 和 $\sigma_n$,则

$$\sigma_n = cu_1 + \cdots + cu_n = cS_n,$$

于是,$\lim_{n \to \infty} \sigma_n = \lim_{n \to \infty} cS_n = cs$. 所以级数 $\sum_{n=1}^{\infty} cu_n$ 收敛,和为 $cs$.

设级数 $\sum_{n=1}^{\infty} u_n$ 发散,即当 $n \to \infty$ 时 $S_n$ 无极限,由 $\sigma_n = cS_n$ 且 $c \neq 0$,所以当 $n \to \infty$,$\sigma_n$ 也无极限,即 $\sum_{n=1}^{\infty} cu_n$ 发散.

**性质2** 若级数 $\sum_{n=1}^{\infty} u_n$ 和级数 $\sum_{n=1}^{\infty} v_n$ 都收敛,其和分别为 $s$ 和 $\sigma$,则级数 $\sum_{n=1}^{\infty} (u_n \pm v_n)$ 也收敛,且其和为 $s \pm \sigma$.

**证明** 设级数 $\sum_{n=1}^{\infty} u_n, \sum_{n=1}^{\infty} v_n, \sum_{n=1}^{\infty} (u_n \pm v_n)$ 的部分和分别为 $S_n, \sigma_n$ 和 $\tau_n$,则

$$\begin{aligned}\tau_n &= (u_1 \pm v_1) + (u_2 \pm v_2) + \cdots + (u_n \pm v_n) \\ &= (u_1 + u_2 + \cdots + u_n) \pm (v_1 + v_2 + \cdots + v_n) \\ &= S_n \pm \sigma_n,\end{aligned}$$

于是，$\lim\limits_{n\to\infty}\tau_n = \lim\limits_{n\to\infty}(S_n \pm \sigma_n) = S \pm \sigma$. 所以级数 $\sum\limits_{n=1}^{\infty}(u_n \pm v_n)$ 收敛，其和为 $s \pm \sigma$.

**性质 3** 在级数中去掉、加上或改变有限项，不会影响级数的敛散性. 但是，当级数收敛时，其和一般要改变. (证明略)

例如，等比级数 $1 + \dfrac{1}{2} + \dfrac{1}{4} + \dfrac{1}{8} + \cdots$ 是收敛的，其和为 2. 若去掉它的前 5 项后，得到级数 $\dfrac{1}{32} + \dfrac{1}{64} + \dfrac{1}{128} + \cdots$，显然该级数也收敛，其和为 $\dfrac{1}{16}$.

**性质 4** 若级数 $\sum\limits_{n=1}^{\infty} u_n$ 收敛，则对其各项间任意加括号所得的级数仍收敛，且其和不变. (证明略)

**注意**：性质 4 的结论反过来并不成立. 即如果加括号后组成的级数收敛，则不能断定原级数也收敛. 例如级数 $(1-1)+(1-1)+(1-1)+\cdots(1-1)+\cdots$ 显然收敛于 0，但级数 $1-1+1-1+1-1+\cdots+1-1+\cdots$ 却是发散的.

**例 4** 判别级数 $\sum\limits_{n=1}^{\infty} \dfrac{2+(-1)^{n-1}}{3^n}$ 是否收敛？若收敛，求其和.

**解** 因为 $\sum\limits_{n=1}^{\infty} \dfrac{2}{3^n}$ 是公比 $q = \dfrac{1}{3}$ 的等比级数，它是收敛的，且其和为 $\dfrac{\frac{2}{3}}{1-\frac{1}{3}} = 1$.

级数 $\sum\limits_{n=1}^{\infty} \dfrac{(-1)^{n-1}}{3^n}$ 是公比 $q = -\dfrac{1}{3}$ 的等比级数，它是收敛的，其和为 $\dfrac{\frac{1}{3}}{1+\frac{1}{3}} = \dfrac{1}{4}$. 于是根据性质 2 可知，级数 $\sum\limits_{n=1}^{\infty} \dfrac{2+(-1)^{n-1}}{3^n}$ 收敛，其和为 $\dfrac{5}{4}$.

**3. 级数收敛的必要条件**

级数 $\sum\limits_{n=1}^{\infty} u_n$ 的一般项可表示为 $u_n = S_n - S_{n-1}$，如果级数 $\sum\limits_{n=1}^{\infty} u_n$ 收敛，显然 $S_n$ 和 $S_{n-1}$ 有相同的极限. 因此，$\lim\limits_{n\to\infty} u_n = \lim\limits_{n\to\infty}(S_n - S_{n-1}) = 0$. 于是得到下述重要结论.

**定理 1 (收敛级数的必要条件)** 若级数 $\sum\limits_{n=1}^{\infty} u_n$ 收敛，则 $\lim\limits_{n\to\infty} u_n = 0$.

由此可知，若 $\lim\limits_{n\to\infty} u_n \neq 0$，则级数 $\sum\limits_{n=1}^{\infty} u_n$ 一定发散，例如，级数

$$\dfrac{1}{3} + \dfrac{2}{5} + \dfrac{3}{7} + \cdots + \dfrac{n}{2n+1} + \cdots$$

的一般项 $u_n = \dfrac{n}{2n+1}$ 当 $n \to \infty$ 不趋于零，因此该级数是发散的.

**注意**：级数的一般项趋于零并不是级数收敛的充分条件. 有些级数虽然一般项趋于零，但仍然是发散的. 例如，**调和级数**

$$1 + \frac{1}{2} + \frac{1}{3} + \cdots + \frac{1}{n} + \cdots, \tag{4}$$

虽然它的一般项 $u_n = \frac{1}{n} \to 0 (n \to \infty)$, 但它是发散的. 现在我们用反证法证明如下.

假若级数(4)收敛, 设它的部分和为 $S_n$ 且 $S_n \to s(n \to \infty)$. 显然, 对级数的部分和 $S_{2n}$, 也有 $S_{2n} \to s(n \to \infty)$. 于是

$$S_{2n} - S_n = s - s = 0(n \to \infty).$$

但另一方面

$$S_{2n} - S_n = \frac{1}{n+1} + \frac{1}{n+2} + \cdots + \frac{1}{2n} > \underbrace{\frac{1}{2n} + \frac{1}{2n} + \cdots \frac{1}{2n}}_{n \uparrow} = \frac{1}{2},$$

故

$$S_{2n} - S_n \nrightarrow 0(n \to \infty),$$

与假设级数(4)收敛矛盾. 这说明级数(4)必定发散.

## 二、常数项级数的审敛法

利用级数收敛与发散的定义和性质判断一个级数的敛散性, 通常是很困难的. 因此, 需要建立判断级数敛散性的一般方法.

**1. 正项级数及其审敛法**

一般的常数项级数, 它的各项可以是正数、负数或者零. 现在我们先来讨论各项都是正数或零的级数, 这种级数称为**正项级数**. 这种级数特别重要, 以后将看到许多级数的收敛性问题可归结为正项级数的敛散性问题.

设级数

$$u_1 + u_2 + u_3 + \cdots + u_n + \cdots \tag{5}$$

是一个正项级数($u_n \geq 0$), 它的部分和为 $S_n$. 显然, 数列$\{S_n\}$是一个单调增加数列:

$$S_1 \leq S_2 \leq \cdots \leq S_n \leq \cdots.$$

如果数列$\{S_n\}$有界, 根据单调有界的数列必有极限的准则, 级数(5)必收敛. 反之, 如果正项级数(5)收敛于和 $s$, 即 $\lim\limits_{n\to\infty} S_n = s$, 根据有极限的数列是有界数列的性质可知, 数列$\{S_n\}$有界. 因此, 我们得到如下重要的结论.

**定理 2**  正项级数收敛的充分必要条件是: 它的部分和数列$\{S_n\}$有界.

根据定理 2 可得关于正项级数的一个基本的审敛法.

**定理 3(比较审敛法)**  设两个正项级数 $\sum\limits_{n=1}^{\infty} u_n$ 与 $\sum\limits_{n=1}^{\infty} v_n$, 且 $u_n \leq v_n (n=1,2,3,\cdots)$. 如果级数 $\sum\limits_{n=1}^{\infty} v_n$ 收敛, 则级数 $\sum\limits_{n=1}^{\infty} u_n$ 也收敛; 反之, 如果级数 $\sum\limits_{n=1}^{\infty} u_n$ 发散, 则级数 $\sum\limits_{n=1}^{\infty} v_n$ 也发散.

**证明**  设级数 $\sum\limits_{n=1}^{\infty} v_n$ 收敛于和 $\sigma$, 则级数 $\sum\limits_{n=1}^{\infty} u_n$ 的部分和

$$S_n = u_1 + u_2 + \cdots + u_n \leq v_1 + v_2 + \cdots + v_n \leq \sigma (n=1,2,\cdots),$$

即部分和数列 $\{S_n\}$ 有界，由定理 2 知级数 $\sum_{n=1}^{\infty} u_n$ 收敛.

反之，设级数 $\sum_{n=1}^{\infty} u_n$ 发散，则级数 $\sum_{n=1}^{\infty} v_n$ 必发散. 因为若级数 $\sum_{n=1}^{\infty} v_n$ 收敛，由上面已证明的结论，将有级数 $\sum_{n=1}^{\infty} u_n$ 也收敛，与假设矛盾.

**例 5** 讨论 $p$ 级数

$$1 + \frac{1}{2^p} + \frac{1}{3^p} + \frac{1}{4^p} + \cdots \frac{1}{n^p} + \cdots \tag{6}$$

的收敛性，其中常数 $p > 0$.

**解** 设 $p \leqslant 1$. 这时级数的各项不小于调和级数的对应项：$\frac{1}{n^p} \geqslant \frac{1}{n}$，但调和级数是发散的，因此根据比较审敛法知，当 $p \leqslant 1$ 时，级数(6)发散.

设 $p > 1$. 因为当 $k - 1 \leqslant x \leqslant k$ 时，有 $\frac{1}{k^p} \leqslant \frac{1}{x^p}$，所以

$$\frac{1}{k^p} = \int_{k-1}^{k} \frac{1}{k^p} dx \leqslant \int_{k-1}^{k} \frac{1}{x^p} dx \ (k = 2, 3, \cdots),$$

从而级数(6)的部分和

$$S_n = 1 + \sum_{k=2}^{n} \frac{1}{k^p} = 1 + \sum_{k=2}^{n} \int_{k-1}^{k} \frac{1}{k^p} dx \leqslant 1 + \sum_{k=2}^{n} \int_{k-1}^{k} \frac{1}{x^p} dx = 1 + \int_{1}^{n} \frac{1}{x^p} dx$$

$$= 1 + \frac{1}{p-1} \left(1 - \frac{1}{n^{p-1}}\right) < 1 + \frac{1}{p-1} \ (n = 2, 3, \cdots),$$

这表明数列 $\{S_n\}$ 有界，因此级数(6)收敛.

综合上述讨论得到，当 $0 < p \leqslant 1$ 时，$p$ 级数是发散的；当 $p > 1$ 时，$p$ 级数是收敛的. 这个结论以后经常用到，应给予足够重视.

**例 6** 判别级数 $\sum_{n=1}^{\infty} \frac{1}{\sqrt{n^3 + n}}$ 的敛散性.

**解** 因为 $u_n = \frac{1}{\sqrt{n^3 + n}} < \frac{1}{n^{\frac{3}{2}}}$，而级数 $\sum_{n=1}^{\infty} \frac{1}{n^{\frac{3}{2}}}$ 是 $p = \frac{2}{3}$ 的 $p$ 级数，它是收敛的. 由比较审敛法可知级数 $\sum_{n=1}^{\infty} \frac{1}{\sqrt{n^3 + n}}$ 也收敛.

**例 7** 判别级数 $2\sin\frac{\alpha}{3} + 2^2\sin\frac{\alpha}{3^2} + \cdots + 2^n\sin\frac{\alpha}{3^n} + \cdots (0 < \alpha < \pi)$ 的敛散性.

**解** 因为 $0 < \sin\frac{\alpha}{3^n} < \frac{\alpha}{3^n}$，所以有 $2^n\sin\frac{\alpha}{3^n} < \frac{2^n}{3^n}\alpha$. 因为级数 $\sum_{n=1}^{\infty} \left(\frac{2}{3}\right)^n \alpha$ 是 $q = \frac{2}{3}$ 的等比级数，它是收敛的. 由比较审敛法可知 $\sum_{n=1}^{\infty} 2^n\sin\frac{\alpha}{3^n}$ 也收敛.

为了便于应用，下面我们给出比较审敛法的极限形式.

**定理 4**(比较审敛法的极限形式) 设 $\sum_{n=1}^{\infty} u_n$ 和 $\sum_{n=1}^{\infty} v_n$ 是两个正项级数，若

$$\lim_{n\to\infty}\frac{u_n}{v_n}=l,$$

则(1) 当 $0<l<+\infty$ 时,级数 $\sum_{n=1}^{\infty}u_n$ 与 $\sum_{n=1}^{\infty}v_n$ 同时收敛或者同时发散;

(2) 当 $l=0$,且级数 $\sum_{n=1}^{\infty}v_n$ 收敛时,级数 $\sum_{n=1}^{\infty}u_n$ 也收敛;

(3) 当 $l=+\infty$,且 $\sum_{n=1}^{\infty}v_n$ 发散时,级数 $\sum_{n=1}^{\infty}u_n$ 也发散.

证明略.

**例8** 判定级数 $\sum_{n=1}^{\infty}\sin\frac{1}{n}$ 的敛散性.

**解** 因为 $\lim_{n\to\infty}\dfrac{\sin\dfrac{1}{n}}{\dfrac{1}{n}}=1>0$,而级数 $\sum_{n=1}^{\infty}\dfrac{1}{n}$ 发散,根据定理4知级数 $\sum_{n=1}^{\infty}\sin\dfrac{1}{n}$ 也发散.

**定理5(比值审敛法)** 设级数 $\sum_{n=1}^{\infty}u_n$ 是正项级数,如果

$$\lim_{n\to\infty}\frac{u_{n+1}}{u_n}=\rho,$$

则当 $\rho<1$ 时,级数收敛;当 $\rho>1$ 时,级数发散;当 $\rho=1$ 时,级数可能收敛也可能发散.(证明略)

**例9** 判别级数 $\sum_{n=1}^{\infty}\dfrac{n}{2^{n-1}}$ 的敛散性.

**解** 因为

$$\lim_{n\to\infty}\frac{u_{n+1}}{u_n}=\lim_{n\to\infty}\frac{n+1}{2^n}\cdot\frac{2^{n-1}}{n}=\frac{1}{2}<1,$$

根据比值审敛法可知所给级数收敛.

**例10** 判别级数 $\sum_{n=1}^{\infty}\dfrac{n^n}{n!}$ 的敛散性.

**解** 因为

$$\lim_{n\to\infty}\frac{u_{n+1}}{u_n}=\lim_{n\to\infty}\frac{(n+1)^{n+1}}{(n+1)!}\cdot\frac{n!}{n^n}=\lim_{n\to\infty}\left(\frac{n+1}{n}\right)^n=e>1,$$

根据比值审敛法可知所给级数发散.

**注意**:当 $\lim_{n\to\infty}\dfrac{u_{n+1}}{u_n}=1$ 时,比值审敛法失效. 例如,在 $p$ 级数中,虽然 $\lim_{n\to\infty}\dfrac{u_{n+1}}{u_n}=\lim_{n\to\infty}\left(\dfrac{n}{n+1}\right)^p=1$,但是,当 $p\leqslant 1$ 时 $p$ 级数发散,当 $p>1$ 时 $p$ 级数收敛.

**2. 交错级数及其审敛法**

**定义3** 形如
$$u_1-u_2+u_3-u_4+\cdots+(-1)^{n-1}u_n+\cdots \tag{7}$$

或
$$-u_1+u_2-u_3+u_4-\cdots+(-1)^n u_n+\cdots \tag{8}$$

的级数,叫作**交错级数**,其中 $u_1, u_2, u_3, \cdots$ 都是正数.

**定理6(莱布尼兹审敛法)** 如果交错级数 $\sum_{n=1}^{\infty} (-1)^{n-1} u_n$ 满足条件:

(1) $u_n \geq u_{n-1}$ ($n=1,2,3,\cdots$);

(2) $\lim_{n\to\infty} u_n = 0$.

则级数 $\sum_{n=1}^{\infty} (-1)^{n-1} u_n$ 收敛,其和 $S \leq u_1$,且余项 $R_n$ 的绝对值 $|R_n| \leq u_{n+1}$(证明略).

**例11** 判别级数 $1 - \frac{1}{2} + \frac{1}{3} - \frac{1}{4} + \cdots + (-1)^{n-1}\frac{1}{n} + \cdots$ 的敛散性.

**解** 因为 $u_n = \frac{1}{n} > \frac{1}{n+1} = u_{n+1}$ ($n=1,2,\cdots$),且有 $\lim_{n\to\infty} u_n = \lim_{n\to\infty} \frac{1}{n} = 0$,因此级数 $\sum_{n=1}^{\infty} (-1)^{n-1}\frac{1}{n}$ 收敛.

**3. 绝对收敛与条件收敛**

以上我们讨论了正项级数与交错级数的敛散性,下面我们简单讨论一下任意项级数的敛散性.

任意项级数 $u_1 + u_2 + \cdots + u_n + \cdots$ ($u_n \in R$) 各项的绝对值组成一个正项级数

$$|u_1| + |u_2| + \cdots + |u_n| + \cdots. \tag{9}$$

为判断任意项级数的敛散性,经常用到下述定理.

**定理7** 如果级数 $\sum_{n=1}^{\infty} |u_n|$ 收敛,则级数 $\sum_{n=1}^{\infty} u_n$ 收敛(证明略).

**定义4** 如果级数 $\sum_{n=1}^{\infty} |u_n|$ 收敛,则称级数 $\sum_{n=1}^{\infty} u_n$ **绝对收敛**.

**例12** 证明级数 $\sum_{n=1}^{\infty} \frac{\sin n\alpha}{n^4}$ 绝对收敛.

**解** 因为 $\left|\frac{\sin n\alpha}{n^4}\right| \leq \frac{1}{n^4}$,而级数 $\sum_{n=1}^{\infty} \frac{1}{n^4}$ 是 $p=4>1$ 的 $p$ 级数,它是收敛的. 所以级数 $\sum_{n=1}^{\infty} \left|\frac{\sin n\alpha}{n^4}\right|$ 也收敛. 因此级数 $\sum_{n=1}^{\infty} \frac{\sin n\alpha}{n^4}$ 绝对收敛.

值得注意的是,虽然每一个绝对收敛的级数都是收敛的,但并不是每个收敛的级数都绝对收敛. 例如,由例11知,级数 $\sum_{n=1}^{\infty} (-1)^{n-1}\frac{1}{n}$ 是收敛的,但各项取绝对值所成级数 $\sum_{n=1}^{\infty} \frac{1}{n}$ 是调和级数,是发散的.

**定义5** 如果级数 $\sum_{n=1}^{\infty} u_n$ 收敛,而级数 $\sum_{n=1}^{\infty} |u_n|$ 发散,则称级数 $\sum_{n=1}^{\infty} u_n$ **条件收敛**.

## 习题 8–1

1. 写出下列级数的前五项：

(1) $\sum_{n=1}^{\infty} \frac{1+n}{1+n^2}$;

(2) $\sum_{n=1}^{\infty} \frac{1}{(2n-1)2^n}$;

(3) $\sum_{n=1}^{\infty} \frac{1}{n\ln(n+1)}$;

(4) $\sum_{n=1}^{\infty} \frac{n+(-1)^{n-1}}{n}$;

(5) $\sum_{n=1}^{\infty} \frac{1 \cdot 3 \cdots (2n-1)}{2 \cdot 4 \cdots (2n)}$;

(6) $\sum_{n=1}^{\infty} (-1)^{n+1} \frac{1}{5^n}$.

2. 写出下列级数的通项：

(1) $\frac{2}{1} - \frac{3}{2} + \frac{4}{3} - \frac{5}{4} + \cdots$;

(2) $-\frac{1}{2} + 0 + \frac{1}{4} + \frac{2}{5} + \cdots$;

(3) $1 + \frac{1}{2} + 3 + \frac{1}{4} + 5 + \frac{1}{6} + \cdots$;

(4) $\frac{1 \cdot 3}{1 \cdot 4} + \frac{1 \cdot 3 \cdot 5}{1 \cdot 4 \cdot 7} + \frac{1 \cdot 3 \cdot 5 \cdot 7}{1 \cdot 4 \cdot 7 \cdot 10} + \cdots$;

(5) $\frac{1}{2} + \frac{3}{5} + \frac{5}{10} + \frac{7}{17} + \cdots$;

(6) $\frac{\sqrt{a}}{3} - \frac{a}{5} + \frac{a\sqrt{a}}{7} - \frac{a^2}{9} + \cdots$.

3. 根据定义判断下列级数的敛散性：

(1) $\frac{1}{1 \cdot 6} + \frac{1}{6 \cdot 11} + \cdots + \frac{1}{(5n-4)(5n+1)} + \cdots$;

(2) $\frac{2}{3} + \left(\frac{2}{3}\right)^2 + \left(\frac{2}{3}\right)^3 + \cdots + \left(\frac{2}{3}\right)^n + \cdots$;

(3) $\sum_{n=1}^{\infty} \left(\frac{2}{3}\right)^{-n}$;

(4) $\sum_{n=1}^{\infty} \frac{1}{\sqrt{n} + \sqrt{n-1}}$.

4. 判断下列级数的敛散性：

(1) $e - e^2 + e^3 - e^4 + \cdots$;

(2) $1 + \ln 0.6 + \ln 0.6^2 + \ln 0.6^3 + \cdots$;

(3) $\sum_{n=1}^{\infty} (\sqrt{n+1} - \sqrt{n})$;

(4) $\sum_{n=1}^{\infty} \frac{2 + (-1)^n}{2^n}$.

5. 用比较审敛法判别下列级数的敛散性：

(1) $1 + \frac{1}{3} + \frac{1}{5} + \cdots + \frac{1}{2n-1} + \cdots$;

(2) $\frac{1}{2 \cdot 5} + \frac{1}{3 \cdot 6} + \cdots + \frac{1}{(n+1)(n+4)} + \cdots$;

(3) $1 + \frac{1+2}{1+2^2} + \frac{1+3}{1+3^2} + \cdots + \frac{1+n}{1+n^2} + \cdots$;

(4) $\sin \frac{\pi}{2} + \sin \frac{\pi}{2^2} + \cdots + \sin \frac{\pi}{2^n} + \cdots$;

(5) $\sum_{n=1}^{\infty} \frac{1}{\sqrt{2n(2n+1)}}$;

(6) $\sum_{n=1}^{\infty} \frac{1}{(n+1)\sqrt{n}}$.

6. 用比值审敛法判别下列级数的敛散性：

(1) $\frac{1}{1 \cdot 2} + \frac{3}{2 \cdot 2^2} + \frac{3^2}{3 \cdot 2^3} + \frac{3^4}{4 \cdot 2^4} + \cdots$;

(2) $\frac{3}{2} + \frac{4}{2^2} + \frac{5}{2^3} + \frac{6}{2^4} + \cdots$;

(3) $1 + \frac{2!}{2^2} + \frac{3!}{3^3} + \frac{4!}{4^4} + \cdots$;

(4) $\sum_{n=1}^{\infty} \frac{2^n \cdot n}{n^n}$;

(5) $\sum_{n=1}^{\infty} \dfrac{3^n \cdot n!}{n^n}$;

(6) $\sum_{n=1}^{\infty} n \sin \dfrac{\pi}{3^n}$.

7. 判别下列级数的敛散性:

(1) $\left(\dfrac{3}{4}\right) + 2\left(\dfrac{3}{4}\right)^2 + 3\left(\dfrac{3}{4}\right)^3 + \cdots$;

(2) $1 + \dfrac{2^4}{2!} + \dfrac{3^4}{3!} + \dfrac{4^4}{4!} + \cdots$;

(3) $\sum_{n=1}^{\infty} \dfrac{(-1)^n + 2n}{n^3}$;

(4) $\sum_{n=1}^{\infty} \dfrac{a^n}{n^2} (a > 0)$;

(5) $\sum_{n=1}^{\infty} \sqrt{\dfrac{n-1}{n+1}}$;

(6) $\sum_{n=1}^{\infty} \dfrac{3^n}{1+e^n}$.

8. 判别下列级数的敛散性,如果收敛,指出是否绝对收敛:

(1) $1 - \dfrac{1}{\sqrt{2}} + \dfrac{1}{\sqrt{3}} - \dfrac{1}{\sqrt{4}} + \cdots$;

(2) $1 - \dfrac{2}{3} + \dfrac{3}{3^2} - \dfrac{4}{3^3} + \dfrac{5}{3^4} + \cdots$;

(3) $\sum_{n=1}^{\infty} (-1)^{n-1} \dfrac{1}{\ln(n+1)}$;

(4) $\sum_{n=1}^{\infty} \dfrac{(-1)^{n-1}}{\pi^n} \sin \dfrac{\pi}{n+1}$;

(5) $\sum_{n=1}^{\infty} (-1)^{n-1} \dfrac{3^n}{(n+1)^2}$;

(6) $\sum_{n=1}^{\infty} (-1)^{n-1} \dfrac{1}{\sqrt{4n-1}}$.

## 第二节 幂级数

### 一、函数项级数的一般概念

我们注意到,对于函数项级数 $\sum_{n=1}^{\infty} u_n(x)$,当 $x$ 取某个特定值 $x_0$ 时,级数 $\sum_{n=1}^{\infty} u_n(x_0)$ 就成为一个常数项级数. 若这个级数收敛,就称点 $x_0$ 是函数项级数 $\sum_{n=1}^{\infty} u_n(x)$ 的收敛点;若这个级数发散,就称点 $x_0$ 为函数项级数 $\sum_{n=1}^{\infty} u_n(x)$ 的发散点. 一个函数项级数全体收敛点的集合称为它的收敛域,发散点的全体称为它的发散域.

对于收敛域内任意的数 $x$,函数项级数成为一个收敛的常数项级数,因此有一个确定的和 $S$,这样,在收敛域上函数项级数的和是 $x$ 的函数 $S(x)$,通常称 $S(x)$ 为函数项级数的和函数. 即

$$S(x) = u_1(x) + u_2(x) + \cdots + u_n(x) + \cdots,$$

其中 $x$ 是收敛域内的任一点.

将函数项级数的前 $n$ 项和记作 $S_n(x)$,则在收敛域上有

$$\lim_{n \to \infty} S_n(x) = S(x).$$

### 二、幂级数及其收敛性

形如

$$\sum_{n=0}^{\infty} a_n x^n = a_0 + a_1 x + a_2 x^2 + \cdots + a_n x^n + \cdots \qquad (1)$$

的函数项级数(其中 $a_0, a_1, a_2, \cdots, a_n, \cdots$ 都是常数),称为 $x$ 的**幂级数**,常数 $a_0, a_1, a_2, \cdots, a_n, \cdots$ 叫作**幂级数的系数**.

幂级数的一般形式是

$$\sum_{n=0}^{\infty} a_n (x-x_0)^n = a_0 + a_1(x-x_0) + a_2(x-x_0)^2 + \cdots + a_n(x-x_0)^n + \cdots. \qquad (2)$$

如果在幂级数(2)中令 $t = x - x_0$,那么它就成为幂级数(1)的形式. 因此,我们着重研究幂级数(1).

研究幂级数,首先要解决的问题是 $x$ 取数轴上的哪些点时,幂级数收敛,取哪些点时,幂级数发散. 容易看出,幂级数(1)在点 $x=0$ 处显然收敛. 下面要进一步寻求其收敛和发散的范围. 考察级数(1)各项取绝对值组成的级数

$$\sum_{n=0}^{\infty} |a_n x^n| = |a_0| + |a_1 x| + |a_2 x^2| + \cdots + |a_n x^n| + \cdots. \qquad (3)$$

显然,对于任意给定的 $x$,(3)是一个正项级数. 我们用比值审敛法来判断它的敛散性. 由于

$$\lim_{n \to \infty} \frac{|a_{n+1} x^{n+1}|}{|a_n x^n|} = \lim_{n \to \infty} \left| \frac{a_{n+1}}{a_n} \right| |x|, \qquad (4)$$

因此,若令 $\lim_{n \to \infty} \left| \frac{a_{n+1}}{a_n} \right| = \rho$,则由比值审敛法知,当 $0 < \rho < +\infty$,有下列两种情况:

(1) 当 $\rho |x| < 1$,即 $|x| < \frac{1}{\rho}$,级数(1)绝对收敛;

(2) 若 $\rho |x| > 1$,即 $|x| > \frac{1}{\rho}$,级数(1)发散.

这个结果表明,只要 $\rho$ 是一个不为零的正数,就会有一个以原点为中心的对称区间 $\left( -\frac{1}{\rho}, \frac{1}{\rho} \right)$,在这个区间内幂级数(1)绝对收敛;在这个区间外幂级数(1)发散;当 $x = \pm \frac{1}{\rho}$ 时该幂级数可能收敛也可能发散.

令 $R = \frac{1}{\rho}$,这个正数 $R$ 通常叫作幂级数(1)的**收敛半径**,开区间 $(-R, R)$ 叫作幂级数(1)的**收敛区间**. 再由常数项级数在 $x = \pm R$ 处的收敛性就可以决定它的收敛域是 $(-R, R)$,$[-R, R)$,$(-R, R]$ 或 $[-R, R]$ 这四个区间之一.

当 $\rho = 0$ 时,级数(1)对于一切实数 $x$ 都绝对收敛,这时规定收敛半径 $R = +\infty$,收敛域为 $(-\infty, +\infty)$.

当 $\rho = +\infty$ 时,只要 $x \neq 0$,则(4)式的极限就是 $+\infty$,从而级数(1)只要 $x \neq 0$ 均发散,即此时级数(1)仅在 $x=0$ 点处收敛,这时规定收敛半径 $R = 0$.

由上述推导可得下述重要结论.

**定理1** 如果幂级数 $\sum_{n=0}^{\infty} a_n x^n$ 的系数满足

$$\lim_{n\to\infty}\left|\frac{a_{n+1}}{a_n}\right|=\rho,$$

则该幂级数的收敛半径

$$R=\begin{cases}\dfrac{1}{\rho},\rho\neq 0,\\ +\infty,\rho=0,\\ 0,\rho=+\infty.\end{cases}$$

**例 1** 求幂级数 $\sum\limits_{n=0}^{\infty}(n+1)x^n$ 的收敛半径和收敛域.

**解** 因为

$$\rho=\lim_{n\to\infty}\left|\frac{a_{n+1}}{a_n}\right|=\lim_{n\to\infty}\frac{n+2}{n+1}=1,$$

所以幂级数的收敛半径

$$R=\frac{1}{\rho}=1,$$

对于端点 $x=1$ 时,级数成为 $\sum\limits_{n=0}^{\infty}(n+1)$,这个级数发散;对于端点 $x=-1$ 时,级数成为 $\sum\limits_{n=0}^{\infty}(-1)^n(n+1)$,这个级数发散. 因此收敛域为 $(-1,1)$.

**例 2** 求幂级数 $\sum\limits_{n=1}^{\infty}(-1)^{n-1}\dfrac{(2x)^n}{n!}$ 的收敛半径和收敛域.

**解** 因为

$$\rho=\lim_{n\to\infty}\left|\frac{a_{n+1}}{a_n}\right|=\lim_{n\to\infty}\frac{\frac{2^{n+1}}{(n+1)!}}{\frac{2^n}{n!}}=\lim_{n\to\infty}\frac{2}{n+1}=0,$$

所以收敛半径 $R=+\infty$,从而收敛域是 $(-\infty,+\infty)$.

**例 3** 求幂级数 $\sum\limits_{n=1}^{\infty}\dfrac{(-1)^{n-1}}{n\cdot 2^n}(x-1)^n$ 的收敛域.

**解** 令 $x-1=t$,上述级数变为 $t$ 的幂级数

$$\sum_{n=1}^{\infty}\frac{(-1)^{n-1}}{n\cdot 2^n}t^n,$$

因为

$$\rho=\lim_{n\to\infty}\left|\frac{a_{n+1}}{a_n}\right|=\lim_{n\to\infty}\frac{\frac{1}{(n+1)2^{n+1}}}{\frac{1}{n\cdot 2^n}}=\lim_{n\to\infty}\frac{n}{2(n+1)}=\frac{1}{2},$$

所以收敛半径 $R=2$. 收敛区间为 $|t|<2$,即 $|x-1|<2$,$-1<x<3$.

当 $x=-1$ 时,级数成为 $\sum\limits_{n=1}^{\infty}-\dfrac{1}{n}$,这个级数发散;当 $x=3$ 时,级数成为 $\sum\limits_{n=1}^{\infty}\dfrac{(-1)^{n-1}}{n}$,这个

级数收敛. 所以原级数的收敛域为 $(-1,3]$.

## 三、幂级数的运算

**1. 幂级数的四则运算**

设幂级数
$$a_0 + a_1 x + a_2 x^2 + \cdots + a_n x^n + \cdots$$

及
$$b_0 + b_1 x + b_2 x^2 + \cdots + b_n x^n + \cdots$$

分别在区间 $(-R_1, R_1)$ 及 $(-R_2, R_2)$ 内收敛. 记 $R = \min\{R_1, R_2\}$, 则在 $(-R, R)$ 内可进行下列运算.

(1) 加减法.
$$(a_0 + a_1 x + a_2 x^2 + \cdots + a_n x^n + \cdots) \pm (b_0 + b_1 x + b_2 x^2 + \cdots + b_n x^n + \cdots)$$
$$= (a_0 \pm b_0) + (a_1 \pm b_1)x + (a_2 \pm b_2)x^2 + \cdots + (a_n \pm b_n)x^n + \cdots.$$

(2) 乘法.
$$(a_0 + a_1 x + a_2 x^2 + \cdots + a_n x^n + \cdots) \cdot (b_0 + b_1 x + b_2 x^2 + \cdots + b_n x^n + \cdots)$$
$$= a_0 b_0 + (a_0 b_1 + a_1 b_0)x + (a_0 b_2 + a_1 b_1 + a_2 b_0)x^2 + \cdots + (a_0 b_n + a_1 b_{n-1} + \cdots + a_n b_0)x^n + \cdots.$$

(3) 除法.
$$\frac{a_0 + a_1 x + a_2 x^2 + \cdots + a_n x^n + \cdots}{b_0 + b_1 x + b_2 x^2 + \cdots + b_n x^n + \cdots} = c_0 + c_1 x + c_2 x^2 + \cdots + c_n x^n + \cdots,$$

这里假定 $b_0 \neq 0$. 为了确定系数 $c_0, c_1, c_2, \cdots, c_n, \cdots$ 可以将级数 $\sum_{n=0}^{\infty} b_n x^n$ 与 $\sum_{n=0}^{\infty} c_n x^n$ 相乘, 并令乘积中各项的系数分别等于级数 $\sum_{n=0}^{\infty} a_n x^n$ 中同次幂的系数, 即得
$$a_0 = b_0 c_0,$$
$$a_1 = b_1 c_0 + b_0 c_1,$$
$$a_2 = b_2 c_0 + b_1 c_1 + b_0 c_2,$$
$$\cdots$$

由这些方程可依次求出 $c_0, c_1, c_2, \cdots, c_n, \cdots$.

**2. 幂级数的分析运算**

关于幂级数的和函数有下列重要性质.

**性质 1** 幂级数 $\sum_{n=0}^{\infty} a_n x^n$ 的和函数 $S(x)$ 在其收敛域上连续.

**性质 2** 幂级数 $\sum_{n=0}^{\infty} a_n x^n$ 的和函数 $S(x)$ 在其收敛区间 $(-R, R)$ 内可导, 且有逐项求导公式
$$S'(x) = \left(\sum_{n=0}^{\infty} a_n x^n\right)' = \sum_{n=0}^{\infty} (a_n x^n)' = \sum_{n=0}^{\infty} n a_n x^{n-1} \quad (|x| < R), \tag{5}$$

逐项求导后所得的幂级数和原级数有相同的收敛半径.

反复应用上述结论可得幂级数 $\sum_{n=0}^{\infty} a_n x^n$ 的和函数 $S(x)$ 在其收敛区间 $(-R, R)$ 内具有任意阶导数.

**性质 3** 幂级数 $\sum_{n=0}^{\infty} a_n x^n$ 的和函数 $S(x)$ 在其收敛区间 $(-R,R)$ 内可积,且有逐项积分公式

$$\int_0^x S(x)\mathrm{d}x = \int_0^x \left[\sum_{n=0}^{\infty} a_n x^n\right]\mathrm{d}x = \sum_{n=0}^{\infty}\int_0^x a_n x^n \mathrm{d}x = \sum_{n=0}^{\infty}\frac{a_n}{n+1}x^{n+1} \quad (|x|<R), \tag{6}$$

逐项积分后所得的幂级数和原级数有相同的收敛半径.

**例 4** 求幂级数 $\sum_{n=1}^{\infty} nx^{n-1}$ 的和函数.

**解** 先求收敛域. 由

$$\lim_{n\to\infty}\left|\frac{a_{n+1}}{a_n}\right| = \lim_{n\to\infty}\frac{n+1}{n} = 1,$$

得收敛半径 $R=1$.

在端点 $x=-1$ 时,幂级数成为 $\sum_{n=1}^{\infty}(-1)^{n-1}n$,该级数发散;当 $x=1$ 时,级数成为 $\sum_{n=1}^{\infty} n$,该级数也发散. 所以原级数的收敛域为 $(-1,1)$.

设和函数为 $S(x)$,则

$$S(x) = \sum_{n=1}^{\infty} nx^{n-1}, x\in(-1,1).$$

于是

$$\int_0^x S(x)\mathrm{d}x = \int_0^x \left[\sum_{n=1}^{\infty} nx^{n-1}\right]\mathrm{d}x = \sum_{n=1}^{\infty}\int_0^x nx^{n-1}\mathrm{d}x$$

$$= \sum_{n=1}^{\infty} x^n = x + x^2 + x^3 + \cdots + x^n + \cdots = \frac{x}{1-x} (|x|<R).$$

上式两边对求导,得

$$S(x) = \left(\frac{x}{1-x}\right)' = \frac{1}{(1-x)^2} \quad x\in(-1,1).$$

## 四、函数展开成幂级数

### 1. 泰勒级数

前面讨论了幂级数的收敛域及其和函数的性质. 但在许多应用中,我们遇到的却是相反的问题:给定一个函数 $f(x)$,是否存在一个幂级数,它在某区间内收敛,且和函数就是给定的函数 $f(x)$. 如果能找到这样的幂级数,我们就说,函数 $f(x)$ 在该区间内能展开成幂级数.

若 $f(x)$ 在点 $x_0$ 的某邻域内具有各阶导数 $f'(x), f''(x), \cdots, f^{(n)}(x), \cdots$,则幂级数

$$f(x_0) + f'(x_0)(x-x_0) + \frac{f''(x_0)}{2!}(x-x_0)^2 + \cdots + \frac{f^{(n)}(x_0)}{n!}(x-x_0)^n + \cdots \tag{7}$$

称为函数 $f(x)$ 的**泰勒级数**. 显然,当 $x=x_0$ 时,该级数收敛于 $f(x_0)$,但除了 $x=x_0$ 外,级数是否还收敛,如果收敛,是否收敛于 $f(x)$? 关于这些问题有下面的定理.

**定理 2** 设 $f(x)$ 在点 $x_0$ 的某邻域内具有各阶导数,则 $f(x)$ 在该邻域内能展开成泰勒级数的充分必要条件是

$$\lim_{n\to\infty} R_n(x) = 0.$$

其中,$R_n(x) = \dfrac{f^{(n+1)}(\xi)}{(n+1)!}(x-x_0)^{n+1}$($\xi$ 在 $x_0$ 与 $x$ 之间).

证明略.

在(7)式中取 $x_0 = 0$,得

$$f(0) + f'(0)x + \frac{f''(0)}{2!}x^2 + \cdots + \frac{f^{(n)}(0)}{n!}x^n + \cdots, \tag{8}$$

级数(8)称为 $f(x)$ 的**麦克劳林级数**,这个级数是 $x$ 的幂级数.

由定理 2 可知,若 $f(x)$ 在 $x=0$ 的某邻域内具有各阶导数,则 $f(x)$ 在该邻域内能展开成 $x$ 的幂级数的充分必要条件是

$$\lim_{n\to\infty} R_n(x) = 0,$$

其中,$R_n(x) = \dfrac{f^{(n+1)}(\xi)}{(n+1)!}(x-x_0)^{n+1}$($\xi$ 在 $x_0$ 与 $x$ 之间).

**2. 函数展开成幂级数**

函数展开成幂级数,通常有两种方法:直接展开法和间接展开法.

(1)直接展开法

要把函数 $f(x)$ 展开成 $x$ 的幂级数,可按以下列步骤进行.

① 求出函数 $f(x)$ 的各阶导数 $f'(x), f''(x), \cdots, f^{(n)}(x), \cdots$;

② 求出函数 $f(x)$ 及各阶导数在 $x=0$ 处的值,$f'(0), f''(0), \cdots, f^{(n)}(0), \cdots$;

③ 写出幂级数 $f(0) + f'(0)x + \dfrac{f''(0)}{2!}x^2 + \cdots + \dfrac{f^{(n)}(0)}{n!}x^n + \cdots$,并求出它的收敛区间;

④ 考察当 $x$ 在收敛区间内时 $R_n(x)$ 的极限是否为零,如果为零,则由上式所求得的幂级数就是函数 $f(x)$ 的幂级数展开式.

**例 5** 将函数 $f(x) = e^x$ 展开成 $x$ 的幂级数.

**解** 因为 $f^{(n)}(x) = e^x$ $(n=1,2,\cdots)$,故 $f^{(n)}(0) = 1$ $(n=1,2,\cdots)$,又 $f(0) = 1$,因此得级数

$$1 + x + \frac{x^2}{2!} + \frac{x^3}{3!} + \cdots + \frac{x^n}{n!} + \cdots,$$

容易算出它的收敛区间为 $(-\infty, +\infty)$.

对于任何有限的实数 $x, \xi$($\xi$ 在 $0$ 与 $x$ 之间),有

$$|R_n(x)| = \left|\frac{e^\xi}{(n+1)!}x^{n+1}\right| < \frac{e^{|x|}}{(n+1)!}|x|^{n+1}.$$

因为 $e^{|x|}$ 有限,而 $\dfrac{|x|^{n+1}}{(n+1)!}$ 是收敛级数 $\sum\limits_{n=0}^{\infty} \dfrac{|x|^{n+1}}{(n+1)!}$ 的一般项,所以,$\lim\limits_{n\to\infty} \dfrac{|x|^{n+1}}{(n+1)!} = 0$,从而 $\lim\limits_{n\to\infty} \dfrac{e^{|x|}}{(n+1)!}|x|^{n+1} = 0$,即 $\lim\limits_{n\to\infty}|R_n(x)| = 0$. 因此 $\lim\limits_{n\to\infty} R_n(x) = 0$. 从而得到 $e^x$ 的幂级数展开式

$$e^x = 1 + x + \frac{x^2}{2!} + \frac{x^3}{3!} + \cdots + \frac{x^n}{n!} + \cdots \quad (-\infty, +\infty).$$

(2)间接展开法

一般说来,在直接展开法中求 $f(x)$ 的任意阶导数 $f^{(n)}(x)$ 是比较麻烦的,而研究 $R_n(x)$ 在

某个区间$(-R,R)$内的极限是否为零则更是困难. 因此, 在可能的情况下, 通常采用间接展开法. 间接展开法是以一些已知的函数幂级数展开式为基础, 利用幂级数的性质, 以及变量替换等方法, 将函数展开成幂级数.

下面给出几个常用函数的幂级数展开式.

(1) $e^x = 1 + x + \dfrac{x^2}{2!} + \dfrac{x^3}{3!} + \cdots + \dfrac{x^n}{n!} + \cdots \ (-\infty < x < +\infty)$;

(2) $\sin x = x - \dfrac{x^3}{3!} + \dfrac{x^5}{5!} - \cdots + (-1)^n \dfrac{x^{2n+1}}{(2n+1)!} + \cdots \ (-\infty < x < +\infty)$;

(3) $\ln(1+x) = x - \dfrac{x^2}{2} + \dfrac{x^3}{3} - \cdots + (-1)^n \dfrac{x^{n+1}}{n+1} + \cdots \ (-1 < x \leq 1)$;

(4) $(1+x)^\alpha = 1 + \alpha x + \dfrac{\alpha(\alpha-1)}{2!}x^2 + \cdots + \dfrac{\alpha(\alpha-1)\cdots(\alpha-n+1)}{n!}x^n + \cdots$

$(-1 < x < 1, \alpha$ 为任意实数$)$;

(5) $\dfrac{1}{1-x} = 1 + x + x^2 + \cdots + x^n + \cdots \ (-1 < x < 1)$.

利用这 5 个公式可以求某些较复杂的函数的幂级数展开式, 因此读者必须熟记这 5 个展开式.

**例 6** 将函数 $f(x) = \cos x$ 展开成 $x$ 的幂级数.

**解** 因为

$$\sin x = x - \dfrac{x^3}{3!} + \dfrac{x^5}{5!} - \cdots + (-1)^n \dfrac{x^{2n+1}}{(2n+1)!} + \cdots \ (-\infty < x < +\infty),$$

两边求导, 得

$$\cos x = 1 - \dfrac{x^2}{2!} + \dfrac{x^4}{4!} - \cdots + (-1)^n \dfrac{x^{2n}}{(2n)!} + \cdots \ (-\infty < x < +\infty).$$

**例 7** 将函数 $\dfrac{1}{1+x^2}$ 展开成 $x$ 的幂级数.

**解** 因为

$$\dfrac{1}{1-x} = 1 + x + x^2 + \cdots + x^n + \cdots \ (-1 < x < 1),$$

在上式中把 $x$ 换成 $-x^2$, 得

$$\dfrac{1}{1+x^2} = 1 - x^2 + x^4 - \cdots + (-1)^n x^{2n} + \cdots \ (-1 < x < 1).$$

## 习题 8-2

1. 求下列幂级数的收敛半径和收敛域：

(1) $x + \dfrac{x^2}{3} + \dfrac{x^3}{5} + \cdots + \dfrac{x^n}{2n-1} + \cdots$;

(2) $1 + 3x + \dfrac{3^2}{2!}x^2 + \cdots + \dfrac{3^n}{n!}x^n + \cdots$;

(3) $\dfrac{x}{2} + 2 \cdot \left(\dfrac{x}{2}\right)^2 + 3 \cdot \left(\dfrac{x}{2}\right)^3 + \cdots + n \cdot \left(\dfrac{x}{2}\right)^n + \cdots$;

(4) $\displaystyle\sum_{n=1}^{\infty} n!\,(x-1)^n$.

2. 利用幂级数的性质求下列幂级数的和函数：

(1) $x + \dfrac{x^2}{2} + \dfrac{x^3}{3} + \cdots + \dfrac{x^n}{n} + \cdots$;

(2) $\displaystyle\sum_{n=1}^{\infty} nx^n$.

3. 将下列函数展开成 $x$ 的幂级数：

(1) $f(x) = e^{-x}$;

(2) $f(x) = \cos 2x$;

(3) $f(x) = a^x$;

(4) $f(x) = \sin^2 x$;

(5) $f(x) = \ln \dfrac{1+x}{1-x}$;

(6) $f(x) = \dfrac{x}{2-x}$.

## 本章学习指导

### 一、内容提要

**1. 数项级数的基本概念**

级数、常数项级数、部分和、级数的收敛与发散、正项级数、交错级数、任意项级数、级数的绝对收敛与条件收敛.

**2. 常数项级数审敛法**

(1) 正项级数：比较法和比值法.

(2) 交错级数：莱布尼兹审敛法.

(3) 一般级数：绝对收敛与条件收敛.

(4) 级数收敛的必要条件.

**3. 级数的四个基本性质**

**4. 常用的常数项级数**

(1) 等比级数 $\displaystyle\sum_{n=1}^{\infty} aq^{n-1}$，当公比 $q$ 的绝对值 $|q| < 1$ 时收敛；$|q| \geqslant 1$ 时发散.

(2) $p$ 级数 $\displaystyle\sum_{n=1}^{\infty} \dfrac{1}{n^p} = 1 + \dfrac{1}{2^p} + \dfrac{1}{3^p} + \dfrac{1}{4^p} + \cdots + \dfrac{1}{n^p} + \cdots \; (p>0)$，当 $p \leqslant 1$ 时发散；$p > 1$ 时收敛.

**5. 幂级数**

(1) 幂级数的概念.

(2) 幂级数的收敛半径、收敛域及其和函数.

(3) 函数展开成幂级数的方法:直接展开法;间接展开法.

## 二、重点与难点解析

**1. 判定正项级数 $\sum_{n=1}^{\infty} u_n$ 的敛散性**

判定正项级数 $\sum_{n=1}^{\infty} u_n$ 的敛散性一般采用如下的步骤.

(1) 若 $\lim_{n\to\infty} u_n$ 易求,则先考察是否有 $\lim_{n\to\infty} u_n \neq 0$ 成立. 若成立,则级数必定发散.

(2) 若 $\lim_{n\to\infty} u_n$ 不容易求得或 $\lim_{n\to\infty} u_n = 0$,可以考虑用比值判别法. 特别是 $u_n$ 中含有 $n!$ 的情形,利用比值审敛法比较简便.

(3) 若不能利用比值判别法 $\left(\text{如} \lim_{n\to\infty} \frac{u_{n+1}}{u_n} = 1\right)$,或较难求得 $\lim_{n\to\infty} \frac{u_{n+1}}{u_n}$,可以考虑使用比较审敛判别法. 利用比较审敛法,常以等比级数、调和级数和 $p$ 级数作为标准来进行比较,通常需要采用缩放的手段.

**2. 判定任意项级数 $\sum_{n=1}^{\infty} u_n$ 的敛散性**

对于交错级数,使用莱布尼兹审敛法.

对于任意项级数 $\sum_{n=1}^{\infty} u_n$,没有判定其收敛的通用方法,但是,若 $\lim_{n\to\infty} u_n \neq 0$,则级数 $\sum_{n=1}^{\infty} u_n$ 必发散. 对于 $\lim_{n\to\infty} u_n = 0$ 的级数 $\sum_{n=1}^{\infty} u_n$,一般是考察各项绝对值所构成的级数 $\sum_{n=1}^{\infty} |u_n|$ 是否收敛. 若 $\sum_{n=1}^{\infty} |u_n|$ 收敛,则 $\sum_{n=1}^{\infty} u_n$ 必定收敛,而且绝对收敛.

**3. 将初等函数展开为幂级数**

将初等函数展开为幂级数的方法通常有两种,即直接法和间接法. 如果没有特别说明,一般都是采用间接法. 间接法是将初等函数展开为幂级数的基本方法. 它是利用一些已知函数的展开式,通过幂级数的运算(如四则运算、逐项求导、逐项积分)以及变量代换等,将所给函数展开成幂级数.

## 三、典型例题

**例 1** 有限多项相加,是否也能叫无穷级数? 无限多项相加,其和是否一定存在?

**解** 有限多项相加,也可叫作无穷级数. 如 $1 + 2 + 5 = 1 + 2 + 5 + 0 + 0 + \cdots$. 无限多项相加,其和不一定存在. 只有当该级数收敛时,其和才存在,才可逐项相加并且有和.

**例 2** 若 $\sum_{n=1}^{\infty} u_n$ 发散, $\sum_{n=1}^{\infty} v_n$ 收敛,证明 $\sum_{n=1}^{\infty} (u_n + v_n)$ 必发散.

**解** 反证法. 设 $\sum_{n=1}^{\infty} (u_n + v_n)$ 收敛,由 $\sum_{n=1}^{\infty} v_n$ 收敛,知 $\sum_{n=1}^{\infty} [(u_n + v_n) - v_n] = \sum_{n=1}^{\infty} u_n$ 收敛,得出矛盾,故结论成立.

**例3** 设 $a>0, s>0$,讨论级数 $\sum_{n=0}^{\infty} \dfrac{a^n}{n^s}$ 的敛散性.

**解** 由于

$$\lim_{n\to\infty}\dfrac{u_{n+1}}{u_n}=\lim_{n\to\infty}\dfrac{\dfrac{a^{n+1}}{(n+1)^s}}{\dfrac{a^n}{(n)^s}}=\lim_{n\to\infty}\dfrac{an^s}{(n+1)^s}=a,$$

当 $a<1$ 时,级数 $\sum_{n=0}^{\infty}\dfrac{a^n}{n^s}$ 收敛;当 $a>1$ 时,级数 $\sum_{n=0}^{\infty}\dfrac{a^n}{n^s}$ 发散.

当 $a=1$ 时,原级数为 $\sum_{n=0}^{\infty}\dfrac{1}{n^s}$,故当 $s>1$ 时,级数 $\sum_{n=0}^{\infty}\dfrac{a^n}{n^s}$ 收敛;当 $s\leqslant 1$ 时,级数 $\sum_{n=0}^{\infty}\dfrac{a^n}{n^s}$ 发散.

综上所述,当 $a\leqslant 1, s>1$ 时,级数 $\sum_{n=0}^{\infty}\dfrac{a^n}{n^s}$ 收敛;当 $a\geqslant 1, s\leqslant 1$ 时,级数 $\sum_{n=0}^{\infty}\dfrac{a^n}{n^s}$ 发散.

**例4** 求幂级数 $\sum_{n=1}^{\infty}\dfrac{(x-5)^n}{\sqrt{n}}$ 的收敛半径及收敛域.

**解** 令 $x-5=t$,上述级数成为

$$\sum_{n=1}^{\infty}\dfrac{t^n}{\sqrt{n}},$$

因为

$$\rho=\lim_{n\to\infty}\left|\dfrac{a_{n+1}}{a_n}\right|=\lim_{n\to\infty}\dfrac{\sqrt{n}}{\sqrt{n+1}}=1,$$

所以收敛半径 $R=1$. 收敛区间为 $|t|<1$,即 $4<x<6$.

当 $x=4$ 时,级数成为 $\sum_{n=1}^{\infty}\dfrac{(-1)^n}{\sqrt{n}}$,该级数收敛;当 $x=6$ 时,级数成为 $\sum_{n=1}^{\infty}\dfrac{1}{\sqrt{n}}$,该级数发散. 因此原级数的收敛域为 $[4,6)$.

**例5** 求函数 $f(x)=\dfrac{1}{x^2+4x+3}$ 展开成 $x$ 的幂级数.

**解** 因为

$$f(x)=\dfrac{1}{x^2+4x+3}=\dfrac{1}{(x+1)(x+3)}=\dfrac{1}{2(1+x)}-\dfrac{1}{2(3+x)}$$

$$=\dfrac{1}{2}\cdot\dfrac{1}{1+x}-\dfrac{1}{6}\cdot\dfrac{1}{1+\dfrac{x}{3}},$$

而

$$\dfrac{1}{1+x}=\sum_{n=0}^{\infty}(-1)^n x^n \quad (-1<x<1),$$

$$\dfrac{1}{1+\dfrac{x}{3}}=\sum_{n=0}^{\infty}(-1)^n\left(\dfrac{x}{3}\right)^n=\sum_{n=0}^{\infty}\dfrac{(-1)^n}{3^n}x^n \quad (-3<x<3),$$

所以
$$f(x) = \frac{1}{x^2+4x+3} = \frac{1}{2}\sum_{n=0}^{\infty}(-1)^n x^n - \frac{1}{6}\sum_{n=0}^{\infty}\frac{(-1)^n}{3^n}x^n$$
$$= \sum_{n=0}^{\infty}\frac{(-1)^n}{2}\left(1-\frac{1}{3^{n+1}}\right)x^n \quad (-1<x<1).$$

## 复习题八

**一、填空题**

1. 如果级数 $\sum_{n=1}^{\infty}a_n$ 的部分和为常数 $a$,则 $a_n =$ _____.

2. 级数 $\sum_{n=1}^{\infty}a_n$ 收敛的充要条件是 _____.

3. 若 $\sum_{k=1}^{n}|a_k| \leq \frac{1}{n}, n=1,2,\cdots$,则级数 $\sum_{k=1}^{\infty}a_k$ 收敛于 _____.

4. 设 $s_n$ 为级数 $\sum_{n=1}^{\infty}a_n$ 的部分和,如果 $\sum_{n=1}^{\infty}s_n$ 收敛,那么 $\sum_{n=1}^{\infty}a_n =$ ____.

5. 已知 $\lim_{n\to\infty}nu_n = k \neq 0$,则正项级数 $\sum_{n=1}^{\infty}u_n$ 的敛散性是 _____.

6. 若 $\lim_{n\to\infty}\left|\frac{a_{n+1}}{a_n}\right| = 2$,则级数 $\sum_{n=0}^{\infty}a_n x^{2n+1}$ 的收敛半径 $R$ 为 _____.

7. 级数 $\sum_{n=1}^{\infty}\frac{x^{2n+1}}{n}$ 在收敛域内的和函数 $s(x) =$ _____.

8. 函数 $\frac{1}{x}$ 展开为 $(x-4)$ 的幂级数是 _____.

9. 设级数 $\sum_{n=1}^{\infty}a_n x^n$ 的收敛半径为 3,则 $\sum_{n=1}^{\infty}na_n(x-1)^{n+1}$ 的收敛区间为 _____.

10. 函数 $f(x) = \arctan x$ 的麦克劳林级数为 _____.

**二、单选题**

1. 若 $\sum_{n=1}^{\infty}a_n^2, \sum_{n=1}^{\infty}b_n^2$ 收敛,则 $\sum_{n=1}^{\infty}a_n b_n$ (    ).

(A) 发散　　　　(B) 条件收敛　　　　(C) 绝对收敛　　　　(D) 收敛性不定

2. 设 $a$ 为常数,则级数 $\sum_{n=1}^{\infty}(-1)^n\left(1-\cos\frac{a}{n}\right)$ (    ).

(A) 发散　　　　(B) 条件收敛　　　　(C) 绝对收敛　　　　(D) 敛散性与 $a$ 有关

3. 级数 $\sum_{n=1}^{\infty}\frac{(-1)^{n+1}}{n^p}(p>0)$ 敛散性为(    ).

(A) $p>1$ 时,绝对收敛;$p \leq 1$ 时,条件收敛

(B)$p<1$ 时,绝对收敛;$p\geq 1$ 时,条件收敛

(C)$p\leq 1$ 时,发散;$p>1$ 时,收敛

(D)对任何 $p>0$ 时,均绝对收敛

4. 设 $b$ 是大于零的常数,则级数 $\sum_{n=1}^{\infty}\dfrac{(-1)^n}{1+bn}$ (　　).

(A)发散　　　　　　　　　　(B)当 $b\geq 1$ 时,发散,$b<1$ 时,收敛

(C)收敛　　　　　　　　　　(D)当 $b\geq 1$ 时,收敛,$b<1$ 时,发散

5. 以下命题正确的是(　　).

(1)若 $\sum_{n=1}^{\infty}(u_{2n-1}+u_{2n})$ 收敛,则 $\sum_{n=1}^{\infty}u_n$ 收敛

(2)若 $\sum_{n=1}^{\infty}u_n$ 收敛,则 $\sum_{n=1}^{\infty}u_{n+100}$ 收敛

(3)若 $\lim_{n\to\infty}\dfrac{u_{n+1}}{u_n}>1$,则 $\sum_{n=1}^{\infty}u_n$ 发散

(4)若 $\sum_{n=1}^{\infty}(u_n+v_n)$ 收敛,则 $\sum_{n=1}^{\infty}u_n$、$\sum_{n=1}^{\infty}v_n$ 都收敛

(A)(1)(2)　　　(B)(2)(3)　　　(C)(3)(4)　　　(D)(1)(4)

6. 级数 $\sum_{n=1}^{\infty}nx^{n-1}$ 的收敛区间为(　　).

(A)$(-1,1)$　　(B)$[-1,1)$　　(C)$(-1,1]$　　(D)$[-1,1]$

7. 设 $a_0,a_1,\cdots,a_n,\cdots$ 是一个等差数列 $(a_0\neq 0)$,则级数 $\sum_{n=0}^{\infty}a_n x^n$ 的收敛域是(　　).

(A)$(-1,1)$　　(B)$[-1,1]$　　(C)$(-1,1]$　　(D)$[-1,1)$

8. 级数 $\sum_{n=0}^{\infty}(2n+1)x^n$ 的和函数 $s(x)$ 及收敛域是(　　).

(A)$\dfrac{1-x}{(1+x)^2}$,$-1<x<1$　　　　(B)$\dfrac{1+x}{(1-x)^2}$,$-1<x<1$

(C)$\dfrac{1-x}{(1+x)^2}$,$-1\leq x<1$　　　　(D)$\dfrac{1+x}{(1-x)^2}$,$-1\leq x\leq 1$

三、计算题

1. 求下列级数的和:

(1)$\sum_{n=1}^{\infty}\dfrac{n}{(n+1)!}$;　　　　(2)$\sum_{n=1}^{\infty}\dfrac{1}{(2n-1)(2n+1)}$.

2. 判别下列级数的敛散性,若收敛,求其和:

(1)$\sum_{n=1}^{\infty}(\sqrt[2n+1]{a}-\sqrt[2n-1]{a})$ $(a>0)$;

(2)$\dfrac{1}{3}+\dfrac{1}{5}+\dfrac{1}{3^2}+\dfrac{1}{10}+\dfrac{1}{3^3}+\dfrac{1}{15}+\cdots+\dfrac{1}{3^n}+\dfrac{1}{5n}+\cdots$.

3. 判别下列正项级数的敛散性:

(1) $\sum_{n=1}^{\infty} \dfrac{1}{1+a^n}(a>0)$;

(2) $\sum_{n=1}^{\infty} \ln\left(1+\dfrac{1}{n^2}\right)$;

(3) $\sum_{n=1}^{\infty} \dfrac{2n-1}{(n+1)^2(n+2)^2}$;

(4) $\sum_{n=1}^{\infty} n\tan\dfrac{\pi}{3^n}$;

(5) $\sum_{n=1}^{\infty} \dfrac{n\cos^n\dfrac{n\pi}{3}}{2^n}$;

(6) $\sum_{n=1}^{\infty} \dfrac{1}{[\ln(n+1)]^n}$;

(7) $\sum_{n=1}^{\infty} \dfrac{3^n n!}{n^n}$;

(8) $\sum_{n=1}^{\infty} \dfrac{2^n}{3^{\ln n}}$;

(9) $\sum_{n=1}^{\infty} \left(1-\cos\dfrac{1}{n}\right)$.

4. 判别下列级数是否收敛？如果是收敛的，是绝对收敛，还是条件收敛：

(1) $\sum_{n=2}^{\infty} \dfrac{(-1)^{n-1}}{\ln n}$;

(2) $\sum_{n=1}^{\infty} \dfrac{(-1)^n+2}{(-1)^{n-1}2^n}$.

5. 求下列级数的和：

(1) $\sum_{n=1}^{\infty} \dfrac{1}{\sqrt{n(n+1)}(\sqrt{n}+\sqrt{n+1})}$;

(2) $\dfrac{1}{2!}+\dfrac{2}{3!}+\dfrac{3}{4!}+\dfrac{4}{5!}+\cdots$;

(3) $\sum_{n=1}^{\infty} \dfrac{1}{1+2+3+\cdots+n}$.

6. 求下列级数的收敛域及和函数：

(1) $\sum_{n=1}^{\infty} n(x-1)^n$;

(2) $x+\dfrac{x^3}{3}+\dfrac{x^5}{5}+\cdots$，并求 $\sum_{n=1}^{\infty} \dfrac{1}{(2n-1)2^n}$ 的和；

(3) $\sum_{n=1}^{\infty} \dfrac{2n-1}{2^n}x^{2n-2}$，$|x|<\sqrt{2}$，并求 $\sum_{n=1}^{\infty} \dfrac{2n-1}{2^n}$ 的和；

(4) $\sum_{n=1}^{\infty} (-1)^n \dfrac{x^{2n-1}}{2n-1}$;

(5) $\sum_{n=1}^{\infty} \dfrac{n^2}{n+1}x^n$.

7. 将下列函数展开成 $x$ 的幂级数：

(1) $f(x)=\ln(a+x)(a>0)$;

(2) $f(x)=x\ln(1+x)$;

(3) $f(x)=\cos^2 x$;

(4) $f(x)=\dfrac{1}{x^2-5x+6}$.

8. 利用 $e^x$ 的麦克劳林级数，求级数 $\sum_{n=1}^{\infty} \dfrac{n^2-1}{n!}$ 的和.

四、证明题

1. 证明：级数 $\sum_{n=1}^{\infty} \dfrac{1}{2^{n+(-1)^n}}$ 收敛.

2. 若 $\{a_n\}$ 是等差数列，则级数 $\sum_{n=1}^{\infty} \dfrac{1}{a_n}$ 发散.

# *第九章 Matlab 软件及其应用

## 第一节 Matlab 软件简介

在数学建模中,不可避免地要进行许多复杂的分析和计算.这些分析和计算大都需要借助于计算机,需要编写程序和运用数学软件包才能完成. Matlab 是一个高性能的科技计算软件,它具有强大的数值计算、绘图和编程功能.本节将介绍这一软件的使用方法.

### 一、Matlab 的安装和运行

**1. Matlab 的安装和运行**

Matlab 是 Matrix Laboratory 的缩写,安装时,在 Windows 环境下运行光盘上的 setup.exe 文件,然后按屏幕提示即可完成安装.安装好 Matlab 后,在 Windows 环境下双击 Matlab 图标,就可启动 Matlab,屏幕上出现 Matlab 的命令窗口.在提示符"》"后可键入 Matlab 命令.

Matlab 语言是区分大小写的,所有内部函数名均由小写字母组成.

Matlab 有关变量和函数名的约定为:以字母开头,至多 19 个字符.

Matlab 是一种编程语言,掌握它是十分简单和轻松的. Matlab 还提供了在线帮助功能,另外还提供了一些功能演示的例子,通过键入"demo"可进行功能演示.

**2. 命令编辑器**

在命令窗口输入命令时,可用功能键方便地修改以前的命令行.此外,还可调出以指定字母开头的最近的命令行.如在命令行输入"plot",然后按↑键,则会调出最近一个以 plot 开头的命令行.命令行功能键如表 9-1 所示.

表 9-1 命令行功能键

| 按键 | 功能 | 按键 | 功能 |
| --- | --- | --- | --- |
| ↑,Ctrl—P | 重新调出上一行 | Home,Ctrl—A | 光标移到行首 |
| ↓,Ctrl—N | 重新调出下一行 | End,Ctrl—E | 光标移到行尾 |
| ←,Ctrl—F | 光标左移一个字符 | Esc | 清除命令行 |
| →,Ctrl—B | 光标右移一个字符 | Del,Ctrl—D | 删除光标处字符 |
| Ctrl—← | 光标左移一个字 | Backspace | 删除光标左边字符 |
| Ctrl—→ | 光标右移一个字 | Ctrl—K | 删除至行尾 |

当输入的命令很长,需换行继续输入时,应在行尾加一个续行符号"…".

### 3. Matlab 数据显示格式

Matlab 显示数据结果时,如果数据是整数,则显示整数;如果数据是实数,在缺省情况下显示小数点后 4 位数字.

打开菜单 File 下的子菜单 Preferences,来选择、改变数据显示的方式,以 π 的显示为例,将常用方式列表如下(见表 9-2).

表 9-2 数据显示方式

| Matlab 命令 | 显示 | 说明 |
| --- | --- | --- |
| format short | 3.1416 | 小数点后 4 位 |
| format long | 3.14159265358979 | 15 位数字 |
| format bank | 3.14 | 小数点后 2 位 |
| format + | + | 显示 +,- 或 0 |
| format short e | 3.1416e+000 | 5 位科学计数法 |
| format long e | 3.14159265358979e+000 | 15 位科学计数法 |
| format rat | 355/113 | 最接近的有理数 |

也可直接键入表中第一列的命令来选择显示的方式. format 只影响结果的显示,不影响计算和存贮. Matlab 总是以双精度执行所有运算.

### 4. Matlab 工作区

Matlab 工作区是用来接收 Matlab 命令的内存区域,可在工作区中用命令实现以下功能.

(1) 显示.

》who ↙

或

》whos ↙

可显示在当前工作区中的所有变量名,前者只显示变量名,后者还显示变量的大小、字节数和类型.

》disp(x) ↙

显示 x 的内容,它可以是矩阵或字符串.

(2) 清除.

》clear ↙

清除当前工作区的所有变量,如果只清除一个变量,可用

》clear(变量名) ↙

(3) 储存.

》save(文件名) ↙

把当前工作区中的变量储存在当前 Matlab 目录下产生的一个扩展名为 mat 的 MAT—文件中,也可用文件菜单中的 Save Workspace as… 完成同样的工作.

(4) 调出.

》load(文件名) ↙

可以调出 MAT—文件中的数据.

(5) 记录.

可使用

》diary filename ↙

建立记录所有输入输出的文本文件,用

》diary off ↙

命令可停止记录.

(6) 搜索.

》path ↙

显示当前的搜索路径,可用文件菜单中的 Set Path 观察和修改路径.

(7) 管理.

what 返回当前目录下 M,MAT,MEX 文件的列表

dir,ls 列出当前目录下的所有文件

cd(chdir)path 改变当前目录为 path

cd,chdir,pwd 显示当前的工作目录

type test 在命令窗口下显示 test.m 的内容

delete test 删除 M 文件 test.m

which test 显示 M 文件 test.m 的目录

(8) 退出.

》quit ↙

退出工作区,也可选择文件菜单中的 Exit 命令.

## 二、Matlab 的基本操作命令

**1. 数组及其运算**

(1) 数组的输入.

```
>> a = 1:2:11              % 1 到 11 公差为 2 的数列
a =
     1    3    5    7    9   11
>> b = linspace(0,2*pi,5)   % 0 到 2π 的 5 个数
b =
     0   1.5708   3.1416   4.7124   6.2832
```

(2) 数组的运算.

数组除了作为 $1 \times n$ 矩阵遵循矩阵运算规则外,Matlab 还为数组提供了一些特殊的运算:

.* 乘法;.^ 乘幂;.\ 左除;./ 右除.

```
>> c = a.*2
c =
     2    6   10   14   18   22
```

## 2. 语句、变量和表达式

(1) 语句形式.

Matlab 语句的一般形式为:变量 = 表达式

(2) 变量.

Matlab 的变量由字母、数字和下划线组成,最多 31 个字符,区分大小写字母,第一个字符必须是字母. 对于变量,Matlab 不需要任何类型的说明或维数语句. 当输入一个新变量名时,Matlab 自动建立变量并为其分配内存空间.

Matlab 有几个特殊的量:pi,圆周率;eps,最小浮点数;Inf,正无穷大,特指 1/0;NaN,不定值;i,j,虚数单位.

(3) 字符串.

字符串是用单引号括起来的字符集合,可以像向量一样进行裁剪和拼接.

## 三、函 数

### 1. 常见数学函数

round(x)——四舍五入,对 $x$ 取整;

fix(x)——向零取整;

floor(x)——向下取整;

ceil(x)——向上取整;

sign(x)——符号函数;

rem(x,y)——求 $x/y$ 的余数;

exp(x)——指数函数;

log(x)——以 e 为底的对数函数;

log10(x)——以 10 为底的对数函数;

sin(x)等三角函数;real(x)等复数相关的函数;

多项式 $p(x) = x^3 + 4x^2 - 7x - 10$,Matlab 用 $p = [1 4 -7 -10]$ 来描述这个多项式.

Polyval(p,x)——求与 $x$ 对应的多项式 $p(x)$ 的值;$x$ 为标量、向量或矩阵.

多项式的加减直接用运算符相连;

多项式的乘法:conv(a,b),其中 $a,b$ 是两个多项式系数的数组;

多项式的除法:[q,r] = deconv(a,b),其中 $q,r$ 是商多项式和余数多项式;

roots(p)——高阶方程的根;

poly(r)——解为 $r$ 的高阶方程;

polyder(p)——多项式的微分;

polyder(a,b)——多项式 $a,b$ 乘积的微分;

[p,q] = polyder(a,b)——多项式 $a,b$ 商的微分,分子和分母分别保存在 $p,q$ 中;

[u,v,k] = risidue(p,q)——多项式相除的部分展开式,$u$ 为分子数组,$v$ 为分母常数项,$k$ 为余项.

例如:完成以下运算:

$$\frac{10(s+2)}{(s+1)(s+3)(s+4)} = \frac{-6.6667}{s+4} + \frac{5}{s+3} + \frac{1.6667}{s+1} + 0.$$

求非线性方程式的根：

(1) 先定义方程式 $f(x)=0$ 的函数 $f(x)$；

(2) 代入适当范围的 $x$，求出相应的 $f(x)$ 的值，然后将该函数图画出，了解该方程式的函数的走向和趋势；

(3) 选取图中可能的 $f(x)$ 与 $x$ 轴相交的 $x_0$，再调用 fzero('function',x0)，即可求出在 $x_0$ 附近可能存在的根，其中 function 是(1)中定义的方程名 $f(x)$。如根不只一个，可继续代入 $x_1$ 求。

**2. 常用数据分析函数**

max(x)——返回 $x$ 中最大的元素值；

max(x,y)——返回向量每个位置上的元素取 $x$、$y$ 相应位置上的最大值；

min(x)——返回 $x$ 中最小的元素值；

min(x,y)——返回向量每个位置上的元素取 $x$、$y$ 相应位置上的最大值；

mean(x)——求算术平均值；

median(x)——求中值；

sum(x)——求和；

prod(x)——求乘积；

cumsum(x)——返回 $x$ 中各元素累计和的向量；

cumprod(x)——返回 $x$ 中各元素累计积的向量.

rand(n), rand(m,n), rand('seed',n)——产生[0,1]区间的平均分布的随机数，如所需随机数不在[0,1]区间，可对其线性处理.

randn(n), randn(m,n)——产生均值为 0，方差为 1 的正态随机数. 如所需均值为 $a$，方差为 $b$ 的正态随机数，先产生一组随机数 $r$，则 $x=a*r+b$ 即为所需.

## 四、数值积分、数值微商、微分方程

**1. 数值积分**

(1) 梯形法.

trpza(x,y)，其中 $x$, $y$ 分别代表数目相同的数组或矩阵，而 $y$ 与 $x$ 的关系可以是连续的函数形态，也可以是以点的方式描述的离散形态.

(2) 辛普森法.

有 quad, quad8 两种方法，语法格式相同，为 quad('function',)其中 function 是已定义的函数名，而 $a$、$b$ 是积分的下限和上限. (计算精度按 trpza、quad、quad8 的顺序由低到高)

**2. 数值微商**

函数 $f(x)$ 在 $x=a$ 的微商可表示为 $f'(a) = \left.\dfrac{df}{dx}\right|_{x=a}$，而数值差分即是用来求数值微商的方法. 可用 dy = diff(y)./diff(x) 来完成.

### 3. 解微分方程

Matlab 提供了高阶泰勒级数的数值解法函数 ode23(二阶及三阶龙格 - 库塔法),ode45(四阶及五阶龙格 - 库塔法),其格式相同,为 ode23('dy',x0,xn,y0),其中 dy 是自定义的函数名,x0,xn 是要求解的区间[x0,xn]的两个端点,y0 是初始值(y0 = $y$(x0)).

## 五、Matlab 符号数学

Matlab 用函数 sym(s)来定义符号表达式,并且此函数自行决定所定义的表达式中哪一个是独立变量. 当事先未指定独立变量时,Matlab 会自行决定,决定原则如下:除了 i 和 j 之外,在字母上最接近 $x$ 的小写字母,如果式子中无上述字母,则 $x$ 会被视为默认的独立变量.

### 1. 常用的 Matlab 符号数学命令

(1)画单变量的符号表达式的曲线图.

ezplot(s)——画关于独立变量的符号表达式 s 的曲线图,缺省的独立变量的范围是$[-2\pi,2\pi]$;

ezplot(s,[xmin,xmax])——画关于独立变量的符号表达式 s 的曲线图,独立变量的范围是$[x_{\min},x_{\max}]$.

(2)简化数学式子的相关函数.

collect(s)——合并 s 的同类项;

collect(s,'v')——合并 s 的同类项,指定 $v$ 为独立变量;

expand(s)——将 s 表达式展开为多项式;

factor(s)——将 s 进行因式分解;

simple(s)——将 s 表达式化简;

simplify(s)——利用 Maple 简化法则化简 s 表达式.

(3)几个常用的符号运算函数.

hornet(s)——将 s 转换成巢状表达式(分解为连乘的形式);

numden(s)——将 s 表示成分式的形式;

numeric(s)——将 s 改成数值式(s 中不能含有任何符号变量);

poly2sym(c)——转换多项式系数向量 c 为符号多项式;

pretty(s)——用一般的数学方式来显示 s;

sym2poly(s)——转换 s 为多项式系数向量;

symadd(A,B)——执行 $A + B$ 的符号加法;

symsub(A,B)——执行 $A-B$ 的符号减法;

symmul(A,B)——执行 $A*B$ 的符号乘法;

symdiv(A,B)——执行 $A/B$ 的符号除法;

sympow(s,p)——执行 s^p 的符号次方运算.

(4)以符号数学解一般方程和方程组的函数的格式.

solve('f')——对 f 中的符号变量解方程 $f=0$;

solve('f','x')——对 f 中的符号变量 $x$ 解方程 $f=0$;

solve('f1',…,'fn')——解方程组；

solve('f1',…,'fn','v1,v2,…,vn').

（5）Matlab 解常微分方程的函数.

dsolve('equation','condition')，其中 equation 代表常微分方程 $y' = g(x,y)$，且以 D$y$ 代表一阶微分项 $y'$，D2$y$ 代表二阶微分项 $y''$，……. condition 则为初始条件.

（6）以符号方法求解微商和积分.

diff(f)——函数 $f$ 对符号变量 $x$ 求导数；

diff(f,'t')——函数 $f$ 对符号变量 $t$ 求导数；

diff(f,n)——函数 $f$ 对符号变量 $x$ 求 $n$ 阶导数；

diff(f,'t',n)——函数 $f$ 对符号变量 $t$ 求 $n$ 阶导数.

（7）用函数 jacobian 来求偏导.

R = jacobian(w,v)，其中 $w$ 为列向量，$v$ 为行向量，矩阵 $R$ 的元素 $R(i,j)$ 为相应的 $W(i)$ 对 $W(j)$ 的偏导.

（8）用符号法求积分.

int(f)——函数 $f$ 对符号变量 $x$ 求不定积分；

int(f,'t')——函数 $f$ 对符号变量 $t$ 求不定积分；

int(f,a,b)——函数 $f$ 对符号变量 $x$ 求从 $a$ 到 $b$ 的定积分；

int(f,'t',a,b)——函数 $f$ 对符号变量 $t$ 求从 $a$ 到 $b$ 的定积分.

（9）用 limit 求极限.

limit(f,x,a)——当符号变量 $x \to a$ 时，$f$ 的极限；

limit(f)——当符号变量 $x \to 0$ 时，$f$ 的极限；

limit(f,x,a,'right')——当符号变量 $x \to a$ 时，$f$ 的右极限；

limit(f,x,a,'left')——当符号变量 $x \to a$ 时，$f$ 的左极限.

## 六、Matlab 作图

### 1. 二维图形

（1）基本形式（plot 命令）. 其基本调用形式：plot(x,y,s). 以 $x$ 作为横坐标，$y$ 作为纵坐标，$s$ 是图形显示属性的设置选项.

例如：

x = - pi:pi/10:pi;

y = sin(x);

plot(x,y,'- -rh','linewidth',2,'markeredgecolor','b','markerfacecolor','g')

在使用函数 plot 时，应当注意到当两个输入量同为向量时，向量 $x$ 与 $y$ 必须维数相同，而且必须同是行向量或者同是列向量.

绘图时，可以制定标记的颜色和大小，也可以用图形属性制定其他线条特征，这些属性包括：

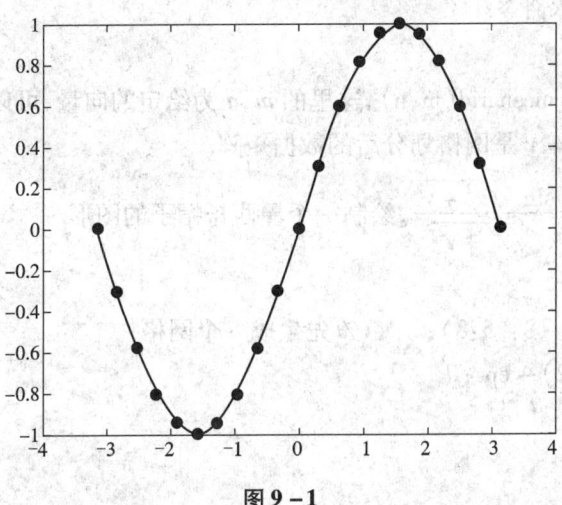

图 9-1

| linewidth | 指定线条的粗细; |
| markeredgecolor | 指定标记的边缘色; |
| markerfacecolor | 指定标记表面的颜色; |
| markersize | 指定标记的大小. |

在同一个画面上可以画许多条曲线,只需多给出几个数组.

若在一个坐标系中画几个函数,则 plot 的调用格式如下:plot(x1,y1,s1,x2,y2,s2,…)

**2. 三维图形**

(1)空间曲线作图函数:plot3.

它与 plot 相比,只是多了一个维数而已. 其调用格式为:plot3(x,y,z,s).

例如:

x = 0:pi/30:20 * pi;

y = sin(x); z = cos(x);

plot3(x,y,z)

得到三维螺旋线.(图象略)

(2)空间曲面作图函数.

<1> mesh 函数,绘制彩色网格面图形. 调用格式:mesh(z),mesh(x,y,z)和 mesh(x,y,z,c). 其中,mesh(x,y,z,c)画出颜色由 c 指定的三维网格图. 若 x,y 均为向量,则 length(x) = n, length(y) = m, [m,n] = size(z).

<2> surf 在矩形区域内显示三维带阴影曲面图. 调用格式与 mesh 类似.

<3> ezmesh 用符号函数作三维曲面网格图.

调用格式:ezmesh(x,y,z),其中 $x = x(s,t)$, $y = y(s,t)$, $z = z(s,t)$. 画图区域默认为: $-2 * pi < s < 2 * pi$ 且 $-2 * pi < t < 2 * pi$.

或者用格式:ezmesh(x,y,z,[smin,smax,tmin,tmax])

<4> ezsurf 用符号函数作三维曲面图. 调用格式与 ezmesh 类似.

<5> sphere 画球体命令.

(3) Meshgrid.

调用格式:[x,y] = meshgrid(m,n),这里的 $m,n$ 为给定的向量,可以定义网格划分区域和划分方法. 矩阵 $x$ 和矩阵 $y$ 是网格划分后的数据矩阵.

例如:利用函数 $z = \dfrac{\sin\sqrt{x^2+y^2}}{\sqrt{x^2+y^2}}$,绘制一个墨西哥帽子的图形.

程序如下:

[a,b] = meshgrid( -8:.5:8);     % 先生成一个网格

c = sqrt(a.^2 + b.^2) + eps;

z = sin(c)./c;

mesh(a,b,z)

axis square

(4) 图象的修饰与其他函数.

<1> axis equal 控制各个坐标轴的分度,使其相等;

<2> colormap 设置绘图颜色.

调用格式:colormap([r g b])   ,其中 $r,g,b$ 都是 0~1 之间的数.

或者用格式:colormap(s). $s$ 为颜色映像. 下面举几个常用的例子(见表 9-3)

表 9-3

| 颜色映像 | 相应的颜色系 | 颜色映像 | 相应的颜色系 |
| --- | --- | --- | --- |
| autumn | 红黄色系 | hsv | 色调饱和色系 |
| gray | 线性灰色系 | hot | 黑红黄白色系 |
| cool | 青和洋红色系 | pink | 柔和色系 |

<3> grid 网格函数. grid on 添加网格. grid off 取消网格.

例如:利用 surf 绘制马鞍面图形$\left(函数为:z = \dfrac{x^2}{9} - \dfrac{y^2}{4}\right)$.

程序如下:

[x,y] = meshgrid( -25:1:25, -25:1:25);

z = x.^2/9 - y.^2/4;

surf(x,y,z)

title('马鞍面')

grid off

<4> 另外,较有用的是给三维图形指定观察点的命令 view(azi,ele),azi 是方位角,ele 是仰角.

## 七、Matlab 的程序设计

**1. 关系和逻辑运算**

(1) Matlab 的关系运算符: < 小于; > 大于; < = 小于或等于; > = 大于或等于; = = 等于; ~ = 不等于.

(2) Matlab 的逻辑运算符: & 与运算; | 或运算; ~ 非运算.

(3) 常见的逻辑函数: all, any.

**2. 条件和循环语句**

(1) if 语句.

&lt;1&gt; if　　&lt;关系表达式&gt;
　　　&lt;语句&gt;
end

&lt;2&gt; if　　&lt;关系表达式&gt;
　　　&lt;语句1&gt;
else
　　　&lt;语句2&gt;
end

&lt;3&gt; if　　&lt;关系表达式1&gt;
　　　&lt;语句1&gt;
else if　&lt;关系表达式2&gt;
　　　&lt;语句2&gt;
　　　　⋮
else if　&lt;关系表达式n&gt;
　　　&lt;语句n&gt;
else
　　　&lt;语句n+1&gt;
end

(2) for 语句.

&lt;1&gt; for　　&lt;循环参数&gt; = &lt;初值&gt;:&lt;步长&gt;:&lt;终值&gt;
　　　&lt;语句&gt;
end

&lt;2&gt; 可嵌套

例如:
&gt;&gt; for i = 1:4
　　　for j = 1:4
　　　　a(i,j) = 1/(i+j-1);
　　　end

```
        end
>> format rat
>> a
a =
        1        1/2       1/3       1/4
       1/2       1/3       1/4       1/5
       1/3       1/4       1/5       1/6
       1/4       1/5       1/6       1/7
```

(3) while 语句.
```
while    <关系表达式>
        <语句>
end
```

(4) switch 语句.
```
  switch      <表达式>
    case      value1
 <语句1>
    case      value1
        <语句2>
            ⋮
  otherwise
        <语句n>
End
```

## 第二节  Matlab 软件在高等数学中的应用

### 一、Matlab 在一元函数微分学中的应用

Matlab 在一元函数微分学中有着广泛应用,下面我们学习利用 Matlab 软件的作图功能,做出函数的图形;利用 Matlab 符号数学功能求导数和求函数零点.

数学的教学与学习过程离不开绘图.借助直观的图形,初学者更容易接受新知识.数学中有不少函数,其解析式让人望而生畏,即使对其性质作了详尽的分析,还是感到难明就里;但如果能看到它的图形,再配合理论分析,则问题可以迎刃而解.而有些表格函数则需要拟合其函数曲线. Matlab 的作图功能可以帮助我们方便作图.

**例1**  春节期间,张某租用了某汽车租赁公司一辆轿车回家过节,汽车租赁公司与张某签订的租车合同中约定:次日 6 时前交车按一天计算,双方交车时必须验车. 租车收费标准:每天每辆车基本租金为 200 元,另外每跑 1 千米另收费 5 元. 张某春节前到租车公司取了车,交

了1000元押金,第5天下午5时,他还车时又支付了1800元租车费,请问张某驾车行驶了多少千米?

**解** 对此实际问题只需要根据简单的经济规律分析即可以得出数学模型,先做如下假设:

假设张某在租车期间没有造成汽车损坏.

假设租车时间不到一天按一天计算.

假设张某的租车费为 $y$ 元,汽车行驶了 $x$ 千米.

根据已知条件可知张某共租用了5天汽车,基本租金为 $200 \times 5$ 元,另外有按里程收费部分的 $5x$ 元,因此有租车费 $y = 5x + 1000$.

用 Matlab 画出该函数的图形,输入命令如下:

```
>> x = 0:0.01:20;        %取的范围为[0,20],也可以更长
>> y = 1000 + 5 * x;     %确定租车费和行驶里程的函数关系
>> plot(x,y);            %画出该函数图形如图9-2所示
```

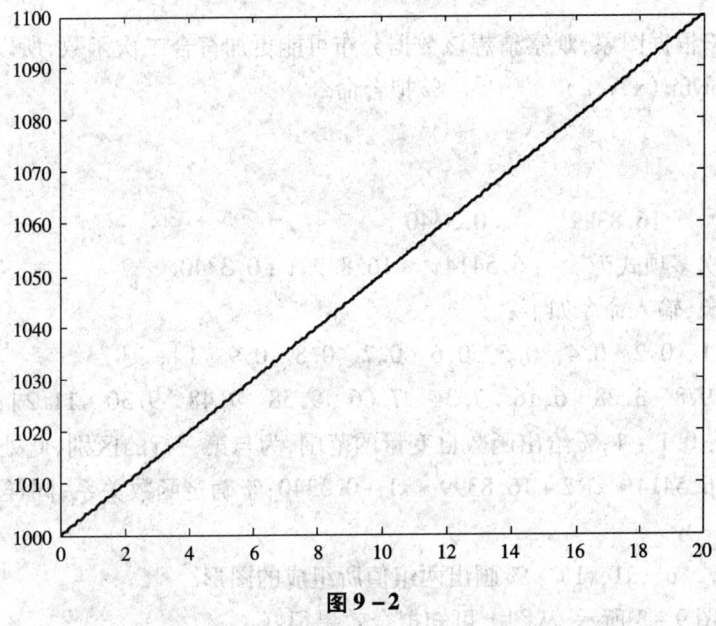

图 9 - 2

将 2800 代入函数可得 $2800 = 5x + 1000$,解得 $x = 360$(千米).

**例2** 根据试验测得,某化学反应中物质 A 的浓度与反应产物 B 的产量数据关系如表 9-1 所示.

表 9-1

| A 的浓度(mol/L) | 0.1 | 0.2 | 0.3 | 0.4 | 0.5 | 0.6 | 0.7 | 0.8 | 0.9 | 1 |
|---|---|---|---|---|---|---|---|---|---|---|
| B 物质的产量(mg) | 1.978 | 3.28 | | 6.16 | 7.34 | 7.66 | 9.58 | 9.48 | 9.30 | 11.2 |

这个表格如实反应物质 A 在不同的浓度时可得到的产物 B 的数量,求出所给数据的函数

关系,并求出物质 A 为 1.5 mol/L 时,物质 B 的产量.

**分析**:根据实际测得的数据要求出这些数据所满足的函数的解析式,我们称之为拟合(Fitting),但是我们知道,实际所测的数据在误差等方面的影响下不可能完全符合某个函数,此时,我们只要使数据尽量分布在所拟合的曲线附近就可以了(所用原理是最小二乘曲线拟合的原理,在这里不做过多解释,我们只要知道如何用命令 polyfit 即可),得到函数解析式,可用来预测或者计算其他数据所对应的函数值.

为了用 polyfit 命令,首先必须给拟合的函数赋予上面的数据和希望最佳拟合数据的多项式的次数,如果选择 1 作为阶次,得到最简单的线性拟合曲线方程,称为线性回归.如果选择 2 作为阶次,得到一个二次多项式,如何选择次数,要根据数据的分布图形来确定.

**解** 在命令窗口中输入:

&gt;&gt; x = [0.1  0.2  0.4  0.5  0.6  0.7  0.8  0.9  1]; %输入 x 的数据

&gt;&gt; y = [1.978  3.28  6.16  7.34  7.66  9.58  9.48  9.30  11.2];%输入 y 的数据

&gt;&gt; n = 2;%根据图象,观察猜想该数据分布可能更加符合二次函数,所以取 $n=2$

&gt;&gt; p = polyfit(x,y,n)          %拟合命令

输出结果:

P =

   -6.5414    16.8399    0.3340

即拟合的二次多项式为   $-6.5414x^2 + 16.8399x + 0.3340$.

绘出效果图象,输入命令如下:

&gt;&gt; x = [0.1  0.2  0.4  0.5  0.6  0.7  0.8  0.9  1];

&gt;&gt; y = [1.978  3.28  6.16  7.34  7.66  9.58  9.48  9.30  11.2];

&gt;&gt; x1 = 0:0.1:1;%给出函数自变量的范围,为与第一行的区别,此处用 x1 表示

&gt;&gt; y1 = -6.5414*x1^2 + 16.8399*x1 + 0.3340;%确定函数关系,同样以示区别,此处用 y1 表示

&gt;&gt; plot(x,y,'o',x1,y1)    %画出两组值所组成的图形

输出结果如图 9-3 所示,从图上可知拟合效果很好.

将 x1 = 1.5 代入函数,继续输入:

&gt;&gt; x1 = 1.5;%给变量赋值 1.5;

&gt;&gt; y1 = -6.5414*x1^2 + 16.8399*x1 + 0.3340;    %代入函数中计算

输出 y1 = 10.8757.

即当物质 A 为 1.5 mol/L 时,B 物质的产量为 10.8757 mg.

在本例中,我们选的函数是二次函数,即"$y = -6.5414*x^2 + 16.8399*x + 0.3340$".在实际问题中,我们可以根据经验明确哪些是一次函数,哪些是二次函数,甚至还可采用指数函数、对数函数、三角函数与反三角函数等其他形式的函数进行拟合.

**例3** 画图 $y = \cos x, x \in [-\pi, \pi]$.

**提示** 平面作图函数—plot,其基本调用形式:plot(x,y,s).

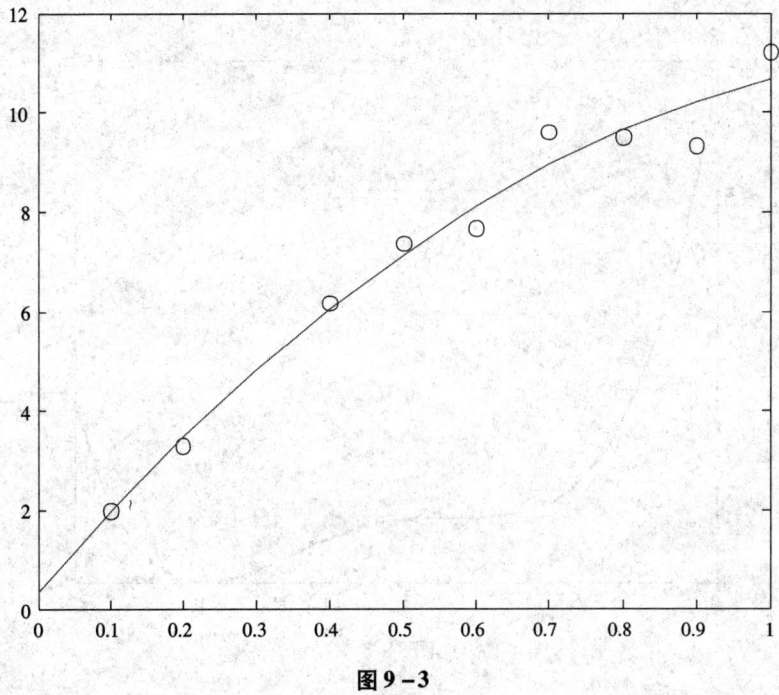

图 9-3

以 $x$ 作为横坐标，$y$ 作为纵坐标. $s$ 是图形显示属性的设置选项.
\>\>x = -pi:pi/10:pi;
\>\>y = cos(x);
\>\>plot(x,y,'--rh','linewidth',2,'markeredgecolor','b','markerfacecolor','g')

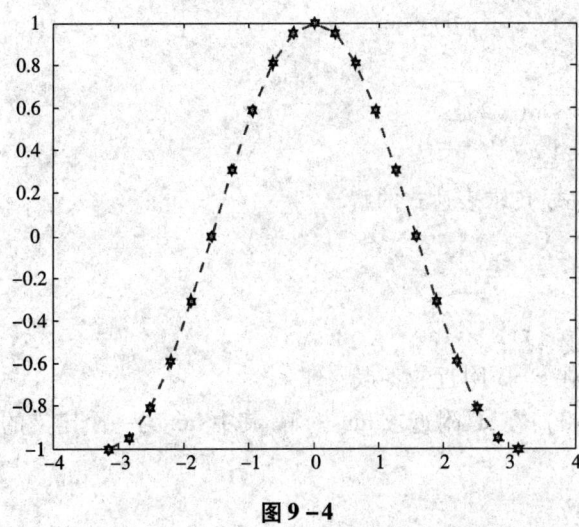

图 9-4

**例 4**  画图 $y = 3x^4 - 4x^3 + 1$.
\>\>x = -1:0.01:1.5;
\>\>y = 3.\*x.^4 - 4.\*x.^3 + 1;

\>\>plot(x,y)

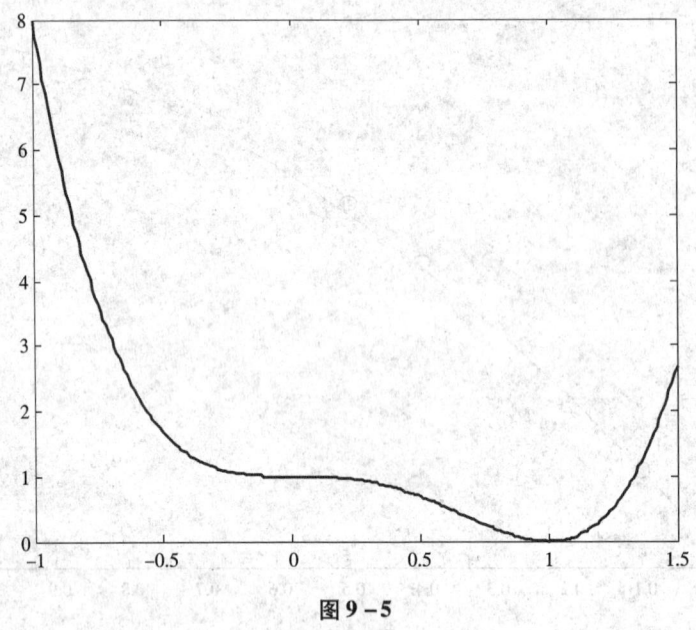

图 9-5

**例 5** 求 $y = \sin(x^2) \cdot t^6$ 的 6 阶导数(其中 $t$ 为自变量).

**提示** diff(f):对独立变量求微分,f 为符号表达式.

diff(f, 'a'):对变量 a 求微分,f 为符号表达式.

diff(f, 'a', n):对变量 a 求 n 次微分,f 为符号表达式.

\>\>syms x t

\>\>diff(sin(x^2) * t^6, 't', 6)

ans =

$\qquad 720 * \sin(\text{x}^2)$

**例 6** 求解 $2\sin x = 1$.

**提示** solve('表达式'):求表达式的解.

\>\>solve('2 * sin(x) = 1')

ans =

$\qquad 1/6 * \text{pi}$

**例 7** 求 $y = \sin x$ 在 $x = 3$ 附近的零点.

**提示** fzero(fun, x0):在 x0 附近求 fun 的解.其中 fun 为一个定义的函数,用"@ 函数名"方式进行调用.

\>\>fzero(@ sin, 3)

ans =

$\qquad$ 3.1416

**例 8** 求 $\sin x = 2x - 2$ 的解(即 $y = \sin x - 2x + 2$ 的零点).

先定义函数 $\sin m(x)$,将它存放在 M 文件 sin m.m 中,如下:

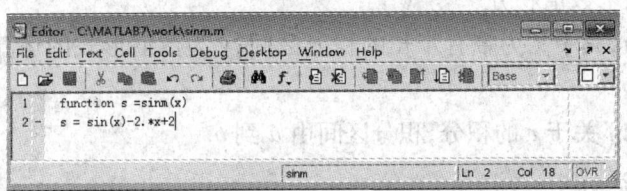

画出曲线是找到初始值的一个好方法,所以

>>fplot('sinm'[-10,10])

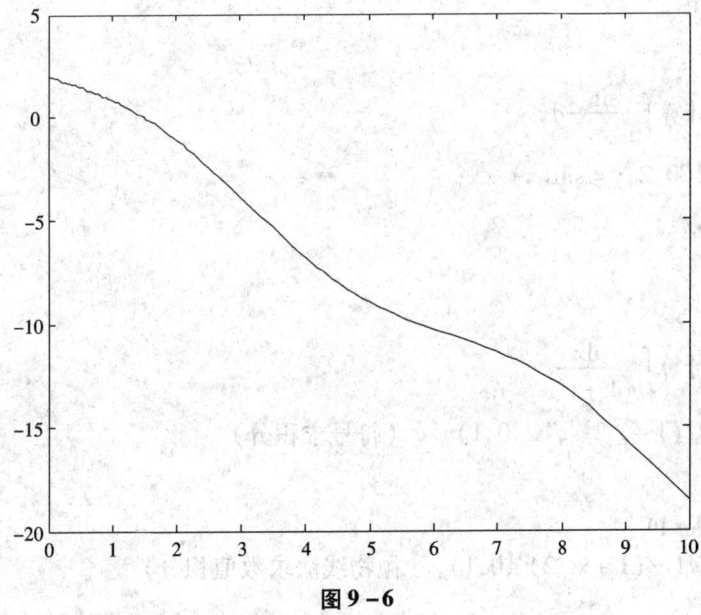

图 9-6

可以看出 2 是一个可接受的估计值,输入:

>> xzero = fzero('sinm',2)

得到结果,xzero =1.4987.

## 二、Matlab 在一元函数积分学中的应用

利用牛顿-莱布尼兹公式可以精确地计算定积分的值,但它仅适用于被积函数的原函数能用初等函数表达出来的情形. 有些不定积分虽然存在,但由于它们不能用初等函数来表示,所以我们无法利用牛顿-莱布尼兹公式计算这些积分,如 $\int e^{x^2} dx, \int \frac{1}{\ln x} dx, \int \sqrt{1-k^2\sin^2 x}\, dx$, $\int \frac{\sin x}{x} dx$ 等. Matlab 的数值积分功能可以有效地解决积分计算问题.

定积分的近似数值计算,Matlab 有专门函数可用.

sum(a):求数组 a 的和.

quad( ):抛物线法求数值积分.

格式:quad(fun,a,b),注意此处的 fun 是函数.

trapz( ):梯形法求数值积分.

格式:trapz(x,y),其中 $x$ 为带有步长的积分区间;$y$ 为数值形式的运算(相当于上面介绍的函数 fun).

int(f,v,a,b):求 $f$ 关于 $v$ 的积分,积分区间由 $a$ 到 $b$.

**例9** 计算 $\int_0^{\pi} \sin x \mathrm{d}x$.

&gt;&gt;x = 0:pi/100:pi;y = sin(x);

&gt;&gt;trapz(x,y)

ans =

 1.9998

**例10** 数值计算 $\int_1^2 \dfrac{\sin x}{x} \mathrm{d}x$.

&gt;&gt;x = 1:1/100:2;y = sin(x)./x;

&gt;&gt; trapz(x,y);

ans =

 0.6593

**例11** 数值计算 $\int_0^1 \dfrac{\mathrm{d}x}{1+x^2}$.

方法1:&gt;&gt;int('1/(1 + x^2)','x',0,1)  (符号求积分)

 ans =

  1/4 * pi

方法2:&gt;&gt;quad('1./(1 + x.^2)',0,1)  (抛物线法求数值积分)

 ans =

  0.7854

方法3:&gt;&gt;x = 0:0.001:1;

 &gt;&gt;y = 1./(1 + x.^2);

 &gt;&gt;trapz(x,y)    (梯形法求数值积分)

 ans =

  0.7854

**例12** 人造地球卫星可视为平面上的椭圆,我国第一颗人造地球卫星近地点距地球表面 439 km,远地点距地球表面 2384 km,地球半径为 6371 km,求该卫星的轨道长度.

**解** 卫星轨道椭圆的参数方程为 $\begin{cases} x = a\cos t \\ y = b\sin t \end{cases} (0 \leqslant t \leqslant 2\pi)$,$a,b$ 分别是长、短半轴.根据计算参数方程的弧长的公式,椭圆长度可表示为

$$L = 4\int_0^{\frac{\pi}{2}} (a^2 \sin^2 t + b^2 \cos^2 t)^{\frac{1}{2}} \mathrm{d}t,$$

该积分称为椭圆积分,它无法用解析方法计算.根据所给数据 $a = 6371 + 2384 = 8755$,$b = 6371 + 439 = 6810$.下面是用梯形公式和辛普森公式计算的程序.

建立 M 文件.
```
function y = x5(t)
a = 8755; b = 6810;
y = sqrt(a.^2.*sin(t).^2 + b.^2.*cos(t).^2)
```
在 Matlab 工作区键入以下程序：
```
>> t = 0:pi/10:pi/2;
>> y1 = x5(t);
>> L1 = 4.*trapz(t,y1)
L1 =
         4.9090e+004
>> L2 = 4.*quad('x5',0,pi/2)
L2 =
         4.9090e+004
```
轨道长度为 $4.904 \times 10^4$ 千米.

## 三、Matlab 在微分方程中的应用

**例 13** 求 $\dfrac{dy}{dx} = 3y^2$ 的解（常微分方程的符号解）.

**解** 在命令窗口中输入命令：
```
>> dsolve('Dy = 3*y^2','x')
```
输出结果为：
```
ans =
    -1/(3*x-C1)
```
即方程的解为 $y = -\dfrac{1}{3x - C_1}$.

**例 14** 抛射问题.

从地球表面以初速度 $v$ 竖直向上发射火箭，在忽略阻力等一般的假设下，我们讨论火箭发射的高度随时间的变化规律. 记地球的半径为 $r$，地球表面的重力加速度为 $g$，火箭和地球的质量分别为 $m_1, m_2$. 设火箭将沿 $y$ 轴竖直向上，在时刻 $t = 0$ 火箭有高度 $y = 0$（地球表面）. 由牛顿第二定律和万有引力定律可得

$$m_1 y'' = -\frac{k m_1 m_2}{(y + r)^2} \tag{1}$$

由于地球引力的作用，在地球表面 $y = 0$，火箭将具有自由下落的加速度 $y'' = -g$. 由(1)式当 $t = 0$ 时，可得 $g = k m_2 / r^2$，将它代入(1)并注意到初始条件，这个抛射问题将由如下的模型来描述.

$$y'' = \frac{r^2 g}{(y + r)^2}, \quad y(0) = 0, \quad y'(0) = v. \tag{2}$$

这个模型中同样包含两个变量(自变量 $t$ 和因变量 $y$)和三个参数 $g$、$r$、$v$,分析起来比较困难. 可以考虑用无量纲化的方法把模型化简. 模型的无量纲化主要是将模型中的变量变换为无量纲的变量. 在这个模型中,自变量 $t$ 和因变量 $y$ 分别有时间和长度的量纲,因此需要选择两个分别具有时间和长度量纲的常数 $t_c$、$y_c$,由关系式 $t_* = t/t_c, y_* = y/y_c$,将它们转换为无量纲量 $t_*$、$y_*$. 注意到

$$y'_* = \frac{dy_*}{dt_*} = \frac{t_c}{y_c}\frac{dy}{dt}, y''_* = \frac{d^2 y_*}{dt_*^2} = \frac{t_c^2}{y_c}\frac{d^2 y}{dt^2},$$

模型可以化为

$$y''_* = \frac{t_c^2 g}{y_c}\left[\frac{y_c}{r}y_* + 1\right]^{-2}, y_*(0) = 0, y'_*(0) = \frac{vt_c}{y_c}.$$

为简化这个模型,我们适当选取 $t_c$ 和 $y_c$,使它们满足条件 $t_c^2 g/y_c = 1$ 和 $vt_c/y_c = 1$,则有 $t_c = v/g, y_c = v^2/g$. 这样一来模型就可化为一个简单的形式

$$y''_* = -(Ay_* + 1)^{-2}, y_*(0) = 0, y'_*(0) = 1. \tag{3}$$

其中 $A = v^2/rg$. 显然这个模型中的所有度量都是无量纲化的. 也就是说,在适当地选取度量单位以后模型本身可以独立于物理量的量纲.

我们知道地球的半径大约是 $r = 6300$ km,因此有 $\sqrt{rg} = 7901$ m/s. 按照当今的技术,在地球的表面发射火箭时的初速度 $v$ 远小于这个数值. 如果近似地取 $A = 0$,则模型可以变为极简单的形式

$$y''_* = -1, y_*(0) = 0, y'_*(0) = 1 \tag{4}$$

这个方程可以解出为 $y_* = -(t^2/2) + t$. 代回原变量 $y$ 和 $t$ 可以得到

$$y = -\frac{1}{2}gt^2 + vt \tag{5}$$

不难看出,如果在原抛射问题中假定火箭发射过程中所受的地球引力 $mg$ 不变,则火箭的运动模型为

$$y'' = -g, y(0) = 0, y'(0) = v. \tag{6}$$

$y(t)$ 刚好就是问题(6)的解. 将(6)与原方程(2)相比,因为发射高度 $y \ll r$,所以(6)是(2)的近似模型. 这说明可以在(3)中舍弃含 $A$ 的项得到近似解.

由模型可以知道,对于较小的 $v$,火箭在定常的引力 $m_1 g$ 的作用下达到最高点的时间为 $v/g$,它所能够达到的最高距离为 $v^2/2g$. 它与我们取的常数刚好有如下的关系 $t_c = v/g$,$y_c/2 = v^2/2g$. 这表明常数 $t_c$ 和 $y_c$ 正好是抛射问题的两个内蕴特征. 我们称之为特征时间和特征距离. 也就是说,当我们以特征时间和特征距离为时间和距离的度量单位时,被抛射物体的运动规律是完全一致的,它不仅独立于物理量的单位而且与这些物理量的量纲也是无关的.

## 四、Matlab 在空间解析几何中的应用

### 1. 空间曲线作图

函数:plot3,它与 plot 相比,只是多了一个维数而已. 其调用格式如下:

plot3(x,y,z,s).

**例 15** 画出空间曲线

$$\begin{cases} x = t, \\ y = \sin t, \\ z = \cos t. \end{cases}$$

\>\>x = 0:pi/30:2*pi;

\>\>y = sin(x);z = cos(x);

\>\>plot3(x,y,z)

得到三维螺旋线,如图 9-7 所示.

**2. 空间曲面作图**

函数:(1) mesh 函数. 绘制彩色网格面图形. 调用格式:mesh(z),mesh(x,y,z) 和 mesh(x,y,z,c). 其中,mesh(x,y,z,c) 画出颜色由 c 指定的三维网格图. 若 x,y 均为向量,则 length(x) = n,length(y) = m,[m,n] = size(z).

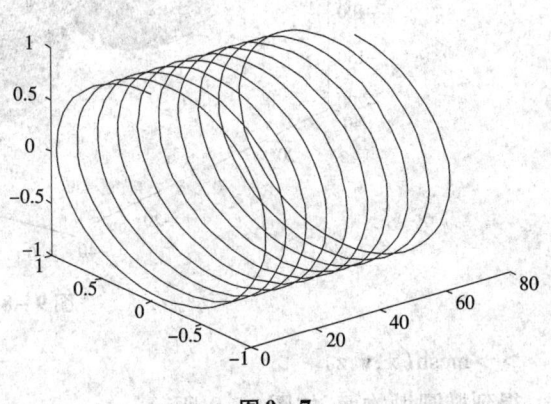

图 9-7

(2) surf 在矩形区域内显示三维带阴影曲面图. 调用格式与 mesh 类似.

(3) ezmesh 用符号函数作三维曲面网格图. 调用格式:ezmesh(x,y,z). 其中 $x = x(s,t)$,$y = y(s,t)$,$z = z(s,t)$. 画图区域默认为: $-2*pi < s < 2*pi$ 且 $-2*pi < t < 2*pi$. 或者用格式:ezmesh(x,y,z,[smin,smax,tmin,tmax]).

(4) ezsurf 用符号函数作三维曲面图. 调用格式与 ezmesh 类似.

(5) sphere 画球体命令.

**例 16** 画出 $z = \dfrac{x^2}{9} - \dfrac{y^2}{4}$(马鞍面).

利用 surf 绘制.

程序如下:

\>\>[x,y] = meshgrid(-25:1:25,-25:1:25);

\>\>z = x.^2/9 - y.^2/4;

\>\>surf(x,y,z)

\>\>title('马鞍面')

得到马鞍面,如图 9-8 所示.

**例 17** 绘制函数 $z = \dfrac{x^2}{9} + \dfrac{y^2}{4}$ 的图形.

程序如下:

\>\>[x,y] = meshgrid(-8:.5:8);    % 先生成一个网格

\>\>z = (x.^2)./9 + (y.^2)./4;

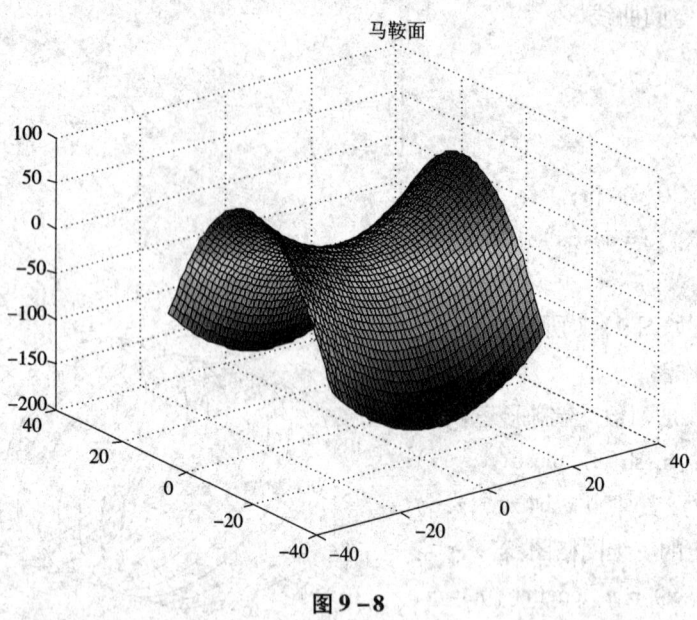

图 9-8

\>\>mesh(x,y,z)

得到椭圆抛物面,如图 9-9 所示.

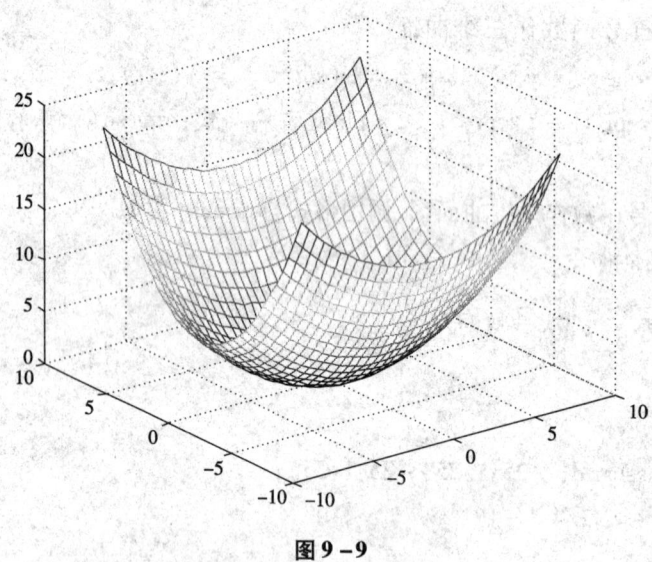

图 9-9

### 五、Matlab 在多元函数中的应用

**例 18** 利用函数 $z = \dfrac{\sin\sqrt{x^2+y^2}}{\sqrt{x^2+y^2}}$,绘制一个墨西哥帽子的图形.

\>\>[x,y] = meshgrid(-8:.5:8);     %先生成一个网格

\>\>c = sqrt(x.^2 + y.^2) + eps;

```
>>z = sin(c)./c;
>>mesh(x,y,z)
```

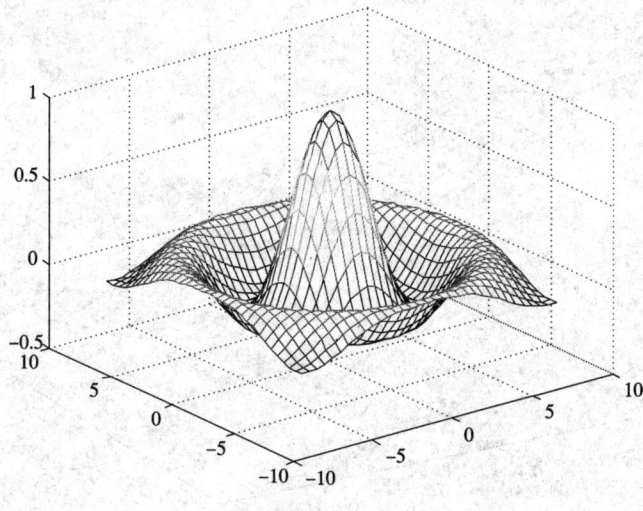

图 9 – 10

**例 19** 计算二重积分：$\int_0^1 \int_0^1 e^{-x^2-y^2} dy dx$

首先创建一个包含函数 M 文件：integrand2. m：

```
function z = integrand2(x,y)
z = exp(-x.^2-y.^2);
```

然后用 quad 命令计算对于固定的 x 值在 y 方向的一些积分值，

```
>> x = linspace(0,1,15);
>> for i = 1:15
integral(i) = quad('integrand2',0,1,[],[],x(i));
end
>> format short
>> dintegral = trapz(x,integral);
>> dintegral =
       0.5575
```

绘出被积函数 $z = e^{-x^2-y^2}$ 在积分区域上的图形（见图 9 – 11）：

```
>> [x,y] = meshgrid(0:.1:1,0:.1:1);
>> z = integrand2(x,y);
>> mesh(x,y,z);view(30,30)
```

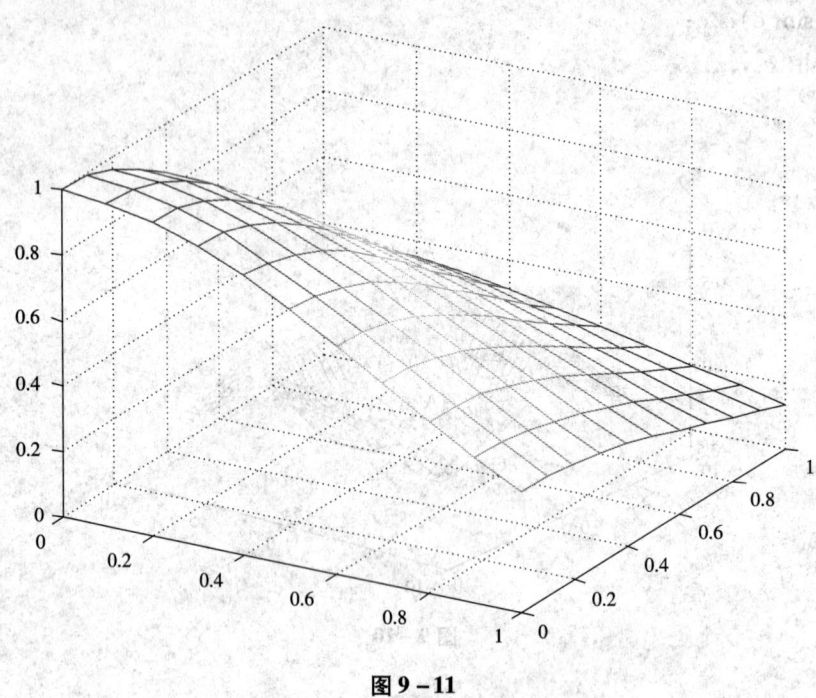

图 9-11

# 附录

## I. 希腊字母表

| 大写字母 | 小写字母 | 名称 | 读音 |
|---|---|---|---|
| A | α | alpha | ['Alfə] |
| B | β | bəta | ['bi:tə, 'bəitə] |
| Γ | γ | gamma | ['gAmə] |
| Δ | δ | dəlta | ['dəltə] |
| E | ε | əpsilon | [əp'sailən, 'əpsilən] |
| Z | ζ | zəta | ['zi:tə] |
| H | η | əta | ['i:tə, 'əitə] |
| Θ | θ | thəta | ['Wi:tə] |
| I | ι | iota | [ai'outə] |
| K | κ | kappa | ['kApə] |
| Λ | λ | lambda | ['lAmdə] |
| M | μ | mu | [mju:] |
| N | ν | nu | [nju:] |
| Ξ | ξ | xi | [gzai, ksai, zai] |
| O | o | omicron | [ou'maikrən] |
| Π | π | pi | [pai] |
| P | ρ | rho | [rou] |
| Σ | σ | sigma | ['sigmə] |
| T | τ | tau | [tR:] |
| Υ | υ | upsilon | [ju:p'sailən, 'ju:psilən] |
| Φ | φ | phi | [fai] |
| X | χ | chi | [kai] |
| Ψ | ψ | psi | [psai] |
| Ω | ω | oməga | ['oumigə] |

## Ⅱ. 代 数

**1. 指数和对数运算**

$$a^x a^y = a^{x+y}, \frac{a^x}{a^y} = a^{x-y}, (a^x)^y = a^{xy}, \sqrt[y]{a^x} = a^{\frac{x}{y}}$$

$$\log_a 1 = 0, \log_a a = 1, \log_a(N_1 \cdot N_2) = \log_a N_1 + \log_a N_2,$$

$$\log_a \frac{N_1}{N_2} = \log_a N_1 - \log_a N_2, \log_a(N^n) = n \log_a N,$$

$$\log_a \sqrt[n]{N} = \frac{1}{n} \log_a N, \log_b N = \frac{\log_a N}{\log_a b}.$$

**2. 有限项数和**

$$1 + 2 + 3 + \cdots + (n-1) + n = \frac{n(n+1)}{2};$$

$$1^2 + 2^2 + 3^2 + \cdots + (n-1)^2 + n^2 = \frac{n(n+1)(2n+1)}{6};$$

$$a + aq + aq^2 + \cdots + aq^{n-1} = a\frac{1-q^n}{1-q} \quad (q \neq 1).$$

**3. 牛顿二项式公式**

$$(a+b)^n = a^n + na^{n-1}b + \frac{n(n-1)}{2!}a^{n-2}b^2 + \frac{n(n-1)(n-2)}{3!}a^{n-3}b^3 + \cdots$$

$$+ \frac{n(n-1)\cdots(n-m+1)}{m!}a^{n-m}b^m + \cdots + nab^{n-1} + b^n.$$

$$(a-b)^n = a^n - na^{n-1}b + \frac{n(n-1)}{2!}a^{n-2}b^2 - \frac{n(n-1)(n-2)}{3!}a^{n-3}b^3 + \cdots$$

$$+ (-1)^m \frac{n(n-1)\cdots(n-m+1)}{m!}a^{n-m}b^m + \cdots + (-1)^n b^n.$$

**4. 乘法与因式分解公式**

$$(x \pm y)^2 = x^2 \pm 2xy + y^2;$$

$$(x + y + z)^2 = x^2 + y^2 + z^2 + 2xy + 2xz + 2yz;$$

$$(x \pm y)^3 = x^3 \pm 3x^2 y + 3xy^2 \pm y^3;$$

$$x^2 - y^2 = (x+y)(x-y);$$

$$x^3 \pm y^3 = (x \pm y)(x^2 \mp xy + y^2);$$

$$x^n - y^n = (x-y)(x^{n-1} + x^{n-2}y + x^{n-3}y^2 + \cdots + xy^{n-2} + y^{n-1}) \ (n \text{ 为正整数});$$

$$x^n + y^n = (x+y)(x^{n-1} - x^{n-2}y + x^{n-3}y^2 - \cdots - xy^{n-2} + y^{n-1}) \ (n \text{ 是奇数});$$

$$x^n + y^n = (x+y)(x^{n-1} - x^{n-2}y + x^{n-3}y^2 - \cdots + xy^{n-2} - y^{n-1}) \ (n \text{ 是偶数}).$$

## Ⅲ. 三角函数

### 1. 基本公式

$$\sin^2\alpha + \cos^2\alpha = 1, \quad \frac{\sin\alpha}{\cos\alpha} = \tan\alpha, \quad \csc\alpha = \frac{1}{\sin\alpha},$$

$$1 + \tan^2\alpha = \sec^2\alpha, \quad \frac{\cos\alpha}{\sin\alpha} = \cot\alpha, \quad \sec\alpha = \frac{1}{\cos\alpha},$$

$$1 + \cot^2\alpha = \csc^2\alpha, \quad \cot\alpha = \frac{1}{\tan\alpha}.$$

### 2. 诱导公式

| 函数 | $\beta = \frac{\pi}{2} \pm \alpha$ | $\beta = \pi \pm \alpha$ | $\beta = \frac{3\pi}{2} \pm \alpha$ | $\beta = 2\pi - \alpha$ |
| --- | --- | --- | --- | --- |
| $\sin\beta$ | $\cos\alpha$ | $\mp\sin\alpha$ | $-\cos\alpha$ | $\pm\sin\alpha$ |
| $\cos\beta$ | $\mp\sin\alpha$ | $-\cos\alpha$ | $\pm\sin\alpha$ | $\cos\alpha$ |
| $\tan\beta$ | $\mp\cot\alpha$ | $\pm\tan\alpha$ | $\mp\cot\alpha$ | $\pm\tan\alpha$ |
| $\cot\beta$ | $\pm\tan\alpha$ | $\pm\cot\alpha$ | $\mp\tan\alpha$ | $\pm\cot\alpha$ |

### 3. 和差公式

$$\sin(\alpha \pm \beta) = \sin\alpha\cos\beta \pm \cos\alpha\sin\beta,$$

$$\cos(\alpha \pm \beta) = \cos\alpha\cos\beta \mp \sin\alpha\sin\beta,$$

$$\tan(\alpha \pm \beta) = \frac{\tan\alpha \pm \tan\beta}{1 \mp \tan\alpha\tan\beta},$$

$$\cot(\alpha \pm \beta) = \frac{\cot\alpha\cot\beta \mp 1}{\cot\beta \pm \cot\alpha},$$

$$\sin\alpha + \sin\beta = 2\sin\frac{\alpha+\beta}{2}\cos\frac{\alpha-\beta}{2},$$

$$\sin\alpha - \sin\beta = 2\cos\frac{\alpha+\beta}{2}\sin\frac{\alpha-\beta}{2},$$

$$\cos\alpha + \cos\beta = 2\cos\frac{\alpha+\beta}{2}\cos\frac{\alpha-\beta}{2},$$

$$\cos\alpha - \cos\beta = -2\sin\frac{\alpha+\beta}{2}\sin\frac{\alpha-\beta}{2},$$

$$\cos\alpha\cos\beta = \frac{1}{2}[\cos(\alpha-\beta) + \cos(\alpha+\beta)],$$

$$\sin\alpha\sin\beta = \frac{1}{2}[\cos(\alpha-\beta) - \cos(\alpha+\beta)],$$

$$\sin\alpha\cos\beta = \frac{1}{2}[\sin(\alpha-\beta) + \sin(\alpha+\beta)].$$

**4. 倍角和半角公式**

$$\sin 2\alpha = 2\sin\alpha\cos\alpha = \frac{2\tan\alpha}{1+\tan^2\alpha},$$

$$\cos 2\alpha = \cos^2\alpha - \sin^2\alpha = 2\cos^2\alpha - 1 = 1 - 2\sin^2\alpha = \frac{1-\tan^2\alpha}{1+\tan^2\alpha},$$

$$\tan 2\alpha = \frac{2\tan\alpha}{1-\tan^2\alpha}, \qquad \cot 2\alpha = \frac{\cot^2\alpha - 1}{2\cot\alpha},$$

$$\sin\frac{\alpha}{2} = \pm\sqrt{\frac{1-\cos\alpha}{2}}, \qquad \tan\frac{\alpha}{2} = \pm\sqrt{\frac{1-\cos\alpha}{1+\cos\alpha}},$$

$$\cos\frac{\alpha}{2} = \pm\sqrt{\frac{1+\cos\alpha}{2}}, \qquad \tan\frac{\alpha}{2} = \pm\sqrt{\frac{1+\cos\alpha}{1-\cos\alpha}}.$$

**5. 任意三角形的基本关系(如图)**

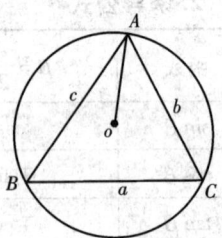

$$\frac{a}{\sin A} = \frac{b}{\sin B} = \frac{c}{\sin C} = 2R,\text{(正弦定理)}$$

$$a^2 = b^2 + c^2 - 2bc\cos A,\text{(余弦定理)}$$

$$S = \frac{1}{2}ab\sin C,\quad\text{(面积公式)}$$

$$S = \sqrt{p(p-a)(p-b)(p-c)}\quad p = \frac{1}{2}(a+b+c).$$

# IV. 初 等 几 何

在下列公式中,字母 $R$ 和 $r$ 表示半径, $h$ 表示高, $l$ 表示斜高.

**1. 圆;扇形**

圆:周长 $= 2\pi r$;面积 $= \pi r^2$,

扇形:面积 $= \frac{1}{2}r^2\alpha$ (式中 $\alpha$ 为扇形的圆心角以弧度计).

**2. 正圆锥**

体积 $= \frac{1}{3}\pi r^2 h$;侧面积 $= \pi r l$;全面积 $= \pi r(r+l)$.

**3. 截圆锥**

体积 $= \frac{1}{3}\pi h(R^2 + r^2 + Rr)$;侧面积 $= \pi l(R+r)$.

**4. 球**

体积 $= \frac{4}{3}\pi r^3$;面积 $= 4\pi r^2$.

## V. 几种常用的曲线

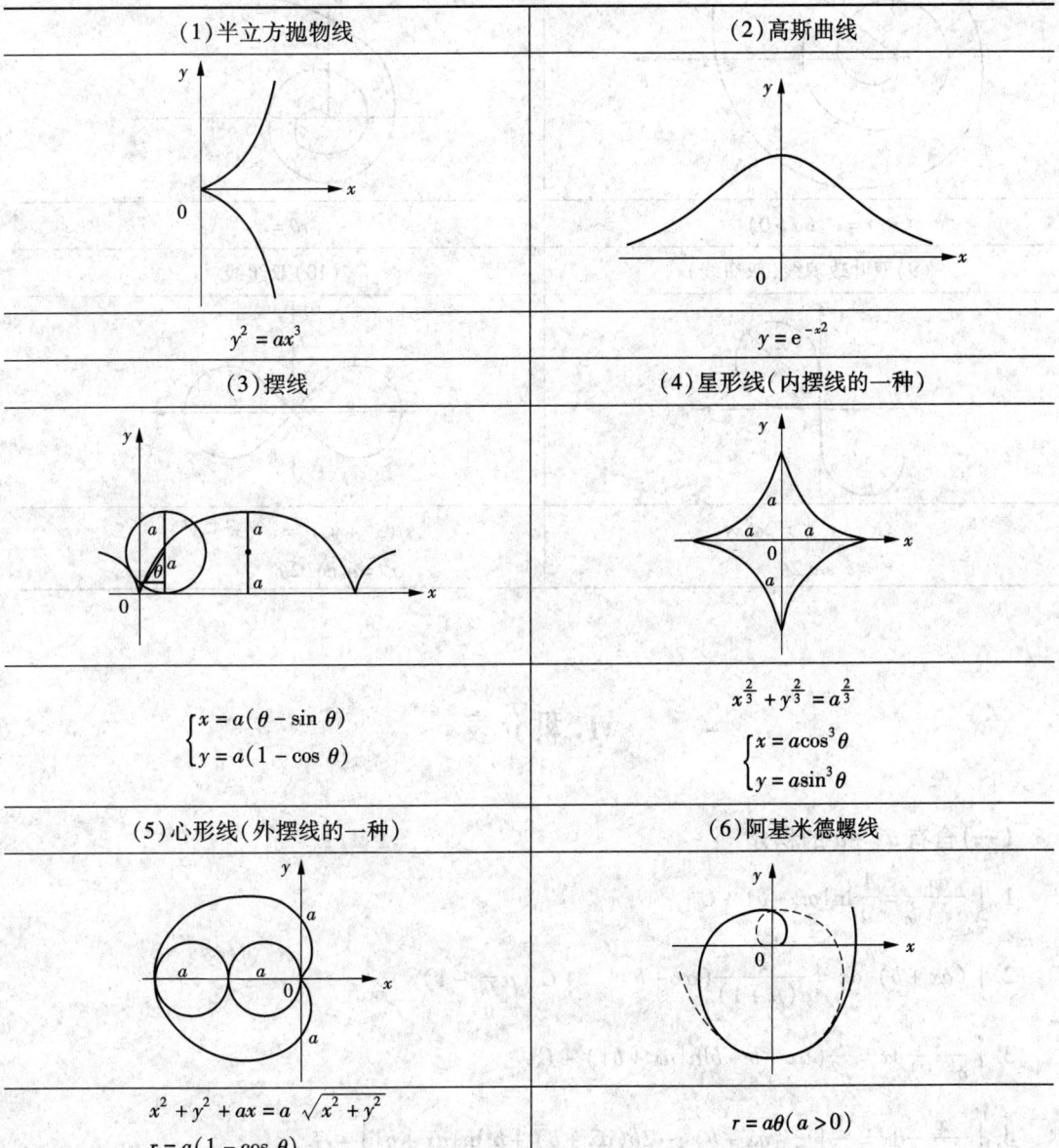

(1) 半立方抛物线
$y^2 = ax^3$

(2) 高斯曲线
$y = e^{-x^2}$

(3) 摆线
$\begin{cases} x = a(\theta - \sin\theta) \\ y = a(1 - \cos\theta) \end{cases}$

(4) 星形线(内摆线的一种)
$x^{\frac{2}{3}} + y^{\frac{2}{3}} = a^{\frac{2}{3}}$
$\begin{cases} x = a\cos^3\theta \\ y = a\sin^3\theta \end{cases}$

(5) 心形线(外摆线的一种)
$x^2 + y^2 + ax = a\sqrt{x^2 + y^2}$
$r = a(1 - \cos\theta)$

(6) 阿基米德螺线
$r = a\theta \, (a > 0)$

续表

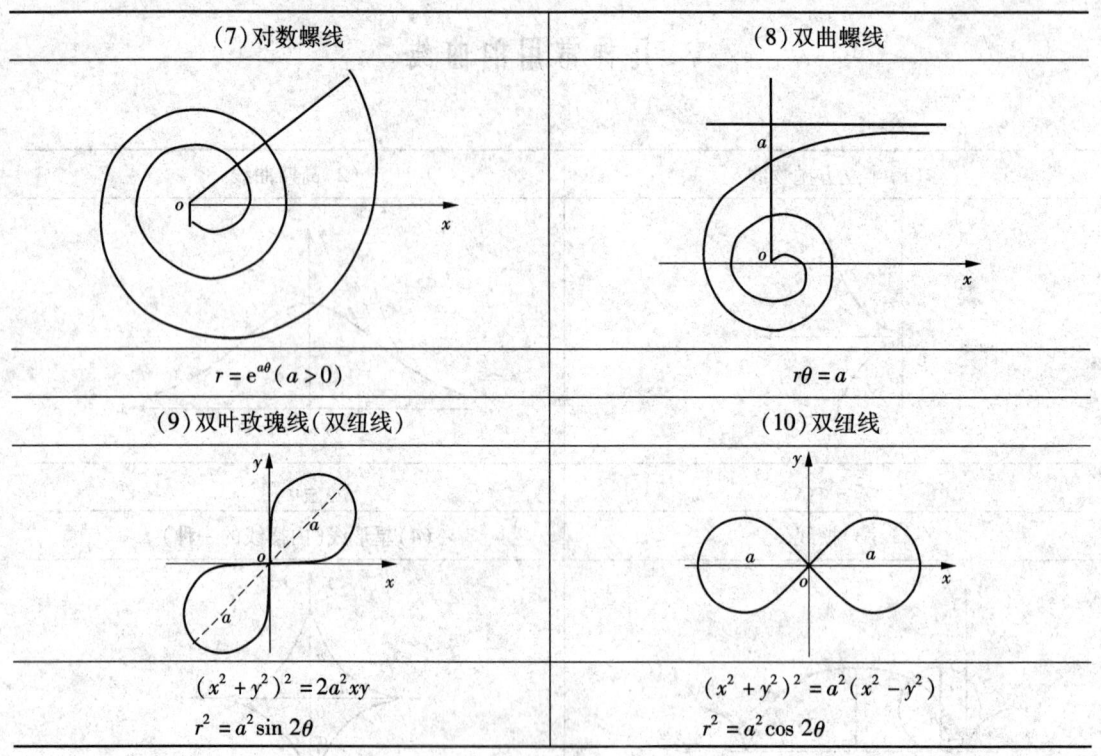

# VI. 积 分 表

**(一) 含有 $ax+b$ 的积分**

1. $\int \dfrac{\mathrm{d}x}{ax+b} = \dfrac{1}{a}\ln|ax+b| + C$

2. $\int (ax+b)^\mu \mathrm{d}x = \dfrac{1}{a(\mu+1)}(ax+b)^{\mu+1} + C \ (\mu \neq -1)$

3. $\int \dfrac{x}{ax+b}\mathrm{d}x = \dfrac{1}{a^2}(ax+b-b\ln|ax+b|) + C$

4. $\int \dfrac{x^2}{ax+b}\mathrm{d}x = \dfrac{1}{a^3}\left[\dfrac{1}{2}(ax+b)^2 - 2b(ax+b) + b^2\ln|ax+b|\right] + C$

5. $\int \dfrac{\mathrm{d}x}{x(ax+b)} = -\dfrac{1}{b}\ln\left|\dfrac{ax+b}{x}\right| + C$

6. $\int \dfrac{\mathrm{d}x}{x^2(ax+b)} = -\dfrac{1}{bx} + \dfrac{a}{b^2}\ln\left|\dfrac{ax+b}{x}\right| + C$

7. $\int \dfrac{x}{(ax+b)^2}\mathrm{d}x = \dfrac{1}{a^2}\left(\ln|ax+b| + \dfrac{b}{ax+b}\right) + C$

8. $\int \dfrac{x^2}{(ax+b)^2}dx = \dfrac{1}{a^3}\left(ax+b-2b\ln|ax+b|-\dfrac{b^2}{ax+b}\right)+C$

9. $\int \dfrac{dx}{x(ax+b)^2} = \dfrac{1}{b(ax+b)} - \dfrac{1}{b^2}\ln\left|\dfrac{ax+b}{x}\right|+C$

## (二) 含有 $\sqrt{ax+b}$ 的积分

10. $\int \sqrt{ax+b}\,dx = \dfrac{2}{3a}\sqrt{(ax+b)^3}+C$

11. $\int x\sqrt{ax+b}\,dx = \dfrac{2}{15a^2}(3ax-2b)\sqrt{(ax+b)^3}+C$

12. $\int x^2\sqrt{ax+b}\,dx = \dfrac{2}{105a^3}(15a^2x^2-12abx+8b^2)\sqrt{(ax+b)^3}+C$

13. $\int \dfrac{x}{\sqrt{ax+b}}dx = \dfrac{2}{3a^2}(ax-2b)\sqrt{ax+b}+C$

14. $\int \dfrac{x^2}{\sqrt{ax+b}}dx = \dfrac{2}{15a^3}(3a^2x^2-4abx+8b^2)\sqrt{ax+b}+C$

15. $\int \dfrac{dx}{x\sqrt{ax+b}} = \begin{cases}\dfrac{1}{\sqrt{b}}\ln\left|\dfrac{\sqrt{ax+b}-\sqrt{b}}{\sqrt{ax+b}+\sqrt{b}}\right|+C\ (b>0)\\ \dfrac{2}{\sqrt{-b}}\arctan\sqrt{\dfrac{ax+b}{-b}}+C\ (b<0)\end{cases}$

16. $\int \dfrac{dx}{x^2\sqrt{ax+b}} = -\dfrac{\sqrt{ax+b}}{bx} - \dfrac{a}{2b}\int \dfrac{dx}{x\sqrt{ax+b}}$

17. $\int \dfrac{\sqrt{ax+b}}{x}dx = 2\sqrt{ax+b} + b\int \dfrac{dx}{x\sqrt{ax+b}}$

18. $\int \dfrac{\sqrt{ax+b}}{x^2}dx = -\dfrac{\sqrt{(ax+b)^3}}{bx} + \dfrac{a}{2b}\int \dfrac{dx}{x\sqrt{ax+b}}$

## (三) 含有 $x^2 \pm a^2$ 的积分

19. $\int \dfrac{dx}{x^2+a^2} = \dfrac{1}{a}\arctan\dfrac{x}{a}+C$

20. $\int \dfrac{dx}{(x^2+a^2)^n} = \dfrac{x}{2(n-1)a^2(x^2+a^2)^{n-1}} + \dfrac{2n-3}{2(n-1)a^2}\int \dfrac{dx}{(x^2+a^2)^{n-1}}$

21. $\int \dfrac{dx}{x^2-a^2} = \dfrac{1}{2a}\ln\left|\dfrac{x-a}{x+a}\right|+C$

## (四) 含有 $ax^2+b\,(a>0)$ 的积分

22. $\int \dfrac{dx}{ax^2+b} = \begin{cases}\dfrac{1}{\sqrt{ab}}\arctan\sqrt{\dfrac{a}{b}}x+C\ (b>0)\\ \dfrac{1}{2\sqrt{-ab}}\ln\left|\dfrac{\sqrt{a}x-\sqrt{-b}}{\sqrt{a}x+\sqrt{-b}}\right|+C\ (b<0)\end{cases}$

23. $\int \dfrac{x}{ax^2+b}\mathrm{d}x = \dfrac{1}{2a}\ln|ax^2+b| + C$

24. $\int \dfrac{x^2}{ax^2+b}\mathrm{d}x = \dfrac{x}{a} - \dfrac{b}{a}\int \dfrac{\mathrm{d}x}{ax^2+b}$

25. $\int \dfrac{\mathrm{d}x}{x(ax^2+b)} = \dfrac{1}{2b}\ln \dfrac{x^2}{|ax^2+b|} + C$

26. $\int \dfrac{\mathrm{d}x}{x^2(ax^2+b)} = -\dfrac{1}{bx} - \dfrac{a}{b}\int \dfrac{\mathrm{d}x}{ax^2+b}$

27. $\int \dfrac{\mathrm{d}x}{x^3(ax^2+b)} = \dfrac{a}{2b^2}\ln \dfrac{|ax^2+b|}{x^2} - \dfrac{1}{2bx^2} + C$

28. $\int \dfrac{\mathrm{d}x}{(ax^2+b)^2} = \dfrac{x}{2b(ax^2+b)} = \dfrac{1}{2b}\int \dfrac{\mathrm{d}x}{ax^2+b}$

**(五)含有 $ax^2+bx+c\,(a>0)$ 的积分**

29. $\int \dfrac{\mathrm{d}x}{ax^2+bx+c}$

$= \begin{cases} \dfrac{2}{\sqrt{4ac-b^2}}\arctan \dfrac{2ax+b}{\sqrt{4ac-b^2}} + C & (b^2<4ac) \\ \dfrac{1}{\sqrt{b^2-4ac}}\ln \left|\dfrac{2ax+b-\sqrt{b^2-4ac}}{2ax+b+\sqrt{b^2-4ac}}\right| + C & (b^2>4ac) \end{cases}$

30. $\int \dfrac{x}{ax^2+bx+c}\mathrm{d}x = \dfrac{1}{2a}\ln|ax^2+bx+c| - \dfrac{b}{2a}\int \dfrac{\mathrm{d}x}{ax^2+bx+c}$

**(六)含有 $\sqrt{x^2+a^2}\,(a>0)$ 的积分**

31. $\int \dfrac{\mathrm{d}x}{\sqrt{x^2+a^2}} = \ln(x+\sqrt{x^2+a^2}) + C$

32. $\int \dfrac{\mathrm{d}x}{\sqrt{(x^2+a^2)^3}} = \dfrac{x}{a^2\sqrt{x^2+a^2}} + C$

33. $\int \dfrac{x}{\sqrt{x^2+a^2}}\mathrm{d}x = \sqrt{x^2+a^2} + C$

34. $\int \dfrac{x}{\sqrt{(x^2+a^2)^3}}\mathrm{d}x = -\dfrac{1}{\sqrt{x^2+a^2}} + C$

35. $\int \dfrac{x^2}{\sqrt{x^2+a^2}}\mathrm{d}x = \dfrac{x}{2}\sqrt{x^2+a^2} - \dfrac{a^2}{2}\ln(x+\sqrt{x^2+a^2}) + C$

36. $\int \dfrac{x^2}{\sqrt{(x^2+a^2)^3}}\mathrm{d}x = -\dfrac{x}{\sqrt{x^2+a^2}} + \ln(x+\sqrt{x^2+a^2}) + C$

37. $\int \dfrac{\mathrm{d}x}{x\sqrt{x^2+a^2}} = \dfrac{1}{a}\ln \dfrac{\sqrt{x^2+a^2}-a}{|x|} + C$

38. $\int \dfrac{\mathrm{d}x}{x^2 \sqrt{x^2 + a^2}} = -\dfrac{\sqrt{x^2 + a^2}}{a^2 x} + C$

39. $\int \sqrt{x^2 + a^2}\,\mathrm{d}x = \dfrac{x}{2}\sqrt{x^2 + a^2} + \dfrac{a^2}{2}\ln(x + \sqrt{x^2 + a^2}) + C$

40. $\int \sqrt{(x^2 + a^2)^3}\,\mathrm{d}x = \dfrac{x}{8}(2x^2 + 5a^2)\sqrt{x^2 + a^2} + \dfrac{3}{8}a^4 \ln(x + \sqrt{x^2 + a^2}) + C$

41. $\int x\sqrt{x^2 + a^2}\,\mathrm{d}x = \dfrac{1}{3}\sqrt{(x^2 + a^2)^3} + C$

42. $\int x^2 \sqrt{x^2 + a^2}\,\mathrm{d}x = \dfrac{x}{8}(2x^2 + a^2)\sqrt{x^2 + a^2} - \dfrac{1}{8}a^4 \ln(x + \sqrt{x^2 + a^2}) + C$

43. $\int \dfrac{\sqrt{x^2 + a^2}}{x}\mathrm{d}x = \sqrt{x^2 + a^2} + a\ln\dfrac{\sqrt{x^2 + a^2} - a}{|x|} + C$

44. $\int \dfrac{\sqrt{x^2 + a^2}}{x^2}\mathrm{d}x = -\dfrac{\sqrt{x^2 + a^2}}{x} + \ln(x + \sqrt{x^2 + a^2}) + C$

## （七）含有 $\sqrt{x^2 - a^2}\ (a > 0)$ 的积分

45. $\int \dfrac{\mathrm{d}x}{\sqrt{x^2 - a^2}} = \ln|x + \sqrt{x^2 - a^2}| + C$

46. $\int \dfrac{\mathrm{d}x}{\sqrt{(x^2 - a^2)^3}} = -\dfrac{x}{a^2 \sqrt{x^2 - a^2}} + C$

47. $\int \dfrac{x}{\sqrt{x^2 - a^2}}\mathrm{d}x = \sqrt{x^2 - a^2} + C$

48. $\int \dfrac{x}{\sqrt{(x^2 - a^2)^3}}\mathrm{d}x = -\dfrac{1}{\sqrt{x^2 - a^2}} + C$

49. $\int \dfrac{x^2}{\sqrt{x^2 - a^2}}\mathrm{d}x = \dfrac{x}{2}\sqrt{x^2 - a^2} + \dfrac{a^2}{2}\ln(x + \sqrt{x^2 - a^2}) + C$

50. $\int \dfrac{x^2}{\sqrt{(x^2 - a^2)^3}}\mathrm{d}x = -\dfrac{x}{\sqrt{x^2 - a^2}} + \ln(x + \sqrt{x^2 - a^2}) + C$

51. $\int \dfrac{\mathrm{d}x}{x\sqrt{x^2 - a^2}} = \dfrac{1}{a}\arccos\dfrac{a}{|x|} + C$

52. $\int \dfrac{\mathrm{d}x}{x^2 \sqrt{x^2 - a^2}} = \dfrac{\sqrt{x^2 - a^2}}{a^2 x} + C$

53. $\int \sqrt{x^2 - a^2}\,\mathrm{d}x = \dfrac{x}{2}\sqrt{x^2 - a^2} - \dfrac{a^2}{2}\ln|x + \sqrt{x^2 - a^2}| + C$

54. $\int \sqrt{(x^2 - a^2)^3}\,\mathrm{d}x = \dfrac{x}{8}(2x^2 - 5a^2)\sqrt{x^2 - a^2} + \dfrac{3}{8}a^4 \ln|x + \sqrt{x^2 - a^2}| + C$

55. $\int x\sqrt{x^2 - a^2}\,\mathrm{d}x = \dfrac{1}{3}\sqrt{(x^2 - a^2)^3} + C$

56. $\int x^2 \sqrt{x^2-a^2}\,dx = \dfrac{x}{8}(2x^2-a^2)\sqrt{x^2-a^2} - \dfrac{1}{8}a^4\ln|x+\sqrt{x^2-a^2}| + C$

57. $\int \dfrac{\sqrt{x^2-a^2}}{x}\,dx = \sqrt{x^2-a^2} - a\arccos\dfrac{a}{|x|} + C$

58. $\int \dfrac{\sqrt{x^2-a^2}}{x^2}\,dx = -\dfrac{\sqrt{x^2-a^2}}{x} + \ln|x+\sqrt{x^2-a^2}| + C$

### （八）含有 $\sqrt{a^2-x^2}\,(a>0)$ 的积分

59. $\int \dfrac{dx}{\sqrt{a^2-x^2}} = \arcsin\dfrac{x}{a} + C$

60. $\int \dfrac{dx}{\sqrt{(a^2-x^2)^3}} = \dfrac{x}{a^2\sqrt{a^2-x^2}} + C$

61. $\int \dfrac{x}{\sqrt{a^2-x^2}}\,dx = -\sqrt{a^2-x^2} + C$

62. $\int \dfrac{x}{\sqrt{(a^2-x^2)^3}}\,dx = \dfrac{1}{\sqrt{a^2-x^2}} + C$

63. $\int \dfrac{x^2}{\sqrt{a^2-x^2}}\,dx = -\dfrac{x}{2}\sqrt{a^2-x^2} + \dfrac{a^2}{2}\arcsin\dfrac{x}{a} + C$

64. $\int \dfrac{x^2}{\sqrt{(a^2-x^2)^3}}\,dx = \dfrac{x}{\sqrt{a^2-x^2}} - \arcsin\dfrac{x}{a} + C$

65. $\int \dfrac{dx}{x\sqrt{a^2-x^2}} = \dfrac{1}{a}\ln\dfrac{a-\sqrt{a^2-x^2}}{|x|} + C$

66. $\int \dfrac{dx}{x^2\sqrt{a^2-x^2}} = -\dfrac{\sqrt{a^2-x^2}}{a^2 x} + C$

67. $\int \sqrt{a^2-x^2}\,dx = \dfrac{x}{2}\sqrt{a^2-x^2} + \dfrac{a^2}{2}\arcsin\dfrac{x}{a} + C$

68. $\int \sqrt{(a^2-x^2)^3}\,dx = \dfrac{x}{8}(5a^2-2x^2)\sqrt{a^2-x^2} + \dfrac{3}{8}a^4\arcsin\dfrac{x}{a} + C$

69. $\int x\sqrt{a^2-x^2}\,dx = -\dfrac{1}{3}\sqrt{(a^2-x^2)^3} + C$

70. $\int x^2\sqrt{a^2-x^2}\,dx = \dfrac{x}{8}(2x^2-a^2)\sqrt{a^2-x^2} + \dfrac{1}{8}a^4\arcsin\dfrac{x}{a} + C$

71. $\int \dfrac{\sqrt{a^2-x^2}}{x}\,dx = \sqrt{a^2-x^2} + a\ln\dfrac{a-\sqrt{a^2-x^2}}{|x|} + C$

72. $\int \dfrac{\sqrt{a^2-x^2}}{x^2}\,dx = -\dfrac{\sqrt{a^2-x^2}}{x} - \arcsin\dfrac{x}{a} + C$

## (九) 含有 $\sqrt{\pm ax^2+bx+c}\ (a>0)$ 的积分

73. $\displaystyle\int \frac{\mathrm{d}x}{\sqrt{ax^2+bx+c}} = \frac{1}{\sqrt{a}}\ln|2ax+b+2\sqrt{a}\sqrt{ax^2+bx+c}| + C$

74. $\displaystyle\int \sqrt{ax^2+bx+c}\,\mathrm{d}x = \frac{2ax+b}{4a}\sqrt{ax^2+bx+c} + \frac{4ac-b^2}{8\sqrt{a^3}}\cdot\ln|2ax+b+2\sqrt{a}\sqrt{ax^2+bx+c}| + C$

75. $\displaystyle\int \frac{x\,\mathrm{d}x}{\sqrt{ax^2+bx+c}} = \frac{1}{a}\sqrt{ax^2+bx+c} - \frac{b}{2\sqrt{a^3}}\cdot\ln|2ax+b+2\sqrt{a}\sqrt{ax^2+bx+c}| + C$

76. $\displaystyle\int \frac{\mathrm{d}x}{\sqrt{c+bx-ax^2}} = \frac{1}{\sqrt{a}}\arcsin\frac{2ax-b}{\sqrt{b^2+4ac}} + C$

77. $\displaystyle\int \sqrt{c+bx-ax^2}\,\mathrm{d}x = \frac{2ax-b}{4a}\sqrt{c+bx-ax^2} + \frac{b^2+4ac}{8\sqrt{a^3}}\arcsin\frac{2ax-b}{\sqrt{b^2+4ac}} + C$

78. $\displaystyle\int \frac{x}{\sqrt{c+bx-ax^2}}\,\mathrm{d}x = -\frac{1}{a}\sqrt{c+bx-ax^2} + \frac{b}{2\sqrt{a^3}}\cdot\arcsin\frac{2ax-b}{\sqrt{b^2+4ac}} + C$

## (十) 含有 $\sqrt{\pm\dfrac{x-a}{x-b}}$ 或 $\sqrt{(x-a)(b-x)}$ 的积分

79. $\displaystyle\int \sqrt{\frac{x-a}{x-b}}\,\mathrm{d}x = (x-b)\sqrt{\frac{x-a}{x-b}} + (b-a)\cdot\ln(\sqrt{|x-a|}+\sqrt{|x-b|}) + C$

80. $\displaystyle\int \sqrt{\frac{x-a}{b-x}}\,\mathrm{d}x = (x-b)\sqrt{\frac{x-a}{b-x}} + (b-a)\cdot\arcsin\sqrt{\frac{x-a}{b-x}} + C$

81. $\displaystyle\int \frac{\mathrm{d}x}{\sqrt{(x-a)(b-x)}} = 2\arcsin\sqrt{\frac{x-a}{b-a}} + C\ (a<b)$

82. $\displaystyle\int \sqrt{(x-a)(b-x)}\,\mathrm{d}x = \frac{2x-a-b}{4}\sqrt{(x-a)(b-x)} + \frac{(b-a)^2}{4}\arcsin\sqrt{\frac{x-a}{b-a}} + C\ (a<b)$

## (十一) 含有三角函数的积分

83. $\displaystyle\int \sin x\,\mathrm{d}x = -\cos x + C$

84. $\displaystyle\int \cos x\,\mathrm{d}x = \sin x + C$

85. $\displaystyle\int \tan x\,\mathrm{d}x = -\ln|\cos x| + C$

86. $\displaystyle\int \cot x\,\mathrm{d}x = \ln|\sin x| + C$

87. $\displaystyle\int \sec x\,\mathrm{d}x = \ln\left|\tan\left(\frac{\pi}{4}+\frac{x}{2}\right)\right| + C = \ln|\sec x + \tan x| + C$

88. $\displaystyle\int \csc x\,\mathrm{d}x = \ln\left|\tan\frac{x}{2}\right| + C = \ln|\csc x - \cot x| + C$

89. $\displaystyle\int \sec^2 x\,\mathrm{d}x = \tan x + C$

90. $\int \csc^2 x \mathrm{d}x = -\cot x + C$

91. $\int \sec x \tan x \mathrm{d}x = \sec x + C$

92. $\int \csc x \cot x \mathrm{d}x = -\csc x + C$

93. $\int \sin^2 x \mathrm{d}x = \dfrac{x}{2} - \dfrac{1}{4}\sin 2x + C$

94. $\int \cos^2 x \mathrm{d}x = \dfrac{x}{2} + \dfrac{1}{4}\sin 2x + C$

95. $\int \sin^n x \mathrm{d}x = -\dfrac{1}{n}\sin^{n-1}x \cos x + \dfrac{n-1}{n}\int \sin^{n-2}x \mathrm{d}x$

96. $\int \cos^n x \mathrm{d}x = \dfrac{1}{n}\cos^{n-1}x \sin x + \dfrac{n-1}{n}\int \cos^{n-2}x \mathrm{d}x$

97. $\int \dfrac{\mathrm{d}x}{\sin^n x} = -\dfrac{1}{n-1}\dfrac{\cos x}{\sin^{n-1} x} + \dfrac{n-2}{n-1}\int \dfrac{\mathrm{d}x}{\sin^{n-2} x}$

98. $\int \dfrac{\mathrm{d}x}{\cos^n x} = \dfrac{1}{n-1}\dfrac{\sin x}{\cos^{n-1} x} + \dfrac{n-2}{n-1}\int \dfrac{\mathrm{d}x}{\cos^{n-2} x}$

99. $\int \cos^m x \sin^n x \mathrm{d}x$

$= \dfrac{1}{m+n}\cos^{m-1}x \sin^{n+1}x + \dfrac{m-1}{m+n}\int \cos^{m-2}x \sin^n x \mathrm{d}x$

$= -\dfrac{1}{m+n}\cos^{m+1}x \sin^{n-1}x + \dfrac{m-1}{m+n}\int \cos^m x \sin^{n-2}x \mathrm{d}x$

100. $\int \sin ax \cos bx \mathrm{d}x$

$= -\dfrac{1}{2(a+b)}\cos(a+b)x - \dfrac{1}{2(a-b)}\cos(a-b)x + C$

101. $\int \sin ax \sin bx \mathrm{d}x$

$= -\dfrac{1}{2(a+b)}\sin(a+b)x + \dfrac{1}{2(a-b)}\sin(a-b)x + C$

102. $\int \cos ax \cos bx \mathrm{d}x$

$= \dfrac{1}{2(a+b)}\sin(a+b)x + \dfrac{1}{2(a-b)}\sin(a-b)x + C$

103. $\int \dfrac{\mathrm{d}x}{a + b\sin x} = \dfrac{2}{\sqrt{a^2 - b^2}}\arctan \dfrac{a\tan\dfrac{x}{2} + b}{\sqrt{a^2 - b^2}} + C \ (a^2 > b^2)$

104. $\int \dfrac{\mathrm{d}x}{a + b\sin x} = \dfrac{1}{\sqrt{b^2 - a^2}}\ln \left| \dfrac{a\tan\dfrac{x}{2} + b - \sqrt{b^2 - a^2}}{a\tan\dfrac{x}{2} + b + \sqrt{b^2 - a^2}} \right| + C \ (a^2 < b^2)$

105. $\int \dfrac{\mathrm{d}x}{a + b\cos x} = \dfrac{2}{a+b}\sqrt{\dfrac{a+b}{a-b}}\arctan\left(\sqrt{\dfrac{a-b}{a+b}}\tan\dfrac{x}{2}\right) + C\ (a^2 > b^2)$

106. $\int \dfrac{\mathrm{d}x}{a + b\sin x} = \dfrac{1}{a+b}\sqrt{\dfrac{a+b}{a-b}}\ln\left|\dfrac{\tan\dfrac{x}{2} + \sqrt{\dfrac{a+b}{a-b}}}{\tan\dfrac{x}{2} - \sqrt{\dfrac{a+b}{a-b}}}\right| + C\ (a^2 < b^2)$

107. $\int \dfrac{\mathrm{d}x}{a^2\cos^2 x + b^2\sin^2 x} = \dfrac{1}{ab}\arctan\left(\dfrac{b}{a}\tan x\right) + C$

108. $\int \dfrac{\mathrm{d}x}{a^2\cos^2 x - b^2\sin^2 x} = \dfrac{1}{2ab}\ln\left|\dfrac{b\tan x + a}{b\tan x - a}\right| + C$

109. $\int x\sin ax\,\mathrm{d}x = \dfrac{1}{a^2}\sin ax - \dfrac{1}{a}x\cos ax + C$

110. $\int x^2\sin ax\,\mathrm{d}x = -\dfrac{1}{a}x^2\cos ax + \dfrac{2}{a^2}x\sin ax + \dfrac{2}{a^3}\cos ax + C$

111. $\int x\cos ax\,\mathrm{d}x = \dfrac{1}{a^2}\cos ax + \dfrac{1}{a}x\sin ax + C$

112. $\int x^2\cos ax\,\mathrm{d}x = \dfrac{1}{a}x^2\sin ax + \dfrac{2}{a^2}x\cos ax - \dfrac{2}{a^3}\sin ax + C$

(十二)含有反三角函数的积分(其中 $a > 0$)

113. $\int \arcsin\dfrac{x}{a}\,\mathrm{d}x = x\arcsin\dfrac{x}{a} + \sqrt{a^2 - x^2} + C$

114. $\int x\arcsin\dfrac{x}{a}\,\mathrm{d}x = \left(\dfrac{x^2}{2} - \dfrac{a^2}{4}\right)\arcsin\dfrac{x}{a} + \dfrac{x}{4}\sqrt{a^2 - x^2} + C$

115. $\int x^2\arcsin\dfrac{x}{a}\,\mathrm{d}x = \dfrac{x^3}{3}\arcsin\dfrac{x}{a} + \dfrac{1}{9}(x^2 + 2a^2)\sqrt{a^2 - x^2} + C$

116. $\int \arccos\dfrac{x}{a}\,\mathrm{d}x = x\arccos\dfrac{x}{a} - \sqrt{a^2 - x^2} + C$

117. $\int x\arccos\dfrac{x}{a}\,\mathrm{d}x = \left(\dfrac{x^2}{2} - \dfrac{a^2}{4}\right)\arccos\dfrac{x}{a} - \dfrac{x}{4}\sqrt{a^2 - x^2} + C$

118. $\int x^2\arccos\dfrac{x}{a}\,\mathrm{d}x = \dfrac{x^3}{3}\arccos\dfrac{x}{a} - \dfrac{1}{9}(x^2 + 2a^2)\sqrt{a^2 - x^2} + C$

119. $\int \arctan\dfrac{x}{a}\,\mathrm{d}x = x\arctan\dfrac{x}{a} - \dfrac{a}{2}\ln(a^2 + x^2) + C$

120. $\int x\arctan\dfrac{x}{a}\,\mathrm{d}x = \dfrac{1}{2}(a^2 + x^2)\arctan\dfrac{x}{a} - \dfrac{a}{2}x + C$

121. $\int x^2\arctan\dfrac{x}{a}\,\mathrm{d}x = \dfrac{x^3}{3}\arctan\dfrac{x}{a} - \dfrac{a}{6}x^2 + \dfrac{a^3}{6}\ln(a^2 + x^2) + C$

(十三)含有指数函数的积分

122. $\int a^x\,\mathrm{d}x = \dfrac{1}{\ln a}a^x + C$

123. $\int e^{ax} dx = \dfrac{1}{a} e^{ax} + C$

124. $\int x e^{ax} dx = \dfrac{1}{a^2}(ax-1) e^{ax} + C$

125. $\int x^n e^{ax} dx = \dfrac{1}{a} x^n e^{ax} - \dfrac{n}{a}\int x^{n-1} e^{ax} dx$

126. $\int x a^x dx = \dfrac{x}{\ln a} a^x - \dfrac{1}{(\ln a)^2} a^x + C$

127. $\int x^n a^x dx = \dfrac{1}{\ln a} x^n a^x - \dfrac{n}{\ln a}\int x^{n-1} a^x dx$

128. $\int e^{ax} \sin bx\, dx = \dfrac{1}{a^2+b^2} e^{ax}(a\sin bx - b\cos bx) + C$

129. $\int e^{ax} \cos bx\, dx = \dfrac{1}{a^2+b^2} e^{ax}(b\sin bx + a\cos bx) + C$

130. $\int e^{ax} \sin^n bx\, dx = \dfrac{1}{a^2+b^2 n^2} e^{ax} \sin^{n-1} bx (a\sin bx - nb\cos bx) + \dfrac{n(n-1)b^2}{a^2+b^2 n^2} \int e^{ax} \sin^{n-2} bx\, dx$

131. $\int e^{ax} \cos^n bx\, dx = \dfrac{1}{a^2+b^2 n^2} e^{ax} \cos^{n-1} bx (a\cos bx + nb\sin bx) + \dfrac{n(n-1)b^2}{a^2+b^2 n^2} \int e^{ax} \cos^{n-2} bx\, dx$

### (十四) 含有对数函数的积分

132. $\int \ln x\, dx = x\ln x - x + C$

133. $\int \dfrac{dx}{x\ln x} = \ln|\ln x| + C$

134. $\int x^n \ln x\, dx = \dfrac{1}{n+1} x^{n+1}\left(\ln x - \dfrac{1}{n+1}\right) + C$

135. $\int (\ln x)^n dx = x(\ln x)^n - n\int (\ln x)^{n-1} dx$

136. $\int x^m (\ln x)^n dx = \dfrac{1}{m+1} x^{m+1} (\ln x)^n - \dfrac{n}{m+n}\int x^m (\ln x)^{n-1} dx$

### (十五) 定积分

137. $\int_{-\pi}^{\pi} \cos nx\, dx = \int_{-\pi}^{\pi} \sin nx\, dx = 0$

138. $\int_{-\pi}^{\pi} \cos mx \sin nx\, dx = 0$

139. $\int_{-\pi}^{\pi} \cos mx \cos nx\, dx = \begin{cases} 0, & m \neq n \\ \pi, & m = n \end{cases}$

140. $\int_{-\pi}^{\pi} \sin mx \sin nx\, dx = \begin{cases} 0, & m \neq n \\ \pi, & m = n \end{cases}$

141. $\int_{0}^{\pi} \sin mx \sin nx\, dx = \int_{0}^{\pi} \cos mx \cos nx\, dx = \begin{cases} 0, & m \neq n \\ \dfrac{\pi}{2}, & m = n \end{cases}$

142. $I_n = \int_0^{\frac{\pi}{2}} \sin^n x \mathrm{d}x = \int_0^{\frac{\pi}{2}} \cos^n x \mathrm{d}x$

$$I_n = \frac{n-1}{n} I_{n-2}$$

$$\begin{cases} I_n = \frac{n-1}{n} \frac{n-3}{n-2} \cdots \frac{4}{5} \frac{2}{3} (n \text{ 为大于 1 的正奇数}), & I_1 = 1 \\ I_n = \frac{n-1}{n} \frac{n-3}{n-2} \cdots \frac{3}{4} \frac{1}{2} \frac{\pi}{2} (n \text{ 为正偶数}), & I_0 = \frac{\pi}{2} \end{cases}.$$

# 习题答案与提示

## 第一章
### 习题 1-1

1. (1) $(-\infty,1]\cup[3,+\infty)$;　　　　(2) $[-2,0)\cup(0,1)$;
   (3) $(-\infty,-\sqrt{3})\cup(\sqrt{3},+\infty)$;　　(4) $[-1,1)$;
   (5) $(-2,+\infty)$;　　　　　　　　(6) $[0,\pi]$.

2. (1) 不是同一函数;　　　　　　　　(2) 不是同一函数;
   (3) 不是同一函数;　　　　　　　　(4) 不是同一函数;

3. (1) $\sqrt{7},\sqrt{3},\sqrt{3+x_0^2},\dfrac{1}{|a|}\sqrt{3a^2+1}$;
   (2) $t^4-2t^2+2,\ 1+\sin^2 3x,\ \sin 3(1+x^2)$;
   (3) $0,1,2$;
   (4) $2,2,1$.

4. (1) 奇函数;　　　　　(2) 奇函数;　　　　(3) 奇函数;
   (4) 既不是奇函数也不是偶函数;　(5) 偶函数;　　(6) 偶函数.

5. (1) $4\pi$;　　(2) $\pi$;　　(3) $\pi$;　　(4) $6\pi$.

6. (1) $y=-\sqrt{x}$;　　　　　　　(2) $y=x^3-1$;
   (3) $y=\dfrac{1-x}{1+x}$;　　　　　　(4) $y=\dfrac{b-dx}{cx-a}$.

7. (1) $[-1,1]$;　　　　　　　　　(2) $[-a,1-a]$;
   (3) 若 $0<a\leqslant\dfrac{1}{2}$, 定义域为 $[a,1-a]$; 若 $a>\dfrac{1}{2}$, 定义域为 $\Phi$.

8. $f[g(x)]$ 与 $g[f(x)]$ 均为单调减少函数.

9. $2(1-x^2)$.

10. $f[g(x)]=\begin{cases}1,&x<0\\0,&x=0\\-1,&x>0\end{cases}$;　　$g[f(x)]=\begin{cases}\mathrm{e},&|x|<1\\1,&|x|=1\\\mathrm{e}^{-1},&|x|>1\end{cases}$.

11. (1) $y=u^3, u=\sin v, v=8x+5$;
    (2) $y=\tan u, u=\sqrt[3]{v}, v=x^2+5$;
    (3) $y=5u^2, u=x+2$;
    (4) $y=\mathrm{e}^u, u=1-x^2$;
    (5) $y=\ln u, u=3-x$;
    (6) $y=\sqrt{u}, u=\tan v, v=\dfrac{x}{2}$;

(7) $y = \ln u, u = v^2, v = \cos t, t = 3x + 1$;

(8) $y = \log_5 u, u = v^3, v = \cot t, t = 5x^2 + 7$.

12. (1) $y = \ln(4 - \cos^2 x), (-\infty, +\infty)$;

(2) $y = \sin(x^3 + 4), (-\infty, +\infty)$;

(3) $y = 5^{\cot \frac{1}{x}}, x \neq 0, 且\ x \neq \frac{1}{k\pi}(k = \pm 1, \pm 2, \cdots,)$;

(4) $y = \sqrt{8x^3 + 1}, \left[-\frac{1}{2}, +\infty\right)$.

13. $V = \frac{1}{75}\pi h^3 (0 \leq h \leq 10)$.

14. $y = 3ax^2 + a \cdot \frac{4V}{x} (0 < x < +\infty, a\ 为水池侧面单位面积造价)$.

15. $y = \begin{cases} 0.3x, & 0 \leq x \leq 50 \\ 0.45x - 7.5, & x > 50 \end{cases}$.

16. (1) $p = \begin{cases} 90, & 0 \leq x \leq 100 \\ 90 - (x - 100) \cdot 0.01, & 100 < x < 1600 \\ 75, & x \geq 1600 \end{cases}$;

(2) $P = (p - 60)x = \begin{cases} 30x, & 0 \leq x \leq 100 \\ 31x - 0.01x^2, & 100 < x < 1600 \\ 15x, & x \geq 1600 \end{cases}$;

(3) $P = 21\,000(元)$.

## 习题 1-2

1. (1) $1 - \frac{1}{2}, 1 - \frac{1}{4}, 1 - \frac{1}{8}, 1 - \frac{1}{16}, 1 - \frac{1}{32}$;

(2) $\sin \pi, \frac{1}{2}\sin \frac{\pi}{2}, \frac{1}{3}\sin \frac{\pi}{3}, \frac{1}{4}\sin \frac{\pi}{4}, \frac{1}{5}\sin \frac{\pi}{5}$;

(3) $m, \frac{m(m-1)}{2}, \frac{m(m-1)(m-2)}{6}, \frac{m(m-1)(m-2)(m-3)}{24}, \frac{m(m-1)(m-2)(m-3)(m-4)}{120}$.

2. (1) 0;　(2) 0;　(3) 1;　(4) 无极限(发散);　(5) 1.

3. (1) 0;　(2) 1;　(3) 不存在;　(4) 0.

4. $\lim_{x \to 0^-} f(x) = \lim_{x \to 0^+} f(x) = 1, \lim_{x \to 0} f(x) = 1$;

$\lim_{x \to 0^-} \varphi(x) = -1, \lim_{x \to 0^+} \varphi(x) = 1, \lim_{x \to 0} \varphi(x)$ 不存在.

5. $\lim_{x \to -5} f(x) = 3; \lim_{x \to 1} f(x)$ 不存在; $\lim_{x \to 2} f(x) = 2; \lim_{x \to 3} f(x) = 4$.

## 习题 1-3

1. (1) 无穷大;　(2) 无穷小;　(3) 负无穷大;　(4) 无穷小;　(5) 无穷小;

(6) 当 $x \to 0^+$ 时, $e^{\frac{1}{x}}$ 为正无穷大; 当 $x \to 0^-$ 时, $e^{\frac{1}{x}}$ 为无穷小.

2. (1) 当 $x \to \infty$ 或 $x \to -1$ 时, $\dfrac{x+1}{x^2}$ 为无穷小, 当 $x \to 0$ 时, $\dfrac{x+1}{x^2}$ 为无穷大;

(2) 当 $x \to +\infty$ 时, $2^{-x}$ 为无穷小, 当 $x \to -\infty$ 时, $2^{-x}$ 为无穷大;

(3) 当 $x \to -1$ 时, $\dfrac{x+1}{x-1}$ 为无穷小, 当 $x \to 1$ 时, $\dfrac{x+1}{x-1}$ 为无穷大.

3. (1) 4;　(2) 1;　(3) $\dfrac{a-1}{3a^2}$;　(4) 0;　(5) 27;　(6) $-1$;

(7) $\infty$;　(8) $2x$;　(9) $\dfrac{n}{m}$;　(10) $\dfrac{1}{2}$;　(11) $\dfrac{n(n+1)}{2}$.

4. (1) $-\dfrac{1}{2}$;　　(2) $\infty$;　　(3) $\infty$;

(4) 2;　　(5) 0;　　(6) $\dfrac{2^{30} \cdot 3^{20}}{5^{50}}$.

5. (1) 1;　(2) $-\dfrac{1}{2}$;　(3) $\dfrac{1}{2}$;　(4) 2.

6. $a = 4, b = 10$.

7. (1) 0;　(2) 0;　(3) 0.

8. (1) $\dfrac{5}{2}$;　(2) $\dfrac{a}{b}$;　(3) 1;　(4) $a^2$;　(5) $e^3$;　(6) $e^2$;

(7) $e^2$;　(8) $e$;　(9) $e$;　(10) $e^{-6}$;　(11) $x$;　(12) 2.

9. (2) 2.

10. $2^\pi$.

11. $\ln 2$.

12. (1) 2;　(2) $\dfrac{3}{2}$;　(3) $-2$;　(4) $\dfrac{\sqrt{2}}{2}$;　(5) $\dfrac{1}{\ln a}$;

(6) $e^6$;　(7) 1.

13. (1) 同阶, 不等价;　(2) 等价无穷小.

14. 8.

15. (1) 4;　(2) $\dfrac{2}{3}$;　(3) $-\dfrac{1}{2}$;　(4) $\dfrac{2}{3}$;　(5) 2;　(6) $\dfrac{a}{b}$;

(7) 当 $m < n$ 时为 0, 当 $m = n$ 时为 1, 当 $m > n$ 时为 $\infty$;　　(8) 0.

## 习题 1-4

2. $(-\infty, 2) \cup (2, 3) \cup (3, +\infty), \lim\limits_{x \to 0} f(x) = -\dfrac{1}{2}, \lim\limits_{x \to 2} f(x) = \infty$.

3. $f(x) = \begin{cases} x, & |x| < 1 \\ 0, & |x| = 1 \\ -x, & |x| > 1 \end{cases}$　　$x = 1$ 和 $x = -1$ 均为第一类跳跃间断点.

4. (1) $x = -1$ 为第二类无穷间断点;

(2) $x = 0$ 为第一类可去间断点, $x = k\pi (k = \pm 1, \pm 2, \cdots)$ 为第二类无穷间断点;

(3) $x=0$ 为第一类可去间断点;

(4) $x=1$ 为第一类跳跃间断点.

5. (1) $f(x)$ 在 $[-1,0) \cup (0, +\infty)$ 内连续, $x=0$ 为第一类可去间断点;

(2) $f(x)$ 在 $(-\infty, 0) \cup (0, +\infty)$ 内连续, $x=0$ 为第一类跳跃间断点.

6. $a=0$.

7. (1) $\sqrt{5}$; (2) $\dfrac{\pi}{2}$; (3) $-\dfrac{\sqrt{2}}{2}$; (4) 0; (5) $\dfrac{1}{2}$; (6) $e^{-2}$.

9. 提示: 令 $F(x)=f(x)-x$, 对 $F(x)$ 在 $[a,b]$ 上应用零点定理.

## 复习题一

一、填空题

1. $[-\sqrt{2}, -1] \cup [1, \sqrt{2}]$;  2. $2|x|-x^2$;  3. $1, b, 1$;  4. $-2\ln 2$;

5. 0;  6. 1;  7. 3;  8. 二, 无穷;

9. $y=\sqrt[3]{u}, u=\ln v, v=t^2, t=\sin x$;  10. $x \to 1$.

二、选择题

1. C;  2. B;  3. C;  4. B;  5. D;

6. C;  7. B;  8. D;  9. B;  10. A.

三、计算题

1. $(-\dfrac{\pi}{2}, 0) \cup (0, \dfrac{\pi}{2})$.

2. $2(1-x^2)$.

3. (1) $\infty$; (2) $\dfrac{1}{2}$; (3) 0; (4) $\dfrac{1}{3}$; (5) e; (6) e.

4. $a=b=1$.

5. $f(x)$ 在点 $x=0$ 处不连续.

6. $x=1$ 是第二类无穷间断点, $x=0$ 是第一类跳跃间断点.

7. (1) $a=1$ 时, $f(x)$ 在点 $x=0$ 处连续;

(2) $a \neq 1, a>0$ 时, $f(x)$ 在点 $x=0$ 处不连续;

(3) $a=2$ 时, $f(x)$ 的连续区间为 $(-\infty, 0) \cup (0, +\infty)$.

8. $(-\infty, -3) \cup (-3, 2) \cup (2, +\infty)$; $x=-3$ 为第一类可去间断点, $x=2$ 为第二类无穷间断点.

四、证明题

1. 提示: 用反证法.

2. 提示: 先用零点定理证明方程根的存在性, 然后再用单调性证明方程根的唯一性.

3. 提示: $m \leq \dfrac{f(x_1)+f(x_2)+\cdots+f(x_n)}{n} \leq M$, 其中 $m, M$ 分别为 $f(x)$ 在 $[x_1, x_n]$ 上的最小值与最大值.

4. 提示: 令 $F(x)=f(x)-f(x+a), x \in [0,a]$, 对 $F(x)$ 在 $[0,a]$ 上应用零点定理.

## 第二章
### 习题 2-1

1. (1) $-\dfrac{1}{x^2}$;  (2) $\dfrac{1}{2}(1+x)^{-\frac{1}{2}}$;  (3) $f'(0)=0, f'(10)=10$;
   (4) $0$;  (5) $a$.

2. (1) $4x^3$;  (2) $0.6x^{-0.4}$;  (3) $\dfrac{m}{n}x^{\frac{m}{n}-1}$;
   (4) $-2x^{-3}$;  (5) $\dfrac{1}{6}x^{-\frac{5}{6}}$;  (6) $(a+b)x^{a+b-1}$.

4. (1) $-f'(x_0)$;  (2) $2f'(x_0)$;  (3) $f'(0)$.

5. $12$.

6. $x-y+1=0$.

7. 切线方程:$12x-y-16=0$;法线方程:$x+12y-98=0$.

8. $(2,4)$.

9. (1) 连续,但不可导; (2) 连续,但不可导; (3) 连续且可导.

10. $a=2, b=-1$.

11. $f'(x) = \begin{cases} \cos x, & x<0 \\ 1, & x\geqslant 0 \end{cases}$.

### 习题 2-2

1. (1) $y'=6x+\dfrac{4}{x^3}$;  (2) $4x+\dfrac{5}{2}x^{\frac{3}{2}}$;
   (3) $3x^2\cos x - x^3\sin x$;  (4) $\dfrac{\sin x - x\ln x \cos x}{x\sin^2 x}$;
   (5) $3e^x\sin x + 3e^x\cos x$;  (6) $2\sec^2 x + \sec x \cdot \tan x$;
   (7) $a^x\ln a + 10^x\ln 10 + e^x$;
   (8) $(x-b)(x-c)+(x-a)(x-c)+(x-a)(x-b)$;
   (9) $\dfrac{2}{(x+1)^2}$;  (10) $\dfrac{1}{1+\sin 2t}$;
   (11) $\dfrac{3}{x}+\dfrac{3}{x^2}$;  (12) $-\dfrac{2x+1}{(1+x+x^2)^2}$.

2. (1) $y'(0)=1, y'\left(\dfrac{\pi}{2}\right)=-2$;  (2) $f'(4)=-\dfrac{1}{18}$;
   (3) $y'|_{x=-\pi}=-2\pi-1, y'|_{x=\pi}=2\pi-1$.

3. (1) $8(2x+5)^3$;  (2) $3\sin(4-3x)$;  (3) $\dfrac{1}{x-1}$;
   (4) $\sin 2x$;  (5) $\dfrac{2x+1}{(x^2+x+1)\ln a}$;  (6) $2\arcsin x \cdot \dfrac{1}{\sqrt{1-x^2}}$;
   (7) $\dfrac{2x}{1+x^4}$;  (8) $\dfrac{-x}{\sqrt{a^2-x^2}}$;  (9) $\dfrac{n\sin x}{\cos^{n+1} x}$;

(10) $\dfrac{2 \cdot 3^{\cos\frac{1}{x^2}} \cdot \ln 3 \cdot \sin\frac{1}{x^2}}{x^3}$.

4. (1) $\sin 2x(1-4\sin^2 x)$; (2) $\dfrac{1}{\sqrt{x^2-a^2}}$; (3) $\dfrac{1}{\sqrt{x}(1-x)}$;

(4) $\dfrac{3+x}{(1-x^2)^{\frac{3}{2}}}$; (5) $\dfrac{\ln x}{x\sqrt{1+\ln^2 x}}$; (6) $-e^{-\frac{x}{2}}\left(\dfrac{1}{2}\cos 3x + 3\sin 3x\right)$;

(7) $\dfrac{1}{2\sqrt{x}\sqrt{1-x}}$; (8) $4(x+\sin^2 x)^{-1}(1+\sin 2x)$; (9) $\dfrac{2}{x}(1+\ln x)$;

(10) $5^{x\ln x}\ln 5(\ln x + 1)$; (11) $\dfrac{3}{x^2}\tan\dfrac{3}{x}$; (12) $2x\sin\dfrac{1}{x} - \cos\dfrac{1}{x}$;

(13) $\sin 2x\sin(x^2) + 2x\sin^2 x\cos(x^2)$; (14) $e^{-\sin^2\frac{1}{x}} \cdot \left(\sin\dfrac{2}{x}\right) \cdot \dfrac{1}{x^2}$.

5. (1) $\dfrac{6}{x}$; (2) $e^x(x+n)$; (3) $(3\ln 2)^n \cdot 2^{3x}$;

(4) $y' = 4x + \dfrac{1}{x}$, $y'' = 4 - \dfrac{1}{x^2}$, $y^{(n)} = (-1)^{n-1}\dfrac{(n-1)!}{x^n}$ ($n \geq 3$);

(5) $x\cos\left(x+\dfrac{n}{2}\pi\right) + n\cos\left(x+\dfrac{n-1}{2}\pi\right)$; (6) $2^{n-1} \cdot \sin\left[(2x+(n-1)\dfrac{\pi}{2}\right]$.

6. (1) $\dfrac{1}{e}$; (2) $-1$; (3) $\dfrac{x^2(1+\sec^2 x) + y\cos\dfrac{y}{x}}{x\cos\dfrac{y}{x}}$;

(4) $\dfrac{-e^y}{x \cdot e^y + 2y}$; (5) $-\sqrt{\dfrac{y}{x}}$; (6) $1 - \dfrac{y}{x}$.

7. (1) $\left(1+\dfrac{1}{x}\right)^x\left[\ln\left(1+\dfrac{1}{x}\right) - \dfrac{1}{1+x}\right]$;

(2) $\dfrac{\sqrt{x+2}(3-x)^4}{(x+1)^5} \cdot \left[\dfrac{1}{2(x+2)} + \dfrac{4}{x-3} - \dfrac{5}{x+1}\right]$;

(3) $(\sin x)^{\ln x}\left(\dfrac{1}{x}\ln\sin x + \cot x \cdot \ln x\right)$; (4) $x^{\frac{1}{x}} \cdot \left(\dfrac{1-\ln x}{x^2}\right)$.

8. (1) $\dfrac{\sin t + t\cos t}{2t}$; (2) $\dfrac{2}{t}$.

9. 切线方程为 $3x + y - 4 = 0$.

## 习题 2-3

1. (1) $3x + c$; (2) $\dfrac{\sin at}{a} + c$; (3) $\ln(1+x) + c$;

(4) $2\sqrt{x} + c$; (5) $e^{x^2} + c$; (6) $-\dfrac{1}{2}e^{-2x} + c$;

(7) $2\sin x$; (8) $\dfrac{1}{2x+4} \cdot \dfrac{2}{2x+4}$.

2. (1) $e^{2x}\left(2\sin\dfrac{x}{3}+\dfrac{1}{3}\cos\dfrac{x}{3}\right)dx$;   (2) $\dfrac{2x\cos x-\sin x(1-x^2)}{(1-x^2)^2}dx$;

(3) $\dfrac{-5x}{\sqrt{2-5x^2}}dx$;   (4) $\dfrac{-3x^2}{2(1-x^3)}dx$;   (5) $-2\sin 2(2x-5)dx$;

(6) $\left(-\dfrac{1}{x^2}+\dfrac{1}{\sqrt{x}}\right)dx$;   (7) $\dfrac{-1}{2\sqrt{x(1-x)}}dx$;

(8) $8x\cdot\tan(1+2x^2)\cdot\sec^2(1+2x^2)dx$;

(9) $\dfrac{5^{\ln\tan x}\ln 5}{\sin x\cdot\cos x}dx$;   (10) $-e^{\cot x}\cdot\dfrac{1}{\sin^2 x}dx$.

3. (1) 0.998;   (2) 1.02;   (3) 0.485;   (4) 0.01.

## 习题 2-4

1. (1) 0.25;   (2) 0;

2. (1) 1;   (2) $e-1$;   (3) $\dfrac{5-2\sqrt{7}}{3}$.

3. (1) 2;   (2) 1;   (3) $\infty$;   (4) $-\dfrac{3}{5}$;   (5) $\dfrac{1}{2}$;

(6) $\dfrac{1}{2}$;   (7) 0;   (8) $\infty$;   (9) 1;   (10) 0.

## 习题 2-5

1. (1) $[0,+\infty)$单增,$(-1,0]$单减;   (2) $(-\infty,1]$和$[2,+\infty)$单增,$[1,2]$单减;

(3) $(-\infty,-100)$单减,$(-100,+\infty)$单减;   (4) $(-\infty,+\infty)$单减;

(5) $(-\infty,+\infty)$单增;   (6) $(-\infty,-2]$和$[0,+\infty)$单增,$[-2,-1)$和$(-1,0]$单减;   (7) $(0,2]$单减,$[2,+\infty)$单增;   (8) $(-\infty,0]$和$[2,+\infty)$单减,$[0,2]$单增.

4. (1) 极大值 $y\left(\dfrac{1}{2}\right)=2\dfrac{1}{4}$;   (2) 极小值 $y(e^{-\frac{1}{2}})=-\dfrac{1}{2e}$;

(3) 极大值 $y(0)=-1$;   (4) 极大值 $y(1)=1$,极小值 $y(-1)=-1$;

(5) 极小值 $y(0)=0$;   (6) 极小值 $y(0)=0, y(2)=0$,极大值 $y(1)=1$;

(7) 极大值 $y\left(\dfrac{1}{2}\right)=\dfrac{3}{2}$;   (8) 无极值.

5. (1) 极大值 $f\left(\dfrac{\pi}{4}\right)=\sqrt{2}$;

(2) 极大值 $f\left(\dfrac{\pi}{4}\right)=\dfrac{\sqrt{2}}{2}e^{\frac{\pi}{4}}$,极小值 $f\left(\dfrac{5\pi}{4}\right)=-\dfrac{\sqrt{2}}{2}e^{\frac{5\pi}{4}}$.

6. (1) 当 $x=\dfrac{3}{4}$ 时,函数有最大值 $\dfrac{5}{4}$,当 $x=-5$ 时,函数有最小值 $-5+\sqrt{6}$;

(2) $x=1$ 时,函数有最大值 $\dfrac{1}{2}$,$x=0$ 时,函数有最小值 0.

7. 围成长 10 m,宽 5 m 的长方形,才能使小屋的面积最大.

8. (1)在$(-\infty,+\infty)$是凸的； (2)在$(0,+\infty)$是凹的.

9. (1)拐点$\left(\dfrac{5}{3},-\dfrac{20}{27}\right)$，$\left(-\infty,\dfrac{5}{3}\right)$是凸的，$\left(\dfrac{5}{3},+\infty\right)$是凹的；

(2)拐点$(2,2\mathrm{e}^{-2})$，$(-\infty,2)$是凸的，$(2,+\infty)$是凹的；

(3)$(-\infty,+\infty)$为凹区间，无拐点；

(4)拐点$(1,\ln 2)$、$(-1,\ln 2)$，$(-1,1)$是凹的，$(-\infty,-1)$、$(1,+\infty)$是凸的；

10. $a=-\dfrac{3}{2}, b=\dfrac{9}{2}$.

12. $f'(t)>0$，$f(t)$单调增函数，在$\tau$点左侧是凹的，右侧是凸的.

## 复习题二

一、填空题

1. $x+5x$； 2. 0； 3. $(-\infty,-2),(-2,+\infty),(-2,-\mathrm{e}^{-2})$；

4. $\dfrac{f(b)-f(a)}{b-a}$； 5. $\infty$； 6. $-\dfrac{1}{2}$； 7. $\dfrac{1}{2}$；

8. $\dfrac{1}{2\sqrt{\sin 2x}}\mathrm{e}^{\sqrt{\sin 2x}}$； 9. $\dfrac{(t-1)(t+1)^3}{t^2}$； 10. $1,\dfrac{1}{\mathrm{e}}$.

二、选择题

1. D； 2. B； 3. B； 4. B； 5. A；
6. B； 7. A； 8. B； 9. C； 10. B.

三、计算题

1. (1)$(-\infty,0]$，$[2,+\infty)$单增，$[0,2]$单减，极大值$f(0)=7$，极小值$f(2)=3$；

(2)$[0,+\infty)$单增，$(-\infty,0]$单减，极小值$f(0)=0$.

2. (1)$2^x(\ln 2 \cdot x\sin x+\ln 2\cdot\cos x+x\cos x)$； (2)$\dfrac{3x^2}{\sqrt{1-x^6}}$；

(3)$(1+\cos x)^{\frac{1}{x}}\left[-\dfrac{\ln(1+\cos x)}{x^2}-\dfrac{\sin x}{x(1+\cos x)}\right]$；

(4)$\dfrac{1}{3}\mathrm{e}^{\sqrt[3]{x+1}}\cdot(x+1)^{-\frac{2}{3}}$； (5)$\dfrac{x^2-ay}{ax-y^2}$；

(6)$-\dfrac{1}{2t}$；(7)$-\dfrac{1}{2}$.

3. $a=1, b=-1$.

4. $-\dfrac{16}{25}$.

5. $-\ln 3\cdot\tan x\cdot 3^{\ln\cos x}\mathrm{d}x$；

6. (1)$\dfrac{1}{3}$； (2)$2$； (3)$\dfrac{1}{6}$； (4)$\dfrac{1}{2}$.

7. $(0,1]$是凸区间，$[1,+\infty)$是凹区间，拐点$(1,-7)$.

8. 函数图象(略).

9. 所做梯形当其上底长为$R$时，面积最大.

四、证明(略).

## 第三章
### 习题 3-1

1. (1)是； (2)是； (3)是； (4)否.

3. $y = \dfrac{1}{3}x^3$.

4. $s = \sin t + 9$.

### 习题 3-2

1. (1) $\dfrac{3}{13}x^4 \sqrt[3]{x} + C$；  (2) $\dfrac{1}{5}x^5 + \dfrac{3}{2}x^2 + 2x + C$；

   (3) $x + \dfrac{4}{3}x\sqrt{x} + \dfrac{x^2}{2} + C$；  (4) $-\dfrac{2}{\sqrt{x}} - 2\sqrt{x} + C$；

   (5) $\dfrac{2^x}{\ln 2} + 3\arcsin x + C$；  (6) $\dfrac{2}{7}x^3\sqrt{x} + \dfrac{1}{3}x^3 - \dfrac{2}{3}x\sqrt{x} - x + C$；

   (7) $3x - \dfrac{3^x}{4^x \ln\dfrac{3}{4}} + C$；  (8) $\ln|x| - \dfrac{1}{4}x^{-4} + C$；

   (9) $2\arctan x + \dfrac{1}{3}x^3 + C$；  (10) $\dfrac{1}{2}\tan x + C$；

   (11) $\tan x + x + C$；  (12) $\sin x - \cos x + C$；

   (13) $\dfrac{3^x}{\ln 3} - 2\sqrt{x} + C$；  (14) $e^{x-4} + C$；

   (15) $x + \sin x + C$；  (16) $\tan x - \cot x + C$；

   (17) $\tan x + \sec x + C$；  (18) $-\cot x - x + C$.

2. (1) $\dfrac{1}{2}$；  (2) 4；  (3) $-\dfrac{1}{3}$；  (4) $-2$；  (5) $\dfrac{1}{2}$；  (6) $-1$；  (7) $-\dfrac{1}{2}$；

   (8) $-1$；  (9) $-\dfrac{1}{\ln 3}$；  (10) $\dfrac{1}{2}$；  (11) $-\dfrac{1}{2}$；  (12) $-1$；  (13) $\dfrac{1}{2}$；  (14) $\dfrac{1}{2}$.

3. (1) $-(1-2x)^{\frac{1}{2}} + C$；  (2) $\dfrac{1}{\sqrt{2}}\arcsin(\sqrt{2}x) + C$；

   (3) $-\dfrac{1}{8}(2x-5)^{-4} + C$；  (4) $\dfrac{2}{\sqrt{3}}\arctan\dfrac{2x+1}{\sqrt{3}} + C$；

   (5) $\dfrac{1}{2(\ln 3 - \ln 2)}\ln\left|\dfrac{3^x - 2^x}{3^x + 2^x}\right| + C$；  (6) $2(\cos x)^{-\frac{1}{2}} + C$；

   (7) $\dfrac{1}{4}\left(\sin 2x - \dfrac{1}{4}\sin 8x\right) + C$；  (8) $-\cos x + \dfrac{1}{3}\cos^3 x + C$；

   (9) $\tan\dfrac{x}{2} + C$；  (10) $2\arctan\sqrt{x} + C$；

   (11) $2e^{\sqrt{x}} + C$；  (12) $\arctan e^x + C$；

   (13) $\ln|(x-2)(x+5)| + C$；  (14) $\arctan(x+3) + C$；

(15) $\dfrac{1}{2}e^{2x} - e^x + x + C$;

(16) $\dfrac{1}{3}\sin^3 x - \dfrac{1}{5}\sin^5 x + C$;

(17) $\dfrac{1}{3}\tan^3 x - \tan x + x + C$;

(18) $\arcsin\dfrac{x-1}{2} + C$;

(19) $\ln\ln\ln x + C$;

(20) $\dfrac{1}{5}(1+x^2)^{\frac{5}{2}} - \dfrac{1}{3}(1+x^2)^{\frac{3}{2}} + C$;

(21) $e^{e^x} + C$;

(22) $\dfrac{2}{3}(1+\ln x)^{\frac{3}{2}} - 2(1+\ln x)^{\frac{1}{2}} + C$.

4. (1) $\ln(\sqrt{x^2+a^2}+x) + C$;

(2) $-\dfrac{\sqrt{1-x^2}}{x} + C$;

(3) $\dfrac{1}{2}\arccos\dfrac{2}{|x|} + C$;

(4) $\sqrt{x^2-9} - 3\arccos\dfrac{3}{|x|} + C$;

(5) $\dfrac{x}{\sqrt{x^2+1}} + C$;

(6) $\arcsin x - \tan\dfrac{\arcsin x}{2} + C$;

(7) $2[\sqrt{x+1} - \ln(1+\sqrt{x+1})] + C$;

(8) $-\dfrac{3}{10}(1-x)^{\frac{10}{3}} + \dfrac{6}{7}(1-x)^{\frac{7}{3}} - \dfrac{3}{4}(1-x)^{\frac{4}{3}} + C$;

(9) $\dfrac{4}{3}\left[x^{\frac{3}{4}} - \ln(\sqrt[4]{x^3}+1)\right] + C$;

(10) $\sqrt{2x-1} - \ln(1+\sqrt{2x-1}) + C$;

(11) $8\sqrt{(x-2)} + \dfrac{8}{3}\sqrt{(x-2)^3} + \dfrac{2}{5}\sqrt{(x-2)^5} + C$;

(12) $-2\sqrt{\dfrac{x+1}{x}} - 2\ln(\sqrt{1+x} - \sqrt{x}) + C$;

(13) $-\dfrac{\sqrt{(a^2-x^2)^3}}{3a^2 x^3} + C$;

(14) $-\dfrac{1}{2}\cos^2 x + \dfrac{1}{2}\ln(1+\cos^2 x) + C$.

5. (1) $x(-1+\ln x) + C$;

(2) $\dfrac{1}{4}(2x-1)e^{2x} + C$;

(3) $\dfrac{1}{4}(-2x\cos 2x + \sin 2x) + C$;

(4) $\dfrac{(1+x^2)}{2}[\ln(1+x^2) - 1] + C$;

(5) $x\arcsin x + \sqrt{1-x^2} + C$;

(6) $\dfrac{1}{2}[(x^2+1)\arctan x - x] + C$;

(7) $\dfrac{e^x}{2}(\sin x - \cos x) + C$;

(8) $2(\sqrt{x}-1)e^{\sqrt{x}} + C$.

6. (1) $\dfrac{1}{2}\arctan\dfrac{x+1}{2} + C$;

(2) $\dfrac{1}{12}\ln\left|\dfrac{2+3x}{2-3x}\right| + C$;

(3) $\dfrac{1}{5}e^{2x}(2\cos x + \sin x) + C$;

(4) $\dfrac{2}{3}\arctan\left(3\tan\dfrac{x}{2}\right) + C$;

(5) $\left(\dfrac{x^2}{2}-1\right)\arcsin\dfrac{x}{2} + \dfrac{1}{4}x\sqrt{4-x^2} + C$;

(6) $\dfrac{1}{2}x\sqrt{3x^2+2} + \dfrac{1}{\sqrt{3}}\ln(\sqrt{3}x + \sqrt{3x^2+2}) + C$;

(7) $-\dfrac{1}{x} - \ln\left|\dfrac{1-x}{x}\right| + C$;  (8) $2\sqrt{x-1} - 2\arctan\sqrt{x-1} + C$.

## 习题 3-3

2. (1) $2\pi$;  (2) $\dfrac{1}{2}(b^2 - a^2)$.

3. (1) $\int_0^1 x\,\mathrm{d}x < \int_0^1 \sqrt[3]{x}\,\mathrm{d}x$;  (2) $\int_0^1 x\,\mathrm{d}x > \int_0^1 \sin x\,\mathrm{d}x$;

   (3) $\int_1^2 \ln x\,\mathrm{d}x > \int_1^2 (\ln x)^2\,\mathrm{d}x$;  (4) $\int_1^e x\,\mathrm{d}x > \int_1^e \ln(1+x)\,\mathrm{d}x$.

4. $\dfrac{b-a}{3}(a^2 + ab + b^2 + 3)$.

5. (1) $\int_0^1 x\,\mathrm{d}x$;  (2) $\int_0^1 \sin(\pi x)\,\mathrm{d}x$.

6. 提示:利用定积分的估值定理.

7. 提示:利用定积分的中值定理.

## 习题 3-4

1. (1) $\dfrac{1}{1+x^2}$;  (2) $-e^{2x}$;  (3) $\sin x^2$;  (4) $2xe^{2x^2}$.

2. (1) $\dfrac{1}{2}$;  (2) $\dfrac{1}{3}$;  (3) $-2$;  (4) $0$.

3. (1) $\dfrac{57}{44}$;  (2) $\dfrac{1}{2}(e^2 + 1)$;  (3) $1 - \dfrac{\pi}{4}$;  (4) $1 - \dfrac{\pi}{4}$;

   (5) $\dfrac{1}{2}$;  (6) $\dfrac{\pi}{2}$;  (7) $2\arcsin\dfrac{\sqrt{6}}{3} - \dfrac{\pi}{2}$;

   (8) $\dfrac{7}{2}$;  (9) $2\sqrt{2} - 2$;  (10) $2\sqrt{2}$.

## 习题 3-5

1. $2(\cos 1 - \cos 2)$;  2. $\dfrac{1}{6}$;  3. $\dfrac{\pi^2}{32}$;  4. $\dfrac{a^2\pi}{4}$;

5. $\sqrt{2} - \dfrac{2\sqrt{3}}{3} + \ln\dfrac{2+\sqrt{3}}{1+\sqrt{2}}$;  6. $\dfrac{1}{2}$;  7. $\ln\dfrac{3e}{2e+1}$;  8. $0$;  9. $0$.

## 习题 3-6

1. (1) $3$;  (2) 收敛;  (3) $\dfrac{2}{3}\ln 2$;  (4) 发散;

   (5) $1$;  (6) $\dfrac{\pi}{2}$;  (7) 发散;  (8) $\dfrac{4\pi}{3\sqrt{3}}$.

2. $k \leq 1$ 时,发散;$k > 1$ 时,收敛,且收敛于 $\dfrac{1}{(k-1)(\ln 2)^{k-1}}$.

## 习题 3-7

1. (1) $\dfrac{8}{3}$;  (2) $16$;  (3) $\dfrac{16}{3}$;

(4) $\dfrac{9}{2}$;  (5) $\dfrac{3}{2} - \ln 2$;  (6) $\dfrac{3\pi}{2} a^2$;

(7) $2\pi + \dfrac{4}{3}, 6\pi - \dfrac{4}{3}$;   (8) $\dfrac{5\pi}{4} - 2, 2 - \dfrac{\pi}{4}$.

2. (1) $\dfrac{4}{3}\pi a b^2$;  (2) $\dfrac{32\pi}{5}, 8\pi$;  (3) $\dfrac{\pi}{2}(e^2+1)$;  (4) $\dfrac{3}{10}\pi$.

3. (1) $\dfrac{32\sqrt{3}}{3}$;  (2) $\dfrac{64}{3}$.

4. (1) $1 + \dfrac{1}{2}\ln\dfrac{3}{2}$;  (2) $\dfrac{e^a - e^{-a}}{2}$;  (3) $6a$;

(4) $\sqrt{2}(e-1)$;  (5) $8a$;  (6) $\dfrac{a}{m}\sqrt{1+m^2}(e^{m\theta_1} - e^{m\theta_2})$.

5. $\dfrac{16}{3}$.

6. 2.5.

7. $44\,550\rho g\pi$（其中 $\rho$ 为水的比重，$g$ 为重力加速度）.

8. $18\rho g$.

9. (1) 14, 20;  (2) 4.

10. 2.5.

## 复习题三

一、填空题

1. $\dfrac{1}{6}e^{2x^3} + C$;   2. $\dfrac{1}{x} + C$;   3. $f(x) = \dfrac{1}{3}x^3 + \dfrac{7}{3}$;   4. 0;   5. 0;

6. $\dfrac{1}{4}f^2(x^2) + C$;   7. $\tan x$;   8. $b = e$;   9. $2xe^{2x}(1+x)$;   10. $\dfrac{\pi}{4}$.

二、选择题

1. D;   2. B;   3. C;   4. C;   5. B;

6. B;   7. C;   8. D;   9. D;   10. D.

三、计算题

1. $\dfrac{4}{7}x^{\frac{7}{4}} + 4x^{-\frac{1}{4}} + C$;   2. $x - \cos x + C$;

3. $x - \dfrac{1}{2}\ln(1+e^{2x}) + C$   4. $-\dfrac{1}{12}\cos 6x + \dfrac{1}{4}\cos 2x + C$;

5. $2(-\sqrt{x}\cos\sqrt{x} + \sin\sqrt{x}) + C$;   6. $2\left(1 - \dfrac{1}{e}\right)$;

7. $-\dfrac{1}{2}\ln 3$;   8. $\dfrac{\pi}{2} - 1$.

## 第四章

### 习题 4-1

1. (1) 一阶;  (2) 一阶;  (3) 二阶;  (4) 一阶;

(5)三阶； (6)三阶； (7)一阶； (8)二阶.

2. (1)是特解； (2)是特解； (3)不是解； (4)是通解； (5)是通解；
(6)是通解.

3. $y = 3e^{-x} + x - 1$.

4. $e^y - \dfrac{15}{16} = \left(x + \dfrac{1}{4}\right)^2$ 或 $y = \ln\left[\left(x + \dfrac{1}{4}\right)^2 + \dfrac{15}{16}\right] = \ln\left(x^2 + \dfrac{1}{2}x + 1\right)$.

5. (1) $y' = x^2$； (2) $yy' + 2x = 0$.

6. $\dfrac{dv}{dt} + \dfrac{k_2}{m}v = \dfrac{k_1}{m}t$.

## 习题 4-2

1. (1) $y = \dfrac{1}{2}(\arctan x)^2 + C$； (2) $\ln^2 x + \ln^2 y = C$； (3) $2e^{3x} + 3e^{-y^2} = C$；

(4) $\dfrac{1+y^2}{1-x^2} = C$； (5) $y = Ce^{\sqrt{1-x^2}}$； (6) $(1+x^2)(1+2y) = C$.

2. (1) $\tan x \tan y = 1$； (2) $y = x - 1$；

(3) $2y^3 + 3y^2 - 2x^3 - 3x^2 = 5$； (4) $y = 1$.

3. (1) $y = x \ln\left|\dfrac{C}{x}\right|$； (2) $x = Cye^{\frac{x}{y}-1}$； (3) $y = Cxe^{\frac{y}{x}-1}$； (4) $\sin\dfrac{y}{x} = Ce^x$.

4. (1) $\left(\dfrac{y}{x}\right)^2 - 1 = -\dfrac{3}{4e^2}e^x$； (2) $\left(\dfrac{y}{x}\right)^2 = 2x - 2$.

5. (1) $y = e^{x^2}(\sin x + C)$； (2) $y = \dfrac{1}{2}\sin x \dfrac{x+C}{\cos x}$；

(3) $y = \dfrac{1}{2}(x+1)^4 + C(x+1)^2$； (4) $y = \dfrac{4x^3 + 3C}{3(x^2+1)}$；

(5) $y = \dfrac{\sin x + C}{x^2 - 1}$； (6) $x = \dfrac{1}{2}y^3 + Cy$.

6. (1) $y = 4e^{-\frac{x}{2}} + 6$； (2) $y = (x - \pi - 1)\cos x$；

(3) $y = x^2(e^x - e)$； (4) $y = \dfrac{x}{\cos x}$.

## 习题 4-3

1. (1) $y = \dfrac{1}{6}x^3 - \sin x + C_1 x + C_2$；

(2) $y = \dfrac{1}{4}e^{2x} + C_1 x + C_2$；

(3) $y = x\arctan x - \dfrac{1}{2}\ln(1+x^2) + C_1 x + C_2$；

(4) $y = (x-3)e^x + C_1 x^2 + C_2 x + C_3$；

(5) $y = C_1 e^x - \dfrac{1}{2}x^2 - x + C_2$；

(6) $y = C_1 \ln x + C_2$.

2. (1) $y = \dfrac{1}{a^3}e^{ax} - \dfrac{e^a}{2a}x^2 + \dfrac{e^a}{a^2}(a-1)x + \dfrac{e^a}{2a^3}(2a - a^2 - 2)$;

(2) $y = \sqrt{2x - x^2}$;

(3) $y = \ln \sec x$;

(4) $y = Cx^2$;

3. (1) $y = C_1 e^x + C_2 e^{-2x}$;

(2) $y = C_1 + C_2 e^{4x}$;

(3) $y = e^{2x}(C_1 \cos x + C_2 \sin x)$;

(4) $y = C_1 e^{3x} + C_2 e^{-3x}$;

(5) $y = e^x \left( C_1 \cos \dfrac{x}{2} + C_2 \sin \dfrac{x}{2} \right)$;

(6) $x = (C_1 + C_2 t)e^{\frac{5}{2}t}$;

4. (1) $y = C_1 e^{\frac{x}{2}} + C_2 e^{-x} + e^x$;

(2) $y = C_1 + C_2 e^{-\frac{5}{2}x} + \dfrac{1}{3}x^3 - \dfrac{3}{5}x^2 + \dfrac{7}{25}x$;

(3) $y = C_1 e^{-x} + C_2 e^{-2x} + \left( \dfrac{3}{2}x^2 - 3x \right)e^{-x}$;

(4) $y = (C_1 + C_2 x)e^{3x} + (x + 3)e^{2x}$;

(5) $y = e^x (C_1 \cos 2x + C_2 \sin 2x) - \dfrac{1}{4}xe^x \cos 2x$;

(6) $y = C_1 \cos 2x + C_2 \sin 2x + \dfrac{1}{3}x \cos x + \dfrac{2}{9} \sin x$.

5. (1) $y = 4e^x + 2e^{3x}$;

(2) $y = (2 + x)e^{-\frac{x}{2}}$;

(3) $y = \dfrac{5}{2}e^x - \dfrac{5}{2}e^{-x} + e^x(2x^2 - 4x)$;

(4) $y = \dfrac{11}{16} + \dfrac{5}{16}e^{4x} - \dfrac{5}{4}x$.

# 复习题四

一、填空题

1. $y' = \pm \sqrt{1 - y^2}$;

2. $y = x\ln x - x + C$;

3. $P(x) = \dfrac{2}{x}, Q(x) = -x, y = \dfrac{C}{x^2} - \dfrac{x^2}{4}$;

4. $\dfrac{1}{x^2}$;

5. $(\ln 2)e^{2x}$;

6. $y^2 = x + 1$;

7. $y = e^{-\frac{1}{2}x}\left(C_1\cos\frac{\sqrt{3}}{2}x + C_2\sin\frac{\sqrt{3}}{2}x\right)$;

8. $(0,-1,1,2)$;

9. $\begin{cases} m\dfrac{d^2s}{dt^2} = mg - k\sqrt{\dfrac{ds}{dt}} \\ s(0) = 0 \\ s'(0) = 0 \end{cases}$.

10. 1.

二、选择题

1. C;　　2. B;　　3. C;　　4. B;　　5. B;

6. B;　　7. D;　　8. C;　　9. A;　　10. A.

三、计算题

1. $\sin y = \dfrac{1}{x} + C$;　2. $x = -y^2 + 3e^{\frac{1}{2}y^2} - 2$;　3. $y^3 = 3x^2(\ln|x| + c)$　4. $f(x) = e^{-x^2}\cdot\left(\dfrac{x^2}{2} - \dfrac{1}{2}\right)$;

5. $y = x - \dfrac{75}{124}x^2$;　6. $y = e^x - e^{-\frac{1}{2}+x+e^{-x}}$;　7. $y = -6x^2 + 5x + 1$　8. $y = \arcsin x$;

9. $y = C_1 e^{-2x} + C_2 e^x + xe^x + \dfrac{1}{40}\cos 2x + \dfrac{3}{40}\sin 2x$;

10. $y = (C_1 + C_2 x)e^{2x} + x$;

11. $a = -3, b = 2, c = -1, y = C_1 e^{2x} + C_2 e^x + xe^x$;

12. 当 $a = 1$ 时,$y = (C_1 + C_2 x)e^x + \dfrac{1}{2}x^2 e^x$;

    当 $a \neq 1$ 时,$y = (C_1 + C_2 x)e^{ax} + \dfrac{e^x}{(a-1)^2}$;

四、(略)

## 第五章

### 习题 5-1

1. (1) 第一卦限;　　(2) 第二卦限;　　(3) $xOy$ 面上;

   (4) $xOz$ 面上;　　(5) $Oy$ 轴上;　　(6) $Ox$ 轴上.

2. (1) $d = 3\sqrt{5}$;　　　　　　(2) $d_1 = 2, d_2 = 1, d_3 = 3$;

   (3) $d_1 = \sqrt{34}, d_2 = \sqrt{26}, d_3 = \sqrt{10}$.

4. 起点坐标为 $(-4, 3, -1)$.

5. $|\overrightarrow{M_1M_2}| = 2$; $\cos\alpha = \dfrac{1}{2}, \cos\beta = \dfrac{\sqrt{2}}{2}, \cos\gamma = -\dfrac{1}{2}$; $\alpha = \dfrac{\pi}{3}, \beta = \dfrac{\pi}{4}, \gamma = \dfrac{2\pi}{3}$.

6. 所需加的力为 $F = \{-5, 2, -1\}$.

7. $a = \{3, 3, 3\sqrt{2}\}$ 或 $a = \{3, -3, 3\sqrt{2}\}$.

8. $e_a = \left\{\mp\dfrac{3}{10}\sqrt{2}, \pm\dfrac{\sqrt{2}}{2}, \pm\dfrac{2\sqrt{2}}{5}\right\}$.

9. (1) $a/\!/b$；　　(2) $a\perp b$；　　(3) $a,b$ 斜交.

10. $a\cdot b = 3$；$a\times b = \{5,1,7\}$；$(-2a)\cdot(3b) = -18$,

　　$a\times 2b = \{10,2,14\}$；$\cos(\stackrel{\wedge}{a\cdot b}) = \dfrac{\sqrt{21}}{14}$.

11. $e = \left\{\pm\dfrac{2\sqrt{5}}{5},\mp\dfrac{\sqrt{5}}{5},0\right\}$.

12. $S_\Delta = \dfrac{\sqrt{11}}{2}$.

13. $\mathrm{Prj}_b a = 1$.

14. $a\cdot b + b\cdot c + c\cdot a = -\dfrac{3}{2}$.

## 习题 5-2

1. (1) $Ax + By + Cz = 0$；　　(2) $By + Cz + D = 0$；
　(3) $By + Cz = 0$；　　(4) $Cz + D = 0$.

2. (1) $-6,2,12$；　　(2) $-3,-5,1$.

3. (1) $x - 2y - 3z - 4 = 0$；　　(2) $x - 2y + z = 0$；
　(3) $4x - 11y - 3z = 0$；　　(4) $x - y = 0$.

4. $3x + 2y + 6z - 12 = 0$.

5. $x + y + z = 2$.

6. (1) $xOy$ 面：$z = 0$；　(2) $yOz$ 面：$x = 0$；　(3) $zOx$ 面：$y = 0$.

7. $\dfrac{x-4}{2} = \dfrac{y+1}{1} = \dfrac{z-3}{5}$.

8. $\dfrac{x-1}{-16} = \dfrac{y-0}{14} = \dfrac{z-2}{11}$.

9. $\dfrac{x-3}{3} = \dfrac{y+4}{-2} = \dfrac{z-5}{6}$.

11. $\dfrac{x-1}{11} = \dfrac{y-1}{7} = \dfrac{z-1}{-5}$.

## 习题 5-3

1. $2x + 8y - 8z - 3 = 0$.

2. $\left(x - \dfrac{1}{2}\right)^2 + (y+2)^2 + (z+1)^2 = \dfrac{21}{4}$ 球面.

3. $x^2 + y^2 + z^2 = 16$.

4. $y^2 + z^2 = 12x$.

5. (1) $\dfrac{x^2}{12} + \dfrac{z^2}{9} = 1$ 绕 $z$ 轴旋转形成；或 $\dfrac{y^2}{12} + \dfrac{z^2}{9} = 1$ 绕 $z$ 轴旋转形成；

　(2) $x^2 - \dfrac{y^2}{4} = 1$ 绕 $y$ 轴旋转形成；$z^2 - \dfrac{y^2}{4} = 1$ 绕 $y$ 轴旋转形成.

6. (1) 平面；　(2) 圆柱面；　(3) 抛物柱面；　(4) 双曲柱面.

7. 略； 8. 略； 9. 略.

10. 母线平行于 $x$ 轴的柱面方程：$3y^2-z^2=16$；
    母线平行于 $y$ 轴的柱面方程：$3y^2+2z^2=16$.

11. $\begin{cases} x^2+y^2+(1-x)^2=9 \\ z=0 \end{cases}$.

## 复习题五

一、填空题

1. 2； 2. $(6,-7,-12)$； 3. 22； 4. $\dfrac{\pi}{4}$； 5. $\dfrac{2\vec{a}\cdot\vec{b}}{|\vec{a}|}$；

6. $(3,-1,0)$； 7. $x^2+y^2-4z^4=0$； 8. 圆锥面$\left(\text{半顶角为}\dfrac{\pi}{6}\right)$；

9. $\begin{cases} x^2+y^2+z^2=a^2 \\ x^2+y^2=2az \end{cases}$，圆； 10. $\begin{cases} x^2+2y^2-2y=0 \\ z=0 \end{cases}$.

二、选择题

1. D； 2. C； 3. B； 4. A； 5. B；
6. C； 7. B； 8. A； 9. B； 10. A.

三、计算题

1. 16.

2. 30.

3. 绕 $x$ 轴 $\dfrac{x^2}{9}-\dfrac{y^2+z^2}{4}=1$ 旋转双叶双曲面；

   绕 $y$ 轴 $\dfrac{x^2+z^2}{9}+\dfrac{y^2}{4}=1$ 旋转单叶双曲面.

4. $3y^2-z^2=16$.

5. (1) $y+5$； (2) $x+3y=0$； (3) $9y-z-2=0$；
   (4) $x-y+5z-4=0$.

6. 1.

7. $\begin{cases} x=3-2t \\ y=t \\ z=-2+3t \end{cases}$ （$t$ 为参数）.

8. $\left(-\dfrac{5}{3},\dfrac{2}{3},\dfrac{2}{3}\right)$.

9. $x+y+2z-4=0$.

## 第六章
### 习题 6-1

2. $1, 1, \dfrac{1}{5}$.

3. $x^2 \dfrac{1-y}{1+y}$.

4. $(1) D = \{(x,y) \mid x - y \neq 0\}$;　　$(2) D = \{(x,y) \mid xy > 0\}$;
   $(3) D = \{(x,y) \mid xy \geqslant 0\}$;　　$(4) D = \{(x,y) \mid xy > 0\}$;
   $(5) D = \left\{(x,y) \left| \dfrac{x^2}{a^2} + \dfrac{y^2}{b^2} \leqslant 1 \right.\right\}$;　　$(6) D = \{(x,y) \mid y^2 \leqslant 4x \text{ 且 } 0 < x^2 + y^2 < 1\}$;
   $(7) D = \{(x,y) \mid x < 0 \text{ 且 } x < y \leqslant -x\}$.

5. (1) 不存在; (2) 0; (3) 0.

7. (1) $(0,0)$; (2) $y^2 = 2x$.

### 习题 6-2

1. $\dfrac{2}{5}, \dfrac{2}{5}$.

2. $(1) \dfrac{\partial z}{\partial x} = y\mathrm{e}^{xy}, \dfrac{\partial z}{\partial y} = x\mathrm{e}^{xy}$;

   $(2) \dfrac{\partial z}{\partial x} = y + \dfrac{1}{y}, \dfrac{\partial z}{\partial y} = x - \dfrac{x}{y^2}$;

   $(3) \dfrac{\partial z}{\partial x} = -\dfrac{y}{x^2 + y^2}, \dfrac{\partial z}{\partial y} = \dfrac{x}{x^2 + y^2}$;

   $(4) \dfrac{\partial z}{\partial x} = y^2(1+xy)^{y-1}, \dfrac{\partial z}{\partial y} = (1+xy)^y \left[ \ln(1+xy) + \dfrac{xy}{1+xy} \right]$;

   $(5) \dfrac{\partial z}{\partial x} = \dfrac{4x}{2x^2 + y} - \dfrac{1}{x}, \dfrac{\partial z}{\partial y} = \dfrac{1}{2x^2 + y}$;

   $(6) \dfrac{\partial u}{\partial x} = \dfrac{y}{z} x^{\frac{y}{z}-1}, \dfrac{\partial u}{\partial y} = \dfrac{1}{z} \cdot x^{\frac{y}{z}} \ln x, \dfrac{\partial u}{\partial z} = -\dfrac{y}{z^2} x^{\frac{y}{z}} \ln x$.

4. $\left.\dfrac{\partial^2 z}{\partial x^2}\right|_{(1,0)} = 0, \quad \left.\dfrac{\partial^2 z}{\partial x \partial y}\right|_{(1,2)} = 6, \quad \left.\dfrac{\partial^2 z}{\partial y^2}\right|_{(0,1)} = 0$.

5. $(1) \dfrac{\partial^2 z}{\partial x^2} = \dfrac{1}{x}, \quad \dfrac{\partial^2 z}{\partial x \partial y} = \dfrac{\partial^2 z}{\partial y \partial x} = \dfrac{1}{y}, \quad \dfrac{\partial^2 z}{\partial y^2} = -\dfrac{x}{y^2}$;

   $(2) \dfrac{\partial^2 z}{\partial x^2} = \dfrac{(\ln y - 1) \ln y}{x^2} \cdot y^{\ln x}, \dfrac{\partial^2 z}{\partial x \partial y} = \dfrac{\partial^2 z}{\partial y \partial x} = \dfrac{(\ln x)(\ln y) + 1}{xy} \cdot y^{\ln x}$,

   $\dfrac{\partial^2 z}{\partial y^2} = (\ln x - 1) \ln x \cdot y^{\ln x}$;

   $(3) \dfrac{\partial^2 z}{\partial x^2} = \mathrm{e}^x [\cos y + (x+2)\mathrm{e}^x \sin y], \dfrac{\partial^2 z}{\partial x \partial y} = \dfrac{\partial^2 z}{\partial y \partial x} = \mathrm{e}^x [(x+1)\cos y - \sin y]$.

7. 14.8;

8. $\Delta z = -0.20404, \mathrm{d}z = -0.20$.

9. (1) $dz = yx^{y-1}dx + x^y \ln x dy$;

(2) $dz = [\sin(x^2+y^2) + 2x^2\cos(x^2+y^2)]dx + 2xy\cos(x^2+y^2)dy$;

(3) $dz = \dfrac{y^2}{\sqrt{(x^2+y^2)^3}}dx - \dfrac{2xy}{\sqrt{(x^2+y^2)^3}}dy$.

## 习题 6-3

1. $\dfrac{du}{dt} = e^{\sin t - 2t^3}(\cos t - 6t^2)$.

2. $\dfrac{dz}{dx} = a^{\ln x}(1 + \ln a)$.

3. (1) $\dfrac{\partial z}{\partial x} = 3x^2 \sin y \cos y(\cos y - \sin y)$;

(2) $\dfrac{\partial z}{\partial x} = \dfrac{2ue^{x+y} + y\cos x}{u^2 + y\sin x}, \dfrac{\partial z}{\partial y} = \dfrac{2ue^{x+y} + \sin x}{u^2 + y\sin x}$;

(3) $\dfrac{\partial z}{\partial x} = 2xf'_1 + ye^{xy}f'_2, \dfrac{\partial z}{\partial y} = -2yf'_1 + xe^{xy}f'_2$;

(4) $\dfrac{\partial u}{\partial x} = \dfrac{1}{y}f'_1, \dfrac{\partial u}{\partial y} = -\dfrac{x}{y^2}f'_1 + \dfrac{1}{z}f'_2, \dfrac{\partial u}{\partial z} = -\dfrac{y}{z^2}f'_2$;

(5) $\dfrac{\partial u}{\partial x} = f'_1 + yf'_2 + yzf'_3, \dfrac{\partial u}{\partial y} = xf'_2 + xzf'_3, \dfrac{\partial u}{\partial z} = xyf'_3$;

(6) $\dfrac{\partial z}{\partial x} = 2xf'_1, \dfrac{\partial z}{\partial y} = 2yf'_1$.

6. $dz = \left(yf'_1 + \dfrac{1}{y}f'_2\right)dx + \left(xf'_1 - \dfrac{x}{y^2}f'_2\right)dy$.

7. $\dfrac{dy}{dx} = \dfrac{y^2 - e^x}{\cos y - 2xy}$.

## 习题 6-4

1. (1) 切线方程:$\begin{cases} \dfrac{x-\dfrac{a}{2}}{a} = \dfrac{z-\dfrac{c}{2}}{-c},\\ y = \dfrac{1}{2}b, \end{cases}$ 法平面方程:$ax - cz = \dfrac{1}{2}(a^2 - c^2)$;

(2) 切线方程:$\dfrac{x-\dfrac{1}{2}}{1} = \dfrac{y-2}{-4} = \dfrac{z-1}{8}$,法平面方程:$2x - 8y + 16z - 1 = 0$;

(3) 切线方程:$\dfrac{x-x_0}{1} = \dfrac{y-y_0}{\dfrac{m}{y_0}} = \dfrac{z-z_0}{-\dfrac{1}{2z_0}}$,

法平面方程:$(x-x_0) + \dfrac{m}{y_0}(y-y_0) - \dfrac{1}{2z_0}(z-z_0) = 0$.

2. (1) 切平面方程:$x + 2y - 4 = 0$,

法线方程：$\begin{cases} \dfrac{x-2}{1} = \dfrac{y-1}{2} \\ z = 0 \end{cases}$；

(2) 切平面方程：$2x - 2y + 4z - \pi = 0$,

法线方程：$\dfrac{x-1}{-\frac{1}{2}} = \dfrac{y-2}{\frac{1}{2}} = \dfrac{z-\frac{\pi}{4}}{-1}$；

(3) 切平面方程：$ax_0 x + by_0 y + cz_0 z = 1$,

法线方程：$\dfrac{x-x_0}{ax_0} = \dfrac{y-y_0}{by_0} = \dfrac{z-z_0}{cz_0}$.

3. $(-3, -1, 3)$；$x + 3 = \dfrac{y+1}{3} = z - 3$.

4. $x + 4y + 6z = \pm 21$.

6. (1) 极值点 $(0,0)$，极小值 $Z(0,0) = 0$；

(2) 极值点 $(0,0)$，$(2,2)$，极大值 $Z(0,0) = 0$，极小值 $Z(2,2) = -8$；

(3) 极值点 $(2, -2)$，极大值 $f_{(2,-2)} = 8$；

(4) 极值点 $\left(\dfrac{1}{2}, -1\right)$，极小值 $f_{\left(\frac{1}{2}, -1\right)} = -\dfrac{e}{2}$.

7. $f_{极大}\left(\dfrac{1}{2}, \dfrac{1}{2}\right) = \dfrac{1}{4}$.

8. $S_{\max} = \dfrac{1}{4} a^2 \cot \dfrac{A}{2}$.

9. $x = y = z = \dfrac{\sqrt{6}}{3}$.

10. $x = 15(千元)$, $y = 10(千元)$.

### 复习题六

一、填空题

1. $e^{\sin t - 2t^3}(\cos t - 6t^2)$； 2. $\dfrac{e^x - y^2}{2xy - \cos y}$； 3. $\dfrac{5}{2}dx + \dfrac{3}{4}dy$； 4. $(3,3)$；

5. $\dfrac{\partial f}{\partial t} + \dfrac{\partial f}{\partial x} \cdot \dfrac{\partial x}{\partial t} + \dfrac{\partial f}{\partial y} \cdot \dfrac{\partial y}{\partial t}$； 6. $\dfrac{2(x-y)}{(x+y)^3}$； 7. $(x+1)e^x$； 8. 1；

9. $dx - dy$； 10. $(-1, -\sqrt{2})$，$(-1, \sqrt{2})$.

二、选择题

1. B； 2. B； 3. A； 4. D； 5. B；

6. D； 7. D； 8. C； 9. D； 10. B.

三、计算题

2. $\dfrac{\partial^2 z}{\partial x^2} = 0$； 3. $\dfrac{\partial u}{\partial x} = 2xf'$，$\dfrac{\partial u}{\partial y} = 2yf'$； 4. 三个正数为 $\dfrac{a}{3}, \dfrac{a}{3}, \dfrac{a}{3}$，它们的倒数和为 $\dfrac{9}{a}$；

5. $x=12, y=3$;　　6. $f(u)=c_1 e^u + c_2 e^{-u}$;

7. 极小值$-2$, 极大值$6$;　　8. $x-z=0, \dfrac{x-1}{1}=\dfrac{y-1}{0}=\dfrac{z+1}{1}$;

9. $\left(\sqrt[3]{\dfrac{V}{3}}, \sqrt[3]{\dfrac{V}{3}}, \sqrt[3]{9V}\right)$;　10. 当两边都是$\dfrac{l}{\sqrt{2}}$时, 可得最大的周界.

四、证明题略.

## 第七章

### 习题 7-1

1. $\dfrac{2}{3}\pi a^3$.

2. (1) $I_1 > I_2$;　　(2) $I_1 < I_2$.

3. $63\pi \leqslant I \leqslant 306\pi$.

4. $a=4$.

5. $a=0, b=1$.

6. (1) $\dfrac{54}{5}$;　　(2) $\dfrac{9}{16}$;　　(3) $\dfrac{16}{105}$;　　(4) $\dfrac{11}{3}$;

　　(5) $-2$;　　(6) $\dfrac{6}{55}$;　　(7) $\dfrac{1}{12}$.

7. (1) $\int_0^1 dx \int_0^x y^2 \sqrt{1-x^4} dy$;　　(2) $\int_{-2}^2 dx \int_0^{\sqrt{4-x^2}} x^2 y dy$;

　　(3) $\int_{-\sqrt{2}}^0 dx \int_{2+x}^{2-x^2} (x+2y) dy$;　　(4) $\int_0^1 dx \int_x^1 f(x,y) dy$.

8. (1) $1$;　　(2) $\dfrac{1}{2}(e-1)$;　　(3) $\dfrac{1}{6}(e-1)$;　　(4) $\dfrac{9}{4}$.

9. (1) $\pi(e^9-1)$;　　(2) $2\pi \ln \dfrac{3}{2}$;　　(3) $\pi\left(4\ln 2 - \dfrac{3}{2}\right)$;　　(4) $\dfrac{10}{9}\pi$;

　　(5) $\dfrac{\pi}{2}$;　　(6) $\dfrac{4}{3}\pi - \dfrac{16}{9}$.

10. (1) $\int_{-\frac{\pi}{2}}^{\frac{\pi}{2}} d\theta \int_0^r r\ln(1+r^2) dr$;　　(2) $\int_0^{\frac{\pi}{2}} d\theta \int_0^{2\cos\theta} r^2 dr$;

　　(3) $\int_{\frac{\pi}{4}}^{\frac{\pi}{2}} d\theta \int_0^{\cos\theta \csc\theta} r^3 dr$;　　(4) $\int_0^{\frac{\pi}{4}} d\theta \int_0^{\tan\theta \sec\theta} dr$.

11. $2$.

12. $\dfrac{3}{2}\pi$.

13. $\dfrac{7}{2}$.

14. $\dfrac{128}{3}$.

## 习题 7-2

1. $(1) 2pR^{2n+1}$; $(2) \sqrt{2}$; $(3) \frac{1}{12}(5\sqrt{5}+6\sqrt{2}-1)$; $(4) e^a\left(2+\frac{\pi}{4}a\right)-2$;

   $(5) \frac{\sqrt{2}}{2}(1-e^{-2})$; $(6) 9$; $(7) \frac{256}{15}a^3$; $(8) 2\pi^2 a^3(1+2\pi^2)$.

2. $(1) -\frac{56}{15}$; $(2) -\frac{\pi}{2}a^3$; $(3) 0$; $(4) -2\pi$;

   $(5) \frac{k^3\pi^3}{3}-a^2\pi$; $(6) 13$; $(7) \frac{1}{2}$; $(8) -\frac{14}{15}$.

3. $(1) \frac{40}{3}$; $(2) 11$; $(3) 14$; $(4) \frac{26}{3}$.

4. $(1) \frac{1}{30}$; $(2) 8$.

5. $(1) \frac{3}{8}\pi a^2$; $(2) 12\pi$; $(3) \pi a^2$.

6. $-\pi$.

7. $(1) \frac{5}{2}$; $(2) 236$; $(3) 5$.

8. $(1) 12$; $(2) 0$; $(3) \frac{\pi^2}{4}$; $(4) 12$.

## 复习题七

一、填空题

1. $\frac{p}{4}$; 2. $\sqrt{2}+\sqrt{3}$; 3. $2$; 4. $\frac{\pi}{2}a^4$;

5. $\int_1^e dx \int_0^{\ln x} f(x,y)dy$; 6. $2 \cdot \sqrt[3]{2}$;

7. $\int_0^{\sqrt{\pi}} dx \int_0^{x^2} \frac{\sin x^2}{x}dy$; 8. $1$; 9. $3$; 10. $0$.

二、选择题

1. B; 2. C; 3. B; 4. C; 5. D;
6. C; 7. C; 8. C; 9. D; 10. A.

三、计算题

1. $\frac{1}{2}\left(1-\frac{1}{e}\right)$; 2. $\frac{3}{64}\pi^2$; 3. $\frac{11}{12}$; 4. $\frac{2}{3}\pi$;

5. $\frac{1}{2}(1-\sin 1)$; 6. $\frac{1}{4}(e^{b^2}-e^{a^2})(e^{d^2}-e^{c^2})$; 7. $\frac{184}{105}$;

8. $\arctan 2 - \frac{\pi}{2}$; 9. $\frac{\pi}{2}a^2(b-a)+2a^2 b$; 10. $\frac{\pi}{2}$.

四、证明题略.

## 第八章

### 习题 8-1

1. (1) $1, \dfrac{3}{5}, \dfrac{4}{10}, \dfrac{5}{17}, \dfrac{6}{26}$;  (2) $\dfrac{1}{1\cdot 2}, \dfrac{1}{3\cdot 2^2}, \dfrac{1}{5\cdot 2^3}, \dfrac{1}{7\cdot 2^4}, \dfrac{1}{9\cdot 2^5}$;

   (3) $\dfrac{1}{1\cdot \ln 2}, \dfrac{1}{2\cdot \ln 3}, \dfrac{1}{3\cdot \ln 4}, \dfrac{1}{4\cdot \ln 5}, \dfrac{1}{5\cdot \ln 6}$;  (4) $2, \dfrac{1}{2}, \dfrac{4}{3}, \dfrac{3}{4}, \dfrac{6}{5}$;

   (5) $\dfrac{1}{2}, \dfrac{1\cdot 3}{2\cdot 4}, \dfrac{1\cdot 3\cdot 5}{2\cdot 4\cdot 6}, \dfrac{1\cdot 3\cdot 5\cdot 7}{2\cdot 4\cdot 6\cdot 8}, \dfrac{1\cdot 3\cdot 5\cdot 7\cdot 9}{2\cdot 4\cdot 6\cdot 8\cdot 10}$;  (6) $\dfrac{1}{5}, -\dfrac{1}{5^2}, \dfrac{1}{5^3}, -\dfrac{1}{5^4}, \dfrac{1}{5^5}$.

2. (1) $(-1)^{n-1}\dfrac{n+1}{n}$;  (2) $\dfrac{n-2}{n+1}$;  (3) $a_n = \begin{cases} n, & n \text{ 为奇数} \\ \dfrac{1}{n}, & n \text{ 为偶数} \end{cases}$;

   (4) $\dfrac{1\cdot 3\cdot 5\cdots(2n-1)}{1\cdot 4\cdot 7\cdots(3n-2)}$;  (5) $\dfrac{2n-1}{n^2+1}$;  (6) $(-1)^{n-1}\dfrac{a^{\frac{n}{2}}}{2n+1}$.

3. (1) 收敛;  (2) 收敛;  (3) 发散;  (4) 发散.

4. (1) 发散;  (2) 发散;  (3) 发散;  (4) 收敛.

5. (1) 发散;  (2) 收敛;  (3) 发散;  (4) 收敛;  (5) 发散;  (6) 收敛.

6. (1) 发散;  (2) 收敛;  (3) 收敛;  (4) 收敛;  (5) 收敛;  (6) 收敛.

7. (1) 收敛;  (2) 收敛;  (3) 收敛;  (4) $0 < a \leq 1$, 收敛, $a > 1$, 发散;
   (5) 发散;  (6) 发散.

8. (1) 收敛;  (2) 绝对收敛;  (3) 收敛;  (4) 绝对收敛;  (5) 发散;  (6) 收敛.

### 习题 8-2

1. (1) $R = 1$, 收敛域为 $[-1, +1)$;  (2) $R = +\infty$, 收敛域为 $(-\infty, +\infty)$;
   (3) $R = 2$, 收敛域为 $(-2, 2)$;  (4) $R = 0$, 仅在 $x = 1$ 处收敛.

2. (1) $-\ln(1-x)$ $[-1, +1)$;  (2) $\dfrac{x}{(1-x)^2}$ $(-1, +1)$.

3. (1) $e^{-x} = \sum\limits_{n=0}^{\infty} \dfrac{(-1)^n}{n!} x^n$ $(-\infty, +\infty)$;  (2) $\cos 2x = \sum\limits_{n=0}^{\infty} \dfrac{(-1)^n 4^n}{(2n)!} x^{2n}$ $(-\infty, +\infty)$;

   (3) $a^x = \sum\limits_{n=0}^{\infty} \dfrac{x^n \ln^n a}{n!}$ $(-\infty, +\infty)$;  (4) $\sin^2 x = \sum\limits_{n=1}^{\infty} \dfrac{(-1)^{n-1}}{2(2n)!}(2x)^{2n}$ $(-\infty, +\infty)$;

   (5) $\ln \dfrac{1+x}{1-x} = 2\sum\limits_{n=1}^{\infty} \dfrac{x^{2n-1}}{2n-1}$ $(-1, 1)$;  (6) $\dfrac{x}{2-x} = \sum\limits_{n=0}^{\infty} \dfrac{1}{2^{n+1}} x^{n+1}$ $(-2, 2)$.

### 复习题八

一、填空题

1. $a_n = \begin{cases} a, & n = 1 \\ 0, & \text{其他} \end{cases}$;  2. 部分和数列 $\{s_n\}$ 收敛;

3. $0$;  4. $0$;

5. 发散;  6. $\dfrac{\sqrt{2}}{2}$;

7. $x\ln(1-x^2)\ x\in(-1,1)$；

8. $\sum_{n=0}^{\infty}(-1)^n\dfrac{(x-4)^n}{4^{n+1}}(-4\leqslant x\leqslant 4)$；

9. $(-2,4)$；

10. $\sum_{n=0}^{\infty}(-1)^n\dfrac{x^{2n+1}}{2n+1}(-1\leqslant x\leqslant 1)$.

二、选择题

1. C；  2. C；  3. A；  4. C；  5. B；
6. A；  7. A；  8. B.

三、计算题

1. (1) 1；  (2) $\dfrac{1}{2}$.

2. (1) 收敛，$1-a$；  (2) 发散.

3. (1) $\begin{cases}0<a\leqslant 1, 发散\\ a>1, 收敛\end{cases}$；  (2) 收敛；  (3) 收敛；  (4) 收敛；

   (5) 收敛；  (6) 收敛；  (7) 发散；  (8) 发散；  (9) 收敛.

4. (1) 条件收敛；  (2) 绝对收敛.

5. (1) 1；  (2) 1；  (3) 2.

6. (1) $x\in(0,2),\ s(x)=\dfrac{x-1}{(2-x)^2}$；

   (2) $x\in(-1,1),\ s(x)=\dfrac{1}{2}\ln\dfrac{1-x}{1+x},\ \dfrac{1}{\sqrt{2}}\ln(1+\sqrt{2})$；

   (3) $s(x)=\dfrac{2+x^2}{(2-x^2)^2},\ 3$；

   (4) $x\in[-1,1],\ s(x)=-\arctan x$；

   (5) $x\in(-1,1),\ s(x)=\dfrac{x^2}{(1-x)^2}+\dfrac{1}{x}\ln(1-x)-1$.

7. (1) $\sum_{n=0}^{\infty}(-1)^n\dfrac{\left(\dfrac{x}{a}\right)^{n+1}}{n+1}+\ln a\ (-1<x<1)$；

   (2) $\sum_{n=0}^{\infty}(-1)^n\dfrac{x^{n+2}}{n+1}(-1<x\leqslant 1)$；

   (3) $\dfrac{1}{2}+\dfrac{1}{2}\sum_{n=0}^{\infty}(-1)^n\dfrac{(2x)^{2n}}{(2n)!}(-\infty<x<+\infty)$；

   (4) $\sum_{n=0}^{\infty}\left(\dfrac{1}{2^{n+1}}-\dfrac{1}{3^{n+1}}\right)x^n\ (-2<x\leqslant 2)$.

8. $e+1$.

四、证明题略.